国家林业和草原局普通高等教育"十三五"规划教材

高等院校水土保持与荒漠化防治专业教材

水土保持工程学

（第 3 版）

王秀茹　　王云琦　主编

U0199232

中国林业出版社

内容简介

　　本教材较系统地介绍了水土保持工程学研究的国内外发展水平、现状与趋势，主要内容包括坡面集水保水工程、梯田、山坡固定工程、山洪及泥石流防治工程、拱坝、淤地坝、小型水库、护岸与治滩造田工程以及山地灌溉工程等。

　　本教材主要作为水土保持与荒漠化防治专业教材，也可作为高等农林院校环境生态类相关专业的参考教材，还可作为生产、科研和管理部门有关人员的参考用书。

图书在版编目（CIP）数据

水土保持工程学/王秀茹，王云琦主编. —3 版. —北京：中国林业出版社，2018.12（2025.2 重印）
国家林业和草原局普通高等教育"十三五"规划教材　高等院校水土保持与荒漠化防治专业教材
ISBN 978-7-5038-9895-2

Ⅰ.①水…　Ⅱ.①王…②王…　Ⅲ.①水土保持－高等学校－教材　Ⅳ.①S157

中国版本图书馆 CIP 数据核字（2018）第 277129 号

中国林业出版社教育分社

策划编辑　肖基浒　吴　卉　　　　　责任编辑　肖基浒
电　　话　(010)83143555　　　　　传　　真　(010)83143516

出版发行　中国林业出版社（100009　北京市西城区德内大街刘海胡同 7 号）
　　　　　E-mail：jiaocaipublic@163.com　电话：(010)83223120
　　　　　https：//www.cfph.net
经　　销　新华书店
印　　刷　三河市祥达印刷包装有限公司
版　　次　2000 年 10 月第 1 版
　　　　　2009 年 9 月第 2 版
　　　　　2018 年 12 月第 3 版
印　　次　2025 年 2 月第 3 次印刷
开　　本　850mm×1168mm　1/16
印　　张　30.75
字　　数　735 千字
定　　价　88.00 元

《水土保持工程学》(第3版)
编写人员

主　　编：王秀茹　王云琦

副 主 编：齐　实　韩玉国　徐征和

编　　委：(以姓氏笔画为序)

王　彬 (北京林业大学)

王云琦 (北京林业大学)

王秀茹 (北京林业大学)

朱首军 (西北农林科技大学)

庄家尧 (南京林业大学)

刘会青 (吉林农业大学)

齐　实 (北京林业大学)

邵思宇 (北京林业大学)

张　璐 (华北水利水电大学)

张会兰 (北京林业大学)

张羽飞 (北京林业大学)

郭少磊 (华北水利水电大学)

段喜明 (山西农业大学)

侯　琨 (水利部水土保持监测中心)

徐　晶 (北京林业大学)

徐征和 (济南大学)

高　鹏 (山东农业大学)

韩玉国 (北京林业大学)

主　　审：王礼先

20 世纪 90 年代末期，教育部颁布了新的本科专业目录，将原"水土保持"和"沙漠治理" 2 个专业调整为水土保持与荒漠化防治专业。在此背景下，由教育部确定实施、由北京林业大学王礼先教授、张启翔教授和浙江大学朱荫湄教授主持并完成了"高等农林教育面向 21 世纪教学内容和课程体系改革的研究与实践"（项目编号：04 - 20）研究项目。该项目认真研究了面向 21 世纪本科人才培养和教学改革的指导思想，结合我国水土保持与荒漠化防治事业发展水平和生产实际、学科特点和对本科人才培养的要求，确定了新的专业人才培养方案、教学内容和课程体系，将"水土保持工程学"课程再次列为水土保持与荒漠化防治专业的核心专业基础课程。继而由北京林业大学组织国内具有良好基础的院校教师编写了面向 21 世纪课程教材《水土保持工程学》（第 1 版），于 2000 年 10 月正式出版发行。

随着水土保持科学和有关技术的飞速发展，再加之国家在生态环境建设、水土保持等方面对本科人才的新要求，北京林业大学于 2005 年对《水土保持工程学》（第 1 版）教材的修订专门进行了立项，并给予了相应资助。经教育部高等学校环境生态类教学指导委员会推荐，2006 年《水土保持工程学》（第 2 版）被列入普通高等教育"十一五"国家级规划教材。

为使《水土保持工程学》（第 3 版）教材更能反映水土保持工程研究方面的进展和研究前沿，并具更广泛的代表性，在 2000 年《水土保持工程学》（第 1 版）、2006 年《水土保持工程学》（第 2 版）普通高等教育"十一五"国家级规划教材的基础上，2016 年进行了《水土保持工程学》（第 3 版）教材修编工作。

经充分征求部分农林高等院校、科研机构、生产建设单位相关部门的意见，组成了新的《水土保持工程学》（第 3 版）教材编写委员会。第三版教材编写委员会包括了北京林业大学、南京林业大学、西北农林科技大学、吉林农业大学、山西农业大学、山东农业大学、济南大学和华北水利水电大学等参编单位。

本教材比较系统地介绍了水土保持工程学研究的国内外发展水平、现状与趋势，其主要内容包括梯田、山坡固定工程、坡面集水蓄水工程、拦砂工程、淤地坝、山洪及泥石流防治工程、河岸工程、小型水库以及山地灌溉工程等。

《水土保持工程学》（第 3 版）教材由北京林业大学水土保持学院王秀茹教授、王云琦教授主编，北京林业大学齐实教授、韩玉国副教授，济南大学徐征和院长、教授任副主编。全书共 10 章，各章节编写分工如下：第 1 章、第 2 章由王秀茹教授和齐实教授编写；第 3 章由刘会青教授编写；第 4 章由王秀茹教授编、张璐副教授、郭少磊讲师编写；第 5 章第 1 节、第 2 节由段喜明教授编写，第 3 节由高鹏教授、张会兰副教授编写；第 6 章由朱首军教授编写；第 7 章由王云琦教授、王彬讲师编写；第 8 章由张会兰、张守红副教授编写；第 9 章由庄家尧副教授编写；第 10 章由韩玉国副教授、郭少磊讲师编写。全书由王秀茹教授、王云琦教授、徐晶、邵思宇、张宇飞统稿。北京林业大学王礼先教授审阅了全部书稿。

为适应面向 21 世纪教学改革和人才培养需求，本教材在内容上一方面贯彻"厚基础、宽口径"和加强实践能力训练的原则，以利于提高人才素质的培养；另一方面，还注重了水土保持工程内容的基础性、系统性和高度性，以使学生通过本课程的学习，重点掌握水土保持工程的规划与设计的基本知识。

本教材主要作为水土保持与荒漠化防治专业教材，也可作为高等农林院校环境生态类其他相关专业的参考教材，还可供生产、科研和管理部门的有关人员作为参考用书。

值此《水土保持工程学》（第 3 版）终稿付印之际，特别感谢在本教材第 1 版、第 2 版编写中付出艰辛劳动的所有同行，正是他们的辛勤劳动，为《水土保持工程学》（第 3 版）的顺利修编奠定了良好的基础。同时，也对《水土保持工程学》（第 1 版）的主审关君蔚先生表示诚挚的谢意，并向关心和支持本教材出版的中国林业出版社表示由衷的感谢，同时感谢北京林业大学教务处对本教材编写和出版所给予的支持与帮助。对为本教材编写提供基础资料，在各方面给予关心、帮助和支持的前辈以及同行们表示谢意。特别感谢北京林业大学王礼先教授，在百忙中审阅本教材初稿并提出修改建议。

在本教材编写过程中，引用了大量科技成果、论文、专著和相关教材，因篇幅所限未能一一在参考文献中列出，谨向文献的作者们致以深切的谢意。限于我们的知识水平和实践经验，缺点、遗漏甚至谬误在所难免，诚盼各位读者提出批评，以期本教材内容的不断完善和水平的逐步提高。

王秀茹　王云琦
2018 年 8 月于北京

第 2 版前言

20 世纪 90 年代末期，教育部颁布了新的本科专业目录，将原"水土保持"和"沙漠治理" 2 个专业调整为水土保持与荒漠化防治专业。在此背景下，由教育部确定实施、由北京林业大学王礼先教授、张启翔教授和浙江大学朱荫湄教授主持并完成了高等农林教育面向 21 世纪教学内容和课程体系改革计划项目"高等农林院校生态环境类本科人才培养方案及教学内容和课程体系改革的研究与实践"（项目编号：04 - 20）研究项目。该项目认真研究了面向 21 世纪本科人才培养和教学改革的指导思想，结合我国水土保持与荒漠化防治事业发展水平和生产实际、学科特点和对本科人才培养的要求，确定了新的专业人才培养方案、教学内容和课程体系，将"水土保持工程学"课程再次列为水土保持与荒漠化防治专业的核心专业基础课程。继而由北京林业大学组织国内具有良好基础的院校教师编写了面向 21 世纪课程教材《水土保持工程学》（第 1 版），于 2000 年 10 月正式出版发行。

随着水土保持科学和有关技术的飞速发展，再加之国家在生态环境建设、水土保持等方面对本科人才的新要求，北京林业大学于 2005 年对《水土保持工程学》（第 1 版）教材的修订专门进行了立项，并给予了相应资助。经教育部高等学校环境生态类教学指导委员会推荐，2006 年《水土保持工程学》（第 2 版）被列入普通高等教育"十一五"国家级规划教材。

为使《水土保持工程学》（第 2 版）教材更能反映水土保持工程研究方面的进展和研究前沿，并具更广泛的代表性，在《水土保持工程学》（第 1 版）教材编写人员的基础上，经充分征求意见，组成了新的《水土保持工程学》（第 2 版）教材编写委员会。新的教材编写委员会包括了北京林业大学、南京林业大学、中国农业大学、西北农林科技大学、山西农业大学、吉林农业大学、山东农业大学、长安大学和西南大学等参编单位。

《水土保持工程学》（第 2 版）教材由北京林业大学水土保持学院王秀茹教授任主编，北京林业大学齐实副教授、张超博士后及吉林农业大学刘会清副教授任副主编。全书共 10 章，各章节编写分工如下：第 1 章、第 2 章由王秀茹教授和齐实副教授编写；第 3 章由刘会清副教授编写；第 4 章由王秀茹教授编写；第 5 章第 1 节、第 2 节由段喜明教授编写，第 3 节由刘霞教授编写；第 6 章由朱首军副教授编写；第 7 章由王秀茹教授、吴新副教授编写；第 8 章由王秀茹教授、任树梅教授编写；第 9 章由庄家尧副教授编写；第 10 章由谌芸副教授编写。全书由王秀茹教授、张超博士后、张璐博士、吴赛男博士统稿。北京林业大学王礼先教授审阅了全部书稿。

在《水土保持工程学》（第 2 版）教材中，调整和补充的内容主要有以下几个方面：一是补充和完善了相关章节的理论部分，以使学生获得更多的基础理论知识；二是把第 1 版教材第 5 章第 4 节谷坊、第 5 节拦砂坝和第 6 章拱坝组合成新的一章"拦砂工程"，以便于学生更系统地理解所学内容；三是删去了"水土保持工程施工"一章，增加了"山地灌溉工程"一章，在实际的教学活动中，水土保持工程施工可开设专门课程讲解；四是在每章最后增加了本章小结和思考题，便于学生复习和深入理解该章内容。除此之外，对部分内容和数据进行了必要的修改补充和更新完善。

本教材比较系统地介绍了水土保持工程学研究的国内外发展水平、现状与趋势，其主要内容包括梯田、山坡固定工程、坡面集水保水工程、拦砂工程、淤地坝、山洪及泥石流防治工程、护岸与治滩造田工程、小型水库以及山地灌溉工程等。

为适应面向 21 世纪教学改革和人才培养需求，本教材在内容上一方面贯彻"厚基础、宽口径"和加强实践能力训练的原则，以利于提高人才素质的培养；另一方面，还注重了水土保持工程内容的基础性、系统性和高度性，以使学生通过本课程的学习，重点掌握水土保持工程的规划与布设的基本知识。

本教材主要作为水土保持与荒漠化防治专业教材，也可作为高等农林院校环境生态类其他相关专业的参考教材，还可供生产、科研和管理部门的有关人员作为参考用书。

值此《水土保持工程学》（第 2 版）完稿付印之际，特别感谢在本教材第 1 版编写中付出艰辛劳动的所有同行，他们是主编王礼先，编委王秀茹、孙保平、苏新琴等诸位先生。正是他们的劳动，为《水土保持工程学》（第 2 版）的顺利修编奠定了良好的基础。同时，也对《水土保持工程学》（第 1 版）的主审 关君蔚 先生表示诚挚的谢意，并向关心和支持本教材出版的中国林业出版社表示由衷的感谢，同时感谢北京林业大学教务处对本教材编写和出版所给予的支持与帮助。对为本教材编写提供基础资料，在各方面给予关心、帮助和支持的前辈以及同行们表示谢意。

特别感谢北京林业大学王礼先教授，在百忙中审阅本教材初稿并提出修改建议。

在本教材编写过程中，引用了大量科技成果、论文、专著和相关教材，因篇幅所限未能一一在参考文献中列出，谨向文献的作者们致以深切的谢意。限于我们的知识水平和实践经验，缺点、遗漏甚至谬误在所难免，热切希望各位读者提出批评，以期本教材内容的不断完善和水平的逐步提高。

王秀茹

2009 年 5 月于北京

目　录

1.1 水土流失与水土保持

1.1.1 水土流失状况及其危害

水土流失(soil and water loss)是指"在水力、重力、风力等外营力作用下,山区丘陵区及风沙区水土资源和土地生产力的破坏和损失。水土流失包括土地表层侵蚀及水的流失,也称水土损失"。(见《中国大百科全书·水利卷》第 400 页)

土壤侵蚀的形式除雨滴溅蚀、片蚀、细沟侵蚀、浅沟侵蚀、切沟侵蚀等典型的形式外,还包括山洪侵蚀、泥石流侵蚀以及滑坡等侵蚀形式。水的损失一般是指植物截留损失、地面及水面蒸发损失、植物蒸腾损失、深层渗漏损失、坡地径流损失。在中国水土流失概念中水土损失主要指坡地径流损失。

水的损失过程与土壤侵蚀过程之间,既有紧密的联系,又有一定的区别。水的损失形式中如坡地径流损失,是引起土壤水蚀的主导因素,水冲土跑,水土损失是同时发生的。但是,并非所有的坡面径流以及其他水的损失形式都会引起土壤侵蚀。因此,有些增加土壤水分贮存量,抗旱保墒的水分控制措施不一定是为了控制土壤侵蚀。我国不少水土流失严重的地区如黄土高原,位于干旱、半干旱的气候条件下,大气干旱、土壤干旱与土壤侵蚀作用同样对生态环境与农业生产造成严重危害。因此,水土保持与土壤保持具有同等重要的意义。

1.1.1.1 水土流失状况

(1)土壤侵蚀状况

我国是世界上土壤侵蚀最严重的国家之一,土壤侵蚀遍布全国,而且强度高,成因复杂,危害严重,尤以西北的黄土、南方的红壤和东北的黑土水土流失最为强烈。侵蚀主要有水蚀、风蚀、冻融侵蚀等类型。据水利部 2013 年 5 月发布的《第一次全国水利普查水土保持情况公报》,全国土壤侵蚀总面积 $294.91 \times 10^4 \mathrm{km}^2$,占国土面积的 30.6%,其中轻度以上水蚀面积 $62.56 \times 10^4 \mathrm{km}^2$,风蚀面积 $93.99 \times 10^4 \mathrm{km}^2$,详见表 1-1。

(2)我国干旱地区水的流失状况

据有关文献资料的综合分析统计,我国干旱半干旱地区的土地面积占全国土地面积的 52.5%。其中,干燥指数 2.0 以上,年平均降水量在 250mm 以下,没有灌溉就没有

表1-1　全国土壤侵蚀强度面积统计

项　目	土壤侵蚀		土壤水蚀		土壤风蚀		冻融侵蚀	
	面积（×10⁴hm²）	%	面积（×10⁴hm²）	%	面积（×10⁴hm²）	%	面积（×10⁴hm²）	%
轻度侵蚀	226.00	46.62	82.95	51.45	80.89	41.33	62.16	48.63
中度侵蚀	111.36	22.97	52.77	32.73	28.09	14.35	30.50	23.86
强度侵蚀	77.39	15.97	17.20	10.67	25.03	12.79	35.16	27.51
极强度侵蚀	32.42	6.69	5.94	3.68	26.48	13.53	—	—
剧烈侵蚀	37.57	7.75	2.35	1.46	35.22	18.00	—	—
中度以上	258.74	53.38	78.26	48.55	114.82	58.67	65.66	51.37
轻度以上	484.74	100.00	161.21	100.00	195.71	100.00	127.82	100.00

农业的干旱区，约占国土总面积的 30.8%；干燥指数在 1.5~2.0，年平均降水量多为 250~600mm，降水变率在 38% 以上，在没有灌溉的条件下，尚可种植农作物，但旱灾频率很大，收成很不稳定，且易引起风沙侵蚀的半干旱区，约占国土总面积的 21.7%。据联合国有关机构关于干旱地区的概念和划分方法，加上半湿润偏旱地区（即干燥的半湿润区）的面积，即在 52.5% 的基础上，加上约占国土总面积 7% 的半湿润偏旱区，则全国干旱地区的总面积占全国土地面积的 59.5%。

从各类干旱地区的地理分布情况来看：

①干旱区（包括极端干旱区）　分布在新疆（伊犁盆地除外），甘肃西部、宁夏中部和北部、青海西北部和内蒙古的西北部，共 161 个县（市）。

②半干旱区　分布在东北三省的西部、内蒙古的东南部、陕西北部、宁夏南部、甘肃中部、青海东部和新疆的伊犁，共 250 个县（市）。

③半湿润偏旱区　分布在北京、天津、河北中部和南部、河南北部和西部、甘肃东南部、山东及东北的一些地方，共 243 个县（市）。

中国干旱地区的分布情况，见表1-2。

1.1.1.2　水土流失危害

水土流失在我国的危害已达到十分严重的程度，它不仅破坏了土地资源，导致农业生产环境恶化，生态平衡失调，水旱灾害频繁，而且影响各业生产的发展。其具体危害表现有如下几点。

（1）破坏土地资源，蚕食农田，威胁群众生存

土地是人类赖以生存的物质基础，是环境的基本因素，是农业生产的最基本资源。年复一年的水土流失，使有限的土地资源遭受严重的破坏，地形破碎，土层变薄，地表物质"砂化""石化"，特别是土石山区，由于土层殆尽、基岩裸露，有的群众已无生存之地。据初步估计，由于水土流失，全国每年损失土地约 13.3×10⁴hm²，按每公顷土地价值 1.5 万元统计，每年就损失 20 亿元。更严重的是，水土流失造成的土地损失，已直接威胁到水土流失区群众的生存，其价值是难以用货币计算的。

表1-2 干旱地区划分的主要指标和自然特征

热量带	≥10℃积温(℃)	最冷月温度(℃)	自然地区	年降水量(mm)	年干燥指数	植被	土壤	范围	占全国面积(%)
温带	3 200~1 700	-8~24	半干旱地区	150~450	1.30~1.20	干草原	栗钙土	东北平原的西南端,大兴安岭南部,内蒙古高原的东部和东南部	5.9
			干旱地区东部亚区	100~200	2.0~17	旱生灌木	沙土	内蒙古西部,宁夏,甘肃河西走廊马鬃山及新疆准噶尔盆地,阿尔泰山与天山	13.1
			干旱地区西部亚区	100~200	2.0~17	半灌木为主	戈壁		2.5
暖温带	4 500~3 200	-8~0	半干旱地区	350~450	1.25~1.5	干草原	黄土	山西中部的山岭与山间平地,陕西北部及甘肃东部的黄土高原,陕西中部的黄土区域	8.3
			干旱地区	<50	8~16		沙土戈壁	新疆天山南部(塔里木,吐鲁番,哈密等盆地)及甘肃最西端	
青藏高原	2 000~1 000		半干旱地区	300~500	1.0~2.0	草甸、草甸草原及草原		柴达木盆地与羌塘寒漠以东,除东南角半湿润地区以外	13.3
			干旱地区	<120	>2~20			柴达木盆地与羌塘高原,昆仑山—阿尔金山与喀喇昆仑山	9.1

注: 引自中国科学院《中国综合自然区划》(初稿)。

（2）削弱地力，加剧干旱发展

由于水土流失，使坡耕地成为跑水、跑土、跑肥的"三跑田"，致使土地日益瘠薄，而且土壤侵蚀造成的土壤理化性状恶化，土壤透水性、持水力下降，加剧了干旱的发展，使农业生产低而不稳，甚至绝产。据观测，黄土高原多年平均每年流失的 16×10^8 t 泥沙中含有氮、磷、钾总量约 $4\,000 \times 10^4$ t，东北地区因水土流失损失的氮、磷、钾总量约 317×10^4 t。资料表明，全国多年平均每年受旱面积约 $2\,000 \times 10^4$ hm^2，成灾面积约 700×10^4 hm^2，成灾率达 35%，而且大部分发生在水土流失严重区，加剧了粮食和能源等基本生活资料的紧缺。

（3）泥沙淤积河床，加剧洪涝灾害

水土流失使大量泥沙下泄，淤积下游河道，削弱行洪能力，一旦上游来洪量增大，常引起洪涝灾害。中华人民共和国成立以来，黄河下游河床平均每年抬高 8 ~ 10cm，目前已高出两岸地面 4 ~ 10m，成为地上"悬河"，严重威胁着下游人民生命财产的安全，成为国家的"心腹大患"。近几十年来，全国各地都有类似黄河的情况，随着水土流失的日益加剧，各地大、中、小河流的河床淤高、洪涝灾害日益严重。由于水土流失造成的洪涝灾害，我国各地几乎每年都有不同程度的发生，不胜枚举；它所造成的损失，令人触目惊心。

（4）泥沙淤积水库湖泊，降低其综合利用功能

水土流失不仅使洪涝灾害频繁，而且产生的大量泥沙淤积水库、湖泊，严重威胁到水利设施和效益的发挥。据初步估计，全国各地由于水土流失而损失的水库、山塘库容累计达 200×10^8 m^3 以上，相当于淤废库容 1×10^8 m^3 的大型水库 200 多座，按每立方米库容造价 0.5 元计，直接经济损失约 100 亿元，而由于水量减少造成的灌溉面积、发电量的损失，以及水库周围生态环境的恶化，更是难以估计其经济损失。

（5）影响航运，破坏交通安全

由于水土流失造成河道、港口的淤积，致使航运里程和泊船吨位急剧降低，而且每年汛期由于水土流失形成的山体塌方、泥石流等造成的交通中断，在各地时有发生。据统计，1949 年全国内河航运里程为 15.77×10^4 km，到 1985 年，减少为 10.93×10^4 km，1990 年又减少为 7×10^4 km，已经严重影响着内河航运事业的发展。

（6）水土流失与贫困恶性循环，同步发展

我国大部分地区的水土流失，是由于陡坡开荒、破坏植被造成的，且逐渐形成了"越垦越穷，越穷越垦"的恶性循环，这种情况是历史上遗留下来的。随着中华人民共和国成立以来，人口的不断增加，水土流失面积日益扩大，自然资源日益枯竭，群众贫困日益加深，水土流失与贫困同步发展。

综上所述，我国的水土流失是相当严重的，已经给与群众生产生活相关的生态环境和国民经济发展带来了巨大危害。

1.1.2 水土保持的成就与作用

1.1.2.1 水土保持的成就

水土保持（soil and water conservation）是指"防治水土流失，对山丘区、风沙区水土资

源的保护、改良与合理利用"(见《中国大百科全书·水利卷》第394页)。从这个定义中可以看出:

①水土保持是山丘区和风沙区水及土地两种自然资源的保护、改良与合理利用,而不仅限于土地资源,水土保持不等同于土壤保持。

②保持(conservation)含义不仅限于保护,而是保护、改良与合理利用(protection, improvement and rational use)。水土保持不能单纯地理解为水土保护、土壤保护,更不能等同于土壤侵蚀控制(erosion control)。

③水土保持的目的在于充分发挥山丘区和风沙区水土资源的生态效益、经济效益和社会效益,改善当地农业生态环境,为发展山丘区、风沙区的生产和建设,整治国土,治理江河,减少水、旱、风沙灾害等服务。

中国大百科全书中关于水土保持学科的概念与1991年颁布的《中华人民共和国水土保持法》(以下简称《水土保持法》)中所规定的水土保持工作的业务范围是一致的。《水土保持法》第一条规定:"为预防和治理水土流失,保护和合理利用水土资源,减轻水、旱、风沙灾害,改善生态环境,发展生产,制定本法。"

中华人民共和国成立以来,在党中央和国务院的重视和关怀下,我国的水土保持由试验、示范、推广到全面发展,取得了显著的成绩。截至2014年年底,全国累计完成水土流失综合治理面积111.61 × $10^4\,km^2$,其中小流域综合治理面积累计达到35.81 × $10^4\,km^2$。其中2014年,全国共完成水土流失综合防治面积7.3 × $10^4\,km^2$,其中综合治理面积5.4 × $10^4\,km^2$,实施生态修复(封育保护面积)1.9 × $10^4\,km^2$。综合治理面积中,新建基本农田(包括坡改梯)62.91 × $10^4\,hm^2$,营造水土保持林150.74 × $10^4\,hm^2$,经济果木林56.74 × $10^4\,hm^2$,种草36.13 × $10^4\,hm^2$,封禁治理189.83 × $10^4\,hm^2$,保土耕作等其他治理43.65 × $10^4\,hm^2$。当年竣工综合治理小流域1 916条,新建淤地坝196座,治理崩岗700处,建设生态清洁型小流域417条。新建小型水利水保工程10.79万处,共完成土石方量12.02 × $10^8\,m^3$。上述水土保持措施在改变农业生产环境方面发挥了十分显著的作用。在我国水土流失重点治理区,出现了大量的生态效益、经济效益和社会效益均优的典型。

1978年以来,随着改革开放的深入和国民经济持续快速的发展,国家对水土保持的投入逐步增加,全国水土保持进程大大加快,并在以下方面取得显著进展:

④1980年"水土保持小流域治理"正式提出以后,使以往的由措施单一的分散治理转向以大流域为骨干,以小流域为单元,实行全面规划,林草措施、工程措施和保土耕作措施相结合,山、水、田、林、路统筹安排,进行综合治理的全新阶段。水土流失治理速度由原来每年治理几千平方千米发展到3 × $10^4\,km^2$,1998年首次突破5 × $10^4\,km^2$。

⑤由多年来单纯抓治理逐步转向预防为主,加强了监督管理,部分地区初步改变了"边治理边破坏、破坏大于治理"的局面。尤其从1991年《中华人民共和国水土保持法》颁布以来(新《中华人民共和国水土保持法》已于2010年12月25日修订,2011年3月1日起实施),开始了依法防治水土流失的新阶段。

⑥1992年以后,为了顺应社会主义市场经济的发展,水土流失治理由单纯的生态防护型转向综合开发型治理,综合经营流域自然资源。治理保护与开发利用相结合,以治

理促开发，以开发保治理。通过治理将大量水土流失严重的低产劣质土地改造成为高产、优质、高效的土地。以市场为导向，发展小流域经济，在保持水土、改善环境的同时，争取最大的经济效益。生态效益、经济效益与社会效益融为一体，使农民得到了实惠，也使水土保持获得了强大的生命力。

⑦突出重点，集中治理，形成了点面结合的新格局。20世纪80年代以来，国家和地方开始选择一些水土流失严重的地区作为治理重点，实行集中治理、连续治理和规模治理，发挥整体效应，对面上治理起到了示范推动作用，也充分体现了水土保持在生态环境建设中的主体地位。截至2014年，竣工综合治理小流域1916条；建设生态清洁型小流域417条；小流域综合治理面积累计达到 $35.81 \times 10^4 \text{km}^2$。

⑧水土保持改革日渐深入，全社会关注水土保持的新机制逐步形成。治理的组织形式由集体统一治理发展为承包、租赁、股份合作等多种形式。在建立多元化、多渠道、多层次的水土保持投资体系方面取得进展，拓宽了资金渠道。拍卖"四荒"(荒山、荒沟、荒丘、荒滩)使用权，加快了治理开发步伐。城市水土保持正在成为水土保持工作的新领域。水土保持部门增强了自身活力，提高了服务功能。

1.1.2.2 水土保持的作用

江河上游水土保持，即以小流域为单元的水土保持综合治理，包括调整土地利用结构、林草措施、工程措施、农业技术措施以及监督管理措施。山区水土保持小流域综合治理的作用，主要有以下几方面。

(1)增加蓄水能力，提高水资源的有效利用

水土保持综合治理措施可增加拦蓄降水资源的能力，在解决山丘区农村人畜饮水困难的同时，可缓解农业生产缺水的问题，增加抵御旱灾的能力。同时，水土保持综合治理增加了植物(含作物)的面积和生物产量，改水分无效蒸发为有效蒸腾，提高了降水资源的利用率。

黄河流域中上游部分地区经水土流失综合治理后，20世纪90年代与五六十年代初相比，平均每年多拦蓄降水 $3.17 \times 10^4 \text{m}^3/\text{km}^2$，相当于32mm的降水量，即综合治理可提高蓄水能力32mm。地处半湿润地区的海河流域和湿润地区的长江流域，水土保持增加拦蓄降水的能力比黄河流域还要成倍增加，但目前仅有小流域的观测结果。在海河流域，面积为21.8km²的北京延庆县韩家川小流域，经多年治理后，流域的降水拦蓄能力增加了 $11.2 \times 10^4 \text{m}^3/(\text{km}^2 \cdot \text{a})$，相当于112mm降水量；长江流域的江西兴国县塘背河小流域，水土流失综合治理年增加降水拦蓄能力达210mm。

(2)削洪补枯，提高降水资源的有效利用

由于水土流失综合治理增加了流域降水的拦蓄能力，改变了地表径流和地下径流的分配格局和时序，从而在一定程度上改变河川径流的年内分配，削减洪峰流量，增加枯水流量。水土保持的削峰作用大小取决于雨情、地形、土壤、基岩、流域前期储水状况、水土保持措施效果及流域尺度等许多因素。但总的来看，在小流域尺度上，水土保持对洪水的削减能力是显著的，可达30%~70%。大江大河洪峰流量的形成主要受流域降雨因素的影响，其中包括雨区范围、暴雨中心位置、降雨的时空变化、前期降雨(流

域土壤湿润)状况等,大流域尺度效应使洪峰流量难以显示出来,但是,随着大流域内水土流失综合治理面积的扩大和治理程度的提高,其削减洪峰流量的作用也必将显示出来。

由于水土保持改善了流域水文环境,减小了洪峰量,促进了降水资源向地下水的转化,进而增加了枯水期对河川径流的补给量,使地面和地下径流分配以及河川径流年内分配都发生了改变。黄河流域的大理河(流域面积 3 560km²)在每年 7~9 月拦蓄的洪水径流,有 40% 在非汛期释放出来,增加了河川基流。

(3)降低干旱、半干旱地区河川径流总量

水土流失综合治理拦蓄了降水,用于当地的生产、生活和改善生态环境,必然会减少进入河川的总径流量。水土保持对于湿润地区的河川年径流量影响不大。对于大部分面积处于干旱、半干旱地区的黄河流域而言,水土保持减少黄河年总径流的作用将随着治理面积的扩大和治理程度的提高更加显著。据统计分析,目前,黄土高原水土流失综合治理面积约占总流失面积的 1/3,且在治理标准不太高的情况下,由于水土保持而减少的河川径流总量为 $8 \times 10^8 \sim 10 \times 10^8 m^3$。

长江流域江碧溪水文站,流域面积 1 970km²,1989 年实施重点治理后,8 年多来年平均径流量减少了 $4.512 \times 10^8 m^3$,占治理前年径流量的 27.2%。通过水文分析,求得降雨因素的影响使径流量减少了 $2.122 \times 10^8 m^3$,水土保持因素使年径流量减少了 $2.390 \times 10^8 m^3$,占治理前多年年均径流量的 14.4%,相当于减少径流量 $12.0 \times 10^4 m^3/(km^2 \cdot a)$。采用此项指标推算,长江全流域现已治理面积 $21.04 \times 10^4 km^2$,每年减少河川径流总量约 $250 \times 10^8 m^3$。

(4)控制土壤侵蚀,减少河流泥沙

水土流失综合治理对于土壤水蚀采取了层层设防的措施,通过以坡改梯为主体的基本农田建设、林草植被建设、土壤耕作制度的改进,以及沟道以淤地坝为主体的工程建设,可以大大降低土壤侵蚀模数,显著地减少进入河川的泥沙量。

在黄土高原水土流失综合治理的减蚀减砂效益极为显著。一般小流域经过综合治理,土壤侵蚀模数可以从 $1 \times 10^4 \sim 2 \times 10^4 t/(km^2 \cdot a)$ 减少到 2 000~3 000 $t/(km^2 \cdot a)$,如陕西安塞县纸坊沟小流域经过治理,土壤侵蚀模数由14 000 $t/(km^2 \cdot a)$ 减少到 3 000 $t/(km^2 \cdot a)$,减少了 11 000 $t/(km^2 \cdot a)$。如果治理措施得当、治理质量达到规范标准,将侵蚀模数降低到 1 000 $t/(km^2 \cdot a)$ 的允许水平以下也是可能的。在小流域综合治理初期,沟道治理工程对拦砂起决定性作用,随着时间的推移,基本农田建设工程和植被建设会发挥越来越大的作用。在中尺度流域,水土保持减砂效益很显著,如黄河中游一级支流无定河,流域面积30 261km²,水土流失治理面积占总流失面积的 56.76%,通过水土保持综合治理可减少河流泥沙 59.0%。大量研究结果表明,黄河流域水土保持在大尺度上也可减少河流含砂量和输砂量,减少水利工程的淤积。自从治理黄河以来,水土保持累计保土拦泥 $106.55 \times 10^8 t$,每年平均减少入黄泥沙 $3 \times 10^8 t$,是黄河多年平均输砂量 $16 \times 10^8 t$ 的18%。

水土保持的减蚀减砂效应在其他流域也是明显的。长江流域水土保持综合措施可减少土壤侵蚀模数 2 000~2 500 $t/(km^2 \cdot a)$,现有水土流失重点治理面积 $5.86 \times 10^4 km^2$,

减少输砂模数 500 t/(km² · a)，每年可减少入江泥沙约 3 000 × 10⁴t，由于影响长江干流泥沙的因素十分复杂，目前，水土保持对长江干流泥沙的影响还不十分明显，但是，随着治理面积的扩大和治理程度的提高，水土保持减砂作用必将逐渐显示出来。

(5) 改善水文环境，保护水质

水土保持综合治理对水资源的影响不仅表现在量的方面，同时还表现在质的方面，综合措施在保水的同时还保土、保肥，从而减小河川水体的面源污染，发挥水质保护作用。水土保持林草措施通过其特有的防护作用，吸收和过滤水体中的一些有害物质，使水体质量明显改善。

(6) 促进区域(流域)社会经济可持续发展

水土保持加快脱贫致富的步伐，促进流域社会经济的可持续发展。流域生态环境的改善和保护，是维护健康的流域水文环境，实现水资源可持续发展战略的保证。

黄土高原的水土流失综合治理有效地改变了一些地区的农业生产条件，促进了这一地区群众脱贫致富的步伐。黄土高原现有水土保持措施，每年可增加粮食 40 × 10⁸ kg，生产果品 150 × 10⁸ kg，使 1 000 多万农民解决了温饱和农村生活用水问题，缓解了水土流失地区群众的"三料"(肥料、饲料、燃料)困难。黄土高原列入国家"八七"扶贫攻坚计划的贫困人口数量由 2 300 万人减少到目前的 1 350 万人。

长江流域"长治"工程自实施到1999年，十年来，已累计增产粮食 30 × 10⁸ kg，治理区农业人均产粮由治理前的 300kg 提高到 440kg。800 多万人摆脱贫困走上了致富之路，并出现了一批小康户、小康村。

1.1.3　水土保持的基本原则

为了有效地保护、改良与合理利用水土资源，在开展水土保持综合治理时，要求遵循以下原则。

(1) 把防止与调节地表径流放在首位

应设法提高土壤透水性及持水能力；在斜坡上建造拦蓄径流或安全排导径流的小地形；利用植被调节、吸收或分散径流的侵蚀能力。以预防侵蚀发生为主，使保水与保土相结合。

(2) 提高土壤的抗蚀能力

应当采用整地、增施有机肥料、种植根系固土作用强的作物，施用土壤聚合物等。

(3) 重视植被的环境保护作用

营造水土保持林，调节径流，防止侵蚀，改善小气候，保护生物多样性。

(4) 在已遭受侵蚀的土地上防止水土流失

注意采用改良土壤特性、提高土壤肥力的措施，把保护土地与改良土壤结合起来。

(5) 采用综合措施防止水土流失

综合措施包括水土保持土地规划、水土保持农业技术措施、水土保持林草措施及水土保持工程措施。以小流域为单元形成一个各项措施之间互相联系、相辅相成的综合措施体系。

（6）因地制宜

针对不同的水土流失类型区的自然条件制定不同的综合体系，提出保护、改良与合理利用水土资源的合理方案。

（7）生态—经济效益兼优的原则

在设计水土保持综合治理措施体系过程中，应当提出多种方案，选用生态—经济效益兼优的方案。在确定水土保持综合治理方案中，全面估计方案实施后的生态效益和经济效益，预测水土保持措施对保土作用及环境因素的影响。使发展生产与改善生态环境标准相结合，实现可持续发展。

（8）以"可持续发展"的理论指导区域（或流域）的综合整治与经营

使某一区域（或流域）的经济发展建立在区域生态环境不断得以改善的基础上。采用综合措施综合经营区域内（流域内）以水、土为主的各种自然资源，建立优化的区域人工生态经济系统。

1.2　水土保持工程学研究对象和内容

1.2.1　研究对象

水土保持工程学是应用工程之原理，防治山区、丘陵区、风沙区水土流失，保护、改良与合理利用水土资源，以利于充分发挥水土资源的经济效益和社会效益，建立良好生态环境的科学。水和土是人类赖以生存的基本物质，是发展农业生产的基本因素。水土保持对发展山区、丘陵区、风沙区的生产和建设，整治国土，治理江河，减少水、旱灾害，防止土地退化，维持生态系统平衡，具有重要意义。

水土保持工程学的研究对象是山丘区及风沙区保护、改良与合理利用水土资源，防治水土流失的工程措施。水土流失的形式包括土壤侵蚀及水的损失。土壤侵蚀除雨滴溅蚀、片蚀、细沟侵蚀、浅沟侵蚀、切沟侵蚀等典型的土壤侵蚀形式外，还包括河岸侵蚀、山洪侵蚀、泥石流侵蚀以及滑坡等侵蚀形式。

水的损失（water loss）形式按降水（P，包括降雨及降雪）在到达地面之前及到达地面以后，其损失形式可分为植物体截流损失（I）、地面蒸发损失（E）、杂草蒸腾损失（T）、坡地径流损失（R）、深层（根系分布层以下）渗透损失（D）等。农田中作物可利用的水量（A）可以利用下列关系式表达，即

$$A = P - (I \pm R + E + T + D)$$

每次降水都可能被植物截留一小部分，但对作物可利用水量影响不大。坡地径流损失取决于土壤透水能力、土壤结构、土壤含水量、土壤板结程度以及地面坡度，最大可达每次降水量的75%以上；与气温、空气相对湿度、土壤湿度、坡向有关。作物生长所需的蒸腾作用蓄水量不属于水的损失形式。杂草蒸腾作用引起的水分损失量取决于耕地制度。植物根系分布层以下的渗透水量一般不能被作物利用，在干旱及半干旱地区，由于降水量小，深层渗透量不大；在降水量多的湿润地区，深层渗透量可以达到相当大的数值。

坡地径流损失是水分损失的主要形式，它不仅减小土壤含水量，影响作物产量以及乔灌木、牧草的生长状况，而且是引起坡地土壤侵蚀的主要营力。控制坡地径流损失是当前我国干旱的水土流失地区大力提倡的"径流农业""径流林业"的重要环节，它有利于充分利用天然降水为发展农、林、牧等生产服务。

1.2.2 水土保持工程学研究的内容

水土保持工程措施是小流域水土保持综合治理措施体系的组成部分，它与水土保持生物措施同等重要，不能互相代替。另外，水土保持工程措施与水土保持生物措施之间是相辅相成、互相促进的。

围绕山地荒废与山洪及泥石流灾害问题，开展了荒溪治理工作。当地农民修建干砌石谷坊、原木谷坊、铁线石笼拦砂坝等工程，固定沟床、拦蓄泥沙、调节洪峰量以减小山洪及泥石流灾害。奥地利的荒溪治理工程、日本的防砂工程均相当于我国的水土保持工程。美国则在 20 世纪 50 年代出版了《水土保持工程学》，包括 6 项内容：①侵蚀的控制；②排水；③灌溉；④防洪；⑤土壤水土保持；⑥水资源开发。

我国根据兴修目的及其应用条件，水土保持工程可以分为以下 4 种类型：①山坡防护工程；②山沟治理工程；③山洪排导工程；④小型蓄水用水工程。

山坡防护工程的作用在于用改变地形的方法防止坡地水土流失，将雨水及雪水就地拦蓄，使其渗入农地、草地或林地，减少或防止形成坡面径流，增加农作物、牧草以及林木可利用的土壤水分。同时，将未能就地拦蓄的坡地径流引入小型蓄水工程。在有发生重力侵蚀危险的坡地上，可以修筑排水工程或支撑建筑物防止滑坡作用。属于山坡防护工程的措施有：梯田、拦水沟埂、水平沟、水平阶、水簸箕、鱼鳞坑、山坡截留沟、水窖(旱井)、蓄水池以及稳定斜坡下部的挡土墙等。

山沟治理工程的作用在于防止沟头前进、沟床下切、沟岸扩张，减缓沟床纵坡、调节山洪洪峰流量，减少山洪或泥石流的固体物质含量，使山洪安全地排泄，对沟口冲积圆锥不造成灾害。属于山沟治理工作的措施有：沟头防护工程，谷坊工程，以拦蓄调节泥沙为主要目的的各种拦砂坝，以拦泥淤地、建设基本农田为目的的淤地坝及沟道护岸工程等。

小型蓄水用水工程的作用在于将坡地径流及地上潜流拦蓄起来，减少水土流失危害，灌溉农田，提高作物产量。小型蓄水用水工程包括小水库、蓄水塘坝、淤滩造田、引洪漫地、引水上山等。

在规划布设小流域综合治理措施时，不仅应当考虑水土保持工程措施与生物措施、农业耕作措施之间的合理配置，而且要求全面分析坡面工程、沟道工程、山洪排导工程及小型蓄水用水工程之间的相互联系，工程与生物相结合，实行沟坡兼治，上下游治理相配合的原则。

水土保持工程措施的洪水设计标准根据工程的种类、防护对象的重要性来确定。坡面工程均按 5~10 年一遇 24h 最大暴雨标准设计。治沟工程及小型蓄水工程防洪标准根据工程种类、工程规模确定。淤地坝、拦砂坝、小型水库一般按 10~20 年一遇的洪水设计，50~100 年一遇的洪水校核。引洪漫地工程一般按 5~10 年一遇的洪水设计。

小流域综合治理是一项系统工程,包括多种措施。随着系统工程的发展,在水土保持工程规划设计中,将会更广泛地应用系统工程理论。另外,为了使水土保持工程的设计与施工现代化,将逐步推广应用计算机辅助设计方法与先进的机械施工设备。

1.3 水土保持工程学发展简史

1.3.1 国内水土保持工程简史

在古代,人类结合农业生产早已采用水土保持工程措施。公元前956年中国古代《吕刑》中就有"平水土"的记载,相当于现代的水土保持工程。涉及水土保持理论的文献最早见于《国语》(公元前550年)。书中指出:"古之长民者,不堕山,不崇薮,不防川,不窦泽。夫山,土之聚也;薮,物之归也;川,气之导也;泽,水之钟也。"作者认为山陵是土壤聚集的地方,薮泽是百物生长繁殖的场所,河川可以通水和调节气候,沼泽能拦蓄洪水,因此,古代先王有不毁坏山陵,不垫高薮泽,不在河流修堤防,不宣泄沼泽的说法。这样的认识对当时保护森林和保持水土,都起了一定的作用。中国历代劳动人民在水土保持实践中还创造了行之有效的工程措施。战国末期(公元前221年),劳动人民就已采用"高低畦整地"的方法蓄水保墒,商代已创造了防止坡地水土流失的"区田"法,此法颇似今天山区群众采用的"掏种"和"坑田"法。

中国早在西汉时期就出现了梯田。水平梯田是我国年代久远的水土保持方法,且驰名于世。事实上,水平梯田几乎与农业一样古老,广泛地分布在世界许多地区,如地中海沿岸国家、中美洲国家及亚洲的日本、印度、韩国及东南亚等地。秘鲁安第斯山地区即保存有2 500年以上的水平梯田。我国台湾地区的水平梯田构筑技术,初由大陆农人传入,主要用于水稻栽培,后又在蔗园、茶园和桑园推广,现今仍是台湾的主要水土保持措施,占全省水土保持工作量的50%以上。

筑淤地坝是黄河流域群众具有独创性的水土保持工程措施。黄土高原山西汾西县修筑淤地坝有400余年的历史。洪洞、赵城等县的坝地,不仅有100多年的历史,且比较集中连片,已形成沟地川台化,充分发挥了增产、减砂的作用。

引洪漫地,充分利用水砂资源,在我国黄土高原也有悠久的历史,陕西富平县赵老峪的引洪漫地,起源于战国时的秦国,距今已有2 000多年,它使"土地干燥的穷乡僻壤"变为"土润而腴"的肥沃良田。赵老峪与定边八里河、礼泉赵镇、泾阳冶峪河合称陕西四大古老引洪渠,发展引洪漫地数千公顷。

1.3.2 国外水土保持工程简史

国外水土保持工程的发展特点与各国自然条件及社会经济条件关系密切。欧洲文艺复兴以后,围绕因滥伐山地森林而引起的山地的荒废,阿尔卑斯山区各国采取了以恢复森林为中心的森林复旧工程,并取得了一定的成效。奥地利1884年制定了世界第一部《荒溪治理法》,总结出一套完整的防治荒溪侵蚀的森林—工程措施体系,把森林和工程结合在一起。1886年,日本明治维新以后,以日本关东山洪及泥石流灾害为契机,在原有的"治水在于治山"传统思想的基础上，于 1928 年创立了具有日本特色的砂防工学（即水土保持工程学）。欧洲阿尔卑斯山地区各国及日本主要针对山洪及泥石流灾害修筑水土保持工程。

另一方面，随着土壤科学及山地农业开发利用技术的发展，开始形成土壤侵蚀及其防治学，20 世纪 30 年代，美国农学教授贝勒特（H. H. Bennet）创立了以保护、改良与合理利用耕作土壤为中心的"土壤保持学"（soil conservation）。美国水土保持事业的发展与殖民者肆意开垦大面积的天然草原和原始森林而引起的严重水土流失危害有密切的关系。前苏联学者在 1917 年苏维埃政府成立以后，继承了俄罗斯著名科学家道库恰耶夫（В. В. Докчаев）、柯斯特切耶夫（П. А. Костычев）、威廉士（В. Р. Вильямс）等人的景观系统生态学的思想体系，创立了农地森林改良土壤学和水利改良土壤及农业改良土壤学，体现了采用综合措施改良土壤、维护与提高土地生产力的观点。这些理论在 20 世纪 40 年代以后指导了前苏联关于种植护田林带，实施草田轮作，建造池塘和水库，以保证"苏联欧洲部分草原区和森林草原区农业稳定丰产计划"的实施。

1.4　水土保持工程学与其他学科的关系

水土保持工程学与其他一些基础性自然科学、应用科学和环境科学均有紧密的联系。在基础科学方面有以下几个。

①水土保持学与气象学、水文学的关系　各种气候因素和不同气候类型对水土流失都有直接或间接的影响，并形成不同的水文特征。水土保持工作者，一方面要根据气象、气候对水土流失的影响，采取相应措施，抗御暴雨、洪水、干旱、大风的危害，并使其害变为利；另一方面通过综合治理，改变大气层下垫面性状，对局部地区的小气候及水文特征加以调节和改善。

②水土保持工程学与地貌学的关系　地形条件是影响水土流失的重要因素之一，而水蚀及风蚀等水土流失过程又对塑造地形起重要作用。地面上各种侵蚀地貌是影响水土流失的因素。

③水土保持工程学与地质学的关系　水土流失与地质构造、岩石特性有很大的关系。许多水土流失作用如滑坡、泥石流等均与地质条件有关，水土保持工程的设计与施工涉及地质学的专业知识。

④水土保持工程学与土壤学的关系　土壤是水蚀和风蚀的主要对象，不同的土壤具有不同的渗水、蓄水和抗蚀能力。改良土壤性状，保持与提高土壤肥力与防止水土流失有很大的关系。

⑤水土保持工程学与应用力学关系密切　为了查明水土流失原因，确定防治对策，除水力学、泥沙动力学、工程力学外，还需要土力学、岩石力学等方面的知识。

在应用科学方面，水土保持工程学与农学、林学及农田水利学、水利工程学等均有密切关系。

本章小结

　　本章介绍了我国水土流失状况及其危害、水土保持的成就与作用、水土保持的原则；水土保持工程的研究对象与内容、水土保持工程与其他学科的关系，以及水土保持工程发展简史等内容。

思 考 题

1. 简述水土保持的原则。
2. 简述水土保持工程的研究对象。
3. 简述水土保持工程的主要内容。
4. 试述水土保持工程与其他学科的关系。

参考文献

王礼先，朱金兆，2005. 水土保持学[M]. 2 版. 北京：中国林业出版社.

王礼先，2000. 水土保持工程学[M]. 北京：中国林业出版社.

中国大百科全书总编辑委员会，2004. 中国大百科全书·水利卷[M]. 北京：中国大百科全书出版社.

张琪江，2001. 土壤侵蚀原理[M]. 北京：中国林业出版社.

第 2 章

梯　田

在我国，梯田一般指水平梯田。各地对水平梯田有不同的名称。如陕西省将山区、丘陵区陡坡上修的水平梯田称为梯田，对塬、川地区缓坡上修的梯田称为埝地。在我国南方，有的把坡上种水稻的梯田称为梯田，而把种旱作物的梯田称为梯土或梯地。虽然名称和形式不同，但本质都一样，都是把具有不同坡度的地面修成具有不同宽度和高度的水平台阶。为了便于叙述，本章把上述不同叫法统称梯田，并以土坎梯田和石坎梯田作为主要研究对象。

2.1　梯田发展历史概况

梯田的修筑不仅历史悠久，而且世界各地都有分布，尤其是在地少人多的山丘地区。我国是世界上最早开发建设梯田的国家之一。在《诗经·小雅·正月》中有"瞻彼阪田，有菀其特"的诗句，其中"阪田"系指山坡地上的田，说明大约在 3 000 年前，坡地上就有了"阪田"，它被认为是梯田的雏形。据推测，梯田应是在坡田的基础上发展起来的。我国黄土高原许多坡田的历史可上溯至先秦时期。《诗经》"滮池北流，浸彼稻田"（《小雅·白华》）以及宋玉"长风至而波起兮，若丽山之孤亩"（《高唐赋》）中的"稻田"和"孤亩"之类的水平田同样也是水平梯田的原始雏形。

我国的隋唐时期是梯田大发展时期，典籍中对梯田及其经营的描述大量增加。"雨足高田白，披蓑半夜耕。"（崔道融《田上》），说的是梯田耕作情形；"一条寒玉走秋泉，引出深萝洞口烟。十里暗流声不断，行人头上过潺潺。"（李群玉《引水行》）是写灌溉；陈延章《水龙赋》和刘禹锡《机汲井》则表明当时先进的高转筒车已在梯田经营中发挥着重要作用。另据记载，广东"新泷等州山田，拣荒坪处为町畦，伺春，丘中聚水，既先买脘鱼子散于田内，一、二年之后，鱼儿长大，食草根并尽。既为熟田，又收鱼利。及种稻，且无稗草。"（刘恂《岭表录异》），这表明当时梯田综合利用已达到了很高的水平。

宋代是我国古代梯田发展历史上的黄金时期，这一时期，随着经济重心南移，梯田在江南得到了大规模开发，如福建："其人垦山陇为田，层起如阶级"（方勺《泊宅编》卷3）；广西："筒车无停轮，木枧着高格"（张孝祥《过兴安呈张仲钦》）……与此同时，"梯田"的专门术语出现在专门论述中。南宋·叶延珪说："果州合川（今重庆合川）等无平田，农人于山垅起伏间为防、潴雨水，用植粳糯，谓之磳田，俗为'雷鸣田'，盖言待雷雨而有水也，戎州（今宜宾）亦有之"，说明在我国西南磳田的发展，是行之有效的水土保持措施之一。南宋·范成大的《骖鸾集》（1172 年）说："袁州（今江西宜春）仰山，缘山腹乔松磴之危，岭陂之上皆禾田，层层而上至顶，名梯田。"梯田以专门术语出现在书籍中，是我国劳动人民把山坡地改造成为梯田，提高作物产量的重要手段。

元、明、清是我国古代梯田的成熟时期，其主要标志一方面形成了比较系统的理论；另一方面开发范围进一步扩大。"梯田，谓梯山为田也。夫山多地少之处，除垒石峭壁例同不毛，其余所在土山，下至衡麓，上至危巅，一体之间，栽作重蹬，即可种艺。如土石相伴，则必叠石相次，包土成田。又有山势峻极，不可展足，播殖之际，人则佝偻蚁沿而上，褥土而种，蹑坎而耘。此山田不等，自下登涉，俱若梯蹬，故总曰'梯田'。上有水塘，则可种粳秫，如止陆种，亦宜粟麦。"（王祯《农书·农器图谱集·田制门》）这部书是我国最早的比较系统地介绍梯田的古农书，从上述可以看出《王祯农书》所讲的梯田包含了3个方面：①所述梯田在前人的基础上，我国南方山区坡地土地资源利用的一种形式主要是梯田，从坡脚到坡顶按其地形、形态等可修成大小不同的梯田。②"叠石相次，包土成田"，主要是石坎（硬）梯田，反映了我国南（或北）方土石山区采用石料资源及土资源匮乏的梯田修筑特点。③梯田和塘结合起来，塘蓄水可以种稻，干旱时可旱作，确保山区坡地农业生产达到"田尽而地，地尽而山"，从而促进我国山区坡地土地资源合理开发和充分利用。

黄土高原地区土质疏松，水土流失严重。耕地总面积中坡耕地有70%~90%或者更多。无论是山区、丘陵区的陡坡，还是塬、梁、峁区的缓坡地，都需要对坡地进行改造，修建成墹地或水平梯田，控制水土流失。自古以来，关中地区渭水河两岸的缓坡地上，大部分缓坡地改造成不同类型的墹地，防止水土流失，蓄水保墒，达到旱涝丰收，并随着灌溉面积的扩大和水利化程度的提高，墹地得到了迅速发展。从唐代开始，黄土高原的陡坡地已逐渐改造或修建成为坡式梯田。在人口密集的地方，如山西洪洞县、赵城等地的梯田已有600多年的历史，其中中楼村一个村庄就有梯田2 600多亩[①]，20世纪40年代初，罗德民（美国）在《西北水土保持考察报告》中描述"黄土区的梯田，最堪引人注意，究其如何形成尚不得而知，或以为先从等耕犁草原开始，每隔一定间距，留一天然草埂，以为私人田界，而自上而下翻土，加以垫高，其后地愈平，而地埂愈高，梯田得以形成"。

中华人民共和国成立后，梯田得到了大规模的发展，我国甘肃庄浪县、广西龙胜县是梯田建设中的先进典型，甘肃在20世纪70~80年代，每年修建$4 \times 10^4 hm^2$，90年代，每年修建$6.6 \times 10^4 hm^2$，到21世纪初，每年修建$8 \times 10^4 hm^2$，截至2005年年底，已建成梯田$186.46 \times 10^4 hm^2$，占宜修面积（$<25°$坡面积$284.6 \times 10^4 hm^2$）的65.5%，其中庄浪县境内山地和丘陵占土地总面积的95%，兴修梯田，以黄河上游的水土保持和生态建设为重点目标，全县水平梯田累计达$6.16 \times 10^4 hm^2$，占耕地总面积的95.3%。实现了"水不出田，土不下山，大灾不减产，小灾保丰收"的良好效果，被命名为全国"梯田化第一县"（图2-1）；广西壮族自治区龙胜县则以提升梯田的审美价值，形成了著名的龙脊梯田风景区，有规模宏大的梯田群，如链似带，从山脚盘绕到山顶，小山如螺，大山似塔，层层叠叠，高低错落，使梯田成为该县的旅游支柱（图2-2）；云南元阳县哈尼梯田是哈尼族人1 300多年来世世代代留下的杰作，梯田随山势地形变化，因地制宜，坡缓地大

---

① 1亩 = 1/15hm²

图 2-1 甘肃庄浪梯田

图 2-2 广西龙脊梯田

则开垦大田,坡陡地小则开垦小田,甚至沟边坎下石隙也开田,因而梯田大者有数亩,小者仅有簸箕大,往往一坡就有成千上万亩(图2-3)。20世纪80年代经一些摄影家的介绍,云南哈尼梯田开始名扬世界,世界各地的人们都被它壮美的自然景观所吸引。在2013年第37届世界遗产大会中,哈尼梯田获准列入《世界遗产名录》。

图2-3　云南哈尼梯田

梯田是山区、丘陵区常见的一种基本农田,它是由于地块顺坡按等高线排列呈阶梯状而得名的。在坡地上沿等高线修成阶台状或坡式断面田地,梯田可以改变地形坡度,拦蓄雨水,增加土壤水分,防止水土流失,达到保水、保土、保肥的目的,同时改进农业耕作技术,能大幅提高产量,从而为贫困地区退耕陡坡,种草种树,促进农、林、牧、副业全面发展创造前提条件。梯田按田面坡度不同可分为水平梯田、坡式梯田、复式梯田等。梯田的宽度根据地面坡度大小、土层厚薄、耕作方式、劳力多少和经济条件而定,与灌排系统、交通道路统一规划。修筑梯田时宜保留表土,梯田修成后,配合深翻、增施有机肥料、种植适当的先锋作物等农业耕作措施,以加速土壤熟化,提高土壤肥力。所以,梯田是改造坡地,保持水土,全面发展山区、丘陵区农业生产的一项措施。我国规定,25°以下的坡地一般可修成梯田,25°以上的则应退耕植树种草。

2.2　梯田的分类

由于我国各地的自然地理条件、劳动力多少、土地利用方式与耕作习惯、治理程度等不同，修筑梯田形式各异，其分类方法也有多种，但主要有以下几种。

2.2.1 按断面形式分类

2.2.1.1 阶台式梯田

在坡地上沿等高线修筑呈逐级升高的阶台形的田地。中国、日本以及东南亚各国对人多地少地区的梯田一般属于阶台式。阶台式梯田又可分为水平梯田、坡式梯田、反坡梯田和隔坡梯田4种。

（1）水平梯田

田面呈水平，在缓坡地上修成较大面积的水平梯田又称埝地或条田。它适于种植水稻、其他大田作物、果树等（图2-4）。

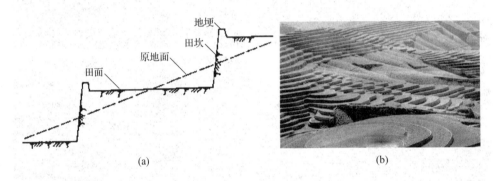

图 2-4　水平梯田

（a）断面图　（b）实景图

（2）坡式梯田

坡式梯田是顺坡向每隔一定间距沿等高线修筑地埂而成的梯田。依靠逐年耕翻、径流冲淤并加高地埂，使田面坡度逐年变缓，终至水平梯田，坡式梯田也是一种过渡的形式（图2-5）。

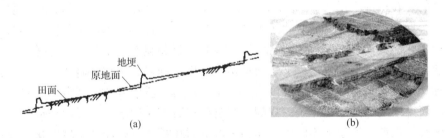

图 2-5　坡式梯田

（a）断面图　（b）实景图

（3）反坡梯田

反坡梯田是田面微向内侧倾斜，反坡角度一般为1°～3°，能增加田面蓄水量，并使暴雨产生的过多的径流由梯田内侧安全排走（图2-6）。它适于栽植旱作与果树。干旱地区造林所修的反坡梯田，一般宽仅1～2m。

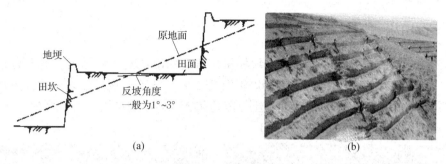

图 2-6 反坡梯田

（a）断面图 （b）实景图

（4）隔坡梯田

隔坡梯田是相邻两水平阶台之间隔一段斜坡的梯田（图 2-7）。从斜坡流失的水土可拦截流于水平阶台，有利于农作物的生长；斜坡段则种植草、经济林或林粮间作。一般 25°以下的坡地上修隔坡梯田可作为水平梯田的过渡期。

图 2-7 隔坡梯田

（a）断面图 （b）实景图

2.2.1.2 波浪式梯田

波浪式梯田是在缓坡地上修筑的断面呈波浪式的梯田（图 2-8），又称软埝或宽埝梯田。一般是在小于 7°~10°的缓坡上，每隔一定距离沿等高线方向修建软埝和截水沟，两软埝和截水沟之间保持原来坡面。软埝有水平和倾斜 2 种：水平软埝能拦蓄全部径流，适于较干旱的地区；倾斜软埝能将径流由截水沟安全排出，适于较湿润的地区。软埝的边坡平缓，可种植作物。两软埝和截水沟之间的距离较宽，面积较大，便于农业机械化耕作。波浪式梯田在美国最多，前苏联、澳大利亚等国也较多。

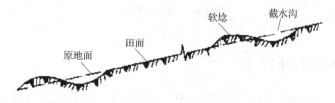

图 2-8 波浪式梯田断面示意

2.2.2　按田坎建筑材料分类

　　按田坎建筑材料分类，可分为土坎梯田、石坎梯田和植物坎梯田。黄土高原地区，土层深厚，年降水量少，主要修筑土坎梯田(图2-9)。土石山区，石多土薄，降水量多，主要修筑石坎梯田(图2-10)。陕北黄土丘陵地区，地面广阔平缓，人口稀少，则采用灌木、牧草为田坎的植物坎梯田(图2-11)。

图2-9　土坎梯田　　　　　　　　　图2-10　石坎梯田

图2-11　植物坎梯田

2.2.3　按土地利用方向分类

　　按土地利用方向分类，可分为农田梯田、水稻梯田、果园梯田和林木梯田等。

2.2.4　按灌溉方法分类

　　按灌溉方法分类，可分为旱地梯田和灌溉梯田。

2.2.5　按施工方法分类

按施工方法分类，可分为人工梯田(图2-12)和机修梯田(图2-13)。

图2-12　人工梯田　　　　　　　　　图2-13　机修梯田

2.3　梯田的规划与设计

梯田建设是山区水土保持和改变农业生产的一项重要措施。因此，梯田规划必须在山、水、田、林、路全面规划的基础上进行。规划中要因地制宜地研究和确定一个经济单位(乡或镇)的农、林、牧各业用地比例，确定耕作范围及耕作畦田，与基本农田规划相结合，统筹考虑。

在梯田规划中，要根据耕作区地形情况，合理布置道路，搞好田块规划与设计，确定施工方案，做好施工进度安排。在田块规划设计中，最重要的是确定适当的田面宽度和地坎坡度，这样才能因地制宜地完成建设梯田的任务。实践证明，规划、设计的合理与否，会导致修筑梯田的工效和费用相差几倍。

2.3.1　梯田的规划

梯田由于施工方法不同，规划的要求也有差别，其中有些要求如耕作区规划、道路规划、田块规划等人工修筑梯田与机修梯田基本一致。有些要求如施工方案和进度规划等，则是机修梯田特有的，诸如此类问题，在规划中应该认真分析，慎重进行方案比较，确定合理的方案。

2.3.1.1　耕作区的规划

耕作区的规划，必须以一个经济单位(镇、乡或村)的农业生产、环境评价、水土保持等全面规划为基础。根据农、林、牧各业的发展需要，合理利用土地的要求，分析确定农、林、牧各业生产的用地比例和具体位置，选出其中坡度较缓、土质较好、距村较近、水源和交通条件比较好，有利于实现机械化和水利化的地方，建设高产稳产基本农田，然后根据地形条件划分耕作区。

在塬川缓坡地区，一般以道路、渠道为骨干划分耕作区，在丘陵陡坡地区，一般按自然地形，以一面坡或峁、梁为单位划分耕作区，每个耕作区面积，一般以 50~100 亩为宜。

如果耕作区规划在坡地下部，其上部是林地、牧场或荒坡，有暴雨径流下泄时，应在耕作区上缘开挖截水沟，拦截上部来水，并引入蓄水池或在适当地方排入沟壑，保证耕作区不受冲刷。

2.3.1.2　田块规划

在每一个耕作区内，根据地面坡度、坡向等因素，进行具体的田块规划。一般应掌握以下几点要求。

①田块的平面形状，应基本顺等高线呈长条形、带状布设。一般情况下，应避免梯田施工时远距离运送土方。

②当坡面有浅沟等复杂地形时，田块布设必须注意"大弯就势，小弯取直"，不强求一律顺等高线，以免把田面的纵向修成"S"形，不利于机械耕作。

③如果田块的地形有自流灌溉条件，则应在田面纵向保留 1/500~1/300 的比降，以利行水，在特殊情况下，比降可适当加大，但不应大于 1/200。

④田块长度规划，有条件的地方可采用 300~400m，一般是 150~200m，在此范围内，田块越长，机耕时转弯掉头次数越少，工效越高，如有地形限制，田块长度最好不要小于 100m。

⑤在耕作区和田块规划中，如有不同镇、乡的插花地，必须进行协商和调整，便于施工和耕作。

2.3.1.3　梯田附属建筑物规划

梯田规划过程中，对于附属建筑物的规划十分重视。附属建筑物规划的合理与否，直接影响到梯田建设的速度、质量、安全和生产效益。梯田附属建筑物规划的内容，主要包括以下 3 个方面。

（1）坡面蓄水设施的规划

梯田区的坡面蓄水设施的规划内容，包括"引、蓄、灌、排"的坑、凼、池、塘、埝等缓流附属工程。规划时既要做到各设施之间的紧密结合，又要做到与梯田建设紧密结合。规划程序上可按"蓄引结合，蓄水为灌，灌余后排"的原则，根据各台梯田的布置情况，由高台到低台逐台规划，做到地（田）地有沟，沟沟有凼，分台拦沉，就地利用。其拦蓄量，可按拦蓄区内 5~10 年一遇的一次最大降雨量的全部径流量加全年土壤可蚀总量为设计依据。

（2）梯田区的道路规划

山区道路规划总体的要求：一是保证机械化耕作的机具顺利地进入每一个耕作区和每一个田块；二是必须有一定的防冲设施，以保证路面的完整与畅通，保证不因路面径流而冲毁农田。

丘陵陡坡区的道路规划　重点在于解决机械上山问题，西北黄土丘陵沟壑区的地形特点是，上部多为 40°~60° 的荒陡坡，下部多为 15°~30° 的坡耕地，沟道底部比降较小。

因此，机械上山的道路，也应分为上、下两部分。下部一般顺沟布设，道路比降大体接近或稍大于沟底比降，上部道路一般应在坡面上呈"S"形盘绕而上(图2-14)。

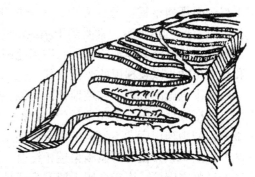

图2-14 坡面"S"形道路

道路的宽度，主干线路基宽度不能小于4.5m，转弯半径不小于15m，路面坡度不要大于10%(即水平距离100m，高差下降或上升10m)。个别短距离的路面坡度也不能超过15%。田间生产路可结合梯田田坎修建。

塬、川缓坡地区的道路规划 由于塬、川地区地面广阔平缓，耕作区的划分主要以道路为骨干划定，相邻两顺坡道路的距离就是梯田地块的长度，相邻两条横坡为道路的方向，可以直接影响到耕作区地块的布设，因此，必须注意以下问题。

①根据前述田块长度的要求，确定顺坡道路间的距离，一般是200~400m。

②若田块布设基本顺等高线，横坡道路的方向，也应基本顺等高线。

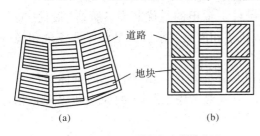

图2-15 塬、川缓坡区道路布设
(a)扇形耕作区 (b)正方形或矩形耕作区

因此，在塬、川缓坡地区，通过道路布设划分耕作区时，应根据地面等高线的走向，每一耕作区的平面形状可以是正方形或矩形[图2-15(b)]，也可以是扇形[图2-15(a)]。这样，耕作区的每一个田块，都可以基本上顺着等高线布置，机修梯田时省工，修成的梯田又便于机耕，避免了田块呈斜角小田地或梯田施工中的远距离大土方量的搬运。

如果强求耕作区的平面形状为正方形或矩形，左右两边的4个耕作区，其横坡道路不是基本顺等高线，而是与等高线斜交，这样就会造成以下2种不利的后果。

①如耕作区的田块都顺等高线布设，必然有少数几块在耕作区上下两处与道路斜交，形成斜角小田地，不利于机耕。

②为了不留斜角小田地，必须使耕作区内的田块都与横坡道路平行，这样就不能顺等高线布设，修梯田时必须远距离运土，导致工效降低，增加费用。

山区道路还应该考虑路面的防冲措施，根据山西的测定：5°~6°的山区道路，每100m² 上产生年径流量为6~8m³，如果路面没有防冲措施，那么有一两次暴雨就会冲毁路面，切断通道。所以必须搞好路面的排水，分段引水进地或引进旱井、蓄水池。

(3)灌溉排水设施的规划

梯田建设不仅控制了坡面水土流失，而且为农业进一步发展创造了良好的生态环境，并导致农田熟制和宜种作物的改进，提高梯田效益。在梯田规划的同时必须结合梯田区的灌溉排水设施规划。

梯田区灌溉排水设施的规划原则，一方面要根据整个水利建设的情况，把一个完整的灌溉系统所包括的水源和引水建筑、输水配水系统、田间渠道系统、排水泄水系统等工程全面规划布置;另一方面,由于梯田多分布在干旱缺水的山坡或山洪汇流的冲沟(古代侵蚀沟道)地带,常受到干旱或洪涝的威胁,因此,梯田区排灌设施规划的另一个原则,就是要充分体现拦蓄和利用当地雨水的原则,围绕梯田建设,合理布设蓄水灌溉和排洪防冲,以及梯田的改良工程。

灌排设施的规划,在坡地梯田区以突出蓄水灌溉为主,结合坡面蓄水拦砂工程的规划,根据坡地梯田面积和水源(当地降水径流)情况,布设池、塘、埝、库等蓄水和渠系工程;冲沟梯田区,不仅要考虑灌溉用水,而且排洪和排涝设施也十分重要。冲沟梯田区的排洪渠系布设可与灌溉渠道相结合,平日输水灌溉,雨日排涝防冲。至于冲沟梯田区的排落空问题,由于多属土壤本身或地势低洼的原因,所以,为了节省渠道占地和提高排涝效果,可以采用明渠和暗渠结合工程的排涝设施。

2.3.2　梯田的设计

梯田的断面设计关系到修筑时的用工量、田坎的稳定、机械化耕作和灌溉的方便。不少地方过去修筑的窄条梯田,田面宽度只有 3~5m,不能适应机械耕作要求。有的地方则片面求大求宽,致使修筑梯田时用工过多,而且修成的田坎高,稳定性差。

梯田断面设计的基本任务,是确定在不同条件下梯田的最优断面。所谓"最优"断面,就是同时达到 3 个方面的要求:一是要适应机耕和灌溉要求;二是要保证安全和稳定;三是要最大限度地省工。

最优断面的关键是确定适当的田面毛宽和田坎外侧坡度,由于各地的具体条件不同,最优的田面毛宽和田坎外侧坡度也不相同,但是要考虑"最优"的原则和原理是相同的。

2.3.2.1　水平梯田的断面要素

(1)梯田的断面要素

梯田的断面要素如图 2-16 所示。

(2)各要素之间的关系

一般根据土质和地面坡度选定田坎高度和侧坡,然后计算田面毛宽,也可根据地面坡度、机耕和灌溉需要先定田面毛宽,然后计算田坎高度。从图 2-16 可以看出,田面愈宽,耕作愈方便,但田坎愈高,挖(填)土方量愈大,用工愈多,田坎也不稳定。在黄土丘陵区,一般田面宽以 30m 左右为宜,缓坡上宽些,陡坡上窄些,最窄不要小于 8m,田坎以 1.5~3m 为宜,缓坡上低些,陡坡上高些,最高不要超过 4m。

各要素之间的具体计算方法如下所示。

田面毛宽(m):
$$B_m = H\cot\theta \qquad\qquad (2\text{-}1)$$

田坎底宽(m):
$$B_n = H\cot\alpha \qquad\qquad (2\text{-}2)$$

田面净宽(m):
$$B = B_m - B_n = H(\cot\theta - \cot\alpha) \qquad\qquad (2\text{-}3)$$

田坎高度(m):
$$H = \frac{B}{\cot\theta - \cot\alpha} \qquad\qquad (2\text{-}4)$$

田面斜宽(m):
$$B_l = \frac{H}{\sin\theta} \qquad\qquad (2\text{-}5)$$

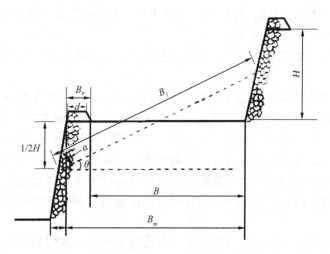

图2-16 梯田断面要素

θ 为地面坡度(°)；H 为田坎高度(m)；α 为田坎坡度(°)；B 为田面净宽(m)；
B_n 为田埂底宽(m)；d 为田坎顶宽(m)；B_m 为田面毛宽(m)；B_l 为田面斜宽(m)

从上述关系式中可以看出，田坎高度 H 是根据田面净宽 B、田坎外侧坡度 α 和地面坡度 θ 3个数值计算而得。其余3个要素：田面毛宽 B_m、田坎占地 B_n、田面斜宽 B_l 都可根据 H、α、θ 三个数值计算而得。对于一个具体地块来说，地面坡度 θ 是个常数，因此，田面净宽 B 和田坎外侧坡度 α 是地面要素中起决定作用的因素。在梯田断面计算中，主要研究这两个因素。

2.3.2.2 梯田田面宽度的设计

梯田最优断面的关键是最优的田面宽度，所谓"最优"田面宽度，就必须是保证适应机耕和灌溉条件下，田面宽度为最小。

根据不同的地形和坡度条件，在不同地区分别采用不同的田面宽度。

(1)残原、缓坡地区

农耕地一般坡度在5°以下。在实现梯田化以后，可以采用较大型拖拉机及配套农具耕作。实践证明，当拖拉机带悬挂农具时，掉头转弯所需最小直径为7~8m；当拖拉机牵引农具时，掉头转弯所需最小直径为12~13m。一般拖拉机翻地时，都把25~30m宽的田面作为一个耕作小区。如果田面宽度为50~60m时，则分为2个小区进行耕作；如果田面宽度为80~100m时，则分为3~4个小区进行耕作；以免掉头转弯时空行程太大。同时30m左右的田面宽度，灌溉时作为畦子长度，也比较合适。有些地方，当田面宽度为100m左右时，灌溉时往往每隔20~30m作为一道"腰渠"，不使畦子太长，以免灌水不匀和费水。因此，无论从机械或灌溉的要求来看，太宽的田面没有必要，一般以30m左右为宜。

(2)丘陵陡坡地区

一般坡度为10°~30°，目前很少实现机耕，根据实践经验，一般采用小型农机进行耕作，这种农具在8~10m宽的田面上就能自由地掉头转弯，这一宽度无论对于畦灌或喷灌都可以满足，因此，在陡坡地(25°)修梯田时，其田面宽度不应小于8m。

（3）特殊情况下的田面宽度

以上两点只是一般原则，在一些特殊情况下，还必须根据具体条件，灵活运用。例如：

①丘陵陡坡区梁峁顶部，地面坡度较缓，如果设计田面宽度在10m左右时，则推土机施工不便，工效较低，田面宽度增大到20～30m时，虽然梯田需工量 W_a 大一些，但施工方便，推土功率 P 也大大提高，这对修成每亩梯田的所需机械工时 T_a 增加得并不多，在这种特殊情况下适当加宽设计的田面宽度是可取的。

②当灌溉渠道高程已确定，采取的田面宽度其相应的田面高程大于渠底高程时，水就灌不上地，这时应降低田面高程。通常可以采用加宽田面宽度使切土土方增大的方法降低田面高程。

③有的缓坡地区，为了加快梯田建设，采取较窄的田面宽度为15m左右，机械耕作时，相邻上下两台套起来，机械在梯田两头地边的道路上掉头转弯，这种具体做法是可取的。

总之，田面宽度设计，既要有原则性，又要有灵活性。原则性就是必须在适应机耕和灌溉的同时，最大限度地省工。灵活性就是在保证这一原则的前提下，根据具体条件，确定适当的宽度，不能只根据某一具体宽度，一成不变。

（4）梯田土方量的计算

当断面设计在挖、填方相等时，梯田挖(填)方的断面面积可由式(2-6)计算，即

断面面积：

$$S = \frac{1}{2} \times \frac{H}{2} \times \frac{B}{2} = \frac{H \cdot B}{8} \ (\text{m}^2) \tag{2-6}$$

每亩田面长度：

$$L = \frac{666.7}{B} \ (\text{m})$$

每亩土方量：

$$V = SL = \frac{HB}{8} \times \frac{666.7}{B} = 83.3H \ (\text{m}^3) \tag{2-7}$$

根据上述公式可计算出不同田坎高度的每亩土方量(m^3)，见表2-1。

表 2-1　不同田坎高度与土方量关系

田坎高度(m)	1.0	1.5	2.0	2.5	3.0	3.5	4.0
每亩土方量(m^3)	83	125	167	208	250	292	333

2.3.2.3　田坎外坡的设计

梯田田坎外坡的基本要求是，在一定的土质和坎高条件下，要保证田坎的安全稳定，并尽可能少占农地、少用工。

在一定的土质和坎高条件下，田坎外坡越缓则安全稳定性越好，但是它的占地和每亩修筑用工量也就越大。反之，如田坎外坡较陡，则占地和每亩修筑用工量也较小，但是安全稳定性就较差。既要安全稳定，又要少占地、少用工，就是"最优断面"设计对田坎外坡的要求。要做到这一点，必须进行田坎稳定的力学分析。

(1)稳定性分析的基本理论

梯田田坎的稳定性,是属于力学中的土坡稳定问题。目前,对此有很多的理论和方法,就圆弧法而言,按其各种不同的假设,就有$f=0$法、瑞典条分法、摩擦圆弧法、毕肖普(Bishop)法等,但其中应用最广泛的是瑞典条分法,现对瑞典条分法进行说明。

当某一土坡发生滑坡时,滑动土体是沿着滑动面整体下滑的。这时,它同时存在着两个力的作用,即滑动力和抗滑力,简单说来,滑动力就是滑动土体的重力G沿滑动面整体的分力,抗滑力包括土壤的内聚力c和内摩擦力f产生的摩擦阻力。当滑动力等于抗滑力,即稳定安全系数$K=1.0$时,土坡处于极限平衡状态。当滑动力大于抗滑力,即稳定安全系数$K<1.0$时,就不能维持稳定而发生滑坡。因此,梯田田坎的稳定必须使抗滑力大于滑动力,也就是说要求稳定安全系数$K>1.0$,设计中K值一般采用$1.05\sim1.20$。

用条分法分析土坡稳定性时,有以下几种假设:

①土是均匀而又各向同性的;

②滑动面是通过坡脚的坡脚圆;

③滑动土体是一个刚体;

④不考虑土条之间相互作用力的影响;

⑤按平面问题考虑。

计算稳定安全系数K值的基本公式为

$$K = \frac{\tan\varphi \sum_{i=1}^{n} W_i \cos\theta_i + CL_{AC}}{\sum_{i=1}^{n} W_i \sin\theta_i} \tag{2-8}$$

式中　K——稳定安全系数;

　　　φ——土的内摩擦角(°);

　　　W_i——第i土条的质量(t);

　　　θ_i——第i土条圆弧中点法线与沿垂线的夹角(图2-17)(°);

　　　C——土的内聚力(kg/cm^2);

　　　L_{AC}——$\overset{\frown}{AC}$的长度(cm或m)。

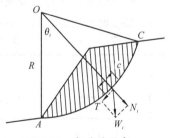

图2-17　条分法示意

式(2-8)只是考虑自重作用下的土坡稳定问题。

(2)梯田田坎的稳定因素

根据土力学原理,梯田田坎能否稳定,主要受5个方面因素的影响:

①田坎外侧坡度α(°);

②田坎高度H(m);

③土壤的内聚力C(Pa);

④土壤的内摩擦角f和土壤的湿容重γ(g/cm^3);

⑤田面的外部荷载。

土壤的抗剪强度指标(C和f)值是随土壤性质和状态变化而变化的,这一强度指标的变化与梯田田坎外侧坡度的关系如下所示。

第一，土壤的颗粒组成（即土壤的物理性质是砂性的还是黏性的）。一般黏性土壤的内聚力较大而内摩擦角较小，砂性土壤的内聚力较小而内摩擦角较大，但总体考虑，还是黏性土壤的抗剪强度较大，因此，黏性土壤地区的梯田埂坡可以陡些，而砂性土壤地区的梯田田坎则应缓些。

第二，土壤的密实程度。以土壤干容重表示。密实程度紧密的，则土壤的干容重、内聚力和内摩擦角数值都相应增大，从而使田坎的稳定性提高。因此，在修梯田时，田坎的密实程度是提高质量的关键，同时，田坎外侧坡度也可修得陡些，一般要求压实后土壤干容重大于 1.35t/m³。

第三，土壤含水量。土壤的含水量越大，则内聚力和内摩擦角的数值都相应地减小，同时土壤的湿容重增大，这会使田坎的稳定性降低。因此，一般在设计中采用土壤容重是以饱和含水量为标准的。

田面的外部荷载在设计中应考虑所采用农业拖拉机的类型、质量、接地的作用重力以及接地点位置。

上述各因素中，如已知田坎外侧坡度 α，则其他因素对它的稳定性影响的规律是：田坎高度 H、土壤的湿容重 γ 越大，则稳定性越差；土壤的内聚力 C、土壤的内摩擦角 φ 越大，则稳定性越好；田面的外部荷载越大、荷载的作用力越集中、作用点越靠近田坎外侧边沿，则稳定性越差。

（3）不同田坎高度下的田坎外坡

当已知土壤性质和状态（即土壤的颗粒组成、密实程度、含水量情况等），通过土力学实验即可确定其内聚力 C、内摩擦角 f 以及湿容重 γ。这样，可以直接计算出不同田坎高度下的稳定田坎外侧坡度（采用一定安全系数 K 值）。

现将黄土地区不同田坎高度条件下采用田坎外侧坡度列于表 2-2，供设计时参考。

表 2-2 不同田坎高度条件下的田坎外侧坡度

田坎高度 H(m)	田坎外侧坡度 α(°)	田坎高度 H(m)	田坎外侧坡度 α(°)
2 以下	75~80	4~6	65~70
2~4	70~75	6~8	60~65

表 2-2 中，田坎外侧坡度 α 的运用可采用下列情况：黏性土壤可采用上限数值，即田坎外侧坡度可以陡一些；砂性土壤应采用下限数值。

（4）田坎谷地的计算

田坎底宽 B_n 可根据田坎高度 H 和田坎外侧坡度 α，按公式 $B_n = H\cot\alpha$ 进行计算，现将计算结果列于表 2-3，供设计时参考。

在修筑梯田时，一般修成田坎后，在梯田田面外部，还修一个蓄水边埂，因此在计算占地数时，必须把蓄水边埂的占地也同时加上，因为它们都属于非农田生产占地，蓄水边埂断面一般采用高 30cm，顶宽 20cm，内侧坡度 45°。计算蓄水边埂占地见表 2-4。

由此可知，梯田修成后，田面上农业净用面积数应为田面毛面积减去田坎占地和蓄水边埂占地数，求其占地系数可采用下述公式，即

$$田坎(\%) + 边埂占地(\%) = \frac{田坎底宽 B_n + 蓄水边埂占地}{田面毛宽 B_m} = \frac{B_n + 蓄水边埂占地}{H\cot\theta}$$

表2-3 不同田坎高度 H、田坎外侧坡度 α 条件下的田坎底宽 B_n 计算

$\alpha(°)$	$H(m)$							
	1	2	3	4	5	6	7	8
90	0.00	0.00						
85	0.09	0.18	0.26	0.35				
80	0.18	0.35	0.53	0.70	0.88	1.06		
75	0.27	0.54	0.80	1.07	1.34	1.61	1.87	2.15
70	0.36	0.73	1.09	1.46	1.82	2.18	2.55	2.92
65	1.40	1.86	2.33	2.80	3.26	3.74		
60	2.89	3.46	4.06	4.63				
55	4.90	5.61						

表2-4 蓄水边埂占地计算

田坎外侧坡度 $\alpha(°)$	蓄水边埂占地(m)	田坎外侧坡度 $\alpha(°)$	蓄水边埂占地(m)
85	0.53	65	0.64
80	0.55	60	0.67
75	0.58	55	0.70
70	0.61		

2.3.2.4 梯田的需工量

(1)梯田需工量的概念

修水平梯田不只考虑土方的多少，同时要考虑运距，才能比较确切地说明修梯田所需要完成的全部工程量。梯田的需工量或梯田土方运移工作量，是指土方乘运距($m^3 \cdot m$)。它不同于物理学中"功"的概念。搬运一定体积的土方，是需要一定数量的"力"的。这个"力"的大小，不仅与土方体积有关，而且与土体的容重和搬运的方式有关，同样体积的土是多种多样的，因而所需的"力"和所做的"功"都不一样。这里先不研究它所需要的"力"和"功"，只研究它搬运土方的体积和运距，就可以使问题简化，找出其共同性的规律。

(2)梯田需工量的计算

每亩梯田需工量：

$$W_a = VS_0 \tag{2-9}$$

式中　W_a——每亩梯田需工量($m^3 \cdot m$)；

　　　V——梯田每亩土方量(m^3)；

　　　S_0——修梯田时土方的平均运距(m)。

根据数学原理：

$$S_0 = \frac{2}{3}B \quad 而 \ V = 83.3H$$

所以

$$\dot{W}_a = 83.3H \cdot \frac{2}{3}B = 55.5BH$$

因
$$H = \frac{B}{\cot\theta - \cot\alpha}$$

则
$$W_a = 55.5B^2 \frac{1}{\cot\theta - \cot\alpha} \tag{2-10}$$

由此可知，梯田每亩土方需工量与田面宽度的平方成正比关系。

（3）梯田需工量的意义

①计算施工工效　在坡地修梯田时，计算人工或机械施工的工效，可采用下述公式，即

$$T_a = \frac{W_a}{P} \tag{2-11}$$

式中　T_a——修筑每亩梯田所需人工或机工时（h）；

W_a——修筑每亩梯田的土方需工量（$m^3 \cdot m$）；

P——人工或机械的运土工率（$m^3 \cdot m/h$）。

【例 2-1】　机引犁修梯田的工效计算。

当拖拉机带机引犁前进时，其向下翻土的功率为：

$$P_{机引犁} = quV$$

式中　$P_{机引犁}$——机引犁翻土功率（$m^2 \cdot m/s$）；

q——拖拉机前进 1m 时向下移动的土方量（m^3）；

$$q = HbL/m$$

H——耕深（m）；

b——每铧耕幅（m）；

L/m——表示拖拉机前进距离（m/m）；

u——向下移动土方的距离（m）；

$$u = Mb$$

M——机引犁铧数；

V——拖拉机前进速度（m/s）。

由此可得：

$$P_{机引犁} = MHb^2 LV$$

这是机引犁翻土功率的一般关系式。

设机引犁铧数为 3，耕深为 0.3m，每铧耕幅为 0.35m，前进速度为 2.2m/s（$L=1$），代入上式得：

$$P = 3 \times 0.3 \times 0.35^2 \times 2.2 = 0.243 \ (m^3 \cdot m/s)$$

或
$$P = 14.58 \ (m^3 \cdot m/min)$$

根据式（2-11）计算得机引犁修梯田每亩所需的机工时间为：

$$T_a = \frac{55.5BH}{14.64} = 3.8BH$$

②提高工效的途径　从式（2-11）的关系中可以看出，要提高相对工效，也就是要求修筑每亩梯田所需的人工或机械用时 T_a 为最小，这必须满足两点：一是要求梯田每亩需

工量 W_a 为最小；二是要求人工或机械运土工率 P 为最大。

合理地规划田块和最优断面设计，其主要目的就是使梯田每亩土方需工量 W_a 为最小，采用优良的施工机具和施工方法，改进施工技术，其主要目的就是使运土工率 P 为最大。

③梯田的断面设计与需工量的关系　根据式(2-10)可知

$$W_a = 55.5B^2 \frac{1}{\cot\theta - \cot\alpha}$$

梯田每亩土方需工量 W_a 与田面净宽 B 的平方成正比，这是在断面设计中必须重视的一个问题。因为，当田面宽度分别为原来宽度的 2 倍、3 倍、4 倍和 5 倍时，则梯田每亩土方需工量分别为原来的 4 倍、9 倍、16 倍和 25 倍。因此，断面设计中，在保证机耕和灌溉要求的前提下，应尽量不要采用过宽的断面。

2.3.2.5　两种常用梯田断面优化设计

(1)土坎水平梯田断面优化设计

水平梯田是山原地区和黄土、丘陵、沟壑区面广量大的基本农田，是水土保持、坡面、田间工程措施的主要组成部分。梯田的规划设计原则，要求开挖土方工程量小、省时省工、土地利用率高、便于机耕、田坎稳定、灌溉方便、有利于作物生长。

①各断面要素的相互关系　水平梯田作为改造坡地、控制水土流失、建设基本农田的坡面工程措施，是通过改变局部地形实现的，从断面看(图 2-18)，水平田面是由挖方区三角形 MOC 和填方区三角形 AON 形成的，AP、RC 称为梯田的斜坡，它由半填半挖而成，在 A、R 处，通常筑有田埂，主要起拦蓄地表径流和田面积水的作用，通常取顶宽 d 为 $0.3 \sim 0.5\text{m}$，高为 $0.3 \sim 0.5\text{m}$，侧坡为 1:1。α、θ 分别为田坎外侧坡度和地面坡度，B_l、B_b、B 分别为田面斜宽、田坎在水平方向的投影宽度、田面净宽，H 为田坎高度。

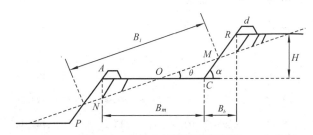

图 2-18　土坎水平梯田断面示意

田坎占地：
$$B_b = \frac{H}{\cot\alpha} \tag{2-12}$$

田面净宽：
$$B = H\cot\theta - H\cot\alpha = H(\cot\theta - \cot\alpha) \tag{2-13}$$

$$H = B_l\sin\theta \tag{2-14}$$

将式(2-14)代入式(2-13)得

$$B = B_l\sin\theta(\cot\theta - \cot\alpha) \tag{2-15}$$

式(2-14)说明，田坎高度 H 与田面斜宽 B_l 成正比，而式(2-15)中，由于 α 随 H 在一定范围内变化，因此，B 是 B_l 与 α 的二元函数。但是，在 θ 较小时，B_l 与 α 的变化导致的 $\cot\theta - \cot\alpha$ 的变化很小，根据测定，$\cot\theta - \cot\alpha$ 的变化不超过 0.41%。所以仍可认为 B_l 与 B 成正比关系，通过式（2-12）至式（2-15），可以计算出梯田断面的各个要素，设计梯田最优断面，实际上就是确定合理的田面净宽。

②土方量与田面净宽的关系　由图 2-19 可以看出，单位长度梯田开挖土方量为：

$$V = \frac{1}{2} \cdot \frac{H}{2} \cdot \frac{B}{2} = \frac{1}{8}HB$$

上式表明，单位长度梯田开挖土方量 V 与田面净宽 B、田坎高度 H 的乘积成正比，对该式加以变换，得到：$V = \frac{1}{8} \cdot \frac{B^2}{\cot\theta - \cot\alpha}$ 或 $V = \frac{1}{8}\sin^2(\cot\theta - \cot\alpha)B_l^2$ 表明，在 θ 较小时，V 与 B 或与 B_l 的平方成正比。

当田面净宽为 B 时，以修建 $100\mathrm{m}^2$ 田面为例，其田面长度 $L = 100/B$，所以每 $100\mathrm{m}^2$ 梯田开挖土方量为：

$$V' = \frac{1}{8}BH\frac{100}{B} = 12.5H \quad \text{或} \quad V' = 12.5B_l\sin\theta$$

因此，每 $100\mathrm{m}^2$ 梯田开挖土方量是原地面坡度 θ 和田面斜宽 B_l 的函数，对于既定的坡度，它与田面斜宽 B_l 成正比，表 2-5 反映了每 $100\mathrm{m}^2$ 梯田开挖土方量与田面斜宽 B_l、地面坡度 θ 之间的关系。

表 2-5　土方量 V' 与 B_l、θ 的关系计算　　　　　　　　　　m^3

田面斜宽 B_l（m）	地面坡度 θ（°）				
	5	10	15	20	25
5	5.45	11.00	16.18	21.37	26.41
10	10.89	22.00	32.35	42.74	52.82
15	16.06	33.00	48.53	64.11	79.23
20	21.79	44.00	64.71	85.47	105.64
25	27.19	55.00	80.88	106.84	132.05
30	32.71	66.00	97.06	128.21	158.46
35	38.12	77.00	113.24	149.58	184.87
40	43.58	88.00	129.41	170.95	211.28

③工量与田面净宽的关系　从挖方区运土到填方区，搬运工作量的大小即需工量 W，既与每 $100\mathrm{m}^2$ 梯田开挖土方量 V' 有关，又与运距有关，工程计算上用二者乘积作指标衡量，称为每 $100\mathrm{m}^2$ 梯田开挖土方需工量，用 W 表示，单位为 $\mathrm{m}^3 \cdot \mathrm{m}$，其计算公式为：

$$W = 12.5H\frac{2}{3}B = 8.33B^2\frac{1}{\cot\theta - \cot\alpha} \tag{2-16}$$

$$W = 8.33\sin^2\theta(\cot\theta - \cot\alpha)B_l^2 \tag{2-17}$$

式(2-15)表明，在 θ 较小时，开挖土方需工量与田面净宽的平方成正比。田面斜宽 B_l 与开挖土方需工量 W 及地面坡度 θ 的关系见表2-6。

表2-6 需工量 W 与 B_l、θ 的关系计算 $\quad$ m³·m

田面斜宽 B_l(m)	地面坡度 θ(°)				
	5	10	15	20	25
5	17.70	34.04	48.59	60.88	70.18
10	70.78	135.71	191.19	238.43	273.52
15	159.25	303.06	430.22	525.74	598.62
20	283.12	538.64	753.37	934.52	1 034.69
25	440.87	841.70	1 177.15	1 430.27	1 616.67
30	634.31	1 201.14	1 695.09	2 059.48	2 260.57
35	863.44	1 634.96	2 274.22	2 742.53	3 076.93
40	1 127.66	2 135.36	1 970.31	3 582.13	4 018.79

④田坎稳定性、土地利用率与田面净宽的关系　梯田田坎必须保持稳定，这是梯田设计中最基本的要求。影响田坎稳定性的主要因素有田坎高度、田坎外侧坡度、土壤密实程度、土壤的内摩擦角、内聚力、修筑方法和施工质量等。一般坡坎低，侧坡缓，施工质量高，田坎稳定；反之，不利于稳定。设计中要求对影响田坎稳定性的因素进行分析。关于侧坡，设计中初步拟订可参照经验数据使用见表2-7。

表2-7 θ 与 H、α 关系

参考数据	地面坡度 θ(°)				
	5	10	15	20	25
田坎高度 H(m)	1.0 1.5 2.0 2.5	1.5 2.0 2.5 3.0	1.5 2.0 2.5 3.0	2.0 2.5 3.0 3.5	2.5 3.0 3.5 4.0
田坎外侧坡度 α(°)	76 75 74 73	75 74 73 72	75 74 73 72	74 73 72 71	73 72 71 70

注：不同地面坡度所对应的 H、α 值可选择4个参考数据。

在梯田建设中，还要考虑田坎占地损失问题。如果土地利用率为 P，田坎占地损失为 Z，则

$$P = 1 - Z, \quad Z = \frac{(B_b + B_0)}{(B_m + B_b)} \times 100\% \qquad (2\text{-}18)$$

式中　B_m——田面毛宽(m)；

　　　B_b——田坎占地宽度(m)；

　　　B_0——田地边埂占地宽度，通常取 $B_0 = 0.5$ m。

该式计算不同地面坡度不同田面斜宽的田坎占地损失(%)，见表2-8。

表 2-8　不同地面坡度不同田面斜宽的田坎占地损失　　　　　　　%

田面斜宽 B_l(m)	地面坡度 θ(°)				
	5	10	15	20	25
5	12.25	14.62	17.19	19.58	22.95
10	7.23	9.65	13.25	16.18	19.64
15	5.55	8.73	11.53	16.25	18.27
20	4.62	7.93	10.72	15.27	21.63
25	4.58	7.31	10.19	16.60	21.10
30	4.25	7.89	9.84	16.25	23.02
35	4.30	7.66	12.28	17.82	22.76
40	3.84	7.49	12.09	17.85	22.56

　　⑤耕作、灌溉与田面宽度的关系　梯田修成后，其耕作与灌溉均与田面净宽有关。机耕要求田面净宽应大于农机具的回转直径，有必要的回旋余地，以利于提高农机具的作业效率。根据测定，几种拖拉机带牵引农具时调头所需的最小宽度见表 2-9。

表 2-9　不同农机型号的回转直径

农机型号	东方红-75	铁牛-55	东方红-75	东风-124(手扶)
回转直径(m)	12~13	12	7.5	6.6

　　⑥作物生长与田面净宽的关系　对不同坡向、坡度的坡地采取工程措施后形成的梯田，改变了局部地形，必然导致光、热、水、风等自然条件的变化，对作物生长和产量有一定影响。一般阴坡梯田每条田坎下方均有一定宽度不等的遮阴带，地面坡度越陡，坎越高，遮阴带越宽，越容易造成作物生长不良，产量降低。而阳坡梯田的田坎上方只有一条宽度不等的暴晒带，水分蒸发严重，而田坎越高，蒸发面越大，越容易影响作物生长和产量。

　　根据以上分析，梯田最优断面设计的原则为：在满足土地利用率和机耕工时有效利用率高的基础上，选择田面净宽，并使其不小于农机具回转直径的最小值，这样的最优田面净宽才能满足各种因素的要求。充分利用土地资源最大限度满足机耕需要，克服片面追求过宽田面，达到节省投工投资，降低成本，加速梯田建设速度的目的。综合以上因素，根据理论分析和工程实际经验，土坎梯田最优断面主要尺寸的确定可参照表 2-10 的数值拟定。

表 2-10　土坎水平梯田最优断面尺寸确定参考数值

地面坡度 θ(°)	田面净宽 B(m)	田坎高度 H(m)	田坎外侧坡度 α(°)
1~5	30~40	1.1~2.3	85~70
5~10	20~30	1.5~4.3	75~55
10~15	15~20	2.6~4.4	70~50
15~20	10~15	2.7~4.5	70~50
20~25	8~10	2.9~4.7	70~50

（2）丘陵区石坎梯田断面优化设计

我国长江流域山区地貌多以土石山地为主，间有丘陵沟壑，山高坡陡，相对高差大，土层薄，石料相对丰富，其基本农田建设以修筑石坎梯田为主，形成与黄土高原其他类型区截然不同的梯田建设格局。探讨和研究石坎梯田的优化设计及施工技术对指导土石山区石坎梯田规范化建设具有重要意义。

【例2-2】 山东省平邑县资邱乡东岭高效生态农业示范区梯田修筑。

①田面要素设计 田面设计，即梯田在坡面上的规划设计，均概化为一些较规则的几何图形。可根据几何图形分析断面要素的几何关系，得：

田面毛宽：$B_m = H\cot\theta$

田面净宽：$B = B_m - B_0 = H\cot\theta - B_0$

田坎底宽：$B_0 = d + m(H + h_1)$

田面斜宽：$B_l = H/\sin\theta$

式中 d——田坎顶宽（m）；

B_0——田坎底宽（m）；

H——田面高差（m）；

m——田坎侧坡率；

B_m——田面毛宽（m）；

B——田面净宽（m）；

h_1——田埂高（m）；

θ——地面坡度（°）；

B_l——田面斜宽（m）。

②石坎梯田工程量 梯田工程量由土方工程量和田坎工程量两部分组成，由几何图形关系可以推算出每级梯田单位长度挖（填）土方量 V_α' 为：

$$V_\alpha' = \frac{1}{2} \times \frac{1}{2}H \times \frac{1}{2}B_m = \frac{1}{8}H^2\cot\theta$$

每公顷梯田长度为 10 000/B，则每公顷梯田土方量 V_α 为：

$$V_\alpha = V_\alpha' \times \frac{10\ 000}{B} = \frac{10\ 000H^2\cot\theta}{8B}$$

石坎梯田石坎单位长度的砌石方量 $V_{石}'$ 为：

$$V_{石}' = \frac{1}{2}(B_0 + d)(H + h_1) + h_2B_0$$

每公顷梯田砌石工程量 $V_{石}$ 为：

$$V_{石} = V_{石}' \times \frac{10\ 000}{B} = \left[\frac{1}{2}(B_0 + d)(H + h_1) + h_2B_0\right] \times \frac{10\ 000}{B}$$

式中 h_2——基础埋深（m）；

其余符号意义同前。

③石坎梯田稳定性分析 以普遍应用干砌石坎分析其稳定情况。由于干砌石之间无黏结材料，不是一个整体，其稳定性较差，完全是靠自身重量来维持稳定。其破坏形式有滑动和土基承受过大压力而引起地基破坏和沿土体某一截面发生剪切破坏。针对干砌

石结构松散特点，在稳定性分析中，需进行滑动稳定与基础应力计算。考虑到砌石剪切破坏实际上也是沿剪切面滑动，所以不再分析计算。

a. 作用在石坎上的力：石坎梯田的田坎透水性强，无侧向水压力与基础扬压力，所受的外力只有自重和坎前土压力、坎后土压力、人畜耕作时的活动荷载。

b. 石坎自重 G：计算断面以上干砌石体积与其容重 γ 的乘积 $G = V_{石}\gamma_{石}$，按要求干砌石孔隙率不超过 20% 时，$\gamma_{石} = 2.2 \mathrm{t/m^3}$。

c. 土压力：坎前土压力计算时，考虑到石坎的变形情况和坎基的变位不可能太大，坎前土压力可按静止土压力计算：

$$p_0 = \frac{1}{2}\gamma h_{2j} k_0$$

式中　γ——土的湿容重，一般取 $1.55 \mathrm{t/m^3}$；

k_0——静止压力系数，$k_0 = 1 - \sin\varphi$；

φ——土体内摩擦角（°）；

h——计算断面以上土层高度（m）。

坎后土压力按主动土压力计算，采用朗肯公式：

$$p_a = \frac{1}{2}\gamma k_a h_j$$

式中　γ——土的湿容重，一般取 $1.55 \mathrm{t/m^3}$；

k_a——主动土压力系数，按 $k_a = \tan^2\left(45° - \frac{1}{2}\varphi\right)$；

h_j——计算断面以上土层高度（m）。

d. 活荷压力 E_q：采用匀体荷载

$$E_q = k_a q h_j$$

式中　q——匀体荷载，一般为 $1.5 \mathrm{t/m^3}$。

e. 滑动稳定计算分析：要保证石坎不会发生滑动失稳，石坎的抗滑安全系数必须大于设计要求的最小抗滑安全系数 K，即

$$\frac{f\sum G}{E_q + P_a - P_0} \geqslant K$$

式中　f——摩擦系数，基岩取 0.7，土基 0.4；

K——设计要求最小抗滑稳定安全系数，常取 1.3；

$E_q + P_a - P_0$——石坎总水平推动；

$\sum G$——作用坎体竖向力和，$\sum G = G_1 + G_2 + G_3$。

f. 基础应力计算：石坎基底的最大压应力不允许超过地基允许承载力 $[\delta]$，地基允许承载力一般情况下，按偏心受压公式计算：

$$\sigma_{\max} = \frac{\sum G}{B_0}\left(1 \pm \frac{6e}{B_0}\right) \leqslant [\delta]$$

式中　B_0——坎底宽度（m）；

$[\delta]$——地基允许承载力，石基 $[\delta] = 60 \mathrm{t/m^3}$；

ΣG——作用坎体竖向力和；

e——偏心距(m)。

④田面宽度优化设计 根据山区农业种植特点，一般设计要求，地面坡度 15°以下时，田面宽 8 ~ 20m，地面坡度在 15°以上时，田面宽不少于 4m，地面坡度大于 25°时，不适宜修梯田。田面宽度除受到地面坡度限制外，还要受到土层厚度约束，坡地土层厚度 T 应大于作物生长要求的最小土层厚度 t(一般作物要求最小土层厚度为 0.5m)，则修建梯田最大宽度 $T = 2(T - t)\cot\theta - B_0$。

⑤田坎高度优化设计 田坎高是影响梯田断面设计的关键因素，根据土壤条件和地面坡度确定，一般在 1.0 ~ 3.0m 范围之内。

⑥田坎侧坡率优化设计 田坎侧坡率受土壤凝聚力和内摩擦角变化影响很大，设计田坎侧坡率取值 0 ~ 0.4 之间。

⑦坎顶宽、埂高和基础埋深优化设计 根据山区特点，结合实际情况，石坎梯田坎顶宽 0.5m，田埂高均为 0.3m，基础埋深 0.3m。

梯田建设 5 年来，没有出现倒塌、滑坡现象。表明优化数值在稳定性等方面有一定的优越性，可以用以指导山丘区石坎梯田建设。通过对梯田断面要素、稳定性、梯田目标优化设计，根据山区适修梯田区气候特点、土壤条件、农业生产结构，提出了梯田优化设计参数并编制了梯田优化设计参考表 2-11。

表 2-11 石坎梯田优化设计参数表

地面坡度 $\theta(°)$	田坎高度 $H(m)$	田面斜宽 $B_l(m)$	石坎梯田	
			田坎侧坡	田面宽度 $B(m)$
5	1.0	11.5	1:0	11.4
	1.5	17.2	1:0	17.1
	2.0	23.0	1:0.1	22.9
	2.5	18.7	1:0.1	28.3
10	1.0	5.8	1:0	5.6
	1.5	8.6	1:0	8.5
	2.0	11.5	1:0.1	11.3
	2.5	14.4	1:0.1	13.9
	3.0	17.3	1:0.2	16.7
15	1.5	5.8	1:0	5.6
	2.0	7.7	1:0.1	7.5
	2.5	9.7	1:0.1	9.1
	3.0	11.6	1:0.2	10.9
20	2.0	5.8	1:0.1	5.5
	2.5	7.3	1:0.1	6.6
	3.0	8.8	1:0.2	7.9

2.3.3 梯田规划设计

2.3.3.1 坡式梯田的规划设计

坡式梯田又称水平台阶地，是坡地变梯田的一种过渡形式。在黄土丘陵地区，采用下切上垫和逐年耕地下翻的方法，在坡耕地上修成了水平的台阶。这种台阶有时又称坡阶复式梯田。

一般情况下，坡式梯田一是沿田坎线下切上垫，填筑水平田面宽度 1.5～3.0m，扩大拦蓄面积，减小拦蓄深度，利于低秆作物种植；二是在干旱地区的园林地建设中，填筑阶田起到保墒作用，利于田坎栽植的幼林生长；三是田坎加高可以延长到 5 年以后进行，并减少了加高次数。坡式梯田不同于隔坡梯田，一是采用田坎线以下取土方式，可以有效地减缓地面坡度，且没有田面内坎，利于耕作；二是通过田坎加高，使坡面逐渐变平，达到水土流失的自然平衡。

(1) 规划布置

坡式梯田的规划，应建立在整个土地开发利用和水土保持治理全面规划的基础之上，要依据当地水土保持治理的进度安排和劳力情况，确定修筑数量，依据地形、地貌状况确定修筑规模。要与基本农田建设相结合，与园林地和林草建设相结合，使坡式梯田规划合理、可行，达到快速控制水土流失，提高土地生产效益的目的。

坡式梯田的布设应根据地形和利用目的来确定，10°～20°坡地应规划为农田或园林地(坡度小于10°的坡地要求一次性修筑为水平梯田)，一般田坎间距为 8～15m；25°～30°坡地应规划为园林地或林草地，田坎间距为 6～10m。

田坎线之间尽量平行，坎线间距和坎线弯度应满足将来机械化操作的要求。

田间道路规划应满足农用机械通行的要求，路面坡度不大于 0.2，根据地形和田块分布合理布设，并与简易公路相通。

地块规划要尽可能集中连片，形成一定的规模，便于施工和管理。田坎线基本按等高线布设，尽量利用天然田坎。田坎坡度、高度和间距的设计，要根据地面坡度大小和土壤性质来确定，既要满足稳定和拦蓄标准，又要省工、利于耕作和达到增产的目的。

(2) 断面设计

坡式梯田断面如图 2-19 所示。

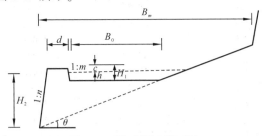

图 2-19   坡式梯田断面图

① 田埂内高(H_1)计算

$$H_1 = h + c \tag{2-19}$$

式中 H_1——田埂内高(m)；

　　　　h——田埂最大拦蓄高度(m)；

　　　　c——田埂超高(m)，取 0.05～0.10。

②最大拦蓄高度 h 的确定

a. 每米埂长来水量和来泥量 W 为：

$$W = L(h_1 + h_2) + Q \tag{2-20}$$

式中　W——每米埂长来水量和来泥量(m^3)；

　　　L——田坎水平间距(m)；

　　　h_1——最大一次暴雨径流深(m)；

　　　h_2——5 年的冲刷深度，即年最大冲刷深($h_大$)与多年平均冲刷深($h_平$)的 4 倍之和，$h_2 = h_大 + h_平 \times 4$；

　　　Q——5 年耕作翻到埂内的土方量(m^3)。

b. 每米埂长最大拦蓄量 V 为：

$$V = \frac{h_2}{2}\tan\theta(1 + m\tan\theta) + L_1 h \tag{2-21}$$

式中　V——每米埂长最大拦蓄量(m)；

　　　L_1——填筑田面宽度(m)，一般在田坎间距的 1/3 左右；

　　　θ——地面坡度(°)；

　　　其余符号意义同前。

c. 田埂最大拦蓄高度 h 为：

$$h = \sqrt{\tan\theta\left[(L_1^2 + 2Vm)\tan\theta + 2V\right]} - L_1\tan\theta \tag{2-22}$$

且 $V = W$。

③修筑每米坡式梯田土方量 A

$$A = \frac{1}{2}\left[H_2 H_1(n + m) + H_2(d + L_1) + H_1(d - L_1)\right] \tag{2-23}$$

式中　A——每米坡式梯田土方量(m^3)；

　　　m——田埂内侧坡比，根据当地土壤性质来确定；

　　　n——田坎外侧坡比，根据当地土壤性质来确定；

　　　d——田埂顶宽(m)，一般取 0.2~0.4；

　　　H_2——田坎高度(m)，根据地面坡度 θ、拦蓄深度 h(其与筑田宽度、来水量、来泥量、作物种植要求等因素有关)、加高田埂次数等因素来具体确定。

④变平年限估算 N

$$N = \frac{V_1 - A}{S + F + G} \tag{2-24}$$

式中　N——变平年限估算(a)；

　　　V_1——坡地变梯田的土方量(m^3)；

　　　A——第一次修筑土方量(m^3)；

　　　S——年均冲刷量(m^3/a)；

　　　F——年均耕作下翻到埂内土方量(m^3/a)；

　　　G——年均加高田埂土方量(m^3/a)。

(3)修筑方法与要求

①放线　根据规划设计的断面规格进行实地放线。用水准仪沿等高线测定田坎线，

并采用大弯就势、小弯取直的方法修正定线。

②清基 沿划定的田坎线清基，将耕作层肥土翻到田坎内，清基宽度一般在沿田坎线上下坡面 0.6 ~ 1.0m。这样不仅使肥土筑田得到利用，而且筑坎能取到墒情较好的土壤。

③取土方法 第一次修筑梯田所需土方必须全部在田坎线以下取土，可以有效地减缓田面坡度；第二、三次加高田埂取土方式，可以采用先下后上、上下结合的办法，并注意保留地表肥土。

④筑坎、培埂 修筑田坎时，每次填土层不宜过厚，一般为 0.1 ~ 0.2m，要踩实外侧打光。田坎设计高度在 2m 以上时，要用夯打实，保证田坎的稳定。地埂顶面纵向必须水平，埂体分层夯实，埂外侧打光。

⑤田埂加高 根据设计年限及时加高田埂，如遇淤积量、径流量超过设计标准的特殊情况时，要提前加高或补修田埂，保证梯田的正常运行。

(4) 综合分析

坡式梯田在黄土丘陵地区的土地开发和水土保持治理中有着很好的发展优势。

①投资小、用工少 根据调查分析，坡式梯田第一次修筑用工比相同条件下修筑水平梯田用工少 2/3，第一次修筑和加高地埂的总用工比修筑水平梯田少 2/5，修筑 1hm² 坡式梯田比修 1hm² 水平梯田减少用工 450 ~ 600 个工日，大大降低了坡改梯的造价。

②治理水土流失快 在人少地广的水土保持治理中，由于劳力的短缺和投资的限制，治理进度缓慢。因此，适当发展坡式梯田，不仅缓和了投资与投劳不足的问题，还可以加快水土保持治理速度，有效控制水土流失。

③易保壮土不减产 修筑坡式梯田，不仅取土面积小，表层壮土好保留，而且阶田拦蓄坡面水土，保墒肥地，较原坡地有着明显的增产优势。因此，修筑坡式梯田，当年种植作物不会减产。

④适宜林粮间作 在坡式梯田田埂内侧栽植经济林，树干略向外倾，由于阶地拦蓄水土的作用，保证了幼林旺盛生长。当加高地埂后，树木移到田坎外侧，树木的遮阴中心落在田坎外侧，减少了对田坎内的光照影响，使林粮作物兼顾。特别是在黄河沿岸红枣适宜区，枣粮间作最为适宜。

2.3.3.2 机修梯田的规划设计

机修梯田的规划，不能孤立地进行，必须建立在整个土地利用和农田基本建设的全面规划的基础之上，并成为其中一个组成部分。

(1) 机修梯田地段的选定

为了从根本上改变农业基础条件，根治水土流失，在选择机修梯田区域时，要以完整的流域或山系为单元，以建设生态农业为目标，统一规划，综合治理。首先，必须对每个单元区域内的地形地貌、丘陵、沟壑、山川、河流以及土层厚薄、土壤结构、益农益林面积等一一进行全面勘测，为选择好工程区域提供科学依据。其次，在实地勘测的基础上，根据当地益农资源的状况，建设基本农田的目标任务和农业发展的需要，按照"先近后远、先好后次、先易后难"的原则，确定机修梯田工程的最佳区域，耕作区宜布设在近村好地、交通便利、易于灌溉(如有水源)的地方；缓坡与残塬地区，可将地块规划成长方形，地畛长度一般不超过300m；陡坡区地块随地形而定，不受形状和地畛长度的约束。

(2)耕作区的划分

选好修梯田的地段，必须进行耕作区的划分，然后再按耕作区进行地块规划、梯田的断面设计和施工设计等具体工作。山、丘陡坡地区和塬、川缓坡地区，在耕作区划分上有不同的特点。

①山、丘陡坡地区　耕作区的划分，受自然地形影响较大，往往以同一坡向的半个山头为一个耕作区，或者以两条沟道之间夹着的一个坡面为一个耕作区。

②塬、川缓坡地区　由于地面广阔、地形变化不大，一般以道路(结合渠道)为骨架划分耕作区。耕作区的平面形状一般为矩形或梯形，顺等高线方向长200~400m与等高线正交方向宽100~300m；每区面积几十亩到一二百亩。其特点是，耕作区的划分与道路、渠道的规划紧密结合。

无论山、丘陡坡地区或塬、川缓坡地区，通过规划，应使每一个耕作区至少做到两边通路，有条件的，可以做到三面或四面通路，以利于农业机械运行。

(3)工程规划

对于区域内各类地形地貌的规划，要与发挥当地自然优势相结合，具体规划有如下几点。

①塬面　对四面陡、顶部平的地貌进行规划时，要以路和排水渠道为框架，把田地规划成方形或梯形的耕作区。

②峁形地貌　规划时，梯田应由峁顶开始，自上而下围绕山顶一层一层地沿着等高线布设，使梯田地埂呈环状。

③渠　对中间突出的驴脊形地貌梯田的布设，应由山梁的两侧，自下而上向梁顶沿等高线布设，建成帽檐形的耕作区。

④弯　当弯度较大时，要按"大弯就势，小弯取直"的原则，取凸填凹，以便机械化作业。

⑤沟　规划时必须把防汛放在首位，要严格按照20年一遇的连续24h暴雨降于该沟的来洪量为依据，认真搞好规划。若遇沟深峡窄，汛期来洪量又大时，可考虑修建蓄水池(库)，绝不可打坝垫地，以防造成坝垮地毁的严重后果。因此，不论宜打坝垫地还是宜建蓄水池，对沟坝和排水系统的规划设计，都必须立足于防汛抗洪，绝不可麻痹从事。

⑥滩涂　规划时田块的布设应与该区域内汛期水流的方向成横向，以利于拦洪垫地。同时也要规划设置防洪排涝的设施。

(4)梯田断面设计

梯田断面设计的基本任务是要研究并确定梯田的最优断面。所谓最优断面，就是要能适应机耕和灌溉的要求，能保证田坎的安全与稳定，同时又能最大限度地节省土方量和需工量，以提高工效，加快进度，降低费用，科学地制定田面净宽、田坎高度和田坎外侧坡度。机修梯田设计断面如图2-20所示。这三者互相关联，设计时应根据地面不同

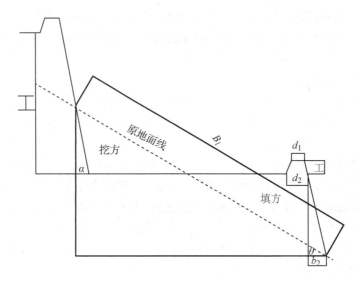

图 2-20 机修梯田设计断面图

的坡度和土质等状况,制订出田块断面的最佳方案,要使新修的梯田坚固、省工、经济,能够达到防洪蓄水、适应机械化作业的要求。

①田面净宽的设计

a. 田面净宽设计的基本要求:简单说来就是两条,一是要有适当的田面净宽,以适应机耕和灌溉的需要;二是在满足上述要求的同时,要尽可能地减少每亩梯田的土方量和需工量。这也就是梯田最优断面的要求。在梯田的最优断面中,田面净宽是首要关键。

必须指出,目前有些地力,在田面净宽的设计上,有两种偏向:一种只考虑了省工,田面修得太窄,有的宽 5~6m,甚至 2~3m,不能适应机耕的需要。这种情况大部出现在山区和丘陵区;另一种以适应机耕为"理由",田面修得太宽,有的宽 70~80m,甚至 100m 以上超过了机耕的实际需要,浪费了几倍甚至十几倍的工。这种情况大部出现在塬、川缓坡地区。因此,田面净宽至少要在 10m 以上,才能适宜机械耕作,使梯田变成保水、保土、保肥的梯田。

b. 缓坡地上的田面净宽:河流两岸的川地、台地,黄土高原地区的塬地,一般是 5°以下的缓坡地。其特点是:一般是当地的主要农业生产基地,目前大部已实现机耕,水利灌溉也发展较快。机耕中一般采用东方红 -75 型或铁牛 -55 型等大型拖拉机及其配套农具。根据群众多年实践经验,拖拉机带牵引农具,调头转弯所需最小直径为 12~13m。如带悬挂农具,调头转弯所需最小直径为 7~8m。田面净宽一般 20~60m,而且坡度越小,田面越宽,坡度越大,田面越窄,见表 2-12。

表 2-12　缓坡地田面净宽与地面坡度对应表

地面坡度 $\theta(°)$	1	2~3	4~5
田面净宽 $B(m)$	50~60	30~40	15~20

这样，既能适应机耕和灌溉，又能最大限度地节省土方量和需功量。同时，田坎高度 1~2m，有利于田坎的巩固和稳定。

陡坡地上的田面净宽：山区、丘陵区的坡耕地一般坡度 15°~25°，有的甚至 30°~35° 以上。修梯田时，田面净宽应按两种不同情况，区别对待：

第一，作为旱涝保收、高产稳产基本农田的，必须考虑适应机耕和灌溉，田面净宽不宜太窄，一般至少 10m 左右。如原来田面净宽不够的，在实现机耕前可以把每 2~3 台合并为一台。如果新修梯田，最好一次修成标准宽度，以免返工。

第二，属于将来需要退耕、造林种草，而在近期(5~10 年内)还需继续种庄稼的，田面净宽可以窄一些，5~6m 甚至 2~3m 也可以。因为，目前和将来都不需要考虑机耕，主要应考虑如何省工，加快进度，以便能尽快保持水土。

作为基本农田的梯田，还应同时注意"大弯就势，小弯取直"，把田面纵向修的基本顺直，避免在平面形状上成为"S"形。

中坡地上的田面净宽：介于 5°~15° 之间的中坡，往往分别附属于塬、川缓坡或者附属于山、丘陡坡。因此，其梯田田面净宽，可以分别参照缓坡或陡坡的情况，采用不同的宽度。

第一，塬边和塬川的过渡地带、川台地的靠山根部分，常有少量 5°~15° 的中坡。修梯田时和一般耕作中，都常与塬、川缓坡地统一安排，可以看作其附属部分。梯田田面可以采取 15~20m 的宽度。

第二，山区、丘陵区的顶部，或其他特殊地形(加黄土丘陵区的"塌地")，也常有少量 5°~15° 的中坡。在修梯田时和一般耕作中，也常与山、丘陡坡地统一安排。梯田田面可以采取 10~15m 的宽度。

特殊情况下的田面净宽：设计田面净宽，在一般情况下，基本上应根据最优断面的原则，按上述三种不同坡度的要求，确定田面净宽。但在另一些特殊情况下，则应根据实际需要，灵活运用，不要生搬硬套。例如：

第一，一般情况下，2°~3° 的缓坡地田面净宽 30m 左右，但在一些灌区，有时如田面宽 30m，则渠底高程低于田面，灌不上水。在此情况下，把田面加宽(例如，加宽到 60m)，降低田面高程，就能灌上水了。这时，即使多花几倍的工，也应加宽田面、降低高程。

第二，在内蒙古和黑龙江，许多缓坡地区已实现机耕。这里许多梯田的四面宽度，一般是 15~20m，即使在 2°~3° 的缓坡上也如此。机耕时，把相邻两台梯田套起来，同样解决了调头转弯问题。

②田坎高度的设计　田坎高度要根据土质好坏、坡度大小、方便耕作、坚固持久等条件来决定，一般田坎高度不高于 3.5m，机修梯田不高于 6m，具体情况见表 2-13。

③田坎侧坡的设计　机修梯田的田坎应保持一定的倾斜度，才能确保田坎坚固稳定。田坎外侧坡度一般以 60°~75° 为宜，不同田坎高度相对应的田坎外侧坡度也不同，见表 2-14。地边田坎的高度，应能拦蓄设计频率暴雨降水量，一般田坎高度为 0.35m，坎顶水平顶宽为 0.30m，内坡 1:1.5，外坡与田坎相同。如有灌溉要求时，田面的纵坡应

表 2-13 不同地面坡度和田面净宽相对应的田坎高度

地面坡度	田面净宽(m)												
(°)	10	12	14	16	18	20	22	24	26	28	30	32	34
5						1.75	1.93	2.10	2.28	2.45	2.63	2.80	2.98
8						2.81	3.09	3.25	3.65	3.93	4.22	4.50	
10				3.17	3.53	3.88	4.37	4.58	4.94	5.21			
13					3.46	4.15	4.03	5.08	5.23	6.00			
14				3.99	4.49	5.49	5.94	6.48					
15				4.29	4.82	5.36	5.89						
16			4.01	4.59	5.16	5.73							
17			4.28	4.89	5.50	6.11							
18		4.00	4.55	5.19	5.85	6.50							
19		4.31	4.28	5.11	6.20								
20		4.37	5.10	5.82	6.55								
21		4.61	5.28	5.71	6.14								
22	4.04	4.85	5.66	6.46									

表 2-14 田坎外侧坡度的选择范围

田坎高度(m)	田坎外侧坡度(°)	田坎高度(m)	田坎外侧坡度(°)
2 以下	75~80	4~6	65~70
2~4	70~75	6~8	60~65

为 1/500~1/300。总之,对机修梯田的断面进行设计时,必须把拦洪蓄水摆在工程的首位,拦蓄能力必须达到抵御 20 年一遇的 24h 暴雨径流,切实做到能蓄能排,梯坎坚固不塌不冲。

④田坎斜坡的形式及其利用 田坎斜坡的两种形式:

a. 硬埂:不但内部分层压实,而且表面拍打光整。主要适应于田坎高度在 2~3m 以下,田坎坡度在 70°~80°,田坎斜坡不考虑利用的情况。优点是:占地较少;缺点是:拍埂用工较多,而且技术要求较高。如拍埂技术较差,田坎就不易巩固。

b. 软埂:内部分层压实,表面保留 10~20cm 的松软虚土,不拍光,上面可种多年生草类或灌木。主要适应于陡坡梯田土田坎较高(4~5m 以上)、坎坡较缓(50°以下)。优点是:不拍埂,比较省工,即使质量差一些也能巩固;虽占地较多,但斜坡上种了草类和灌木也有收益。因此,在一些塬、川缓坡梯田,虽然田坎在 2~3m 以下,有的也愿意做成 45°左右的软埂。

田坎斜坡的利用:田坎斜坡如能很好地利用,如能利用斜坡种上多年生草本或灌木,通过植物的覆盖保护,既能促进田坎巩固,又能增加经济收益。详细内容可参考 2.3.3.3 节内容。

⑤机修梯田的施工设计 机修梯田施工设计的基本任务和要求是:

a. 根据不同地形条件、不同地块规划和不同断面设计,因地制宜地采用不同的施工机具和施工方法以便在保证质量的前提下,提高施工的相对工效,从而加快进度、降低费用。

b. 研究并规定各种不同方法的施工步骤及其操作要领，供机械驾驶员施工时参照执行。

c. 分析计算各种不同施工机具的运土效率和各种不同施工方法修梯田的工效，为制定施工进度规划和计划提供依据。

d. 研究不同条件下施工工效的变化规律，以便创造有利条件，改变不利条件，为进一步提高相对工效探索新的途径。

由于地形地貌复杂，要使推土机在作业时达到优质、高效、低耗和安全生产的要求，是很不容易的。现介绍全面向下翻土法和上下结合翻土法用以说明机修梯田的施工方法。

两种方法都适用于5°以下的缓坡，在有链轨式拖拉机和操作技术比较熟练时，全面向下翻土法也能适应5°~10°的中坡。两种方法都要求坡面比较规整，顺等高线方向没有严重的波浪形起伏，田面宽20~40m，地畛长150m以上。上下结合翻土法只需用一般铧式犁，全面向下翻土法则需用翻转犁，而且最好能有筑埂器配合。

方法一：全面向下翻土法的施工步骤。

a. 筑坎：用拖拉机带上筑坎器，沿已画好的田坎线前进，即可筑成高0.6m、顶宽0.4m、底宽1.2m的田坎，工效可达每秒1m左右。如无筑坎器，也可用拖拉机带犁，围绕田坎线翻"闭垄"，或配合人工筑坎。

b. 翻土：用拖拉机带翻转犁，在田坎线上侧，顺田坎方向运行，从上向下翻土前进翻到地头时，拖拉机调头，同时调整犁向，使拖拉机回头犁地时，仍是向下翻土，如此继续下去，直到把两条田坎线之间的田面普遍翻完一遍，田面坡度就有所减缓，然后再从田坎线上侧开始，把田面再普遍翻犁，田面坡度又进一步减缓，这样连续翻犁几遍之后，田面就翻平了。如果没有翻转犁，用一般铧式犁也行。

c. 人工整修：梯田两头各有约5m长一段拖拉机调头转弯时犁不到，需要用人力加工修平，并结合修好梯田两头的田间道路。梯田的田坎，需要用人工做成标准断面。机械施工后地中还有大平小不平之处，需要用人工精细平整，特别是对于要进行灌溉的梯田。

d. 逐年修平：在地多人少、机修梯田任务较大的地方，把需要修梯田的坡地都一次修平，有许多实际困难，可以采取全面向下翻土逐年修平的方法。根据断面设计的要求，在坡耕地上，每隔一定距离(15~30m)，顺等高线画好田坎线。结合每年的农事耕作，坚持用翻转犁全面向下翻土。这样几年之后，两条田坎线之间的田面就逐步变成水平梯田了。

方法二：上下结合翻土法的施工步骤。

a. 定线：与一般施工方法不同，需要有两种不同的定线。

第一，按照一般定田坎线方法定出来的线，在本法中称为"田面宽度线"。因为梯田修平后的田坎，还不在这条线上；这条线的任务是在坡面上反映出设计的田面宽度。如图2-21中两端插小旗的实线所示。

第二，在两条田面宽度线之间，还要画一条"上下翻土分界线"(图中竖水平尺的虚线)，把田面分成上下两部，上部宽2/3，下部宽1/3。例如，田面宽30m，则上部宽

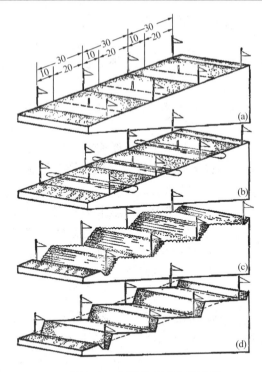

图 2-21 上下结合翻土法示意

20m，下部宽 10m。

b. 翻土：与一般犁地和全面向下翻土法的运行路线都不一样，需要特别注意。其要点为：从上下翻土分界线处开始，采用一般犁地时翻"闭垄"的方式，分界线以上的田面向下翻，分界线以下的田面向上翻。当分界线以下的田面（1/3）向上翻完 1 遍时，分界线以上的田面（2/3）才向下翻完一半。这时，上面 2/3 田面继续接着向下翻，而下面 1/3 田面则又从分界线处开始向上翻。当上面 2/3 田面向下翻完 1 遍时，下面 1/3 田面就向上翻完了 2 遍。于是，再从分界线处开始重复前述的过程。当上面 2/3 田面向下翻完 2 遍时，下面 1/3 田面就向上翻完了 4 遍；当上面 2/3 田面向下翻完 3 遍时，下面 1/3 田面就向上翻完了 6 遍；其余依此类推，直到把田面翻平为止。

必须注意：在围绕分界线翻地 4~5 遍之后，就不能盲目地硬套上述的"2 倍"关系（从下向上翻地的遍数为从上向下翻地遍数的 2 倍），而应该根据田面高度等实际情况来定，才能保证把地翻平。

c. 人工培埂：用上下结合翻土法修平田面后，其田边是一道 30° 左右的陡坡（宽 3m 左右），必须用人工从陡坡下部挖土，填在陡坡的上部，做成坡度大于 45° 的标准田坎。在动手挖填和做标准田坎以前，要仔细定好"挖填分界线"。一般情况下，此线在这一道陡坡的正中。如陡坡宽 3.0m，则挖填分界线一般在距上下各约 1.5m 的地方。田坎做好以后，原来施工的一台田面约有 1/6 的宽度（即 1/3 田面宽度的 1/2），留在田坎下，成了下一台的田面。而本台梯田又将从上一台梯田田坎下获得 1/6 宽度的田面。如图 2-21（d）所示，每台梯田内侧插小旗处（即原来"田面宽度线"位置）与上一台梯田的田坎坎脚相距约 5m（1/6 田面宽度）。在人力比较紧张而机械力比较充裕的情况下，用拖拉机把田面翻平以后，可以用推土机从田坎下部向上推土，做成田坎的雏形，然后再用人工整修成标准断面。

d. 人工整修：同全面向下翻土法一样。

2.3.3.3 梯田田坎应用——植物篱

植物篱是指将某些植物种植成一条狭长的植物带，植物篱一般是由木本植物（乔木、灌木）组成的，也可以用草本植物，或木本和草本组合而成。它有 3 个特点：①每株植物篱植物之间的距离不能太疏，要栽植得紧密一些，它们从根部或接近根部处便相互靠近，形成一个连续体系，以发挥篱笆的作用；②植物篱的高度不能太高，否则便不是植物篱笆，而是植物墙垣了；③植物篱的宽度不能太宽，尽量减少占用土地，一般不超过50cm。

（1）植物篱的作用

植物篱技术针对产生水土流失的自然因素，降低它们的破坏能力，同时也针对水土流失过程的特点，阻止侵蚀过程的发生和发展。首先，植物篱增加土壤表面的覆盖率，能阻挡雨点直接击打地面，降低雨滴溅蚀能量并使其深入土壤。这样不但能减少雨水形成坡面径流，更能增加农作物可利用的土壤水分。植物篱以等高线形式栽种在坡地上，能发挥缩短坡长、减缓地表径流速度和截留泥沙等功能。截留下来的泥沙会堆积在篱下，随着土层厚度的增加，便形成天然土坎，最终使坡耕地逐渐演变成类似梯田的形态，如图2-22所示。

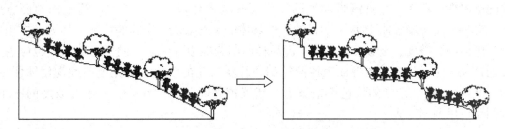

图2-22　植物篱坡耕地演变成缓坡梯田

此外，植物篱的根系能有效固结土粒，增强土壤的防冲抗蚀能力，使颗粒和养分可以保留在耕地中；而且植物篱可以定期修剪，收集得到的枝叶可以作绿肥还田。除了增加土壤养分，减少对花粉农药的依赖，还能改善土壤理化性质，让土壤中的养分形成一个良性循环过程。如果使用固氮植物来造植物篱，能直接增加土壤肥力，效果会更理想。还有，植物篱没有只占地而无产出的缺点，田面面积能充分被利用。

（2）植物篱的应用方式

植物篱应用在保持水土的工作上可以有很多方式。根据不同情况和需要，植物篱可以在坡耕地上独立使用，或结合石坎或土坎梯田一并使用，即护坎植物篱。

独立使用植物篱的基本方式是将植物沿等高线紧密种植成条带，组成篱笆的形态，在植物篱条带之间种植农作物。植物篱的营造可以用单一的乔木、灌木或草本，也可将乔、灌相间或灌、草相间种植，相互搭配，也可采用林、灌、草结合的方式，乔木下为灌木，灌木下为草本，互相交织在一起，组成密集的生物条带。植物篱是多年生，要长期种植，不必经常改换品种，而植物篱之间的农作物可根据当地情况和需要采用不同的方式种植。林木植物篱（如紫穗槐篱、桑树篱）之间可种植玉米—小麦、大豆—小麦或花生—小麦等。可栽种在灌木篱与草篱之间的作物，选择范围就更广了，如茶树篱、黄荆篱、香根草篱等，篱间可种植玉米、蚕豆（豌豆）等。篱间除种农作物外，也可种植果树，经济效益会更好，如香根草篱，篱间可种植柑橘。植物篱与作物搭配的方式是多种多样的，可根据当地生产和发展的需要采用适宜的方式，不但可以提高水土保持效果，还能增加经济效益。

传统坡改梯的工程建设，一直是山坡地区水土保持建设的主体。修建梯田的好处是简单直接，工程完成后即见功效，也很少需要顾虑到季节天气变化与植物的关系，有研究表明，稳定而运作良好的梯田可减少水土流失达 90% 以上。可是，在我国南方多个地区，梯田都存在不稳定的问题，尤其是土坎梯田或使用易风化石料砌成的梯田，更加容易崩塌。为了稳定梯坎，可以在坎上种植能覆盖坎边的植物篱，如龙须草护坎、茶树护坎、金荞麦护坎等，以防止雨滴直接打击坎边而造成崩塌，还可以降低坎边温度和昼夜温差，减缓石坎风化进程，增加梯田的稳定性和寿命。

(3) 植物篱带宽和植物篱间距

由于植物篱占用土地，或多或少会影响作物的生产量，所以植物篱的带宽和篱间距是植物篱建造的重要考虑因素。首先是植物篱带宽：植物篱宽度大，挡土效果好，但宽度若过大，便会浪费宝贵的土地面积，同时，也不能建造宽度不够的植物篱以致水土流失问题出现。那么，究竟篱带的地面宽度要多宽才合理？一般来说，篱带的地面宽度 20 ~ 50cm 已足够达到拦挡水土的目的，但具体的宽度取决于实际的情况，如要考虑当地的降雨强度、坡度、土壤类型和植物篱品种的萌蘖能力等因素。同样，篱间距也应由实际的情况来定，只要做到将地表径流控制在片状层流的阶段，避免出现细沟侵蚀便可。如三峡地区内，在 25° 的紫色土山坡上，建议植物篱间距为 6 ~ 7m，随着坡度的减小，篱间距可以适当变大。

(4) 植物篱的栽培管理和修剪整形

植物篱的栽培时间，一般在春季，由于有天然降雨浇灌，能保证成活率。每排植物篱由 2 ~ 3 行植物组成，上行与下行的植物要间错排列种植，如有需要，可适当施用少量肥料，促进生长萌蘖。植物篱最关键的管理措施是定期修剪，修剪的目的：一方面是防止植物篱与作物争光；另一方面，修剪下来的枝叶可用于绿肥，老一点的枝条可以直接放在篱下，以增强拦挡水土的效果。修剪时间和次数要根据品种来决定，萌蘖快的品种，修剪时间可以早一些，次数也可以多一些，如紫穗槐一年可以修剪两次。需要注意的是，第一次修剪使植物保留约 30cm 的地面高度，以促进其萌发，定形以后再修剪，保持高度在 50 ~ 60cm。宽度不要太宽，以不超过 50cm，为宜避免与作物争地争光，同时也可降低植物篱本身占用的土地面积。

总之，植物篱可以在坡耕地上独立使用，也可结合石坎或土坎梯田一并使用，即护坎植物篱。一般情况下，梯田田坎占地为梯田面积的 12% ~ 18%，是一种"非生产用地"，进行梯田田坎利用，提高田坎利用率和其经济效益。梯田田坎利用是在不同的地段上根据该地段的地理分布特征，选择相应的地埂经济植物。影响植物生长的主要气候因子有年降水量、蒸发量、平均湿度、无霜期、≥10℃ 年活动积温等。由于这些因子的综合影响，各种植物在地理上有着各自的自然分布，在自然分布区内，哪种植物的适生性最好，其生物产量和经济效益最高。甘肃结合各地的气候资料，结合植被区划，用系统聚类分析法对全省梯田田坎利用进行区划，其区划结果见表 2-15。

根据各区梯田地埂主要立地因子并结合地埂经济植物的生态学特性，甘肃梯田田坎利用区划及主要经济植物选择见表 2-16。

2.3 梯田的规划与设计 ·49·

表2-15 甘肃梯田田坎利用区划和立地因子数据

立地因子	白银陇旱灌草利用区	兰州灌草利用区	定西临夏灌草利用区	平凉庆阳天水乔灌草利用区	甘南草原区	陇南乔灌草利用区
地理位置	陇中黄土高原的中部	陇中黄土高原的中部偏北	陇中黄土丘陵沟壑区的中部及南部	陇东黄土高原和陇中丘陵沟壑区	甘南高原的中西部	甘南高原的西部
地貌类型	低山宽谷	以梁、峁为主的丘陵沟壑,间有河谷盆地	丘陵沟壑区	丘陵沟壑区	曲流发育,多洼地草滩,局部地区有沼泽分布	沟谷交错,土薄石多
海拔高度(m)	1 300~2 800	1 500~2 800	1 100~2 700	1 000~3 200	1 000~3 200	—
气候类型	温带半干旱气候向干旱气候的过渡地带	温带半干旱气候	温带半湿润气候到半干旱气候	温带半干湿润气候到半湿润气候	温带半湿润气候向高寒湿润气候的高原气候过渡地带	暖温带和北亚热带
年降水量(mm)	200~300	250~400	400~600	500~800	400~900	440~808
年蒸发量(mm)	1 800~3 200	1 400~1 800	1 259~1 500	1 200~1 600	1 224~1 484	1 148~2 122
平均气温(℃)	4.9~8.2	6.4~6.9	5.0~8.6	7.0~11.0	2.0~4.5	3.2~14.9
无霜期(d)	175~234	146~200	127~192	160~240	50~130	169~258
土壤类型	棕钙土、灰钙土、绿洲土	淡灰钙土、绿洲土	黄绵土、黑垆土	黑垆土、黄绵土、棕壤土	山地草甸草原土、高山草甸土和山地棕色森林土	黄棕壤、棕壤、草甸土和山地褐土、水稻土

表 2-16 甘肃梯田田坎利用区划及主要经济植物选择

一级	二、三级	代码	乔 木	灌 木	草 本	其 他
黄河流域 I	白银耐旱灌草利用区	I 1	—	柽柳、玫瑰	紫花苜蓿、沙打旺	葡萄、苹果
	兰州灌草利用区	I 2	—	柽柳、柠条、玫瑰	草木犀、沙打旺、禾本科牧草	百合、葡萄、黄花
	定西、临夏灌草乔利用区	I 3	花椒、枣、苹果、梨树	柽柳、柠条、紫穗槐	紫花苜蓿、红豆草、百里香	麻黄、当归
	平凉、庆阳、天水乔灌草利用区	I 4	花椒、山杏、桑、枣、核桃、柿	柽柳、杞柳、紫穗槐	紫花苜蓿、红豆草、禾本科牧草	黄花、葡萄
	甘南草原区	I 5	—	—	以禾本科及莎草科为主	当归、油菜、蚕豆
长江流域 II	陇南乔灌草利用区	II 1	花椒、桑、核桃、柿、银杏	—	紫花苜蓿、红豆草、草木犀、小冠花	红芪、当归、柴胡、白芍

通过以上甘肃梯田田坎利用区划及各区适生植物的选择结果，各区县在进行梯田田坎的经济开发时，根据表 2-16 中列出的适合本区的适生植物进行规划和设计，以达到经济效益的最大化。在我国其他土壤、植被、气候、地质地貌相类似的地区，可以以此结果作为参照。

2.3.4 土方量计算

2.3.4.1 土方量计算基本方法

土方平衡计算及测量的方法很多，它们分别适用于不同的地形条件和精度要求。在此简单地介绍常用的方格网法、散点法和纵断面法。

（1）方格网法

方格网法适用于比较复杂的地形。在田块平面形状比较方正的情况下，测量计算都比较方便，而且精确度高。其具体步骤有以下几点：

①打桩　在要测量的梯田区范围内，划分成 10～20m 见方的方格。各方格的顶点均用木桩标定，给予编号（图 2-23），形成方格网，并画出草图。其方法是：先在田块内选一基线 AM，在 AM 线上按 10～20m 定一木桩，然后置经纬仪或直角器于 A 点，作 AM 的垂直线 AA_7，在 AA_7 线上也按 10～20m 定一木桩，同法在 B，C，D，…，M 和 A_1，A_2，A_3，…，A_7 各点分别作垂直于 AM 和 AA_7 的直线 BB_7，CC_7，DD_7，…，MM_7 和 A_1M_1，A_2M_2，A_3M_3，…，A_7M_7。这样就形成了一张方格网图。

如果测量的范围较大，仪器需经一次或多次转移时，可在方格网中适当选择转点构成一水准路线，见图 2-23 中的 C_5—H_6—K_2—E_1 所示，并测定转点高程，经闭合差调整后，即又用作测量各桩点高程的依据。

②整桩 因各方格网顶点的木桩是按规定距离设置的，在地面起伏不平的地块上会有个别桩点的高程不能代表它周围地面的高程。这样就必须检查每一方格顶点的桩点处地面高程的代表性，过高时要适当铲平，过低时要适当填起，然后踏平实。否则测量后，计算土方平衡时会出现偏差。

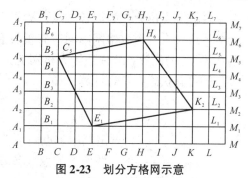

图 2-23 划分方格网示意

③测量 按各木桩编号顺序进行高程测量，并作记录，读数到厘米即可。

④计算 求田块的平均高程：

$$\bar{h}_0 = \frac{1}{n}\left(\frac{\sum h_{角}}{4} + \frac{\sum h_{边}}{2} + \sum h_{中}\right) \tag{2-25}$$

式中 $\bar{h}_0$——田块平均高（cm）;

n——方格总数；

$\sum h_{角}$——各角点高程之和（cm）（图 2-23 中的 A，M，M_7，A_7）；

$\sum h_{边}$——各边点高程之和（cm）（图 2-23 中的 B，C，$\cdots$，L；M_1，M_2，$\cdots$，M_6；B_7，C_7，D_7，$\cdots$，L_7；A_1，A_2，A_3，$\cdots$，A_6 各点）；

$\sum h_{中}$——各中间点高程之和（cm）（图 2-23 中的 B_1，B_2，$\cdots$，B_6；C_1，C_2，$\cdots$，C_6；L_1，L_2，$\cdots$，L_6 各点）。

计算各桩点的设计高程：对于没有纵坡要求的水平梯田，田块的平均高程即各桩点设计高程；对设有纵坡的梯田，田块的平均高程作为田块中间断面的设计高程，按设计的地块纵坡计算沿地长各排桩点的设计高程。

田块设计为单向坡度时，设计高程是将平均高程作为田块中心线的高程，田块内任意一点的设计高程用式（2-26）计算，即

$$H_{ij} = H_0 \pm Li \tag{2-26}$$

式中 H_{ij}——场地内任意一点的设计标高（m）；

L——该点至中心线的距离（m）；

i——坡度。

田块设计为双向坡度时，设计高程是将平均高程作为田块中心线的高程，田块内任意一点的设计高程用式（2-27）计算，即

$$H_{ij} = H_0 \pm L_x i_x \pm L_y i_y \tag{2-27}$$

式中 H_{ij}——场地内任意一点的设计标高（m）；

L_x，L_y——该点沿 $x-x$，$y-y$ 方向距场地中心线的距离（m）；

i_x，i_y——该点沿 $x-x$，$y-y$ 方向的坡度。

计算各桩点的挖填深度：用地块各排桩点的设计高程（即开挖的设计高程）与各桩点实测高程相比较，即可得出挖、填深度，并注明在方格网图上。一般填高数用红笔写，挖深数用蓝笔写。

计算零点位置：根据各桩点自然高程与田块平均高程的关系，确定填方区和挖方区的分界线。在一个方格网内同时有填方和挖方时，要先算出方格网边的零点（填、挖方的分界点）的位置，并标注于方格网上，连接零点就得零线，填方区与挖方区的分界线。零点的位置按式(2-28)计算，即

$$x_1 = \frac{h_1}{h_1 + h_2} \times a \qquad x_2 = \frac{h_2}{h_1 + h_2} \times a \tag{2-28}$$

式中　x_1，x_2——角点至挖填零点的水平距离(m)；

　　　h_1，h_2——相邻两角点的挖深和填高数（均取绝对值）(m)；

　　　a——方格网的边长(m)。

在实际过程中，可以采用图解法直接求出零点，如图2-24、图2-25所示，方法是用直尺在各角上标出相应比例，用直尺相连，与方格相交点即为零点位置。

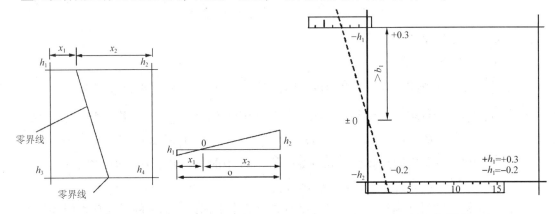

图 2-24　零点位置计算示意　　　　　图 2-25　零点位置图解法

计算挖、填土方量：从上述田块平均高程的计算过程中可以看出，田块的每个角点（图2-23中的A，M，M_7，A_7）的高程只有1个方格用了1次。每个边点（图2-23中的B，C，D，…，L；M_1，M_2，…，M_6；B_7，C_7，D_7，…，L_7；A_1，A_2，…，A_6各点）的高程是2个方格共用的，即用了2次。而每个中间点（图2-23中的B_1，B_2，…，B_6；C_1，C_2，…，C_6；L_1，L_2，…，L_6等各点）的高程是4个方格共用的，即用了4次。根据这一特点，田块挖、填方量计算可用下列公式。

填方总量 = 方格面积 × [各角点填高之和/4 + 2(各边点填高之和)/4 + 4(各中间点填高之和)/4] = 方格面积 × [各角点填高之和/4 + 各边点填高之和/2 + 各中间点填高之和]

同理可得：

挖方总量 = 方格面积 × [各角点挖深之和/4 + 各边点挖深之和/2 + 各中间点挖深之和]

上述两个公式的填高及挖深数，以米为单位，每一个小方格面积以平方米为单位。对于零线穿过的散格，按方格网底面积图形和图2-26至图2-29所示的公式计算每个方格内的挖方量或填方量。

一点填方或挖方（三角形）为：

$$V = \frac{1}{2}bc\frac{\sum h}{3} = \frac{bch_3}{6} \tag{2-29}$$

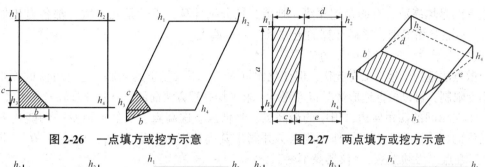

图 2-26 一点填方或挖方示意   图 2-27 两点填方或挖方示意

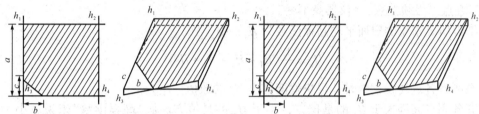

图 2-28 三点填方或挖方示意   图 2-29 四点填方或挖方示意

两点填方或挖方(梯形)为:

$$V_+ = \frac{d+e}{2}a\frac{\sum h}{4} = \frac{a}{8}(d+e)(h_2+h_4) \tag{2-30}$$

$$V_- = \frac{b+c}{2}a\frac{\sum h}{4} = \frac{a}{8}(b+c)(h_1+h_3) \tag{2-31}$$

三点填方或挖方(五角形)为:

$$V = \left(a^2 - \frac{bc}{2}\right)\frac{\sum h}{5} = \left(a^2 - \frac{bc}{2}\right)\frac{h_1+h_2+h_4}{5} \tag{2-32}$$

四点填方或挖方(四边形)为:

$$V = \frac{a^2}{4}\sum h = \frac{a^2}{4}(h_1+h_2+h_3+h_4) \tag{2-33}$$

式中 a——方格网的边长(m);

     b,c——零点到一角的边长(m);

     h_1,h_2,h_3,h_4——方格网四角点的施工高程(m),用绝对值代入;

     $\sum h$——填方或挖方施工高程的总和(m),用绝对值代入;

     V——填方或挖方体积(m^3)。

开挖线调整:求出挖、填方总量后,若二者相差太多,需要进行升高或降低的调整,以求地块挖、填方平衡。其调整数值计算可用下列公式。

$$升高(或降低)数(cm) = \frac{挖(填)方总量(m^3) - 填(挖)方总量(m^3)}{田块总面积(m^2)} \times 10$$

按计算数值变更各个桩点设计高度,重新计算挖深填高和挖、填方量,直至接近平衡为止。

每一小方格的挖、填方量的求法:如小方格的四个角均为填高或均为挖深,则相加后被4除即得平均填高(或挖深)数,再乘以方格面积即得方格填方(或挖方)量;如四个角上有的是填高数，有的是挖深数，则填、挖分别计算，不管是几个数，都各自相加被 4 除，不能互相抵消，这样计算的土方量，一般偏大。

（2）散点法（又称多点平均法）

散点法适用于地形虽有起伏，但变化比较均匀，不太复杂的地形。这种方法的测点位置不受限制，可以根据地形情况布置测点，求平均高程方法简便。其具体步骤有如下几点。

①在田间的四角四边，田中的最高点、最低点、次高点、次低点以及一切能代表不同高程的各个位置上打桩，作为测点，并测出其高程读数分别为 H_1，H_2，$\cdots$，H_n，共有 n 个高程点。必须注意，"仪器高不变"。

②设所要求得的田面平均高程读数为 H_a，则

$$H_a = \frac{1}{n}(H_1 + H_2 + \cdots + H_n) \tag{2-34}$$

在测得各点高程读数时，很快就能算出 H_a 的数值。

③各测点高程大于 H_a 的是挖方，小于 H_a 的是填方。从"高程读数"来说，小于 H_a 的是挖方，大于 H_a 的是填方。算出各点与 H_a 的差数作为施工时应挖掘的挖、填深度。

在测尺上读数为 H_a 的地方作一记号。保持仪器位置和原来的"仪器高"不变。由执尺人在田面上选择若干新的测点，要求通过仪器去看这些测点的高程读数都必须是 H_a。把这些新测点连起来，就是田面上的挖填分界线。

④计算挖、填方总量，按下述方法步骤进行计算。

第一步，求挖、填平均深度。

挖方区平均挖深：

$$h_f = \frac{\sum H_f}{m} - H_a \tag{2-35}$$

填方区平均填高：

$$h_c = H_a - \frac{\sum H_c}{L} \tag{2-36}$$

式中　h_f——平均挖深（m）；

　　　h_c——平均填高（m）；

　　　m——测点读数大于 H_a 的测点数；

　　　L——测点读数小于 H_a 的测点数，$m + L = n$；

　　　$\sum H_c$——测点读数小于 H_a 的各测点读数之和，$\sum H_c = H_{c1} + H_{c2} + \cdots + H_{cl}$；

　　　$\sum H_f$——测点读数大于 H_a 的各测点读数之和，$\sum H_f = H_{f1} + H_{f2} + \cdots + H_{fm}$。

第二步，求挖、填方面积。

挖方面积：

$$A_f = \frac{A_a h_f}{h_c + h_f} \tag{2-37}$$

填方面积：

$$A_c = \frac{A_a h_c}{h_c + h_f} \tag{2-38}$$

式中 A_f——挖方面积(m^2)；

      A_c——填方面积(m^2)；

      A_a——测量地块总面积，当已知 A_c 时，$A_f = A_a - A_c$；

      h_c，h_f 符号意义同前。

第三步，计算挖、填土方量。

挖方量：

$$V_f = A_f h_f \tag{2-39}$$

填方量：

$$V_c = A_c h_c \tag{2-40}$$

第四步，土方平衡计算。

令 $$\Delta V = V_c - V_f$$

当 $\Delta V = 0$ 或数量很小，则挖、填方平衡，所定挖填分界线适合。当 ΔV 值较大时，应进行调整计算。当 ΔV 为正值时，是挖方多了，应提高设计田面高程(即减小 H_a 值)；当 ΔV 为负值时，是填方多了，应降低设计田面高程(即增大 H_a 值)。

提高或降低田面高度：

$$\Delta h = \frac{\Delta V}{A_a}$$

注：A_c 和 A_f 公式的推演过程如下：

当填挖平衡时，$V_c = V_f$

即：$A_c h_c = A_f h_f$

∵ $A_f = A_a - A_c$

∴ $A_c h_c = (A_a - A_c) h_f = A_a h_f - A_c h_f$

移项得：$A_c (h_c + h_f) = A_a h_f$

即：$A_c = \dfrac{A_a h_f}{h_c + h_f}$

(3)纵断面法

纵断面法适用于高差变化较大或道路等带状地形，一般都采用一定的间距 L 截取平行的断面，计算出各横断面的面积，用梯形公式计算出总的土方量。

在地形图上或碎部测量的平面图上，根据土方计算的范围，每隔一定距离 L 等分场地，将场地划分为若干个相互平行的横截面，设横截面1-1、横截面2-2、横截面3-3 等。间距越小，计算土石方量精度越高。按等高线法确定场地平均地面高程 H，然后按设计坡度确定每一断面处的设计高程 H_i，以 H_i 与地面高程之差绘制地形图(图2-30)，分别算出它们高于设计地面的面积 A_i 和低于设计地面的面积 A_i'、A_i''，以相邻两断面面积的平均值乘以等分的间距 L，得出每相邻两断面间的体积，最后将各相邻断面的体积加起来，求出总体积，这种方法称为纵断面法。

断面之间的挖方量：

$$V_{2-3} = L[(A_2 + A_3)/2] \tag{2-41}$$

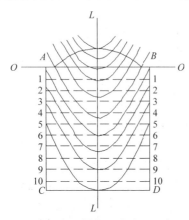

图 2-30　纵断面法地形示意

填方量：

$$V'_{2-3} = L[(A'_2 + A'_3)/2] \tag{2-42}$$

$$V''_{2-3} = L[(A''_2 + A''_3)/2] \tag{2-43}$$

式中　A_i——断面处的挖方面积（m^2）；

　　　A'_i，A''_i——断面处的填方面积（m^2）；

　　　L——两相邻横断面间的间距（m）。

根据横断面测量资料面积 A 采用下面两种方法计算。

①解析法　根据实测的数值计算面积的方法，包括几何图形法和坐标法。

所谓几何图形法，是根据实地测量有关的边、角元素进行面积计算的方法。将不规则图形分割成简单的矩形、梯形或三角形等简单的几何图形，分别计算面积并相加得到所需面积的数据。

所谓坐标法，通常是指对一个不规则的几何图形，测出该图形边界转折点的坐标值，再用式（2-44）计算，即

$$A = \frac{1}{2}\sum_{i=1}^{n} X_i(Y_{i+1} - Y_{i-1}) \tag{2-44}$$

式中　X_i，Y_i——转折点的纵横坐标值（土石方计算一般为距离和高程）；

　　　n——转折点的数目，即多边形边数，当 $i+1 = n+1$ 时，$X_{n+1} = X_1$，$Y_{n+1} = Y_1$。

②图解法　通常是指从图上直接量算面积的方法。在土石方计算之前，根据设计断面和横断面测量资料按一定比例绘制出横断面图，再用各种图解方法量算面积。

用同样的方法计算其他相邻断面间的土石方量时，各部分的挖方量与填方量分别相加，其总和即为场地的总挖方量与总填方量。

（4）其他方法简介

①等高线法　当地面起伏较大、坡度变化较多时，可采用等高线法估算土石方量，在地形图精度较高时更为合适。利用现成的绘有等高线的地形图，计算等高线所围的面积，再根据两相邻等高线的高差计算土方量。等高线法的工作内容与步骤和方格法大致相同，不同之处在于计算场地平均高程的方法。其场地平均高程的计算方法如下：

第一步，在地形图上用求积仪或其他面积量测方法按等高线分别求出它们所包围的面积，相邻等高线所围起的体积可近似看作台体，其体积为相邻等高线各自围起面积之和的平均值乘上 2 条等高线间的高差，得到各等高线间的土石方量，即

$$V = \frac{1}{2}(S_1 + S_2)h \tag{2-45}$$

式中　S_1，S_2——相邻两等高线所围面积；

　　　h——相邻两等高线间的高差。

第二步，再求全部相邻等高线所围起体积的总和，即场地内最低等高线 H_0 以上的总土方量 $V_{总}$。若要把场地整平成一水平面，则其设计高成 $H_{设}$ 为：

$$H_{设} = H_0 + \frac{V_{总}}{A} \tag{2-46}$$

当设计高程求出之后，后续的计算工作可按方格法或断面法进行。

②不规则三角形法 基于不规则三角形网数字高程模型（DEM）的土方计算方法——不规则三角形法（method of irregular triangular for earth calculate，MITEC），这种方法较易计算地形起伏变化大时的土方，同时有一个准确的数学模型提高计算精度。

不规则三角形网的基本概念：不规则三角形网是一种数字高程模型（DEM），它是直接利用测区内野外实测的所有地形特征点（离散数据点），构造出邻接三角形组成的网状结构。不规则三角形网的每个基本单元的核心是组成不规则三角形的三个顶点的三维坐标，这些坐标数据完全来自原始测量成果。由于观测采样时选取观测点是由地形决定的，一般是地形坡度的变换点或平面位置的转折点，从而使得离散点在相关区域中形成非规则形状的三角形。

不规则三角形网的形成方法：建立不规则三角形网的基本过程是将最邻近的3个离散点连接成初始三角形，然后以该三角形的每条边为基础向外连接邻近的离散点，组成3个三角形，接着以这3个三角形的每条边为基础连接邻近离散点，组成新的三角形。如此继续下去，直到所有离散点都被连接组成三角形。构造不规则三角形时，根据取相邻离散点的准则不同，构造方法有：泰森多边形法、最近距离法、最小边长法、边长最小二乘法。

MITEC 选用边长最小二乘法形成三角形格网。该方法从离散点集合中选择两个距离最近的 A 点和 B 点，构成第一条边 AB，再在其余的离散点中选择三角形的另一顶点 P，使得 $AP^2 + BP^2$ 最小（图 2-31），形成第一个三角形；然后用同样的判断条件对第一个三角形 $\triangle ABP$ 的各边进行扩展，直到所有的离散点都包含在三角形格网中。

MITEC 方案设计：首先，将采集到的地貌点的三维坐标（X，Y，H）输入计算机，通过程序形成不规则三角形网，这时整个计算土方的地形就形成了由三棱柱组成的集合，如图 2-32 所示。

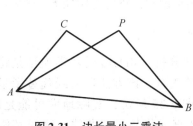

图 2-31 边长最小二乘法

图 2-32 三棱柱集合图

其次，根据给定设计高程确定零平面（即给定设计高程所在的平面），于是这些三角形被零平面分为两种情况：一种是全挖方或全填方（图 2-33）；另一种是既有挖方又有填方（图 2-34）。

再次，根据数学公式将每个不规则三角形的体积计算出来，以"＋"表示挖方，以"－"表示填方。

最后，分别统计体积为"＋"和体积为"－"的形体的体积总和，这样"－"的体积总和就是该地形内的填方数，"＋"的体积总和就是该地形内的挖方数。

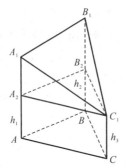

图 2-33　全挖方或全填方示意

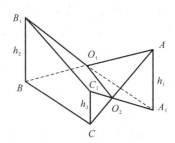

图 2-34　有挖方有填方示意

对于全挖或全填的三棱柱形 $ABC-A_1B_1C_1$（图 2-33），可将三棱柱分为 $C_1-A_1A_2B_2B_1$ 与 $A_2B_2C_1-ABC$ 两部分进行计算，经计算得：

$$V_{ABC-A_1B_1C_1} = \frac{1}{3}s_1(h_1 + h_2 + h_3) \tag{2-47}$$

式中　s_1——三角形 ABC 的面积；

　　　h_1，h_2，h_3——已知地面高程与给定设计高程之间的高差。

对于部分挖与部分填的三棱柱（图 2-34），可分解为楔体 $O_1O_2-B_1C_1CB$ 和三棱锥 $A_1-AO_1O_2$ 两部分。则楔体体积 V_2 为：

$$V_2 = \frac{1}{3}s_1h_2 + \frac{1}{3}s_3(h_2 + h_3) \tag{2-48}$$

记三棱锥 $A_1-AO_1O_2$ 的体积 V_1 为：

$$V_1 = \frac{1}{3}s_4h_1 \tag{2-49}$$

式（2-48）、式（2-49）中 s_2、s_3、s_4 分别为 $\triangle BO_1O_2$、$\triangle O_2BC$、$\triangle AO_1O_2$ 的面积；h_1、h_2、h_3 都是已知地面高程与给定设计高程之间的高差。在此不必考虑公式中的符号，因为以"＋"表示挖方，"－"表示填方。其中三角形面积计算可采用如下公式：

$$S = \frac{1}{2}\sum_{k=1}^{n} x_k(y_{k+1} - y_{k-1}) \tag{2-50}$$

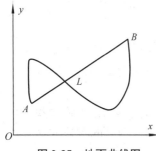

图 2-35　地面曲线图

MITEC 的精度分析：MITEC 的数学模型是将地面抽象成由三棱柱组成的集合，该方法用直线代替了呈现不规则曲面的地面。如图 2-35 所示，实际地面可能是曲线 ALB，但计算时却用 AB 直线代替了该曲线，这样必然会导致误差，我们记该项误差为 m_g。MITEC 数学模型中除了此项误差外，不存在其他误差，所以可得 MITEC 的数学模型误差为：$m_m = m_g$。

对于不规则三角形法计算模型误差，由前述推导可知 MITEC 的计算模型中采用全解析法计算，整个计算过程精度高、误差小。因此，由忽略不计原则可认为不规则三角形法的误差为：$m = m_m = m_g$。

从上述分析可知，若在土方量算区域边界上取足够的点，不规则三角形法也能较好地解决"破格"问题。

2.3.4.2 土方量计算实例

（1）方格网法土方计算实例

【例2-3】 某地块局部高程如图2-36所示，方格网边长 $a=20\text{m}$，各方格角点的自然地面标高标于图上，设计规定地块中心标高70.29m，设计坡度 $i_x=0.2\%$，$i_y=0.3\%$，不考虑土壤可松性的影响，试计算土方量。

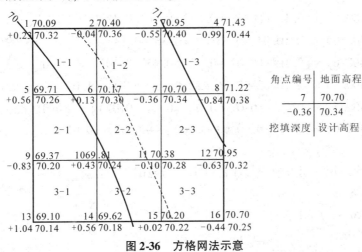

图2-36 方格网法示意

①方格角点的设计高程和挖填深度 根据设计坡度和方向计算各方格角点的设计高程：

田块中心高程为 $H_0=70.29\text{m}$，方格角点设计高程为

$$H_1=H_0-30\times2‰+30\times3‰=70.32(\text{m})$$

$$H_2=H_0-10\times2‰+30\times3‰=70.36(\text{m})$$

$$H_5=H_0-30\times2‰+10\times3‰=70.26(\text{m})$$

其他各方格角点标高的算法同上，计算结果标于方格角点右下角。

计算各方格角点的挖填深度：

各方格角点挖填深度结果标于方格角点左下角。

②确定零线 在相邻方格角点一挖一填的方格边线上，按式（2-28）求得，以虚线标于图上。

③计算工程量 方格1-3、2-3的4个角点全部为挖方，方格2-1、3-1的4个角点全部为填方，即

$$V_{1-3}=(400/4)\times(0.55+0.99+0.84+0.36)=-274(\text{m}^3)$$

$$V_{2-3}=(400/4)\times(0.36+0.84+0.63+0.10)=-193(\text{m}^3)$$

$$V_{2-1}=(400/4)\times(0.55+0.13+0.43+0.83)=+194(\text{m}^3)$$

$$V_{3-1}=(400/4)\times(0.83+0.43+0.56+1.04)=+286(\text{m}^3)$$

方格2-2的4个角点两挖两填，即

$$V_{2-2挖}=(400/4)\times[0.36^2/(0.36+0.13)+0.10^2/(0.10+0.43)]$$

$$= -28.3(\mathrm{m}^3)$$

$$V_{2-2填} = (400/4) \times [0.43^2/(0.10+0.43) + 0.13^2/(0.36+0.13)]$$

$$= -38.3(\mathrm{m}^3)$$

方格 1-1、3-2 的 4 个角点为三填一挖，方格 1-2、3-3 的 4 个角点为三填一挖，即

$$V_{1-1挖} = (400/6) \times [0.04^3/(0.13+0.04)(0.23+0.04)] = -0.09(\mathrm{m}^3)$$

$$V_{1-1填} = (400/6) \times (2 \times 0.14 + 0.55 + 2 \times 0.23 - 0.04) + 0.09 = +82.09(\mathrm{m}^3)$$

$$V_{1-2填} = (400/6) \times [0.13^3/(0.13+0.04)(0.36+0.13)] = +1.76(\mathrm{m}^3)$$

$$V_{1-2挖} = (400/6) \times (2 \times 0.04 + 0.55 + 2 \times 0.36 - 0.13) + 1.76 = -83.09(\mathrm{m}^3)$$

$$V_{3-2挖} = (400/6) \times [0.10^3/(0.02+0.10)(0.43+0.10)] = -1.05(\mathrm{m}^3)$$

$$V_{3-2填} = (400/6) \times (2 \times 0.02 + 0.56 + 2 \times 0.43 - 0.10) + 1.05 = +91.92(\mathrm{m}^3)$$

$$V_{3-3填} = (400/6) \times [0.02^3/(0.01+0.02)(0.44+0.02)] = +0.01(\mathrm{m}^3)$$

$$V_{3-3挖} = (400/6) \times (2 \times 0.10 + 0.63 + 2 \times 0.44 - 0.02) + 0.01$$

$$= -112.67(\mathrm{m}^3)$$

将计算结果按填、挖方分别相加，可求出场地挖、填总量，即

$$V_{填} = 693.88(\mathrm{m}^3)$$

$$V_{挖} = 692.20(\mathrm{m}^3)$$

挖填基本平衡。

（2）散点法土方计算实例

【例 2-4】 某项目区地貌类型为平原，地势平坦开阔，地形西北高，东南低，地面坡降 1/275 左右，坡度 0.2° 左右，选取其某一典型田块用散点法计算土方量。典型田块面积 14.29hm²。田块示意如图 2-37 所示。

典型田块内的高程点及高程见表 2-17。

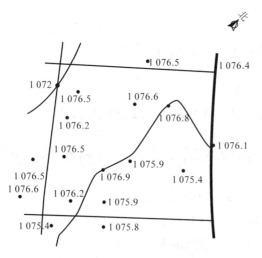

图 2-37 散点法地形示意

① 计算田面平均高程 H_a

$$H_a = \frac{1}{n}(H_1 + H_2 + H_3 + \cdots + H_n)$$

$$= 1/10(1\,076.5 + 1\,075.9 + 1\,076.6 + 1\,076 + 1\,076.5 + 1\,076 + 1\,076.2 + 1\,075.8 + 1\,075.4 + 1\,076.2)$$

$$= 1/10 \times 10\,761.1 = 1\,076.11(\mathrm{m})$$

② 求挖填平均深度 需要挖深的高程点高程（表 2-18）：

表 2-17　散点法高程数据表

高程点	H_1	H_2	H_3	H_4	H_5	H_6	H_7	H_8	H_9	H_{10}
高程(m)	1 076.5	1 075.9	1 076.6	1 076	1 076.5	1 076	1 076.2	1 075.8	1 075.4	1 076.2

表 2-18　散点法挖深高程数据表

高程点	H_7	H_{10}	H_1	H_5	H_3
高程(m)	1 076.2	1 076.2	1 076.5	1 076.5	1 076.6

挖方区平均挖深 h_c：

$$h_c = \frac{\sum H_f}{m} - H_a$$

$$= (1\,076.2 + 1\,076.2 + 1\,076.5 + 1\,076.5 + 1\,076.6)/5 - 1\,076.11$$

$$= 1\,076.4 - 1\,076.11 = 0.29(\text{m})$$

需要填高的高程点高程(表 2-19)：

表 2-19　散点法填高高程数据表

高程点	H_9	H_8	H_2	H_4	H_6
高程(m)	1 075.4	1 075.8	1 075.9	1 076	1 076

填方区平均填高 h_f：

$$h_f = H_a - \frac{\sum H_c}{L}$$

$$= 1\,076.11 - (1\,075.4 + 1\,075.8 + 1\,075.9 + 1\,076 + 1\,076)/5$$

$$= 1\,076.11 - 1\,075.82 = 0.29(\text{m})$$

③求填挖方面积

挖方面积 A_c：

$$A_c = \frac{A_a h_c}{h_c + h_f}$$

$$= (14.29 \times 0.29)/(0.29 + 0.29) = 7.145(\text{m}^2)$$

填方面积 A_f：

$$A_f = \frac{A_a h_f}{h_c + h_f}$$

$$= (14.29 \times 0.29)/(0.29 + 0.29) = 7.145(\text{m}^2)$$

④计算挖填土方量

挖方量 V_c：

$$V_c = A_c \times h_c = 7.145 \times 0.29 \times 10^4 = 2.072\,1 \times 10^4(\text{m}^3)$$

填方量 V_f：

$$V_f = A_f \times h_f = 7.145 \times 0.29 \times 10^4 = 2.072\,1 \times 10^4(\text{m}^3)$$

汇总结果见表 2-20。

表 2-20　散点法计算结果汇总表

田块面积 （hm²）	平均高程 （m）	平均挖深 （m）	平均填高 （m）	挖方面积 （hm²）	填方面积 （hm²）	挖方量 （m³）	填方量 （m³）
14.29	1 076.11	0.29	0.29	7.145	7.145	2.072 1	2.072 1

本章小结

　　本章在梯田发展情况的基础上，介绍了梯田的概念与类别，详细叙述了梯田的规划设计，并详细介绍了土方量计算方法。梯田的规划设计包括梯田的规划和梯田的断面设计两部分内容，梯田的规划是在山、水、田、林、路全面规划的基础上进行的，包括耕作区的规划、地块规划和梯田附属建筑物规划；梯田的断面设计包括水平梯田的断面要素及各要素之间的关系、梯田的需工量及计算的详细过程，梯田田面宽度的设计，田坎坡度的设计，稳定性分析的基本概念和分析方法，梯田设计快速图解法等内容，并列举了较为常见的土坎水平梯田和丘陵区石坎梯田断面设计方法。在土方量计算方法中介绍了方格网法、散点法、纵断面法及其他较为常用方法，并分别对方格网法和散点法进行实例分析，以巩固这两种常用方法。

思 考 题

　　1. 梯田的种类有哪几种？分别是什么？

　　2. 梯田土方量计算方法有几种？分别是什么？

　　3. 梯田的断面设计：假设某梯田的田面毛宽为 25m，田坎外侧坡度 1∶0.5（63°），地面坡度 20°。试确定梯田的断面要素：田面净宽、田坎高度和田面斜宽，并计算该梯田每亩土方量。

　　4. 利用散点法计算梯田土方量时是否取点越多越精确？

　　5. 简述需工量计算方法的原理。

参考文献

贾恒义，2003. 中国梯田的探讨[J]. 农业考古(1)：157 – 162.

王勇，2006. 甘肃梯田资源现状及发展探讨[J]. 中国水土保持(8)：37.

冯小鸥，2003. 甘肃省梯田田坎利用区划研究[J]. 水土保持科技情报(6)：31 – 36

丁树文，等，2005. 植物篱水土保持技术———一种低成本高效益的生态建设[C]. 香港：中国环境资源与生态保育学会.

潘起来，牛晓君，2005. 土坎水平梯田最优断面设计[J]. 青海大学学报（自然科学版）（4）：22 – 24.

马乐平，牟朝相，张晓虹，1998. 石坎梯田优化设计及施工实验研究[J]. 中国水土保持（12）：38 – 40.

王相国，王洪刚，王伟，2001. 丘陵区梯田优化设计研究[J]. 水土保持研究 (9)：125 – 127.

辛全才，1993. 石坎梯田的优化设计[J]. 中国水土保持 (10)：19 – 21.

牛岗，1999. 坡阶复式梯田的设计与修筑[J]. 人民黄河，21(10)：25 – 26.

刘万铨，1980. 机械修梯田[M]. 北京：中国水利水电出版社.

功樟，1999. 机修沟峁坡，黄山变良田——机修梯田系统工程讲座(续三)[J]. 山西农机 (4)：18 – 19.

国土资源部土地整理中心，2005. 土地整理工程设计[M]. 北京：中国人事出版社.

徐敬海，李明峰，刘伟庆，2002. 一种基于 DEM 的土方计算方法[J]. 南京建筑工程学院学报(1)：26 – 31.

张婷婷，王铁良，2006. 土方量计算方法研究[J]. 安徽农业科学，34(22)：6047 – 6050.

刘淑芹，龙占江，尹令贵，2006. 土地平整工程土方量计算[J]. 黑龙江水利科技(6)：110 – 111.

冉大川，赵力仪，等，2005. 黄河中游地区梯田减洪减砂作用分析[J]. 人民黄河，27(1).

胡志磊，2005. 梯田印象[J]. 中国摄影家(4)：66 – 67.

吴发启，张玉斌，等，2004. 黄土高原水平梯田的蓄水保土效益分析[J]. 中国水土保持科学，2(1)：34 – 37.

吴发启，张玉斌，等，2003. 水平梯田环境效应的研究现状及其发展趋势[J]. 水土保持学报，17(5)：28 – 31.

中国水利大百科编辑委员会，1996. 中国水利大百科全书·水利卷[M]. 北京：中国农业出版社.

中国大百科全书总编辑委员会，1990. 中国大百科全书·农业卷[M]. 北京：中国大百科全书出版社.

蒋定生，1962. 对黄土高原水平梯田宽度问题的探讨[J]. 土壤通报(5)：53 – 57.

第 3 章

山坡固定工程

山坡岩土体与人类的生存、发展息息相关，山坡岩土体地带的古滑坡，地形平坦，土质松软肥沃，自然成为人类生息滋养之地。但是，山坡岩土体在提供给人类可利用的珍贵的土地资源的同时，也没有停止过给人类带来灾难。

山坡岩土体由坡面、坡顶及其下部一定深度的坡体组成(图 3-1)。山坡岩土体按照物质组成可分为岩质斜坡和土质斜坡。按人为改造程度可分为自然斜坡和边坡。自然斜坡即未经人为改造破坏的斜坡，如天然沟坡岸坡、山体斜坡等；边坡又叫人工斜坡，即人工改造了形状的斜坡，如坝坡、渠道边坡、道路两侧边坡等。按稳定性可分为稳定斜坡、失稳斜坡和可能失稳斜坡，后两者又统称病害斜坡或非健康斜坡。

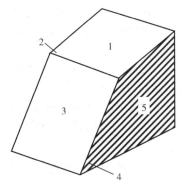

图 3-1　斜坡的组成
1. 坡顶　2. 坡肩　3. 坡面
4. 坡脚　5. 坡体

人工改造形成的稳定边坡，由于受人为扰动影响，土体裸露、结构松散，在水力、风力等自然营力的影响下，极易产生新的水土流失。所以在削坡开级后，可采取护坡工程、稳定边坡挡墙、地表排水和植物措施等措施对边坡加以防护。

病害斜坡或非健康斜坡在本身重力作用下，受水分等自然因素或人为因素影响，失去平衡，将产生滑坡、崩塌和滑塌等块体运动。由于人口增长，土地资源不足等问题，越来越多的山坡(包括滑坡地带)被开发、利用。山区的铁路、公路、水渠、水库、矿山和城镇等的建设，都有大量的边坡工程，由于边坡岩体地质条件不良，加之有各种外营力的长期作用，常有崩塌、滑坡、坍塌、风化剥蚀等地质现象产生，并给人类带来严重灾害。为防止这些危害，常采用挡墙、抗滑桩、排水工程、锚固护坡等斜坡固定工程。

3.1　稳定边坡防护工程

3.1.1　削坡开级

削坡即削掉边坡的非稳定体部分，是一种控制边坡高度和坡度而无需对边坡进行整体加固就能使边坡达到稳定的措施。开级，即通过开挖修筑边坡阶梯或平台，截短坡长，以改变坡型、坡度、坡比，降低荷载重心，维持边坡稳定，同时在阶梯或平台面开级还可结合布设植物措施。人工或天然边坡坡度较陡、高度较大，在未达到稳定边坡容许值范围或不满足植物防护措施布设要求等情况下，可采取削坡开级措施，以降低下滑力，增加边坡的稳定性。削坡开级施工方便，且较为经济，故在边坡防护中常被采用。

　　该方法适应于岩层、塑性黏土和良好的砂性土边坡，并要求地下水位较低，有足够的施工场地。一般对于高度大于 6m 黄土质边坡、高度大于 8m 的石质边坡、高度大于 5m 的其他土质和强风化岩质边坡，可采取削坡开级措施。

3.1.1.1　土质坡面

　　土质坡面的削坡开级，主要有直线形、折线形、阶梯形、大平台形 4 种形式。

　　（1）直线形

　　直线形是坡面从上到下，削成同一坡度，削坡后比原坡度减缓，达到该类土质的稳定坡度。适用于高度小于 20m、结构紧密的均质土坡，或高度小于 12m 的非均质土坡，对有松散夹层的土坡，其松散部分应采取加固措施。

　　（2）折线形

　　折线形重点是削缓坡面上部，削坡后保持上部较缓、下部较陡的形状，从剖面看形似折线。折线形适用于高 12~20m、结构比较松散的土坡，尤其是上部结构较松散、下部结构较紧密的土坡。削坡时，坡面上下部的高度和坡比应根据土坡高度与土质情况具体分析确定，以削坡后能保证稳定安全为原则。

　　（3）阶梯形

　　阶梯形适用于高 12m 以上、结构较松散，或高 20m 以上、结构较紧密的均质土坡。每一阶小平台的宽度和两平台间的高差，应根据当地土质与暴雨径流情况确定。一般小平台宽 1.5~2.0m，两平台间高差 6~12m。干旱、半干旱地区，两平台间高差大些；湿润、半湿润地区，两平台间高差小些。平台宽度和平台间高差应根据具体情况确定，削坡开级后应保证土坡稳定。

　　（4）大平台形

　　大平台一般开在土坡中部，宽 4m 以上。地震区平台具体位置与尺寸，需根据《地震区建筑技术规范》对土质边坡高度的限制确定。大平台适用于高度大于 30m 或在 8 度以上高烈度地震区的土坡。大平台尺寸基本确定后，需对边坡进行稳定性验算。

3.1.1.2　石质坡面

　　石质坡面的削坡开级，除坡面石质坚硬、不易风化外，削坡后的坡比一般应缓于 1:1。此外，削坡后的坡面，应留出齿槽，齿槽间距 3~5m，齿槽宽度 1~2m。在齿槽上修筑排水明沟和渗沟，一般深 10~30cm，宽 20~50cm。

3.1.1.3　削坡开级坡面防护与稳定

　　削坡开级后的坡面，由于受人为扰动影响，极易产生新的水土流失，所以在削坡开级后，应结合植物措施、挡墙、护坡工程和地表排水等措施对坡面进行综合治理。例如，在阶梯形的大平台中种植乔木或果树，其余坡面可种植草类或灌木，以防止水土流失，保护坡面；削坡后因土质疏松可能产生碎落或塌方的坡脚，应修筑挡土墙予以防护；削坡后的稳定坡面，可以利用各种护坡工程予以防护。

土质坡面或石质坡面，都应配置截水沟、排水沟、急流槽（排水边沟）等截排水系统，以防止削坡面径流及坡面上方地表径流对坡面的冲刷。

削坡开级设计一般根据相关要求和经验确定边坡形状和坡度，然后对其进行稳定性验算，以确定边坡形状和坡度是否经济安全，一般通过试算的方法，确定经济安全的边坡形状和坡度。坡面稳定分析可参见《土壤侵蚀原理》中重力侵蚀章节中滑坡力学机理部分。对于土质坡面可以利用均质土坡稳定分析条分法进行稳定验算。

3.1.2　护坡工程

为防止崩塌，可在坡面修筑护坡工程进行加固。护坡工程是一种防护性工程措施，即修筑护坡工程必须以边坡稳定为前提，而以防止坡面侵蚀、风化和局部崩塌为目的，若坡体本身不能保持稳定，就需要削坡或改修挡土墙等支挡工程。常见的护坡工程有：干砌片石和混凝土砌块护坡、浆砌片石和混凝土护坡、格状框条护坡、喷浆或喷混凝土护坡等。

3.1.2.1　干砌片石和混凝土砌块护坡

干砌片石和混凝土砌块护坡的片石或混凝土砌块之间没有胶结材料，所以也叫干砌护坡或柔性护坡。由于护坡具有透水性，因而可用于坡面有涌水、坡度小于 1:1、高度小于 3m 的情况。在潜水涌出量大的地方应设置反滤层，若有更大量的涌水，则最好采用盲沟排水。干砌护坡的施工，应先削坡为均一坡度，然后由下向上分层错缝铺砌片石或混凝土砌块。

3.1.2.2　浆砌片石和混凝土护坡

浆砌片石和混凝土护坡使用了水泥砂浆，整体性好，所以也叫刚性护坡。适于软质岩石或密实的土边坡，但对有涌水的边坡或容易塌陷的边坡不宜采用。

混凝土护坡可用于 1:0.3 以下较陡的边坡，对于缓于 1:0.5 的边坡多用素混凝土，陡于 1:0.5 的边坡应适当加配钢筋。护坡厚度常小于 20cm。对于高而陡的岩石边坡，为了防止护坡本身滑动，可增设锚固钢筋，且坡脚应设置基础，中间增设抗滑坎，如图 3-2 所示。混凝土护坡一般在没有涌水的边坡上采用，但为了慎重起见，每隔 3～5m，还应设一个排水孔。

浆砌片石护坡和浆砌混凝土块护坡用于较缓的边坡，下垫足够厚度的砂卵石，然后填满砂

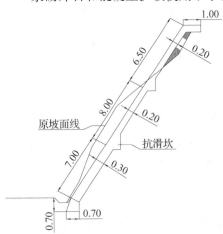

图 3-2　混凝土护坡（单位：m）

砾，每2m²设置一个直径3~5cm的排水孔。

3.1.2.3 格状框条护坡

格状框条护坡是用预制构件在现场装配或在现场直接浇制混凝土和钢筋混凝土，修成格状框条，将坡面分割成格状，框格可采用方形、菱形、人字形和弧形等基本形式（图3-3）。它适用于防止表层滑动，框格内可用植被防护或者用干砌片石砌筑，同时也可起排水作用。对于边坡有涌水或沿边坡有滑动危险的地方，框格的交叉点应予以锚固或加大横向框条的埋深，以起抗滑作用。格状框条护坡一般与公路环境美化相结合，利用框格护坡，同时在框格之内种植花草，以减少地表水对坡面的冲刷，减少水土流失，从而达到既美观又安全的良好效果。该方法在铁路、公路的边坡和路堤防护中已经得到广泛应用。

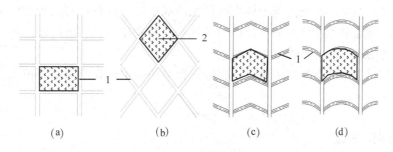

图3-3 格状框条护坡
(a)方形 (b)菱形 (c)人字形 (d)弧形
1. 框格 2. 种植草皮

3.1.2.4 喷浆或喷混凝土护坡

喷浆或喷混凝土护坡是在基岩裂隙小，没有大崩塌发生的地方，为防止基岩风化剥落，进行喷浆或喷混凝土护坡。若能就地取材，用塑胶泥喷涂则较为经济，塑胶泥也可做喷浆的垫层。注意不要在有涌水和冻胀严重的坡面喷浆或喷混凝土。

3.1.3 稳定边坡挡墙

3.1.3.1 挡墙分类

①挡墙根据其作用可分为一般挡墙(稳定边坡挡墙)和抗滑挡墙。

一般挡墙是指支承路基填土或山坡土体，防止填土或土体变形失稳的构造物。一般挡墙在设计时，只考虑墙后土体的主动土压力，而不考虑考虑滑坡体的推力。

抗滑挡墙可防止崩塌、小规模滑坡及大规模滑坡前缘的再次滑动。抗滑挡墙需要考虑滑坡体的推力，滑坡体的推力一般都大于挡墙的主动土压力，如果算出的推力不大，则应与主动土压力比较大小，取其较大值进行设计。

②根据挡墙刚度及位移方式不同，可分为刚性挡土墙、柔性挡土墙和临时支撑三类。

③根据挡墙所处环境条件，可分为一般地区挡土墙、浸水地区挡土墙和地震地区挡土墙。

④根据挡墙的设置位置不同，分为路肩墙、路堤墙、路堑墙和山坡墙等。设置于路堤边坡的挡土墙称为路堤墙；墙顶位于路肩的挡土墙称为路肩墙；设置于路堑边坡的挡土墙称为路堑墙；设置于山坡上，支承山坡上可能坍塌的覆盖层土体或破碎岩层的挡土墙称为山坡墙。

⑤根据挡墙结构特点，可分为重力式、半重力式、悬臂式、扶壁式、支垛式、棚架扶壁式、框架式和锚杆挡墙等。

⑥根据墙体材料，可分为石砌挡土墙、混凝土挡土墙、钢筋混凝土挡土墙、钢板挡土墙等。

⑦根据受力方式，可分为仰斜式挡土墙和承重式挡土墙。

在挡墙横断面中，与被支承土体直接接触的部位称为墙背；与墙背相对的、临空的部位称为面；与地基直接接触的部位称为基底；与基底相对的、墙的顶面称为墙顶；基底的前端称为墙趾；底的后端称为墙踵。

为避免与后文中的抗滑挡墙重复，在稳定边坡挡墙中仅介绍浆砌石护墙、格宾挡墙和景观挡墙。

3.1.3.2　浆砌石护墙

浆砌石护墙一般采用实体护墙，按截面变化可分为等截面护墙和变截面护墙。浆砌石护墙适用于各类土质边坡和易风化剥落的岩石边坡，边坡坡度不宜大于 1:0.5。浆砌石护墙具有如下特点：依靠墙体自重抵御土压力而保持稳定；形式简单，取材容易，施工简便，适用范围广；断面尺寸大，墙身较高，对地基承载力的要求较高。

（1）护墙高度

①等截面护墙高度　当边坡为 1:0.5 时，高度不宜超过 6m；当边坡小于 1:0.5 时，高度不宜超过 10m。

②变截面护墙高度　单级不宜超过 20m，否则应采用双级或三级护墙，但总高度一般不宜超过 30m。双级或三级护墙的上墙高度不应大于下墙高度，下墙截面应比上墙截面大，上下墙之间应设错台，错台宽度一般不应小于 1m，应保证上墙修筑在坚固牢靠的基础上。

（2）护墙厚度

等截面护墙厚度一般为 0.5m，变截面护墙厚度，顶宽 b 一般为 0.4~0.6m，底宽 B 根据墙高 H 而定，即

边坡坡度为 1:0.5 时：

$$B = b + \frac{H}{10}$$

边坡坡度为 1:0.5~1:0.75 时：

$$B = b + \frac{H}{20}$$

（3）护墙安全

当护墙较高时，为增加护墙稳定性，在墙背合适部位，应局部增大墙体截面，并使其嵌入边坡岩土体，嵌入边坡岩土体中的凸出部分类似耳朵状，因此称为耳墙。耳墙的设置，当墙高大于8m时，在墙背的中部设置一道耳墙；当墙高大于13m时设置多道耳墙，间距4~6m。

为防止雨水灌入墙后引起破坏，护墙墙顶均应设20~30cm厚的墙帽，并使其嵌入边坡内至少20cm，或者顶部应用原土夯填。

护墙基础应设在可靠的地基上，埋置深度应位于冻土层以下0.25m。如地基承载力不够，应采用适当的加固措施，墙底一般做成向内倾斜的反坡。浆砌石护墙基础修筑在不同地基上时，应沿墙身长度每隔10m左右设置2cm宽沉陷缝一道，用沥青麻筋填塞。

墙身还应设置泄水孔，泄水孔上下左右间距约2~3m，孔口一般为矩形，尺寸为5cm×10cm，10cm×10cm，10cm×20cm，孔口也可以是直径5~10m的圆孔。泄水孔后还须设置碎石或砂砾石反滤层。

3.1.3.3 格宾挡墙

格宾网又称石笼网、生态绿格网，是以1000余年前在中国都江堰及埃及尼罗河被广泛采用的柳条笼及竹笼为基本原理，采用专业设备将符合相关标准的高质量的低碳钢丝编织成六边形双绞合的金属网面。

将格宾网制作成箱体结构，并在其内填充符合既定要求的块石或卵石，以达到各类防护目的的工程称为格宾防护工程。按结构形式和防护目的，格宾防护工程可分为坝体、挡墙、护坡、护底、护脚、水下抛石等，各种类型的格宾防护工程应用广泛，如吉林省在小流域治理工程中修建了大量的格宾谷坊，道路边坡防护中格宾挡墙、格宾护垫植草护坡也有大量应用。本章仅以格宾挡墙为例说明格宾防护工程的应用。

（1）格宾挡墙的布设

格宾挡墙依据墙体高度分为两种：墙身不大于4m时，格宾石笼采用单层普通格宾；墙身大于4m，格宾石笼采用水平双层设置，内层为加筋格宾，外侧为普通格宾。最下级格宾埋深不小于2m。

（2）格宾挡墙的特点

①适应性强　格宾网工艺以钢丝网箱为主体，为一柔性结构，能适应各种土层性质并与之较好的结合，能很好地适应地基变形，不会削弱整体结构，更不易断裂破坏。

②透水能力强　格宾网工艺可使地下水以及渗透水及时地从结构填石缝隙中渗透出去，能有效解决孔隙水压力的影响，利于岸（堤、路、山）坡的稳定。

③结构整体性强　格宾网网片是由机械编织成双绞、蜂巢形孔网格，即使一、两条丝断裂，网状物也不会松开。有其他材料不能代替的延展性，大面（体）积组装，不设伸缩缝、沉降缝等，整体性强。

④施工方便易组合　可根据设计意图，工厂内制成半成品，施工现场能组装成各种形状。

⑤耐久性好　格宾网网丝经双重防腐处理，抗氧化作用强，抗腐耐磨，抗老化，使

用年限长。

⑥美化环境、保持生态　网箱砌体石缝终会被土填充（人工或自然），植物会逐渐长出，实现工程措施和植物措施相结合，也绿化美化了景观，形成一个柔性整体护面，回复建筑的自然生态。结构填充料之间的缝隙可保持土体与水体之间的自然交换功能，同时也利于植物的生长，实现水土保持和生态环境的统一。

（3）原材料的选用

①格宾网钢丝类型

镀锌钢丝：优质低碳钢丝，钢丝的直径 2.0 ~ 4.0mm，钢丝的抗拉强度不少于 380MPa，钢丝的表面采用热镀锌保护，镀锌的保护层的厚度根据客户要求制作，镀锌量最大可达到 $300g/m^2$。

锌—5% 铝（10% 铝）—混合稀土合金钢丝：也称高尔凡钢丝，这是一种新材料，耐腐蚀性是传统纯镀锌的 3 倍以上，钢丝的直径可达 1.0 ~ 3.0mm，钢丝的抗拉强度不少于 1 380MPa。

镀锌钢丝包塑：优质低碳钢丝，在钢丝的表面包一层 PVC 保护层，再编织成各种规格的六角网。这层 PVC 保护层将会大大增加在高污染环境中的保护，并且通过不同颜色的选择，使其能和周围环境融合。

锌—5% 铝（10% 铝）—混合稀土合金钢丝包塑：在锌—5% 铝—混合稀土合金钢丝的表面包一层 PVC 保护层。

②格宾网参数　格宾网孔径规格很多，不同地域不同项目可选用不同孔径，如 60mm × 80mm、80mm × 100mm、80mm × 120mm、100mm × 120mm、120mm × 150mm 等，其中双线绞合部分的长度不得小于 50mm，以保证绞合部分钢丝的金属镀层和 PVC 镀层不受破坏。

格宾网钢丝由网面钢丝、边端钢丝、绞边钢丝组成，网面钢丝的直径范围为 2.5 ~ 3mm，边端钢丝一般大于网丝，直径范围 3 ~ 4mm，绞边钢丝一般小于网面钢丝，常见的以 2.2mm 居多。

③格宾网填充石料　不同地域使用材料类别不同，可根据工程类别和当地石料情况而制定填充方案，常见填充石料有卵石、片石、碎石、砂砾（土）石等。一般填料按格宾网孔大小的倍数1:1 或 1:2 选择，片石可分层人工填充，添加 20% 碎石或砂砾（土）石进行密实填充，严禁使用锈石、风化石，石料粒径 7 ~ 15cm，粒度分析 $d_{50} = 12cm$，不放置在石笼表面的前提下，大小可以有 5% 变化。超大的石头尺寸必须不妨碍用不同大小的石头在石笼内至少填充两层的要求。在特殊地区选用黄土或砂砾土，用透水土工布包裹。不得加入淤泥、垃圾和影响固结性土壤，填料必须按试验标准、设计要求及工程类别而定，在填充时应尽量不损坏石笼上的镀层。

④土工布的选用　为防止回填的砂砾流失，格宾挡墙墙后须设置无纺土工布，克重 250 ~ 300g/m²，施工折边不小于 0.3m。

⑤格宾挡墙的施工　基坑开挖及清平。精确测量放线后进行基坑开挖，基坑底宽在格宾宽的两侧各加 1m 作预留工作坑，基坑直至挖到控制标高处。挖掘机挖除废土后用人工清理坑底的残土、渣土，并对坑底、坑壁进行清平，使坑底、坑壁平顺且相互垂

直，如果坑底未入基岩，基底采用50cm片石和20cm砂砾石找平。

格宾组装：取出一个完整的格宾单元，校正弯曲变形的部分，可用钳子拉和脚踩整平。立起隔板及前后面板，先用边缘钢丝延长部分固定住角点，确保每一竖直面板上端边缘在同一水平面上，特别注意隔板的两条竖直边沿及底部边沿要在同一竖直面上。绞合时注意按每间隔10~15cm双圈—单圈—双圈间隔进行绞合。隔板绞合时注意沿一条竖直线绞合，而且绞合后的隔板是在同一竖直面上。

格宾安装：安装前，先放线，确定出格宾的外边沿线。将组装好的格宾紧密整齐地摆放在恰当的位置上，摆放时应面对面、背对背，便于石料填充、盖板绞合和节约钢丝。将相邻的格宾边缘用长钢丝绞合起来，第二层及以上部分的格宾底部边缘需与下层绞合在一起。

石料填充：填充石料时必须同时均匀地向同层的各箱格内放入填充料，不能将单格网箱一次性投满。填料施工中，应控制每层投料厚度。

为防止格宾面墙的面板受压鼓出及装填导致隔板弯曲采取以下3种措施：

第一，在格宾前面绑上一个由长木板做成的方格面板，用钢丝固定使其紧靠格宾面板，填装完后可移动到其他位置进行安装。

第二，1m高格宾分三层装填，而且向三个方向的格宾单元逐级递推，也就是说，相邻两格宾单元填石高度相差不超过33cm。

第三，每装填满三分之一就安装两根加固钢丝（每根长度在2.5m左右），中间用小木棒或细长石块绕转钢丝，把握松紧尺度：既要避免过于松弛而达不到预期的效果，又要防止太紧而导致墙面往内收缩。

考虑到填充料的沉降，顶面填充石料宜适当高出石笼2~3cm，且必须密实，空隙处应以适当的小碎石填塞。以增加石笼容重。裸露在地面以上的填充石料，表面应以人工码放（干砌石的方式）或机械砌垒整平，石料间应相互搭接稳定，平面朝外。

盖板绞合：绞合盖子前，要对整体结构进行检查，对一些弯曲变形、表面不平整等不符合施工要求的地方进行校正。用钢丝单、双圈间隔绞合盖板边缘与竖直面板上边缘、盖板面板与隔板上边缘。靠在一起的竖直面板上边缘与面板边缘要绞在一起（一般有4条边一起绞，把整个结构连成一个整体，另一方面是为了节省钢丝的用量），盖板绞合后，所有绞合边缘成一条直线，而且绞合点的几根钢丝紧密靠拢，绞合不拢的地方必须用钢钎校正，同一层面的表面必须在同一水平面上。

箱体植被施工：依土壤、气候和景观要求，做好植被草种或灌木的选择，网箱封盖后，空隙处宜填满壤土，顶部填满高约5cm壤土，然后撒播草籽或灌木种子。

格宾墙后回填：格宾墙后回填的土料类型选用砂砾、砂型土回填，以砂型土回填为优；填料必须分层摊铺、压实。每层摊铺厚度应均匀，压实后的表面应平整。摊铺宜由面墙向加筋网面尾部顺序为宜。回填土需夯实。

格宾防护工程能够将工程措施与植物措施相结合，可应用推广至江、湖、河、海堤防、公路、铁路的路基防护，小流域侵蚀沟治理，山体滑坡及泥石流的整治保护工程中。因此，格宾防护工程可以成为保护河床、治理滑坡、防治泥石流、防止落石兼顾植被绿化、生态环境保护的防护工程。

3. 1. 3. 4　景观挡墙

严格说来，景观挡墙并不是挡墙的一种类型，而是挡墙设计时注重生态效益的一种理念。

挡土墙常用砖石、混凝土、钢筋混凝土等材料筑成。以往设计人员只注重挡土墙的使用功能、技术要求及安全等因素，忽略了挡土墙的建筑景观质量和生态环境质量。而现代发展趋势认为在运用力学原理选择挡土墙结构形式的同时，可以结合周围环境特点，改变挡土墙的构造形式，结合植物措施改善生态环境。这样既能发挥挡土墙的建筑工程作用，又能体现挡土墙的环境景观效应。

（1）挡墙与放坡结合

对于土质较好，高差不大的场地，尽可能不设挡墙而以斜坡台地处理，并以绿化作为过渡，这样可节省施工量，节约投资；高差较大或用地紧张、放坡有困难时，可以在其下部设置阶梯式挡墙，而上部仍以斜坡处理，并在坡面加铺网状石砌层以确保土坡的稳定，空隙地可以进行绿化。既能加固土体，降低挡土墙高度，节省工程费用，又能美化环境，保护生态平衡。

（2）分级设置

在挡土墙设计中，部分场地高差较大，如果按照常规设计，将是一座庞大的整体圬工挡墙，影响景观效果。若分成二级或三级设置，上下级之间设置错台，这样分层次设置的挡墙与整体设置的挡墙相比，没有了视觉上的庞大笨重、生硬呆板的感觉，反而形成了高低错落的景致，而且大大减小了挡墙的断面。应当注意的是，每级挡墙的高度应通过计算来确定，各级挡墙的断面若为变截面，双级或三级护墙的上墙高度不应大于下墙高度，下墙截面应比上墙截面大，上下墙之间应设错台，错台宽度一般不应小于 1m，应保证上墙修筑在坚固牢靠的基础上。错台上可作绿化，既加固了墙身又改善了景观效果。

（3）挡墙与基础结合

在城市道路两侧和一些居住区等场地高差处理时，因为特别强调环境景观效果，所以将挡墙立面一分为二，下部宽度大，可作为挡墙的基础，使挡墙更稳定，同时与上部挡墙间联系部分作为绿化挡墙的种植槽或种植穴，此种设计使挡墙从外观看由大变小，只突出了上部而由绿化掩映了下部基础部分。

（4）挡墙的立面设计

挡土墙墙面一般为直立式或仰斜式。相同高度下采用仰斜式墙面可使人视野开阔感觉舒适宽敞。此外，在一些公众聚集的特殊地区，如停车场、立交桥等处，也可将墙面设计为曲线或折线，以增强动感，创造景观。

除了考虑挡墙的构造形式以外，挡墙墙面材质的选择及绿化美化的方式也很重要，可直接影响到景观质量。通常情况下，挡墙由砖、石、混凝土等砌筑而成，给人以单调、生硬、沉重之感，如若选用人工斧凿后的材料或各种可塑材料，加之浮雕图案设计等方法，则可给观赏者以优美艺术的享受，也可选择天然石材等来体现粗犷、奔放的环境风格。在挡墙墙脚、墙身、墙顶等处布设种植槽、种植穴进行绿化，可软化挡墙的硬质景观效果，隐蔽挡墙之劣处，改善挡墙周围的生态环境、渲染色彩、拓展空间、协调环境、展现艺术。

挡墙作为城市、场地及道路等工程中常见的一种立体造型物，在周围环境中占据着相当的地域空间，如果我们在设计中充分利用挡墙具有多种空间变幻的特性来展现我们的设计思想，努力挖掘其潜在的特点和优势，定能将挡墙在满足功能要求的前提下，修饰成一道亮丽的立体风景，达到完美的景观效应。

3.1.4 地表排水

地表排水工程主要是拦截、排除削坡、护坡工程、挡墙等工程区外围的地表径流。截、排水沟按断面形式可分为梯形或矩形断面，按砌筑材料可分为混凝土现浇或块石、混凝土件砌筑等三种形式。

地表排水系统的设计应考虑汇水面积、最大降雨强度、地面坡度、植被情况、边坡地层特征等因素，设计中应尽量减少地面排水渠的数量及长度；地表截、排水沟断面尺寸根据排水流量进行设计。根据设计频率暴雨坡面汇流洪峰流量，按明渠均匀流公式计算排水流量；截水沟和排水沟在坡面上的比降，应视其水流去处的位置而定。当排水沟位置沿等高线布设时，沟底比降应满足不冲不淤的流速；当沟底比降过大或截水沟与等高线交叉布设时，必须做好防冲措施。

在坡面上一般应综合考虑布设截、排水沟，原则上应以最直接的导向，将地表径流导离边坡区域。截水沟一般应与排水沟相连，并在连接处做好沉沙、防冲设施。截、排水沟规划应该尽量避开滑坡体、危岩地带，同时应注意节约用地，使交叉建筑物最少，投资最省。

截水沟设计断面确定后，还应根据不同的建筑材料等因素，选择沟底宽和安全超高。较小型的土质截水沟沟底不小于0.30m，安全超高一般视沟渠设计流量大小而定，流量小于$1m^3/s$，超高采用$0.2 \sim 0.3m$，流量$1 \sim 10m^3/s$，超高采用$0.4m$。

3.1.5 植物措施

植物防护措施施工简单，费用低廉，固土、防冲刷效果较好，且可改善生态环境。凡适宜于植物生长，且坡度、高度不大的边坡，如挖、填方量不大的道路边坡等，应优先采用植物措施进行防护。防护选择的植物品种应适应当地的气候和土壤条件，易于管护。

3.1.5.1 撒播种草

种草适用于坡度小于1:1.5、高度不大，适宜草类生长的土质边坡。如果边坡土层不宜直接种草，削坡开级后，铺一层5~10cm厚的种植土，再撒播种草。

种草应根据当地土壤和气候条件，在干旱半干旱地区尤其要注意降水量情况，选用根系发达、茎秆低矮、枝叶茂盛、耐旱、抗寒、生长力强的多年生品种。

草的播种时间宜在春、秋季，播种方式可以为撒播、行播或坑播。撒播、行播时应播种均匀，可先将其与砂子、干土或锯末混合，再行播种。

种草还可与其他边坡防护工程结合起来，如在浆砌石骨架护坡骨架内种草等。可根据工程实际情况选用土工格室植被护坡、植生带护坡、三维植被被网护坡等防护措施。

3.1.5.2　平铺草皮

平铺草皮适用于坡度较小的各种土质边坡、风化极严重的岩石边坡和风化严重的软质岩石边坡。草种一般选用根系发达、茎矮、叶茂、适应当地气候条件的耐旱品种。草皮一般 5~10cm 厚，边坡表层应松土整平，洒水湿润；铺时草皮与坡面紧贴，四周用木桩或竹桩固定。草皮铺设应超过坡肩至少 100cm，或铺至截水沟。

草皮铺设宜于春季或初夏进行，气候干燥地区应在雨季进行。黄土高原地区因气候干燥，铺草皮养护费用较高，该法使用较少。

3.1.5.3　栽植乔灌木

边坡坡度 10°~20°，在南方坡面土层厚 15cm 以上，北方坡面土层厚 40cm 以上，立地条件较好的地方，可栽植乔灌木护坡，经常浸水、岩土边坡不宜采用此种方法。

干旱及立地条件差的地区，造林树种应选择根系发达、适应当地条件的低矮灌木，如紫穗槐、柠条等。乔木一般多在河、沟护岸或距水源较近的坡面采用。栽植一般于当地植树季节进行，苗木宜带土栽植，并应适当密植。

3.2　斜坡固定工程

斜坡固定工程是指为防止斜坡岩土体的运动、保证斜坡稳定而布设的工程措施，包括挡墙、抗滑桩、削坡、反压填土、排水工程、护坡工程、滑动带加固、植物固坡和落石防护工程等。斜坡固定工程在防治滑坡、崩塌和滑塌等块体运动方面起着重要作用，如挡土墙、抗滑桩等能增大坡体的抗滑阻力。排水工程能降低岩土体的含水量，使之保持较大凝聚力和摩擦力等。防治斜坡块体运动，要运用多种工程进行综合治理，才能充分发挥效果。如在有滑坡、崩塌危险地段修建挡墙、抗滑桩等工程措施时，配合使用削坡、排水工程等减滑措施，可以达到固定斜坡的目的。

3.2.1　挡墙

挡墙又称挡土墙，可防止崩塌、小规模滑坡及大规模滑坡前缘的再次滑动。抗滑挡墙与一般的挡墙有所不同：一般的挡墙在设计时，只考墙后土体的主动土压力，而抗滑挡墙需要考虑滑坡体的推力，滑坡体的推力一般都大于挡墙的主动土压力，如果算出的推力不大，则应与主动土压力比较，取其较大值进行设计。

按挡墙构造可以分为重力式、半重力式、悬臂式、扶壁式、支垛式、棚架扶壁式、框架式和锚杆挡墙等。这里仅介绍常见的重力式、悬臂式、扶壁式和锚杆挡墙。

3.2.1.1　重力式挡墙

重力式挡墙可防止滑坡和崩塌，适用于坡脚较坚固、允许承载力较大、抗滑稳定性较好的情况。它是依靠其自重来抵挡滑坡体的推力而保持稳定的，作用于墙背上的土压力所引起的倾覆力矩完全靠墙身自重产生的抗倾覆力矩来平衡，因而墙身必须做成厚而重的实体才能保证其稳定，墙身的断面也就比较大。由于重力式挡墙具有结构简单、施工方便、能够就地取材等优点，因此在工程中应用较广。

根据建筑材料和形式，重力式挡墙又分为浆砌石、混凝土或钢筋混凝土挡墙、片石垛和明洞等。重力式挡墙的稳定计算方法与重力坝相同，可参见相关章节。

(1) 浆砌石、混凝土或钢筋混凝土挡墙

工程中常用的浆砌石、混凝土或钢筋混凝土挡墙断面形式如图3-4所示。抗滑挡土墙的主要功能是稳定滑坡。为满足抗滑挡土墙自身稳定的需要，通常要求抗滑挡土墙墙面坡度采用1:0.3~1:0.5，甚至缓至1:0.75~1:1；有时为了增强抗滑挡土墙底部的抗滑阻力，将其基底做成倒坡或锯齿形；而为了增加抗滑挡土墙的抗倾覆稳定性和减少墙体圬工材料用量，有时可在墙后设置1~2m宽的衡重台或卸荷平台。

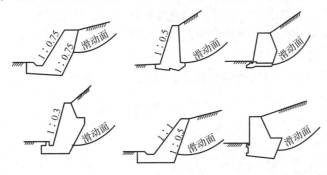

图3-4 浆砌石或混凝土挡墙断面形式

(2) 片石垛

片石垛是采用垛状石块干砌墙阻止滑体下滑的措施 (图3-5)。在石料来源充足的地区，可用来防治滑动面在坡脚以下不深的中小型滑坡。优点是可就地取材、施工简单、造价低廉、透水性好，遭受变形或破坏时，容易修复。缺点是干砌片石垛本身是松散块体，支撑能力较小，容易推毁；砌筑体积庞大；需要较缓的边坡 (1:0.5~1:1)，占地较多。

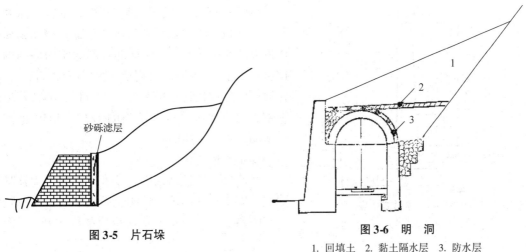

图3-5 片石垛

图3-6 明 洞
1. 回填土 2. 黏土隔水层 3. 防水层

（3）明洞

明洞是常用在崩塌落石地段的遮挡建筑物，由拱圈和两侧边墙构成（图 3-6），其结构较坚固，可以抵抗较大的崩塌推力，适用于路堑及隧道进出口处不宜修隧道的情况。洞顶填土，土压力经拱圈传于两侧边墙。因此，两侧边墙均须承受拱脚传来的水平推力、垂直压力和力矩。其中外边墙所承受的压力较大，故截面较大，基底压应力也大。要求线路外侧有良好的地基和较宽阔的地势，以便砌筑截面较大的外边墙。

在一般情况下，可采用钢筋混凝土的拱圈和浆砌片石边墙。但在较大崩塌地段或山体压力较大处，则拱圈和边墙均应采用混凝土为宜。

用来防治滑坡的明洞常用在滑动面出露在斜坡上较高位置而坡脚基底较坚固的情况（图 3-7）。明洞顶及外侧可回填土石，允许小部分滑坡体从洞顶滑过。当滑坡体的滑面很深，穿过路基底面时，在其上修建明洞，较难保证明洞的稳定性。如宝成线绵广段罗妙真明洞，由于内边墙被滑动力剪毁，明洞遭破坏。由于使用钢料及圬工数量较大，造价较高，所以在滑坡地段修建明洞作为整治措施时，需经过详尽的工程地质、水文地质勘探调查，将多种方案进行比较。

浅层中小型滑坡的重力式挡墙宜修在滑坡前缘，若滑动面有几个，且滑坡体较薄，可分级支挡（图 3-8）。

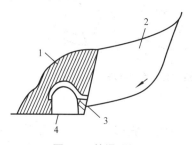

图 3-7　抗滑明洞
1. 夯埋土石　2. 滑体　3. 排水孔　4. 明洞

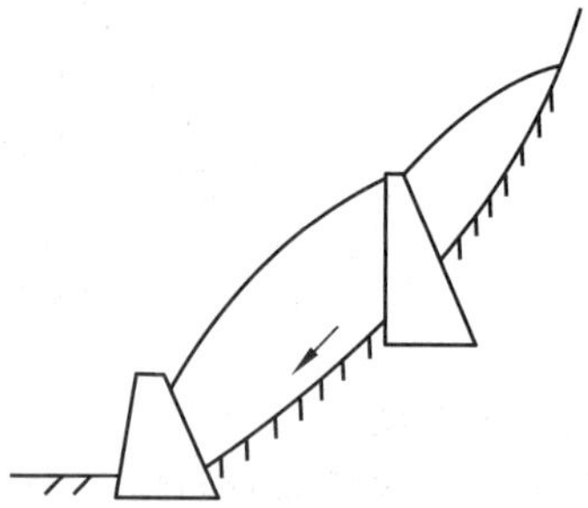

图 3-8　分级支挡

3.2.1.2　悬臂式和扶壁式挡墙

（1）悬臂式挡墙

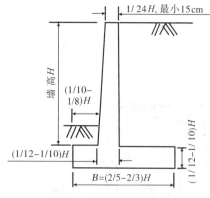

图 3-9　悬臂式挡墙

悬臂式挡墙一般用钢筋混凝土建造，由立壁、墙趾板和墙踵板组合而成。悬臂式挡墙断面比例如图 3-9 所示，立臂顶部宽度通常为墙高的 1/24，不小于 15cm，路肩墙不宜小于 20cm。立臂坡面的边坡比通常采用 1:0.02～1:0.05，背坡则需直立。底板厚度在墙高的 1/12～1/10 范围内变动，不小于 30cm。

（2）扶壁式挡墙

当墙后土层较高或推力较大时，为了增强悬臂式挡墙中立壁的抗弯性能，而沿墙的纵向每隔一定距离设一道扶壁，从而组成扶壁式挡墙（图

3-10）。其墙身断面的比例，与悬臂式相仿。扶壁的间距通常在墙高的 1/3~1/2 范围内变动，扶壁的厚度为扶壁间净距的 1/8~1/6，但不小于 30cm。

悬臂式和扶壁式挡墙的特点是墙身断面较小，墙的稳定不是依靠本身的质量，而是主要依靠墙踵底板上的土重来维持的，由于推力作用，在墙体上产生的拉应力主要由钢筋承担。它们能充分利用钢筋混凝土的受力特性，使得墙体结构轻巧，圬工省，但需使用一定数量的钢材。它们适用于挡墙较高的情况，经济效果较好。

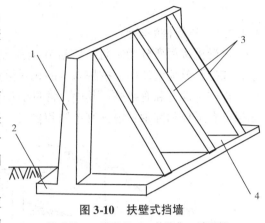

图 3-10　扶壁式挡墙
1. 墙面板　2. 墙趾板　3. 扶壁　4. 墙踵板

3.2.1.3　锚杆挡墙

锚杆挡墙是滑坡整治中一种新型的结构形式，它由锚杆、肋柱和挡板 3 个部分组成（图 3-11）。滑坡推力通过挡板传给锚杆，再由锚杆传到滑动面以下的稳定地层中，从而靠锚杆的锚固力来维持整个结构的稳定性。一般锚固工程都设计预应力，并给锚固施加预应力，这就使锚固工程具有两方面特点：一是依靠所施加的预应力，使得滑动面的垂直应力增大，从而增大抗滑力；二是用钢筋的抗拉强度来削弱滑坡的滑动力。

锚杆挡墙使结构轻型化、施工机械化。在地基不良或挡墙较高等困难条件下，这种结构能解决一般重力式挡墙所不能解决的困难，节约材料，提高劳动效率。

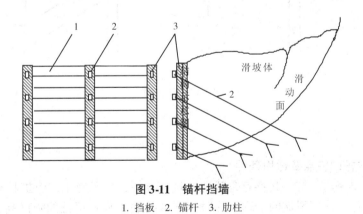

图 3-11　锚杆挡墙
1. 挡板　2. 锚杆　3. 肋柱

3.2.2　抗滑桩

抗滑桩是穿过滑坡体插入稳定地基内的桩柱。它凭借桩与周围岩石的共同作用把滑坡推力传入稳定地层，来阻止滑坡的滑动。使用抗滑桩，土方量小，省工省料，施工方便且工期短，是广泛采用的一种抗滑措施。

3.2.2.1　抗滑桩的类型

抗滑桩按材质分为木桩、钢桩和钢筋混凝土桩；按成桩方法分为打入桩、静压桩、钻孔或挖孔就地灌注桩；按桩与土的相对刚度分为刚性桩和弹性桩；按结构形式分为单桩、排桩、群桩和有锚桩。其中，常见的排桩形式有椅式、门式、排架式(图 3-12)，常见锚桩有锚杆和锚索，锚杆有单锚和多锚，锚索抗滑桩多用单锚(图 3-13)。

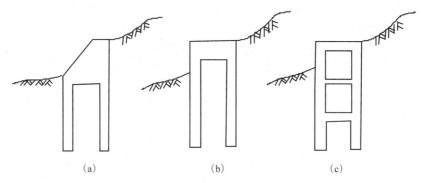

图 3-12　抗滑排桩形式
(a)椅式　(b)门式　(c)排架式

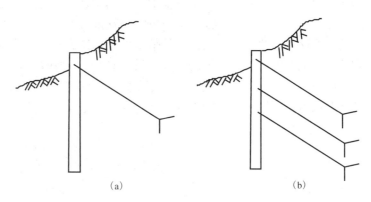

图 3-13　锚　桩
(a)单锚　(b)多锚

3.2.2.2　抗滑桩的特点及适用条件

木桩是最早采用的桩，其特点是就地取材、方便、易于施工，但桩长有限，桩身强度不高，一般用于浅层滑坡的治理、临时工程或抢险工程；钢桩的强度高，施工容易、快速，但受桩身断面尺寸限制，横向刚度较小，造价偏高；钢筋混凝土桩是广泛采用的桩材，桩断面刚度大，抗弯能力高，施工方式多样，可打入、静压、钻孔或挖孔就地灌注，其缺点是混凝土抗拉能力有限。如日本的龟濑滑坡，开始整治时采用截面直径3.5～4.0m，长 30～60m 的钢筋混凝土抗滑桩，到 1986 年发展到 5.0～6.5m 直径，桩身长77～100m 的大型抗滑桩，全部实行机械化施工。抗滑桩护壁均采用拼装式波形钢板，圆形工字钢骨架，就地吊运装配。如图 3-14 所示为抗滑桩机械化施工开挖深基作业布置情况。

抗滑桩在施工打入时，应充分考虑施工振动对坡体稳定的影响。抗滑桩施工常用的是就地灌注桩。其机械钻孔速度快，桩径可大可小，适用于各种地质条件，但在地形较陡的地段，机械进入和架设困难较大，另外，钻孔时的水对坡体的稳定也有影响。人工挖孔的特点是方便、简单、经济，但速度较慢，劳动强度高，遇不良地层(如流沙)时处理相当困难。另外，桩径较小时人工作业困难，桩径一般应在 1.0m 以上才适宜人工挖孔。

单桩是抗滑桩的基本形式，也是常用的结构形式，其特点是简单、受力小和作用明确。当坡体的推力较大，用单桩不足以承担其推力或使用单桩不经济时，可采用排桩。排桩的特点是转动惯量大，抗弯能

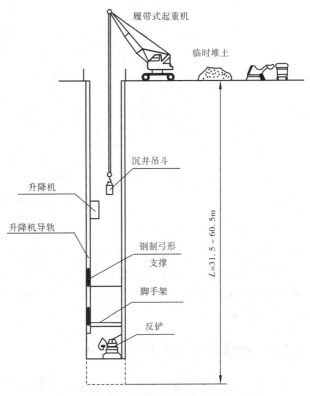

图 3-14 抗滑桩机械化施工作业

力强，在软弱地层有较明显的优越性。有锚桩的锚可用钢筋锚杆或预应力锚索，锚杆(索)和桩共同作用，改变桩的悬臂受力状况和桩完全靠侧向地基反力抵抗滑坡推力的机理，使桩身的应力状态和桩顶变位大大改善，是一种较为合理、经济的抗滑结构。但锚杆或锚索的锚固端需要有较好的地层或岩层，对锚索而言，更需要有较好的岩层以提供可靠的锚固力。

抗滑桩群一般指横向 2 排以上、纵向 2 列以上的组合抗滑结构，它能承担更大的滑坡推力，可用于治理多级滑坡或大型滑坡。

3.2.2.3 应用抗滑桩需注意的问题

①对于正在活动的滑坡，应尽量避免打抗滑桩，而在间歇型滑坡的静止期，抗滑桩施工效果最好。因为在滑坡运动期间施工，还没有形成群桩作用前，单桩就可能遭到破坏。

②对于地质条件简单的中、小型滑坡，宜在滑体中下部滑动面接近水平的地方设一排抗滑桩，要防止由于桩位布置得太上或太下而使抗滑桩不能充分发挥作用或发生二次滑动的现象；对于多级滑坡或大型滑坡宜设 2~3 排、平面上呈品字形或梅花形布置的抗滑桩分段防治。若滑坡体很厚，可采用潜桩，如图 3-15 所示。

③用抗滑桩防治的滑坡，必须具备以下条件：有明显的滑动面，滑动面以上为非塑流性地层，能够被桩所稳定；滑动面以下为较完整的基岩或密实的土层，能够提供足够的嵌固力。

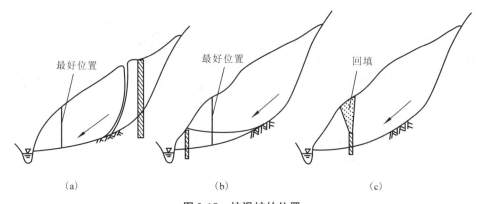

图 3-15 抗滑桩的位置

(a)布置偏上 (b)布置偏下 (c)潜桩

④滑坡前缘受水流冲刷时，在使用抗滑桩的同时，还应设支挡防护工程。

抗滑桩的材料、规格和布置要能满足抗剪断、抗弯、抗倾斜、阻止土体从桩间或桩顶滑出的要求，这就要求抗滑桩有一定的强度和锚固深度。抗滑桩的设计和内力计算可参考有关文献。

3.2.3 削坡和反压填土

对于高陡边坡出现的滑床呈上陡下缓的推动式滑坡，如黄土崩塌性滑坡和破碎岩层滑坡，可采用在滑坡上部削坡和下部反压的方法，这是一种平衡滑体的有效措施。

3.2.3.1 削坡

削坡就是清除或避开滑坡体，如邻近有容纳土石的空地时，可将部分或整个滑坡体挖开，或采用导滑工程，将滑坡体引向某地段，消除滑坡危害。削坡主要用于防止中小规模的土质滑坡和岩质斜坡崩塌。削坡可减缓坡度，减小滑坡体体积，从而减小下滑力。

滑坡体可分为主滑部分和阻滑部分，主滑部分一般在滑坡体的后部，它产生下滑力，阻滑部分即滑坡体前端的支撑部分，它产生抗滑阻力。削坡的对象是主滑部分，如果对阻滑部分进行削坡反而有利于滑坡。所以在确定削坡措施前，必须弄清楚滑坡体的滑动面位置、形状、范围；减重后是否会因山坡洼槽而出现新的不稳定，以及由此引起边坡大面积暴露而产生新的坡面病害。如宝成线云峻山滑坡便是由于削坡而促使滑坡体发展的恶化，增加了处理的困难，如图 3-16 所示。

削坡措施适用于滑动面位置不深且上陡下缓、滑坡后壁及两侧有稳定岩土体，不至于因减重而引起滑坡向上和向两侧发展而造成后患的中小型滑坡。该措施特别适用于整治推动式滑坡，且效果最为明显。削坡措施并不是对所有的滑坡都能奏效，如对牵引式滑坡或具有卸荷膨胀的滑

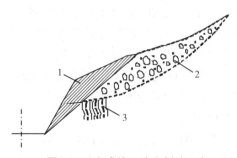

图 3-16 宝成线云峻山削坡示意
1. 削坡部位 2. 堆积体 3. 千枚岩

坡就不宜采用。

在滑坡体上做减重处理时，应注意施工方法，尽可能做到先上后下、先高后低、均匀减重，注意防止由于清除上部土体诱发其上方出现新的滑坡体或使滑坡体扩大。削坡后坡面土体的渗水性一般都很强，遇降水软化容易造成崩塌，所以要做好排水和护坡措施。削坡的弃土应尽可能地堆于滑坡体前方的抗滑地段，形成反压，以增加抗滑稳定性。如果滑坡体前缘没有可靠的抗滑地段，采用减重措施只能减小下滑力，不能增加抗滑力，为了达到稳定滑坡的目的，常需采用减重与支挡相结合的措施。

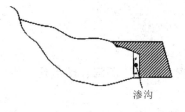

图 3-17　反压填土

3.2.3.2　反压填土

反压填土是在滑坡体前面的阻滑部分堆土加载，以增加抗滑力，填土可筑成抗滑土堤，土要分层夯实，外露坡面应干砌片石或种植草皮，堤内侧要修渗沟，土堤和老土之间修隔渗层(图3-17)，填土时不能堵住原来的地下水出口，要先做好地下水引排工程。

3.2.4　排水工程

排水工程可减免地表水和地下水对坡体稳定性的不利影响，一方面能提高现有条件下坡体的稳定性；另一方面允许坡度增加而不降低坡体稳定性。排水工程包括排除地表水工程和排除地下水工程。

3.2.4.1　排除地表水工程

排除地表水工程的作用有两点：一是拦截病害斜坡以外的地表水；二是防止病害斜坡内的地表水大量渗入，并尽快汇集排走。它包括防渗工程和水沟工程。

（1）防渗工程

防渗工程包括整平夯实和铺盖阻水，可以防止降水、泉水和池水的渗透。当斜坡上有松散易渗水的土体分布时，应填平坑洼和裂缝并整平夯实。铺盖阻水是一种大面积防止地表水渗入坡体的措施，铺盖材料有黏土、混凝土和水泥砂浆，黏土一般用于较缓的坡。坡上的坑凹、陡坎、深沟可堆渣填平(若黏土丰富，最好用黏土填平)，使坡面平整，以便夯实铺盖。铺土要均匀，厚度1~5m，一般为水头的1/10。有破碎岩体裸露的斜坡，可用水泥砂浆勾缝抹面。水上斜坡铺盖后，可栽植植物以防水流冲刷。坡体排水地段不能铺盖，以免阻挡地下水流造成渗透水压力。

（2）水沟工程

水沟工程包括截水沟和排水沟(图3-18)。截水沟布

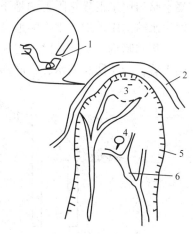

图 3-18　滑坡区的水沟工程

1. 泻水孔　2. 截水沟　3. 湿地
4. 泉　5. 滑坡周界　6. 排水沟

置在病害斜坡范围外，拦截旁引地表径流，防止地表水向病害斜坡汇集。具体可参见"4.5.2 水平沟"一节。

排水沟布置在病害斜坡上，一般呈树枝状，并充分利用自然沟谷。在斜坡的湿地和泉水出露处，可设置明沟或渗沟等引水工程将水排走。当坡面较平整或治理标准较高时，需要开挖集水沟和排水沟，构成排水沟系统。集水沟横贯斜坡，可汇集地表水，排水沟比降较大，可将汇集的地表水迅速排出病害斜坡。排水沟工程可采用砌石、沥青铺面、半圆形钢筋混凝土槽、半圆形波纹管等形式，有时采用不铺砌的沟渠，其渗透和冲刷较强，效果差一些。

3.2.4.2 排除地下水工程

排除地下水工程的作用是排除和截断渗透水，包括明沟、暗沟、渗沟、排水孔、泄水隧洞、截水墙等。

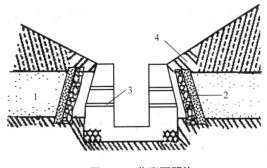

图 3-19 浆砌石明沟
1. 含水层 2. 反滤层 3. 排水孔 4. 填土夯实

（1）明沟和暗沟

①明沟 一般适用于地下水埋藏很浅，深度仅在 1~2m 之内的斜坡，或水沟边坡稳定、能够进行较深的明挖的地方。明沟用处很广，可以作拦截、排引地表水，疏干、降低地下水之用。其常见的断面形式有梯形和矩形两种，如图 3-19 所示。明沟常用浆砌片石、砖或钢筋混凝土结构，并可根据其设置的位置和作用的不同分别做好过滤、隔水和防渗等设施。

②暗沟 排除浅层（3m 以上）的地下水可用暗沟。暗沟分为集水暗沟和排水暗沟。集水暗沟用来汇集它附近的地下水；而排水暗沟的主要作用是与地表排水沟连接起来，把集水暗沟中的地下水作为地表水排除。暗沟结构如图 3-20 所示。

集水暗沟：是在挖到预定深度的沟中砌成石笼，或是在沟中铺填碎石和安设透水混凝土管，为了防止漏水，在底部铺设杉皮、聚乙烯布或沥青板，侧面和上部设置树枝及

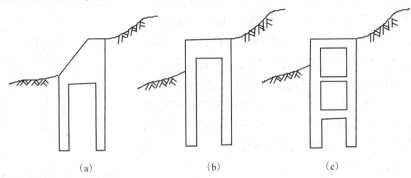

| (a) | (b) | (c) |

图 3-20 暗沟横截面图
(a)椅式 (b)门式 (c)排架式

砂砾组成的过滤层,以防淤塞。集水暗沟过长时,会使已汇集的水再渗透,也会引起管道淤塞,所以一般每隔20~30m设置一个集水池或检查井,其端头则与地表排水沟或排水暗沟连接起来。

排水暗沟:是用有孔的钢筋混凝土管、波纹管、透水混凝土管等制成的,有时也起集水暗沟的作用。为顺畅排水,排水暗沟的坡度应大一些,长度应尽量短,以使其尽快地与容易检修的地表排水沟相连接。

明暗沟:浅层地下水的分布,与地表水一样,受地表地形的支配,地表的低洼部位容易积水。在平面布置上,暗沟网多同地表排水沟网一致,所以在修建暗沟的同时,在其上部同时修明沟,可以排除滑坡区的浅层地下水和地表水。

(2)渗沟

渗沟的作用是排除土壤水和支撑局部土体,可以采用截水渗沟拦截地下水流入滑坡体,并采用支撑渗沟疏干、引出滑坡体内的地下水,同时起一定的支撑作用。

①截水渗沟 当有丰富的深层地下水进入滑坡体时,可在垂直于地下水流的方向上设置截水渗沟以拦截地下水,并排出滑坡体以外。截水渗沟应修筑在滑坡可能发展的范围5m以外的稳定土体上,平面上呈环形或折线形,截水渗沟的深度应埋入最深含水层以下的相对不透水层内,沟底纵向坡度不小于5%。截水渗沟的迎水沟壁应设反滤层,背水沟壁应设隔渗层。为了维修和清淤的需要,在直线段每隔30~50m和截水渗沟的转折处,均须设置检查井(图3-21)。

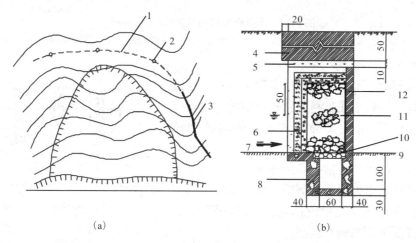

图3-21 截水渗沟(单位:mm)

(a)平面布置图 (b)断面图

1. 截水盲沟 2. 检查井 3. 排水明沟 4. 夯实黏土 5. 倒铺草皮
6. 反滤层 7. 地下水流向 8. 浆砌片石 9. 相对不透水层
10. 混凝土盖板 11. 碎石或卵石 12. 夯实黏土或浆砌片石

②支撑渗沟 这种渗沟体系具有排水和支撑抗滑两方面的作用,一般应平行于滑动方向,布置在有地下水露头处,有时上部分岔呈“Y”字形,并可伸展到滑坡体以外,如图3-22所示。根据滑坡体的大小,支撑渗沟可修成一条或多条,条间距一般为5~15m。

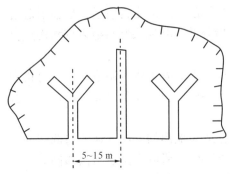

图 3-22 支撑渗沟平面布置

支撑渗沟的基底，应埋入滑动面以下稳定地层内0.5m，并设置2%~4%的排水纵坡。当滑动面较陡时，可修筑成台阶。为进一步加强支撑作用，可在台阶底设置浆砌片石的石牙。为防止淤积，支撑渗沟进水侧壁及顶端应设置反滤层，如图3-23所示。如滑坡推力大，范围广，可采用抗滑挡土墙与支撑渗沟相结合的结构形式，以支撑滑坡体。

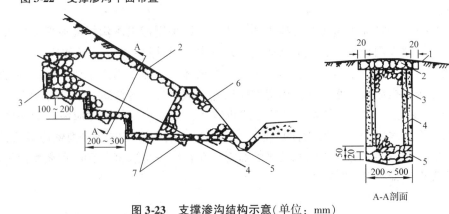

图 3-23 支撑渗沟结构示意（单位：mm）

1. 地面　2. 大块干砌片石　3. 反滤层　4. 滑动面线　5. 浆砌块石　6. 干砌片石垛　7. 石芽

（3）排水孔

对于深层地下水，开挖渗沟工程量过大，可改用排水孔排水。排水孔是利用钻孔排除地下水或降低地下水位。排水孔又分垂直孔、仰斜孔和放射孔。

①垂直孔排水　是钻孔穿透含水层，将地下水转移到下伏强透水岩层，从而降低地下水位，如图3-24所示，是钻孔穿透滑坡体及其下面的隔水层，将地下水排至下面强透水岩层。

②仰斜孔排水　是用接近水平的钻孔把地下水引出，从而疏干斜坡（图3-25）。仰斜孔施工方便，

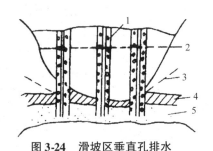

图 3-24 滑坡区垂直排水

1. 垂直排水孔　2. 原地下水位
3. 现地下水位　4. 隔水层
5. 强透水层

节省劳力和材料，见效快。当含水层透水性强时效果尤为明显；裂隙含水类型，可设不同高程的排水孔。根据裂隙含水类型、地下水埋藏状态和分布情况等布置钻孔，钻孔要穿透主要裂隙组，从而汇集较多的裂隙水。钻孔的仰斜角为10°~15°，具体由地下水位来定。若钻孔在松散层中有塌壁堵塞可能，应用镀锌钢滤管、塑料滤管或加固保护孔壁。对含水层透水性差的土质斜坡（如黄土斜坡），可采用砂井和仰斜孔联合排水（图3-26），即用砂井聚集含水层的地下水，仰斜孔穿连砂井底部将水排出。

③放射孔排水　即排水孔呈放射状布置，它是下文所述的排水洞的辅助措施。

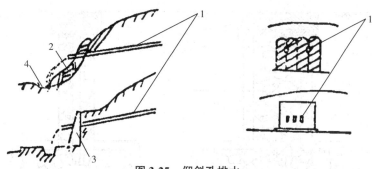

图 3-25　仰斜孔排水

1. 仰斜孔　2. 石笼　3. 混凝土墙　4. 水沟

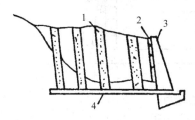

图 3-26　砂井和仰斜孔联合排水

1. 砂井　2. 砂砾滤层
3. 挡墙　4. 仰斜排水孔

（4）泄水隧洞

泄水隧洞适用于地下水埋藏较深（大于 20m），含水层有规律，水量大且位于滑动面附近的滑动区。修筑泄水隧洞，一方面可截断地下水流，疏干滑坡体，以增加滑坡体稳定性；另一方面又可避免明开挖太深而引起的施工困难。

泄水隧洞造价高，施工养护较困难，位置不易布置准确，采用时需要特别慎重。在地表排水工程修筑后，仍不能制止滑坡体滑动，而且滑坡滑带附近的地下水是流动的，水量增大是滑坡移动的主要诱因，此时才可考虑修泄水隧洞。设计这类建筑物之前，必须收集详细而准确的工程地质、水文地质资料。只有做出综合剖面和横断面地质图，经过仔细的研究分析，进行多种方案比较，才能进行设计和修建。如成昆线乃托车站在弄清了水的来源与分布后，修建了泄水隧洞，常年流水，对疏干滑体起到了良好的作用。而宝成线 K116 西坡滑坡设计时仅凭一个钻孔地下水涌出地表，就修建了长 317m 的泄水隧洞，对滑坡防治的作用不大。

泄水隧洞分截水隧洞和排水隧洞。截水隧洞修筑在病害斜坡外围，用来拦截旁引补给水。截水隧洞洞底应低于隔水层顶板，在滑坡区为保证安全其衬砌拱顶必须低于滑动面，截水隧洞的轴线应大致垂直于水流方向。排水隧洞布置在病害斜坡内，用于排泄地下水。排水隧洞洞底应布置在含水层以下，在滑坡区应位于滑动面以下，平行于滑动方向布置在滑坡前部，根据实际情况选择渗井、渗管、分支隧洞和仰斜孔等措施进行配合，如图 3-27 所示。

（5）截水墙

如果地下水沿含水层向滑坡区大量流入，可在滑坡区外布设截水墙，将地下水截断，再用仰斜孔排出（图 3-28）。注意不要将截水墙修筑在滑坡体上，这样可能诱导滑坡发生。修筑截水墙有两种方法：一是开挖到含水层后修筑墙体；二是灌注法。含水层较浅时用第一种方法，当含水层在 2m 以下则采用灌注法较经济。灌注材料有水泥浆和化学药液，当含水层大孔隙多且流量流速小时，用水泥浆较经济，但因黏性大，凝固时间长，压入小孔隙需要较大的压力，而灌注速度大时则可能在凝固前流失，因此，有时与

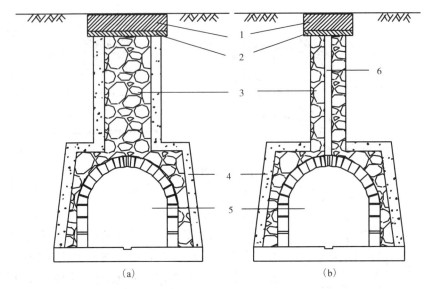

图 3-27 渗井或渗管与排水隧洞配合应用

（a）渗井与排水隧洞配合 （b）渗管与排水隧洞配合

1. 夯填土 2. 单层干砌片石 3. 填砾石或卵石

4. 反滤层 5. 排水隧洞 6. 钢滤管

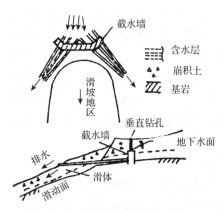

图 3-28 截水墙布置示意

化学药液混合使用。化学药液可以单独使用，其胶凝时间从几秒钟到几小时，可以自由调节，黏性也小。具体灌注方法可参阅有关资料。

3.2.5 锚固护坡

在有裂隙的坚硬的岩质斜坡上，为了增大抗滑力或固定危岩可用锚固法，所用材料为锚栓或预应力钢筋。在危岩上钻孔直达基岩一定深度将锚栓插入，打入楔子并浇水泥砂浆固定其末端，地面用螺母固定。采用预应力钢筋，将钢筋末端固定后要施加预应力，为了不把滑面以下的稳定岩体拉裂，事先要进行抗拔试验，使锚固端达滑面以下一定深度，并且相邻锚固孔的深度不同，以免岩体在某一层被拉裂。

3.2.6 滑动带加固工程

防治沿软弱夹层的滑坡，加固滑动带是一项有效措施，即采用机械或物理化学方法提高滑动带强度，防止软弱夹层进一步恶化。加固方法有灌浆法、石灰加固法和焙烧法等。

3.2.6.1 灌浆法

灌浆法按使用浆液材料可分为普通灌浆法和化学灌浆法。

(1)普通灌浆法

普通灌浆法采用由水泥、黏土、膨润土、煤灰粉等普通材料制成的浆液,用机械方法灌浆。灌注水泥砂浆的作用在于从裂隙中置换水分,将水泥浆灌入,固结并形成块体间的稳定骨架。水泥灌浆法对黏土、细砂和粉砂土中的滑坡特别有效。其做法是将带孔灌浆管打入土中,低于滑带15cm,用405.3~607.95kPa 将 1:3 的充气水泥砂浆压入,使其充满滑带上的裂隙,形成一个稳定土层。为较好地充填固结滑动带,对出露的软弱滑动带,可以撬挖掏空,并用高压水冲洗清除,然后灌入水泥砂浆。

也可以使用爆破灌浆法,即钻孔至滑动面,在孔内用炸药爆破,以增大滑动带和滑床岩土体的裂隙度,然后填入混凝土,或借助一定的压力把浆液灌入裂缝。这种方法对于地下水为滑坡移动的主要诱因、滑面近于直线且下伏坚硬基岩的滑坡效果较好。因为爆炸将使岩石松动,地下水的上浮力减小,直线型滑面被破坏,灌入混凝土后使原先强度很低的滑动带成为强度较高的抗滑带,达到稳定滑坡的目的。此种方法在选用时一定要慎重,不能用来整治细颗粒土的深层滑坡,因为爆炸可能会破坏周围环境,助长滑坡移动的速度,使滑坡进一步恶化。施工中有关炸药的用量和放置部位较难确定。所以,此种方法有待试验,摸索取得经验后才能应用。

(2)化学灌浆法

化学灌浆法采用由各种高分子化学材料配制的浆液,借助一定的压力把浆液灌入钻孔。一般说来软弱夹层、断裂带和裂隙中常为细颗粒的土粒岩屑等物质充填,因其孔隙小,用水泥等材料灌浆不易吸浆,难以达到充填固结滑带物质的效果。在这种情况下,应用化学灌浆法不仅可以固结滑带物质,改善其物理特性,还能充满细微的裂隙,达到提高滑带物质强度和防渗阻水的效果。由于普通灌浆法需要爆破或开挖清除软弱滑动带,所以化学灌浆法比较省工。

常采用的化学灌浆材料有水玻璃、铬木素、丙凝、氰凝、脲醛树脂、丙醛等。由于高分子化学材料配制的浆液具有渗透性好,凝胶时间易于控制,注入后的土层抗压强度、抗渗性均较理想等优点,故这类浆液是注入水泥浆液、水玻璃浆液无法解决工程疑难问题时常选用的材料,但应该注意,由于大多数高分子溶液含有剧毒物质,选择浆材时必须慎重,不能以牺牲生态环境为代价进行工程灌浆,因此必须发展环保灌浆学。如在长江三峡工程中以大坝安全稳定为主的主体建筑物基岩灌浆工程,就是以人文环境和自然环境的协调与改善为目的的环保灌浆工程,环保灌浆学是作为"'七五'国家重点科技攻关课题"连续研究的。

3.2.6.2 石灰加固法

石灰加固法是根据阳离子的扩散效应,由溶液中的阳离子交换出土中的阴离子而使土体稳定。具体方法是在滑坡地区均匀布置一些钻孔,钻孔要达到滑动面以下一定深度,将孔内水抽干,加入生石灰小块达滑动带以上,填实后加水,然后用土填满钻孔。

此种方法一般适用于膨胀土地区。膨胀土具有干硬缩，吸水软化膨胀的性质。膨胀土黏粒含量高，土颗粒具有较强的负电性、较大的表面积、较厚的液限水膜，这也就决定了这种土有较强的滞水性。因此，用常规的排水办法来处理该类土的滑坡是难以奏效的。

原西安铁路局科学技术研究所在水利部西北水利科学研究所和中国科学院水土保持研究院等有关单位大力支持下，做了膨胀土的差热分析、X 射线衍射、化学分析和土的有关物理试验。在单桩强度试验和桩改变土性质的模拟试验基础上，提出了用生石灰砂桩稳定膨胀土浅层滑坡的可能。1980 年在阳安县安康—五里站间 K349 博家河桥西侧试验点进行试验，共打入 776 根直径 D 为 200mm 的生石灰砂桩。桩最长为 5.2m，最短为 2.9m，累计总长为 3 025m。桩断面布置如图 3-29 所示，该试验通过了 1981 年特大暴雨的考验，滑坡仍然稳定。

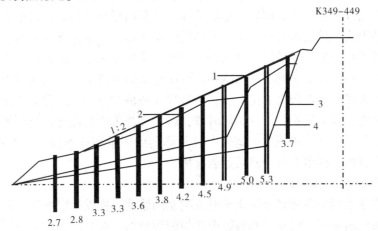

图 3-29 石灰砂桩

1. 修整后边坡线　2. 原边坡线　3. 石灰砂桩　4. 滑动面

石灰砂桩施工分 3 个阶段进行。

（1）三合土夯填坡面

该处经过 3 次滑动后，坡面已遭破坏，所以采用 6% 生石灰和 20% 砂的三合土夯填坡面，并改原坡坡度 1∶1.75 为 1∶2.0，夯填厚度为 0.5m。

（2）打桩

在斜坡上打直径为 200mm，深为 4～5m 的垂直孔，将填料夯填成桩，用枣形锤打夯，这样可以增加侧向挤压力。成桩填料配合比，取单桩强度制件最佳配合比，即生石灰∶砂∶石膏∶水为 1∶2∶0.05∶0.5（质量比）。成桩夯填程序如图 3-30 所示。

（3）封顶

施工后要注意将桩顶用三合土封好，以免地表水下渗影响桩的强度。

用石灰砂桩整治膨胀土滑坡，施工方法简便，易于掌握，机具设备简单，易于管理，费用低廉，值得推广。

3.2.6.3 焙烧法

焙烧法是利用导洞焙烧滑动带的砂黏土，使之形成地下"挡墙"，从而防止滑坡。焙

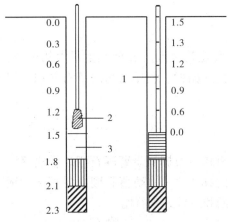

图 3-30 石灰砂桩夯填(单位:m)

1. 木制尺测量深度　2. 夯实锤　3. 填料

烧法的基本原理:土壤焙烧温度的逐渐升高引起土中一系列水分的逐渐消失和矿物质分解、凝结等作用。土壤经过焙烧后,其空隙增大,透水性增强,黏着性、可塑性和压缩性都减小。

砂黏土用煤焙烧后可变得像砖块一样结实,增加了抗剪强度和抗水性。另外,地下水也可自烧土的裂隙流入导洞而排出。导洞开挖在滑动面下 0.5~1m 处,导洞的平面布置最好呈曲线或折线(图 3-31),以使焙烧土体呈拱形,其抗滑能力更强,效果更好。焙烧程度应使塑性消失,并在水的作

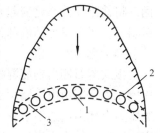

图 3-31 焙烧导洞

1. 中心烟道　2. 垂直风道　3. 焙烧导洞

用下不致膨胀和泡软。一般土的焙烧温度达 800℃ 以上,强度和耐水性都有很大的提高。此外,也可将液态或气态燃料与空气压入混合燃烧室,再用特殊气泵将燃烧后的高温气体(约 1 000℃)通过钻孔压入地下,焙烧土体以提高其强度和耐水性。

3.2.7　植物固坡工程

植被能防止径流对坡面的冲刷,并能在一定程度上防止崩塌和小规模滑坡。植树造林对于渗水严重的塑性滑坡或浅层滑坡是一个有效的方法。对于深层滑坡,它只能部分减少地表水渗入到坡面之下,间接地有助于滑坡的稳定。

植树造林种草可以降低地表径流流量和流速,从而减轻地表侵蚀,保护坡脚;植物蒸腾和降雨截持作用能调节土壤水分,控制土壤水压力;植物根系可增加岩土体抗剪强度,增加斜坡稳定性。由于植物根系的盘根错节,呈网状的根系加固土层,可以提高坡面土层的结合力,增加土的抗剪强度。对于厚度不大的浅层黏土滑坡(<6m),其作用尤为显著。

植物固坡措施包括坡面防护林、坡面种草和坡面生物—工程综合措施。

坡面防护林对控制坡面面蚀、细沟状侵蚀及浅层块体运动起着重要作用。深根性和浅根性树种结合的乔灌木混交林,对防止浅层块体运动有一定效果。

坡面种草可提高坡面抗蚀能力,减小径流流速,增加入渗,防止面蚀和细沟状侵蚀,也有助于防止块体运动。坡面种草方法有播种法、覆盖草垫法、植饼法和坑植法等。

坡面生物—工程综合措施,即在布置有拦挡工程的坡面或工程措施间隙种植植被,例如,在挡土墙、木框墙、石笼墙、铁丝链墙、格栅和格式护墙上加以植物措施,可以增加这些挡墙的强度。

3.2.8　落石防护工程

悬崖和陡坡上的危石会对坡下的交通设施、房屋建筑及人身安全产生很大的威胁，常用的落石防护工程有防落石棚、挡墙加拦石栅、囊式栅栏、利用植物的落石网和金属网覆盖等。

3.2.8.1　防落石棚

在崩塌落石地段常采用的遮挡建筑物有明洞、板式落石棚和悬臂落石棚。修建落石棚，将铁路和公路遮盖起来是防治崩塌落石最可靠的办法之一。防落石棚由混凝土和钢材制成。明洞参见挡墙部分，这里只介绍板式落石棚和悬臂式落石棚。

（1）板式落石棚

板式落石棚由钢筋混凝土顶板和两侧边墙构成，如图 3-32（a）所示。顶部填土及山体侧压力全部由内边墙承受，外边墙只承受由顶板传来的垂直压力，故墙体较薄。由于侧压力全部由内边墙承受，强度有限，故不适用于山体侧压力较大之处。因而只能抵抗内边墙以上的中小崩塌，所以一般是使内边墙紧贴岩层砌筑，有时在内边墙和良好岩层之间加设锚固钢筋。

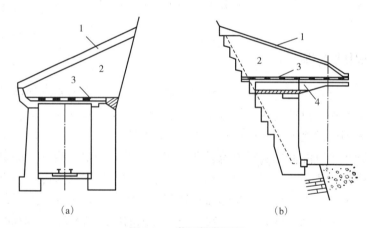

（a）　　　　　　　　　　　　　（b）

图 3-32　落石棚断面图

（a）板式落石棚　（b）悬臂式落石棚

1. 黏土隔水层　2. 回填土　3. 防水层　4. 钢筋混凝土

（2）悬臂式落石棚

悬臂式落石棚的结构形式与板式落石棚相似，只因外侧地形狭窄，没有可靠的基础可以支承，故将顶板改为悬臂式，如图 3-32（b）所示。其主要结构由悬臂顶板和内边墙组成。内边墙承担全部洞顶填土压力及全部侧向压力，故应力较大。它适用于外侧没有基础，内侧良好稳固且不产生侧压力的岩层。悬臂式落石棚的优点是结构简单，施工较方便；缺点是稳定性较差，不宜用于较大的崩塌之处。

3.2.8.2　其他措施

在挡墙上设置拦石栅是经常采用的一种方法。囊式栅栏即防止落石坠入线路的金属网。在距落石发生源不远处，如果落石能量不大，可利用植物设置铁丝网将1t左右块石拦住，其效果很好。

在有特殊需要的地方，可将坡面覆盖上金属网或合成纤维网，以防石块崩落。

斜坡上很大的孤石有可能滚下时，应立即清除，如果清除有困难，可用混凝土固定或用粗螺栓锚固或用挡墙拦截。

本章小结

本章重点讲述了稳定边坡防护工程和失稳斜坡固定工程。稳定边坡防护工程包括削坡开级、护坡工程、稳定边坡挡墙、地表排水和植物措施等，失稳斜坡固定工程包括挡墙、抗滑桩、削坡和反压填土、排水工程、锚固护坡、滑动带加固措施、植物固坡措施和落石防护工程等。

在水土流失治理中应根据实际情况选用与防治目的相适应的防护工程，而且各类防护工程配合使用才能更好地防治水土流失，如布设稳定边坡防护工程时，削坡开级、护坡工程、稳定边坡挡墙、地表排水和植物措施等综合运用方能起到较好的防护效果；在公路、铁路两侧较稳定的边坡部位应用护坡工程和植物固坡措施，可以达到既美观又安全的良好效果；在有滑坡、崩塌危险地段修建挡墙、抗滑桩等抗滑措施时，配合使用削坡、排水工程等减滑措施，可以达到固定斜坡的目的；在布设各类措施时，注重景观效果，使防护工程既能发挥建筑工程作用，又能体现环境景观效应。

在工程建设时必须保证不造成新的水土流失，不能以牺牲生态环境为代价，要促进人文环境和自然环境的协调发展。如在确定削坡措施前，必须弄清楚滑坡的性质、滑动面位置、形状、范围，必须保证削坡后不产生新的坡面病害；在选用化学灌浆材料时必须慎重，不能造成环境污染，要发展环保灌浆；在公路、铁路及城市水土保持的护坡工程中要把减少水土流失与美化环境相结合。

总之，水土流失治理是一项比较复杂的系统工程，需经过详尽的工程地质、水文地质勘探调查，多种方案进行比较，选择合理的治理方案。治理后，应注意维修养护，保持排水良好，保证建筑结构完整，才能收到良好的效果。

思　考　题

1. 稳定边坡防护工程包含哪些内容？

2. 什么是削坡开级？它的适用条件是什么？

3. 土质坡面削坡开级有哪些形式？

4. 常见护坡工程有哪些？请简述一下它们的特点。

5. 你在旅途中见过哪些形式的护坡？它们在稳定边坡及美化环境方面起到了什么样的作用？请查阅相关资料，为教师和同学做一次有关护坡方面的报告。

6. 挡墙可以分为哪几类？抗滑挡墙与一般挡墙有什么不同？

7. 说明一下如何保证浆砌石护墙的安全。

8. 什么是格宾挡墙？简要说明格宾挡墙的布设及施工方法。

9. 说明一下景观挡墙的设计方式。

10. 你认为地表排水工程、植物措施应如何与其他边坡防护工程相结合？

11. 重力式、悬臂式、扶壁式和锚杆挡墙的抗滑机理有哪些不同？

12. 什么是抗滑桩？应用抗滑桩时需要注意什么问题？

13. 采用削坡和反压填土措施时，在削坡的部位、适用条件、施工方法等方面需要注意哪些问题？在某滑坡地段可以修护坡工程吗？护坡工程可以分为哪几类？

14. 普通灌浆法和化学灌浆法各有什么优缺点？

15. 石灰加固法一般应用在什么条件下？

16. 什么是焙烧法？它的基本原理是什么？

17. 植物固坡措施对防止崩塌和滑坡有效吗？

18. 你知道有哪些落石防护工程？

参考文献

王礼先，2000. 水土保持工程学[M]. 北京：中国林业出版社.

胡广录，2002. 水土保持工程[M]. 2 版. 北京：中国水利水电出版社.

崔云鹏，蒋定生，1998. 水土保持工程学[M]. 西安：陕西人民出版社.

张胜利，吴祥云，2012. 水土保持工程学[M]. 北京：科学出版社.

马永潮，1996. 滑坡整治及防治工程养护[M]. 北京：中国铁道出版社.

赵明阶，何光春，王多垠，2003. 边坡工程处治技术[M]. 北京：人民交通出版社.

杨航宇，2002. 公路边坡防护与治理[M]. 北京：人民交通出版社.

胡茂焱，2002. 地质灾害与治理技术[M]. 武汉：中国地质大学出版社.

熊进，2003. 长江三峡工程灌浆技术研究[M]. 北京：中国水利水电出版社.

铁道部科学研究院西北研究所编，1997. 滑坡防治[M]. 北京：中国铁道出版社.

王国耀，2005. 湖北省三峡库区地质灾害防治工作论文集[M]. 武汉：湖北人民出版社.

叶春旺，2011. 园林中景观挡土墙的应用研究[D]. 哈尔滨：东北林业大学.

唐立成，2014. 格宾挡墙的设计与施工[J]. 商品与质量：房地产研究(3)：563.

水利部水利水电规划设计总院与黄河设计公司联合主编，2015. 水土保持工程设计规范：GB 51018—2014[S]. 北京：中国计划出版社.

第 4 章

坡面集水蓄水工程

4.1 概　述

4.1.1 水资源分布概况

地球上的水资源主要包括 3 个方面:一是天然降水,即降雨和降雪;二是河川径流,即地表水的汇集;三是地下水。在这 3 种水资源中,天然降水是最基本的水资源,因为河川径流和地下水都是以天然降水为补给源的。

根据相关资料统计,地球上 $138.6 \times 10^{16} m^3$ 水体的 97.5% 为咸水,会聚于海洋和咸水湖泊,仅有约 2.5%,即 $3.5 \times 10^{16} m^3$ 的淡水可为人类生活、生产取用。淡水的 68.7% 成为极圈冰盖和高山冰川,加上 30.8% 的深层地下水,均为难以利用的淡水资源。河流、湖泊及浅层地下水,约占总淡水量的 0.5%。也就是说地球上的生命所需淡水的绝大部分,依赖于地球水文的循环。这种水文循环主要依赖于河湖、海洋主要水域及少量的土壤水,经过太阳热力的作用,直接蒸发和间接蒸腾成为水汽,随气流上升进入大气循环。上升水汽冷凝为降水,回归地球的数量每年约合 $119 \times 10^{12} m^3$。其中 70% 的降水以地表径流的形式逐步地向江、河、湖、海聚集,仅有约 $14 \times 10^{12} m^3$ 的降水成为稳定径流,易为人类利用。在这些可以利用的稳定径流中,有约 $5 \times 10^{12} m^3$ 的降水在无人或少人居住区,只有约 $9 \times 10^{12} m^3$ 的降水可以较为充分地利用。但是这部分降水也呈现出明显的地域不平衡性,如新西兰、伊里安淡水资源最为丰富,年降水量约 3 000mm,年径流深大于 1 500mm;南美洲年降水量 1 500mm,年径流深约 600mm;澳大利亚中部降水不足 300mm,年径流仅 40mm,呈现出无永久河流的半荒漠景观。此外,中亚各国、非洲撒哈拉地区雨量也很稀少,我国北方旱区耕地面积占全国的 46%,年径流量只有全国的 18%;西北地区土地面积约 $327 \times 10^4 km^2$,占全国土地面积的 1/3,地面水资源仅为全国的 1/10。

从我国水资源的总量来看,多年平均水资源量为 $28\ 124 \times 10^8 m^3$,其中北方旱区为 $5\ 358 \times 10^8 m^3$,占全国的 19%,平均产水模数为 $8.8 \times 10^8 m^3/km^2$,水资源贫乏;南方湿润地区为 $22\ 766 \times 10^8 m^3$,占全国的 81%,平均产水模数为 $65.4 \times 10^8 m^3/km^2$,为北方的 7.4 倍。

从水资源的分布地区来看,多雨丰水带(广东、广西、江苏、江西、浙江一带),年降水量大于 1 600mm，年径流深超过 800mm，年径流系数在 0.5 以上，年降水日数为 160d 以上；湿润多水带（包括秦岭南、长白山、淮河两岸），年降水量 800 ~ 1 600mm，年径流深 200 ~ 800mm，年径流系数为 0.25 ~ 0.5，年降水日数为 120d 以上；半湿润过渡带（包括黄淮海流域、东北三省、山西、陕西、甘肃、青海东南部、四川、新疆部分地区），年降水量 400 ~ 800mm，年径流深 50 ~ 200mm，年径流系数为 0.1 ~ 0.23，年降水日数为 80 ~ 100d；半干旱少水带（包括黄土高原及北方大部分旱农地区），年降水量 200 ~ 400mm，年径流深 10 ~ 50mm，年径流系数在 0.1 以上，年降水日数为 60 ~ 80d；干旱干涸带（包括西北部分地区、内蒙古等地的荒漠地区），年降水量小于 200mm，年径流深不足 10mm，年降水日数小于 60d。

从中国水资源的主要特征来看，水资源的总量不少，但人均、亩均较少。河川径流量少于巴西、前苏联、加拿大、美国和印度尼西亚，居世界第 6 位。人均水量只有 2 710m³，为世界人均水量的 1/4，居世界第 88 位。亩均水量 1 770m³，约为世界亩均水量的 3/4，低于巴西、加拿大、日本和印度尼西亚。水资源地区分布不均匀，与人口、耕地分布不适应。南方水多地少，北方地多水少。北方旱区（不含内陆区）水资源总量只占全国的 14.4%，耕地却占全国的 58.3%，人口占全国的 49.2%，人均水量仅为 938m³/人（南方为 4 170m³/人），亩均水量为 454m³/亩（南方为 4 134m³/亩）。南方与北方相比，南方人均水量为北方的 4.4 倍，亩均水量为北方的 9.1 倍。

从水资源状况分析可以看出，水资源的匮乏是一个严峻的问题，特别是在中国的北方干旱区，问题更为严重。

4.1.2　集水技术和径流农业

集水技术是在干旱地区充分利用降水资源为农业生产和人畜生活用水服务的一种技术措施。在降水是唯一水源或主要水源的干旱农业地区，根据水量平衡原理，为了增加土壤的贮水量，只有通过减少地表径流，抑制土壤无效蒸发，才能达到预期的目的，其中集水技术是一种最有效的方法。

集水技术的另一术语是"雨量增值"或"降雨增效"。这一术语指将非耕地里的降雨径流集中到耕地里使其获得足够的水分以种植作物。这样耕地里的水要比直接接受的雨水多，因而雨量增值。集水工程一般由集水、输水、蓄水 3 个部分组成。集水部分是靠一定产流面积的天然集流场或人工集流场将降雨汇集起来，供蓄水部分的工程存储。天然集流场即基本不需要人工处理的收集超渗产流的坡面。人工集流场是人们采用防渗材料（如混凝土等）或防渗措施（如人工夯基）加工处理过的集雨场地。输水部分包括输水沟（渠）和截流沟，其作用是将集雨场地中的雨水收集起来并输送至沉沙池。蓄水部分包括储水体及其附属设施，其作用是存储雨水。各地在实践中创造出了不同的储水体形式，概括起来主要有水窖（窑）、蓄水池和集流坝 3 种。其主要附属设施包括输排水设施、沉沙池、拦污栅等。

集水技术是干旱地区发展径流农业（或称聚流农业）的基础。所谓径流农业或聚流农业，就是充分利用现有的降水资源和径流资源把集水技术与农业生产相结合的农业生产技术的总称。

本章主要介绍的集水、输水、蓄水工程，包括水窖、蓄水池、山边沟渠工程、鱼鳞坑、水平沟和水平阶等。

4.2 水 窖

4.2.1 水窖的概念

修建于地面以下并具有一定容积的蓄水建筑物称为水窖。水窖由水源、管道、沉沙、过滤、窖体等部分组成。其主要功能是：

①拦蓄雨水和地表径流；

②提供人畜饮水和旱地灌溉的水源；

③减轻水土流失。

4.2.2 水窖的类型

水窖可分为井窖、窑窖、竖井式圆弧形混凝土水窖和隧洞形(或马鞍形)浆砌石水窖等形式。水窖可根据实际情况采用修建单窖、多窖串联或并联运行使用，以发挥其调节用水的功能。

（1）井窖

井窖在黄河中游地区分布较广，主要由窖筒、旱窖、散盘、水窖、窖底等部分组成，如图4-1所示。

①窖筒 在黏土区，窖筒直径可挖到0.8~1.0m，在较疏松的黄土上，一般为0.5~0.7m。窖筒深度，在坚硬的黏土上1~2m即可，在疏松黄土上需3m左右。

②旱窖 指窖筒下口到散盘这一段，一般不上胶泥，也不能存水，所以称为旱窖。

③散盘 旱窖与水窖连接的地方称为散盘。

④水窖 四周窖壁捶有胶泥以防渗漏，主要用来蓄水。

⑤窖底 窖底直径随旱井的形式而定，一般为1.5~3.0m，最小的在0.7m左右。

（2）窑窖

窑窖与西北地区部分群众居住的窑洞相似，其特点是容积大，占地少，施工安全，取土方便，省工省料。窑窖容积一般为300~500m³。窖高2m以上，窖长6~25m。上宽2.0~3.5m，底宽0.5~2.5m，根据其修筑方法不同又可分为挖窑式和屋顶式2种，如图4-2和图4-3所示。

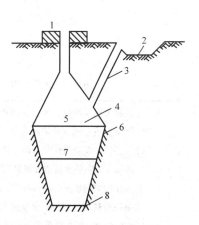

图4-1 井窖各部分名称示意

1. 窖口 2. 沉沙池 3. 进水管

4. 散盘 5. 旱窖 6. 胶泥层

7. 玛眼 8. 水窖

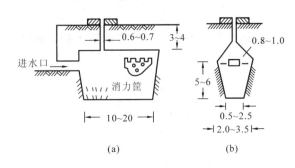

图 4-2　挖窖式窖窖断面示意(单位：m)

(a)纵断面　(b)横断面

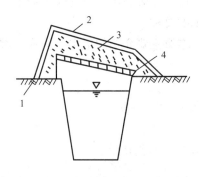

图 4-3　屋顶式窖窖示意

1. 胶泥层　2. 泥层　3. 谷草　4. 木椽

（3）竖井式圆弧形混凝土水窖

竖井式圆弧形混凝土水窖(云南巍山彝族回族自治县)，如图 4-4、表 4-1 所示。

（4）隧洞形浆砌石水窖

隧洞形浆砌石水窖(贵州毕节地区)，如图 4-5、表 4-2 所示。

表 4-1　竖井式圆弧形水窖材料

窖体高度(m)	容积(m³)	壁厚(cm)	现浇混凝土(m³)		预制块		预制窖颈(m³)	预制盖板(m³)	混凝土工程小计(m³)	窖体内壁粉刷(m²)	水泥(t)	碎石(m³)	砂子(m³)	说明
			窖底	窖顶	数量(块)	方量(m³)								
1.5	13.5	8	0.62	0.46	140	1.05	0.04	0.03	2.20	12.72	0.90	1.63	1.58	
1.8	15	8	0.62	0.46	168	1.26	0.04	0.03	2.41	15.27	0.99	1.78	1.77	
2.1	17	8	0.62	0.46	196	1.47	0.04	0.03	2.62	17.81	1.08	1.94	1.95	
2.4	18.7	8	0.62	0.46	224	1.68	0.04	0.03	2.83	20.36	1.18	2.10	2.13	
2.7	20.4	8	0.62	0.46	252	1.89	0.04	0.03	3.04	22.90	1.28	2.25	2.32	

注：①混凝土标号均为 200#；支砌和窖体内壁抹面砂浆采用 100#，灰缝为 1cm，抹面厚度为 1cm，水泥标号采用 425# 普通水泥或矿渣水泥。

②水窖采用现浇与预制结合，具有省工、省料、占地少、施工方便等特点，适用于土地坚实、无地下水的地基，避免将水窖选在堆积层和松散砂堆上。

③窖体四周回填土应均匀夯实，要求土的干容重在 1.35t/m³ 以上。

④每一预制块重 16kg，窖颈重 80kg，窖盖重 65kg。

⑤C20 混凝土配合比采用：水泥 367kg/m³，碎石 0.71m³，砂子 0.58m³，100# 水泥砂浆，水泥 308kg/m³。

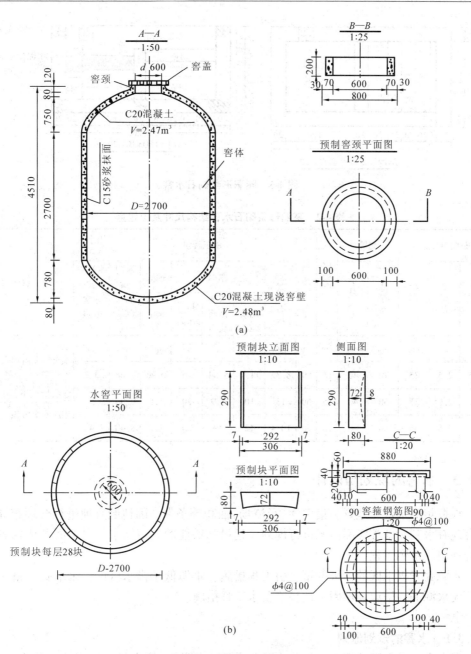

图 4-4 竖井式圆弧形混凝土水窖(单位：mm)

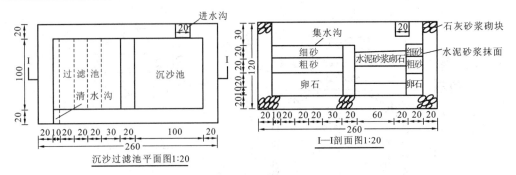

图 4-5 隧洞形浆砌石水窖

表 4-2 隧洞形浆砌石水窖结构尺寸及工程量

断面		拱厚 r	侧墙		底板厚 c	水门墙厚 e	总工程量							用水人数 5 人	说明
底度 B	净高 H		墙厚 b	墙基深 d			M5 浆砌石块	侧墙			铺底	水门墙		水窖容积 20m³	
								M5 浆砌块石	水泥砂浆块石	M8 浆抹面	M5 浆砌毛石	M5 浆砌块石		水窖长度 l	
m	m	cm	cm	cm	cm	cm	m³	m³	m³	m²	m³	m³	m	水窖容积由用水人数决定,一般人均建窖容积在 4m³,在水窖断面确定的情况下,调节水窖长 l 的大小,就能求得相应水窖容积
2.5	2.5	35	70	40	15	80	8.32	11.2	5.54	16	0.96	7.68	3.2	
2	2.0	35	50	40	15	60	13	10	6.9	20	1.5	7.80	5	
2	2.5	35	60	40	15	70	10.4	12	5.92	20	1.2	8.40	4	

4.2.3 水窖的规划与设计

根据年降水量、地形、集雨坪(径流场)面积等条件,因地制宜地进行合理布局,并结合现有水利设施等实际情况进行规划,建设高效能的人畜饮水、旱地灌溉或两者兼顾综合利用的水窖工程。

水源高于供水区的,采取蓄、引工程措施;水源低于供水区的,采取提、蓄工程措施;无水源的,采取建塘库、池窖等蓄水工程措施。

4.2.3.1 水窖的规划原则

①在有水源保证的地方,修建水窖以分配(或调节)用水量,根据地形及用水地点,修建多个水窖,用输水管(渠)串联或并联运行供水。

②在无水源保证的地方,修建容积较大的水窖,其蓄水调节能力,一般应满足当地 3~4 个月的供水。

4.2.3.2 水窖的设计

(1)设计原则

①因地制宜,就地取材,技术可靠,保证水质、水量,节省投资。

②充分开发利用各种水资源(包括现有水利设施),使灌溉与人畜饮水结合。

③要防止冲刷,确保工程安全。

④为了调节水源,可将水窖串联联合运行。

供饮水的水窖,一般要求人均 3~5m³,兼有水浇地任务的是人均 5~7m³,以 1 户 1 窖或 3~5 户联窖为宜。

(2)设计所需材料

①气象资料,附近雨量站(气象站)的多年降水量(以月为单位),年最大 24h 平均降水量,以及年最低、最高气温,日照天数,最大蒸发量等。

②水源的水位资料,包括枯流量、基流量、丰水期流量及最大洪水流量,干旱期实测值和水质化验报告。

③水源工程、输水工程及窖体的地质、地形图。

④当地建材的分布调查。

⑤当地的社会经济情况调查。

⑥1:2 000 或 1:1 000 地形图。

⑦灌溉面积(需水)分布情况及人畜饮用需求调查。

⑧现有水利设施情况。

(3)工程布置原则

①以饮用水为主的窖池,应远离污染源。

②水源地(或调节池)应置于高位点,以便自压供水。

③应避开不良地质地段。

(4)水源工程

水窖的水源有雨水、泉水、裂隙水、山沟水、库水以及提水入窖(池)等。

①雨水作为水窖水源 在没有地表水源的情况下,直接拦蓄雨水时,需要有集雨坪、汇流沟等水源配套工程。此项工程可利用现有的房屋、晒坝(坪)、冲沟、道路等集水,也可修建集雨坪、拦山沟等工程拦截雨水,汇流入窖。

集雨坪位置的选择:根据地形情况,集雨坪的位置应选定在高于水窖进水口 1m 处。集雨坪的面积可利用自然的山坡,修建一定长度的拦水沟,将一定面积内的雨水拦入水窖;也可人工平整土地,并用水泥砂浆抹面防渗。

集雨坪面积的计算:

a. 云南巧家县采用式(4-1)计算,即

$$F = \frac{V}{0.8W/1\,000} \tag{4-1}$$

b. 贵州毕节地区采用式(4-2)计算,即

$$F = \frac{1.5V'}{\alpha W/1\,000} \tag{4-2}$$

式中 F——集雨坪有效集水面积(m^2);

V——水窖的有效容积(m^3);

V'——水窖年蓄水量(m^3);

W——年均降水量(mm),可查水文手册;

α——降雨(或径流)利用系数,对于透水平坦地面取 0.3,对于天然不透水山坡取 0.5 ~ 0.6,较好屋面及人工集雨坪取 0.8;

0.8——降雨利用系数;

1.5——考虑到干旱年份或特别干旱年份等情况的加大系数。

集水池:在集雨坪面积较大、拦截雨水较多的情况下,应在集雨坪下方建一个集水池。

集水面积建议用式(4-3)、式(4-4)计算,即

$$V_g = \left(\frac{1}{3} - \frac{1}{5} \right) W' \tag{4-3}$$

$$W' = \frac{\alpha F H_{24}}{1\,000} \tag{4-4}$$

式中　V_g——集水池有效集水容积(m³);

　　　H_{24}——24h 降水深(mm);

　　　W'——日集雨量(m³);

　　　其余符号意义同前。

拦山沟:利用天然山坡作为集雨坪时,在山坡的下方应挖凿拦截雨水的拦山沟。拦山沟要拦截的集雨面积,应用式(4-1)、式(4-2)计算。拦山沟的过水断面,应根据过水流量计算确定。始端断面可稍小,随着拦截降雨面积的增大可逐步加大,考虑山坡陡峻或拦截面积上水土流失等对拦山沟的淤塞和冲刷,拦山沟的过水断面应比计算断面大50%左右。

②库水作为水窖水源　水库就是水窖的调节池、沉淀池。水库的水通过管、渠进入水窖。

③泉水、裂隙水、河水作为水窖水源　在水源处修建一集水池或取水口,将水集中起来,通过输水管或暗(明)渠进入水窖。

集水池(或进水池)的形状:要因地制宜,原则是把分散的水源水量尽量收集到池内,可经过一定的沉淀,排除漂浮物,引用清洁水源。

集水池窖大小的确定:主要根据来水量(水源)和供水量(引用)的情况,以满足有一定的沉沙、调节能力,节省投资为原则。

④渠水作为水窖水源　一般来说,渠水水源均能满足水窖对水量的要求,作为饮用水,混浊度小于 10° 的可不考虑过滤设施,这样进水池和沉沙池可合而为一。

⑤输配水工程　输配水工程的作用是将水源水输入水窖(池),由水窖(池)最后分配到用水点。该工程一般位于净化设施之后,也可位于净化设施之前。该工程一般采取暗渠、陡坡、管道 3 种形式输水。应注意防止水质污染,避免水量损失。

⑥净化设施　利用自然山坡汇集的雨水,必须经沉沙过滤后方能进入水窖。沉沙过滤池的结构视集雨坪面积的大小而定,图 4-4 中的沉沙过滤池尺寸适用于集雨坪面积在 100m² 以内的水窖,若集雨坪面积在 100m² 以上,其尺寸应相应增大。过滤池下方应设一集水沟,再用管道进入窖内。

4.2.3.3 水窖容积计算

（1）缸式水窖容积

$$V = (R^2 + r^2)(H + h)\pi/2 \tag{4-5}$$

式中　V——水窖总容积（m^3）；

　　　　H——正常蓄水深（m）；

　　　　h——安全超高（m）；

　　　　R——窖体上口半径（m）；

　　　　r——窖体下口半径（m）；

　　　　π——圆周率，取 3.141 6。

（2）球形水窖容积

容积公式：

$$V = 4\pi R^3/3 \tag{4-6}$$

式中　V——水窖总容积（m^3）；

　　　　R——水窖半径（m）；

　　　　π——圆周率，取 3.1416。

表面积公式：

$$S = 4\pi R^2 \tag{4-7}$$

式中　S——水窖表面积（m^2）；

　　　　其余符号意义同前。

4.2.3.4 水窖总容积的确定

水窖总容积是水窖群容积的总和，应与其控制面积相适应。如果来水量不大，可设 1～2 个水窖；如果来水量过大，则应修水窖群拦蓄来水。水窖群的布置形式有以下几种。

（1）梅花形

将若干水窖按梅花形布置成群，用暗管连通，从中心水窖提水灌溉（图 4-6）。

（2）排子形

这种水窖群布置在窄长的水平梯田内，顺等高线方向筑成一排水窖群，窖底以暗管连通，在水窖群的下一台梯田地坎上设暗管直通窖内，窖水可自然灌溉下方农田（图 4-7）。

为了就地拦蓄坡面径流，减少流水的势能损失，增加自流灌溉的面积，应使窖群均匀地分布在坡面上，而不是使水窖集中在坡面下部。

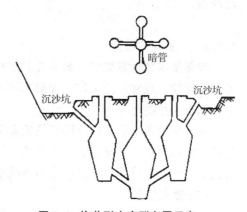

图 4-6　梅花形水窖群布置示意

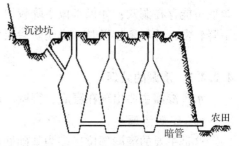

图 4-7　排子形水窖群布置示意

4.2.3.5 窖址的选择

①有足够的水源。

②有深厚而坚硬的土层，水窖一般应设在质地均匀的土层上，以黏性土壤最好，黄土次之。

③在石质山区，多利用现有地形条件，在无泥石流危害的沟道两侧的不透水基岩上，加以修补，做成水窖。

④窖址应便于人畜用水和灌溉农田。

4.2.4 水窖的养护

4.2.4.1 水窖正常运行的要求

①蓄水渗漏量小，上年秋季蓄满水后至翌年春灌时，由于渗漏使水位下降不超过0.6m。

②在平水年，保证正常蓄水，使水窖的重复利用系数达到1.5~2.5。

③水窖内淤积量较小，当年淤积泥沙不超过水窖容积的20%。正常蓄水深5.0m的水窖当年淤积泥沙厚度不超过1.0m。

④保证水窖内常年有水，使水窖水位不低于0.2m，避免水窖干湿交替，以防止防渗层脱落。

4.2.4.2 渗漏的检查

渗漏是水窖最常见的、最主要的质量事故。加强渗漏的检查和处理，是水窖管护中非常重要的、经常性的工作。渗漏的检查主要采用窖内观察和蓄水观测。

(1)窖内观察

如果水窖蓄水后水位下降很快或蓄不住水，说明水窖渗漏严重，应于晴天中午下窖检查窖底和窖壁，以确定是否有裂缝、洞穴发生，标出位置，并分析渗漏原因。既无裂缝又无洞穴时，可能与防渗层太薄或防渗材料防渗性能差有关。

(2)蓄水观测

雨季窖内蓄满水或引水入窖后，每隔一定时段观测窖内水位，做好记录，根据水位下降速度找出渗漏原因。如果水位下降过快，甚至在注水入窖时，水位都在下降，说明窖底可能存在洞穴；如果水位下降较快，并越来越快时，说明可能存在裂缝；如果水位下降较慢，并越来越慢时，说明防渗层太薄或防渗材料的防渗性能差。

4.2.4.3 渗漏的处理

水窖渗漏主要出现在窖底、窖壁、出水管等部位。

(1)窖底渗漏

这是主要的渗漏部位，多为基础处理不好、地基承压力不够(黄土有湿陷性)或防渗达不到设计要求，一般表现为洞穴渗漏、裂缝渗漏和整体慢性渗漏。

①洞穴渗漏处理　将洞穴处混凝土和胶泥防渗层去掉,加固夯实基础,加大处理面积,加厚混凝土的厚度,在水泥砂浆和混凝土中加入水粉等防渗材料,然后对窖底用100#水泥砂浆抹面2~3次,厚度为3.0cm。

②渗漏裂缝处理　与洞穴渗漏处理相似,裂缝较小时,可采用1:2水泥砂浆灌缝,然后对裂缝部位用100#水泥砂浆抹面2~3次,厚度为3.0cm。

③整体慢性渗漏处理　采用窖底用水泥砂浆漫壁处理,并用200#碎石混凝土现浇窖底厚为5.0cm,再用100#水泥砂浆进行防渗处理。

处理窖底时要注意窖底与窖壁结合部的防渗处理。

(2)窖壁渗漏

窖壁渗漏主要是裂缝渗漏和整体慢性渗漏2种。其产生原因是四周土质不密实或有树根、陷穴,防渗层厚度不够,防渗层砂浆和混凝土标号不够,施工接茬达不到要求。针对不同情况,对产生的裂缝部位,打掉防渗层,彻底清理隐患,分层捣实,然后用混凝土加厚加固处理,最后用水泥砂浆抹面防渗。整体慢性渗漏采用100#水泥砂浆加防水粉抹面2~3层,厚度为3.0cm。

(3)出水管渗漏

出水管渗漏主要是出水管与窖壁结合部位的裂缝渗漏。出水管采用两道橡胶圈止水,并对出水管四周用碎石混凝土浇筑,对出水管外端和内端进行加固处理,防止管道晃动,以免管壁与窖体间产生裂缝。

4.2.4.4　水窖的管护

(1)蓄水时管护

下雨前要及时清理集水渠、沉沙池,清除拦污栅前的杂物,疏通进水管。窖水蓄至设计水深时,及时关闭进水口,防止超蓄造成窖体坍塌。

(2)日常管护

定期检查维修水窖,经常保持水窖完好无损。使窖内平时至少蓄水深0.2m,保持窖内湿度,避免干湿交替使防渗层脱落。平时窖口应加盖上锁,保证水质的安全、干净、卫生。当淤泥深度达0.5m以上时,要及时清淤,主要采用人工方法在窖水用完后及时清淤。

4.2.5　水窖的配套设施

水窖的配套设施主要包括沉沙池、过滤池、拦污栅等。水窖作为微型水利工程,其配套设施不太受人们的重视,但为了充分发挥水窖的效益,对配套设施规范化建设已日益显示其重要性。

4.2.5.1　沉沙池

沉沙池主要是为减少入窖(池)泥沙面而设置的,一般距离水窖(池)3.0~4.0m。

(1)沉沙池设计

根据设计原理的不同可分为2种设计方法。

①利用沉沙原理设计   就是从水流进入沉沙池开始，所挟带的设计标准粒径以上的泥沙，流到沉沙池出水口时正好沉到池底来设计的。

②利用拦沙原理设计   就是利用沉沙池拦蓄全年入窖含沙水流中一定比例泥沙的原理设计。

（2）沉沙池类型

沉沙池根据沉沙情况可分为一级沉沙池和多级沉沙池；根据结构可分为迷宫式斜墙沉沙池、迷宫式直墙沉沙池、梯形沉沙池、矩形沉沙池，其结构如图4-8至图4-11所示。根据池底的比降可分为平坡沉沙池、逆坡沉沙池、顺坡沉沙池。顺坡沉沙效果较差，一般不设计。

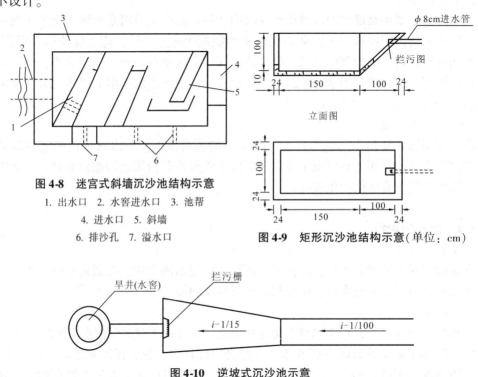

图 4-8   迷宫式斜墙沉沙池结构示意

1. 出水口   2. 水窖进水口   3. 池帮
4. 进水口   5. 斜墙
6. 排沙孔   7. 溢水口

图 4-9   矩形沉沙池结构示意（单位：cm）

图 4-10   逆坡式沉沙池示意

图 4-11   迷宫式直墙沉沙池结构示意

（3）沉沙池的施工与管护

①沉沙池施工   沉沙池施工按规划地点开挖土方，并对基础翻夯，如有石灰可作10～20cm 三七灰土，池底用 200# 混凝土现浇 5～10cm。池墙采用 12cm 或 24cm 机砖砌筑，池壁和池底用 100# 水泥砂浆抹面粉光。

②沉沙池管护   每次蓄水前及时清除池内淤泥，以便再次沉沙，减少窖内淤泥。封

冻前排除池中积水，池中可堆放草木灰，以免沉沙池冻害，春季及时清除池中草木灰。及时维修池体，保证沉沙池的正常使用。

4.2.5.2 过滤池

用于解决人饮的蓄水工程，对水质要求高时可建过滤池。根据需要，过滤池和沉沙池可单独布设，也可联合布设。如果采用含沙量较小的人工集雨场时，可单独布设，如果收集的雨水含沙量较大且水质要求较高时，可使水流先经沉沙池沉沙，然后经过滤池过滤后再入窖，过滤池的尺寸和滤料根据来水量、水质及滤料的导水性能合理确定。

过滤池施工时，在底部先预埋进入水窖的进水管，滤料采用卵石、豆石、粗砂、中砂自下而上顺序铺垫，各层厚度应均匀，各层间可用滤网隔开。

4.2.5.3 拦污栅

在沉沙池、过滤池的出水口处均应布设拦污栅，以拦截枯枝残叶、杂草及其他较大的漂浮物。拦污栅结构简单，可用铁板、冷拔丝、$\phi 6$ 钢筋或筛网制作。无论采用何种形式，其缝隙宽度均不超过 1.0cm，孔径不大于 1.0cm × 1.0cm。在每次蓄水前和蓄水时及时清理拦污栅前的杂物，保证池水入窖。

4.3 蓄水池

蓄水池又称涝池或塘堰，可用以拦蓄地表径流，防止水土流失，是山区、丘陵区满足人畜用水和灌溉的一种有效措施。蓄水池一般为圆形和椭圆形。大的蓄水池可占几亩地，容积可达几百立方米，甚至几千立方米。山坡地上的蓄水池，因受地形条件限制要小一些，蓄水量一般为 50 ~ 100m³。

修蓄水池的技术简单，容易掌握，而且修筑省工，但蓄水池蒸发量大，占地也较多，在干旱、蒸发量大的地区，适宜修筑封闭式蓄水池。

4.3.1 蓄水池的概念

以拦蓄地表径流为主而修建的，蓄水量在 50 ~ 1 000m³ 的蓄水工程，称为蓄水池。其主要功能有拦蓄地表径流，充分和合理利用自然降雨或泉水，就近供耕地、经济林果灌溉和人畜饮水需要，减轻水土流失。

4.3.2 蓄水池的类型

蓄水池按建筑材料可划分为土池、三合土池、浆砌条石池、浆砌块石池、砖砌池和钢筋混凝土池等；按建筑形式可划分为圆形池、矩形池、椭圆形池等几种类型。圆形池、矩形池的平面布置图分别如图 4-12 和图 4-13 所示。

按池口的结构形式可划分为封闭式和开敞式两大类。封闭式蓄水池是在池顶增加了封闭设施，使其具有防冻、防高温、防蒸发功能，可长期蓄水，也可季节性蓄水，可用

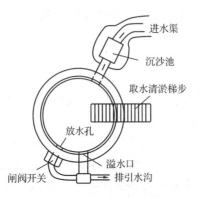

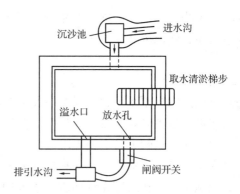

图 4-12 圆形池平面布置　　　　　　图 4-13 矩形池平面布置

于农田灌溉，也可用于人畜饮水，但工程造价相对较高，而且单池的容量比开敞式小。封闭式蓄水池常见的结构有 3 种：一是梁板式圆形池，这种形式又可进一步细分为拱板式和梁板式，蓄水量一般为 30~50m³；二是盖板式矩形池，即顶部用混凝土空心板加保温层，蓄水量一般为 80~200m³；三是盖板式钢筋混凝土矩形池，现场立模浇筑，容积可达 200~1 000m³。由于章节所限，这里只介绍常用的开敞式圆形池、开敞式矩形池、封闭式圆形池和封闭式矩形池 4 种结构的设计。开敞式蓄水池属于季节性蓄水池，它不具备防冻、防高温、防蒸发的功效，但容量一般可不受结构形式的限制。这种形式的蓄水池按建筑材料的不同可分别采用砌砖、砌石、混凝土或黏土夯实修建。

4.3.2.1 开敞式圆形蓄水池

开敞式圆形蓄水池结构形状如图 4-14 所示。

（1）池体组成

主体分池底、池墙两部分，附属设施有沉沙池、拦污栅和进出水管等。

①池底经原状土夯实后，用 M7.5 水泥砂浆砌石平铺 40cm，再在其上浇筑 10cm 厚的 C20 混凝土。

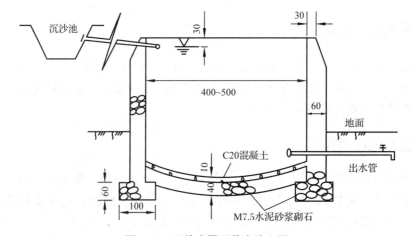

图 4-14 开敞式圆形蓄水池立面

②池墙有浆砌石、砖砌和混凝土 3 种形式，可根据当地建筑材料选用。

浆砌石池墙：当整个蓄水池坐落在地面以上或地下埋深很小时采用，池墙高 4m，墙基扩大基础，用 30~60cm 厚的 M75 水泥砂浆砌石，内壁用 3cm 厚的 M10 水泥砂浆均匀防渗。

砖砌池墙：当蓄水池位于地面以下或大部分池体位于地面以下时采用。用"二四"砖砌墙，墙内壁同样用 M10 水泥砂浆均匀防渗，技术措施同浆砌石池墙。

混凝土池墙：和砖墙的适应地貌条件相同，墙厚一般为 10~15cm，内壁可用水泥浆作防渗处理。

③沉沙池布设在蓄水池前 3m 处，尺寸一般采用长 2~3m、宽 1~2m、深 1m 左右；拦污栅用 8 号铅丝编织成 1cm 见方的网片安装在进水管首端；进水管采用 ϕ8~10cm 塑料硬管，前端置于沉沙池底以上 50cm 处，末端伸入池内墙顶以下 30cm 处；出水管用 ϕ5cm 钢管埋设在池底以上 50cm 处，出墙后接闸阀、水表及软管伸入田间。

(2) 结构特点

①受力条件好，相对封闭式蓄水池而言，其单位投资较低。

②因不设顶盖而易于修建成较大容量的蓄水池。

4.3.2.2 开敞式矩形蓄水池

这种形式的蓄水池依其用料不同可分为砖砌式、浆砌石式和混凝土式 3 种。蓄水池池体组成、附属设施配置和墙体结构与圆形水池相同。它的结构特点是受力条件不如圆形的好，拐角的地方尤其薄弱，需做加固与防渗处理，特别是要注意防止质量较大的侧墙与相对单薄的池底之间产生不均匀沉陷而导致断裂，因此，在池墙与池底的结合部设置沉陷缝，缝间填塞止水材料。当蓄水量不超过 60m^3 时，宜做成正方形蓄水池，长宽比大于 3 时可在中间加设隔墙，以防侧压力过大使边墙失去稳定性。

4.3.2.3 封闭式圆形蓄水池

这种形式相当于在开敞式圆形蓄水池之上加设顶盖，以起保温和防蒸发作用。为减轻荷重和节省投资，顶盖宜采用薄壳型混凝土拱板或肋拱板，池体应尽可能地布设在地面以下，以减少池墙的厚度和工程量，其结构如图 4-15 所示。

4.3.2.4 封闭式矩形蓄水池

这种形式相当于在开敞式矩形蓄水池之上加一顶盖。顶盖多采用混凝土空心板或肋拱板，空心板之上依当地气候条件和使用要求设置一定厚度的保温层和覆盖层。这种矩形池相对于封闭式圆形池的最大优点是适应性强，一般可以根据地形和蓄水量的要求选取不同的规格尺寸，从而使蓄水量的变幅较大。其结构如图 4-16 所示。

对于封闭式蓄水池 (无论是圆形还是矩形) 而言，池底与侧墙的设计和开敞式蓄水池基本相同，而顶盖的设计除了容积较小 (跨度较小) 的可直接选用少筋混凝土空心板或肋拱板外，一般的都应采用钢筋混凝土板梁结构。当蓄水池跨度 (直径) 较大时，还应考虑在池内设置立柱。

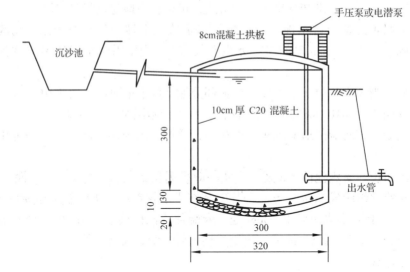

图 4-15 封闭式圆形蓄水池剖面(单位：cm)

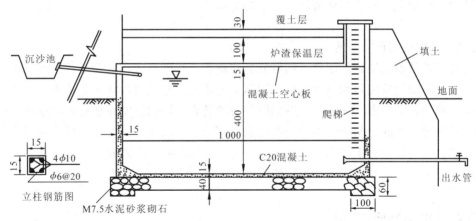

图 4-16 封闭式矩形蓄水池剖面(单位：cm)

4.3.3 蓄水池位置的选择

蓄水池一般都修在乡村附近、路边、梁峁坡和沟头上部。池址土质应坚实，最好是黏土或黏壤土。硬性大的土壤容易渗水和造成陷穴，都不宜修蓄水池。此外，在选择蓄水池的位置时还应注意以下几点。

①有足够的水源来水量。

②有小股泉水出露地表的地方，可在其附近选择合适的地点修建蓄水池，以起到长蓄短灌的作用。

③应尽量选在地面较低处，以利于控制较大的集水面积，但对所灌农田应尽可能地做到自流灌溉(一般自流的可高于被灌田面 2~3m，用于滴灌、微喷灌的应高于被灌田面 5~8m 或更高)，同时还要注重排水及来水区的水土保持情况，以防池顶漫溢或泥沙

入池降低蓄水效能。

④蓄水池池底稍高于被灌溉的农田地面,以便自流灌溉。不能离沟头、沟边太近,以防渗水引起坍塌。

⑤蓄水池的基础应坐落在坚实的土层上,边缘四周距崖坎应保持至少5m的安全距离,且池壁以外4m之内不应有根系发达的树木存在。

⑥注意利用有坡度的低凹地点,以减少开挖工程量。

⑦配置沉沙池等附属设施,以减少泥沙杂质进入池塘。

4.3.4 蓄水池的规划

蓄水池一般规划在坡面水汇流的低凹处,并与排水沟、沉沙池形成水系网络,以满足农、林用水和人畜饮水需要为规划设计依据。规划中应尽量考虑少占耕地,来水充足,蓄引方便,造价低,基础稳固等条件。

蓄水池的配套设施有引水渠、排水沟、沉沙池、过滤池(有人畜饮水要求的蓄水池)、进水和取水设施(放水管或步梯)。

房屋前后或道路旁的开敞式蓄水池还应加栏杆或围坪,人畜饮水用的蓄水池一般为封闭式,确保用水清洁卫生和安全。

4.3.5 蓄水池的布置形式

(1)平地蓄水池

修在平地的低凹处,一般是把凹处再挖深些,将挖出的土培在周围。

(2)结合沟头防护

在沟头附近适当距离处挖蓄水池,拦蓄坡面汇集的地表径流,防止沟头前进,如图4-17所示。

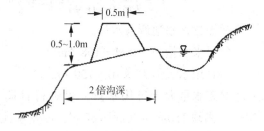

图4-17 埂墙蓄水池沟头防护示意

(3)开挖小渠将地下水引入蓄水池

沟底坡脚常有地下水渗出,给很多地方造成泥流或滑塌,可在附近挖蓄水池,用以灌溉或人畜饮用,也可避免岸边坍塌。

(4)结合山地灌溉,开挖蓄水池

渠道连接蓄水池布置形式如图4-18所示。

在山地渠道上,每隔适当的距离挖一个蓄水池,蓄水池与渠道连接处设立闸门,将多余的水存储在池内,以便需水时灌溉。

(5)连环蓄水池

蓄水池与蓄水池之间由小水渠或暗管连通,多修在道路的一侧,以防止道路冲刷,有时也修在坡面上的浅凹地上,一般为方形或长方形,单个蓄水池蓄水量可达$10 \sim 15m^3$。

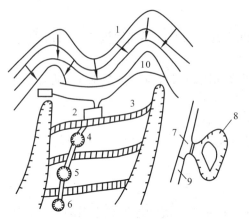

图 4-18 渠道连接蓄水池示意

1. 洪水方向 2. 沉沙池 3. 截水沟
4. 梯田 5. 引洪渠 6. 蓄水池
7. 闸门 8. 蓄水池 9. 引洪渠 10. 谷坊

4.3.6 蓄水池容积计算

4.3.6.1 调节水量计算法

在了解水源来水流量的情况下，根据当地用水情况确定调节周期，例如，日调节、多日调节、季调节、年调节等，应视水源来水流量与用水流量的关系，按照既保证用水要求，又节省工程量的原则，通过调节水量计算，以确定蓄水池容积。

（1）日调节

当来水流量小于用水流量，而昼夜来水量可以满足日用水量时，按日调节确定蓄水容积。

【**例 4-1**】 农作物灌溉面积 50 亩，设计灌水定额 20m³/亩，灌水延续时间 7d，每日灌溉 10h，干旱年份水源在灌溉季节有稳定流量 7m³/h，若取输水系统水的利用系数 0.95。试确定蓄水池容积。

解：计算灌溉用水流量为：

$$Q = \frac{20 \times 50}{7 \times 10 \times 0.95} = 15.0（m^3/h）> 7（m^3/h）（水源流量）$$

故需建蓄水池调蓄水量。

每日来水量为 $7 \times 24 = 168（m^3）$

每日用水量为 $15 \times 10 = 150（m^3）$

日来水量大于日用水量，可进行日调节。因灌溉的 10h 来水量为 $7m^3/h \times 10h = 70m^3$，尚缺 $150m^3 - 70m^3 = 80m^3$，故蓄水池的容积应为 $80m^3$。再考虑蓄水时蒸发和渗漏的损失(根据地质和防渗处理情况可估为有效容积的 10%~20%)，便可求得蓄水池的总容积。

（2）多日调节

【**例 4-2**】 水源流量仍为 7m³/h，灌水定额仍为 20m³/亩，灌溉面积为 120 亩，若一次灌水时间仍为 7d，而两次灌水间可允许有不超过 10d 的间隙时间。试确定蓄水池容积。

解：因设计灌溉面积增大，1d 的用水量超过了昼夜来水量，日调节已不能满足，考虑利用灌水间隔时间蓄水。

因轮灌周期可为 17d，这期间的来水量为 $17 \times 24 \times 7 = 2\,856（m^3）$

一次灌水用水量为 $20 \times 120 \div 0.95 = 2\,526（m^3）$

来水量大于用水量，故可以一个轮灌期(17d)为调节周期。

灌水的 7d 来水量为 $7m^3/h \times 24h \times 7 = 1\,176m^3$，尚缺 $2\,526 - 1\,176 = 1\,350（m^3）$，需由蓄水池提供，故蓄水池容积为 $1\,350m^3$。但考虑蓄水时蒸发和渗漏的损失(根据地质和

防渗处理情况可估为有效容积的 10% ~ 20%），该蓄水池的总容积可考虑确定为 1 400m³。

（3）年调节

年调节计算是将一年内来水有盈余的月份的余水存蓄起来，以供水量不足月份的用水。相关内容请参考"第9章 小型水库"。

4.3.6.2 利用经验公式估算容积

当水源为小河流或当地地面径流时，常因无法掌握实际的来水过程，因而不具备进行调节计算的条件，一般可采用经验公式估算蓄水池的容积。

（1）按来水量计算容积

$$V = KW_0 \tag{4-8}$$

式中　V——蓄水池容积(m^3)；

　　　W_0——多年平均年来水量(m^3)；

　　　K——调节系数，根据经验 K 取 0.3 ~ 1.0。

在雨量较丰沛，沟道中经常有水的情况下，K 取小值；在干旱少雨，沟道时常断流的情况下，K 取较大值；在集水面积小，平常无水，仅汛期大雨才有雨水汇集的情况下，K 取最大值。

（2）按用水量计算容积

$$V = \frac{KW}{1 - \rho} \tag{4-9}$$

式中　V——蓄水池容积(m^3)；

　　　W——年灌溉用水量(m^3)；

　　　ρ——蓄水池渗漏、蒸发损失水量的百分数，一般小型蓄水池可按 10% ~ 20% 考虑；

　　　其余符号意义同前。

蓄水池容积的确定，应比较上述两种计算结果，取其中的较小者。当用水量小于来水量时，一般应按用水量确定容积；当用水量小于来水量不多或两者持平时，亦可按来水量设计；当用水量大于来水量时，按来水量设计，再根据来水量规划灌溉面积，其计算公式为：

$$A = \frac{W_0 (1 - \rho)}{E} \tag{4-10}$$

式中　A——灌溉面积(亩)；

　　　E——毛灌溉定额，即每亩地一年灌溉总用水量(m^3/亩)；

　　　其余符号意义同前。

【例4-3】　某山区有耕地 1 500 亩，种植旱作物，拟在山沟上修山塘拦蓄地面径流作为灌溉水源，集水面积 0.5km²。试确定山塘容积。

解：从该地区水文手册中的多年平均年降水量等值线图中查得该流域处的年降水量 $P_0 = 550\text{mm}$。又根据邻近流域的降水径流资料，并对照本流域产流条件分析，取径流系数 $C = 0.4$，根据式(4-11)计算多年平均年径流量为：

$$W'_0 = 1\,000CP_0F = 1\,000 \times 0.4 \times 550 \times 0.5 = 11 \times 10^4 (\text{m}^3) \tag{4-11}$$

式中　W'_0——多年平均年径流量(m^3)；

　　　P_0——多年平均年降水量(mm)；

　　　F——集水面积(km^2)；

　　　C——年径流系数。

旱作物灌溉定额取 $E = 100\text{m}^3/$亩，则 1 500 亩耕地的年用水量为

$$W = AE = 1\,500 \times 100 = 15 \times 10^4 \text{m}^3$$

以上计算表明，来水量小于用水量，应按来水量确定容积。考虑到本地区干旱少雨，集水面积又小，山沟平时干枯无水，只拦蓄汛期雨水，故取调节系数 $K = 1.0$，则山塘容积应为：

$$V = KW'_0 = 11 \times 10^4 (\text{m}^3)$$

可灌溉面积为：

$$A = \frac{W'_0(1-\rho)}{E} = \frac{110\,000(1-0.1)}{100} = 990(\text{亩})$$

4.3.6.3　不同形状蓄水池容积计算方法

蓄水池蓄水量加上超高的容积即为蓄水池总容量。由总容量及蓄水池的形状可以定出蓄水池的具体尺寸。蓄水池的形状随地形变化而异，不同形状的蓄水池总容量计算方法如下所示。

(1)矩形

$$V = \frac{1}{2}(h_水 + \Delta h) \times (A_{池口} + A_{池底}) \tag{4-12}$$

式中　V——总容量(m^3)；

　　　$h_水$——水深(m)；

　　　Δh——超高(m)；

　　　$A_{池口}$——池口面积(m^2)；

　　　$A_{池底}$——池底面积(m^2)。

(2)平底圆形

$$V = \frac{\pi}{2}(R^2_{池口} + R^2_{池底}) \times (h_水 + \Delta h) \tag{4-13}$$

式中　V——总容量(m^3)；

　　　$R_{池口}$——池口半径(m)；

　　　$R_{池底}$——池底半径(m)；

　　　$h_水$——水深(m)；

　　　Δh——超高(m)；

　　　π——圆周率，取 3.141 6。

(3)"U"字形

$$V = \frac{3}{5}\pi R^2_{池口} \times (h_水 + \Delta h) \tag{4-14}$$

（4）椭圆形

$$V = \frac{2}{3}\pi \left(R_{长} \ r_{短} \right) \times (h_{水} + \Delta h) \tag{4-15}$$

式中　V——总容量（m³）；

　　　$R_{长}$——长半轴（m）；

　　　$r_{短}$——短半轴（m）；

　　　π——圆周率，取3.141 6。

4.3.7 蓄水池的养护

蓄水池的养护和管理要遵循以下几点原则：

①按"谁建设、谁使用、谁管理"的原则落实养护责任制。

②应尽量避免蓄水池干涸，以免池底和四周的防渗层干裂而导致漏水。

③蓄水池修成后，如果来水量比预先估计的少，应另设法开辟水源，或开挖饮水沟，把可能引入沟的水引入蓄水池，增加来水量，以充分发挥蓄水池的作用。

④暴雨前后应及时修补养护，及时清淤保持蓄水容积，并对蓄水池上下沉沙池、排水沟进行养护。

⑤定期检查维修水池，使水池完好无损。开敞式蓄水池于秋季灌水后要及时排除池中积水，冬季要打扫池内积雪，防止池体冻胀破裂或防渗层脱落。冬季应对封闭式蓄水池的池顶采取防冻保护措施，及时清除沉沙池和水池中的淤泥。待池水用完后，及时采用人工方法清除淤泥。

4.4　山边沟渠工程

4.4.1　沟渠工程的概念

为防治坡面水土流失而修建的截排水设施，统称坡面沟渠工程。坡面沟渠工程是坡面治理的重要组成部分。其主要功能是：

①拦截坡面径流，引水灌溉。

②排除多余来水，防止冲刷。

③减少泥沙下泻，保护坡脚农田。

④巩固和保护治坡成果。

4.4.2　沟渠工程的类型

沟渠工程有以下几种类型：

①截水沟　包括水平沟、沿山沟、拦山沟、环山沟、山圳以及梯田内的边沟、背沟。

②排水沟　包括撇水沟、天沟、排洪沟。

③蓄水沟 包括水平竹节沟。

④引水渠 包括堰沟。

⑤灌溉渠。

4.4.3 沟渠工程规划与设计

4.4.3.1 规划原则

①坡面沟渠工程应与梯田、耕作道路、沉沙蓄水工程同时规划，并以沟渠、道路为骨架，合理布设截水沟、排水沟、蓄水沟、引水渠、灌溉渠、沉沙池、蓄水池等工程，形成完整的防御、利用体系。

②根据不同的防治对象，因地制宜地确定沟渠工程的类型、数量，并按高水高排或高用、中水中排或中用、低水低排或低用的原则设计。

以修梯田、保水耕作、经济林果为主的坡面，应根据降雨和汇流面积合理布设截水沟、排水沟，并结合水源规划引水渠、灌溉渠；以保土耕作为主的坡面还应配合等高种植，规划若干道蓄水沟；以种植林草为主的坡面，沟渠工程应采用均匀分布的蓄水沟，上方有较大来水面积的应规划截水沟或排洪沟。

③在坡面上一般应综合考虑布设截、排、引、灌溉渠工程，截水沟、排水沟可兼做引水渠、灌溉渠。

④截水沟一般应与排水沟相接，并在连接处前后做好沉沙、防冲设施。

⑤梯田区域内承接背沟两端的排水沟，一般垂直等高线布设，并与梯田两端的道路同向，呈路边沟或路代沟(为凹处)状。土质排水沟应分段设置跌水，一般以每台梯面宽为水平段，每台梯坎高为一级跌水，在跌水处做好铺草皮或石方衬砌等防冲效能措施。

⑥截水沟和排水沟、引水渠、灌溉渠在坡面上的比降，应视其截、排、用水去处(蓄水池或天然冲沟及用水地块)的位置而定。当截、排、用水去处的位置在坡面时，截水沟和排水沟可基本沿等高线布设，沟底比降应满足不冲不淤流速；沟底比降过大或等高线垂直布设时，必须做好防冲措施。

⑦一个坡面面积较小的沟渠工程系统，可视为一个排、引、灌水块。当坡面面积较大时，可划分为几个排、引、灌水块或单元，各单元分别布置自己的排、引、灌去处(蓄水池或天然冲沟或用水地块)。

⑧坡面沟渠工程规划还应尽量避开滑坡体、危岩等地带，同时注意节约用地，使交叉建筑物(如涵洞等)最少，投资最省。

4.4.3.2 设计

(1)暴雨径流设计

①设计标准 根据国家标准《水土保持综合治理技术规范》(GB/T 16453.1—2008 ~ GB/T 16453.6—2008)，小型蓄排水引水工程中规定，防御暴雨标准，按10年一遇24h最大降水量设计。

②坡面径流量、洪峰流量与土壤侵蚀量的确定　目前，长江流域各地均用了大量中小河流实测资料的小区径流观察资料，编制有《水文手册》，应查阅当地《水文手册》介绍的不同的暴雨径流量与土壤侵蚀量。以一次暴雨径流模数 $M_w(\text{m}^3/\text{km}^2)$、设计频率暴雨坡面最大径流量(或设计洪峰流量)$Q(\text{m}^3/\text{s})$ 和年均土壤侵蚀模数 $M_s(\text{t}/\text{km}^2)$ 表示。

(2)截水沟的容积尺寸

每道截水沟的容量 V 按式(4-16)计算，即

$$V = V_w + V_s \tag{4-16}$$

式中　V——截水沟容量(m^3)；

　　　V_w——一次暴雨径流量(m^3)；

　　　V_s——1～3 年土壤侵蚀量(m^3)，V_s 的计量单位，应根据各地土壤的容重，由吨折算为 m^3。

式(4-16)中 V_w 和 V_s 值按式(4-17)、式(4-18)计算，即

$$V_w = M_w F \tag{4-17}$$

$$V_s = 3 M_s F \tag{4-18}$$

式中　F——截水沟的集水面积(km^3)；

　　　M_w——一次暴雨径流模数(m^3/km^2)；

　　　M_s——年均土壤侵蚀模数(t/km^2)；

　　　其余符号意义同前。

根据 V 值按式(4-19)计算截水沟断面面积，即

$$A_1 = \frac{V}{L} \tag{4-19}$$

式中　A_1——截水沟断面面积(m^2)；

　　　L——截水沟长度(m)。

截水沟一般采用半挖半填的梯形断面，其断面要素、符号、常用数值如下所示。

沟底宽 B_d：0.3～0.5m；沟深 H：0.4～0.6m；内坡比 m_i：1:1；外坡比 m_0：1:1.5。

(3)截水沟断面设计

①截水沟断面设计公式　截水沟断面面积 A_2，根据设计频率暴雨坡面汇流洪峰量，按明渠均匀流公式计算，即

$$A_2 = \frac{Q}{C\sqrt{Ri}} \tag{4-20}$$

式中　A_2——截水沟过水断面面积(m^2)；

　　　Q——设计坡面汇流洪峰流量(m^3/s)；

　　　C——谢才系数；

　　　R——水力半径(m)；

　　　i——截水沟沟底比降。

Q 值的计算：坡面小汇水面积的设计洪峰流量的计算，常采用区域性经验公式，即

$$Q_p = KI^m F^n \quad \text{（适用于 } F \geq 10\text{km}^2 \text{ 的小流域）} \tag{4-21}$$

$$Q_p = C_p F^n \quad \text{（适用于 } 1\text{km}^2 < F < 10\text{km}^2 \text{ 的小流域）} \tag{4-22}$$

$$Q_p = C_p F \quad \text{（适用于 } F \leq 1\text{km}^2 \text{ 的小流域）} \tag{4-23}$$

式中　Q_p——设计频率暴雨产生的洪峰流量（m^3/s）；

K——综合系数（反映地面坡度、河网密度、河道比降、降雨历时及流域形状等因素）；

I——设计频率暴雨净雨深（mm）；

m——峰量关系指数；

F——小流域面积或坡面排水块汇水面积（km^2）；

n——随汇水面积的增大而递减的指数；

C_p——与流域自然地理、下垫面因素的设计频率有关的系数。

这些区域性经验公式，主要因子是地面坡度和设计暴雨情况下的下垫面主要因素，用主要因子建立查算表，使用十分方便。

将地面平均坡度划分为 5°、10°、15°、20°、25°、30°以上 6 级，使每个级差的设计洪峰流量均有一定差异。在野外可测算梯田、林草地、坡耕地、荒坡以及裸露土石山坡等不同下垫面排水块的汇水面积及其各排水块的平均地面坡度。

下垫面因素可用暴雨径流系数表示，暴雨径流系数可参考下列情况取用：梯田、林草地面积占 70% 以上取 0.70；梯田或林草地、坡耕地面积各占 50% 左右取 0.80；坡耕地、荒坡面积占 70% 以上取 0.90；基岩裸露面积占 50% 左右的瘠薄坡耕地取 0.95。

确定了地面平均坡度和暴雨径流系数后，可根据排水块汇水面积查出设计洪峰流量。

表 4-3 为四川及重庆地区小汇水面积 10 年一遇设计洪峰流量查算表。

表 4-3　小汇水面积 10 年一遇设计洪峰流量查算表

流域面积（km²）	暴雨径流系数	地面平均坡度					
		5°	10°	15°	20°	25°	30°以上
0.01	0.70	0.11	0.13	0.15	0.16	0.17	0.18
	0.80	0.12	0.15	0.17	0.19	0.20	0.21
	0.90	0.13	0.17	0.19	0.21	0.22	0.23
	0.95	0.14	0.18	0.20	0.22	0.23	0.24
0.02	0.70	0.21	0.26	0.30	0.33	0.35	0.36
	0.80	0.24	0.30	0.34	0.38	0.40	0.41
	0.90	0.28	0.34	0.38	0.42	0.44	0.47
	0.95	0.29	0.36	0.40	0.45	0.47	0.49
0.03	0.70	0.32	0.40	0.44	0.49	0.52	0.54
	0.80	0.37	0.45	0.51	0.56	0.59	0.62
	0.90	0.41	0.51	0.57	0.64	0.67	0.70
	0.95	0.44	0.54	0.60	0.67	0.70	0.74

（续）

流域面积 （km²）	暴雨径流 系数	地面平均坡度					
		5°	10°	15°	20°	25°	30°以上
0.04	0.70	0.43	0.53	0.59	0.66	0.69	0.72
	0.80	0.49	0.60	0.68	0.75	0.79	0.83
	0.90	0.55	0.68	0.76	0.85	0.89	0.93
	0.95	0.58	0.72	0.80	0.89	0.94	0.98
0.05	0.70	0.54	0.66	0.74	0.82	0.86	0.91
	0.80	0.61	0.75	0.85	0.94	0.99	1.04
	0.90	0.69	0.85	0.95	1.06	1.11	1.16
	0.95	0.73	0.89	1.01	1.12	1.17	1.23
0.06	0.70	0.64	0.79	0.89	0.99	1.04	1.09
	0.80	0.73	0.90	1.02	1.13	1.19	1.24
	0.90	0.83	1.02	1.14	1.17	1.33	1.40
	0.95	0.87	1.07	1.21	1.34	1.41	1.48
0.07	0.70	0.75	0.92	1.04	1.15	1.21	1.23
	0.80	0.86	1.05	1.19	1.32	1.38	1.45
	0.90	0.96	1.19	1.33	1.48	1.56	1.63
	0.95	1.02	1.25	1.41	1.56	1.64	1.72
0.08	0.70	0.86	1.05	1.19	1.32	1.38	1.45
	0.80	0.98	1.20	1.36	1.51	1.58	1.66
	0.90	1.10	1.36	1.52	1.69	1.78	1.86
	0.95	1.16	1.43	1.61	1.79	1.88	1.97
0.09	0.70	0.96	1.19	1.33	1.48	1.56	1.63
	0.80	1.10	1.36	1.52	1.69	1.78	1.86
	0.90	1.24	1.52	1.72	1.91	2.00	2.10
	0.95	1.31	1.61	1.81	2.01	2.11	2.21
0.1	0.70	1.07	1.32	1.48	1.65	1.73	1.81
	0.80	1.22	1.51	1.69	1.88	1.98	2.07
	0.90	1.38	1.69	1.91	2.12	2.22	2.33
	0.95	1.45	1.79	2.01	2.24	2.35	2.46
0.2	0.70	2.14	2.64	2.96	3.29	3.46	3.62
	0.80	2.45	3.01	3.39	3.76	3.95	4.14
	0.90	2.75	3.39	3.81	4.24	4.45	4.66
	0.95	2.91	3.58	4.02	4.47	4.69	4.92
0.3	0.70	3.21	3.95	4.45	4.94	5.19	5.44
	0.80	3.67	4.52	5.08	5.65	5.93	6.21
	0.90	4.13	5.08	5.72	6.35	6.67	6.99
	0.95	4.36	5.36	6.04	6.71	7.04	7.38
0.4	0.70	4.28	5.27	5.93	6.59	6.92	7.25
	0.80	4.89	6.02	6.78	7.53	7.91	8.28
	0.90	5.51	6.78	7.62	8.47	8.89	9.32
	0.95	5.81	7.15	8.05	8.94	9.39	9.84

（续）

流域面积（km²）	暴雨径流系数	地面平均坡度					
		5°	10°	15°	20°	25°	30°以上
0.5	0.70	5.35	6.59	7.41	8.24	8.65	9.06
	0.80	6.12	7.53	8.47	9.41	9.88	10.35
	0.90	6.88	8.47	9.53	10.59	11.12	11.65
	0.95	7.26	8.94	10.06	11.18	11.74	12.29
0.6	0.70	6.42	7.91	8.89	9.88	10.38	10.87
	0.80	7.34	9.04	10.16	11.29	11.86	12.42
	0.90	8.26	10.16	11.44	12.71	13.34	13.98
	0.95	8.72	10.73	12.07	13.41	14.08	14.75
0.7	0.70	7.49	9.22	10.38	11.53	12.11	12.68
	0.80	8.56	10.54	11.86	13.18	13.84	14.49
	0.90	9.64	11.86	13.34	14.82	15.56	16.31
	0.95	10.17	12.52	14.08	15.65	16.43	17.21
0.8	0.70	8.56	10.54	44.86	13.18	13.84	14.49
	0.80	9.79	12.05	13.55	15.06	15.81	16.56
	0.90	11.01	13.55	15.25	16.94	17.79	18.64
	0.95	11.62	14.31	16.09	17.88	18.78	19.67
0.9	0.70	9.64	11.86	13.34	14.82	15.56	16.31
	0.80	11.01	13.55	15.25	16.94	17.79	18.64
	0.90	12.39	15.25	17.15	19.06	20.01	20.96
	0.95	13.08	16.09	18.11	20.12	21.12	22.13

R 值的计算：

$$R = \frac{A_2}{x} \tag{4-24}$$

式中　x——截水沟断面湿周(m)，是指过水断面水流与沟槽接触的边界总长度。

矩形断面为：

$$X = b + 2h \tag{4-25}$$

梯形断面为：

$$X = b + 2h\sqrt{1 + m^2} \tag{4-26}$$

式中　X——断面湿周(m)；

　　　b——沟槽底宽(m)；

　　　h——过水深(m)；

　　　m——沟槽内边坡系数。

C 值的计算：一般采用满宁公式。

$$C = \frac{1}{n} R^{1/6} \tag{4-27}$$

式中　C——谢才系数；

　　　n——沟槽糙率，它与土壤、地质条件及施工质量等因素有关，一般土质截水沟取 0.025 左右；

R——水力半径(m)。

i 值的选择：截水沟沟底 i 值与断面设计是互为依据、相互联系的，不能把它们截然分开，而应交替进行，反复比较，最后确定合理的方案。

i 值主要取决于截水沟沿线的地形和土质条件，一般 i 值与沟沿线的地面坡度较近，以免开挖太深；同时还应满足不冲不淤流速的要求。长江流域的山地、丘陵区土质 i 值一般选择 1/300 比较适宜，最大不超过 1/100，最小不小于1/500。为了施工方便，同一条沟(跌水除外)最好选用一个 i 值。为了防止泥沙淤积，不淤流速(最小允许流速)一般采用 $0.20 \sim 0.50$m/s(表4-4)，也可根据水流中泥沙的类别按式(4-28)计算。

$$V_k = \varphi \sqrt{R} \qquad (4-28)$$

式中　V_k——最小不淤流速(m/s)；

　　　R——水力半径(m)；

　　　φ——系数，可在表4-5中选用。

表4-4　截水沟不淤流速(m/s)

土壤质地	不淤流速
重黏壤土	0.75 ~ 1.25
中黏壤土	0.65 ~ 1.00
轻黏壤土	0.60 ~ 0.90
粗砂土($d = 1 \sim 2$mm)	0.50 ~ 0.65
中砂土($d = 0.5$mm)	0.40 ~ 0.60
细砂土($d = 0.05 \sim 0.1$mm)	0.25
淤土	0.20

表4-5　不同泥沙的 φ 值

泥沙类别	φ 值	泥沙类别	φ 值
粗砂	0.65 ~ 0.75	细砂	0.45 ~ 0.55
中砂	0.55 ~ 0.65	极细砂	0.35 ~ 0.45

m 值的确定：截水沟内边坡系数 m 值的确定，主要取决于沟深和土质。土壤松散、沟槽较深，应采用较大的 m 值；反之，土质坚硬、沟槽较浅，m 值可小一些。由于坡面暴雨径流的冲刷和截水沟洪水易涨易落及其渗透压等原因，土质截水沟边坡容易坍塌，因此，截水沟的 m 值一般应比灌溉渠的 m 值大。

山丘区截水沟内边坡系数可参考表4-6确定。

表4-6　截水沟内边坡系数 m 值

土质	挖方段			填方段		
	水深<1m	水深1~2m	水深2~3m	水深<1m	水深1~2m	水深2~3m
黏土和壤土	1.00	1.00	1.25	1.00	1.25	1.50
轻壤土	1.00	1.25	1.50	1.25	1.50	1.75
砂壤土	1.25	1.50	1.75	1.50	1.75	2.00
砂土	1.50	1.75	2.00	1.75	2.00	2.25

②截水沟断面设计步骤

第一步，过水深 h 计算：

一般断面形式设计公式为：

$$h = \alpha \sqrt[3]{Q} \qquad (4-29)$$

式中　h——过水深(m)；

　　　α——常数，$0.58 \sim 0.94$，一般取 0.76；

Q——设计洪峰流量(m^3/s)。

水力最优断面设计公式为:

$$h = 1.189 \times \left[\frac{nQ}{2\sqrt{1+m^2}-m\sqrt{i}} \right]^{3/8} \qquad (4\text{-}30)$$

式中 h——过水深(m);

$\quad\quad n$——沟槽糙率;

$\quad\quad Q$——设计洪峰流量(m^3/s);

$\quad\quad m$——截水沟沟内边坡系数;

$\quad\quad i$——截水沟沟底比降。

第二步,宽深比计算确定底宽 b:

$$\beta = NQ^{0.10} - m \quad (Q < 1.5\text{m}^3/\text{s}) \qquad (4\text{-}31)$$

$$\beta = NQ^{0.25} - m \quad (1.5\ \text{m}^3/\text{s} < Q < 50\text{m}^3/\text{s}) \qquad (4\text{-}32)$$

式中 β——宽深比系数,$\beta = b/h$(或 $b = \beta h$);

$\quad\quad Q$——设计洪峰流量(m^3/s);

$\quad\quad m$——截水沟内边坡系数;

$\quad\quad N$——常数,$N = 2.35 \sim 3.25$,一般取 2.8;$N = 1.8 \sim 3.4$,一般取 2.6。

第三步,用求得的 h、b 和已知的 n、m、i 计算 A_2、x、R、C 等水力要素;按明渠均匀流公式计算截水沟输水能力,并校核流量和流速。截水沟输水能力应等于大于设计频率洪峰流量,流速应满足不冲不淤流速(即 $Q \geqslant Q_{设}$,$V_{不淤} \leqslant V \leqslant V_{不冲}$),否则应适当调整 h、b 值及其沟底比降 i 值,重新计算再校核,直到满足输水能力和流速条件为止。

对采用一般断面形式设计和最优断面设计的两个方案的计算结果,若都能满足校核要求,应在施工布置阶段,根据施工条件等因素选择其中之一。

截水沟设计断面确定后,还应根据不同的建筑材料等因素,选择沟堤宽 B 和安全超高 ΔH(图 4-19)。较小型的截水沟土质沟堤 B 不小于 0.30m,安全超高一般视沟渠设计流量大小而定,流量小于 $1\text{m}^3/\text{s}$,超高采用 $0.2 \sim 0.3\text{m}$,流量在 $1 \sim 10\text{m}^3/\text{s}$,超高采用 0.4m 即可。

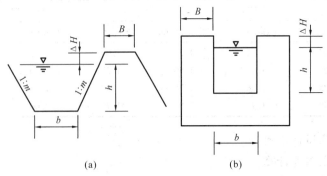

图 4-19 截水沟断面示意

(a)梯形断面 (b)矩形断面

4.5 林业常用坡面集水方法

在坡地上造林整地，是提高造林成活率，改善林木生长条件的重要环节。通过整地，可拦截地表径流，蓄水保墒，提高土壤的抗旱能力；改善立地条件，调节造林地的光照、热量、水分和空气状况，以满足不同树种的需要；保持水土，减免土壤侵蚀，增加活土层，提高土壤肥力，促进苗木生长。鱼鳞坑、水平沟和水平阶是常见的几种造林整地方法。

4.5.1 鱼鳞坑

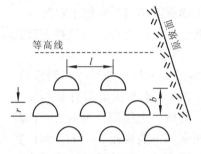

图 4-20 鱼鳞坑平面布置示意

鱼鳞坑是陡坡地(45°)植树造林的整地工程，多挖在石山区较陡的梁峁坡面上，或支离破碎的沟坡上。由于这些地区不便于修筑水平沟，因而采取挖坑的办法分散拦截坡面径流。

鱼鳞坑的布置是从山顶到山脚每隔一定距离成排地挖月牙形坑，每排坑均沿等高线挖，上下两个坑既交叉又互相搭接，成品字形排列(图 4-20 和图 4-21)。等高线上鱼鳞坑间距(株距)l 为 $1.5\sim3.5\mathrm{m}$(约坑径的 2 倍)，上下两排坑距 b 为 $1.5\mathrm{m}$，月牙坑半径 r 为 $0.4\sim0.5\mathrm{m}$，

坑深为 $0.4\sim0.6\mathrm{m}$。挖坑取出的土，培在外沿筑成半圆埂，以增加蓄水量。埂中间高两边低，使水从两边流入下一个鱼鳞坑。表土填入挖成的坑内，坑内种树。林业生产中采用鱼鳞坑整地时，一是要根据规定密度沿等高线放线；二是开挖的坑口一定要与坡面垂直；三是在挖坑时，一定要将坑壁挖成弧状，将栽植坑挖在正中间，将坑埂打结实；四是挖坑时一定要先挖好内部，最后整理外部。每树一坑，一般每公顷挖 $2\,250\sim3\,000$ 个。

坡面修建鱼鳞坑有 2 种状态：一种是当降雨强度小，历时短时，鱼鳞坑不能漫溢，因此，鱼鳞坑起到了完全切断和拦截坡面径流的作用；另一种是当降雨强度大，历时长时，鱼鳞坑要发生漫溢，因鱼鳞坑的埂中间高两边低，这样就保证了径流在坡面从上往下运动时不是直线和沿着一个方向运动，从而避免了径流集中，坡面径流受到了行行列列鱼鳞坑的节节调节就使径流冲刷能力减弱。

鱼鳞坑虽然用于植树造林，但它是水土保持治坡工程，因而必须按工程设计标准进行设计。鱼鳞坑设计标准从暴雨频率和造林成活保证率两方面来考虑，选用多大合适，

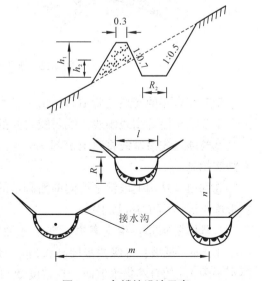

图 4-21 鱼鳞坑设计示意

各地应因地、因时、因树种而定。鱼鳞坑布置形式和多少取决于不同树种对造林密度的要求；不同规格单坑所控制面积大小；不同树种合理的株、行距及土壤抗冲的最大流速。

4.5.2　水平沟

水平沟是治理坡耕地不可缺少的工程措施，它与其他水保工程措施配套，对改变地形、拦蓄降水、减轻地表径流、减少土壤冲刷、增加土壤抗蚀、渗透、蓄水性能、提高农作物产量具有显著的效果，在技术措施中应用广泛。

①布置在山戴帽或退耕还林地的下缘，利于保护下游坡耕地。

②布置在水平林带的上下缘，与生物措施配套，可更为有效地防治水土流失。

③退耕还林（果）地配置多道水平沟，在生物措施未上前就能达到蓄水保土效果。

④为防止滑坡，在滑坡可能发生的坡上可以设置一条或多条截流沟，起到拦截坡面水、导排水的作用。

在坡面不平、覆盖层较厚、坡度较大的丘陵坡地，采用水平沟，即沿等高线修筑，沟底用来拦截坡地上游降雨径流，使其变为土壤水（图 4-22）。水平沟的设计和断面大小，应以保证设计频率暴雨径流不致引起坡面水土流失。陡坡、土层薄、雨量大，沟距应小些；反之，可大些。坡陡，沟深而窄；坡缓，沟浅而宽。一般沟距 3～5m，沟口宽 0.7～1m，沟深 0.5～1.0m。水平沟容积比鱼鳞坑大，故蓄水量也大。为防止山洪过大冲坏地埂，每隔 5～10m，设置泄洪口，使超量地表径流导入山洪沟中。为使雨水在沟中均匀，减少流动，每隔 5～10m，留一道土挡，其高度为沟深的 1/3～1/2。

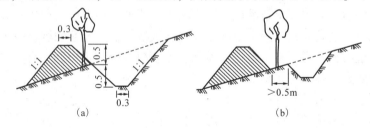

图 4-22　水平沟示意（单位：m）

宁夏在多年的实践经验中总结出一套水平沟整地法造林技术。其具体步骤是：

①放线　沿等高线画线，线与线之间的水平距平均为 4m。

②筑埂　先沿基线将熟土铲起 1m 宽，上翻堆放备用，然后取生土筑埂，要求按标准踏实拍光。

③回填　从沟上坡铲土连同前面翻堆的熟土一起回填沟内，做成 1m 宽的反坡田面，要求虚土层达到 0.3m 以上。

其具体要求是：生土搬家，熟土还原，埂实田虚，沟体水平。一般水平沟底面宽 1m，长 6m，反坡；外缘拦水埂高 0.5m，埂顶宽 0.4m，上下沟中线之间的水平距离 4m，留水平距 2m 的自然集水坡面。在坡度 25° 以上的退耕地或荒山实施整地工程，营造适宜的山杏、山桃、柠条、沙棘等水土保持林，达到固持水土的作用。

（1）水平沟沟距的确定

水平沟沟距是坡地水土保持工程中水平沟设计的一项极其重要的参数。若沟距太大，水平沟起不到截流护坡固土的作用；若沟距太小，水平沟拦蓄不到足够的雨水，不能满足植物的需水要求，同时还增加了水土保持工程投资。因此，水平沟沟距的选择不仅要考虑水土保持的效果，还要考虑满足植物的需水要求及水土保持工程投资造价问题。在干旱与半干旱地区，一般来说水平沟的沟距应由水土保持所需树种的需水量来确定。

①基本资料　要合理确定水平沟的沟距，应充分调查了解和收集当地植物及其需水量、降雨及其利用、径流和径流系数、土壤水文等方面的资料，如植物需水量试验资料、需水等值线图、气象资料等。

②入沟水量　入沟水量是水平沟设计的基础和依据。入沟水量应根据水平沟内所种植的树木需水量和当地的降雨条件来确定。要保证植物的正常生长，水平沟汇集雨水的总量应大于或等于由于降雨不足而引起的植物需水亏缺量。因此，入沟水量可由式（4-33）计算，即

$$Q = \frac{K\pi D^2}{4}(W - \alpha\beta P) \tag{4-33}$$

式中　Q——入沟水量（$\times 10^3 \text{m}^3$）；

　　　W——所种植树木的年需水量（mm）；

　　　P——当地多年平均降水量或给定的设计频率降水量（mm）；

　　　α——降水的有效利用系数；

　　　β——树木生长季节内降水量占年降水量的百分比；

　　　D——树木冠层的平均直径（m），通常取成龄树木的冠层平均直径，对于灌木，成龄冠层直径可取 $D = 1 \sim 2\text{m}$，对于一般的水土保持选用的乔木，成龄冠层直径可取 $D = 3 \sim 6\text{m}$；

　　　K——与树龄等有关的系数，小于等于1，成龄树木取1。

③水平沟沟距的确定　在北方干旱半干旱地区水平沟沟距的确定，首先应考虑树木的需水要求，通常根据式（4-33）来确定。如果根据树木需水要求确定的沟距太大，则应进行树木种植距离、水平沟布设形式调整或另选树种，如增大树木间距、交错布置水平沟、乔木改为灌木等，使其汇集雨水的总量满足或接近满足种植作物的需水要求。图4-23为水平沟常见布置形式。基于此，水平沟的水平沟距 S 可由式（4-34）、式（4-35）确定，即

$$D_d(S - D)\beta kP = Q \tag{4-34}$$

$$S = D + \frac{q}{\beta kPD_d} \tag{4-35}$$

式中　S——水平沟距（m）；

　　　D_d——每穴（株）树木或灌木平均占有的沟长（m），如果水平沟单沟长度为 L，每沟种植 n 穴树木或灌草，那么 $D_d = L/n$；

　　　k——降雨径流系数，可查阅当地水文资料或由降雨径流试验获得；

其余符号意义同前。

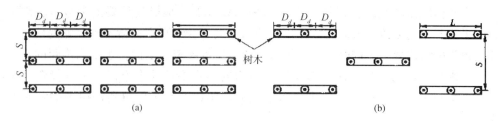

图 4-23 水平沟常见布置形式

(a)紧密布置 (b)交错布置

(2)水平沟断面尺寸与宽深比的确定

①水平沟断面与当量宽度 水平沟断面通常为梯形，其当量宽度定义为梯形断面下底与对应深度上口宽度的平均值。当量宽度与对应的沟深度比值称为宽深比。宽深比的选取应考虑当地的土壤状况、立坡的稳定性以及便于施工等因素，既要避免塌方，又要尽可能地减少工程量。

②水平沟断面尺寸 水平沟的宽度与深度由给定设计保证率下的最大一次降水量来确定，即水平沟的有效容积可以截流并储蓄设计保证率下的最大一次降水所产生的径流。设给定设计保证率下的最大一次降水量为 $P_m(\mathrm{mm})$、降水强度为 $I_m(\mathrm{mm/h})$，当地土壤入渗速率为 $f(\mathrm{mm/h})$，则水平沟的当量宽度与深度可由式(4-36)确定，即

$$H = \frac{P_m(kSI_m - fB)}{1\,000BI_m} \tag{4-36}$$

式中 H——水平沟的深度(m)；

B——水平沟的当量宽度(m)；

P_m——最大一次降水量(mm)；

k——降水径流系数，可查当地水文资料或由降水径流试验获得；

I_m——降水强度(mm/h)；

f——土壤入渗速率(mm/h)；

S——水平沟距(m)。

③水平沟的设计深度 通过以上计算得出据水平沟的有效容积量下的 B、H 值，在确定水平沟实际施工深度时，应考虑超深、加高和当年水土流失淤积量对水平沟容积的影响，有防洪任务时还要考虑防洪要求等因素综合确定。图 4-24 为水平沟结构示意图。水平沟的设计深度可由式(4-37)给出，即

$$H_z = H + H_e + D_e \tag{4-37}$$

式中 H_z——水平沟总的深度(m)；

H——有效蓄水深度(m)；

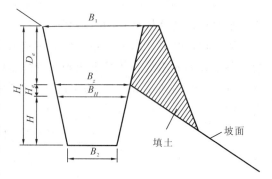

图 4-24 坡地水平沟结构示意

B_1. 上底宽 B_2. 下底宽 B_z. 超深部分对应的上口宽 B_H. 有效深部分对应的上口宽 D_e. 填方高度 H_e. 超高蓄水深 H. 有效蓄水深 H_z. 总深度

H_e——蓄水安全超深(m);

D_e——填方部分高度(m)。

(3)水平沟断面校核

水平截流沟的校核容积和有效容积分别按式(4-38)和式(4-39)计算。

$$V = V_w + V_s \tag{4-38}$$

$$V_e = BH + \frac{B_H + B_e}{2}H_e \tag{4-39}$$

式中 V——水平截流沟的校核容积(m^3/m);

V_e——水平沟有效容积(m^3/m);

V_w——汇流面积内最大一次暴雨径流量(m^3/m);

V_s——当年土壤侵蚀量(m^3/m);

B_H——有效深度 H 对应的梯形断面上口宽(m);

B_e——超深部分 H_e 对应的梯形断面上口宽(m);

其余符号意义同前。

校核时取单位沟长计算,当年超深部分可计入水平沟的有效容积,到翌年填方部分可计入有效容积。如果水平沟的有效容积 V_e 大于等于校核容积 V,即满足设计要求。

4.5.3 水平阶

水平阶(图4-25)是沿等高线自上而下里切外垫,修成一台面,台面外高里低,以尽量蓄水,减少流失,但其效果不如水平沟。挖水平阶时先从最下边一台挖起,挖第二台时把表土翻到第一台,挖第三台时把表土翻到第二台,依次下翻,最后一台就近采用表土填盖台面。水平阶多用于退耕地及荒山的缓坡和中坡,如在山石多、坡陡大(10°~25°)的坡面上,适宜营造山杏、山桃、沙

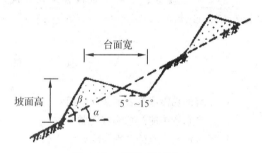

图4-25 反坡水平阶

棘、柠条等水土保持林。水平阶的设计计算类同梯田,如采用断续水平阶,实际相当于窄式隔坡梯田。阶面面积与坡面面积之比为1:1~1:4。水平阶可应用梯田的计算方法。

水平阶设计的规格取决于:造林的密度;种植农作物所需宽度;施肥、采收的便利;拦蓄径流泥沙的需要。

水平阶整地不受土层深浅和土壤物理性质的限制,在土薄的区域可适当辅以爆炸品开挖基岩,以弥补砌筑阶坎时片石的不足。水平阶石坎的高度随耕地坡度而定,坡度大时石坎高,坡度小时石坎低。例如,秦巴山区在地面坡度为25°时修筑的水平阶(图4-26),石坎底宽40cm,顶宽30cm,基础深25cm,坎高55cm,削坡系数1.5。水平阶排水沟可开挖成 $0.2m \times 0.2m$,比降设计成1/1 000~3/1 000以避免冲刷,其流量可达到 $0.011m^3/s$ 以上,主要排去坡面来水,即使水平阶长1 000m,降特大暴雨时也可在8h内将150mm的降水全部排完,而且阶面本身也具有拦蓄作用。

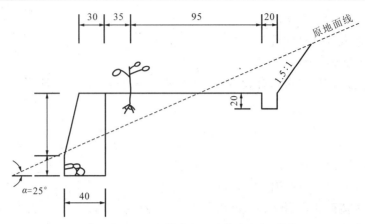

图 4-26 秦巴山区 25°坡耕地水平阶整地示意（单位：cm）

本章小结

集水、蓄水技术是干旱地区发展径流农业的基础。本章介绍了水窖、蓄水池、山边沟渠工程、鱼鳞坑、水平沟、水平阶等集水蓄水工程。其中水窖和蓄水池是本章的重点。学完本章后，要掌握水窖和蓄水池工程的规划设计，包括工程的布置原则、布置形式、位置的选择、容积的计算等；了解山边沟渠工程的设计；了解鱼鳞坑、水平沟和水平阶工程的规划原则和工程设计。

思 考 题

1. 水窖的功能主要表现在几方面？
2. 水窖布置中应注意哪些问题？
3. 蓄水池与水窖的区别与联系是什么？
4. 坡面集水蓄水工程的功能是什么？

参考文献

陈渠昌，雷廷武，等，2006. 坡地水平截流沟的设计方法与工程应用[J]. 中国水土保持科学，4（3）：70－73.

朱玮，2005. 水窖在黄山小流域的应用[J]. 中国水土保持(9)：46－47.

李星，杨敏，2005. 小水窖在岩溶山区的推广与应用[J]. 人民珠江(4)：83－84.

高凌峰，张志田，2004. 鱼鳞坑整地探析[J]. 陕西林业(6)：42.

王秀茹，王礼先，2001. 农业集水工程与利用技术[J]. 当代生态农业(1)：93－105.

张祖新，龚时宏，等，1999. 雨水集蓄工程技术[M]. 北京：中国水利水电出版社.

第 5 章

沟道治理工程

沟道治理工程主要包括沟头防护工程和拦挡工程。沟头防护工程是对沟头部位溯源侵蚀的防治；拦挡工程包括拦砂工程和拦渣工程两大类，其中拦砂工程是水土流失地区沟道中治理山洪和泥石流的工程措施，主要涉及谷坊、拦砂坝和拱坝；而拦渣工程主要是对生产建设项目产生的大量弃土、弃渣、尾矿(沙)和其他固体废弃物而修建的水土保持工程，主要包括拦渣坝、拦渣墙、拦渣堤、围渣堰和尾矿(沙)坝等。

近年来城市洪涝灾害的频发，更多学者用"海绵"来形容城市或土地的雨涝调蓄能力，"海绵城市"的概念得到学界的广泛认同，"海绵城市"及其相应的规划理念和方法得以广泛实施，让雨水就地蓄留、就地资源化，使它与城市中的公园系统、湿地系统，形成统一的水生态基础设施自然保护系统，从雨洪管理、生态防洪、水质净化、地下水补充、生物栖息地营造、公园绿地营造，以及城市微气候调节等方面，综合解决中国城市突出的水问题及相关生态环境问题。

5.1 沟头防护工程

沟头防护工程是指在沟头兴建的拦蓄或排除坡面暴雨径流，保护村庄、道路和沟头上部土地资源的一种工程措施。其主要作用是防止坡面径流由沟头进入沟道或使之有控制地进入沟道，从而制止沟头前进、沟底下切和沟岸扩张，并拦蓄坡面径流泥沙，提供生产和人畜用水。

沟头前进对工农业生产危害很大，主要表现为：蚕食耕地，切断交通，使地形更加支离破碎，造成大量的土壤流失。沟头溯源侵蚀的速度很快，据山西五寨县的实测资料表明，毛沟年平均溯源侵蚀 5~10m，有些甚至高达数十米，一次暴雨可使沟头前进 1~2m。由于黄土入渗力强、多孔疏松、湿陷性大，经暴雨径流冲刷，岸坡稳定性差，沟头溯源侵蚀速度很快，造成严重的沟头侵蚀。黄土区侵蚀沟沟头前进主要由串珠状陷穴和陷穴间孔道的塌陷引起，沟谷扩张则由沟坡崩塌、滑塌和泻溜引起。

沟头侵蚀的防治，应根据沟头上部来水量和地形条件采取不同的沟头防护工程。根据沟头防护工程对沟头上部来水处理方式的不同，可将其分为蓄水式沟头防护工程和泄水式沟头防护工程。另外当坡面来水不仅集中于沟头，同时在沟边另有多处径流分散进入沟道的，应在修建沟头防护工程的同时，围绕沟边，修建沟边埂，防止坡面径流进入沟道。

5.1.1 蓄水式沟头防护工程

当沟头上部来水较少，且有适宜的地方修建沟埂或蓄水池，能够全部拦蓄上部来水时，可采用蓄水式沟头防护工程，即在沟头上部修建沟埂或蓄水池等蓄水工程，拦蓄上游坡面径流，防止径流排入沟道。根据蓄水工程的种类，蓄水式沟头防护工程又分为沟埂式和围埂蓄水池式 2 种。

5.1.1.1 沟埂式沟头防护

沟埂式沟头防护是在沟头上部的山坡上修筑与沟边大致平行的若干道封沟埂，同时在距封沟埂上方 1.0~1.5m 处开挖与封沟埂大致平行的蓄水沟，拦蓄山坡汇集的地表径流。其断面形式如图 5-1 所示。

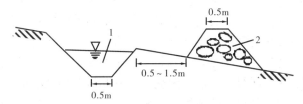

图 5-1　沟埂式沟头防护断面示意
1. 蓄水沟　2. 封沟埂

（1）防护沟埂的布置

在沟头坡地地形较完整，坡面较平缓时，可做成连续式沟埂。其特点是：沟埂大致平行沟沿连续布设，在蓄水沟内每隔 5~10m 筑一截水横挡，以防因径流集中出现冲刷决口。在沟头坡地地形较破碎时，地面坡度变化较大，平均坡度在 15°左右的丘陵地带沟头，可做成断续式沟埂。其特点是：沿沟头等高线布设上下两道互相错开的沟埂，每段沟埂可长可短，视地形破碎程度而定。在综合治理中，需要在沟埂与沟缘线之间的空白地带种植灌木，以固持土体。其布设方式如图 5-2 所示。

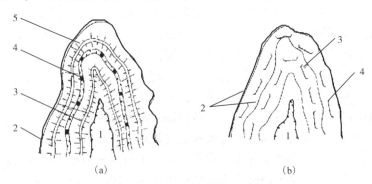

图 5-2　沟埂式沟头防护的布置
(a)连续式沟埂　(b)断续式沟埂
1. 沟头　2. 等高线　3. 第一道沟埂　4. 排水沟横挡　5. 第二道沟埂

（2）防护沟埂设计

①沟埂位置确定　封沟埂距沟沿要有一定的安全距离 L，其大小以沟埂内蓄水发生渗透时不致引起岸坡滑塌为原则。第一道封沟埂与沟顶的距离一般等于2～3倍沟深，至少与沟顶相距 5～10m，以免引起沟壁崩塌。各封沟埂间的最小距离可用式(5-1)计算，即

$$L = \frac{H}{I} \tag{5-1}$$

式中　L——封沟埂的间距(m)；

　　　H——封沟埂高(m)；

　　　I——最大地面坡比(%)。

②沟埂断面尺寸确定　断面尺寸取决于设计来水量、沟头地形及土质情况。

确定步骤如下：首先，根据当地经验数值及沟头地形情况初步拟定沟埂断面尺寸、沟埂长度，计算出沟埂的蓄水容积 V。其次，比较：若设计来水量 W(可按10～20年一遇暴雨计算)比沟埂的蓄水容积 V 小得多，可缩小沟埂的尺寸及长度；若设计来水量 W 大于沟埂的蓄水容积 V，则需要增设第二道沟埂；若蓄水容积 V 接近设计来水量 W 则设计的沟埂断面满足要求。

在上方封沟埂蓄满水之后，水将溢出。为了确保封沟埂安全，可在埂顶每隔10～15m 的距离挖一个深20～30cm，宽1～2m 的溢流口，并以草皮铺盖或石块铺砌，使多余的水通过溢流口流入下方蓄水沟埂内。

5.1.1.2　围埂蓄水池式沟头防护

当沟头以上坡面有较平缓低洼地段时，可在平缓低洼处修建蓄水池，同时围绕沟头前沿呈弧形修筑围埂，防止坡面径流进入沟道，围埂与蓄水池相连将径流引入蓄水池中，这样组成一个拦蓄结合的沟头防护系统(图5-3)，同时蓄水池内存蓄的水可以利用。

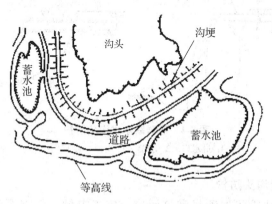

图5-3　围埂蓄水池式沟头防护布置

当沟头以上坡面来水较大或地形破碎时，可修建多个蓄水池，蓄水池相互连通组成连环蓄水池。蓄水池位置应距沟头前缘一定距离，以防渗水引起沟岸崩塌，一般要求距沟头10m以上。蓄水池要设溢水口，并与排水设施相连，使超设计暴雨径流通过溢水口

和排水设施安全地送至下游。蓄水池容积与数量应能容纳设计标准时上部坡面的全部径流泥沙。

5.1.2 泄水式沟头防护工程

沟头防护应以蓄为主，做好坡面与沟头的蓄水工程，变害为利。而当沟头以上坡面来水量较大，蓄水式沟头防护工程不能完全拦蓄，或由于地形、土质限制，不能采用蓄水式时，应采用泄水式沟头防护工程把径流导至集中地点，通过泄水建筑物有控制地把径流排泄入沟。

跌水是水利工程中常用的消能建筑物，在泄水式沟头防护工程中用作坡面水流进入沟道的衔接防冲设施。依据跌水的结构形式不同，泄水式沟头防护工程一般可分为悬臂跌水、台阶跌水、陡坡跌水和竖井跌水等几种基本类型。在实际工作中可根据不同的地形情况灵活设置跌水类型，如地处小兴安岭余脉丘陵漫岗区的新华农场，采用竖井式跌水防治水土流失，取得了较好的效果。

跌水通常由进口连接渐变段、跌水口、跌水墙、消力池和出口连接渐变段等几部分组成。跌水的水力计算包括设计流量计算、跌水口水力计算、消力池水力计算等。跌水的设计施工可参见有关书籍。

5.1.2.1 悬臂跌水式沟头防护

在沟头上方水流集中的跌水边缘，用木板、石板、混凝土板或钢板等做成槽状(图5-4)，一端嵌入进口连接渐变段，另一端伸出崖壁，使水流通过水槽直接下泄到沟底，以防其冲刷跌水壁。沟底应有消能措施，通常用浆砌石作为消力池，或用碎石堆于跌水基部，以防冲刷。为了增加水槽的稳定性，应在其外伸部分设支撑或用拉链固定。

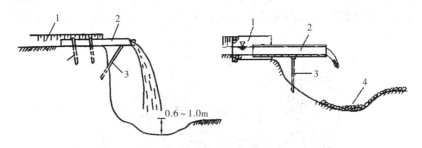

图 5-4 悬臂跌水式沟头防护
1. 进水口 2. 水槽 3. 支撑 4. 碎石

5.1.2.2 台阶跌水式沟头防护

台阶跌水可用石块或砖加砂浆砌筑而成，施工方便，但需石料较多，要求质量较高。台阶跌水式沟头防护按其形式可分为单级式和多级式2种(图5-5)。

单级台阶式跌水多用于跌差不大(小于1.5m)，而地形降落比较集中的地方。多级台阶式跌水多用于跌差较大而地形降落距离较长的地方。在这种情况下如采用单级台阶式跌水，因落差过大，下游流速大，必须做很坚固的消力池，但其投资偏高，不经济。

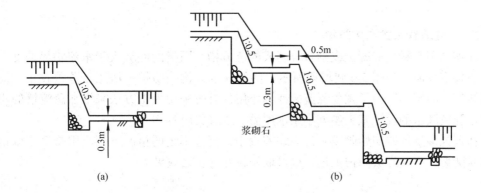

图5-5 台阶跌水式沟头防护

(a)单级式   (b)多级式

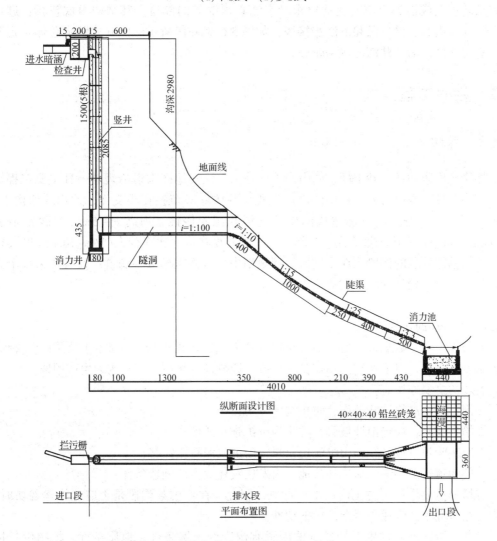

纵断面设计图

平面布置图

图5-6 蓄水竖井陡坡式沟头防护(单位：mm)

5.1.2.3　陡坡跌水式沟头防护

陡坡是用石料、混凝土或钢材等制成的急流槽，因槽的底坡大于水流临界坡度，所以一般发生急流，如图5-6陡坡段所示。陡坡跌水式沟头防护一般用于落差较小，地形降落线较长的地点。为了减少急流的冲刷作用，有时采用人工方法来增加急流槽的粗糙程度。陡坡跌水的设计施工参见小型水库溢洪道有关内容。

在侵蚀沟发展的初始阶段，沟头跌差较小，资金不足的情况下，应用柴草或柳梢铺设临时陡坡跌水式沟头防护工程，也可取得较好的防治效果。

5.1.2.4　竖井跌水式沟头防护

竖井跌水式沟头防护是利用断面较小的孔流压力竖井以宣泄流量，工程范围较小，适宜跌差较大或沟头上部有交通要求，水流必须绕避的部位。其结构组成包括：进口段、竖井、横洞、出口段和下游连接段，如图5-6竖井段所示。竖井式跌水总体布置紧凑，稳定性好，消力井消能效果较好。

5.2　拦砂工程

5.2.1　谷坊

谷坊又称防冲坝、砂土坝、闸山沟等，是水土流失地区沟道治理的一种主要工程措施，相当于日本沟道防砂工程中的固床工程。谷坊一般布置在小支沟、冲沟或切沟上，稳定沟床，防止因沟床下切造成的岸坡崩塌和溯源侵蚀，坝高 3～5m，拦砂量小于1 000m³，以节流固床护坡为主。谷坊工程一般布设在沟底比降较大(5%～10%或更大)、沟底下切剧烈发展的沟段，在小流域治理规划中，常修筑梯级谷坊群，使其成为一个有机的整体，达到较佳的防护效益。

5.2.1.1　谷坊的作用

谷坊规模小、数量多，是防治沟壑侵蚀的第二道防线工程，主要作用是固定、抬高侵蚀基点，防止沟道下切和沟岸扩张，拦蓄、调节径流泥沙，变荒沟为生产用地。

谷坊的主要作用有：

①固定与抬高侵蚀基准面，防止沟床下切；

②抬高沟床，稳定山坡坡脚，防止沟岸扩张及滑坡；

③减缓沟道纵坡，减小山洪流速，减轻山洪或泥石流灾害；

④使沟道逐渐淤平，形成坝阶地，为发展农林业生产创造条件。

谷坊的重要作用是防止沟床下切冲刷。因此，在考虑某沟段是否应该修建谷坊时，首先应当研究该段沟道是否会发生下切冲刷。

判断某沟段是否发生下切冲刷的因素有沟床的土壤条件、地质条件、植物生长情况、沟底坡度、流速、流量等。当估算的沟床允许流速大于山洪流速，则不会发生冲刷，即无修建谷坊的必要；当估算的沟床允许流速小于山洪流速时，将会发生下切冲刷，则应考虑在该沟段修建谷坊。

因此，谷坊适用于沟底下切危害较为严重的沟壑治理区。谷坊工程必须在以小流域为单元的全面规划、综合治理中，与沟头防护、淤地坝等沟壑治理工程措施相配合，以起到共同控制沟壑侵蚀的效果。

5.2.1.2 谷坊的种类

①依修筑谷坊的建筑材料的不同，可分为土谷坊、石谷坊、插柳谷坊(柳桩编篱)、枝梢(梢柴)谷坊、铅丝石笼谷坊、混凝土谷坊和钢筋混凝土谷坊等。土谷坊、石谷坊和插柳谷坊可就地取材，造价低廉，应用较广泛；铅丝石笼谷坊、混凝土谷坊和钢筋混凝土谷坊抗冲性能好，多用于泥石流沟内。

②依谷坊透水与否，可分为透水性谷坊和不透水性谷坊。透水性谷坊(如干砌石谷坊、插柳谷坊、格栅谷坊及铅丝石笼谷坊等)拦挡砂石效果好，结构较简单，多用于土石山区的荒溪治理；不透水性谷坊(如土谷坊、浆砌石谷坊、混凝土谷坊和钢筋混凝土谷坊等)可结合拦泥淤地，发展农、林业生产。

③依谷坊使用年限的不同，可分为永久性谷坊和临时性谷坊。浆砌石谷坊、混凝土谷坊和钢筋混凝土谷坊为永久性谷坊，其余基本上属于临时性谷坊。

5.2.1.3 谷坊位置的选择

如前所述，谷坊修建的主要目的是固定沟床，防止下切冲刷。因此，在选择谷坊坝址时，应考虑以下几方面的条件。

①"口小、肚大、底坡缓"。谷口狭窄，上游有宽阔平坦的贮砂场所，库容大。

②沟床基岩外露且完整。沟底和岸坡地形、地质状况良好，无孔洞或破碎地层，没有不易清除的乱石和杂物。

③取用建筑材料比较方便。

④在有支流汇合的情形下，应在汇合点的下游修建谷坊。

⑤谷坊不应设置在天然跌水附近的上下游，但可设在有崩塌危险的山脚下，靠沟床淤积来加固不稳定坡脚。

判断基岩埋藏深度(或砂砾层厚度)，是选择谷坊坝址的重要依据之一。在一般不具备钻探的条件下，可以根据下列迹象作出初步估计。

①两岸或沟底的一部分有基岩外露时，则可估计砂砾层较薄。

②两岸及附近的沟底基岩外露，坝址处沟底虽被砂砾覆盖，仍可估计砂砾层较薄。

③沟底有大石堆积，基岩埋深一般较浅；沟底无大石堆积，基岩埋深一般较深。

④沟底特别狭窄，或呈"V"字形的地方，砂砾层多较厚。

⑤坡度大的沟道上游部分，一般基岩埋深不大。

5.2.1.4 谷坊设计

谷坊设计的任务是：合理选择谷坊类型，确定谷坊高度、间距、断面尺寸及溢水口尺寸。

(1) 谷坊类型选择

谷坊类型选择取决于地形、地质、建筑材料、劳力、技术、经济、防护目标和对沟道利用的远景规划等多种因素，并且由于在一条沟道内往往需连续修筑多座谷坊，形成谷坊群，才能达到预期效果，因此修筑谷坊所需的建筑材料也较多。选择类型应以能就地取材为好，即遵循"就地取材，因地制宜"的原则。在土层较厚的山沟内宜选用土谷坊；在土石山区，石料丰富，宜采用石谷坊或土石谷坊；在纵坡不大的小冲沟内，且又有充足梢料时，可选用插柳谷坊；在坡陡流急，有石洪危害的沟壑中，应选择抗冲能力强、拦渣效果好的格栅谷坊、铅丝石笼谷坊和混凝土谷坊。

(2) 谷坊群布设位置的确定

谷坊主要布设在流域的支毛沟中，自上而下，小多成群，组成谷坊系，进行节节拦蓄分散水势，控制侵蚀，减少支毛沟径流泥沙对干沟的冲刷。

谷坊群布设原则是"顶底相照、小多成群、工程量小、拦蓄效益大"。通常选择沟道直段布设，避免拐弯处布设。在有跌坎的沟道，应在跌坎上方布设，在沟床断面变化时，应选择较窄处布设。

(3) 谷坊工程设计

①谷坊高度　谷坊高度应依据所采用的建筑材料来确定，以能承受水压力和土压力而不被破坏为原则。另外，溢流谷坊堰顶水头流速应在材料允许耐冲流速范围以内，因此，要通过溢流口水力计算校核后确定。为了使其牢固，高度在 1.5~3.0m 为宜。

在一般情况下，谷坊的设计高度 h，可根据谷坊的建筑材料参考下列经验值选择确定。

插柳谷坊 $h=1.0m$；干砌石谷坊 $h=1.5m$；浆砌石谷坊 $h=3~3.5m$；土石谷坊 $h=4~5m$。

对于不透水性谷坊，还需在设计高度的基础上增加 0.25~0.5m 的安全超高。

具体到一条沟道中，每座谷坊应打多高，需根据沟道地形、沟床宽窄、径流泥沙大小和谷坊类型而定，一般可作工程量比较后择优确定。

②谷坊断面尺寸　确定合适的谷坊断面，必须因地制宜，要考虑既稳固又省工，还能让坝体充分发挥作用的断面。谷坊的高度，应依建筑材料而定，一般情况下，土谷坊不超过5m，浆砌石谷坊不超过4m，干砌石谷坊不超过2m，柴草、柳梢谷坊不超过1m。土、石谷坊的断面一般为梯形，常见的土谷坊断面尺寸的最小值（即选用时不允许减小），可参考表5-1、表5-2选择确定；也可按当地经验数值确定（表5-3、表5-4）。

表5-1　土谷坊断面尺寸

坝　高 (m)	迎水坡	背水坡	坝顶宽 (m)	坝脚宽 (m)	1m长坝身需用土方(m³)	心墙尺寸(m)			
						上宽	下宽	底宽	高度
1.0	1:1.0	1:1.0	1.0	4.0	3.8	—	—	—	—
2.0	1:1.5	1:1.0	1.0	6.0	7.0	0.8	1.0	0.6	1.5
3.0	1:1.5	1:1.5	1.5	10.0	18.0	0.8	1.0	0.6	2.5
4.0	1:2.0	1:1.5	2.0	16.0	36.0	0.8	1.5	0.7	3.5
5.0	1:2.5	1:2.0	3.0	25.5	71.3	0.8	2.0	0.9	4.5

表5-2 石谷坊断面尺寸

谷坊类别	断面			
	高(m)	顶宽(m)	迎水坡	背水坡
干砌石谷坊	1.0~3.0	0.5~1.2	1:0.5~1:1.0	1:0.2~1:0.5
浆砌石谷坊	2.0~4.0	1.0~1.5	1:0~1:1.0	1:0.3
土石谷坊	1.0~2.0	0.8~1.5	1:1.0	1:1.0

表5-3 土谷坊断面参考规格

地 区	断面					备 注
	高(m)	顶宽(m)	底宽(m)	迎水坡	背水坡	
黄河中游	1.5~4.0	1.0~2.5		1:1~1:1.5	1:1	土谷坊;
	1.0~2.0	0.8~2.0		1:1~1:1.5	1:0.5~1:1	背坡分层压上柳条的谷坊;
	1.0~2.0	0.8~1.2		1:0.8~1:1	1:0.5	红土姜石谷坊
河北	1.0	1.0	3.0	1:1	1:1	
	2.0	1.5	6.5	1:1.5	1:1	
	3.0	2.0	11.0	1:1.5	1:1.5	
吉林	2.0	1.0	7.0	1:2	1:1	采用黏土修筑
	3.0	1.0	11.5	1:2	1:1.5	
	2.0	1.0	8.0	1:2	1:1.5	壤土修筑
	3.0	1.0	13.0	1:2.5	1:1.5	
	2.0	1.0	9.0	1:2.5	1:1.5	砂壤土修筑
	3.0	1.0	14.5	1:2.5	1:2	
安徽	1.0	0.5	4.0	1:3	1:4	
	2.0	1.0	8.0	1:3	1:4	
湖南	1.0	0.3~0.5		1:0.2~1:0.5	1:1	
	1.5	1.0	4.0	1:1	1:1	
	2.0	1.0	6.0	1:1.5	1:1	
	3.0	1.5	10.5	1:1.5	1:1.5	
江西	1.0	0.5	2.5	1:1	1:1	
	2.0	1.0	6.0	1:1.5	1:1	
	3.0	1.3	11.8	1:2	1:1.5	
广西	1.0	0.5	2.0	1:0.5	1:1	
	2.0	1.0	5.7	1:1.1	1:1.25	
	3.0	1.5	8.6	1:1.1	1:1.25	
福建	1.0~2.5	1.0		1:1	1:1	
	3.0~3.5	1.5		1:1.5	1:1.5	
广东	3~4	1.0		1:1.5	与原山坡度同	山坡坡度缓于1:3 平台宽1m
	4~5	1.5		1:1.5		
	>5	1.5~2.0		1:2		
	3~4	1.0		1:1	1:2	
	4~5	1.5		1:1.5	1:2.5	山坡坡度缓于1:3 平台宽1~2m
	>5	1.5~3.0		1:2	平台以下1:2, 平台以上1:0.5	

表 5-4　石谷坊断面参考规格

地　区	断　面					备　注
	高(m)	顶宽(m)	底宽(m)	迎水坡	背水坡	
黄河中游	1~2	1.0~1.2		1:0.5~1:1	1:0.5	干砌卵石谷坊
	1~3	1.0~1.2		1:0.5~1:1	1:0.5	干砌块石谷坊
吉林	1~2.5	0.5~1.0		1:0.5~1:1	1:0.5	干砌石谷坊
	2~4	0.5~1.0		1:0.5~1:1	1:0.3	浆砌石谷坊
湖南	3 以内	0.8~1.0		1:0.2	1:1	阶梯式石谷坊
	2.4 以内	0.8~1.0		1:0.3	1:0.3	拱式石谷坊
	2.1~2.4	0.8~1.0		1:0.5	1:1.5~1:2.0	梯形石谷坊
广东	1~2	0.7	1.8	直立	1:0.5	
贵州	1.0、1.5、2.0	1.3	2.5、3.1、3.7			谷坊顶过水
				1:0.2	1:1	流量为1.0m³/s
	2.5、3.0	1.4	4.4、4.5			谷坊顶水深为0.8m
河北承德	1	0.5~0.7	1.0~1.2	1:0.2	1:0.3	双墙干砌石谷坊
	2	1.0~1.2	3.2~3.4	1:0.5	1:0.6	(适于沟道集水面积
	3	1.5~1.7	5.0~5.2	1:0.7	1:0.8	在100hm² 以内)

③谷坊间距与数量　在有水土流失的沟段内布设谷坊时，需要连续设置，形成梯级，以保护该沟段不被水流继续下切冲刷。谷坊的间距可根据沟壑的纵坡和要求，按下列2种方法来设计。

a. 谷坊淤积后形成完全水平的川台(有时可按照利用要求人为进行整平)，即上谷坊与下谷坊的溢水口底(谷坊顶)高程齐平，做到"顶底相照"。这时谷坊的间距与沟床比降和谷坊高度有关，如沟床比降为 i，谷坊高度为 h(谷底至溢水口底)，则两谷坊的间距 $L = \dfrac{h}{i}$。

如采用同高度的谷坊，沟壑中谷坊总数可按式(5-2)计算，即

$$n = \frac{H}{h} \tag{5-2}$$

式中　n——谷坊数目(座)；

　　　H——沟床加护段起点和终点的高程差(m)；

　　　h——谷坊高度(m)。

b. 当沟床比降较陡时，如按淤成水平的川台设计，谷坊数过多，不符合经济原则，在这种情况下，往往允许两谷坊之间淤成后的台地具有一定的坡降，对应的坡度称为稳定坡度，如图5-7所示。

该坡降的大小以不受径流冲刷为原则。设稳定坡度为 i_0，则相邻两谷坊间距可按式(5-3)计算，即

$$L = \frac{h}{i - i_0} \tag{5-3}$$

式中　L——谷坊间距(m)；

　　　h——谷坊有效高度，即谷坊溢水口底至沟底高差(m)；

　　　i——沟底天然坡度，以小数计；

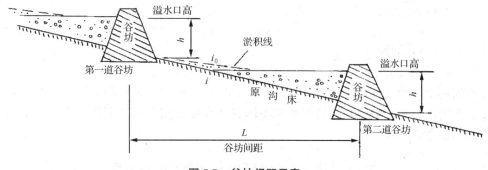

图 5-7 谷坊间距示意

i_0——回淤面稳定坡度，以小数计。

若采用同高度谷坊，治理段的谷坊总数可按式(5-4)计算，即

$$n = \frac{H}{h + L \, i_0} \tag{5-4}$$

式中　n——谷坊数目(座)；

　　　H——沟床加护段起点和终点的高程差(m)；

　　　h——谷坊有效高度，即谷坊溢水口底至沟底高差(m)；

　　　L——谷坊间距(m)；

　　　i_0——回淤面稳定坡度，以小数计。

谷坊淤积稳定坡度 i_0 可按下列方法确定。

第一，根据淤积的土质确定淤积物表面的稳定坡度：砂土为 0.005；黏壤土为 0.008；黏土为 0.01；粗砂兼有卵石为 0.02。

第二，认为稳定坡度等于沟底原有坡度的一半。例如，未修谷坊之前，沟底天然坡度为 0.01，则其淤土表面的稳定坡度为 0.005。这种方法在日本用得最为广泛。

第三，按瓦兰亭(Valentine)公式计算稳定坡度，即

$$i_0 = 0.093 \frac{d}{H} \tag{5-5}$$

式中　i_0——稳定坡度，以小数计；

　　　d——淤积泥沙平均粒径(m)；

　　　H——平均水深(m)。

瓦兰亭公式适用于粒径较大的非黏性土壤。

第四，修建实验性谷坊，在实验性谷坊淤满之后实测稳定坡度。根据前苏联 Г·Д·罗日杰斯特文斯基的实测结果，当谷坊高度为 2m 时，在沟底天然坡度 $i < 0.25$ 的情况下，稳定坡度为 0.10；在 $i = 0.25 \sim 0.30$ 的情况下，稳定坡度为 $0.12 \sim 0.15$。

日本在确定谷坊(沟道固床工程)间距 L 时，采用的经验公式如下所示。

对于狭窄沟道：

$$L = (1.5 \sim 2.0)n \tag{5-6}$$

式中　L——谷坊间距(m)；

　　　n——沟床纵坡比的倒数。

对于宽沟道：

$$L = (1.5 \sim 2.0)b \qquad (5-7)$$

式中 L——谷坊间距（m）；

      b——沟宽（m）。

在实用上，当连续修建谷坊时，上一座谷坊脚与下一座谷坊顶可大致水平，或略有坡度。为使用方便，将不同沟底坡度和不同谷坊高度常用的谷坊间距列于表5-5，供谷坊设计时参考。

表5-5   不同沟底坡度和不同谷坊高度下的谷坊间距   m

坡度 (°)	上谷坊脚与下谷坊顶呈水平			设计坡度为1%		
	谷坊高 1m	谷坊高 2m	谷坊高 3m	谷坊高 1m	谷坊高 2m	谷坊高 3m
5	20.0	40.0	60.0	25.0	50.0	75.0
6	16.7	33.3	50.0	20.0	40.0	60.0
7	14.3	28.6	42.9	16.7	33.3	50.0
8	12.5	25.0	37.5	14.3	28.6	42.9
9	11.1	22.2	33.3	12.5	25.0	37.5
10	10.0	20.0	30.0	11.1	22.2	33.3
11	9.1	18.2	27.3	10.0	20.0	30.0
12	8.3	16.7	25.0	9.1	18.2	27.3
13	7.7	15.4	23.1	8.3	16.7	25.0
14	7.1	14.3	21.4	7.7	15.4	23.1
15	6.7	13.3	20.0	7.1	14.3	21.4
16	6.3	12.5	18.8	6.7	13.3	20.0
17	5.9	11.8	17.6	6.3	12.5	18.8
18	5.6	11.1	16.7	5.9	11.8	17.6
19	5.3	10.5	15.8	5.6	11.1	16.7
20	5.0	10.0	15.0	5.3	10.5	15.8

注：设计坡度是指上一座谷坊脚与下一谷坊顶所呈坡度。

④溢流口设计   溢流口是谷坊的安全设施，它的任务是排泄过量洪水，以保障工程不被水冲毁。

设计谷坊最重要的是应保证谷坊能经常处于正常的工作状态，使其具有足够的强度和稳定性，不致被洪水冲毁，因而正确选择谷坊溢流口的形状和尺寸具有重要意义。溢流口的形状视岸边地基而定，如两岸为土基，为了使其免遭冲毁，应将溢流口修筑于中央，做成梯形。

土谷坊应将溢流口设置在较坚硬的土层上，通常在谷坊顶部（即在谷坊顶部留一缺口）。

溢流口位置可设在沟岸，也可设在谷坊顶部。土谷坊不允许过水，溢水口一般设在土坝一侧沟岸的坚实土层或岩基上（图5-8），当水流量不大，水深不超过0.2m时，可铺设草皮防冲；当水深超过0.2m时，需用干砌石砌护。

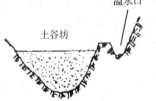

图5-8   土谷坊溢水口示意

上下两座谷坊的溢洪口应尽可能左右交错布设,对于土质较松软的沟岸应有防冲设施。

对沟道两岸是平地、沟深小于3.0m的沟道,坝端没有适宜开挖溢洪口的位置,可将土坝高度修到超出沟床0.5~1.0m处,坝体在沟道两岸平地上各延伸2~3m,并用草皮或块石砌护,使洪水从坝的两端漫至坝下农、林、牧地,或安全转入沟谷,不允许水流直接回流到坝脚处。

砌石谷坊、铅丝笼谷坊、混凝土谷坊及插柳谷坊等允许洪水漫顶溢流,可在谷坊顶部中央留溢水口(图5-9)。对于干砌块石谷坊,由于其透水受浮力作用,易被冲动而破坏,在选择石料时,石块宜大,以保证安全。

图5-9 石谷坊溢水口示意

溢流口的断面尺寸要能保证通过最大溢水流量。由于谷坊库容很小,调蓄作用不大,溢流口最大溢水流量可按设计最大洪峰流量计算。溢流口断面形式常采用矩形和梯形2种。

矩形溢流口:

$$Q = MBH_0^{\frac{3}{2}} \tag{5-8}$$

式中 Q——设计频率洪峰流量(m^3/s);

　　　M——流量系数,$M = 0.35\sqrt{2g}$;

　　　g——重力加速度(m/s^2),取$9.81m/s^2$;

　　　B——溢流口宽度(m);

　　　H_0——溢流口计算水头(m),可采用溢洪水深H值。

梯形溢流口:

当边坡为1:1时,

$$Q = (1.77B + 1.42H)H^{\frac{3}{2}} \tag{5-9}$$

当边坡为1:0.5时,

$$Q = (1.77B + 0.71H)H^{\frac{3}{2}} \tag{5-10}$$

当边坡为1:0.3时,

$$Q = (1.77B + 0.43H)H^{\frac{3}{2}} \tag{5-11}$$

式中 H——溢洪水深(m);

　　　Q——设计频率洪峰流量(m^3/s);

　　　B——溢流口宽度(m)。

确定后,尚需校核溢流口下游端流速V_k是否小于材料的最大允许流速$V_允$(表5-6)。V_k可根据末端临界水深h_k按式(5-12)计算,即

$$V_k = \frac{Q}{h_k} \tag{5-12}$$

式中 V_k——末端(下游端)流速(m/s);

　　　Q——设计频率洪峰流量(m^3/s);

　　　h_k——末端临界水深(m)。根据试验:$h_k = (0.46 \sim 0.64)H_0$,其中$H_0$为溢流口顶水深(水头),可采用溢洪水深$H$值(m)。

现将各地拟定的谷坊溢水口断面规格分列于表 5-7 至表 5-11。

表 5-6　衬砌材料 $V_允$ 表

材料种类	单层铺石	浆砌块石	混凝土	草皮	梢料
$V_允$（m/s）	2~3	3.5~6.0	5~10	1.0~1.5	1.5~2.0

表 5-7　河北承德地区谷坊溢水口断面规格

集水面积（hm²）	过水深度（m）					备注
	0.5	0.6	0.7	0.8	1.0	
6.67	0.6	0.42	0.36	0.31	0.25	
13.33	1.0	0.82	0.70	0.62	0.50	
20.00	1.5	1.24	1.06	0.93	0.75	
26.67	2.0	1.65	1.42	1.25	1.00	此表是承德地区水土保
33.33	2.5	2.10	1.76	1.55	1.24	持试验站按承德地区 5
40.00	3.0	2.50	2.20	1.86	1.50	年一遇降雨 1h 40mm 暴
53.33	4.0	3.30	2.80	2.45	2.00	雨设定
66.67	5.0	4.20	3.50	3.10	2.50	
80.00	6.0	5.00	4.30	3.70	3.00	
100.00	7.5	6.20	5.40	4.70	3.80	

表 5-8　湖南谷坊溢水口断面规格

集水面积（hm²）	过水深度（m）						
	0.2	0.3	0.4	0.5	0.6	0.7	0.8
10	7.00	3.80	2.50	1.76	1.34		
20	14.00	7.60	5.00	3.52	2.68	1.75	
30		11.40	7.50	5.28	4.02	2.62	1.88
40		15.20	10.00	7.04	5.36	3.50	2.50
50			12.50	8.80	6.70	4.37	3.13
60			15.00	10.56	8.04	5.24	3.75
70				12.32	9.38	6.27	4.38
80				14.08	10.72	7.00	5.00
90					12.06	7.87	5.63
100					13.40	8.47	6.52

注：此表为湖南省水利厅设计。

表 5-9　黄河中游地区土谷坊溢水口断面规格

集水面积（hm²）	黄土丘陵区				塬地、阶地区				土石山区	
	陇中地区		其他地区		陇东地区		其他地区			
	水深(m)	底宽(m)	水深(m)	底宽(m)	水深(m)	底宽(m)	水深(m)	底宽(m)	水深(m)	底宽(m)
1.0	0.2	0.3	0.2	0.7	0.3	0.5	0.2	0.6	0.2	0.6
3.0	0.2	1.0	0.3	0.9	0.4	0.8	0.3	0.8	0.3	0.8
5.0	0.3	0.8	0.4	0.7	0.5	0.8	0.4	0.7	0.4	0.7
7.0	0.3	1.0	0.5	0.7	0.6	0.7	0.4	1.0	0.4	1.0
10.0	0.4	1.3	0.6	1.0	0.7	1.2	0.6	1.0	0.6	0.8

注：侧坡为 1:1.25，暴雨频率 20 年一遇。

表 5-10 黄河中游地区石谷坊溢水口断面规格

集水面积 (hm²)	黄土丘陵区				塬地、阶地区				土石山区	
	陇中地区		其他地区		陇东地区		其他地区			
	水深(m)	底宽(m)	水深(m)	底宽(m)	水深(m)	底宽(m)	水深(m)	底宽(m)	水深(m)	底宽(m)
1.0	0.2	0.5	0.2	0.9	0.3	0.8	0.2	0.6	0.2	0.6
3.0	0.2	1.2	0.3	1.1	0.4	1.2	0.3	1.1	0.3	1.1
5.0	0.3	1.0	0.4	1.1	0.5	1.2	0.4	1.0	0.4	1.0
7.0	0.3	1.3	0.5	1.1	0.6	1.2	0.4	1.3	0.4	0.9
10.0	0.4	1.6	0.6	1.5	0.7	1.8	0.6	1.5	0.6	1.4

表 5-11 广东谷坊溢水口断面规格

集水面积(hm²)	1.0	1.5	2.0	2.5	3.0	3.5
流量(m³/s)	0.178	0.267	0.356	0.445	0.534	0.623
水深(m)	0.34	0.38	0.45	0.51	0.51	0.51
底宽(m)	0.40	0.50	0.50	0.50	0.60	0.70
流量(m³/s)	0.714	0.890	1.068	1.246	1.424	1.602
水深(m)	0.51	0.59	0.66	0.73	0.73	0.73
底宽(m)	0.80	0.80	0.80	0.80	0.90	1.00

⑤谷坊工程量 根据沟谷断面形式的不同，分别按式（5-13）至式（5-16）计算谷坊的体积。

矩形沟谷：

$$V = \frac{LH}{2}(2b + mH) \tag{5-13}$$

"V"形沟谷：

$$V = \frac{LH}{6}(3b + mH) \tag{5-14}$$

梯形沟谷：

$$V = \frac{H}{6}\left[L\left(3b + mH\right) + l\left(4b + 3mH\right) \right] \tag{5-15}$$

抛物线形（弧形）沟谷：

$$V = \frac{LH}{15}(10b + 4mH) \tag{5-16}$$

式中 V——谷坊体积（m³）；

　　L——谷坊顶长度（m）；

　　H——谷坊高度（m）；

　　b——谷坊顶宽度（m）；

　　l——梯形沟谷底宽度（m）；

　　m——谷坊上、下游坡率总和，如上游坡为 $1:m_1$，下游坡为 $1:m_2$，则

　　　　$m = m_1 + m_2$。

5.2.1.5 谷坊构造

谷坊的类型不同，其构造也不完全相同。下面主要介绍土谷坊、石谷坊、浆砌石谷坊、插柳谷坊和铅丝石笼谷坊的构造。

(1)土谷坊

土谷坊是用土料筑成的小土坝，坝体结构与淤地坝相似，坝体内不设排水设施。土谷坊一般做成均质土坝。为了与地基结合牢固，应沿坝轴线挖结合槽，结合槽深0.5～1.0m，底宽0.5m，用木夯夯实后再回填修筑谷坊。

修筑谷坊应分层铺土夯实，其干密度应不小于1 400kg/m³，根据群众经验一般是"三打二"，即铺松土厚30cm，经夯打后为20cm便可达到质量要求。在干旱山区修筑谷坊时，要把握住适宜的含水率，把表皮干土挖除填于谷坊内侧，用深层湿土修筑谷坊，以便于夯实。

土谷坊不许漫顶过水，必须在谷坊一端沟岸开设溢洪口(道)，排除过量洪水，保证谷坊安全。溢洪口(道)要设在沟岸坚硬的土层上。如岸坡土层较松软，应在溢流口和泄水陡坡段铺设草皮或用干砌石砌护，陡坡末端与土沟床连接处设置消力池，并用较大石块砌护，以防冲刷。

土谷坊在西北黄土高原水土流失较大的地区和土质沟道地区广为采用。近年来用塑料编织袋装填砂土摞筑施工更方便，特别是它能适应地基变形沉陷要求，可大力推广。

(2)干砌石谷坊

干砌石谷坊是用毛石或粗料石干砌筑成的(图5-10)，断面形式多为梯形。溢水口设在谷坊中间，溢水段的下游面(溢流面)用粗料石砌筑，其余部分可用毛石堆砌。堆砌毛石要与砌筑料石同步进行，并分层填实。料石要坐稳钳紧，竖缝错开，自下而上逐层内缩，各层石条至少压砌1/3宽度，防止水流冲坏。对较低的谷坊，溢流段下游面亦可用较大块石砌筑，其块石的尺寸应满足式(5-16)的要求。

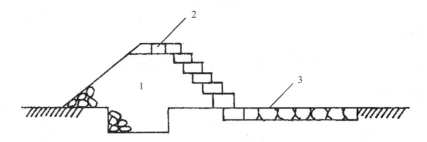

图5-10 干砌石谷坊
1. 较小石块　2. 粗料石或较大块石　3. 护底

$$d \geqslant \frac{\gamma v^2}{A^2 \cdot 2g(\gamma_1 - \gamma)\cos\alpha} \tag{5-17}$$

式中　d——块石换算直径，$d = \sqrt[3]{\frac{6}{\pi}W}$；

　　　W——块石体积(m^3)；

γ——水的密度(kg/m^3);

g——重力加速度(m/s^2),取9.81;

γ_1——块石的密度(kg/m^3);

v——水流流速(m/s);

A——系数,当块石在谷坊顶部近于水平移动时,$A = 0.86 \sim 0.90$;当块石在下游坡面上移动时,$A = 1.1 \sim 1.2$;

α——谷坊背水坡与水平面夹角,对于谷坊顶部的块石,$\alpha = 0°$。

在土质沟床或砂砾层构成的沟床上修筑干砌石谷坊时,应在谷坊下游做护底。护底用干砌石砌护,护底长度为谷坊高的2~3倍,厚度0.5~0.7m。在土质沟床上修建的干砌石谷坊,其迎水面要培土夯实,防止渗漏,培土与干砌石之间不必设反滤层。

修建谷坊之前必须清基。岩石地基应清除表面风化岩石;砂砾层地基应清除至硬底盘;土质地基应清除至坚实的母质土层。

干砌石谷坊的优点,主要是可以节约工料,在含砂量大的山洪沟道中,也不需设泄水孔,同时没有整体倾倒的危险。其缺点是断面尺寸及石料用量大于浆砌石谷坊,且砌石一块脱落,就可能危及整个谷坊的安全。

干砌石谷坊的高度一般不得超过1.5m,超过1.5m的必须进行专门设计,日本学者认为即使有专门的设计,干砌石谷坊的高度也不得大于3m。

(3)浆砌石谷坊

浆砌石谷坊是较永久性建筑物,多修在长流水的沟道内,以抬高水位,便于灌溉。坝身多用粗料石及砂浆砌成,溢洪道一般设于坝身中部,同时在坝端设进水闸以便引水。

浆砌石谷坊是用砂浆和石块砌筑的谷坊。砌筑砂浆一般为水泥砂浆,较低且不常过水的谷坊亦可用石灰水泥混合砂浆。对于体积较大的谷坊,为了节约水泥,谷坊上、下游表面及顶部用水泥砂浆,内部可用石灰砂浆或石灰水泥混合砂浆。浆砌石谷坊的类型,从结构形式上分为重力式、拱式和阶梯式谷坊3种。

①重力式谷坊　重力式谷坊是利用本身自重的作用来维持自身平衡。它在平面上呈一字形布置,横断面为梯形。在有泥石流发生的沟壑中,为防止泥石流磨损坝面,常将下游坡做成直坡,上游坡做成坡比较大的斜坡。

在有长流水的沟壑中,以取水灌溉为主要目的的谷坊,应修成不透水形式,溢水口设在谷坊中间,在取水一侧设取水口,并设置闸门控制水流。如在有泥石流发生的沟壑中,以拦砂、固床为主要目的的谷坊,应修成透水形式,即在谷坊砌体内设置排水孔道,排泄泥石流的液体和细小颗粒固体物质。泥石流过后,还可排泄沉积物中渗流,这样不但增加了谷坊的拦渣能力,还可减少谷坊的渗透压力,增强其稳定性。

②拱式谷坊　拱式谷坊平面呈拱形布置(图5-11),它的断面面积小、用料省。由于水流及泥沙作用力系通过拱传递到两岸,因此,拱式谷坊只适用于两岸岩石坚硬露头,且山坡陡峻的峡谷地段。

浆砌石谷坊的地基必须认真处理。对于岩基,必须将风化层清除掉,露出坚硬岩石并凿成凸凹不平的石面,以利砌体与地基结合;对于土基,应清除至硬土层,两岸要伸

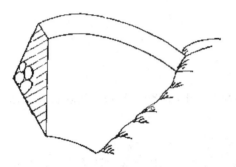

图5-11 拱式谷坊

入岸坡内至少0.5m；对较浅的砂砾层地基，最好全部清除，挖至基岩。当砂砾层较厚且两岸岩石坚硬露头时，可将两岸石帮凿成石垛，在垛上砌石拱，再在石拱上砌筑谷坊，不另做基础。

在软基上修建浆砌石谷坊，应在溢水口下方设消力池消能，防止溢流冲刷。消力池可按单级跌水计算确定。

③阶梯式谷坊 阶梯式石谷坊是用较方正的大块石铺砌而成的，外坡为1:1，内坡为1:0.2。外坡呈阶梯状，可起消能作用，减少下游冲刷。砌筑外坡时，自下而上逐层内缩，每层内缩的长度一般与厚度相等，约0.3m。施工时必须注意上下层石块搭接，压入部分至少占石料全长的1/3，以便连接巩固。

在长流水的较大的荒溪内，一般修筑永久性的浆砌石谷坊。浆砌石谷坊又分为全部浆砌石谷坊与表面浆砌石谷坊，后者是在谷坊上下游坡面及顶部处用浆砌，里面则干填石块。浆砌部分通常约80cm厚。

表面浆砌石谷坊比干砌石谷坊的抗冲能力强，使用年限也长，同时比全部浆砌石谷坊的工料费用要省。在石料材质较差，不宜于修干砌石谷坊时，也可采用表面浆砌石谷坊。表面浆砌石谷坊的缺点是由于干砌部分透水，用浆砌部分受到水压，易引起破坏。其高度最好不超过5m。

在缺乏粗石料时，亦可用青砖砌坝身。砌筑时可用坐浆勾缝法，一般可用1:2或1:3的石灰砂浆砌筑。如有水泥，用水泥砂浆更好。

(4)铅丝石笼谷坊

铅丝石笼谷坊是用铅丝石笼堆砌而成的。铅丝笼为箱形，尺寸一般为1.0m×0.6m×0.5m，棱边用φ12～14mm钢筋焊成框架，用8#～10#铅丝在框架周围编织成箱，在箱笼内填放石块，铅丝笼之间用铅丝紧固，以增加整体稳固性。

铅丝石笼谷坊施工简单，造价低，但使用期短，整体性差，适宜于小型泥石流拦挡工程。如谷坊不需排水，可在上游填土夯实，网笼间空隙填以小石块或砾石。为防止下游冲刷，可在下游作一定长度(通常为谷坊高的1.5～2.0倍)的石笼护底，护底末端打木桩加固保护。

我国南方(如湖南)有用竹条制成的石笼谷坊。首先将竹子劈成5cm宽的竹片条，其长度视谷坊的轴长而定。然后用小竹片编成直径为0.4～0.5m的有格眼的竹笼，格眼的大小以不漏出所装的卵石为原则。每隔0.8～1.0m预留0.2m²的装石孔一个，以便卵石通过孔而装入竹笼。其次，将坝基粗略刨平，并清除树根、杂草等有机物质，再将空竹笼置于坝基处，并将装石孔向上且略向内倾，竹笼两端各嵌入沟岸0.5～1.0m。然后，将事先储备好的卵石由装石孔放入，互相挤紧。筑好第1层后再筑第2层。

竹条石笼谷坊高度以不超过1.2m为宜。谷坊下游的河漫地长度为坝高的1.5～2.0倍，并在河漫地末端加护木桩一排，桩的间距为0.5～0.8m。为避免谷坊漏水而冲刷底部，应在谷坊内坡脚加培黏土以防止渗透。

（5）插柳谷坊

插柳谷坊又称生物谷坊（图 5-12），它是把植物措施与工程措施结合在一起的谷坊。其高度一般为 0.5～1.0m，顶宽 0.5m，上游侧填土，填土顶宽 0.5～1.0m，边坡 1:2。下游用梢捆（用细柳梢捆成梢捆，其直径 0.4m，每隔 0.5m 用铅丝捆一道）平铺一层作为护底。为了防止梢捆受水流冲刷滚动，在护底下游边界打设一排木桩固定梢捆。

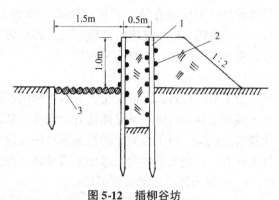

图 5-12　插柳谷坊
1. 柳桩　2. 柳梢编篱　3. 梢捆

修筑插柳谷坊时，沿轴线开挖 0.5m×0.5m 的沟槽，两端切入岸坡 1m，取出的土堆放上游侧，以免影响下游铺设护底工程。挖好沟槽后，沿沟槽两侧各插一行长 1.5～2.0m，直径 5～10cm 的柳桩，桩距 0.2～0.25m，插入槽底 0.5m。插桩时要使芽眼向上，勿碰破枝皮。然后用二年生细柳梢在柳桩上编篱，边编边向下压紧，并同步向槽内填土踏实。编篱时要使中部比两端低一些，呈弧形，使水流向谷坊中部集中，以免冲毁两侧岸坡。迎水面填土需分层夯实。

也可在柳排上游底部铺垫梢枝，上压石块或堆筑塑料编织土袋即成插柳谷坊。

（6）枝梢谷坊

用竹篾、藤条或铅丝将梢料（枝梢或柴草）绑成直径为 0.4～0.5m 的梢捆，每距 0.5m 捆一道；再将梢捆顺水流方向放在挖好的基础上，梢顶向下游，一层梢捆上压一层砾石或泥土，层层压实，逐层内缩。

每个梢捆上钉木桩 2～3 个，桩距 1.0m，各桩间用铅丝系紧，木桩入土深 1.0～1.5m。谷坊两端应嵌入沟岸 0.5～1.0m，坝顶上压直径 0.15～0.2m 的横木两根，以免流水冲动梢捆。此外，也有将梢捆横放在沟道中的做法，即将梢捆扎得很长，使梢捆横跨沟道，两端各嵌入沟岸 1.0m 左右，靠梢捆外坡每隔 0.5～0.8m 钉木桩一排，以抗御山洪的冲刷。

日本所用的梢捆，通常直径为 0.9m，长 3.6m，不选用脆性易折断的梢料，每隔 30cm 捆扎一道。

（7）柳桩块石谷坊

在块石或卵石较多的沟谷中，可采用柳桩块石谷坊。这种谷坊也是一种生物工程。

用长 1.5～2.5m、直径 10cm 以上的新鲜柳桩，埋入土中，其深度不小于 1m。柳桩排数一般为 2～3 排，每排相距 50～80cm，排内株间距离约 50cm。排间底部用柳枝纵向铺放，并埋土压实，土厚 15～20cm。柳枝应尽量伸到下游排桩以外，可起防冲作用。上下游的排桩都用柳枝编篱，在上下相对的柳桩之间最好用铁丝连接。最后再用石块或卵石填入桩间，填石高度低于桩顶 10～15cm。

这种谷坊施工容易，能缓流拦砂，有一定抗御山洪冲刷的能力。

（8）木料谷坊

在木料来源丰富而石料缺乏的地方，如林区等，可采用木料谷坊。木料谷坊的优点是设计及施工比较容易，费用也不高。该类型的谷坊稳定性低，容易滑动，使用年限短，容易腐朽，最好先进行防腐处理，再行施工。在有长流水的沟道中，木料常淹泡于水，不与空气接触，木材不易腐烂。

（9）混凝土谷坊

为了节约石料及保证安全，有时可采用混凝土谷坊来代替浆砌石谷坊。

混凝土谷坊的优点是整体性好，安全、稳定、寿命长，不会出现像石谷坊那样有石块脱落的危险。由于混凝土的抗水流冲刷性能不如好的石料，因此在谷坊顶部及内坡面可用砌石；在缺乏石料时，考虑水流冲刷、泥沙磨损和块石碰撞，表层混凝土标号应在 $C_{15} \sim C_{20}$ 之间为好，以增大其强度。

在山洪及泥石流危及经济价值大的防护对象时，如果当地缺乏材料，需从外地运输，则采用钢筋混凝土谷坊较为适合。这种谷坊便于随着泥沙的淤积而分期加高。

（10）钢料谷坊

为了节约钢材，这种谷坊在我国比较少见，但近年来在欧洲、日本、俄罗斯逐渐得到推广和使用。前苏联 C·M·伏列什曼认为，在泥石流沟道中，干砌石谷坊、梢柴谷坊、柳桩编篱笆谷坊等几乎无用，均有遭到破坏的危险。他认为浆砌石谷坊、混凝土谷坊，以及钢轨做成的格栅式谷坊效果最好。

（11）编织袋谷坊

随着科技的进步，化学工业高速发展，在石料少的地区，用废塑料编织袋装土代替砌石谷坊，可以省钱、省工、省料，减少运输，但易日晒老化。修筑方法有 2 种：

①编织袋谷坊 塑料编织袋装土，顺水流方向平顺摆放，袋底向外，后一排压前一排的缝口，各层错缝叠放，砌一层踩实一层，使袋间没有空隙，防止渗水。

②编织袋土谷坊 为了减少编织袋使用量，只在土谷坊表面使用编织袋护砌，修建时编织袋与谷坊土体同起，摆法同上。

5.2.1.6 谷坊施工

（1）土谷坊

土谷坊就是用土料做成的小土坝，坝体结构与淤地坝、小水库的土坝相似，主要区别在于山洪挟带泥石多，谷坊容易淤满，坝体内一般不设置泄水管。

常用的土谷坊有以下几种：

①均质土谷坊 在施工地点有适宜土料的情况下，可做均质土谷坊。所用土料以壤土为宜，也可用砂与黏土混合起来做土料。为了使谷坊坝体与基础结合得牢固，在清基时，应挖一道结合沟。

②黏土心墙谷坊 在施工地点缺乏适用土料的情况下，可以用黏土做一道心墙以防止渗水。用来筑心墙的黏土，切忌选用在水饱和后成为软泥而失去稳定的那种黏土。

③黏土斜墙谷坊 与黏土心墙谷坊相似，适用于缺乏适宜土料的情况下。其特点是在靠坝的上游坡做一道黏土斜墙以防止渗水。

④混凝土心墙谷坊 当缺乏黏土供筑心墙使用时，如果工料费用条件允许，可以采用这种形式。

具体的施工方法有如下几点：

①定线 根据规划设定的谷坊位置(坝轴线)，按设计的谷坊尺寸，在地面上画出坝基轮廓线。

②清基 把谷坊坝基处的虚土、草皮、树根以及含腐殖质较多的土壤清除，使坚实土层或基岩露出，然后再沿谷坊轴线挖一结合沟，以便坝体与基础紧密结合。

③填土 清基之后，再将底部坚实土面挖松 0.3~0.5m，以利接合。每层填土厚 0.25~0.3m，夯实一次；将夯实土表面刨松 3~5cm，再上新土夯实，要求干容重 1.4~1.5t/m³(根据国内筑谷坊的经验，一般是填土 0.3m，夯实到 0.2m，可基本达到密实度要求)；将夯实面耙松 1~2cm，如土干时可适当洒水，然后再填第二层土。如此分层填筑，直到设计坝高。

填土所用土料应进行选择，除在黄土地区外，一般不宜就地在山坡上取土，因为土石山区土壤含砂量多，不易夯实。土壤过干，也不易夯实。土料湿度以含水率为 14%~17% 为宜，以用手能搓土成团，土团落地即碎为宜。

④设置溢洪道 土谷坊不允许洪水漫顶，所以谷坊修好以后，必须在沟岸坚实的土层上开挖溢洪道，以排出过量洪水，保证坝身安全。

在两岸土质松软的情形下，溢洪道内如水深不大(在 0.1~0.2m 以内)，可种草皮防止冲刷。水深超过此限度，则应筑成浆砌块石溢洪道。

(2)石谷坊

①定线 定线与土谷坊相同。

②清基 清基对于石谷坊的安全有很大关系，根据坝基处不同的条件可采用不同的方法。

对于石帮石底的坝址，必须注意其岩石的性质及石底的倾斜情况。对于风化岩石，必须将风化层清除，露出坚硬石层。如果石底倾斜度较大，必须凿成凸凹不平的坎坷石面，或凿成几个大缺口，将较大的石块嵌入，使砌石体与沟底固结。

如果是土帮石底，可将土挖去一部分，深度约 0.5m，以便将坝身嵌入，石底处理方法同前。

在石帮及砂砾层很深的地方筑谷坊，如果石帮石质甚好，可在石帮下段凿成石垛，在石垛上砌石拱，在石拱之上筑坝，不另做基础。如果砂砾层不深，也可采用清除砂砾层的办法。两种方案应做经济效益的比较。

如果坝址处是土帮土底，清基深及土帮挖深最少为 0.5m，如果沟床是软土或淤泥，则至少要清基至 1.5m 深，必要时可考虑打桩。

③砌石 坝面可用粗料石砌筑，内部用块石堆砌，但要尽量使块石间缝隙小。沟床如为土层或砂砾层构成，坝下游需做护底，长度为坝高的 2~3 倍，厚 50~70cm；沟岸如为土质，坝端应插入沟岸 50cm 以上。溢洪道可设在坝身中部，沟岸如为石质，应尽量设在岸坡岩石上。

根据设计尺寸，从下向上分层垒砌，逐层向内收坡。块石应首尾相接，错缝砌筑，大石压顶。

在修筑干砌石谷坊时，最好应用较整齐的粗条石分层砌垒。各层石条至少压住 1/3，直缝必须错开，空隙要用小石填满。

在修筑浆砌石谷坊时，先垫以1:3的砂浆，成层后再用砂浆按层灌实。要求料石厚度不小于30cm，接缝宽度不大于2.5cm，同时做到"平、稳、紧、满"（砌石顶部要平，每层铺砌要稳，相邻石料要靠紧，缝间砂浆要灌满）。

谷坊坝的下游，如果沟道洪水流量大，需做护底，其长度一般为坝高的2～3倍，厚50～70cm。

（3）插柳谷坊

①桩料选择　按设计要求的长度和桩径，选择生长能力强的活立木。

②埋桩　按设计深度打入土内，注意桩身与地面垂直，打桩时勿伤柳桩外皮，牙眼向上，各排桩位呈"品"字形错开。

③编篱与填石　以柳桩为经，从地表以下0.2m开始，安排横向编篱。与地面齐平时，在背水面最后一排桩间铺柳枝厚0.1～0.2m，桩外露枝梢约1.5m，作为海漫。各排编篱中填入卵石（或块石），靠篱处填大块，中间填小块。编篱（及其中填石）顶部做成下凹弧形溢水口。编篱与填石完成后，在迎水面填土，高与厚各约0.5m。

5.2.2　拦砂坝

5.2.2.1　拦砂坝的作用与坝址选择

（1）拦砂坝的作用

拦砂坝（sediment storage dam）是以拦蓄山洪泥石流沟道（荒溪）中的固体物质为主要目的，防治泥沙灾害的挡拦建筑物，它是荒溪治理的主要沟道工程措施（图5-13）。拦砂坝多建在主沟或较大的支沟内的泥石流形成区或形成区—流通区，通常坝高大于5m，拦砂量在$10^3 \sim 10^6 \mathrm{m}^3$，甚至更大。在黄土区亦称泥坝。

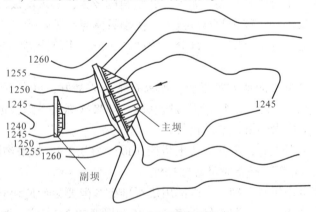

图5-13　泥石流拦砂坝

国外拦砂坝发展的历史是与荒溪治理相联系的。欧洲阿尔卑斯山区国家早在14世纪就曾修建拦砂坝，使荒溪泥石流中的固体物质被拦蓄在坝内，以保证位于荒溪冲积圆锥（或称"砂砾圆锥""冲积扇"）上的村庄、道路、教堂等建筑设施的安全。当时限于技术及经济条件，主要采用集水区内生长的树木或沟道中的石料修建简易的原木拦砂坝、木框装石拦砂坝、干砌石拦砂坝、铁丝石笼拦砂坝等坝型。

随着水利科学的发展，不断涌现出新的坝型，如孔口式拦砂坝、缝隙拦砂坝、格梁式拦砂坝、栅状拦砂坝、金属缆绳拦砂坝等。日本在 17 世纪开始兴修拦砂坝。我国土石山区的农民，在开发与利用山区土地资源及水土保持实践中，曾普遍修建过大量的干砌石拦砂坝，用于拦挡泥沙，建设沟道中的农耕地或果园。我国南方山区的农民为了防止风化岩屑(如石英砂)及土砂淤埋河道下游两岸农地，在许多沟道中修筑了拦砂坝。

在水土流失地区沟道内修筑拦砂坝，具有以下几个方面的作用：

①拦蓄泥沙(包括块石)，调节沟道内水沙，以免除泥沙对下游的危害，便于河道下游的整治。拦砂坝在减少泥沙来源和拦蓄泥沙方面能起到重大作用。拦砂坝将泥石流中的固体物质堆积库内，可以使下游免遭泥石流危害。如前苏联阿拉木图麦杰奥地区采用定向大爆破，修建了一座高达 115m 的拦砂坝。1973 年 7 月 15 日，在小阿拉木图河发生了一场特大泥石流，该坝拦蓄了 $400 \times 10^4 m^3$ 的固体物质，使阿拉木图市免除了一场泥石流灾祸。

②提高坝址处的侵蚀基准，减缓坝上游淤积段河床比降，加宽了河床，并使流速和流深减小，从而大大减小水流的侵蚀能力。

③因沟道流水侵蚀作用而引起的沟岸滑坡，其剪出口往往位于坡脚附近。拦砂坝的淤积物掩埋了滑坡体剪出口，对滑坡运动产生阻力，促使滑坡稳定，减小泥石流的冲刷及冲击力，防止溯源侵蚀，抑制泥石流发育规模。

(2)坝址选择

①天然坝址的选择　在泥石流沟道上，可建立拦砂坝的坝址不多，要寻找理想的坝址更难。拦砂坝坝址的选择可参考以下原则：

地质条件：坝址附近应无大断裂通过，坝址处无滑坡、崩塌，岸坡稳定性好，沟床有基岩出露，或基岩埋深较浅，坝基为硬性岩或密实的老沉积物。

地形条件：坝址处沟谷狭窄，坝上游沟谷开阔，沟床纵坡较缓，建坝后能形成较大的拦淤库容。为了充分发挥拦砂坝控制泥沙灾害的作用，重点考虑以下一些位置：小流域沟道内的泥沙形成区，沟道断面狭窄处；泥沙形成区与流过区交接段的狭窄处；荒溪泥沙流过区开阔段下游狭窄处；荒溪泥沙流过区与支沟汇合处下游的狭窄处；泥沙流过区与沉积区连接段的狭窄处。

建筑材料：坝址附近有充足的或比较充足的石料、砂等当地建筑材料。

施工条件：坝址离公路较近，从公路到坝址的施工便道易修筑，附近有布置施工场地的地形，有可供施工使用的水源等。

②拦砂坝的布置　天然坝址初步选出后，拦砂坝的确切位置应按下列原则确定。

与防治工程总体布置协调：如与上游的谷坊或拦砂坝、下游拦砂坝或排导槽能合理地衔接。

满足拦砂坝本身的设计要求：如以拦砂为主的坝，坝址应尽量选在"肚大口小"的沟段；以拦淤反压滑坡为主的坝，应尽量靠近滑坡。

有较好的综合效益：如拦砂坝既能拦砂，又能稳坡，一坝多用。

5.2.2.2 坝型选择

拦砂坝的坝型主要根据山洪或泥石流的规模及当地的材料来决定。选择坝型时，务必贯彻安全、经济的原则，对多种方案进行比较。根据我国的实际情况，考虑到建筑材料来源、不同地区泥石流特点和技术经济可能，主要介绍下面几种坝型。

按结构分，主要坝型有以下几种：

（1）重力坝

重力坝依自重在地基上产生的摩擦力来抵抗坝后泥石流产生的推力和冲击力，其优点是：结构简单，施工方便，就地取材，耐久性强（图5-14）。

（2）切口坝

切口坝又称缝隙坝，是重力坝的变形，即在坝体上开一个或数个泄流缺口（图5-15）。其主要用于稀性泥石流沟，有拦截大砾石、滞洪、调节水位关系等特点。

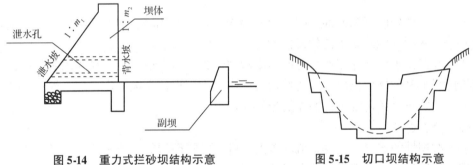

| 图5-14 重力式拦砂坝结构示意 | 图5-15 切口坝结构示意 |

（3）错体坝

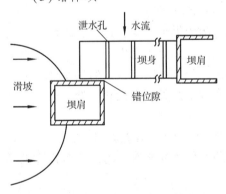

图5-16 错体坝平面示意

错体坝将重力坝从中间分成两部分，并在平面上错开布置，主要用于坝肩处有活动性滑坡又无法避开的情况（图5-16）。坝体受滑坡的推力后可允许有少量的横向位移，不致造成拦砂坝破坏。

（4）拱坝

在河谷狭窄、沟床及两岸山坡的岩石比较坚硬完整的条件下，可以采用砌石拱坝（图5-17）。拱坝的两端嵌固在基岩上，坝上游的泥沙压力和山洪的作用力均通过石拱传递到两岸的岩石上。

由于砌体受压强度高，受拉性能差，而拱坝承受的主要是压力，因此，拱坝能发挥砌体的抗压性能。与同规模的其他坝型相比，可以节省10%~30%的工程量。

拱坝的形状，常采用施工简便的定圆心、定半径的圆拱坝。拱圈中心角以110°~120°为宜，最小不得小于80°。当坝高为5~10m时，上游面垂直，下游面的边坡比为1:0.3~1:0.5。

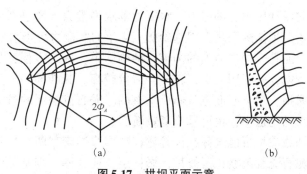

图 5-17　拱坝平面示意

(a)平面图　(b)剖面图

拱坝对坝址地质条件要求很高，设计和施工较为复杂，溢流口布置较为困难，因此，在泥石流防治工程中应用较少。

(5)格栅坝

格栅坝是泥石流拦砂坝中的一种重要的坝型(图5-18)，近年来发展得很快，出现了多种新的结构。格栅坝可节省大量建筑材料(与整体坝比较，能节省30%~50%)，坝型简单，使用期长；具有良好的透水性，可有选择性地拦截泥沙；还具有坝下冲刷小、坝后易于清淤等优点。另外，其主体可以在现场拼装，施工速度快。

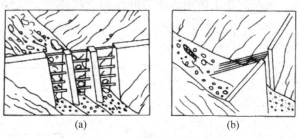

图 5-18　格栅坝结构示意

格栅坝的缺点是坝体的强度和刚度较重力坝小，格栅易被高速流动的泥石流龙头和大砾石击坏，需要的钢材较多，要求有较好的施工条件和熟练的技工。

(6)钢索坝

钢索坝是采用钢索编织成网，再固定在沟床上而构成的(图5-19)。这种结构具有良好的柔性，能消除泥石流巨大的冲击力，促使泥石流在坝上游淤积。这种坝结构简单，施工方便，但耐久性差，目前使用得很少。

按建筑材料分，主要坝型有以下几种：

(1)砌石坝和堆石坝

可分为浆砌石坝、干砌石坝和堆石坝。

①浆砌石坝　浆砌石坝属重力坝。它的作用

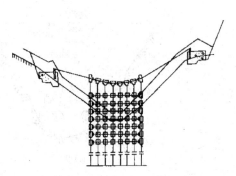

图 5-19　钢索坝结构示意

原理是，坝前作用的泥沙压力、冲击力、水压力等水平推力，通过坝体传递到坝的基础上。坝的稳定，主要是坝体的质量在坝基础面上产生的摩擦力大于水平推力的缘故。

浆砌石坝多用于泥石流冲击力大的沟道，结构简单，施工方便，是群众常用的一种坝型。但施工进度较慢，一般用的水泥较多，造价较高。其断面一般为梯形，但为了减少泥石流对坡面的磨损，坝下游面也可修成垂直的。泥石流溢流的过流断面最好做成弧形或梯形，在长流水的沟道中，也可修成复式断面。

浆砌石坝的坝轴线应尽可能选择在沟谷比较狭窄、沟床和两岸岩石比较完整或坚硬的地方。但是，在泥石流荒溪淤积区修坝，淤积层往往很厚，坝基无法达到基岩。为了防止因坝基沉陷不均匀而使坝体形成裂缝，最好沿坝轴方向每隔 10 ~ 15m 预留一道 2 ~ 3cm 宽的构造缝。

浆砌石坝坝体内要设排水管，以排泄坝前积水或矿渣中的渗水。排水管布置在水平面上，每隔 3 ~ 5m 设一道；在垂直方向上，每隔 2 ~ 3m 设一道。排水管一般采用铸铁管或钢筋混凝土管，直径为 15 ~ 30cm，排水管向下游倾斜，保持 1/200 ~ 1/100 的比降。

在坝的两端，为防止沟壁的崩塌，必须加设边墙。

浆砌石重力坝在我国广为应用，坝高由几米到几十米，通常在 25m 以下，采用群坝时高度较小，一般单坝高为几米(图 5-20)。

该坝体断面为梯形，为防止泥石流冲击、磨损，溢流段下游坝面可做成垂直或 1:0.2 的坡。对不蓄水的坝，为减少坝上游面水压力的作用，坝体下部应设一定直径数量的泄

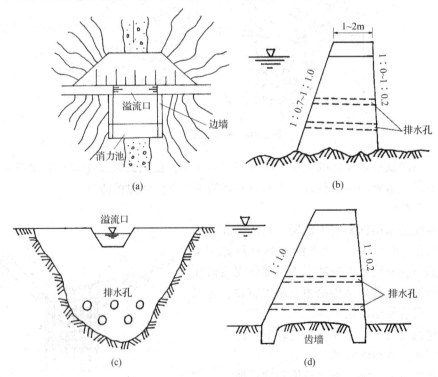

图 5-20　浆砌石重力坝

(a)平面图　(b)石基断面　(c)下游立视图　(d)土基断面

水孔(排水孔),以泄除积水和部分细粒固体物质。土基上的坝,坝基两端应设齿墙以增加抗滑稳定性。当坝基有淤泥层时,坝体应预留沉陷缝,间距为10~15m。坝顶溢流口通常做成梯形,为防止溢流时对沟坡冲刷,在溢流口上下端两侧须设边墙,边墙顶应高出泥石流设计水位0.5m以上。

②干砌石坝和堆石坝 用石料堆筑成的坝称为堆石坝;用石料干砌成的坝称为干砌石坝。干砌石坝的坝体系用块石交错堆砌而成,坝面用大平板或条石砌筑,施工时要求块石上下左右之间相互"咬紧",不允许有松动、脱落的现象出现。两种坝的断面都为梯形,均属透水性结构,只适用于小型山洪沟道,为群众常用的坝型(图5-21)。

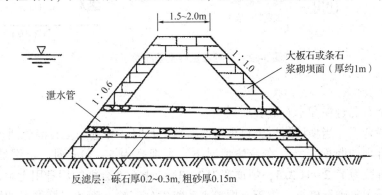

图 5-21 堆石坝、干砌石坝示意

由于筑坝所需石料和修筑方法的不同,干砌石坝较堆石坝陡,一般上游为1:0.5~1:0.7,下游为1:0.7~1:1;而堆石坝上游为1:1.1~1:1.3,下游为1:1.3~1:1.4。

为减少作用在坝上的水压力和浮托力,坝体应设砌石排水管,管下设反滤层,由厚度为0.2~0.3m的砾石和厚度为0.15m的粗砂构成,排水管由大块石或条石做成。坝面为防泥石流冲击,应采用平板石或条石砌筑,各层间还须错开,保证坚固稳定。

上述两种坝,在石料充足的地区均可采用,堆石坝宜于机械施工,干砌石坝对石料规格尺寸要求较高,须熟练工人砌筑。

(2)土坝

泥石流拦砂土坝与淤地坝土坝不同,它主要考虑过泥石流时对坝面的冲刷作用,因而在坝体溢流部位须用浆砌块石或混凝土护面,且在下端设消能工。考虑到渗水后可能引起沉陷从而导致砌护坝面断裂,可在坝的上游侧设置黏土防渗墙,并在下游坡脚处设置反滤排水管(图5-22)。

我国黄土泥流地区或固体物质粒径较小地区,可采用土坝作为拦砂坝。甘肃东部地区泥石流土坝断面尺寸(表5-12)可供设计参考。

表 5-12 拦砂土坝断面尺寸

坝高(m)	坝顶宽(m)	上游边坡	下游边坡
5~10	1.5~2.0	1:1.5~1:2.0	1:1.5
10~20	2.0~3.0	1:2~1:2.5	1:2
20~30	3.0~5.0	1:2.5~1:3	1:2.5

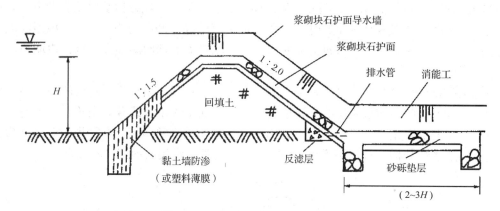

图5-22 泥石流拦砂土坝断面示意

（3）混合坝

可分为土石混合坝和木石混合坝。

①土石混合坝 当坝址附近土料丰富而石料不足时，可选用土石混合坝。

土石混合坝的断面尺寸，在一般情况下，当坝高为5~10m时，上游坡为1:1.5~1:1.75，下游坡为1:2~1:2.5，坝顶宽为2~3m。土石混合坝的坝身用土填筑，而坝顶和下游坝面则用浆砌石砌筑。由于土坝渗水后将发生沉陷，因此，坝的上游坡必须设置黏土隔水斜墙。下游坡脚设置排水管，并在其进口处设置反滤层。图5-23为甘肃天水地区群众常用的一种坝型。

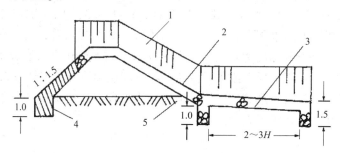

图5-23 土石混合坝示意

1. 浆砌板石坝面 2. 排水管 3. 砂砾石垫层
4. 红黏土斜墙 5. 反滤层

②木石混合坝 在盛产木材的地区，可采用木石混合坝。木石混合坝的坝身由木框架填石构成，为了防止上游坝面及坝顶被冲坏，常加砌石防护（图5-24）。

木框架一般由圆木组成，其直径大于0.1m，横木的两侧嵌固在砌石体之中，横木与纵木的连接采用扒钉或螺钉紧固。

（4）铁丝石笼坝

这种坝型适用于小型荒溪，在我国西南山区较为多见。它的优点是修建简易，施工迅速，造价低。缺点是使用期短，坝的整体性较差。

图5-25为铁丝石笼坝的示意。坝身是由铁丝石笼堆砌而成的。铁丝石笼为箱形，尺

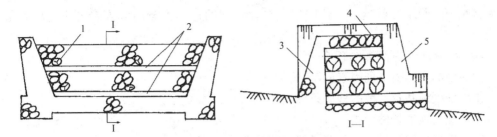

图 5-24 木石混合坝示意

1. 纵木直径 >0.1m 　2. 横木直径 >0.1m
3. 防冲石垛 　4. 碎石面层 0.3~0.4m 　5. 砌石护坡

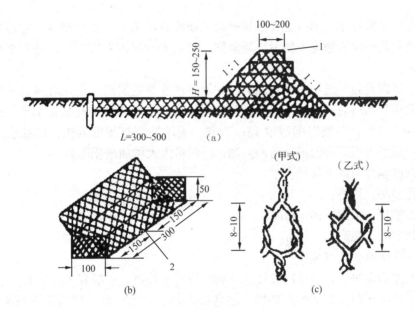

图 5-25 铁丝石笼坝示意(单位：cm)

(a)断面示意 　(b)箱形铁丝石笼立体图 　(c)网孔编制方式
1. 铁丝笼装石 　2. 钢筋箍

寸一般为 0.5m×1.0m×3.0m，棱角边采用直径 12~14mm 的钢筋焊制而成。编制网孔的铁丝常用 10# 铁丝。为了增强石笼的整体性，往往在石笼之间再用铁丝加固。

5.2.2.3　坝高与拦砂量的确定

(1)泥石流淤积特点

泥石流与水流不同，最大的特点是流体黏度大，内阻力大，因而当进入库内淤积时，淤积面不是水平的，而是向近坝处倾斜的，形成一条倾斜度较大的回淤线，其坡度为原沟床纵坡的 85% 左右，所以淤积库容较同高度水库坝大。

另外，从泥石流淤积过程来看，拦砂库有的一次淤满，有的多次淤满，且由于每次泥石流固体物质来源不同，淤积时间不同，淤积物各层容重也不相同。稀性泥石流淤积层有一定透水性，黏性泥石流淤积层属不透水性，且淤积时间越长固结越好，内摩擦就越大，对坝的侧压力就越小。这些特点对设计坝的作用力分析和安全考虑，均有重要作用。

（2）拦砂坝坝高的影响因素

拦砂坝的高度受下列因素的制约：

①坝址处地基及岸坡的地质条件。

②坝址处地形条件。

③拦砂坝的设计目标 实现最好的防护效益。

④工程量和工期 在荒溪中修拦砂坝，一般在冬春进行，到翌年雨季前完工，不然就有被冲毁的危险。应根据当地劳力情况和工期，估算所能完成的工程量，来确定合理的坝高。

⑤合理的经济技术指标 主要是坝高与拦淤库容的关系。坝高越高，拦砂越多，并能更有效地利用回淤来稳定上游滑坡崩塌体，每立方米坝体平均拦砂量是鉴别拦砂效益的重要指标。

⑥坝下消能设施 过坝山洪及泥石流的坝下消能设施费用，是随着坝高的增加而增加的，在确定坝高时应考虑这一因素。除地形地质条件好，施工机械化水平较高，可以修筑较高的坝体外，一般以不超过 15m 为宜。采用节节打坝的方法，在荒溪中修建坝群，不仅可以解决坝下游的消能防冲问题，同时可大大增加淤积库容。

一般拦砂坝分为以下几种：

小型拦砂坝，坝高：5~10m。

中型拦砂坝，坝高：10~15m。

大型拦砂坝，坝高：>15m。

（3）拦砂坝坝高的确定

坝高及库容取决于拦砂坝的设计任务和沟谷地形特点，一般有 3 种情况。

①用于拦挡沟谷泥石流的拦砂坝 坝高及库容主要由坝址上游沟道泥石流流量（固体物质为主）多少和地形特点决定。通常先根据历次泥石流流量估算出一次最大泥石流总量，然后根据坝址处坝高与库容关系曲线（与淤地坝、水库坝坝高、库容关系曲线一样，先行绘制好），即可确定出坝高与库容，最后结合坝址处地形（坝高有利地形）条件，确定出合理的坝高及库容。

当沟谷规划为坝群时，应根据坝间距和淤积比降按式（5-18）确定坝高 H，即

$$H = L\,(i - Ki_c) \tag{5-18}$$

式中 H——坝高（m）；

L——坝间距（m）；

i——沟道比降；

i_c——沟口冲积扇顶部沟床比降；

K——比例系数，0.5~0.85，泥石流严重时取大值，轻微时取小值。坝群的坝高通常单坝为几米，属低坝群。

②用于稳定滑坡的拦砂坝 有的泥石流沟道，为减少或防止滑坡造成更大规模的泥石流固体补给物，可修建泥石流拦砂坝。利用拦砂坝拦蓄的泥石流堆积物所形成的高度

和重量，来稳定一部分滑坡体，即利用其重量和被动土压力能抵抗滑坡的下滑力所需淤积物的高度，来确定拦砂坝的坝高及库容。其具体情况有以下 2 种。

第一种，当滑坡轴线与拦砂坝轴线近于正交时（图 5-26），此时坝高可根据下述 2 个条件确定。

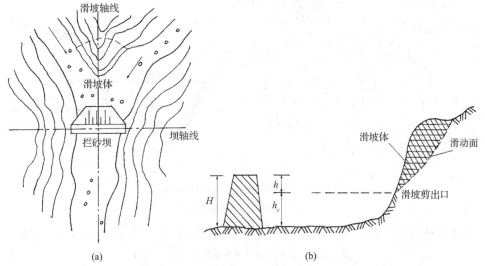

图 5-26 滑坡轴线与拦砂坝轴线正交

（a）平面图 （b）纵剖面示意图

a. 坝内淤积物所产生的抗滑力应大于或等于滑坡体下滑时的力（即滑坡体下滑力的水平分力），即

$$Wf \geqslant P \tag{5-19}$$

式中 W——滑坡剪出口高程以上淤积物的单宽质量（t/m）；

f——淤积物内摩擦系数；

P——滑坡体单宽剩余下滑力（滑坡体下滑力的水平分力）（t/m）。

b. 坝内淤积物不被滑坡推力所剪破，即被动土压力要大于或等于剩余下滑力，即

$$\frac{1}{2}\gamma_c h^2 \tan^2\left(45° + \frac{\varphi}{2}\right) \geqslant P \tag{5-20}$$

式中 γ_c——泥石流淤积物容重（t/m³）；

h——滑动面剪切出口以上淤积物厚度（m）；

φ——淤积物内摩擦角；

P——滑坡体单宽剩余下滑力（滑坡体下滑的水平分力）（t/m）。

当满足式（5-19）及式（5-20）时，由两式可求出 h，在剪出口高度已知的条件下，即可求出坝高 $H = h_c + h$，其中 h_c 为滑坡剪出口距坝底高度。坝高已知后相应库容便可查出（查坝高与库容关系曲线）。h_c 需通过现场调查确定。

第二种，当滑坡轴线与拦砂坝轴线平行时（图 5-27），此时坝高因滑坡的剩余下滑力通过淤积物垂直传于对岸山体，式（5-19）自然得到满足。因而坝高按式（5-20）确定即可。

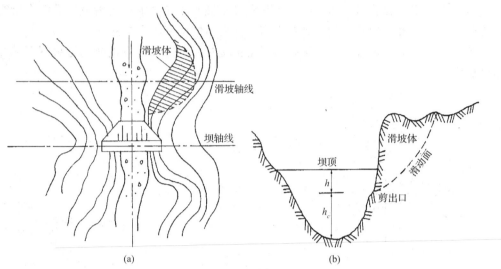

图5-27 滑坡轴线与拦砂坝轴线平行

(a)平面图 (b)纵剖面示意

上述2种情况，在考虑淤积比降特征后，可按式(5-21)计算坝的总高 $H_总$，即

$$H_总 = H + L(i - i_c) = h + h_c + L(i - i_c) \quad (5-21)$$

式中 L——坝距滑坡的平均距离(m)；

$H_总$——坝的总高(m)；

h_c——滑坡剪出口距坝床高度(m)；

其余符号意义同前。

【例5-1】 已知一沟道滑坡体轴线与坝轴线平行，$\varphi = 30°$，$P = 29t/m$，$\gamma_c = 19t/m^3$，$h_c = 1m$，$i = 0.046$，$i_c = 0.023$，$L = 140m$，$h = 3.2m$。求 $H_总 = ?$

解：按式(5-21)求得 $H_总 = 7.4m$，采用坝高 $H_总 = 7.5m$。

③用于淤地造平原的拦砂坝 坝高及库容由地形及可能淤积物的数量(泥石流量)来确定。坝高、库容可大可小，通常坝高较小，库容随地形平坦度可大可小。

(4)拦砂量的确定

为了估算拦砂坝的拦砂效益，应推求拦砂量。

山洪，特别是泥石流，由于其本身容重大、黏性高和内阻力很大，它在坝前的回淤是向着沟源的方向倾斜的。

根据调查资料分析，高含砂山洪中固体物质的回淤线坡度 i 约为原沟床坡度 i_0 的50%，即 $i = 0.5i_0$，对于泥石流 $i = 0.85i_0$。

对坝高已定的拦砂坝库容的计算，可按下列步骤进行。

①在方格纸上给出坝址以上沟道纵断面图，并按山洪或泥石流固体物质的回淤特点，画出回淤线。

②在库区回淤范围内，每隔一定间距测绘横断面图。

③根据横断面图的位置及回淤线，求出每个横断面的淤积面积。

④求出相邻两断面之间的体积，计算公式为：

$$V = \left(\frac{W_1 + W_2}{2}\right)L \tag{5-22}$$

式中　V——相邻两横断面之间的体积(m^3)；

　　　W_1，W_2——相邻横断面面积(m^2)；

　　　L——相邻横断面之间的水平距离(m)。

⑤将各部分体积相加，即为拦砂坝的拦砂量。

推求拦砂量还可根据式(5-23)计算，即

$$V = \frac{1}{2} \times \frac{mn}{m-n} bh^2 \tag{5-23}$$

式中　V——拦砂量(m^3)；

　　　b，h——拦砂坝推砂段平均宽度、高(m)；

　　　$1/n$——原沟床纵坡比降；

　　　$1/m$——堆沙区表面比降。

当堆沙区表面比降采用原沟床纵坡比降的 $1/2$ 时，$m = 2n$，$V = nbh^2$。

5.2.2.4　拦砂坝的断面设计

拦砂坝断面设计的任务是，确定既符合经济要求，又保证安全的断面尺寸，其内容包括：断面轮廓的初步尺寸拟定，坝的稳定设计和应力计算，溢流口计算，坝下冲刷深度估算，坝下消能。本节主要介绍最常用的浆砌石重力坝的断面设计。

(1)断面轮廓尺寸的初步拟定

坝的断面轮廓尺寸是指坝高、坝顶宽度、坝底宽度以及上下游边坡等。

表 5-13 所示的浆砌石坝断面轮廓的尺寸是指建在岩石基础上的溢流坝。当在松散的堆积层上建坝时，由于基底的摩擦系数小，必须用增加垂直荷重的方法来增加摩擦力，以保证坝体的抗滑稳定性。增加垂直荷重的方法，是将坝底宽度加大，这样不仅可以增加坝体质量，而且还能利用上游面的淤积物作为垂直荷重。

表 5-13　浆砌石坝断面轮廓尺寸

坝高(m)	坝顶宽度(m)	坝底宽度(m)	坝　坡	
			上游	下游
3	1.2	4.2	1:0.6	1:0.4
4	1.5	6.3	1:0.7	1:0.5
5	2.0	9.0	1:0.8	1:0.6
8	2.5	16.9	1:1	1:0.8
10	3.0	20.5	1:1	1:0.8

日本防砂工程设计拦砂坝断面时，根据坝顶溢流水深 h_1 及上游坝坡系数 m 用经验公式推求坝顶宽度 b，即

$$b \geqslant (0.8 \sim 0.6m)h_1 \tag{5-24}$$

一般也可根据坝高 h 确定坝顶宽度 b，即

$h = 3 \sim 5m$ 时，$b = 1.5m$；$h = 6 \sim 8m$ 时，$b = 1.8m$；$h = 9 \sim 15m$ 时，$b = 2.0m$。

拦砂坝下游坝坡系数 n 可用式(5-25)估算，即

$$n \leqslant V \sqrt{\frac{2}{gh}} \quad 或 \quad n \leqslant 0.46V = \frac{1}{\sqrt{h}} \tag{5-25}$$

式中　n——下游坝坡系数；

　　　V——下游最小石砾的始动流速（m/s）；

　　　h——坝高（m）。

上游坝坡与坝体稳定性关系密切，m 值越大，坝体抗滑稳定安全系数越大，但筑坝成本越高。因此，m 值应根据稳定计算结果确定。初步确定上游坝坡系数 m 值可以利用表5-14。

表5-14　不同 h_0/h、b/h 相应的 m 值

b/h	h_0/h						
	0.00	0.10	0.20	0.30	0.40	0.50	0.60
0.10	0.474	0.569	0.643	0.702	0.751	0.797	0.827
0.12	0.445	0.542	0.616	0.676	0.726	0.767	0.803
0.14	0.416	0.514	0.590	0.651	0.701	0.743	0.778
0.16	0.386	0.486	0.563	0.624	0.675	0.718	0.754
0.18	0.355	0.457	0.535	0.598	0.649	0.692	0.729
0.20	0.324	0.428	0.507	0.571	0.623	0.667	0.704
0.22	0.292	0.398	0.479	0.544	0.596	0.641	0.678
0.24	0.259	0.367	0.450	0.516	0.570	0.614	0.653
0.26	0.226	0.336	0.421	0.488	0.542	0.588	0.627
0.28	0.192	0.305	0.391	0.459	0.515	0.561	0.600
0.30	0.156	0.272	0.360	0.430	0.487	0.534	0.574
0.32	0.120	0.239	0.329	0.400	0.458	0.506	0.547
0.34	0.083	0.206	0.298	0.376	0.429	0.478	0.520

注：h_0 为溢流水深；b 为坝顶宽；h 为坝高。

（2）坝的稳定与应力计算

一座拦砂坝在外力作用下遭破坏，有以下几种情况：

①坝基摩擦力不足以抵抗水平推力，因而发生滑动破坏；

②在水平推力和坝下渗透压力的作用下，坝体绕下游坝址的倾覆破坏；

③坝体强度不足以抵抗相应的应力，发生拉裂或压碎。在设计时，由于不允许坝内产生拉应力，或者只允许产生极小的拉应力，因此，对于坝体的倾覆稳定，通常不必进行核算，一般所谓的坝体稳定计算，均就抗滑稳定而言。

计算时，首先根据初步拟定的断面尺寸进行作用力计算，然后进行稳定计算和应力计算，以保证坝体在外力作用下不至于遭到破坏。

①作用力计算　作用在单位坝上的力，按其性质不同可分为坝体自重、坝上下游面的淤积物重、坝前水砂压力、泥石流冲击力，以及坝基扬压力等（图5-28）。

坝体重力 G：其计算公式为：

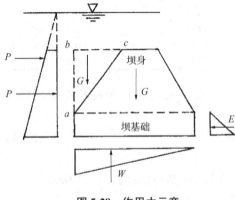

图5-28　作用力示意

$$G = V\gamma_d b \tag{5-26}$$

式中　G——坝体重力(t)；

　　　V——坝体横断面积(m^2)；

　　　γ_d——坝体容重(t/m^3)，见表5-15；

　　　b——单位宽度(m)，取1。

淤积物质量：作用在坝体上游面上的淤积物质量，等于淤积体积乘以淤积物容重。

水压力P：其计算公式为：

$$P = \frac{1}{2}\gamma h^2 b \qquad (5\text{-}27)$$

式中　P——静水压力(t)；

　　　γ——水的密度(t/m^3)，取1；

　　　h——坝前水深(m)；

　　　b——单位宽度(m)，取1。

泥沙压力：坝前泥沙压力可按散体土压力公式计算，即

$$P_{泥} = \frac{1}{2}\gamma_c H^2 \tan^2\left(45° - \frac{\varphi}{2}\right)b \qquad (5\text{-}28)$$

式中　$P_{泥}$——坝前泥沙压力(t)；

　　　b——单位宽度(m)，取1；

　　　γ_c——堆沙容重(t/m^3)；

　　　H——坝前淤积物的高度(m)；

　　　φ——淤积物的内摩擦角，它与堆沙容重有关，用公式表示为：

$$\varphi = 7.24\ (\gamma_c - 1)^{5.82} \qquad (5\text{-}29)$$

为了应用方便，将$\varphi - \gamma_c$值列于表5-16。

表 5-15　浆砌石坝体容重

砌体类型	石料	密度(t/m^3)
浆砌料石	花岗岩	2.7
	砂岩	2.6
	石灰岩	2.5
浆砌片石或块石	花岗岩	2.4
	砂岩	2.3
	石灰岩	2.2
干砌片石或块石	花岗岩	2.2
	砂岩	2.1
	石灰岩	2.0

表 5-16　$\varphi - \gamma_c$ 值

$\gamma_c(t/m^3)$	1.3	1.4	1.5	1.6	1.7	1.8	1.9	2	2.1	2.2	2.3
$\varphi(°)$	0.006 6	0.035	0.129	0.372	0.89	2.00	3.90	7.24	12.9	20.9	33.3

作用在下游坝基上的泥沙压力为被动土压力，可用式(5-30)计算，即

$$E = \frac{1}{2}\gamma_c H_1^2 \tan^2\left(45° + \frac{\varphi}{2}\right)b \qquad (5\text{-}30)$$

式中　E——被动土压力(t)；

　　　H_1——坝基础深度(m)；

　　　φ——淤积物的内摩擦角；

　　　γ_c——堆沙容重(t/m^3)；

　　　b——单位宽度(m)，取1。

坝基扬压力：主要为渗透压力，即由于水在坝基中渗透所产生的压力。在坝体是实体坝，而又无排水的条件下，下游边缘的渗透压力为0，上游边缘的渗透压力为：

$$W_{\varphi} = \frac{1}{2}\gamma H B a_1 b \qquad (5\text{-}31)$$

式中 W_φ——渗透压力(t);

        B——坝底宽度(m);

        γ——水的密度(t/m³);

        b——单位宽度(m),取1;

        H——坝高(m);

        a_1——基础接触面积系数,取1。

泥石流冲击力:即泥石流的动压力,计算公式为:

$$P_{冲} = K\rho v_c^2 \sin \alpha \tag{5-32}$$

式中 $P_{冲}$——泥石流冲击力(t/m²);

        K——泥石流动压力系数,决定于龙头特性,一般取1.3,根据云南省东川蒋家沟
实测资料分析,取2.5~4.0;

        ρ——泥石流的密度,$\rho = \dfrac{\gamma_c}{g}$;

        γ_c——泥石流容重(t/m³);

        g——重力加速度(m/s²),取9.81;

        v_c——泥石流流速(m/s);

        α——泥石流流向与坝轴线的交角(°)。

地震力:地震区大型拦砂坝的设计应考虑地震力的作用。地震作用通常有2种力,即地震惯性力和地震泥沙压力。

a. 地震惯性力:由于地震动荷载的作用,坝体产生水平地震惯性力和竖向地震惯性力。设计中一般只考虑水平地震惯性力。

水平地震惯性力由式(5-33)计算,即

$$S = K_e \alpha \beta G \tag{5-33}$$

式中 S——水平地震惯性力(t);

        K_e——地震系数,当地震烈度为7、8、9级时,K_e 值分别为0.025、0.05、0.10;

        α——建筑物的惯性分布指数,由下式计算,即

$$\alpha = 1.0 + 1.5 \frac{y}{H}$$

        y——断面重心至坝基的高度(m);

        H——坝高(m);

        β——地基对惯性力的影响系数,对于砂砾质沟床,β 约为1.5;

        G——单位长度坝体重(t)。

b. 地震泥沙压力:在地震作用下,库内淤积物的内摩擦角要减小一定角度(7~8级地震时减小3°~5°;9级地震时减小6°),因而相对地增加了一部分泥沙压力。在这种情况下,地震泥沙压力的计算公式为:

$$Q_c = (1 + 2K_e \tan\varphi)P_{泥} \tag{5-34}$$

式中 Q_c——地震作用下的泥沙压力(t);

        φ——淤积物的内摩擦角(等于因地震作用减小的一部分);

K_e——地震系数；

$P_泥$——坝前泥沙压力(t)。

在拦砂坝设计中，应根据具体条件及各种作用力同时作用的可能性，来确定最不利的作用力组合，以保证坝的安全。表 5-17 中列举了 3 种不同计算情况的作用力组合，供设计时参考。

表5-17 作用力组合

作用力 计算情况	自重 (1)	淤积物重 (2)	泥沙压力 (3)	坝基土压力 (4)	冲击力 (5)	渗透压力 (6)	地震力 (7)	备 注
库内拦砂	+	+	+	+	+	+		(3)按拦砂 情况计算
库满后泄流	+	+	+	+		+		(3)应加坝顶
泄流情况下发生地震	+	+	+	+		+	+	泥深计算

②坝体抗滑稳定计算　坝体是否滑动，主要取决于坝体本身重力压在地面上所产生的摩擦力大小。如果摩擦力大于水平推力，则坝不会滑动。当坝体属平面滑动时[图 5-29(a)]，坝的抗滑稳定计算公式为：

$$K_s = \frac{fN}{P} \tag{5-35}$$

式中　K_s——抗滑稳定安全系数，取 1.02~1.05；

N——坝体垂直力的总和，向下为正，向上为负；

P——坝体水平作用力的总和，向下游为正，向上游为负；

f——坝体与基础的摩擦系数，对于浆砌石坝或混凝土坝可以采用下列数值：火成岩 $f = 0.65~0.75$；石灰岩及砂岩 $f = 0.5~0.65$；板岩、泥岩 $f = 0.30~0.50$。

如果坝的基础设有齿墙，且齿墙的深度相同[图 5-29(b)]，则计算中应考虑齿墙之间的土壤黏结力。在这种情况下，坝体抗滑稳定计算公式为：

$$K_s = \frac{f_0 N + b'C}{P} \tag{5-36}$$

式中　f_0——摩擦系数，当齿墙较薄，b' 较大时，$f_0 = \tan\varphi$；

b'——两齿墙间的距离(m)；

K_s——抗滑稳定安全系数；

N——坝体垂直力的总和向下为正，向上为负；

P——坝体水平作用力的总和；

C——坝基土的黏结力，见表 5-18。

③坝基应力计算　对于浆砌石，拦砂坝压应力不是控制的因素。但是浆砌石坝(包括混凝土坝)的抗拉强度很低，如果坝体上游面出现拉应力则容易产生裂

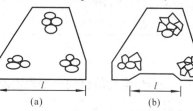

图5-29 坝的滑动情况
(a)平面滑动情况　(b)带齿墙的情况

表5-18 黏结力 C 值

土的名称	黏结力(kg/cm²)
砂质淤泥	0.02
稠黏泥	0.10
砂质黏土	0.10~0.60
黏质砂土	0.02~0.20
砂夹卵石及小石	0

缝，水流渗入裂缝，影响坝体强度。因此，在设计浆砌石坝时，不容许使坝体上游面出现拉应力。如果坝脚上下游垂直应力不超过允许值，就认为满足强度要求。其计算公式为：

上游面应力：
$$\sigma_{上} = \frac{N}{b}\left(1 - \frac{6e}{b}\right) \tag{5-37}$$

下游面应力：
$$\sigma_{下} = \frac{N}{b}\left(1 + \frac{6e}{b}\right) \tag{5-38}$$

式中 $\sigma_{上}$——上游面的坝基应力，当 $\sigma_{上} > 0$ 时，不产生拉应力（kg/cm^2）；

$\sigma_{下}$——下游面的坝基应力（kg/cm^2）；

b——坝底宽（m）；

e——合力作用点至坝底中心点的距离（m），$e = \frac{M}{N}$，当 $e \le \frac{b}{6}$ 时，坝体不会产生拉应力；

M——所有作用在坝上的各力对坝底中心点力矩的代数和（$t-m$），顺时针为负，逆时针为正；

N——坝体垂直力的总和，向下为正，向上为负。

地基允许承载力（σ），当坝基埋深在 3m 以内时，参考表 5-19 确定。当坝基基础为坚硬岩石时，则以浆砌石体的允许压应力作为强度校核标准。

表 5-19　地基容许承载力

土壤名称	容许承载力（kg/cm^2）	土壤名称	容许承载力（kg/cm^2）
泥石流堆积扇砾质砂土	2	由沉积碎块组成的角砾或砾石	3
孔隙为砂充填的碎石和卵石	6	任何含水量的砂砾和粗砂	3.5~4.5
由结晶岩碎块组成角砾或砾石	5		

（3）溢流口设计

溢流口设计的目的在于确定溢流口尺寸，即溢流口宽度 B 和高度 H。其设计步骤有如下几点：

①确定溢流口形状和两侧边坡　一般溢流口的形状为梯形（图 5-30），边坡坡度为 1:0.75~1:1。对于含固体物很多的泥石流沟道，溢流口可为弧形。

②计算坝址处设计洪峰流量　对于一般荒溪山洪及高含砂荒溪山洪，山洪设计洪峰

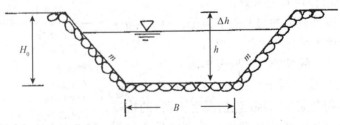

图 5-30　溢流口形状

流量可按一般小流域暴雨径流公式进行计算。对于泥石流的洪峰流量,由于缺少观测资料,可用泥石流泥痕调查法及配合法计算。

泥石流泥痕调查法:其步骤如下:

第一,调查访问并确定历史上曾经发生过的泥石流最高泥痕位置。

第二,选取较顺直、冲淤变化不大的沟段进行泥石流过流断面的测量,并计算其断面面积、平均泥深(过流断面除以相应最高泥水位的泥面宽度)及水力半径。

第三,在较顺直的沟段上,选择几处泥痕(至少3处),测定其比降。如果选择泥痕有困难,亦可用沟床比降代替。

第四,泥石流流量用式(5-39)推求,即

$$Q_C = \omega_C v_C \tag{5-39}$$

式中 Q_C——泥石流流量($\mathrm{m^3/s}$);

ω_C——过流断面积($\mathrm{m^2}$);

v_C——泥石流流速($\mathrm{m/s}$)。

配合法:根据泥石流中水和固体物质的比例,用在一定设计标准下可能出现的清水流量,加上所挟带的泥沙、石块,可推求泥石流的流量。其表达式为:

$$Q_C = Q_B (1 + \varphi) D_C \tag{5-40}$$

$$\varphi = \frac{\gamma_c - 1}{\gamma_H - \gamma_c} \tag{5-41}$$

式中 Q_C——泥石流设计流量($\mathrm{m^3/s}$);

Q_B——相应设计标准的清水流量($\mathrm{m^3/s}$),可参照当地水文手册进行计算;

φ——泥石流修正系数;

γ_c——泥石流容重($\mathrm{t/m^3}$);

γ_H——泥石流中固体物质容重($\mathrm{t/m^3}$),取2.4~2.7;

D_C——泥石流堵塞系数,根据云南东川的观测资料分析,D_C值见表5-20。

表5-20 堵塞系数 D_C 值

堵塞程度	最严重	较严重	一般	微弱
D_C	2.6~3.0	2.0~2.5	1.5~1.9	1.0~1.4

③计算溢流口宽度 选定单宽溢流流量 $q(\mathrm{m^3/s})$,估算溢流口宽度 B。

$$B = \frac{Q_C}{q} \tag{5-42}$$

式中 B——溢流口宽度(m);

Q_C——泥石流设计流量($\mathrm{m^3/s}$);

q——单宽溢流流量($\mathrm{m^3/s}$)。

④计算山洪的流速 根据选择的溢流口形状、流速及洪峰流量,用试算法求出过坝溢流深度 h_0,高含沙山洪的流速 v_C 可采用式(5-43)计算,即

$$v_C = \frac{15.3}{a} R^{\frac{2}{3}} I^{\frac{3}{8}} \tag{5-43}$$

式中 v_c——山洪流速(m/s);
　　　R——水力半径(m);
　　　I——水面纵坡(%);
　　　a——阻力系数。

$$a = (\varphi / \gamma_H + 1)^{\frac{1}{2}}$$

$$\varphi = \frac{\gamma_c - 1}{\gamma_H - \gamma_c}$$

式中 φ——修正系数;
　　　γ_H——山洪中固体物质比重(t/m³), 一般取 $2.4 \sim 2.7$;
　　　γ_c——山洪容重(t/m³)。

⑤计算溢流口高度　计算溢流口高度 $h = h_0 + \Delta h$, Δh 为超高, 一般取 $0.5 \sim 1.0$m。

(4)坝下消能防冲工设计

①坝下消能　由于山洪及泥石流从坝顶下泄时具有很大的能量, 对坝下基础及下游沟床将产生冲刷和变形作用, 因此应设消能措施。常见的拦砂坝坝下消能措施有如下几种:

a. 副坝(子坝)消能: 它适用于大中型山洪或泥石流荒溪。这种消能设施的构造是, 在主坝的下游设置一座子坝, 使两坝之间蓄一定深度的水, 形成消力池, 构成水垫的缓冲消能形式, 以消减过坝山洪或泥石流的能量图, 如图 5-31 所示。

根据经验, 初步估算副坝的坝顶应高出原沟床 $0.5 \sim 1.0$m, 以保证副坝回淤线高于主坝基础顶面; 副坝与主坝间的距离, 可取 $2 \sim 3$ 倍主坝坝高。

在沟内修成坝系的情况下, 只要保证下一座坝的回淤线高于上一座坝的基础顶面, 便可达到防冲要求。

b. 护坝消能: 这种消能措施的结构, 如图 5-32 所示。这种消能措施仅适用于小型沟道。

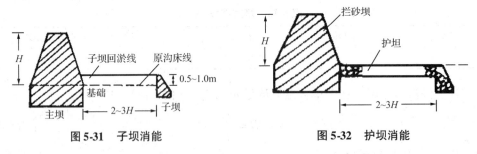

图 5-31　子坝消能　　　　　　图 5-32　护坝消能

护坝多用浆砌块石砌筑, 其长度为 $2 \sim 3$ 倍主坝高。护坝厚度可用式(5-44)估算, 即

$$b = \sigma \sqrt{q \sqrt{z}} \tag{5-44}$$

式中 b——护坝厚度(m);
　　　q——单宽流量[m³/(s·m)];
　　　z——上下游水位差(m);
　　　σ——经验系数, 取 $0.175 \sim 0.2$。

②坝下冲刷深度计算 坝下冲刷深度估算的目的，在于合理确定坝基的埋设深度。

决定冲刷深度需要考虑建筑物的形式、泄流状态以及河床的地形、地质等条件，它是一个相当复杂的问题。通常只有采用模型试验以及对比实际工程资料，才能得到较为可靠的结果。除此之外，在初步设计时也可参照过坝水流的公式进行粗略的估算，即

$$T = 3.9 q^{0.5} \left(\frac{z}{d_m} \right)^{0.25} - h_t \tag{5-45}$$

式中　T——从坝下原沟床面起算的最大冲刷深度(m)；

q——单宽流量[$m^3/(s \cdot m)$]；

d_m——坝下沟床的标准粒径(mm)，一般可用泥石流固体物质的 d_{90} 代替，以质量计，有90%的颗粒粒径比 d_{90} 小；

h_t——坝下沟床水深(m)；

z——上下游水位差(m)。

Schoklitsch 经验公式为：

$$T = \frac{4.75}{d_m^{0.32}} z^{0.2} q^{0.57} \tag{5-46}$$

式中　T——从坝下原沟床面起算的最大冲刷深度(m)；

d_m——坝下沟床的标准粒径(mm)；

z——上下游水位差(m)；

q——单宽流量[$m^3/(s \cdot m)$]。

5.2.3 拱坝

拱坝是一种在平面上向上游弯曲成拱形的挡水建筑物，如图5-33所示。由于它具有拱的结构作用，把承受的水压力等荷载部分或全部传到两岸和河床，因而拱坝不像重力坝那样需要依靠本身的质量来维持稳定，坝体内的内力主要是压应力，可以充分利用筑坝材料的强度，减小坝身断面，节省工程量。因此，拱坝是一种经济性和安全性都很高的坝型，在小流域治理及泥石流防治中应用广泛。

5.2.3.1 拱坝的特点及类型

(1)拱坝的特点

拱坝的特点，可以从它的结构作用、荷载影响、地基变形、坝顶溢流等方面来进行分析。

拱坝是一个在平面上凸向上游、起着拱的结构作用的空间壳体结构。它不同于重力坝需要依靠重力作用维持稳定，因而使坝体材料的强度得不到充分的利用，而是主要借助于拱的作用充分发挥坝体材料的强度。如果将拱坝作一系列的水平和垂直截面，从一系列水平截面看它由一层层拱圈组成，从一系列垂直截面看它由一根根左右相连的悬臂梁组成(图5-34)。拱坝承受的荷载，一部分(有时是绝大部分)通过拱的作用传到河床两岸，另一部分则通过垂直方向的悬臂梁的作用传到河床坝基。所以，拱坝除拱的作用外，还有像重力坝一样起悬臂梁的作用。

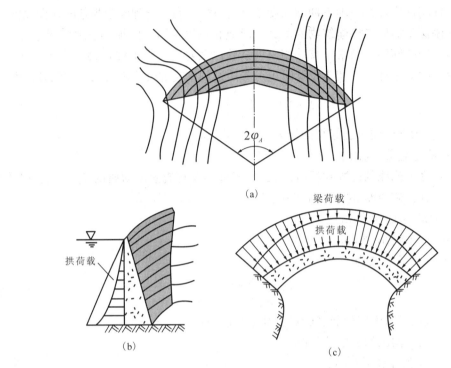

图 5-33 拱坝平面及剖面图

(a)拱坝平面图 (b)垂直剖面(悬臂梁)图 (c)水平截面(拱)

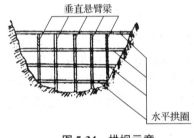

图 5-34 拱坝示意

各种荷载作用对拱坝产生的影响，与重力坝和其他坝型有所不同。一般的拱坝并不依靠自重起作用，拱坝坝底宽度较小，作用于坝底的渗透压力也较小，坝身的渗透压力影响也不显著，拱坝主要起作用的荷载是水压力和温度变化影响，而温度变化对坝身应力的影响很大，特别是库满时温度降低，拱圈收缩，对应力非常不利。

拱坝的安全主要取决于它的基础，地基弹性变形对拱内应力影响很大，要求基岩有较高的抗压强度和较小的变形。拱坝之所以比重力坝经济，除了拱的结构作用外，还由于它利用了坝体两岸下游岩体的质量来增强稳定。所以，只有在坚实稳定的基础上，才能充分发挥拱形结构的优越性，而拱坝的超载能力也正是以坝身稳定为前提的。

拱坝坝体一般比较单薄，下游面有时是倒悬的，坝顶溢流时的水流难于与坝身紧贴，也不易挑远，这是拱坝溢流与其他溢流坝不同的特点。通过试验研究和国内外许多工程的实践可以证明，水流所产生的脉动荷载所引起的动应力对坝的安全不会产生显著的影响。由于拱坝坝顶厚度较小，水流有向心集中作用，因而使下游的消能和冲刷问题变得更为复杂和困难。

(2)拱坝的类型

①按坝的高度分类 拱坝分为低坝(坝高 30m 以下)、中坝(坝高 30～70m)和高坝

(坝高大于70m)。

②按筑坝材料分类 拱坝分为混凝土拱坝和砌石拱坝。

③按泄水条件分类 拱坝分为溢流拱坝和非溢流拱坝。

④按水平拱的厚度变化分类 拱坝也可根据同层拱圈厚度是否变化，分为等厚拱坝和变厚拱坝。前者是同一高程上的拱圈厚度都相等，后者则是从拱冠到拱端厚度逐渐加大。

⑤按照平面布置的形式分类 拱坝分为等半径拱坝、等中心角拱坝、变半径变中心角拱坝和双向弯曲拱坝。

⑥按坝体曲率分类 按拱坝的纵向断面是否为曲线，分为单曲率拱坝和双曲率拱坝。

⑦按坝的厚高比分类 通常，根据拱坝的工作特点即拱和悬臂梁所分摊荷载的比例，可以把拱坝分成薄拱坝、拱坝(纯拱坝)和重力拱坝。这种分类比较能综合反映拱坝的结构和工作特点。拱和悬臂梁分别承受荷载的比例，一般用坝底厚度 T 与最大坝高 H 的比值即厚高比 T/H 来表示(图5-35)。

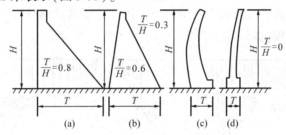

图5-35 拱坝断面示意
(a)重力坝 (b)重力拱坝 (c)拱坝 (d)薄拱坝

$T/H < 0.1$ 为薄拱坝，一般建于河谷狭深处，拱坝很薄，单纯起拱的作用；

$T/H = 0.1 \sim 0.4$ 为拱坝，拱的作用仍相当大；

$T/H = 0.4 \sim 0.6$ 为重力拱坝，它既有拱的作用，又有悬臂的作用，而且通过拱传递的荷载一般不超过20%；

$T/H = 0.6 \sim 0.8$ 为重力坝。

5.2.3.2 拱坝坝址选择

拱坝由于它的一些工作特点，对坝址的地形、地质条件要求更为严格。但任何筑坝地点的地形、地质条件并不完全都是很理想的，一些缺陷可以在一定程度上设法弥补和进行处理。

(1)地形条件

拱坝的结构型式、平面布置和经济性在很大程度上取决于坝址的地形条件，而坝顶高程处的河谷宽度与最大坝高的比值(宽高比)以及河谷的断面形状是反映地形条件的两个重要方面。

①河谷的宽高比 坝顶高程处的河谷宽度 L 与河谷最大深度(最大坝高) H 的比值

L/H称为河谷的宽高比,是地形条件中一个很重要的指标。L/H很小时,相对来说河谷比较狭深,拱坝拱的作用较大,而悬臂梁的作用较小;L/H很大时,相对来说河谷比较宽浅,拱的作用较小,而悬臂梁的作用较大。拱坝的坝底厚度T与最大坝高H的比值T/H(厚高比)是随着L/H的增大而增大的,因此在宽浅的河谷修建拱坝是不经济的。一般认为,$L/H \leqslant 1.5 \sim 2.0$,$T/H \leqslant 0.3 \sim 0.4$时,宜修建拱坝;$L/H \leqslant 3.5 \sim 4.0$,$T/H \leqslant 0.6$时,尚可修建重力拱坝;$L/H$再大,就不适宜修建拱坝。

②河谷的断面形状 L/H并不能反映河谷的断面形状,而拱坝的经济断面是受河谷断面形状影响的。一般认为,三角形、矩形和梯形河谷是修建拱坝的3种典型河谷断面形状,而以接近三角形、左右岸对称且岸坡较平缓的峡谷,最适宜于选作拱坝坝址,选用变半径的双曲率拱坝可以获得更经济的断面。当矩形或梯形河谷断面接近坝底时,由于拱圈的跨度减小不多,坝底厚度需要随所承受水压力的增大而增大。这一情况在矩形断面更为显著,拱的作用明显降低,常采用等半径圆筒形拱坝。梯形断面的河谷,拱的作用介于前两者之间。有些河谷断面形状复杂或者很不对称,从地形考虑似乎很不适宜修建拱坝,但若地形条件较好,可以对这些地形上的缺陷采取措施进行处理。如河谷一岸比较平缓时,可做重力坝段或重力墩形成支座,如果河谷部分为一深槽也可用浆砌石做垫座,上部做成拱坝(图5-36)。

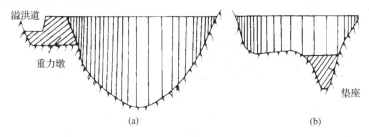

图5-36 不同地形建坝示意
(a)河谷一岸较平缓 (b)河谷有部分深槽

(2)地质条件

拱坝对坝址地质的要求是比较高的。理想的坝址地质条件应该是:基岩坚硬致密均匀完整,变形小,耐风化,透水性小,坝址上下游附近的岸坡稳定,无较大断层破碎带,无倾向下游的层状岩层和岩性剧烈变化的夹层,特别是倾角与岸坡坡角近似一致的节理、裂隙,地基岩石最好是火成岩、变质岩或完整均匀坚固的沉积岩(如砂岩)。但这样理想的坝址是不可能多见的,实际上的地质条件总存在一些缺陷,但这绝不意味着放弃对坝址地质条件的要求,而应该针对地质条件采取合理的结构措施,从结构上适应地质上的缺陷,审慎地进行平面布置以避开不利的地质条件,进行可靠的地基处理以加固并增强地基。

(3)坝址选择

拱坝坝址选择应注意如下几个问题:

①拱坝坝址选定主要取决于地形、地质条件,而河谷断面形状和坝身基岩的稳定性又是控制性因素。河谷断面形状接近三角形、两岸对称、岸坡平缓的峡谷,最宜于建造

拱坝，两岸坝身山坡一定要求稳定，还应避免有顺河流方向的裂隙、断层、夹泥层等，更要注意它们在蓄水后引起较大变形和滑动的可能性。活断层和有岩体滑动的滑坡地带，是不宜选作拱坝坝址的。

②选择坝址时要结合坝顶是否溢流，全面通盘考虑。如拱坝坝顶需要溢流时，要根据坝址的地形、地质条件及泄流量的大小，分析研究采用的坝型以及结构、防护措施的可能性与经济性。

③为了便于施工，坝址下游不远的距离，最好有比较开阔的施工场地，坝址附近应有足够的砂石料，砌石坝所需要的石料料场及其运输条件。此外，坝址的对内对外交通等也要考虑。

5.2.3.3 拱坝的平面布置

拱坝的平面布置就是根据坝址的地形、地质条件，布置出经济合理的拱坝形态(形式和断面尺寸)。首先，合理地拟定各高程拱圈的一些形状参数，如中心角、半径及厚度等；其次，把这些拱圈连续叠成坝体进行平面布置。在平面布置中也可能反过来对一些参数进行修改，这两者之间是一个反复拟合的过程；然后，再对初步确定的拱坝形态进行应力计算，直至能满足安全与经济的要求为止。

(1)拱圈参数的拟定

圆弧拱拱圈的形状参数是拱圈厚度、中心角和拱圈半径。

①拱圈厚度　拱坝的形式最早为简单的圆筒形。为了初步分析和选择坝的厚度，可对拱坝取单位高度的等截面水平圆拱，沿外弧有均布水压压强 P'_0，忽略其上下各层之间的影响，而且假设这个拱圈内只有轴力的作用，忽略其剪力和弯矩(图5-37)。

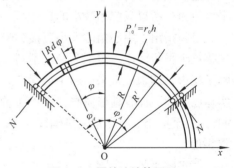

图 5-37　圆筒法计算图形

将表面荷载的压强 P'_0，折合到拱圈中轴处的压强 P_0，即

$$P_0 = \frac{P'_0 R'}{R} \tag{5-47}$$

式中　P_0，P'_0——拱轴处与拱坝上游面的静水压强(t/m^2)；

R，R'——圆心到拱轴和到坝上游面的半径(m)。

按照图5-37，取 y 方向力的平衡，可求出作用于拱圈中轴处的压力 N，即

$$2N\sin \varphi_A = 2\int_0^{\varphi_A} P_0 R\cos \varphi \mathrm{d}\varphi \tag{5-48}$$

即

$$N = P_0 R \tag{5-49}$$

如坝体材料允许应力为 $[\sigma]$，则可确定拱圈所需要的厚度 T 为：

$$T = \frac{P_0 R}{[\sigma]} \tag{5-50}$$

式中 P_0——所求拱圈的水压力(t/m^2);

　　　[σ]——允许压应力(t/m^2),因忽略的因素较多,应取偏小数值;

　　　R——拱圈半径(m)。

由此可见,拱圈厚度取决于荷载的压强和拱圈的半径。荷载大,要求拱圈厚度大。同样的荷载和跨度,半径越大,要求拱圈厚度也越大,即半径小比较有利。另一方面,当跨度固定时,半径小,则拱的中心角增大,拱圈的弧长增加,也是不利的。

②中心角　为了求得最有利的半径长度或最有利的中心角,应使拱圈的体积为最小,拱圈的体积 V 为:

$$V = \frac{2\pi}{360} \cdot 2\varphi_A RT \tag{5-51}$$

式中 V——拱圈体积(m^3);

　　　π——圆周率,取 3.141 6;

　　　$2\varphi_A$——拱圈中心角($°$);

　　　R——拱圈半径(m);

　　　T——拱圈厚度(m)。

对式(5-51)化简求导可求出,当 $2\varphi_A = 134°$ 时,拱圈的体积为最小。

这样就可以初步选择拱圈的中心角和半径,由于圆筒法是很粗略的,大体只能反映平均应力,所以只能用较小的[σ]值,一般只用混凝土允许应力的一半左右。

必须指出,中心角的大小直接影响到坝头的稳定。当中心角较大时,拱端处的轴力更接近于平行河岸,对坝头稳定不利,这往往是限制中心角不能太大的主要原因。在实际工程中,坝顶经常采用的中心角 $2\varphi_A$ 多为 $90° \sim 100°$。而在坝的底部,由于拱的作用实际已不大,而且地形狭窄,难以布置大角度的拱圈,有时采用的中心角 $2\varphi_A$ 为 $60°$ 或 $90°$,甚至更小。应尽量使拱轴线与等高线在拱端处的夹角不小于 $35°$,并使两端夹角大致相近。

③拱圈半径　拱圈半径取决于河谷宽度和拱圈中心角,选择时要全面考虑地形、地质、施工和经济等条件,初步拟定时可用式(5-52)计算拱圈内半径,即

$$R = \frac{l}{\sin \varphi_A} \tag{5-52}$$

式中 R——拱圈内半径(m);

　　　l——河谷宽度的 $1/2$(m);

　　　φ_A——中心角之半($°$)。

(2)拱坝平面布置形式

拱坝的平面轮廓因地形条件的不同可布置成等半径拱坝、等中心角拱坝、变半径变中心角拱坝和双向弯曲拱坝等几种形式。

①等半径拱坝　这种布置形式的拱坝,在各个高程上拱圈的外半径均相等,因此坝体的上游面是铅直的圆筒形,从坝顶往下由于水压力的增大,拱圈厚度也随之逐渐增大,故下游面是倾斜的。这种形式构造简单,施工方便,但坝体内应力分布不均匀,拱圈最大应力常发生在距坝底 $1/3$ 高度范围内,拉应力也较大,因而坝体一般较厚,工程

量较大。

这种布置形式最适于矩形("U"形)河谷,其次是梯形河谷,因而又分为以下2种布置形式。

定圆心等外半径:它适用于"U"形河谷,因为这种河谷能使每层拱圈尽可能保持较为有利的中心角,从而可以减少坝体厚度如图5-38所示。

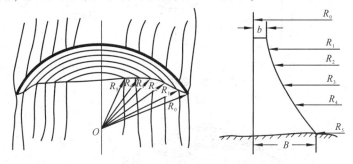

图5-38 定圆心等外半径拱坝

(适用于"U"形河谷)

变内圆心变内半径:梯形河谷下部较窄,如果圆心不变,拱的中心角很小,不够经济。为此,采用定外圆心等外半径而变内圆心变内半径的布置方式(图5-39),这种拱圈的厚度是变化的(从拱冠向拱端渐增)。

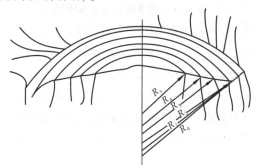

图5-39 变内圆心变内半径拱坝

(适用于梯形河谷)

②等中心角拱坝 在"V"形河谷中,河谷宽度上下相差较大,如采用等半径的布置形式,将使坝的下部和中部的中心角减小过多,对应力和经济都不利。因此,常布置成等中心角拱坝,即各层拱圈均采用尽可能大的相等的中心角(图5-40)。这样布置使拱的应力情况大为改善,也比较经济(比等半径可节省30%的工程量)。在等中心角布置中,容易发生倒悬现象,两岸部分倒向上游。这种倒悬的扭曲面施工不便,上游未蓄水或低水位时对坝的稳定不利,甚至在下游坝面可能产生拉应力。

③变半径变中心角拱坝 为避免等中心角拱坝上游面形成过大的倒悬与扭曲,可将中心角从拱顶向下逐渐减小(小至70°~90°),即为变半径变中心角拱坝(图5-41)。它适用于在三角形或梯形河谷修建。这种坝应力分布不够均匀,最大应力发生于下部1/3坝高范围内,且拉应力较大,坝顶溢流也不便,施工难易程度及工程量介于前述二者之间。

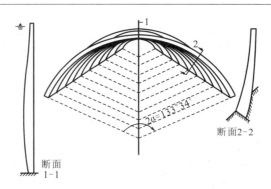

图 5-40 等中心角拱坝
(适用于 V 形河谷)

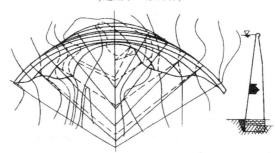

图 5-41 变半径变中心角拱坝
(适用于三角形或梯形河谷)

④双向弯曲拱坝 变半径变中心角拱坝在坝高 1/5~1/3 处向上游凸出,使悬臂梁也成为弯曲的形状,就布置成为双向弯曲拱坝(图 5-42)。这种形式的主要优点是通过选定适当的悬臂梁断面形状来改善坝体应力分布,双向弯曲拱坝的上下游面,在竖向和横向都呈曲面,刚度较大,应力分布比较理想,坝体的工程量也比较小,是较为经济合理的一种形式。坝身顶部下挑,适于坝顶溢流。但这种坝形施工复杂,仅有少数在薄拱坝 $(T < 0.1H)$ 中采用。

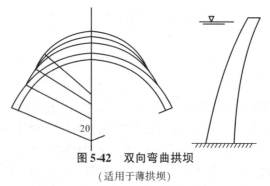

图 5-42 双向弯曲拱坝
(适用于薄拱坝)

拱坝的断面尺寸和平面布置,还可参考已建成的拱坝,根据坝高、河谷形状和 L/H 的比值等拟定。现将河北及北京已建成的几座拱坝尺寸列于表 5-21,可供选择剖面时参考。

表 5-21   河北及北京已经建成的浆砌石拱坝尺寸   m

坝 名	坝 型	河谷宽 L	坝高 H	宽高比 L/H	外半径 R	坝顶宽 b	坝底厚度 T	最大中心角 2α	厚高比 T/H
青龙县某砌石拱坝	定中心等半径	102	12.5		81	2	4.3	64°	0.344
青龙县某砌石拱坝	变中心变半径	108.5	50	2.2	58	3	14	134°	0.28
怀柔区某砌石拱坝	定中心等半径	41.7	10.6	3.9	33.4	1.8	4.0	78°	0.378
怀柔区某砌石拱坝	定中心等半径	19.2	9	2.1	17.4	0.6	3.5	68°	0.389
怀柔区某砌石拱坝	定中心等半径	13.5	10	1.4	14.7	1.3	2.0	58°	0.26
海淀区某砌石拱坝	变中心变半径	62.4	25	3.0	43	2.0	6.8	96°	0.272
怀柔区某砌石拱坝	变中心变半径	215	59	3.7	158	4.0	19	86°	0.322
延庆县某砌石拱坝	变中心变半径	115.5	38	2.5	74.2	4.5	14.2	103°	0.374
青龙县某砌石拱坝	变中心变半径	105	25	4.2	60.6	2.0	7	120°	0.28
涉县某砌石拱坝	定中心等半径	140	70	2.0	80	3.0	30	122°	0.386
沙河县某砌石拱坝	定中心等半径		78	2.53	125	7	40	109°	下游坡 1:0.54

（3）拱坝平面布置的步骤

合理经济的拱坝布置原则应该是，在满足稳定和建筑物运用的要求下，通过调整拱坝的外形尺寸，使坝体材料的强度得到充分发挥，控制拉应力在允许的范围之内，而坝的工程量最省。因拱坝形式比较复杂，断面形状又随地形、地质情况变化，因此布置拱坝大致有以下几个步骤。

①根据坝址地形图和地质资料，定出开挖深度，绘出坝址可利用基岩面等高线的地形图。研究河谷形式是否需要加以处理，使之变化平缓或接近对称等。

②在可利用基岩面等高线地形图上，试定顶拱轴线的位置，绘顶拱内外缘弧线。

③初步拟定拱冠梁剖面尺寸，同时拟定各高程拱圈的厚度。一般选取 5～10 层拱圈平面，各层拱圈的圆心连线，在平面上最好能对称于河谷可利用基岩面地形图，在垂直面上，这种圆心连线应是光滑的曲线。

④切取若干垂直剖面，检查其轮廓是否光滑连续，是否有过大的倒悬，如有不符合要求处，应适当修改拱圈及梁的形状尺寸。

⑤根据以上选定的坝体尺寸进行应力计算及稳定校核。如不符合要求，应重复以上步骤修改坝体布置和尺寸，直至所布置的拱坝能满足安全、经济和施工方便的要求为止。

5.2.3.4   拱坝的计算

（1）拱坝的荷载

拱坝是一个复杂的空间壳体结构，其应力分布和稳定条件与其他混凝土坝不同，各种荷载所起的作用也很不一样。

①自重   混凝土拱坝是分缝分块往上浇筑，然后向缝内灌浆封拱，形成整体，所以封拱前的坝体自重荷载应由垂直梁承担。

②水压力 当采用结构力学方法计算拱应力时，应将作用于坝表面的静水压强化为作用于拱轴的压强，即

$$P_0 = \frac{P'_0 R'}{R} \tag{5-53}$$

式中 P_0，P'_0——拱轴处与拱坝上游面的静水压强(t/m^2)；

R，R'——圆心到拱轴和到坝上游面的半径(m)。

③渗透压力 重力拱坝应考虑此项荷载，薄拱坝和拱坝可忽略不计，但当坝面出现裂缝时，则应考虑渗透压力对应力分布的影响。

④扬压力 在坝基及拱座稳定分析时必须计入扬压力的作用。在坝体应力分析时，应考虑扬压力的作用(对于薄拱坝可不计)。

⑤温度荷载 是作用在拱坝上的主要荷载之一，按运行期间坝体混凝土温度与封拱温度的差值确定，并列入基本荷载组合。外界温度变化在拱坝内产生的应力及变位很大，一般降温时会产生不利的拉应力，升温时则产生较大的拱轴向推力，对坝头稳定可能产生不利影响。

⑥地震荷载 包括地震惯性力和地震动水压力。拱坝应对顺河流向和垂直河流向两个方向的水平地震作用分别计算其地震效应，然后按最不利的情况进行组合。

其他如泥沙压力等，均与重力坝的相应荷载相似。

(2)砌石拱坝应力分析

砌石拱坝的材料允许应力目前尚无统一规范，它不仅与材料的极限抗压强度和荷载组合有关，同时与应力分析方法、砂浆标号及施工工艺水平有关，一般情况下不允许出现拉应力，设计容许压应力为 $10 \sim 20 kg/cm^2$，但实践中有些工程也超过此界限，因此，砌石拱坝的允许应力，可参考当地已建成工程情况，全面分析后选定。

对于小型砌石拱坝，可采用纯拱法计算拱坝应力。

在均匀水压力、泥沙压力和温度荷载作用下，拱圈应力计算可以利用表5-23的计算结果。表中 T/r 为拱圈厚度 T 与拱圈平均半径 r 的比值，2φ 为拱圈的中心角，当已知 T/r 和 φ 时，便可从表中查出拱顶和拱端的应力系数 σ'，通过式(5-54)、式(5-55)求出拱顶和拱端的应力。

拱顶应力：

$$\sigma_0 = P \frac{\sigma'_0}{1.000} \tag{5-54}$$

拱端应力：

$$\sigma_A = P \frac{\sigma'_A}{1.000} \tag{5-55}$$

式中 P——作用在拱圈上的水压力和泥沙压力(t/m^2)；

σ'_0——拱顶的应力系数；

σ'_A——拱端的应力系数。

在温度荷载作用下，通过式(5-56)、式(5-57)求出拱顶和拱端的应力。

拱顶应力：

$$\sigma_0 = P_t \left(\frac{\sigma'_0}{1.000} - \frac{P}{T} \right) \tag{5-56}$$

拱端应力：

$$\sigma_A = P_t \left(\frac{\sigma'_A}{1.000} - \frac{R}{T} \right) \tag{5-57}$$

式中　P_t——温度折算荷载(t/m^2)，可按式(5-58)计算，即

$$P_t = \frac{atET}{R} \tag{5-58}$$

式中　a——线膨胀系数，即温度升高1℃时，长度增加 Δl 与原长 l_0 比值，对于浆砌石 $a = 0.8 \times 10^{-5}(℃^{-1})$，对于混凝土 $a = 1.0 \times 10^{-5}(℃^{-1})$；

　　　　E——材料的弹性模数，浆砌石 $E = 5 \times 10^5 \sim 6 \times 10^5 \text{t/m}^2$；

　　　　T——拱圈的厚度(m)；

　　　　R——拱圈的外半径(m)；

　　　　t——拱圈内均匀温降。

t 可按式(5-59)求得，即

$$t = \frac{57.7}{T + 2.44} \tag{5-59}$$

　　下面以上述浆砌石拱坝的资料为例，取▽115、▽110、▽105 三个拱圈进行应力计算。坝顶▽120 的拱圈水压力为0，应力很小，坝底▽100 的拱圈紧靠沟底，不能自由变形，实际应力很小，均可不计算。

　　①计算应力系数 σ'_0、σ'_A　各拱圈的应力系数由表5-23 查得。例如其中▽110 拱圈 $2\varphi = 110°$，则 $\varphi = 55°$，外半径 $R = 25\text{m}$，厚度 $T = 3.0\text{m}$，平均半径 $r = R - T/2 = 23.5\text{m}$，$T/r = 0.128$。表5-23 中 $\varphi = 55°$，$T/r = 0.125$ 时的拱顶上游面的应力系数 $\sigma'_{0\text{上}} = 11\,583$；$T/r = 0.150$ 时拱顶上游面的应力系数 $\sigma'_{0\text{上}} = 10\,048$。用内插法可得当 $T/r = 0.128$ 时，$\sigma'_{0\text{上}} = 11\,399$。▽110 拱圈拱顶下游面的应力系数 $\sigma'_{0\text{下}}$、拱端下游面的应力系数 $\sigma'_{A\text{上}}$、拱端下游面的应力系数 $\sigma'_{A\text{下}}$ 也用同样方法求得，各高程拱圈应力系数见表5-22。

　　②均匀水压力作用下的拱圈应力　求出应力系数后，按公式计算水压力作用下的应力，例如，▽110 拱圈拱顶上游面应力系数 $\sigma'_{0\text{上}} = 11\,399$，上游水压力 $P = 10\text{t/m}^2$，则拱顶上游面的应力 $\sigma_{0\text{上}} = P\sigma'_{0\text{上}}/1\,000 = 10 \times 11\,399/1\,000 = 113.99\ \text{t/m}^2$，其他点的应力用同样的方法可以求出，见表5-22(表中以压应力为 +，以拉应力为 −)。

　　③温度应力计算　线膨胀系数 $a = 0.8 \times 10^{-5}(℃^{-1})$，弹性模数 $E = 5.45 \times 10^5(\text{t/m}^2)$。例如，▽110 拱圈厚度 $T = 3.0\text{m}$，拱圈中的均匀温度变化 t 式(5-59)求得，即

$$t = \frac{57.7}{T + 2.44} = \frac{57.7}{3 + 2.44} = 10.6\ (℃)$$

　　此拱圈的折算温度荷载 P_t 由式(5-58)求得，即

$$P_t = \frac{atET}{r} = \frac{0.8 \times 10^{-5} \times 10.6 \times 5.45 \times 10^5 \times 3}{2} = 5.56\ (\text{t/m}^2)$$

　　拱顶上游面的温度应力 $\sigma_{0\text{上}}$ 由式(5-56)求得，即

$$\sigma_{0\perp} = P_t \left(\frac{\sigma'_{0\perp}}{1.000} - \frac{P}{T} \right) = 5.56\ (11\ 399/1\ 000 - 25/3) = 17.0\ (\text{t/m}^2)$$

其他温度应力计算见表 5-22(表中压应力为 + ,拉应力为 -)。

④叠加水压力和温度荷载作用下的压力 其结果见表 5-22。

表 5-22 应力系数计算

高程 (m)	$\varphi(°)$	外半径 R(m)	厚度 T (m)	平均半径 r(m)	T/r	拱顶		拱端	
						$\sigma'_{0\perp}$	$\sigma'_{0\intercal}$	$\sigma'_{A\perp}$	$\sigma'_{A\intercal}$
115	88.5	25	2.5	23.75	0.105	13 022	6 478	3.713	16.114
110	55	25	3.0	23.5	0.128	11 399	4 241	1.213	14.870
105	51	25	3.5	23.25	0.150	10 318	2 454	-879	14.226

高程 (m)	水压力 P (t/m)	应力系数				拱顶拱端应力(t/m²)			
		$\sigma'_{0\perp}$	$\sigma'_{0\intercal}$	$\sigma'_{A\perp}$	$\sigma'_{A\intercal}$	$\sigma_{0\perp}$	$\sigma_{0\intercal}$	$\sigma_{A\perp}$	$\sigma_{A\intercal}$
115	5	13 022	6 478	3.713	16.114	65.1	32.4	18.56	80.6
110	10	11 399	4 241	1.213	14.870	113.99	42.41	12.13	148.7
105	15	10 318	2 454	-879	14.226	155.0	36.6	-13.2	213

高程 (m)	厚度 T (m)	温度变化 (m)	aE/R	Pt (t/m²)	R/T	拱顶拱端应力(t/m²)			
						$\sigma_{0\perp}$	$\sigma_{0\intercal}$	$\sigma_{A\perp}$	$\sigma_{A\intercal}$
115	2.5	11.6	0.175	5.07	10	15.3	-17.8	-31.9	30.9
110	3.0	10.0	0.175	5.56	8.34	17.0	-22.8	-39.6	36.3
105	3.5	9.7	0.175	5.93	7.15	18.8	-27.8	-47.6	42.0

高程 (m)	拱顶应力(t/m²)		拱端应力(t/m²)	
	$\sigma_{0\perp}$	$\sigma_{0\intercal}$	$\sigma_{A\perp}$	$\sigma_{A\intercal}$
115	80.4	14.6	-13.3	111.5
110	131.0	19.6	-27.5	185.0
105	173.8	8.8	-60.8	255.0

计算结果表明,在水压力和温度荷载的共同作用下,拱圈的最大压应力为 25.5kg/cm²,超过浆砌石的容许应力 $[\sigma] = 25\text{kg/cm}^2$。拉应力为 6.08kg/cm²,数值略偏大了一些。表 5-23 总结了部分固端等厚圆拱在均布径向荷载作用下的应力系数值,需要时可查表求得。

5.2.3.5 坝头基岩的滑动稳定分析和重力墩的设计

(1)基岩的滑动稳定分析

拱坝是一个推力、空间整体结构,只要基岩的稳定条件良好,就不会从坝底接触面或坝体内产生滑动,否则就会因局部稳定性不足而造成基础变形,产生附加应力,造成大坝失事。

①基岩危险滑动面的分析 岩石节理裂隙的走向、倾角是决定是否成为危险滑动面的主要因素(图5-43)。当节理裂隙平行于河流方向,或向河中倾斜,则这些节理裂隙对

表 5-23　固端等厚圆拱在均布径向荷载作用下的应力系数

1. 拱顶上游面应力系数 $\sigma'_{0\pm}$

φ \ T/r	0.025	0.050	0.075	0.100	0.125	0.150	0.175	0.200	0.250	0.300	0.350	0.400	0.500	0.625	0.750	1.000
5°	13 182	3 336	1 516	875	576	411	311	245	166	121	94	76	54	39	30	21
10°	46 671	13 359	6 144	3 543	2 316	1 654	1 246	980	660	483	374	301	212	153	119	82
15°	63 391	25 314	12 869	7 686	5 110	3 659	2 764	2 173	1 464	1 069	826	664	468	336	260	180
20°	61 385	31 338	18 538	11 979	8 305	6 086	4 659	3 693	2 509	1 838	1 418	1 143	804	577	447	307
25°	56 371	31 766	21 095	14 867	10 929	8 330	6 541	5 276	3 659	2 709	2 106	1 700	1 200	861	666	458
30°	52 361	30 216	21 317	16 012	12 424	9 874	8 010	6 618	4 737	3 573	2 809	2 283	1 624	1 169	906	623
35°	49 519	28 451	20 569	16 025	12 922	10 637	8 893	7 534	5 595	4 323	3 454	2 836	2 042	1 482	1 152	795
40°	47 517	26 947	19 600	15 542	12 826	10 821	9 264	7 979	6 170	4 893	3 989	3 314	2 427	1 780	1 392	965
45°	46 073	25 753	18 693	14 921	12 463	10 677	9 291	8 174	6 481	5 265	4 367	3 688	2 755	2 049	1 615	1 127
50°	45 010	24 821	17 918	14 313	12 021	10 385	9 132	8 125	6 589	5 465	4 613	3 952	3 014	2 278	1 812	1 277
55°	44 204	24 091	19 278	13 773	11 583	10 048	9 888	7 966	6 565	5 536	4 619	4 117	3 204	2 462	1 979	1 410
60°	43 588	23 515	16 753	13 310	11 185	9 716	8 621	7 759	6 465	5 518	4 785	4 200	3 329	2 602	2 114	1 528
65°	43 096	23 051	16 324	12 919	10 836	9 410	8 359	7 540	6 326	5 445	4 766	4 221	3 402	2 700	2 219	1 622
70°	42 705	22 676	15 971	12 589	10 533	9 137	8 115	7 327	6 171	5 344	4 705	4 201	3 432	2 763	2 295	1 701
75°	42 387	22 369	15 677	12 312	10 273	8 896	7 895	7 129	6 015	5 228	4 629	4 152	3 430	2 796	2 346	1 762
80°	42 125	22 115	15 431	12 076	10 050	8 686	7 699	6 948	5 865	5 108	4 538	4 087	3 406	2 807	2 376	1 808
85°	41 906	21 899	15 222	11 875	9 857	8 503	7 526	6 785	5 725	4 991	4 443	4 012	3 366	2 798	2 388	1 839
90°	41 719	21 718	15 045	11 702	9 691	8 443	7 373	6 640	5 596	4 879	4 348	3 934	3 317	2 778	2 387	1 859

2. 拱顶上游面应力系数 $\sigma'_{0下}$

φ \ T/r	0.025	0.050	0.075	0.100	0.125	0.150	0.175	0.200	0.250	0.300	0.350	0.400	0.500	0.625	0.750	1.000
5°	-10 739	-2 829	-1 267	-711	-452	-311	-226	-171	-109	-72	-51	-38	-22	-12	-7	-2
10°	-22 650	-8 822	-4 348	-2 540	-1 645	-1 151	-844	-642	-403	-273	-194	-143	-88	-46	-26	-7
15°	-8 820	-10 613	-6 814	-4 444	-3 057	-2 206	-1 654	-1 279	-819	-561	-402	-298	-175	-97	-55	-14
20°	8 750	-5 581	-6 179	-4 992	-3 845	2 969	-2 327	-1 854	1 234	-863	-631	-470	-279	-155	-88	-21
25°	19 778	1 104	-3 018	-3 728	-3 479	-3 006	-2 535	-2 125	-1 508	-1 096	-816	-620	-375	-210	-118	-26
30°	26 222	6 376	605	-1 480	-2 170	-2 285	-2 166	-1 965	-1 539	-1 184	-915	-712	-443	-250	-140	-26
35°	30 160	10 034	3 629	825	-504	-1 119	-1 367	-1 427	-1 306	-1 096	-892	-719	-465	-267	-148	-20
40°	32 707	12 539	5 906	2 773	1 091	146	-385	-633	-869	-844	-739	-634	-434	-255	-137	-5
45°	34 440	14 289	7 581	4 305	2 443	1 307	592	139	-223	-480	-502	-467	-349	-111	-108	18
50°	35 670	15 547	8 818	5 482	3 532	2 292	1 468	905	249	-60	-195	-240	-219	-137	-58	51
55°	36 579	16 476	9 747	6 387	4 396	3 101	2 213	1 583	795	370	165	22	-55	-38	9	92
60°	37 260	17 181	10 455	7 090	5 079	3 756	2 832	2 162	1 288	780	477	296	129	80	90	143
65°	37 794	17 728	11 012	7 644	5 624	4 286	3 343	2 649	1 720	1 154	797	568	323	210	183	197
70°	38 215	18 160	11 451	8 085	6 003	4 718	3 764	3 056	2 093	1 489	1 087	824	516	347	283	258
75°	38 553	18 509	11 805	8 443	6 420	5 072	4 112	6 697	2 413	1 782	1 357	1 062	703	486	387	324
80°	38 827	18 793	12 095	8 736	6 715	5 366	4 402	3 683	2 686	2 038	1 593	1 278	880	622	493	392
85°	39 059	19 028	12 335	8 978	6 559	5 610	4 647	3 925	2 919	2 260	1 803	1 473	1 045	753	597	462
90°	39 249	19 226	12 536	9 981	7 166	5 817	4 853	4 130	3 120	2 454	1 987	1 647	1 197	878	699	532

3. 拱端上游面应力系数 $\sigma'_{A上}$

φ \ T/r	0.025	0.050	0.075	0.100	0.125	0.150	0.175	0.200	0.250	0.300	0.350	0.400	0.500	0.625	0.750	1.000
5°	-22 540	-5 832	-2 605	-1 464	-933	-645	-471	-358	-226	-154	-111	-83	-50	-30	-18	-3
10°	-56 772	-19 601	-9 381	-5 420	-3 515	-2 443	-1 789	-1 369	-867	-593	-428	-231	-195	-15	-71	-29
15°	-44 228	-28 005	-16 219	-10 164	-6 858	-490	-3 655	-2 820	-1 811	-1 248	-904	-680	-414	-244	-152	-62
20°	-16 918	-23 355	-17 925	-12 951	-9 468	-7 103	-5 474	-4 317	-2 849	-1 996	-1 467	-1 106	-680	-403	-252	-102
25°	2 506	-13 554	-14 396	-12 386	-10 098	-8 146	-6 592	-5 388	-3 721	-2 679	-1 996	-1 528	-952	-569	-356	-143
30°	13 673	-4 954	-9 083	-9 553	-8 815	-7 745	-6 073	-5 714	-4 202	-3 144	-2 403	-1 872	-1 190	-721	-454	-241
35°	20 960	1 397	-4 210	-6 117	-6 551	-6 341	-5 863	-5 297	-4 201	-3 302	-2 608	-2 080	-1 362	-840	-533	-211
40°	25 751	5 865	-364	-2 992	-4 120	-4 537	-4 558	-4 418	-3 880	-3 140	-2 551	-2 123	-1 443	-910	-689	-228
45°	29 055	9 052	2 572	-416	-1 951	-2 744	-3 116	-3 238	-3 098	-2 753	-2 369	-2 009	-1 425	-925	-599	-231
50°	31 421	11 377	4 782	1 619	-130	-1 149	-1 745	-2 077	-2 293	-2 208	-2 005	-1 768	-1 318	-884	-580	-217
55°	33 162	13 113	6 465	3 214	1 351	200	-534	-1 004	-1 474	-1 599	-1 558	-1 440	-1 140	-794	-528	-187
60°	34 584	14 439	7 678	4 472	2 546	1 410	500	-59	-704	-986	-1 077	-1 065	-910	-662	-445	-134
65°	35 517	15 474	8 793	5 216	3 511	2 239	1 359	753	-9	-406	-599	-673	-650	-501	-338	-83
70°	36 712	16 294	9 611	6 277	4 296	2 997	2 075	1 458	602	124	-146	-291	-377	-324	-214	-120
75°	36 988	16 956	10 271	6 932	4 939	3 625	2 702	2 028	1 134	599	272	74	-104	-131	-78	67
80°	37 514	17 496	10 798	7 470	5 470	4 146	3 212	2 550	1 593	1 018	652	418	162	62	65	154
85°	37 966	17 943	11 260	7 917	5 914	4 585	3 642	2 943	1 989	1 387	880	719	410	252	214	244
90°	38 336	18 314	11 699	8 292	6 288	4 954	4 007	3 301	2 332	1 709	1 289	997	643	436	355	337

4. 拱端上游面应力系数 σ'_{AF}

φ ＼ T/r	0.025	0.050	0.075	0.100	0.125	0.150	0.175	0.200	0.250	0.300	0.350	0.400	0.500	0.625	0.750	1.000
5°	25 282	6 494	2 959	1 707	1 121	779	603	473	319	233	179	144	101	72	56	38
10°	81 659	24 692	11 570	6 726	4 432	3 157	2 380	1 869	1 257	916	706	567	397	283	218	149
15°	99 699	43 602	23 011	14 011	9 421	6 791	5 151	4 059	2 740	2 000	1 543	1 238	867	618	476	314
20°	87 708	50 032	31 208	20 783	14 684	10 897	8 415	6 909	4 590	3 374	2 612	2 100	1 475	1 053	810	552
25°	74 547	47 186	33 369	24 449	18 443	14 306	11 387	9 274	6 514	4 859	3 794	3 068	2 168	1 552	1 197	816
30°	65 234	42 107	31 775	24 951	19 973	13 268	13 399	11 216	8 177	6 240	4 943	4 036	2 883	2 079	1 009	1 160
35°	58 957	37 543	29 035	23 717	19 798	16 731	14 275	12 289	9 343	7 333	5 921	4 899	3 558	2 594	1 019	1 388
40°	54 649	33 975	26 375	21 936	18 767	16 292	14 268	12 618	10 046	8 044	6 612	5 580	4 139	3 061	2 508	1 665
45°	51 601	31 271	24 110	20 161	17 470	15 410	13 745	12 338	10 087	8 382	7 068	6 044	4 591	3 455	2 739	1 919
50°	49 371	29 215	22 287	17 607	16 199	14 418	12 998	11 811	9 903	8 421	7 244	6 297	4 901	3 764	3 017	2 142
55°	47 714	27 639	20 833	18 305	15 063	13 454	12 201	11 172	9 534	8 255	7 222	6 372	5 077	3 975	3 231	2 328
60°	46 344	26 408	19 760	16 228	14 086	12 493	11 441	10 520	9 081	7 968	7 065	6 313	5 139	4 103	3 381	2 469
65°	45 437	25 433	18 734	15 343	13 261	11 825	10 752	9 904	8 606	7 622	6 827	6 162	5 111	4 156	3 470	2 584
70°	44 264	24 650	17 974	14 611	12 567	11 172	10 165	9 331	8 146	7 257	6 539	5 957	5 017	4 151	3 508	2 764
75°	43 996	24 012	17 348	14 005	11 982	10 614	9 618	8 850	7 718	6 898	6 254	5 726	4 880	4 093	3 503	2 696
80°	43 478	23 488	16 818	13 498	11 488	10 138	9 160	8 386	7 329	6 558	5 961	5 471	4 714	4 004	3 463	2 707
85°	43 031	23 050	16 397	13 070	11 070	9 730	8 764	8 032	6 980	6 244	5 685	5 236	4 539	3 891	3 397	2 605
90°	42 664	22 686	10 968	12 708	10 712	9 379	8 422	7 690	6 669	5 957	5 425	5 003	4 357	3 764	3 312	2 663

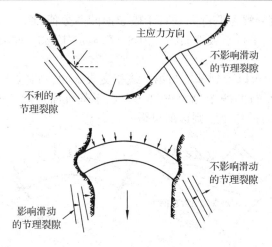

图 5-43 基岩滑动面示意

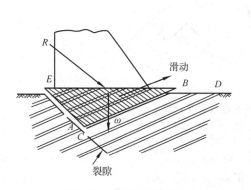

图 5-44 连续节理滑动面

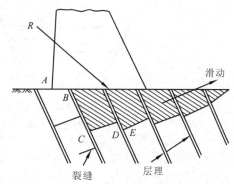

图 5-45 不连续节理滑动面

稳定是不利的，有可能沿节理面滑动；当节理裂隙沿着拱弧方向时，一般不影响坝头基岩的稳定。

基岩滑动时，至少有 3 个面和岩体脱离。如果基岩是层状的，而且各倾向上游或下游，并与其他节理或断层组成滑动面，这些节理裂隙可能是连续的，也可能是间断的(图 5-44、图 5-45)。设计时需要考虑滑动岩体的质量 W 和滑动面上的扬压力 U(图 5-46)。

②稳定分析的计算 进行基岩危险滑动面分析后，即可选择稳定性较差的那一部分来进行核算：先算出危险滑动面附近梁底和拱端的力系，并求出合力、滑动岩体的质量，然后核算出安全系数 K 是否满足要求。如果在滑动面上考虑黏着力的作用，则应考虑灌浆处理后的效果。如果对局部稳定的核算没有十分把握，应再对拱坝的整体稳定进行核算。

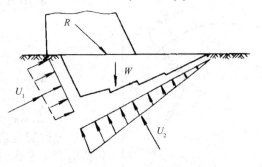

图 5-46 基岩滑动面受力

第一种，拱端基础面是倾斜的(即"V"形河谷)，其坝头稳定计算步骤有以下几点：

a. 取出某一高程的拱圈为准，计算该高程拱圈拱端的轴向力 H 和剪力 V。

b. 将 H 和 V 两值分解为平行和垂直于破裂面的两分值(图 5-47)。破裂面与轴向力 H 方向相交成 α 角，则平行于破裂面的分力 $S = H\cos a + V\sin a$，垂直于破裂面的分力 $N = H\sin a - V\cos a$。

c. 从图 5-47(c)中可以看到基坑与第一线相交成 φ 角，将垂直于破裂面的分力 N 沿基坑面分解为垂直和平行的两个分力 P 和 Q，由于基坑面是倾斜的，其上还受自重 W_1 及渗透压力 U(图 5-46)的作用，则最后可得

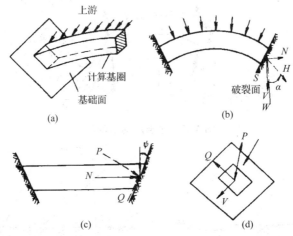

图 5-47 "V"形河谷坝头稳定计算

(a)基础面 (b)破裂面 (c)单元体 (d)基坑面

平行于基坑面的分力： $\qquad Q = N\sin \varphi - W_1 \sin \varphi$ $\qquad\qquad$ (5-60)

垂直于基坑面的分力： $\qquad P = N\sin \varphi + W_1 \sin \varphi - U$ $\qquad\qquad$ (5-61)

d. 从上述可见，作用在破裂滑动面上的力有 P、Q、S 3 个，其中 P 是稳定力，f 是摩擦系数，S 是滑动力，则安全系数 K 为：

$$K = \frac{Pf}{S} = \frac{f(N\sin \varphi + W_1 \sin \varphi - U)}{S} \qquad\qquad (5-62)$$

或 $$K = \frac{f_1(N\cos \varphi + W_1 \sin \varphi - U) + W_2 f_2 \sin \varphi + CL \sec \varphi}{S} \qquad (5-63)$$

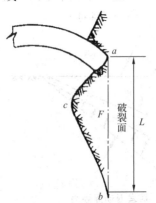

图 5-48 "U"形河谷破裂滑动面示意

式中 $\quad W_2 f_2 \sin \varphi$——下游滑动岩体质量所产生的摩擦力，
$\qquad\qquad W_2 = \gamma A$；
$\qquad \gamma$——岩体容重；
$\qquad A$——滑动岩体的面积，如图 5-48 所示；
$\qquad W_2$——滑动岩体的质量；
$\qquad f_1$，f_2——摩擦系数；
$\qquad CL \sec \varphi$——滑动面上的抗剪断力。

上述安全系数 K 值，当考虑剪断力滑动岩体质量时，K 值应大于 5.0，这是由于滑动面上所有抗滑因素都包括在内；当不考虑抗剪断力和下游滑动岩体质量时，K 值应大于 1.0。

第二种，拱端的基础面是垂直的(即"U"形河谷)，其坝头稳定的计算：拱端如果发生如图 5-48 所示的破裂面使拱圈

平行向下滑动，取出单位高度的拱圈分层计算，可按式(5-64)进行，即

$$K = \frac{Nf_1 + W_2f_2 + CL}{S} \tag{5-64}$$

式中　各符号意义同式(5-63)。

这里应注意的是拱坝的推力 H，它应取试载法的计算结果，如果采用的是纯拱计算的结果，则所算出的 K 值是较不安全的，应加大安全系数。

③整体稳定的计算　当局部稳定计算的 K 值较小，或坝址节理裂隙较多，又考虑到工程处理效果不是很理想时，应对拱坝整体抗滑稳定进行核算。

整体滑动可能有以下几种：

a. 平行滑动：左右两岸滑动面的方向是平行的或向下游扩散(图5-49)。计算时要求先求出坝体传至滑动面的作用力及滑动面上部岩体的质量，然后求出滑动面的法向力 W (抗滑力)和剪力 P(滑动力)，f、c 两值应考虑滑动面上分布位置的不同，滑动安全系数可按式(5-65)或式(5-66)计算，即

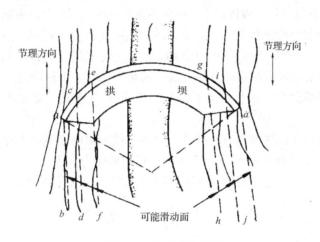

图5-49　平行滑动示意

$$K = \frac{\sum_i^n W_nf_n}{p} \tag{5-65}$$

或

$$K = \frac{\sum_i^n W_nf_n + \sum_i^n c_nA_n}{p} \tag{5-66}$$

式中　A——面积(m^2)；
　　　c——黏着力；
　　　f——摩擦系数；
　　　K——安全系数，不考虑 c 值时，K 应大于 1.3；考虑 c 值时，K 值应大于 2.5～3.0。

b. 如果拱坝建于两岸上部是松软的岩石，或节理裂隙又多，拱坝可能绕坝底向下游倾覆，这时应进行抗倾安全计算。

④改善坝身基岩稳定的措施　通过抗滑稳定核算尚无足够把握时，可以采取下述技术措施以增加或改善拱坝的稳定性。

a. 进行有效的固结灌浆，以提高基岩的抗剪强度和抗压强度；

b. 坝身应深挖到坚硬岩层，并将拱座深嵌入基岩；

c. 拱坝设计成向下游倒悬，利用水重增加抗滑稳定性；

d. 加大拱端厚度以改善受力情况，或减小中心角使拱推力方向与岸边有较大的交角（也可采用两端半径增大的三心拱达到这一目的）；

e. 如两岸上部坝身基岩软弱破碎时，可用"上重下拱"的布置形式，使上部坝体作用与重力坝相同；也可以在上部作宽缝，以消除上部拱的作用，使荷载传到下部坝体；

f. 坝身为易风化的岩体时，应在上下游一定距离内做好护岸，以封闭保护。

（2）坝头重力墩的稳定计算

由于坝址两岸的岩石低于坝顶或坝顶岸坡变缓等原因，为了减少开挖工程量或缩小宽高比，可设置重力墩。重力墩是介于基岩和拱坝间的过渡结构，它的稳定性和应力分析应与拱坝一道考虑。它的形状一般依据力的作用情况由拱座逐渐扩大，由顶向底逐渐扩大。

拱坝加于重力墩的推力和弯矩，随重力墩的刚度而改变，同样，重力墩的变形也将引起拱坝应力状况的改变。因此，重力墩断面的确定应和拱坝的稳定和应力结合起来加以分析。但是，目前还没有精确的分析方法，通常采用以下 2 种途径。

①通过结构模型试验，选择应力状态好、工程量小且施工方便的重力墩断面积和形式。

②对重力墩的高度比拱坝相对较低的，可假定重力墩的刚度与基础相同，根据作用于重力墩的拱座推力 R 和弯矩 M 进行重力墩的稳定和应力分析。

根据稳定的要求，重力墩的质量 W 应不小于式（5-67）的计算结果。

$$W = \frac{K\sqrt{R_x^2 + R_z^2}}{f} - R_y \tag{5-67}$$

重力墩的最大垂直应力 σ_y 可按式（5-68）计算，即

$$\sigma_y = \frac{W + R_y}{A} \pm \left[\frac{M_z + R_y c_x - R_y h + We_x}{I_x} \cdot \frac{a}{2} \pm \frac{M_x + R_y d_x + R_z h + We_x}{I_z} \cdot \frac{b}{2} \right] \tag{5-68}$$

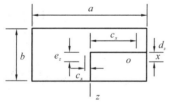

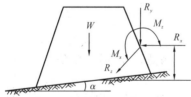

图 5-50　重力墩受力简图

式中　R_x，R_y，R_z——拱端处的轴向力 H 和剪力 V 的合力 R 在 x、y、z 3 个方向上的分力（t/m²）；

f——重力墩与基岩间的摩擦系数；

A，a，b，I_x，I_z——重力墩底面积（m²）、长度（m）和惯性矩；

M_x，M_z——拱端处的弯矩 M 在 zy 和 xy 平面的分量；

c_x，d_x——合力 R 的作用点与底面形心的距离（m），如图 5-50 所示；

e_x，e_z——重力墩的重心与底面形心的距离（m）；

h——作用点到底面的高度(m);

K——抗滑安全系数,取 $1.0\sim1.1$。

5.2.3.6 拱坝的构造和地基处理

(1)拱坝与河岸的连接

一般要求将拱端落在新鲜或微风化的岩石上。为了较好地传递拱端轴力,基岩面应挖成径向,如图5-51(a)所示。有时为了减少开挖,可将基岩面开挖成阶梯形,如图5-51(b)所示,各阶梯仍应保持径向。当挖成折坡形状时,如图5-51(c)所示,其中径向部分的厚度要大于1/2拱端厚。

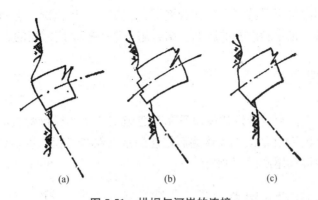

(a)   (b)   (c)

图5-51 拱坝与河岸的连接

(a)径向单元体   (b)阶梯形单元体   (c)折坡形单元体

坝身和基础的连接,有时采用垫座,即将坝身靠基础部分的断面尺寸加大,形成一个底座,既可改善河谷断面不对称的形状,又能改善坝体应力,而不致开挖大量石方(图5-52)。

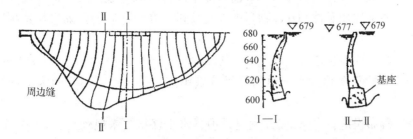

图5-52 设混凝土基座的拱坝

如地形在坝顶两端突然平缓,为使顶部拱圈不因过长而破坏拱坝坝体的对称性,有时将平缓地形部分的坝体拱端用重力墩支撑。

(2)坝基处理

坝基处理措施通常有风化破碎岩石的挖除,固结灌浆,接触灌浆,防渗帷幕,坝基排水,断层破碎带与软弱夹层的处理,以及用钢筋或预应力钢索锚固基岩等。由于拱坝主要是依靠两岸岩体保证其稳定性,故对拱坝的基础处理必须认真对待。基础开挖,一般都要求开挖到新鲜基岩，根据坝高及重要性的不同，可有所差异。高坝体宜开挖至新鲜或微风化下部的基岩，中坝宜开挖至微风化或弱风化下部的基岩。

一般情况下都对坝基进行全面的固结灌浆，并在坝基上下游区各设置一至数排固结灌浆。与重力坝不同之处是灌浆孔较深，分布范围较大。若坝基内节理裂隙发育，为减少基础变形和增加坝肩岩体的抗滑稳定，须向坝基上下游方向扩大固结灌浆范围。

帷幕灌浆的范围，原则上应伸入相对隔水层，若相对隔水层埋藏较深，帷幕孔深可采用 0.3~0.7 倍坝高；地质条件复杂的地段，帷幕孔深可达 1 倍坝高以上。为减少钻进尺度和深孔灌浆，两岸坝肩的帷幕灌浆常在两岸分层平洞中进行。一般在帷幕后都设排水孔和排水廊道，在拱端两岸下游则设平洞排水。

对于坝基范围内的断层破碎带或软弱夹层，应根据具体情况，分析研究其对坝体及地基的应力、变形、稳定和渗漏的影响，结合施工条件，采用适当的方法处理。

5.3　拦渣工程

拦渣工程是为专门存放开发建设项目在基建施工和生产运行中造成的大量弃土、弃石、弃渣、尾矿(沙)和其他废弃固体物而修建的水土保持工程。主要包括拦渣坝、拦渣墙、拦渣堤、围渣堰和尾矿(沙)坝等。

5.3.1　基本原则和设计要求

5.3.1.1　基本原则

①生产建设项目在基建施工期和生产运行期造成大量弃土、弃石、弃渣、尾矿和其他废弃固体物质时，必须布置专门的堆放场地，将其集中堆放，并修建拦渣工程。

②拦渣工程应根据弃土、弃石，弃渣量的堆放位置和堆放方式，结合堆放区域的地形地貌特征、水文地质条件和建设项目的安全要求，在设计时妥善确定与其相适宜的拦渣工程型式。

③拦渣工程主要有拦渣坝、拦渣墙和拦渣堤 3 种形式，其防洪标准及建筑物等级，应按其所处位置的重要程度和河道的等级分别确定，并应进行相应的水文计算、稳定计算。

④拦渣工程布设应首先满足《开发建设项目水土保持技术规范》，并还应符合《挡土墙设计规范》和《堤防工程设计规范》等技术标准的要求。对在防洪、稳定、防止有毒物质泄露等方面有特殊要求的开发建设项目，如冶炼系统的尾矿(沙)库、赤泥库等，应详细参照有关行业部门的设计规范，在分析论证的基础上，相应提高设计标准。

⑤拦渣工程在总体布局上必须考虑河(沟)道行洪和下游建筑物、工厂、城镇、居民点等重要设施的安全，应根据国家标准，结合当地的具体情况确定适当的防洪标准。拦渣工程选址、修建，应少占耕地，尽可能选择荒沟，荒滩、荒坡等地方。

⑥对于含有有害元素的尾矿(灰渣等)，拦挡设施的设计必须符合其特殊要求，尾水处理必须符合有关废水处理的规定，以防止废水下泄给下游带来危害。

5.3.1.2　设计要求

（1）适用范围

①拦渣坝（尾矿库）　拦渣坝适用于坝控流域面积较小（一般≤3km²），库容和工程地质条件满足要求的沟道。尾矿库还应根据尾矿类型和物理、化学性质满足环境保护的要求。

②拦渣墙　拦渣墙适用于防洪要求不高的大多数地段，堆置在坡顶及斜坡面时，必须修建拦渣墙。

③拦渣堤　弃土、弃石、弃渣堆置于河（沟）道，妨碍河道行洪或可能因冲刷流入河道时，必须布设拦渣堤。拦渣堤堤线的平面位置不得越过防洪治导线。

（2）可行性研究阶段设计要求

①在调查项目区水土流失和水土保持现状的基础上，结合项目主体工程可行性研究报告，预测生产建设过程中的弃土、弃石、弃渣量及其物质组成，分析论证可能出现的水土流失形式、原因及危害。

②确定主要的水文参数和地质要素，对影响项目本身及其周围地区安全的重大防洪、稳定等问题，应进行必要的勘测，掌握可靠的基础资料。

③从技术，经济、社会等多方面分析论证，明确拦渣工程的任务，比选拦渣工程类型、型式、规模、数量、位置、布局及建筑材料来源，场所和运输条件。

（3）初步设计阶段设计要求

①明确拦渣工程初步设计的依据和技术资料。

②确定弃渣种类、名称、数量和排放方式，复核拦渣工程的任务和具体要求。

③依据资料进行分析论证，核查确定拦渣工程的类型、规模、数量、布局及设计标准。

④确定拦渣工程的位置、结构、型式、断面尺寸、控制高程和工程量。

⑤确定修建工程所需的建筑材料来源、位置和运输方式及必要的附属建筑物。

5.3.2　设计分析

5.3.2.1　拦渣坝

拦渣坝是在沟道中修建的拦蓄固体废弃物的建筑工程。目的是避免淤塞河道，减少入河入库泥沙，防止引发山洪，泥石流。修建时应妥善处理河（沟）道水流过坝问题，可允许部分或整个坝体渗流和坝顶溢流。

（1）坝址选择

拦渣坝坝址应符合下列条件：

①坝址应位于渣源附近，其上游流域面积不宜过大，废弃物的堆放不会影响河道的行洪和下游的防洪，也不增加对下游河（沟）道的淤积。

②坝址地形要口小肚大，沟道平缓，适合布置溢洪道、竖井等泄水建筑物，且有足够的库容拦挡洪水、泥沙和废弃物，库区淹没和浸没损失相对较小。

③地质条件良好，坝基和两岸有完整的岩石或紧密的土基地层，无断层破碎带，无地下水出露，库区无大的断裂构造。尽量选择岔沟、沟道平直和跌水的上方，坝端不能有集流洼地或冲沟。

④坝址附近筑坝所需土、石、砂料充足，且取料方便，风、水、电、交通、施工场地条件能满足施工要求。

（2）防洪标准

拦渣坝防洪标准的确定可参照工矿企业的尾矿库来确定，根据库容或坝高的规模分为五个等级，各等级的防洪标准参照《防洪标准》（GB 50201—2014）的规定确定（表5-24）。

沟道中的拦渣坝防洪标准还应符合水土保持治沟骨干工程的规定（表5-25）。

表5-24　拦渣坝的等级和防洪标准参考表

等　级	工程规模		防洪标准［重现期（a）］	
	库容（×10⁸ m³）	坝高（m）	设计	校核
Ⅰ	具备提高等级条件的Ⅱ、Ⅲ等工程			1 000 ~ 2 000
Ⅱ	≥1.0	≥100	100 ~ 200	500 ~ 1 000
Ⅲ	0.1 ~ 1	60 ~ 100	50 ~ 100	200 ~ 500
Ⅳ	0.01 ~ 0.1	30 ~ 60	30 ~ 50	100 ~ 200
Ⅴ	≤0.01	≤30	20 ~ 30	50 ~ 100

表5-25　治沟骨干工程等级划分及设计标准

工程等级	五	四	工程等级	五	四
总库容（×10⁴ m³）	50 ~ 100	100 ~ 500	校核洪水重现期（a）	200 ~ 300	300 ~ 500
设计洪水重现期（a）	20 ~ 30	30 ~ 50	设计淤积年限（a）	10 ~ 20	20 ~ 30

当拦渣坝一旦失事对下游的城镇、工矿企业、交通运输等设施造成严重危害，或有害物质会大量扩散时，应比规定确定的防洪标准提高一等或二等。对于特别重要的拦渣坝，除采用Ⅰ等的最高防洪标准外，还应采取专门的防护措施。

（3）拦渣坝上游洪水的处理

①拦渣坝上游洪水较小时，设置导洪堤或排洪渠，将区间洪水排泄至拦渣坝的溢洪道或泄洪洞进口，将洪水安全排泄至下游。

②拦渣坝坝址上游有较大洪水，并对拦渣坝构成威胁时，应在拦渣坝上游修建拦洪坝。在此情况下，拦渣坝溢洪道、泄洪洞的溢洪、泄水总量应与其上游拦洪坝的排洪、泄水建筑物的泄洪总量统一考虑，即：由拦洪坝下泄流量与两坝之间的区间洪水流量组合调节确定。

③拦渣坝上游来洪量较大且无条件修建拦洪坝时，应修建防洪拦渣坝，该坝同时具有拦渣和防洪双重作用。经技术经济分析之后，择优确定可靠、经济、合理的设计和施工方案。

（4）拦泥库容的确定

与上述三种情况相对应，根据坝址控制区的水土流失情况，拦渣坝本身应有一定的拦泥库容。

拦泥库容 Vs 由拦渣坝上游汇水面积 F，年侵蚀模数 S，平均拦泥率 Ks（表5-26）和使用年限 n 来决定。即

$$Vs = nKsSF \tag{5-69}$$

拦泥率应根据上游综合治理面积占流域面积的百分比确定，可参照《水土保持综合治理技术规范》（GB 16453.1—2008 ~ GB 16453.6—2008）。

表5-26为山西省淤地坝技术规范所确定的指标，可供参考。

表5-26 坡面治理措施年平均拦泥率

水平梯田及郁闭度0.6以上的人工林地占流域（%）	15~20	20~30	30~50	50~70
年平均侵蚀模数减少率（%）	10	20	40	50

（5）拦渣库容的确定

①根据项目建设和生产运行情况，确定每年的排渣量，根据每年排渣量和拦渣坝的使用年限，确定其拦渣库容。

②由于每年年内来渣、来泥经常交错进行，实际拦渣库容与拦泥库容难以截然分开，但确定坝高与库容时可分开计算。

（6）滞洪库容的确定

①洪水总量和洪峰流量的计算　洪水总量和洪峰流量是调洪演算的基本资料，计算方法应根据国家标准《水土保持综合治理技术规范》，结合项目所在地区的实际情况确定。以下用小流域经验法为例说明其计算步骤：

第一步，设计暴雨量计算频率为 P 的24h暴雨量。

$$H_{24P} = K_P H_{24} \tag{5-70}$$

第二步，设计洪峰流量计算频率为 P 的洪峰流量。

$$Q_P = C_1 H_{24P} F^{2/3} \tag{5-71}$$

②设计洪水总量计算频率为 P 的洪水总量

$$W_P = KPF \tag{5-72}$$

式中　K——小面积洪水折减系数；

F——汇水面积（km^2）；

P——设计频率（%）；

C_1——洪峰地理参数；

H_{24}——最大24h暴雨量均值（mm）；

K_p——皮尔逊Ⅲ型曲线模比系数。

③调洪演算及滞洪库容确定　调洪演算的方法很多。常用的方法有概化三角形求解法，图解分析法、全图解法和图解法等。

（7）总坝高与总库容的确定

总坝高由四部分组成，$H_{总} = H_{泥} + H_{渣} + H_{滞洪} + H_{超高}$

由 H-V 关系曲线，得到相应的 $V_{总}$，超高可由表5-27查得。

表 5-27 坝高与超高关系表

坝高	<10	10~20	>20
超高	0.5~1.0	1.0~1.5	1.5~2.0

(8)坝型选择

坝型分为一次成坝与多次成坝。根据坝址区地形、地质、水文、施工、运行等条件,结合弃土、弃石、弃渣、尾矿等排弃物的岩性,综合分析确定拦渣坝(尾坝库)的坝型。

拦渣坝坝型主要根据拦渣的规模和当地的建筑材料来选择。一般有土坝、干砌石坝、浆砌石坝等型式。选择坝型时,应进行多方案比较,做到安全经济。

①土坝 实际工程中最常用是均质土坝,即整个坝体都用同一种透水性较小的土料筑成,一般采用壤土、砂壤土。均质土坝构造简单,便于施工,尤其是在大型开发项目区,多具有大型推筑、碾压设备,最适于修建土坝。

碾压式土石坝坝型选择及断面设计可参考《碾压式土石坝设计规范》(SL 274—2001)中的相关规定,可利用弃土、弃石、弃渣、尾矿等修筑心墙或斜墙坝,以降低工程造价。水坠坝坝型选择及断面设计可参考《水坠坝技术规范》(SL 302—2004)的有关要求确定。

②浆砌石坝 浆砌石坝适用于石料丰富的地方,可以就地取材,抗冲能力大,坝顶可以溢流,不必在两岸另建溢洪道,易于施工。此外,由于砌石的整体作用,上、下游坝坡不会产生滑动,因而坡度比土坝陡。但浆砌石坝需一定数量的水泥,施工比土坝复杂,需要一定的砌石技术,对地基的要求比对土坝高,一般要求建在较好的岩基上。

浆砌石重力坝常由溢流段和非溢流段两部分组成。通常在沟槽部分布置溢流段,两侧接以非溢流坝段,两段连接处用导水墙隔开。当基础为坚硬完整的新鲜岩石时,宜选择布置浆砌石坝。浆砌石坝的设计应参考《砌石坝设计规范》(SL 25—2006)中的有关规定。

(9)拦渣坝的稳定性分析

拦渣坝在外力作用下遭到破坏,一般有以下几种情况:

①坝基摩擦力不足以抵抗水平推力,因而发生滑动破坏。

②在水平推力和坝下渗透压力的作用下,坝体绕下游坝址的倾覆破坏;坝体强度不足以抵抗相应的应力,发生拉裂或压碎。

③在设计时,由于不允许坝内产生拉应力,或者只允许产生极小的拉应力,因此,对于坝体的倾覆破坏,通常不必进行核算,一般所谓的坝体稳定分析,均指抗滑稳定而言。

根据不同的坝型分别采用不同的坝体稳定分析方法。

①水坠坝的稳定计算,可参考《水坠坝技术规范》中的计算方法进行稳定分析。

②碾压式土石坝稳定计算,可参考《碾压式土石坝设计规范》中的稳定计算方法进行分析。

③浆砌石坝稳定分析,可参考《砌石坝设计规范》中计算方法进行稳定分析。

（10）拦渣坝排洪建筑物

根据坝址两岸地形地质条件、泄洪流量等因素，确定溢洪道、放水工程的形式。

常用岸边溢洪道可分为正槽溢洪道、侧槽溢洪道、井式溢洪道等，在实际工程中广泛采用正槽溢洪道。放水工程分为卧管式、竖井式两种形式。溢洪道设计可参照《溢洪道设计规范》《水土保持治沟骨干工程技术规范》中相关规定。放水工程设计可参考《水土保持治沟骨干工程技术规范》中的相关规定，但应特别注意排、放水流量的确定。

（11）基础处理

根据坝型、坝基的地质条件、筑坝施工方式等，采取相应的基础处理方法。

①水坠坝基础处理可参考《水坠坝技术规范》中的相关规定和要求。

②碾压坝基础处理可参考《碾压式土石坝设计规范》中的相关规定和要求。

③浆砌石坝基础处理可参考《浆砌石坝设计规范》中的相关规定和要求。

5.3.2.2　拦渣墙

拦渣墙是为了防止固体废弃物堆积体被冲蚀或易发生滑塌、崩塌，或稳定人工开挖形成的高陡边坡，或避免滑坡体前缘再次滑坡而修建的水土保持工程。拦渣墙可行性研究和初步设计的关键是稳定性问题，为此，必须作详尽的调查及必要的勘测。对于拦渣墙下部有重要设施的，应提高设计标准，其稳定性应采用多种方法分析论证。

（1）拦渣墙选线选址

为充分发挥拦渣墙拦挡废渣的作用，保证拦渣墙在使用期间的稳定与安全，应合理选线，尽量减小拦渣墙的设计高度与断面尺寸。

①墙址一般选在弃土、弃石、弃渣坡脚处且沿地形等高线布置，在坡高较大的坡面上布置拦渣墙时，应当通过削坡开级放缓坡面坡度，降低拦渣墙的高度。地基宜为新鲜不易风化的岩石或密实土层。

②拦渣墙沿线地基土层应均匀单一，含水量较小，避免地基不均匀沉陷引起墙体断裂等形式的变形。为安全起见，在具体施工时，应沿拦渣墙长度方向预留伸缩缝和沉降缝。

③拦渣墙的布设要尽可能避免横断沟谷和水流，如无法避免时，应修建排水建筑物。

④墙线宜顺直，转折处应用平滑曲线相连接。

（2）拦渣墙上部洪水处理

①当拦渣墙及渣体上游集流面积较小，坡面径流或洪水对渣体及拦渣墙冲刷较轻时，可采取排洪渠、暗管、导洪堤等排洪工程将洪水排泄至拦渣墙下游。排洪渠、暗管、涵洞、导洪堤等排洪工程设计与施工技术要求，应参考相关技术标准及规定。

②当拦渣墙及渣体上游集流面积较大，坡面径流或洪水对渣体及拦渣墙造成较大冲刷时，应采取引洪渠、拦洪坝等蓄洪引洪工程，将洪水排泄至拦渣墙下游或拦蓄在坝内有控制地下泄。引洪渠、拦洪坝等工程设计与施工技术要求，应参考相关技术标准及规定。

（3）拦渣墙型式

拦渣墙按墙断面几何形状及受力特点一般分为重力式、悬臂式和扶壁式 3 种型式。根据拦渣数量、渣体岩性、地形地质条件、建筑材料等因素选择确定墙型。选择墙型应在防止水土流失、保证墙体安全的基础上，按照经济、可靠、合理、美观的原则，进行多种设计方案分析比较，选择确定最佳墙型。

①重力式拦渣墙　用浆砌块石砌筑或混凝土浇筑，依靠自重与基底摩擦力维持墙身的稳定。适用于墙高小于 8m，地基土质较好的情况。重力式拦渣墙构造由墙背、墙面、墙顶、护栏等组成。

墙背：重力式拦渣墙墙背有仰斜型、垂直型、俯斜型、凸形折线、衡重式等形式（图 5-53）。仰斜墙背所受土压力小，故墙身断面经济，墙身通体与边坡贴合，开挖量和回填均小，但注意仰斜墙背的坡度不易缓于 1:0.3，以免施工困难；俯斜型拦渣墙采用陡直墙面，墙背所受的土压力较大，必要时俯斜墙背可砌筑成台阶形，从而增加墙背与渣体间的摩擦力。垂直型墙背主动土压力介于仰斜型和俯斜型两者之间。凸形折线墙背是仰斜型拦渣墙上部墙背改为俯斜型，以减小上部断面尺寸，多用于较长斜坡坡脚地段的陡坎处，如路堑；衡重式墙上下墙之间设衡重台，并采用陡直的墙面，适用于山区地形陡峻处的边坡，上墙俯斜墙背的坡度为 1:0.25 ~ 1:0.45，下墙仰斜墙背在 1:0.25 左右，上下墙的墙高比一般采用 2:3；仰斜型墙背通体与渣体边坡贴合，所受土压力小，开挖回填量较小，故墙身断面面积小。但在设计与施工中应注意仰斜墙背的坡度不得缓于 1:0.3，以便于施工。

墙面：一般均为平面，其坡度与墙背协调一致，墙面坡度直接影响拦渣墙的高度。因此，在地面横坡较陡时，墙面坡度一般为 1:0.05 ~ 1:0.20，矮墙可采用陡直墙面，地面平缓时，一般采用 1:0.20 ~ 1:0.35，较为经济。

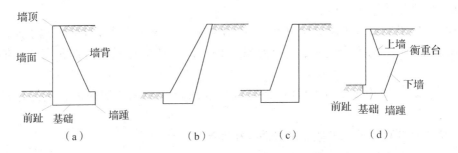

图 5-53　重力式拦渣墙的断面形式
(a)俯斜式　(b)仰斜式　(c)直立式　(d)衡重式

墙顶：浆砌拦渣墙不小于 50cm，另还需做厚度≥40cm 的顶帽，若不做顶帽，墙顶应以大块石砌筑，并用砂浆勾缝。

护栏：为保证安全，在交通要道、地势陡峻地段的拦渣墙顶部应设护栏。

②悬臂式拦渣墙　当墙高超过 5m，地基土质较差，当地石料缺乏，在堆渣体下游又有重要工程时，可采用悬臂式钢筋混凝土拦渣墙。悬臂式拦渣墙由立壁和底板组成，具有三个悬壁即立壁、趾板和踵板（图 5-54）。这种结构形式的特点是：主要依靠踵板上

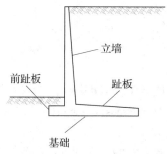 

图 5-54 悬臂式拦渣示意   图 5-55 扶壁式拦渣示意

的填土重量维持结构稳定性,墙身断面小,自重轻,节省材料,适用于墙高较大的情况。

③扶壁式拦渣墙　当防护要求高,墙高大于 10m 时,可采用由钢筋混凝土建造的扶壁式拦渣墙。其主体是悬臂式拦渣墙,沿墙长度方向每隔 0.8~1.0m 做一个与墙高等高的扶壁,以保持拦渣墙的整体性,加强拦渣能力(图 5-55)。扶壁式拦渣墙在维持结构稳定、断面面积等方面与悬臂式拦渣墙基本相似。

(4)重力式拦渣墙的断面设计

拦渣墙的最小高度一般在 3m 左右,重力式拦渣墙的断面尺寸采用试算法确定。由地形地质条件、拦渣量及渣体高度、弃渣岩性、建筑材料等,先根据经验初步拟定断面尺寸,然后进行抗滑、抗倾覆和地基承载力稳定验算。当拟定的断面既符合规范规定的抗滑、抗倾覆和地基承载力要求,而断面面积又小时,即为合理的断面尺寸。下面就墙体稳定分析的基本力学原理作一介绍。

拦渣墙的断面尺寸采用试算法确定。

①挡土墙受力分析　拦渣墙受力分析如图 5-56 所示。墙身自重 W,垂直向下,作用在墙体重心上;墙背的主动土渣压力 P_a(如基础有一定埋深,则墙面埋深部分有被动土压力 P_p,但在拦渣墙设计中,这部分土压力可忽略不计,使结果偏于安全)和基底反力法向分力简化计算与偏心受压基础相同,呈梯形分布,合力作用在梯形重心,用 $\sum H$ 表示。

②抗滑稳定计算　抗滑稳定计算(图 5-57)应满足下式的要求:

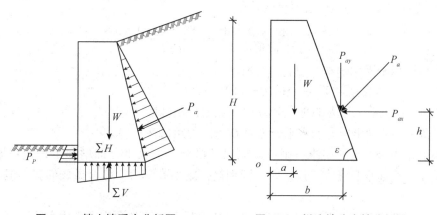

图 5-56 挡土墙受力分析图   图 5-57 拦渣墙稳定性分析图

$$K_s = \frac{\text{抗滑力}}{\text{滑动力}} = \frac{(W + P_{ay})\mu}{P_{ax}} \tag{5-73}$$

式中　K_s——最小抗滑安全系数，$[K_s] \geq 1.3$；

　　　　W——墙体自重(kN)；

　　　　P_{ay}——主动土压力的垂直分力(kN)，$P_{ay} = P_a \sin(\delta + \varepsilon)$；

　　　　P_{ax}——主动土压力的水平分力(kN)，$P_{ax} = P_a \cos(\delta + \varepsilon)$；

　　　　P_a——主动土压力(kN)；

　　　　μ——基底摩擦系数，由试验确定或参考表5-28；

　　　　δ——墙摩擦角；

　　　　ε——墙背倾斜角度。

表 5-28　拦渣墙基底对地基的摩擦系数 μ 值

土的类别		摩擦系数 μ
黏性土	可塑	0.25 ~ 0.30
	硬塑	0.30 ~ 0.35
	坚硬	0.35 ~ 0.45
粉土	$S_r \leq 0.50$	0.30 ~ 0.40
中砂、粗砂、砾砂		0.40 ~ 0.50
碎石土		0.40 ~ 0.50
软质岩土		0.40 ~ 0.60
表面粗糙的硬质岩石		0.65 ~ 0.75

注：表中 S_r 是与基础形状有关的形状系数，$S_r = 1 - 0.4B/L$；B 为基础宽度，m；L 为基础长度，m。

若验算结果不满足 $K_s \geq 1.3$，则应采取以下措施加以解决：修改拦渣墙断面尺寸，加大 W；在拦渣墙底面铺沙、石垫层，加大 μ，将拦渣墙底做成逆坡，利用滑动面上部分反力抗滑；如在软土地基上，其他方法无效或不经济时，可在墙踵后加筑拖板，利用拖板上的渣重增加抗滑力，拖板与拦渣墙之间用钢筋连接。

③抗倾覆稳定计算　在拦渣墙满足 $K_s \geq 1.3$ 的同时，还应满足抗倾覆稳定性(图5-57)。即对墙趾 O 点取力矩，必须满足下式：

$$K_t = \frac{\text{抗滑覆力矩}}{\text{倾覆力矩}} = \frac{(W_a + P_{ay}b)}{P_{ax}h} \tag{5-74}$$

式中　K_t——最小安全系数，$[K_t] \geq 1.5$；

　　　　W_a——墙体自重 W 对 O 点的力矩(kN·m)；

　　　　$P_{ay}b$——主动土压力的垂直分力对 O 点的力矩(kN·m)；

　　　　$P_{ax}h$——主动土压力的水平分力对 O 点的力矩(kN·m)。

若不满足 $K_t \geq 1.5$ 的要求，则应采取以下措施：加大 W，即增加工程量；加大 a，可增设前趾，当前址长度大于厚度时应配钢筋；减小渣压力，墙背做成仰斜，但施工要求较高。

④地基承载力验算　基底应力应小于地基承载力，地基允许承载力 $[R]$ 通过试验或

参考有关设计手册确定。基底应力采用下列偏心受压公式计算：

$$\sigma_{yu} = \sum \frac{W}{B} + 6 \sum \frac{M}{B^2} \tag{5-75}$$

$$\sigma_{yd} = \sum \frac{W}{B} - 6 \sum \frac{M}{B^2} \tag{5-76}$$

式中　σ_{yu}，σ_{yd}——水平截面上的正应力（kN/m^2），σ_{yu}、$\sigma_{yd} \leqslant [R]$；

　　　$\sum W$——作用在计算截面以上的全部荷载的铅直分力之和（kN）；

　　　$\sum M$——作用在计算截面以上的全部荷载对截面形心的力矩之和（kN·m）；

　　　B——计算截面的长度（m）。

软质墙基最大应力 σ_{max} 与最小应力 σ_{min} 之比，对于松软地基应小于 1.5～2，对于中等坚硬、紧密的地基则应小于 2～3。

在实际应用中，应在采用上述基本原理分析的基础上，灵活选择适宜的稳定分析方法。对于一些重要的拦渣墙工程，还需用多种稳定分析方法进行比较，才能最终确定其稳定安全系数。

⑤基础处理及其他

a. 基础埋深：重力式拦渣墙的基础十分重要，处理不当会引起拦渣墙毁坏，应做详细的地质调查，必要时要挖探或钻探，以确定埋置深度，一般应在冻结深度以下，不小于 0.25m（不冻胀土除外），埋置最小尺寸见表 5-29。

表5-29　重力式拦渣墙埋置最小尺寸　　　　　　　　　　　m

地层类别	埋入深度	距斜坡地面水平距离
较完整的硬质岩层	0.25	0.25～0.50
一般硬质岩层	0.60	0.60～1.50
软质岩层	1.00	1.00～2.00
土层	≥1.00	1.50～2.50

b. 清基：施工过程中必须将基础范围内风化严重的岩石、杂草、树根、表层腐殖土、淤泥等杂物清除。基底应开挖成 1%～2% 的倒坡，以增加基底摩擦力。

c. 墙后排水：拦渣墙还应根据具体情况设置各种排水设施，以保证其稳定性。当墙后水位较高时，应将渣体中出露的地下水以及由降水形成的渗透水流及时排除，有效降低墙后水位，减小墙身水压力，增加墙体稳定性，应设置排水孔等排水设施。排水孔径 5～10cm，间距 2～3m，排水孔出口应高于墙前水位，以免倒灌。排水孔的设计，可参考《水工挡土墙设计规范》（SL 379—2007）确定。

d. 伸缩沉陷缝：拦渣墙常因不均匀沉降而引起墙身开裂，应根据地质条件、气温条件、墙高和墙身断面变化设置沉降缝和伸缩缝。设计时，一般将二者合并设置，沿墙线方向每隔 10～15m 设置一道，缝宽 2～3cm，缝内可填塞胶泥，但渗水量大和冻害严重地区，宜用沥青麻筋或涂沥青的木板。

5.3.2.3　拦渣堤

拦渣堤是指修建于沟岸或河岸的，用以拦挡建设项目基建与生产过程中排放的固体废弃物的建筑物。由于拦渣堤一般同时兼有拦渣与防洪两种功能，堤内拦渣，堤外防洪，故拦渣堤可行性研究和初步设计的关键是选线、基础和防洪标准，对于下游有重要设施的拦渣堤，应充分论证分析，提高防洪标准和稳定系数。

(1)拦渣堤的类型

根据拦渣堤修筑的位置不同，主要有以下两种：

①弃土、弃石、弃渣堆放于沟道岸边时，采用沟岸拦渣堤；其建筑物防洪要求相对较低。

②弃土、弃石、弃渣堆放于河滩及河岸时，采用河岸拦渣堤；其建筑物防洪要求相对较高。

(2)拦渣堤防洪标准及设计要求

拦渣堤宜选择在河道较宽处，不宜在河流凹岸侧建设。宜少占用河床的面积，尤其在河漫滩地上建设拦渣堤，应减少占地面积，不得影响河道的行洪宽度。拦渣堤选线、堤距、堤型、堤防沿程设计水位、拦渣堤结构等均可参照"防洪堤"的设计规定执行。但是，拦渣堤的堤顶高程的确定应同时满足防洪和拦渣要求。

①拦渣要求

a. 根据项目在基建施工或生产运行中弃土、弃石、弃渣的具体情况，确定在规定时期内，拦渣堤应承担的堆渣总量。

b. 根据堤身长度与堆渣总量，算得顺堤单位长度(每米)的堆渣量。

c. 根据堤后地面坡度，堆渣形式与顺堤单位长度的堆渣量，算得堆渣高度，并按1.0m超高，确定堤顶高度。

d. 拦渣堤的建设过程中，泥土石不得进入河道。在弃渣过程中，不能有弃渣进入河道。

②防洪要求 拦渣堤建设前，应按照《河道管理条例》的要求，征得相应河道管理部门的批准。拦渣堤防洪标准，可参照"防洪堤"的防洪标准执行，对弃渣安全有特殊要求的可结合行业标准适当提高。

堤顶高程按设计洪水位、风浪爬高、安全超高确定。

③堤顶高程 根据拦渣要求和防洪要求，分别算出相应的堤顶高程，取二者中较大值，作为所求的堤顶高程。

5.3.2.4 围渣堰

(1)断面设计

①堰顶高程 围渣堰的防洪水位必须高于堰外河道防洪水位，堰顶超高应按照《水利水电工程等级划分及洪水标准》(SL 252—2017)的相关规定来具体确定。

②堰顶宽度 根据交通、施工条件、拦渣量、筑堰材料和稳定分析等，确定堰顶宽度。土石围堰顶宽一般为4~5m，堰顶有其他要求时，按其要求确定。

③围渣堰内外坡度 先初步拟定堰坡，然后进行稳定分析，确定安全可靠、经济合理的堰体断面。

(2)稳定性分析

土石围堰可参考《碾压式土石坝设计规范》(SL 274—2001)中的相关方法进行稳定分

析，砌石围堰参照《砌石坝设计规范》(SL 25—2006)中的方法进行计算。

(3)基础处理

土石围堰参照《碾压式土石坝设计规范》中的相关方法进行基础处理，砌石围堰参照《砌石坝设计规范》中的方法进行基础处理。

5.3.2.5　尾矿(沙)库

选矿厂选出矿石后，产生的大量脉石"废渣"即尾矿，通常是以矿浆状态排出的，个别情况下也有以干沙状态排出的。矿石冶炼后的"废渣"即尾沙。为妥善存放和处理大量的尾矿(沙)而修建的挡拦建筑物，称之为尾矿(沙)坝，它和尾矿(沙)存放场地，统称为尾矿(沙)库。

(1)尾矿(沙)库的型式和布置原则

在比选尾矿库的型式和布置方案前，必须收集和调查建设项目的生产工艺、尾矿(沙)本身的性质，当地的水文、气象、地质资料，以及自然环境、社会环境等资料。在此基础上，对选定方案的尾矿(沙)库再进行详尽的勘查和测量。

尾矿(沙)库的防洪标准、上游洪水处理等与前述拦渣坝设计基本一致。

①坝型选择　尾矿(沙)库一般修建在沟道或低洼地方，多由堤坝围堰而成，并设有排水建筑物，以排出库内水流。尾矿(沙)库的型式通常分为山谷型、山坡型和平地型三大类型。山谷型初期坝工程量小，管理维护简单，应优先选用；山坡型初期工作量大，管理维护复杂，无可选山谷作尾矿库时采用；平地型是四周筑堤，工作量大，用于平原地区，应尽量选择凹地。

尾矿(沙)库的坝型分为均质坝、非均质坝。非均质坝分为心墙坝和斜墙坝。根据坝址处地形地质条件、当地筑坝材料、施工条件、尾矿(沙)岩性和数量，选择经济、合理、可靠、美观的坝型，并采用废土、废石、废沙、废渣等废弃物修筑非均质坝。尾矿(沙)坝一般由初期坝和堆积坝两部分组成。

②布置原则

a. 尽量不占或少占耕地，尽可能不拆迁或少拆迁居民住宅；尾矿(沙)库与厂区和居民电的距离，应符合工业、卫生、环保等各方面的有关规定。

b. 距选矿厂近，尽可能自流输送尾矿(沙)有足够的贮存尾矿(沙)的容积。

c. 尾矿(沙)库的汇水面积要尽可能小，库区内工程地质条件要好，库区内部，纵坡坡度要尽量平缓，以减少工作量。

d. 库区附近要有足够的土、石筑坝材料。

e. 尾矿(沙)库排出的水流，必须要经过处理，达到国家废水排放标准，后才能排入河流。

(2)尾矿(沙)库库容与等级

①尾矿库库容　尾矿库库容计算公式为：

$$V = \frac{WN}{\gamma_a \eta_z} \tag{5-77}$$

式中　V——尾矿(沙)库所需总库容(m^3)；

W——选矿厂每年排出的尾矿(沙)(t/a);

N——选矿厂的设计生产年限(a);

η_z——尾矿(沙)库终期库容利用系数,与尾矿(沙)库的形状,尾矿(沙)粒度、排放方法有关;

γ_a——尾矿(沙)堆积干容重的平均值(t/m³)。

②尾矿库等级和防洪标准　按尾矿(沙)库的规模(总库容,总坝高)和重要性分别确定Ⅱ、Ⅲ、Ⅳ、Ⅴ级,根据这一等级即可按有关规范或规定,确定其防洪标准及库内建筑物的级别,作为设计的基本依据(表5-30)。

表5-30　尾矿(沙)库等级标准

总库容或坝高	尾矿(沙)库等级	防洪标准[重现期(a)]	
		设计	校核
具备提高等级条件的Ⅱ、Ⅲ等工程	I		2 000~1 000
$V > 10^8 \text{m}^3$ 或 $H > 100\text{m}$	Ⅱ	200~100	1 000~500
$V = 10^7 \sim 10^8 \text{m}^3$ 或 $H = 60 \sim 100\text{m}$	Ⅲ	100~50	500~200
$V = 10^6 \sim 10^7 \text{m}^3$ 或 $H = 30 \sim 60\text{m}$	Ⅵ	50~30	200~100
$V < 10^6 \text{m}^3$ 或 $H < 30\text{m}$	Ⅴ	30~20	100~50

(3)尾矿(沙)坝组成

尾矿(沙)坝是尾矿(沙)库的主要建筑物,一般由初期坝和堆积坝两部分组成。

①初期坝　是在尾矿库运用之前用当地土石料建造而成。

②堆积坝　当尾矿(沙)堆积到初期坝设计堆积高程时,必须加高加固坝体,以满足拦蓄尾矿(沙)的要求,加高坝即为堆积坝。一般采用尾矿(沙)或土石修筑加高,但当尾矿(沙)颗粒很细不能用于筑坝或尾矿库周边有大量石料(采场废石利用最为经济)时,整个坝体可全部用当地土石材料筑成。

尾矿(沙)坝设计与施工应参照《碾压式土石坝设计规范》《浆砌石坝设计规范》或其他国家及行业标准进行相关设计。分期加高加固坝设计与施工可参照《碾压式土石坝设计规范》的相关规定进行相关设计。

(4)排洪排水系统

①排洪排水系统的布置　尾矿库排水系统主要任务是排出库内澄清水,排洪系统则是排泄上游汇集洪水。排洪排水系统,一般由排水井(塔)、排水管、消力池、溢洪道及截(排)洪沟、谷坊、拦水坝、蓄水池及坡面水土流失治理工程等构筑物组成(图5-58)。排水系统中进水建筑物的布置,应保证在使用过程中,在任何时候,都能使尾矿(沙)水澄清且达到要求。

②排洪排水系统水力计算　通常计算方法是首先确定水流在管路中流态,即自由泄流状态、半压力流状态和全压力流状态,然后参考有关专业手册中的计算公式和相关图表进行水力计算。根据库坝防洪标准及建筑物的等级,参照《水利水电工程设计洪水计算规范》(SL 44—2006)或相关行业规范和手册,分析计算库坝设计及校核洪水总量、洪峰流量等,然后参考《水利工程水利计算规范》(SL 104—2015)及其他有关专业手册计

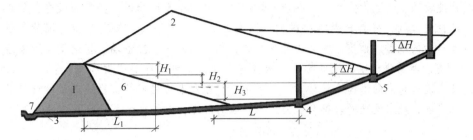

图 5-58　排洪排水系统布置示意

1. 初期坝　2. 堆积坝　3. 排水管　4. 第一个排水井

5. 后续排水井　6. 尾矿堆积滩　7. 消力池

H_1. 安全超高　H_2. 调洪高度　H_3. 蓄水高度

ΔH. 井筒重叠高度　L_1. 沉积滩干滩长度　L. 澄清距离

算，通过水力学计算确定水道水流流态（自由式泄流、半有压流、有压流）和主要结构尺寸。

③排洪排水蓄水系统

a. 排水系统进水建筑物的位置：应保证在运用期顺畅排除尾矿（沙）澄清水。

b. 排水建筑物的形式：排水井的形式有窗口式、井圈叠装式、框架挡板式和浆砌块石式。排洪量较小的采用前两种形式，排洪量较大时采用后两种形式。常用排水道形式有圆形、拱形、矩形。尾矿水应循环利用。

④基础处理　碾压式土石坝基础处理，需参照《碾压工土石坝设计规范》的相关规定进行设计，浆砌石坝基础处理可参照《浆砌石坝设计规范》中的相关规定设计。

5.3.3　基础处理

①拦渣坝、墙、堤基础处理应满足渗流控制、稳定、变形和耐久型要求。

②应充分了解地基的地质与水文地质资料，地基如有暗沟、动物巢穴、墓坑、窑洞、井窖、房基、淤泥、渣土等均应探明，加以处理。

③各类不良地基处理设计可参考有关手册。

本章小结

谷坊、拦砂坝和拱坝都是水土流失地区沟道治理山洪和泥石流的工程措施。谷坊以节流固床护坡为主，一般布置在小支沟、冲沟或切沟上，坝高 $3 \sim 5m$，拦砂量小于 $10^3 m^3$。拦砂坝以拦蓄山洪泥石流沟道中固体物质为主，多建在主沟或较大的支沟内，坝高大于 $5m$，拦砂量在 $10^3 \sim 10^6 m^3$ 以上。拱坝的荷载主要借助拱的作用传给两岸，充分发挥了材料的抗压强度，且具有工程量小、投资少、工期短等优点，但修建时对地质地形条件、坝型选择、地基处理等要求要比一般拦砂坝严格。学完本章后，要掌握拦砂坝坝高的确定、拦砂坝的断面设计与应力计算、拱坝的应力计算等。了解谷坊的工程设计、拱坝的平面布置、坝头基岩的滑动稳定分析和重力墩的设计、拱坝的构造和地基处理。

生产建设项目造成大量弃土、弃渣、尾矿和其他固体废弃物时，必须布设专门的堆放场地，修建拦渣工程，将其分类集中堆放。拦渣工程的具体形式，与废弃物的堆放位置、方式，以及当地的地形、地质、水文条件等有关，包括拦渣坝、拦渣墙、拦渣堤、围渣堰和尾矿（沙）坝等。其防洪标准和设计标准，应按其所处为位置的重要程度和河（沟）道等级分别确定，并应进行相应的洪峰流量计算。对于含有有害元素的尾矿等，拦渣工程的设计必须符合其特殊要求，尾水处理必须符合有关废水处理的规定，以防废水下泄给下游带来危害。

思 考 题

1. 简述谷坊位置确定的基本原则。
2. 拦砂坝断面设计的基本内容与步骤是什么？
3. 拱坝稳定的必要条件是什么？
4. 拦砂坝的抗滑稳定计算：有一浆砌石拦砂坝，经计算得知坝体自重为112.5t，淤积物重29.8t，基底物压力为38.5t，作用在坝上游的水平力之和为53.8t，坝基土压力为10.2t，坝体与基础的摩擦系数 $f=0.55$，试校核该坝的抗滑稳定是否满足要求。
5. 简述拦渣坝、拦渣墙、拦渣堤、围渣堰和尾矿（沙）坝的适用条件和设计要点。

参 考 文 献

李文银，李志坚，等，2004. 水土保持概论[M]. 太原：山西经济出版社.

李文银，王治国，等，1996. 工矿区水土保持[M]. 北京：科学出版社.

贺康宁，王治国，赵永军，2009. 开发建设项目水土保持[M]. 北京：中国林业出版社.

王秀茹，2009. 水土保持工程学[M]. 北京：中国林业出版社.

王礼先，朱金兆，2005. 水土保持学[M]. 北京：中国林业出版社.

张胜利，吴祥云，2012. 水土保持工程学[M]. 北京：科学出版社.

张洪江，2000. 土壤侵蚀原理[M]. 北京：中国林业出版社.

孙保平，2001. 荒漠化防治工程学[M]. 北京：中国林业出版社.

王冬梅，2017. 农地水土保持[M]. 2版. 北京：中国林业出版社.

焦居仁，2001. 水土保持生态建设法规与标准汇编第三卷·工程卷[S]. 北京：中国标准出版社.

水利部国际合作与科技司，2002. 水利技术标准汇编·水土保持卷[S]. 北京：中国水利水电出版社.

王礼先，孙保平，余新晓，2003. 中国水利百科全书水土保持分册[M]. 北京：中国水利水电出版社.

第 6 章
淤地坝

在多泥沙沟道修建的以控制沟道侵蚀、拦泥淤地、减少洪水和泥沙灾害为主要目的的沟道治理工程设施称为淤地坝。我国陕西、山西、内蒙古、甘肃等地分布较多。

为提高小流域坝系的抗洪能力，减少水毁灾害，在沟道中修建的库容为 $50 \times 10^4 \sim 500 \times 10^4 \mathrm{m}^3$ 的控制性缓洪拦泥淤地工程称为治沟骨干工程。在小流域中，由相互联系和发挥综合效益的淤地坝、治沟骨干工程、小水库等组成的坝库群工程设施称为坝系。在坝系中，用于淤地生产的坝称为淤地坝或生产坝，淤成的地称为坝地。

坝系也就是在小流域沟道中以骨干坝为骨架，科学地配备一定数量的大、中、小型淤地坝，形成拦、蓄、排和防、种、养相结合，新建工程与原有工程的加固配套相结合，流域工程自成体系，互相配合，联合运用，调洪、削峰、减砂，运行安全，防洪保收的防护体系。

陕西子洲县裴家湾境内的黄土天然"聚湫"启发人们开始建设淤地坝工程，明隆庆三年(1569 年)，由于山坡滑塌，堵塞沟道，形成高 62m 的天然"聚湫"，淤地 53.33hm²，集水面积 2.72km²，坝地生产年年丰收，每公顷产量 3 750kg 左右，距今已有 400 多年的历史。

人工修筑淤地坝，最早是在明万历年间(1573—1619 年)。山西汾西县志记载"涧河沟渠下湿处，淤漫成地易于收获高产""向有勤民修筑"。当时的知县毛炯曾布告鼓励农民筑坝淤地，提出"以能相度砌棱成地者为良民，不入升合租粮，给以印贴为永业"。"三载间给过各里砌修成地者三百余家。"从此，筑坝淤地在汾西县得到发展。

根据调查统计，中华人民共和国成立以来，在黄河中游地区已修建淤地坝 10 余万座，淤出坝地 $20 \times 10^4 \mathrm{hm}^2$ 以上，对发展当地农业生产，控制入黄泥沙发挥了重要作用。

根据 2011 年第一次全国水利普查数据，截至 2011 年年底，黄土高原地区淤地坝总数为 58 446 座，淤地面积 927.57 km²，其中：中型以上淤地坝 16 920 座(骨干坝 5 655 座，中型淤地坝 11 265 座)，其他为小型淤地坝。

6.1 淤地坝概述

6.1.1 淤地坝的组成及其使用特性

修建淤地坝的主要目的在于拦泥淤地，一般不长期蓄水，其下游也无灌溉要求。随着坝内淤地面的逐年抬高，坝体与坝地能较快地连成一个整体，实际上坝体可以看作一

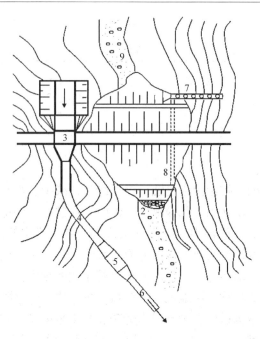

图 6-1　淤地坝枢纽工程组成

1. 土坝　2. 排水体　3. 溢流堰　4. 陡槽
5. 消力池　6. 渠道　7. 卧管　8. 放水洞　9. 河道

个重力式挡土墙。

　　一般淤地坝由坝体、溢洪道和放水建筑物 3 部分组成，其布置形式如图 6-1 所示。

　　坝体是横拦于沟道的挡水拦泥建筑物，用于拦蓄洪水，淤积泥沙，抬高淤积面，一般不长期用于蓄水，当拦泥淤成坝地后，即投入生产种植，不再起蓄水调洪的作用。

　　溢洪道是排泄洪水的建筑物，当淤地坝洪水位超过设计坝高时，就由溢洪道排出，以保证坝体的安全和坝地的正常生产。一般要求在正常情况下能排出设计洪水径流，在非常情况下能排出校核洪水径流。

　　放水建筑物又称放水洞或清水洞，主要作用是排除坝地中的积水，在蓄水期间为下游供水，或为长流水沟道经常性供水，有的可兼顾部分排洪任务。放水建筑物多采用竖井式或卧管式。

6.1.2　淤地坝枢纽工程

　　淤地坝枢纽工程的组成有三大件(土坝、溢洪道和放水洞)的，也有两大件(土坝和放水洞)的，甚至还有一大件(仅有土坝)的，近年来新建的一些淤地坝工程则多为两大件。这就出现一个问题，枢纽工程究竟选用几大件才合理。

6.1.2.1　三种组成方案的特点

　　(1)三大件方案

　　这种方案的防洪安全处理洪水是以排为主，工程建成后运用较安全，上游淹没损失也少,唯溢洪道工程量大,工程投资、维修费较高。

(2)两大件方案

这种方案的防洪安全处理洪水是以滞蓄为主,坝高库容大,土坝工程量大,上游淹没损失多,但无溢洪道,石方工程量小,工程总投资可能小。

(3)一大件方案

这种方案处理洪水全拦全蓄,安全性差,仅适用于小型荒沟或微型集水面积且无常流水的沟头防护上,故此处不作讨论。

6.1.2.2　组成方案选择

我国已建成的淤地坝枢纽工程,一般是根据自然条件、流域面积、暴雨特点、建筑材料、环境状况(如有道路、村镇、工矿等)和施工技术水平选择方案的。三大件方案适用于筑坝土料含黏粒量大、施工困难、土方造价高、流域面积大(>10km²)、洪流模数大、以排为主的情况。两大件方案适用于筑坝土料透水性大、土坝施工用水坠法、造价低、流域面积小、洪量模数小、以滞蓄为主的情况。在具体设计时究竟如何选择,还须从技术经济方面作比较。

(1)拦泥

三大件泄洪安全性大于两大件,但两大件采用高坝大库容全拦全蓄,以库容制胜洪水,且能减少泄洪对下游的危害,拦蓄泥沙量比三大件多。

(2)工程投资

因建造溢洪道,三大件工程总投资远大于两大件工程总投资(因土方工程造价远小于石方工程造价)。

(3)施工

两大件施工速度快,工艺相对简单(少溢洪道施工),施工费用低(少溢洪道石方开采运输费),工程维修方便。

(4)综合分析

①在设计标准相同和放水洞投资相近的情况下,当用两大件方案造成的上游淹没损失和加高土坝土方投资总和大于三大件方案投资时,应选用三大件方案;若相近时选用两大件方案;②在"V"字形断面沟道筑坝,当地无建筑溢洪道石料需外运时,应选用两大件方案;③控制流域面积大于5km²且多暴雨,下游又有重要交通道路或村镇、工矿时,应选用三大件方案;④控制流域面积小于5km²,坝址下游无重要建筑物时,应选用两大件方案。

6.1.3　淤地坝的分类和分级标准

6.1.3.1　淤地坝的分类

淤地坝按筑坝材料可分为土坝、石坝、土石混合坝等;按坝的用途可分为缓洪骨干坝、拦泥生产坝等;按建筑材料和施工方法可分为夯碾坝、水力冲填坝、定向爆破坝、堆石坝、干砌石坝、浆砌石坝等;按结构性质可分为重力坝、拱坝等;按坝高、淤地面积或库容可分为大型淤地坝、中型淤地坝、小型淤地坝等。还可以进行组合分类，如水力冲填土坝、浆砌石重力坝等。

6.1.3.2 淤地坝的分级标准

淤地坝一般根据库容、坝高、淤地面积、控制流域面积等因素进行分级。参考水库分级标准并考虑群众习惯叫法，可分为大型、中型、小型 3 级。不同的技术规范，其分级因素的数量指标有一定差异。表 6-1、表 6-2 给出了不同技术规范的淤地坝分级标准，供参考，在实际应用时，应根据淤地坝建设区的实际情况分析选用。

表 6-1　淤地坝分级标准

分级标准	库 容 （×10⁴m³）	坝 高 （m）	单坝淤地面积 （亩）	单坝集水面积 （hm²）
大　型	500~50	>25	>105	5~3
中　型	50~10	25~15	105~30	3~1
小　型	<10	<15	<30	<1

注：本表摘自《水土保持综合治理技术规范 沟壑治理技术》（GB/T 16453.3—2008）。

表 6-2　淤地坝分级标准

工程规模	总库容 （×10⁴m³）	永久性建筑物级别		临时建筑物级别
		主要建筑物	次要建筑物	
大型淤地坝	1 型　　100~500	1	3	4
	2 型　　50~100	2	3	4
中型淤地坝	10~50	3	4	4
小型淤地坝	<10	4	4	—

注：本表摘自《水土保持工程设计规范》（GB 51018—2014）。

6.1.4　淤地坝的作用

通过多年实践，水土保持淤地坝工程在拦泥沙淤地、防洪保收、灌溉、养殖、人畜饮水、改善交通等方面发挥了重要作用，成为不可缺少的水土保持措施。

6.1.4.1 抬高侵蚀基点，稳定沟坡，减少水土流失

淤地坝拦淤泥沙后，抬高了侵蚀基点，阻止了沟底下切，使沟道比降变缓，延缓了溯源侵蚀和沟岸扩张，对减轻滑坡、崩塌、泻溜等重力侵蚀和稳固沟床等都具有积极意义。据无定河普查资料，黄土丘陵沟壑区流域面积在 3~5km² 的沟道原平均比降一般为 3.5% 左右，而淤地坝建设后的沟道比降变为 0.8% 以下，并实现了沟道川台化；陕西省子洲县张家山沟，流域面积 1.5km²，从 1962 年开始打坝到现在，泥沙未出沟，共拦泥 67.7×10⁴t，侵蚀基准面抬高 7.6m；据绥德县王茂庄流域资料分析，1980—1990 年水保措施总减沙效益为 88.4%，其中坝系占 63.1%，其他措施占 36.9%；清涧县老舍古流

域，1983—1989 年水保措施总减沙效益为 78.5%，其中坝系占 64.9%，其他措施占 35.1%；清涧县红旗沟流域，1979—1988 年，水保措施总减沙效益为 77.3%，其中坝系占 72.8%，其他措施占 27.2%；从面上来看，在淤地坝大发展的 1970—1989 年，无定河、清涧河、延河三条水系，淤地坝年平均减沙占到水土保持措施总减沙量的 74.7%。

根据水沙基金、水保基金、自然基金和国家"八五"攻关等黄河水沙变化课题研究成果综合分析，20 世纪 70 年代以来，水利水保措施年均减少入黄泥沙 3×10^8 t 左右，其中库坝工程减沙占 66%，经过 10 年治理后，淤地坝减沙量则占到总减沙量的 76.7%。黄土高原地区 11 万多座淤地坝已累计拦泥 $210 \times 10^8 m^3$，大量数据和事实表明，黄土高原地区淤地坝工程对黄河减沙和黄河下游的安全作出了巨大贡献。

6.1.4.2　拦泥淤地，发展生产

淤地坝拦泥减少了入黄泥沙，保护了下游安全，并且泥沙就地截留淤成坝地，实现了水沙资源的合理利用。根据普查资料汇总，陕北淤地坝已拦泥沙 $39.25 \times 10^8 t$，其中治沟骨干工程及大型坝拦泥 $12.69 \times 10^8 t$，占 32.3%，中型坝拦泥 $17.96 \times 10^8 t$，占 45.8%；小型及特小型坝拦泥 $8.60 \times 10^8 t$，占 21.9%。根据 2016 年数据：大型淤地坝平均每亩可拦泥沙 8 720t，中型淤地坝平均每亩可拦泥沙 6 720t，小型淤地坝平均每亩可拦泥沙 3 430t。淤地坝淤出的坝地变荒沟为高产稳产田，促进了粮食产量大幅度提高。以陕北淤地坝为例，根据普查成果，现有的陕北大、中型淤地坝的拦泥总库容为 $3.98 \times 10^9 m^3$，平均每 $1 km^2$ 有淤地坝 0.143 座。大、中型淤地坝单坝控制总面积为 26 750.57 km^2，单坝平均控制面积为 2.50 km^2。20 世纪 80 年代平均每公顷坝地产粮约 4 500kg，有些高达 7 500kg 以上，与梯田、坡地比较，种植 1 hm^2 坝地相当于种植 2 ~ 3 hm^2 梯田或 5 ~ 6 hm^2 坡地。60 ~ 80 年代多年平均坝地产粮约为每公顷 4 050kg，若考虑建坝淹没沟台地，并按沟台地每公顷产粮 3 000kg，建坝后净增地 65% 计算，则种植每公顷坝地净增产粮食 3 000kg。按此推算，1956—1989 年，累计利用坝地 $50.54 \times 10^4 hm^2$，共增产粮食 $15.16 \times 10^8 kg$。其中 1970—1989 年增产粮食 $14.08 \times 10^8 kg$，年均增产 $0.7 \times 10^8 kg$。由此可见，淤地坝在发展农业生产，增加粮食产量方面发挥了积极作用。

6.1.4.3　实现高产稳产，促进退耕还林还草

近年来，随着小流域综合治理的规范化和科学化发展，特别是水地、坝地、梯田等基本农田的逐年增加，粮食产量大幅度提高，群众的温饱问题逐步得到解决。大量陡坡地得以退耕还林还牧，为调整土地利用结构，改善生态环境创造了条件。陕西省绥德县韭园沟乡王茂庄村，1953 年开始打坝，现有淤地坝 20 余座，坝地 27 hm^2，1986 年粮食总产达 $34.64 \times 10^4 kg$，人均产粮达 407.5kg，其中坝地粮食产量占到总产的 47.9%。1986 年与 1953 年比较，粮田面积缩小近 50%，农林牧用地比例由 93.5%、1.8%、4.7%，调整为 38.5%、53.8%、7.7%。陕西省清涧县老舍古流域，1983 年被列入重点治理后，坚持治沟与治坡相结合，大力兴建坝地、梯田等基本农田，坝地面积达到 160.27 hm^2，人均基本农田达 0.187 hm^2，人均粮食达 415kg。1989 年与 1982 年比较，陡坡耕地退耕 1 936.87 hm^2，占原农耕地面积的 43.9%，农耕地占总土地面积的比例由

48.9%下降到 28.3%，林、牧业用地比例由 11.0% 提高到 56.4%，土地利用率由 50.9% 提高到 84.7%，生态环境有了明显改善。若按建 1hm² 坝地可退耕 3hm² 坡耕地估算，陕北地区因坝地增加可退耕坡耕地约 13 × 10⁴hm²。

淤地坝建设，调整了土地利用结构，解决了林牧用地矛盾，变农、林、牧相互争地为互相促进、协调发展。

6.1.4.4 促进了农村产业结构调整

黄土高原地区农村产业结构的变化是和土地利用结构变化相伴而行的，因而与淤地坝建设及坝地面积的增加密切相关。坡耕地退耕为其他各业用地，特别是为林牧业的发展提供了土地资源，促进了农村商品经济的发展。例如，陕北各县的种植业已由单一粮食生产变为粮食、经济作物并重，向日葵、蓖麻等大面积种植，且使传统的粮食作物（如马铃薯、谷子、高粱、玉米等），由于吃剩有余，一部分作为牲畜的精饲料，另一部分进入市场，商品率大大提高。林业方面，苹果、梨、枣等经济林木得到了空前大发展，效益十分显著，成为流域治理的拳头产品。草地的扩大以及精饲料的保证也大大促进了畜牧业、养殖业的发展。总之，黄土高原地区的农业经济已由单一小农经济变为农林牧副渔各业并举、种植业、养殖业、农副产品加工业全面发展的新格局，农民人均收入不断提高，贫穷落后面貌发生了根本变化，这是与淤地坝建设所取得的成就分不开的。

6.1.4.5 拦洪蓄水，合理利用水资源

黄河中游地处干旱半干旱地区，年降水量小，且年内变化大，全年降水的 80% 集中在 6~9 月的几场暴雨中，加之该地区沟深坡陡，给水资源的利用带来很大困难。而淤地坝有一定的滞洪蓄水库容，具有调节洪水，减轻灾害的功能。另外还可以利用治沟骨干工程和大中型淤地坝的蓄水，发展灌溉、养鱼、养鸭等生产，提高水资源的利用率。陕北韭园沟流域自治理以来，多年平均拦洪蓄水效益为 24.2%，其中治沟打坝占 59.1%。据国家"八五"攻关课题研究成果，无定河、清涧河、延河三条水系与 1969 年以前相比，1970—1989 年下垫面因素平均拦洪蓄水效益（以 1956—1969 年实测年径流量为 100%）分别为 22.4%、9.4%、14.9%。其中水保措施分别占拦洪蓄水效益的 37.3%、57.5%、49.4%。而淤地坝的效益分别占水保措施的 70.3%、34.6%、79.1%。可见淤地坝的作用在各项水土保持措施中占主导作用。

1992 年，黄河上中游管理局对 1986 年以来兴建运用的 293 座骨干坝（其中新建坝 195 座，旧坝加高加固 98 座）进行了跟踪调查，已有 109 座骨干坝用于养鱼，投放鱼苗 443.1 万尾。淤地坝前期蓄水养鱼，由于可利用水面大，加之气候、水质适宜，发展潜力很大，为淤地坝前期蓄水发展养鱼提供了广阔的市场。

6.1.4.6 以坝代路，便利交通

通过淤地坝的建设，坝路结合，坝顶成了连接沟道两岸的桥梁，促进了坝系经济区交通网络的形成，大大改善了农业生产条件，降低了劳动强度，提高了劳动生产率。首先，坝地在沟道中形成山间平原，有利于实现机械化和水利化。其次，泥沙淤积成良田

改善了沟道的自然条件，使播种、施肥、收割等农业耕作更加方便，促进了集约化经营。第三，黄土高原地区群众大多居住在沟道，种植沟坝地离家近，十分方便。第四，有些地方的公路干线利用淤地坝过沟，减少了修路和建桥费。如山西汾西至宁夏银川的公路，在陕西靖边县青阳岔至桥沟湾路段内，有八处跨越大沟，都是以坝顶代替桥梁；内蒙古准格尔旗至东胜市的公路，在沙圪堵至纳林镇路段内，也是用淤地坝顶代替桥梁，节省了大量的建桥费用。

6.1.4.7　治沟骨干工程防洪保收

治沟骨干工程具有保护小流域淤地坝安全生产的作用。近年来安排的治沟骨干工程主要集中在有一定治理基础的小流域，对保护小多成群的淤地坝的安全生产发挥了巨大作用。内蒙古自治区准格尔旗安定壕村，地处忽鸡图小流域。1989年配合流域治理，在贾浪沟、罕将沟建成4座骨干工程，控制流域面积17.7km²，总库容309×10⁴m³，除经受"89.7"大暴雨外，还保护了下游坝地的安全生产，提供了灌溉水源。经过3年的管护运行，4座骨干坝的年蓄水量达205×10⁴m³，灌溉面积增加132hm²，使该流域粮食总产量由原来的年平均34×10⁴kg增加到1991年的120×10⁴kg。

6.2　淤地坝工程规划

淤地坝工程规划是水土保持总体规划的一部分，也是农业综合规划的一个重要组成部分。但鉴于水土流失地区自然因素的复杂性与多变性，以及水土保持工作的艰巨性，淤地坝工程必须要有一个周详的长远规划，如沟壑中何处打坝，打几座，打多高，支毛沟哪里修谷坊、哪里造林；沟道的水资源如何利用、道路如何修建等都要清楚。这样才能把水土保持工程规划变成治山治水的蓝图。

工程规划应在小流域坝系规划的基础上，按照工程类型（拦洪坝、小型水库等）分别进行工程规划。其具体内容包括：确定枢纽工程的具体位置，落实枢纽及结构物组成，确定工程规模，拟定工程运用规划，提出工程实施规划、工程枢纽平面布置及技术经济指标，并估算工程效益。

6.2.1　坝系规划原则与布局

在一个小流域内修有多种坝，有淤地种植的生产坝，有拦蓄洪水、泥沙的防洪坝，有蓄水灌溉的蓄水坝，各就其位，能蓄能排，形成以生产坝为主，拦泥、生产、防洪、灌溉相结合的坝库工程体系。

合理的坝系布设方案应满足投资少、多拦泥、淤好地的要求，使拦泥、防洪、灌溉三者紧密结合为完整的体系，达到综合利用水砂资源的目的，尽快实现沟壑川台化。为此，必须做好坝系的规划。

6.2.1.1　坝系规划的原则

①坝系规划必须在流域综合治理规划的基础上，上下游、干支沟全面规划，统筹安

排。要坚持沟坡兼治、生物措施与工程措施相结合和综合、集中、连续治理的原则，把植树种草、坡地修梯田和沟壑打坝淤地有机地结合起来，以利于形成完整的水土保持体系。

②最大限度地发挥坝系调洪拦砂、淤地增产的作用，充分利用流域内的自然优势和水砂资源，满足生产上的需要。

③各级坝系自成体系，相互配合，联合运用，调节蓄泄，确保坝系安全。

④坝系中必须布设一定数量的控制性骨干坝，它是安全生产的中坚工程。

⑤在流域内进行坝系规划的同时，要提出交通道路规划。对泉水、基流水源，应提出保泉、蓄水利用方案，勿使水资源埋废。坝地盐碱化直接影响农业生产，规划中需拟定防治措施，以防后患。

⑥对分期施工加高的坝，规划时应当考虑到溢洪道、放水建筑物在当坝高达到最终设计高程时，能合理地重新布设。

6.2.1.2 坝系布设

在一条流域内或一条沟道中，什么地方建坝，建几座坝，哪个坝为控制性骨干坝，哪个坝为生产坝等，都要根据沟道地形、水砂来源、利用方式，以及经济技术上的合理性等因素来确定，这是一个比较复杂的经济技术方案的比选问题。

根据多年的生产实践和前人研究的成果，沟道坝系的布设，一般常见的有以下几种。

(1)上淤下种，淤种结合布设方式

凡集水面积小，坡面治理较好，洪水来源少的沟道，可采取由沟口到沟头，自下而上分期打坝方式，当下坝淤满能耕种时，再打上坝拦洪淤地，逐个向上发展，形成坝系。一般情况下，上坝以拦洪为主，边拦边种，下坝以生产为主，边种边淤。

(2)上坝生产，下坝拦淤布设方式

对于流域面积较大的沟道，在坡面治理差，来水很多，劳力又少的情况下，可以采取从上到下分期打坝的办法，待上坝淤满利用时，再打下坝，滞洪拦淤，由沟头直打到沟口，逐步形成坝系。坝系的防洪办法是在上坝淤成后，从溢洪道一侧开挖排洪渠，将洪水全部排到下坝拦蓄，淤淀成地。

(3)轮蓄轮种，蓄种结合布设方式

在不同大小的流域内，只要劳力、经费充足，同时可以打几座坝，分段拦洪淤地，待这些坝淤满生产时，再在这些坝的上游打坝，作为拦洪坝，形成隔坝拦蓄，所蓄洪水可灌溉下坝，待上坝淤满后，由滞洪改为生产，接着加高下坝，变生产坝为滞洪坝，这就是坝系交替加高，轮蓄轮种，蓄种结合的布设方式。

(4)支沟滞洪，干沟生产布设方式

在已成坝系的干支沟中，干沟坝以生产为主，支沟坝以滞洪为主，干支沟各坝应按区间流域面积分组调节，控制洪水，达到拦、蓄、淤、排和生产的目的。这种坝系调节洪水的办法是：干支沟相邻的 2~3 个坝作为一组，丰水年时可将滞洪坝容纳不下的多余洪水漫淤生产坝进行调节，保证安全度汛。

（5）多漫少排，漫排兼顾布设方式

在形成完整坝系及坡面治理较好的沟道里，可通过建立排水滞洪系统，把全流域的洪水分成两部分，大部分引到坝地里，漫地肥田，小部分通过排洪渠排到坝外漫淤滩地。布设时在坝系支沟多的一侧挖渠修堤，坝地内划段修挡水埝，在每块坝地的围堤上端开一引水口进行漫淤，下端开一退水口，把多余的洪水或清水通过排洪渠排到坝外。

（6）以排为主，漫淤滩地布设方式

一些较大的流域往往由于洪水较大，所有坝地不能吃掉大部分洪水而采取以排为主的方式，有计划地把洪水泥沙引到沟外。漫淤台地、滩地，其办法主要是通过坝系控制，分散来水，将洪水由大化小，由急变缓，创造并控制利用洪水的条件，把排洪与引洪漫地结合起来。

（7）高线排洪，保库灌田布设方式

在坝地面积不多的流域或者有小水库的沟道，为了充分利用好坝地或使水库长期运用，不能淤积，可以绕过水库、坝地，在沟坡高处开渠，把上游洪水引到下游沟道或其他地方加以利用。

（8）隔山凿洞，邻沟分洪布设方式

在一些流域面积较大且坡面治理较差的沟道，虽然沟内打坝较多，但由于洪量太大，坝系拦洪能力有限，或者坝地存在严重盐碱化和排洪渠占用坝地太多等原因，既不能有效地拦蓄所有洪水，又不能安全地向下游排洪。在这种情况下，只要邻近有山沟，隔梁不大，又有退洪漫淤条件，就可开挖分洪隧道，使洪水泄入邻沟内，淤漫坝地或沟台地，分散洪水，不致集中危害，达到安全生产，合理利用的目的。

（9）坝库相间，清洪分治布设方法

这种布设方式就是在沟道里能多淤地的地方打淤地坝，在泉眼集中的地方修水库，因地制宜地布置坝地和水库位置。其具体布设有以下 3 种形式。

①"拦洪蓄清"方式　在水库上游只建设有清水洞而不设溢洪道的拦洪坝，拦洪坝采取"留淤放清，计划淤种"的运用方式，将清水放入水库蓄积。

②"导洪蓄清"方式　当洪水较大或拦洪坝淤满种植后，洪水必须下泄时，可选择合适的地形，使拦洪坝（或淤地坝）的溢洪道绕过水库，把洪水导向水库的下游。

③"排洪蓄清"方式　当上游没有打拦洪坝条件时，可以利用水库本身设法汛期排洪，汛后蓄清水。其方法是在溢洪道处安装低坎大孔闸门或用临时挡水土埝。汛期开门（扒开埝土），洪水经水库穿堂而过，可把泥沙带走，汛后关门（再堆土埝）蓄清水。

6.2.1.3　坝系形成顺序和建坝顺序

（1）坝系形成顺序

流域坝系形成顺序应根据其控制流域面积的大小和人力、财力等条件合理安排，一般有以下 3 种。

①先支后干　先在支沟形成坝系，后在干沟形成坝系。这种建坝顺序符合"先易后难、工程安全和见效快"的原则。

②先干后支　与上相反，即先在干沟形成坝系，然后在支沟形成坝系。这种筑坝顺

序开始时就要投入较多的人力和财力，适合于干沟宽阔，支沟狭窄，劳力多的地方。其优点是坝地淤起快，但有一定的风险性，要注意坡面上的同步治理，以保证沟道坝系的安全。

③以干分段，按支分片，段片分治 当流域面积较大、乡村较多时，可以按坝系的整体规划，分段划片实行包干治理。治理应符合"小集中、大连片"的原则。

（2）建坝顺序

坝系中打坝的先后，直接影响到坝系能否多快好省地形成。不论是干系、支系和系组，建坝的顺序有以下2种。

①自下而上 从下游向上游逐座分段建坝，依次形成坝系。这种顺序可集中全部泥沙于一坝，淤地快，收益早；淤成一坝，上游始终有一个一定库容的拦洪坝，确保下游坝地安全生产，并能供水灌溉；同时上坝可修在下坝末端的淤积面上，有利于减少坝高和节省工程量，但采用这种顺序打坝，初期工程量较大，需要的投工、投资也较多。

②自上而下 从上游向下游逐座修建，上坝修成时，再修下坝，依次形成坝系。采用这种顺序，单坝控制流域面积小，来洪少，可节节拦蓄，工程安全可靠，且规模不大，易于实施。但坝系成地较慢，上游无坝拦蓄洪水，坝地防洪保收不可靠，初期防洪能力较差。

（3）流域建坝密度

流域建坝密度应根据降雨情况、沟道比降、沟壑密度以及建坝淤地条件，按梯级开发利用原则，因地制宜地规划确定。根据各地经验，在沟壑密度 $5\sim7km/km^2$，沟道比降 $2\%\sim3.9\%$，适宜建坝的黄土丘陵沟壑区，可建坝 $3\sim5$ 座/km^2；在沟壑密度 $3\sim5km/km^2$，适宜建坝的残垣沟壑区，建坝 $2\sim4$ 座/km^2；沟道比较大的土石山区，建坝 $5\sim8$ 座/km^2 比较适宜。

6.2.2 坝址选择

坝址的选择在很大程度上取决于地形和地质条件，但是如果单纯从地质条件好坏的观点出发去选择坝址是不够全面的。选择坝址必须结合工程枢纽布置、坝系整体规划、淹没情况和经济条件等综合考虑。一个好的坝址必须满足拦洪或淤地效益大、工程量最小和工程安全三个基本要求。在选定坝址时，要提出坝型建议。坝址选择一般应考虑以下几点。

①坝址在地形上要求河谷狭窄、坝轴线短，库区宽阔容量大，沟底比较平缓（即口小肚大的葫芦形地形）。

②坝址附近应有宜于开挖溢洪道的地形和地质条件，最好有鞍形岩石山凹或红黏土山坡。还应注意到大坝分期加高时，放、泄水建筑物的布设位置。

③坝址附近应有良好的筑坝材料（土、砂、石料），取用容易，施工方便，因为建筑材料的种类、储量、质量和分布情况，影响到坝的类型和造价。采用水坠坝时应有足够的水源，在施工期间所能提供的水源应大于坝体土方量。坝址应尽量向阳，以利延长施工期和蒸发脱水。

④坝址地质构造稳定，两岸无疏松的坍塌土、滑坡体，断面完整，岸坡不大于60°。

坝基应有较好的均匀性，其压缩性不宜过大。岩层要避免活断层和较大裂隙，尤其要避免有可能造成坝基滑动的软弱层。

⑤坝址应避开沟岔、弯道、泉眼，遇有跌水应选在跌水上方。坝肩不能有冲沟，以免洪水冲刷坝身。

⑥库区淹没损失要小，应尽量避免村庄、大片耕地、交通要道和矿井等被淹没。有些地形和地质条件都很好的坝址，就是因为淹没损失过大而被放弃，或者降低坝高，改变资源利用方式，这样的先例并不少见。

⑦坝址还必须结合坝系规划统一考虑。有时单从坝址本身考虑比较优越，但从整体衔接、梯级开发上看不一定有利，这种情况也需要注意。

6.2.3 设计资料收集与特征曲线绘制

6.2.3.1 设计资料收集

进行工程规划时，一般需要收集和实测如下资料。

(1)地形资料

包括流域位置、面积、水系、行政权属和地形特点。

①坝系平面布置图 在1:10 000地形图标出。

②库区地形图 一般采用1:5 000或1:2 000的地形图。等高线间距2~5m，测至淹没范围10m以上。它可以用来计算淤地面积、库容和淹没范围，绘制高程与淤地面积曲线和高程与库容曲线。

③坝址地形图 一般采取1:1 000或1:500的实测现状地形图，等高线间距0.5~1.0m，测至坝顶以上10m。用此图规划坝体、溢洪道和泄水洞，估算大坝工程量，安排施工期土石场、施工导流、交通运输等。

④溢洪道、泄水洞等建筑物所在位置的纵横断面图 横断面图用1:100~1:200比例尺；纵断面图可用不同的比例尺。这两种图可用来设计建筑物估算挖填土石方量。

在特殊情况下，上述各图可以适当放大或缩小。规划设计所用图表，一般均应统一采用黄海高程系和国家颁布的标准图式。

(2)流域、库区和坝址地质及水文地质资料

①区域或流域地质平面图。

②坝址地质断面图。

③坝址地质构造，河床覆盖层厚度及物质组成，有无形成地下水库条件等。

④沟道地下水、泉水溢出地段及其分布状况。

(3)流域内河、沟水化学测验分析资料

包括总离子含量、矿化度(mL/g)、总硬度、总碱度及pH值在区域变化的规律，为预防坝地盐碱化提供资料。

(4)水文气象资料

包括降水、暴雨、洪水、径流、泥沙情况、气温变化和冻土深度等。

(5)天然建筑材料的调查

包括土、砂、石、砂砾料的分布、结构性质和储量等。

（6）社会经济调查资料

包括流域内人口、经济发展现状、土地利用现状和水土流失治理情况等。

（7）其他条件

包括交通运输、电力、施工机械、居民点、淹没损失和当地建筑材料的单价等。

6.2.3.2 集水面积测算及库容曲线绘制

（1）集水面积计算方法

计算集水面积的方法很多，一般淤地坝的控制集水面积可用求积仪法、方格法、横断面法和经验公式法等求出。

①求积仪法 采用求积仪计算集水面积时，是由求积仪量得的图上面积值（cm^2）乘以地形图比例尺的平方值，即得淤地坝所控制的集水面积。采用此法时，应注意校核仪器本身的精度和比例尺，重复量测多次，取其算术平均值作为最终集水面积值。

②方格法 用透明的方格纸铺在画好的集水面积平面图上，数一下流域内有多少方格，根据每一个方格代表的实际面积，乘以总的方格数，即可算得淤地坝所控集水面积值。

③横断面法 详见6.2.3.2（2）一节。

④经验公式法 通常采用式（6-1）计算淤地坝所控集水面积，即

$$A = fL^2 \tag{6-1}$$

式中　A——集水面积（m^2）；

L——流域长度（m）；

f——流域形状系数，狭长形取 0.25，条叶形取 0.33，椭圆形取 0.4，扇形取 0.50。

（2）淤地坝坝高与库容、面积关系曲线绘制方法

淤地面积和库容的大小是淤地坝工程设计与方案选择的重要依据，而它又是随着坝高而变化的，确定其值时，一般采用绘制坝高与淤地面积和库容关系曲线，以备设计时使用。绘制的方法有等高线法、横断面法和简易计算法等。

①等高线法 利用库区地形图，等高距按地形条件选择，一般为 2～5m。计算时首先量出各层等高线间的面积，再计算各层间库容及累计库容，然后绘出坝高—淤地面积及坝高—库容曲线。

坝高—淤地面积曲线：淤地坝坝高与淤地面积之间的关系曲线称为坝高—淤地面积曲线，简称淤地坝面积曲线。该曲线可根据地形图，采用等高线法绘制。

每一坝高的淤地面积等于相应的等高线与坝轴线所围成的面积（图6-2），可采用求积仪法或方格法量出。

以坝高为纵坐标，以相应的淤地面积为横坐标，求出相应的点，描绘成平滑曲线，即得坝高—淤地面积曲线，如图6-3中的 H-A 曲线所示。

坝高—库容曲线：坝高—库容曲线简称淤地坝库容曲线，它反映了淤地坝各级坝高与淤地坝容积的关系，可由淤地坝面积曲线算得。首先，按式（6-2），从淤地坝最底层起，计算相邻两等高线间的体积为：

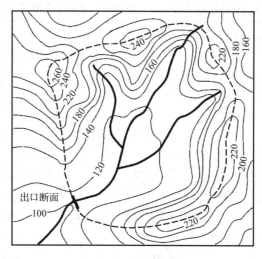

图 6-2　库区地形图

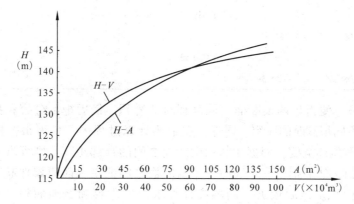

图 6-3　某淤地坝坝高(H)、淤地面积(A)及库容(V)关系曲线

$$V_n = \frac{A_n + A_{n+1}}{2} H_n \qquad (6-2)$$

式中　V_n——相邻两等高线之间的淤地体积(m^3);

　　　A_n, A_{n+1}——相邻两等高线对应的淤地面积(m^2),由坝高—淤地面积曲线查得;

　　　H_n——两相邻等高线的高差,一般取 2 ~ 5m。

　　然后从淤地坝最低点向上累加这些容积,即得每一坝高相应的容积,并绘出淤地坝库容曲线,如图 6-3 中的 H-V 曲线所示。

　　以某一淤地坝为例,淤地坝面积曲线和淤地坝库容曲线列表计算,见表 6-3。根据表中(1)、(2)两栏即可绘制出图 6-3 中的 H-A 关系曲线和 H-V 关系曲线。

　　②横断面法　当没有库区地形图时,可用横断面法粗略计算。

　　首先,测出坝轴线处的横断面,然后在坝区内沿沟道的主槽中心线测出沟道的纵断面,再在有代表性的沟槽(或沟槽形状变化较大)处测出其横断面。计算库容时,在各横断面图上以不同高度线为顶线,求出其相应的横断面面积,由相邻的两横断面面积平均

表 6-3 某淤地坝坝高—淤地面积—淤地坝库容曲线计算表

坝高 H (m)	淤地面积 ΔA		平均面积 A (km^2)	高差 ΔH (m)	库容 ΔV ($\times 10^4 m^3$)	累积库容 V ($\times 10^4 m^3$)
	(km^2)	(亩)				
(1)	(2)		(3)	(4)	(5)	(6)
115	0.001 71	2.57				0
			0.004 50	5	2.25	
120	0.007 28	10.92				2.25
			0.011 02	5	5.51	
125	0.014 76	22.14				7.76
			0.020 12	5	10.06	
130	0.025 48	38.22				17.82
			0.033 83	5	16.91	
135	0.042 17	63.26				34.73
			0.051 48	5	25.74	
140	0.060 78	91.17				60.47
			0.070 52	5	35.26	
145	0.080 26	120.39				95.73

值乘以其间距离，便得出两横断面不同高程时的容积。最后把部分容积按不同高程相加，即为各种不同坝高时的库容。同理，在上述计算过程中，量得每个横断面在同一坝高上的横断面顶部宽度，根据相邻两横断面之间的顶部距离，则可求得两个横断面之间的集水面积，然后把同一坝高时各个横断面之间的集水面积累加起来，即为该坝高相应的淤地面积。最后根据不同坝高计算求得的库容和淤地面积，绘出坝高—库容—淤地面积曲线。坝区内如有较大的支沟，计算中应将相应水位以下支沟中的容积和面积加入。

现以淤地坝某一坝高为标准(图 6-4)，阐述其具体做法。

a. 求出每个横断面在同一坝高上的横断面面积 A_1，A_2，$\cdots$，A_n，根据桩基号计算相邻两横断面之间的距离 L_{1-2}，L_{2-3}，$\cdots$，$L_{(n-1)-n}$，则两个相邻横断面之间的蓄水体积为：

$$V_{1-2} = \frac{A_1 + A_2}{2} \times L_{1-2};$$

$$V_{2-3} = \frac{A_2 + A_3}{2} \times L_{2-3};$$

$$\cdots$$

最后一个断面 A_n 与回水末端的库容可按下式估算：

$$V_n = \frac{A_n}{3} \times L_n$$

b. 把同一坝高时各横断面之间的蓄水体积累加，即得该坝高相应的库容，即

$$V = V_{1-2} + V_{2-3} + \cdots + V_{(n-1)-n} + V_n$$

$$= \frac{A_1 + A_2}{2} \times L_{1-2} + \frac{A_2 + A_3}{2} \times L_{2-3} + \cdots + \frac{A_n}{3} \times L_n \tag{6-3}$$

根据不同坝高求得的库容，即可绘制出坝高—库容曲线($H\text{-}V$线)。

c. 与上述坝高对应，量得每个横断面在同一坝高上的断面顶部宽度 B_1，B_2，$\cdots$，B_n，根据相邻两横断面的顶部距离 L_{1-2}，L_{2-3}，$\cdots$，$L_{(n-1)-n}$，求得两个横断面之间的集水面积：

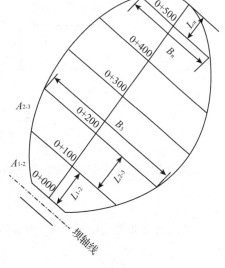

图6-4 横断面法示意

$$V_{1-2} = \frac{B_1 + B_2}{2} \times L_{1-2};$$

$$V_{2-3} = \frac{B_2 + B_3}{2} \times L_{2-3};$$

$$\cdots$$

$$A_n = \frac{B_n}{3} \times L_n$$

d. 把同一坝高时各横断面之间的集水面积累加，即得该坝高相应的淤地面积，即

$$A = A_{1-2} + A_{2-3} + \cdots + V_n$$

$$= \frac{B_1 + B_2}{2} \times L_{1-2} + \frac{B_2 + B_3}{2} \times L_{2-3} + \cdots + \frac{B_n}{3} \times L_n \tag{6-4}$$

根据不同坝高求得的淤地面积，即可绘制出坝高—淤地面积曲线($H-A$线)。

③简易计算法　在没有图件资料的情况下，淤地面积和库容也可采用简易计算方法。该法为一近似计算方法，可作粗略估算之用。

a. 淤地面积计算：淤地面积的计算可采用式(6-5)，即

$$A = \frac{2}{3}BL \tag{6-5}$$

式中　A——淤地面积(m^2)；

　　　B——相应于溢洪道底部的沟道宽度(m)；

　　　L——回水长度(m)。

b. 淤地坝库容计算：由于沟道横断面形状不同，淤地坝的库容计算公式也有所不同，一般有以下几种计算方法。

当沟道断面为近似三角形时[图6-5(a)]，其计算公式为：

$$V = \frac{1}{6}BHL \tag{6-6}$$

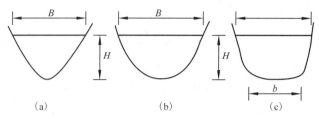

图 6-5 不同沟道横断面示意
(a)三角形 (b)弧形 (c)梯形

当沟道断面为近似弧形时[图 6-5(b)]，其计算公式为：

$$V = \frac{1}{4.5}BHL \qquad (6-7)$$

当沟道断面为近似梯形时[图 6-5(c)]，其计算公式为：

$$V = \frac{1}{6}(B + b)HL \qquad (6-8)$$

式中　b——沟底宽度(m)；
　　　　H——坝高(m)；
　　　　其余符号意义同前。

6.2.4　淤地坝水文计算

设计暴雨量、设计洪峰流量、设计洪水总量，以及洪水过程线推算等淤地坝水文计算内容，可参见本书的有关章节。在此须指出的是水土保持措施对设计洪水的影响。

①有边埂的水平梯田，在一般暴雨情况下可以达到全拦全蓄，但在设计暴雨情况下，也有少量的径流发生。因此在设计暴雨的情况下，根据设计频率的不同，采用不同的面积作用系数。

②造林是防治水土流失的重要措施，其作用主要取决于林冠郁闭度的大小，在设计洪水中对于林冠郁闭度大于 0.7 的，应考虑其作用，这个作用仍按面积作用系数计算。

水平梯田及林冠郁闭度大于 0.7 的林地，不同频率暴雨下的面积作用系数见表 6-4。

表 6-4　不同频率的面积作用系数

频率(%)	1	2	3	5	10
作用系数	0.50	0.60	0.65	0.80	0.95

例如，在工程控制面积内有水平梯田 200 亩，林冠郁闭度大于 0.7 的林地 300 亩，设计暴雨频率 P 为 5% 时，其作用系数为 0.8，所以不产流面积为 0.8 × (200 + 300) = 400 亩，这个面积在计算洪水时应扣除。

③群众性小型蓄水工程、谷坊、小型淤地坝等对设计洪水的作用可不考虑。

6.3 淤地坝调洪演算

6.3.1 淤地坝坝高的确定

淤地坝除了拦泥淤地外，一般还有防洪的要求。因此，淤地坝的库容由拦泥库容和滞洪库容组成。拦泥库容的作用是拦泥淤地，故其相应的坝高称为拦泥坝高，其相应的库容称为淤地库容。滞洪库容的作用是调蓄洪水径流，故其相应的坝高称为滞洪坝高，也称调洪坝高。另外，为了保证淤地坝工程和坝地生产的安全，还需增加一部分坝高，称为安全超高。由此可见，拦泥库容和滞洪库容确定后，拦泥坝高和滞洪坝高即可确定。

因此，淤地坝的总坝高 H 等于拦泥坝高 $h_拦$、滞洪坝高 $h_滞$ 及安全超高 Δh 之和，即

$$H = h_拦 + h_滞 + \Delta h \tag{6-9}$$

6.3.1.1 拦泥坝高的确定

(1)影响拦泥坝高的影响因素分析

影响拦泥坝高的因素很多，主要有以下3点。

①淤地面积 淤地面积是随着坝高的增高而增大的，但增长速度逐渐趋于缓慢，甚至近于停止。如图6-6所示，某淤地坝，当坝高超过25m时，每米坝高的淤地面积逐渐减少，而单位淤地面积投资却急剧增加。所以，设计拦泥坝高时需要作技术、经济方案比较，应以较少的筑坝投资获得较大的淤地面积。

②淤满期限 淤满期限是确定拦泥坝高的重要参数，其值应在安全防洪的前提

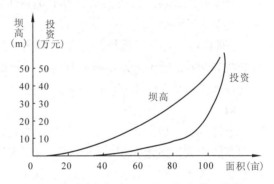

图 6-6 某淤地坝坝高—面积—投资关系曲线

下，以尽早受益的原则来确定。例如，山西根据群众筑坝经验，淤地坝淤平年限定为：大型淤地坝10~15年，中型淤地坝5~10年，小型淤地坝5年以下。

③工程量和施工方法 淤地坝一般在当年汛期后动工，次年汛期前达到防汛坝高。所以应根据设计洪水、施工方法和劳力等情况，估算可能完成的工程量，分析完成设计坝高的可能性。

(2)拦泥坝高的确定

拦泥坝的拦泥量和淤地面积，通常是随拦泥坝高的增大而增大的。但因沟道地形的不同，有的增大快，有的增大慢，故在决定拦泥坝高时，应把拦泥量和淤地面积最大而工程量最小，并且能达到水砂相对平衡时的坝高作为设计坝高，此时相应的拦泥库容 $V_拦$ 比较合理。

设计时，首先分析该坝坝高—淤地面积—库容关系曲线，初步选定经济合理的拦泥

坝高，再由其关系曲线查得相应坝高的拦泥库容。其次，将初拟坝高加上滞洪坝高和安全超高的初步估计值(一般为3.0~4.0m)作为全坝高来估算其坝体的工程量。根据施工方法、工期和社会经济情况等，判断实现初选拦泥坝高的可能性。该拦泥库容 $V_{拦}$ 可根据流域面积、侵蚀模数(或多年平均输砂量)、设计淤积年限、坝库排砂比，按式(6-10)、式(6-11)确定，即

$$V_{拦} = \frac{FK\,(1-n_s)T}{\gamma_s} \qquad\qquad (6\text{-}10)$$

或

$$V_{拦} = \frac{W_s\,(1-n_s)T}{\gamma_s} \qquad\qquad (6\text{-}11)$$

式中 F——该坝所控制的流域面积(km^2)；

K——流域年平均侵蚀模数[$t/(km^2 \cdot a)$]，可查阅当地水文手册；

n_s——坝库排砂比，无溢洪道时可取0；

T——设计淤积年限(a)；

W_s——多年平均输砂量(t/a)；

γ_s——淤积泥沙的干容重(t/m^3)，设计时可取1.3~1.35。

有了拦泥库容，即可根据其 $H\text{-}V$ 关系曲线(图6-3)查出相应的拦泥坝高 $h_{拦}$。

(3)应用举例

【例6-1】 已知某流域的一条沟道内，经规划测算，坝址处的坝高—淤地面积—库容曲线如图6-3所示。该坝所控制的流域面积为5km^2，查阅当地水文手册知，流域内年平均侵蚀模数为18 000$t/(km^2 \cdot a)$。试确定该坝的设计拦泥坝高。

解：

条件分析：由图6-3所示的坝高—淤地面积—库容曲线可知，当坝高超过20m后，随坝高的增大，淤地面积增加很少，为了多淤出一些坝地，将拦泥坝坝高修的大于20m，显然从经济上就很不合算了。另外，20m左右的大坝，若采用水力冲填等施工技术筑坝，从人力、物力和财力条件上讲，一年内修成是可以做到的。故初步选定拦泥坝高为20m。

①拦泥库容 $V_{拦}$ 的确定 根据已知流域面积 $F_{淤}$、侵蚀模数 K 等，按式(6-10)计算；计算时暂不考虑输沙比，即，取 $n_s = 0$，取淤积年限 $T = 5a$，$\gamma_s = 1.3t/m^3$，

则： $$V_{拦} = \frac{5 \times 18\,000 \times (1-0) \times 5}{1.3} = 34.62 \times 10^4 (m^3)$$

②淤积年限计算 根据 $H\text{-}A$ 曲线分析合理坝高后，反算 $V_{拦}$。

从 $H\text{-}A$ 曲线可以看出，当坝高大于20m后，淤地面积增加不多，故合理淤地坝高可取20m。

当拦泥坝高 $h_{拦} = 20m$ 时，由 $H\text{-}V$ 曲线中可查出 $V_{拦} = 30 \times 10^4 m^3$。由 $V_{拦}$ 反算淤积年限 T，得：

$$T = \frac{300\,000 \times 1.3}{18\,000 \times 5} = 4.33(a)$$

③拦泥坝高 $h_{拦}$ 计算 由上面的计算比较来看，当取 $T = 5$ 年时，$V_{拦} = 34.6 \times 10^4 \text{m}^3$，相应的 $h_{拦} = 21\text{m}$；当取 $T = 4.33$ 年时，$V_{拦} = 30 \times 10^4 \text{m}^3$，相应的 $h_{拦} = 20\text{m}$。故从淤满时间和减小坝高考虑 $h_{拦} = 20\text{m}$ 较为适宜。

6.3.1.2 滞洪坝高的确定

为了保证淤地坝工程安全和坝地的正常生产，必须修建防洪建筑物(如溢洪道)。由于防洪建筑物不可能修得很大，也不可能来多少洪水就排泄多少洪水，这在经济上是极不合理的。所以，在淤地坝中除有拦泥(淤地)库容外，必须有一个滞洪库容，用以滞蓄由防洪建筑物暂时未能排泄的洪水。滞洪库容为淤地坝最高设计洪水位与设计拦泥面高程之间的调洪库容。该库容由枢纽工程组成和坝地运用要求而定。

①对三大件枢纽工程，该库容须通过"6.3.2 淤地坝调洪演算"决定。

②对两大件枢纽工程，可按工程的设计来水总量确定。

③对拦泥库容已淤满，考虑作物种植可能淹没受损时，应按最大淹没水深(一般不大于1.5m)相应的库容作为滞洪库容。

当滞洪库容确定后，查 H-V 曲线，即可求得滞洪坝高 $h_{滞}$。

6.3.1.3 安全超高的确定

安全超高是考虑坝库蓄水后水面风浪冲击、蓄水意外增大使库区水位升高和坝体沉陷等而附加的一部分坝高。安全超高主要取决于坝高的大小，可按有关规范选定(表6-5)。

表 6-5 淤地坝安全超高

坝 高(m)	<10	10~20	>20
安全超高(m)	0.5~1.0	1.0~1.5	1.5~2.0

6.3.2 淤地坝调洪演算

6.3.2.1 淤地坝调洪演算的任务

当淤地坝库枢纽工程采用三大件(有溢洪道)时，须进行调洪计算。

调洪计算的目的在于确定滞洪库容(调洪库容)和相应的滞洪坝高，同时确定溢洪道设计泄洪流量和相应断面的水力尺寸。

一般对库容很小的淤地坝库，不考虑调洪作用，不进行调洪计算，溢洪道的最大泄流量和断面尺寸，按设计洪峰流量计算即可。对较大库容的坝库(如蓄水面积与流域面积之比大于1/20时)，或溢洪道过流水深较大时，应考虑滞蓄部分的洪水作用，溢洪道最大泄流量可按削减后的洪峰流量计算。

6.3.2.2 淤地坝设计洪水的标准

淤地坝建设中存在的一个突出问题是容易被洪水冲毁。据调查，1973 年陕西延川县大雨，淤地坝被冲毁 3 300 多座；1977 年陕北、晋西大雨，冲毁淤地坝 2 万多座，造成了很大的经济损失。1994 年，黄土高原地区也受到了两次暴雨洪水的冲击，由于部分地区的降水量远超过 50mm 的面积，并且有部分地区降水量超过了 100mm，超过了现有淤地坝的防洪标准，当地的暴雨中心是黄土高原中的绥德县，暴雨过后绥德县的水毁淤地坝接近 800 座，占到全县总坝数的 1/5。毁坝原因，除有些地方淤地坝的质量不合要求外，其主要原因是淤地坝的设计洪水标准偏低，一般采用 10 年一遇或 20 年一遇。1977 年 8 月，陕西省绥德县韭园沟淤地坝冲毁 252 座，其中由于溢洪道的排洪能力小，洪水漫顶而使淤地坝冲毁的达 94%。

每年甚至每次入库的洪水，其数量大小和变化过程都是不同的。在淤地坝规划时，必须选择相应于某一频率的洪水作为依据，称为设计洪水。它包括设计洪峰流量、设计洪水总量和设计洪水过程线 3 个部分内容。

设计洪水标准的选择对淤地坝坝体安全和筑坝成本具有重要的影响。设计洪水标准选择过大，所求得的滞洪坝高和溢洪道尺寸偏大，对淤地坝工程和坝地生产是安全的，但工程量大、造价高、不经济；反之，工程量减小，可节省投资，一旦来了较大的洪水，工程极不安全，造成垮坝。因而，合理地选择设计洪水标准是十分重要的，尤其是大中型淤地坝必须慎重考虑。

拦洪坝的主要作用是滞洪削峰，保护下游淤地坝及小水库和村镇的安全，拦洪坝随着洪水泥沙的淤积，后期将逐步淤满而成为淤地坝。拦洪坝是坝系防洪拦沙的骨干工程，应与水库防洪标准相同，又因其兼具拦泥特点，也应考虑有一定的设计淤积年限。

淤地坝工程设计标准一般是根据其重要性（在经济和建设中的作用和地位）和失事后的危害性（造成下游淹没破坏等）制定的，一般由国家或省（自治区）制定，通常称为"规范"，设计工程时须以此为据。

早期的水土保持工程治沟骨干工程技术规范是 1986 年颁布实施的，在此后的 20 年时间里，该规范对水土保持治沟骨干工程建设起到了积极的推动作用。随着社会的发展，旧的规范已经不能适应当前的建设需要。2008 年后相继出台了部分关于水土保持工程的技术规范。表 6-6 摘自《水土保持综合治理技术规范 沟壑治理技术》（GB/T 16453.3—2008），表 6-7 摘自《水土保持工程设计规范》（GB 51018—2014）。供参考。

表 6-6 淤地坝设计洪水标准与淤积年限

项　目		单位	淤地坝类型			
			小型	中型	大（二）型	大（一）型
库容		（×10⁴m³）	<10	10~50	50~100	100~500
洪水重现期	设计	a	10~20	20~30	30~50	30~50
	校核	a	30	50	50~100	100~300
淤积年限		a	5	5~10	10~20	20~30

注：大型淤地坝下游如有重要经济建设、交通干线或居民密集区，应根据实际情况，适当提高设计洪水标准。

表6-7 淤地坝建筑物设计标准

建筑物级别	洪水重现期(a)		建筑物级别	洪水重现期(a)	
	设计	校核		设计	校核
1	30~50	300~500	3	20~30	50~200
2	20~30	200~300	4	10~20	30~50

淤地坝调洪计算,只考虑设计洪水标准,不需要进行校核。当大中型淤地坝下游有村庄、厂矿、交通干线等重要设施时,应适当提高设计洪水标准。

6.3.2.3 淤地坝调洪演算的基本原理和方法

当设计洪水进入淤地坝后,洪峰流量减少,洪水历时延长,这个过程称为淤地坝调节洪水过程,简称淤地坝调洪。

(1)淤地坝调洪演算的基本原理

淤地坝调洪计算的基本原理,是逐时段地联立求解淤地坝库的水量平衡方程和蓄泄方程。

水量平衡方程表示计算时段 Δt 内,进入坝库的水量与溢洪道下泄的水量之差,应等于该时段内坝库蓄水量的变化值,如图6-7所示。

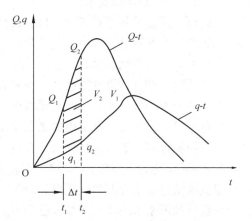

图6-7 淤地坝坝库水量平衡示意

水量平衡方程可写为:

$$\frac{Q_1 + Q_2}{2}\Delta t - \frac{q_1 + q_2}{2}\Delta t = V_2 - V_1 \tag{6-12}$$

式中 Q_1,Q_2——时段 Δt 始、末的入库流量(m³/s);

q_1,q_2——时段 Δt 始、末的出库流量(m³/s);

V_1,V_2——时段 Δt 始、末的坝库蓄水量(m³);

Δt——计算时段(s)。

调洪计算时,入库洪水过程 Q-t 是已知的,即方程中 Q_1、Q_2 为已知数。计算时段 Δt 可根据精度要求,视入库洪水过程的变化情况而定。一般情况下,陡涨陡落的应取短些;变化平缓的可取长些。时段初的坝库蓄水量 V_1 与下泄流量 q_1 可由前一时段求得。未知的只有 V_2 与 q_2。为了求解,须建立第二个方程,即坝库的蓄泄方程。

坝库泄流建筑物的泄流能力,是指某一泄流水头下的泄流量。假定淤地坝的放水洞泄流量很小,可忽略不计;而溢洪道不设闸门,只能起到调洪作用,则淤地坝的调洪演算一般自溢洪道顶算起,即认为设计洪水来临时淤地坝的库水位(设计拦泥淤积面)与溢洪道坝顶齐平。

在溢洪道无闸门控制或闸门全开的情况下,溢洪道的泄流量可按堰流公式计算,即

$$q_{泄} = MBH^{3/2} \tag{6-13}$$

式中 $q_{泄}$——溢洪道的泄流量(m³/s);

H——溢洪道堰上水头(m);

B——溢洪道堰顶净宽(m);

M——流量系数,可查阅水力学方面的书籍。

对于具体的淤地坝而言,当泄流建筑物形式与尺寸一定时,泄流量只取决于泄流水头或坝库蓄水量,即泄流量是泄流水头的单值函数。于是式(6-13)可用下面的蓄泄方程统一表示,即

$$q = f(V) \tag{6-14}$$

式中 q——淤地坝泄流量;

V——淤地坝泄流水头。

这样,联立求解方程式(6-12)、式(6-13)或式(6-14),就可求得 V_2 与 q_2。

蓄泄方程在调洪计算中,一般是以 $q = f(V)$ 或 $q = f(Z)$ 的蓄泄曲线来表示的。

(2)淤地坝调洪演算的方法

水文学上调洪计算方法很多,有列表试算法、半图解法、图解分析法、简化三角形法等。对于中小型坝库,一般只要求确定最大调洪库容和溢洪道最大泄洪流量,不要求计算蓄泄过程,因此,常采用简化三角形法进行调洪计算。

利用简化三角形法进行调洪计算时,有如下几点假设:①设计洪水来水过程线形状为三角形(简化为三角形);②洪水来临前坝库中水位(或淤地面)与溢洪道堰顶齐平,过堰泄洪流量过程线近似为直线(图6-8)。

若设沟道来水洪峰流量最大值为 $Q_洪$,溢洪道最大泄洪流量为 $Q_泄$,相应历时为 t_1 及 t_2,来水总历时为 t_3,泄水总历时为 t_4,滞洪容积为 V,则由图6-8(d)可看出:

来水总量:

$$W_洪 = \frac{1}{2} t_3 Q_洪 \tag{6-15}$$

滞洪容积:

$$V_滞 = W_洪 - \frac{1}{2} t_3 Q_泄 = \frac{1}{2} t_3 (Q_洪 - Q_泄) \tag{6-16}$$

或

$$V_滞 = \frac{1}{2}(Q_洪 - Q_泄)\frac{2W_洪}{Q_洪} = Q_洪\left(1 - \frac{Q_泄}{Q_洪}\right)W_洪 \tag{6-17}$$

由此得溢洪道最大泄流量为 $Q_泄$,即

$$Q_泄 = Q_洪\left(1 - \frac{V_滞}{W_洪}\right) \tag{6-18}$$

式中 $Q_洪$,$W_洪$——一般由地区水文手册中可查出,查出后可采用试算法假定 $Q_泄$ 求出 $V_滞$。

对于大中型淤积年限较长的大库容坝库,需多年方能使淤积库容淤满,因此,可计入部分拦泥库容的调洪作用,此时调节后的洪峰流量,即溢洪道设计流量 $Q_泄$,可按式(6-19)计算,即

$$Q_泄 = Q_洪\left(1 - \frac{V_滞}{W_洪 - W_拦}\right) \tag{6-19}$$

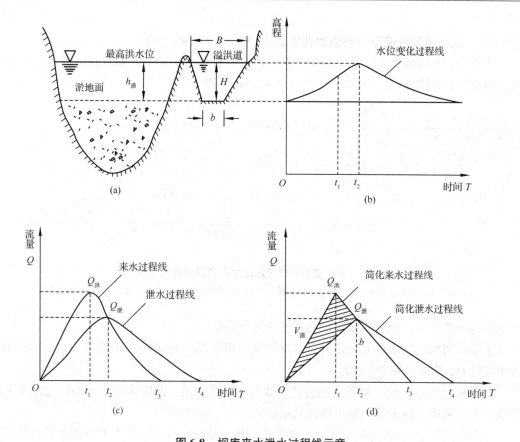

图6-8 坝库来水泄水过程线示意

（a）坝库溢洪道下游立视图　（b）溢洪道水位变化过程线
（c）来水与泄水随时间变化过程线　（d）来水与泄水随时间变化简化过程线

式中　$W_{拦}$——计划淤积库容中的部分拦泥库容（m^3），可按下列情况估算：

当设计淤积年限 $T<5$ 年时，$W_{拦}=0$；$T=5\sim10$ 年时，$W_{拦}=10\%$ 设计淤积库容；$T>10$ 年时，$W_{拦}=20\%$ 设计淤积库容。

式（6-18）和式（6-19）在具体计算时，常常和确定溢洪道尺寸一并求解，一次可完成全部调洪计算的工作。这就是把常见溢洪道作为宽顶堰的计算堰流式（6-16）与式（6-18）或式（6-19）联立求解，即

$$MbH^{3/2}=Q_{洪}\left(1-\frac{V_{滞}}{W_{洪}}\right) \tag{6-20}$$

或

$$MbH^{3/2}=Q_{洪}\left(1-\frac{V_{滞}}{W_{洪}-W_{拦}}\right) \tag{6-21}$$

式中　b——溢洪道底宽（m）。

求解时，根据溢洪道布设处地形特征，先选定一个宽度 B，再设定一个 $H(=H_{滞})$，即可求出 $V_{滞}$。有了 $V_{滞}$（或 b、H），可求出 $Q_{泄}$。

6.3.2.4 溢洪道顶坎低于淤地面时调洪库容(滞洪库容)$V_{滞}$ 计算

实践中，在流域较大，水土流失严重，沟道有长流水，须防盐碱化的坝库中，常将溢洪道顶坎高程降低(比淤地面高程低1.5~2.5m)(图6-9)。

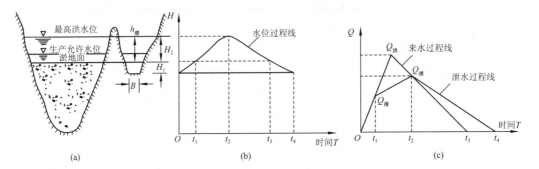

图6-9 溢洪道顶坎低于淤地面时滞洪过程线示意

(a)溢洪坎顶低于淤地面(下游立视) (b)水位过程线 (c)泄水滞洪过程线

在这种情况下，泄水滞洪过程具有下述几个特点。

①来水初期，洪水径流由排洪渠经溢洪道全部排走，排走的洪水流量 $Q_{洪}$ 与排洪渠排走流量 $Q_{排}$ 相等，即 $Q_{洪}=Q_{排}$。

②当时间到达 t_1 时，排洪渠排流达到最大洪水排泄量，此时多余洪水溢出排洪渠到淤地面上，坝库水位上升，溢洪道泄流量增大。

③当时间到达 t_2 时，溢洪道流量达到最大值，即 $Q_{泄}=Q_{洪}$，坝库水位达到最高值不再上升，之后水位渐降，直至泄完，全过程结束。

由上可见，在溢洪道宽度相同时，由于这种情况的过堰水深加大，其泄流量较溢洪道顶坎与淤地面齐平情况时为大，自然滞洪库容将减小，此时溢洪道的最大泄流量 $Q_{泄}$、排洪渠的最大流量 $Q_{排}$ 与滞洪库容 $V_{滞}$ 有如下关系，即

$$V_{滞} = W_{洪}\left(1 - \frac{Q_{排} + \alpha Q_{泄}}{Q_{洪}}\right) \tag{6-22}$$

式中 $V_{滞}$——滞洪库容(m^3)；

$\quad\quad Q_{排}$——排洪渠设计流量(m^3/s)；

$\quad\quad Q_{泄}$——溢洪道最大泄流量(m^3/s)；

$\quad\quad Q_{洪}$——设计洪峰流量(m^3/s)；

$\quad\quad \alpha$ ——流速系数，一般采用1.0~1.1；

$\quad\quad W_{洪}$——设计洪水总量(m^3)。

由图6-9(a)可得排洪流量 $Q_{排}$ 的计算公式为

$$Q_{排} = \frac{Q_{洪}\left(1 - \dfrac{V_{滞}}{W_{洪}}\right)}{1 + a\beta} \tag{6-23}$$

式中 $Q_{排}$——排洪流量(m^3/s)；

β——系数，$\beta = \left(1 + \dfrac{H_1}{H_2}\right)^{3/2}$；

H_2——坝地允许洪水淹深（m）；

H_1——溢洪道水深（m），即排洪渠最大水深；

其他符号意义同式（6-22）。

此种情况的滞洪库容 $V_{滞}$ 和滞洪坝高 $H_{滞}$ 可按下述步骤进行计算。

①先根据坝地作物确定 h_2（一般为 0.5～1.5m），由 H_2 定出生产允许滞洪库容。

②计算排洪渠流量 $Q_{排}$。根据 $Q_{洪}$ 假设一个 $Q_{排}$，代入式（6-23）试算，相等即可。

③按 $Q_{排} = MbH_1^{3/2}$，计算溢洪道宽度 b。

④确定 $V_{滞}$ 及溢洪道最大下泄流量 $Q_{泄}$。计算时先设一个 $H_{滞}$（可取 1～2m），从 H-V 关系曲线上查出 $V_{滞}$，再由假设的 $H_{滞}$ 和求出的 B 以及式 $Q_{泄} = MB(H_1 + H_{滞})^{3/2}$ 即可求出 $Q_{泄}$。

⑤最后进行 $V_{滞}$ 校核，判断 $V_{滞}$ 与④在库容曲线上查得的 $V_{滞}$ 是否相等，若不等，可重设 $H_{滞}$ 计算，直至相等。

6.3.2.5 坝系调洪计算

位于坝群中的单坝，应考虑其上游各坝的蓄水减砂对本坝库的作用。此时本坝调洪及溢洪道设计流量 $Q_{量}$ 计算可按式（6-24）进行计算，即

$$Q_{泄} = (Q_{上P} + Q_{区P})\left[1 - \frac{V_{滞}}{(W_{上P} + W_{区P}) - W_{本}}\right] \qquad (6\text{-}24)$$

式中　$Q_{泄}$——泄洪流量（m³/s）；

$Q_{上P}$——频率为 P 的上坝溢洪道设计流量（m³/s）；

$Q_{区P}$——上坝以下本坝控制区间面积，在频率为 P 时的设计洪峰流量（m³/s）；

$V_{滞}$——本坝滞洪库容（×10⁴m³）；

$W_{上P}$——上坝溢洪道开始溢流达最大溢流时段的洪水总量（×10⁴m³）；

$W_{区P}$——相应于 P 的设计洪水总量（×10⁴m³）；

$W_{本}$——本坝可利用的滞洪库容（×10⁴m³）。

6.3.2.6 调洪计算应用举例

【例6-2】已知一小流域沟道，坝址以上流域集水面积为 5km²，拟建一三大件枢纽工程，流域侵蚀模数 $K = 18\,000t/(km² \cdot a)$，经测量计算，求得坝高与库容、淤地面积关系曲线如图 6-3 所示，试确定滞洪坝高 $h_{滞}$。

解：

（1）拦泥坝高计算

由例 6-1 的计算结果知：$h_{拦} = 20m$。

（2）滞洪坝高计算

①沟道为旱沟时的滞洪坝高　计算时将调洪计算与确定溢洪道尺寸同时解决。为此，可按下步骤进行：

a. 确定设计洪水：根据坝高大约 20m 左右，相应库容 $30 \times 10^4 \mathrm{m}^3$ 和淤地面积约 94 亩情况下，查表6-6可知，设计洪水重现期为 20 ~ 30 年，校核为 200 ~ 300 年，属中型淤地坝。据此，经计算(略)得设计洪水为：

20 年一遇时：$Q_洪 = 114.8 \mathrm{m}^3/\mathrm{s}$，$W_洪 = 12.4 \times 10^4 \mathrm{m}^3$

10 年一遇时：$Q_洪 = 80.4 \mathrm{m}^3/\mathrm{s}$，$W_洪 = 8.68 \times 10^4 \mathrm{m}^3$

b. 确定溢洪道顶坎高程：由于沟道为旱沟，故采用顶坎高与淤地面同高，即 20m。

c. 按生产防洪标准确定溢洪道尺寸：采用生产防洪设计洪水标准为 10 年一遇。取坝地允许淹深为 0.7m，此时坝地水面高程为 $20 + 0.7 = 20.7 \mathrm{m}$，相应库容为 $34.7 \times 10^4 \mathrm{m}^3$。滞洪库容(水深为 0.7m)为 $4.9 \times 10^4 \mathrm{m}^3 (34.9 - 30 = 4.9 \times 10^4 \mathrm{m}^3)$，溢洪道泄流量 $Q_泄$ 为：

$$Q_泄 = Q_洪\left(1 - \frac{V_滞}{W_洪}\right) = 80.4 \times \left(1 - \frac{4.9}{8.68}\right) = 36.2(\mathrm{m}^3/\mathrm{s})$$

在滞洪水深 $h_滞$(滞洪坝高) $= 0.7 \mathrm{m}$ 时，溢洪道宽度 B 为：

$$B = \frac{Q_泄}{M h_滞^{3/2}} = \frac{36.2}{1.6 \times 0.7^{3/2}} = 38.5(\mathrm{m}) \approx 40(\mathrm{m})$$

d. 按工程安全防洪标准确定溢洪道尺寸：设滞洪坝高 $h_滞 = 2 \mathrm{m}$，则由 H-V 曲线查得相应 $V_滞 = 10 \times 10^4 \mathrm{m}^3$。此时溢洪道设计洪水标准为 20 年一遇时(标准高于生产防洪标准)，溢洪道泄流量 $Q_泄$ 为：

$$Q_泄 = Q_洪\left(1 - \frac{V_滞}{W_洪}\right) = 114.8 \times \left(1 - \frac{10}{12.4}\right) = 22.3(\mathrm{m}^3/\mathrm{s})$$

溢洪道宽度 B 为：

$$B = \frac{Q_泄}{M h_滞^{3/2}} = \frac{22.3}{1.6 \times 2^{3/2}} = 4.9(\mathrm{m}) \approx 5(\mathrm{m})$$

根据工程安全考虑，最后采用溢洪道宽度 $B = 5 \mathrm{m}$，此时淤地坝总高 $H = 20 + 2 + 1.5 = 23.5 \mathrm{m}$(取安全加高 $\Delta h = 1.5 \mathrm{m}$)。

②沟道为长流水时的滞洪坝高　计算时将调洪计算与确定溢洪道尺寸同时进行。

a. 溢洪道顶坎高程确定：由于沟道有长流水，须排水防盐碱，故取溢洪道顶坎比淤地低 2m，即 $H_1 = 2 \mathrm{m}$，高程为 18m。

b. 溢洪道宽度计算：按坝地生产防洪标准确定溢洪道宽度 B，取允许淹深为 0.7m，并忽略排洪渠所占库容，此时，$V_滞$ 可从淤地面高程(20m)算起，由 H-V 曲线得：

$$V_滞 = 4.9 \times 10^4(\mathrm{m}^3)(与前同)$$

按 10 年一遇洪水求算排洪渠泄流量 $Q_排$。计算时为方便计，将该式(6-23)改为

$$Q_排(1 + \alpha\beta) = Q_洪\left(1 - \frac{V_滞}{W_洪}\right)$$

将已知 $Q_洪$ 及 $V_滞$ 值代入右端，得：

$$80.4\left(1 - \frac{4.9}{8.68}\right) = Q_洪\left(1 - \frac{V_滞}{W_洪}\right) = 36.2(\mathrm{m}^3/\mathrm{s})$$

计算 β：

$$\beta = \left(1 - \frac{H_2}{H_1}\right)^{3/2} = 1 + \left(1 - \frac{0.7}{2.0}\right)^{3-2} = 1.57$$

再试算：先设一个 $Q_排$，逐项求出上式左端 $Q_排(1 + \alpha\beta)$ 值，看与右端 $Q_洪$ $\left(1 - \frac{V_滞}{W_洪}\right) = 36.2(\text{m}^3/\text{s})$ 是否相等。试算时可列表计算：

设 $Q_排$	$\dfrac{Q_排}{Q_洪}$	$\alpha = 1 - \dfrac{Q_排}{Q_洪}$	$\alpha\beta$	$1 + \alpha\beta$	$Q_排(1+\alpha\beta)$
32.2	0.4	0.6	0.94	1.94	62.5
26.1	0.3	0.7	1.10	2.10	50.5
16.1	0.2	0.8	1.26	2.26	36.2

从试算求得 $Q_排 = 16.1\text{m}^3/\text{s}$ 时，$Q_排(1 + \alpha\beta) = 36.3\text{m}^3/\text{s}$，与 $Q_洪\left(1 - \frac{V_滞}{W_洪}\right) = 36.2\text{m}^3/\text{s}$ 基本相等，故取 $Q_排 = 16.1\text{m}^3/\text{s}$。

根据 $Q_排 = 16.1\text{m}^3/\text{s}$，$H_1 = 2\text{m}$，求得溢洪道宽为：

$$B = \frac{Q_排}{MH_1^{3/2}} = \frac{16.1}{1.6 \times 2^{3/2}} = 3.5(\text{m}) \approx 4.0(\text{m})$$

按工程安全防洪标准确定 $V_滞$ 及 $h_滞$。

先根据经验，设滞洪坝高 $H_2 = 1.2\text{m}$，则由 H—V 曲线查得相应滞洪库容 $V_滞 = 6 \times 10^4\text{m}^3$。

当 $H_2 = 1.2\text{m}$，$B = 5\text{m}$ 时，溢洪道下泄流量 $Q_泄$ 为：

$$Q_泄 = MB(H_1 + H_2)^{3/2} = 1.6 \times 5(2 + 1.2)^{3/2} = 45.8(\text{m}^3/\text{s})$$

根据 20 年一遇洪水 $Q_洪$、$W_洪$ 和 $Q_泄$，利用式（6-23）和 $\alpha - \dfrac{Q_排}{Q_洪}$ 求出滞洪库容 $V_滞$，看与上面查出的 $V_滞 = 6 \times 10^4\text{m}^3$ 是否相等，若不等，须重新假定 H_2，直至求出相等为止。此时求出的 $V_滞$ 即为设计洪水时的滞洪库容，H_2 即为滞洪坝高，现核算如下：

$$a = 1 - \frac{Q_排}{Q_洪} = 1 - \frac{16.1}{114.8} = 0.86$$

$$V_滞 = W_洪\left(1 - \frac{Q_排 + aQ_泄}{Q_洪}\right) = 12.4\left(1 - \frac{16.1 + 0.86 \times 45.8}{114.8}\right) = 6.40 \times 10^4(\text{m}^3) > 6 \times 10^4(\text{m}^3)$$

由于相差不大，故得滞洪库容 $V_滞 = 6 \times 10^4\text{m}^3$，滞洪坝高 $h_滞 = H_2 = 1.2\text{m}$。

总坝高 $H = h_拦 + h_滞 + \Delta h = 20 + 1.2 + 1.5 = 22.7(\text{m})$。

与旱沟相比，可看出降低溢洪道顶坎高程还可提高防洪能力，且滞洪坝高度也小些。

对校核洪水未做计算，在应用时须继续校核计算。

6.4 土石坝设计

土石坝泛指由当地土料、石料或混合料，经过抛填、碾压、水坠等方法堆筑成的挡水坝。土石坝是历史最为悠久的一种坝型。近代的土石坝筑坝技术自20世纪50年代以后得到发展。目前，土石坝是世界坝工建设中应用最为广泛和发展最快的一种坝型。

土石坝得以广泛应用和发展的主要原因是：

①能最大限度地利用坝址附近可开采的天然土、石材料，与其他坝型相比较，可节省水泥和钢材。

②较能适应地基变形，对地形、地质条件的要求在所有坝型中是最低的，特别是在气候恶劣、工程地质条件复杂和高烈度地震区的情况下，土石坝实际上是唯一可取的坝型。

③结构简单，施工工序少，施工技术容易掌握，既可用简单机具施工，也可高度机械化施工，有效降低了造价，促进了土石坝建设的发展。

④运用管理方便，寿命长，维修较容易，根据工程设计及资金情况，分期加高或扩建较容易。

⑤由于岩土力学理论、试验手段和计算技术的发展，提高了大坝分析计算的水平，加快了设计进度，进一步保障了大坝设计的安全可靠性。

⑥高边坡、地下工程结构、高速水流消能防冲等土石坝配套工程设计和施工技术的综合发展，对加速土石坝的建设和推广也起了重要的促进作用。

制约土石坝发展的主要因素：

①不允许坝顶溢流，以土坝为挡水建筑物的水库，必须在河岸上另设溢洪道或其他泄水建筑物。

②在河谷狭窄、洪水流量很大的河道上施工时，导流比较困难。

③黏性土料的施工受天气的影响较大。

由于土坝坝身填土的强度低，变形模量低，沉降量大，容易产生裂缝，而导致渗流破坏和漏水，造成土坝破坏，在以往的工程实践中，土坝失事的实例比混凝土坝为多。

6.4.1 土石坝分类及坝型选择

6.4.1.1 土石坝分类

土石坝按坝高可分为：低坝、中坝和高坝。我国《碾压式土石坝设计规范》（SL 274—2001）规定：高度在30m以下的为低坝，高度在30~70m之间的为中坝，高度超过70m的为高坝。土石坝的坝高均从清基后的地面算起。

（1）根据施工方法分类

土坝可分为：

①碾压式土坝　用分层填土，分层碾压方法修筑的坝，可以做成各种类型的土坝。

②水中填土坝　在坝的水平填筑面上四周筑畦埂，在畦块内注入水，水深约几十厘

米，然后向水中填土，填土厚度约为水深的 2.5~4.0 倍，用运输工具压实。所采用的土料要易于湿化崩解，如黄土类土。用水中填土法修筑的土坝基本上是均质土坝。

③水力冲填坝　在坝的填筑面上、下游侧修筑碾压边埝，然后把泥浆输送到边埝围成的填筑面上，在泥浆流动过程中，粗颗粒先下沉，细颗粒到中间的沉淀池内下沉，泥浆经脱水固结，形成坝体。水力冲填坝分两种：一种是自流冲填的，中国称之为水坠坝；另一种是用压力枪泥管冲填的。

自流式水力冲填坝是在坝址两岸高处，用水枪把黄土或砾质风化土冲成泥浆，然后沿渠道或水管令泥浆自流进入填筑面的沉淀池中脱水固结。自流式冲填的土坝基本上是均质坝，如图 6-10(a)所示。

压力输泥管式水力冲填坝，用吸泥船吸取河床砂砾料，形成泥浆，用泥浆泵对泥浆加压，经压力输泥管道把泥浆输送到填筑面的沉淀池中脱水固结。用这种方法修筑的土坝基本上是多种土质坝，如图 6-10(b)所示。

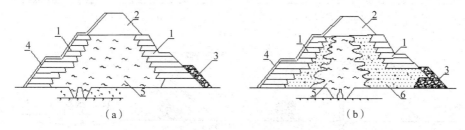

图 6-10　水力冲填坝断面
1. 碾压边埝　2. 碾压式填筑体　3. 排水棱体　4. 护面
5. 细颗粒泥浆脱水固结　6. 粗颗粒泥浆脱水固结

(2)按照土料在坝身内的配置和防渗体所用的材料种类划分

碾压式土石坝可分为以下几种主要类型：

①均质坝　坝体主要由一种土料组成，同时起防渗和稳定作用，如图 6-11(a)所示。

②土质心墙坝　由相对不透水或弱透水土料构成中央防渗体，而以透水土石料组成坝壳，如图 6-11(b)所示。

③土质斜墙坝　由相对不透水或弱透水土料构成上游防渗体，而以透水土石料作为下游支撑体，如图 6-11(c)所示。

④多种土质坝　坝体由多种土料构成，以细粒土料建成中央或靠近上游的防渗体，坝体其他部位则由各种粗粒土料构成，如图 6-11(d)所示。

⑤人工材料心墙坝　中央防渗体由沥青混凝土或混凝土、钢筋混凝土构成，坝壳由透水或半透水土石料组成，如图 6-11(e)所示。

⑥人工材料面板坝　坝的支撑体由透水或半透水土石料组成，上游防渗面板由钢筋混凝土、沥青混凝土或塑料薄膜等材料构成，如图 6-11(f)所示。

6.4.1.2　坝型选择

坝型选择是土石坝设计中需要首先解决的一个重要问题，因为它关系到整个枢纽的工程量、投资和工期。坝高、筑坝材料、地形、地质、气候、施工和运行条件等都是影

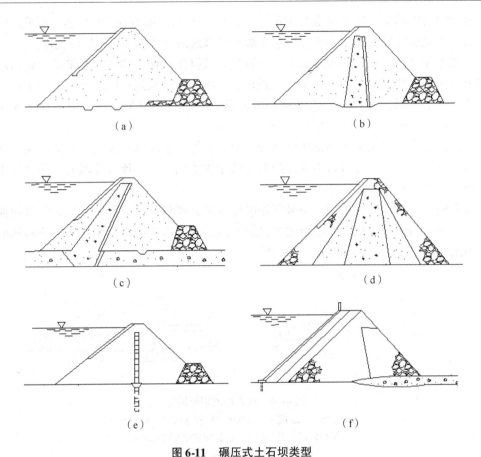

图6-11 碾压式土石坝类型

(a)均质坝 (b)土质心墙坝 (c)土质斜墙坝 (d)多种土质坝
(e)人工材料心墙坝 (f)人工材料面板坝

响坝型选择的主要因素。

设计土坝要使其在正常和非常工作条件下，能满足坝坡稳定、坝体变形在允许范围以内和渗流稳定等要求，即坝坡是稳定的，坝体沉降量不太大，不产生裂缝，渗漏水流量和水力梯度在允许范围内，不发生渗流破坏。选择土坝坝型是设计土坝枢纽的重要问题，应根据枢纽布置的各个可能方案和筑坝材料的来源，进行技术经济比较来确定。坝型选择应综合考虑下列因素：

(1)坝高

低坝多采用均质坝，例如土坝一般都是均质的。高坝宜采用多种材料分区坝，因为高坝用料较多，要尽可能采用当地土料，同时要充分利用枢纽中其他建筑物地基和地下洞室的开挖废料；坝体土料分区还可缩小断面，减少工程量。

(2)筑坝材料

要尽量利用运输距离短的当地材料和其他建筑物地基或地下洞室的开挖废料。为此，在地质勘探中要查明可利用的筑坝材料的种类、性质、贮存位置、可利用的数量和开采条件。除了含有机质太多的土料、淤泥和软黏土外，几乎所有土石料都可用作为筑坝材料。当然，要尽量采用强度高、可高度压实、变形小的材料。防渗体要用透水性弱的材料；排水体要用透水性强的材料，对于高土坝的防渗体材料，一般倾向于选用均匀、含有粗颗粒的黏性土料，因为这种土料强度较高，变形较小，而且便于填筑。为此，在施工中常需要增加一些工艺过程，或者在黏性土中加粗颗粒料，或者把冲积土石料、冰炭土的颗粒组成均匀化，并剔除其大颗粒。纯黏土是不适于坡筑坝体和防渗体的。至于防渗体是采用心墙还是斜墙，或者是采用多种土料分区坝，应根据可作为防渗体材料的质量和数量而定。

对于坝壳，最适宜的材料是砂石、砾石、砂砾石、卵砾石、用爆破方法开采的石料，也可用砂土、砂壤土等材料。

（3）坝址区地形条件

土坝能建筑在各种地形条件的坝址，当然在河谷较窄处建坝，工程量可减少。对于建在河谷较窄处的高土坝，宜采用心墙或斜墙坝。

（4）坝址区地质条件

土坝既可建在岩基上，也可建在河床覆盖层上。虽然土坝对坝基地质条件要求较低，但应力求建在较坚强、完整、透水性弱的岩基上，或承载力大、变形小、透水性弱的土基上；应当说一般的砂砾石覆盖层是较好的土基。选择坝型应能较好地适应坝基地质条件，对于深覆盖层的坝址，宜采用心墙坝或斜墙坝，以减少覆盖层开挖量。对于地震烈度较高的坝址，不宜采用细砂填筑土坝，一般采用斜心墙坝。

（5）施工条件

要考虑施工导流、初期度汛、施工进度、施工分期、填筑强度、施工场地、运输条件、施工机械和施工队伍等因素对坝型选择的影响。选择坝型，应尽量使构造简单、便于施工。多种土质坝如分区过多，对施工不便。

碾压式土坝可修建各种高度的。水中填土坝一般只适用于40~50m以下高度的中、低土坝。自流式水力冲填坝多用于小型工程的低土坝。压力输泥管式冲填坝在我国很少采用。

（6）气候条件

在多雨地区，宜选用砂性材料筑坝；采用斜墙比心墙有利，因为斜墙坝的砂砾料透水坝体为一个连续整体，可在降雨季节施工，而斜墙可在早季赶筑。

（7）枢纽布置

坝型的选择应考虑土坝与枢纽中其他建筑物如溢洪道、泄洪隧洞、泄洪廊道、水电站的输水隧洞、供水的引水隧洞等的连接或相互位置。总之，坝型的选择应便于各种枢纽建筑物的布置，对于高土坝枢纽常采用心墙坝或斜心墙坝。

（8）运行条件

坝型选择应考虑运行期的上、下游水位变动情况和人防要求等。如水库水位变化频繁或有骤降情况时，不宜采用斜墙坝或上游坝壳用细土料的坝型。

（9）经济条件

应综合考虑土坝及枢纽的总工程量、劳动力、工期等因素，选用最经济的坝型，使总造价降低。

对于坝轴线较长的土坝，可根据地形、地质和料场的具体条件，考虑沿坝轴线分别采用不同的坝型，但在坝型变换处应设置渐变段。此外，分段坝型也不宜过多，以免给施工带来不便。

6.4.2 筑坝土料选择

6.4.2.1 土料特性试验测定

为了对土坝进行科学设计，要对筑坝土料现场取样进行基本特性测定。包括土料颗粒组成、含水量、干容量、渗透系数、崩解速度、液限、塑限、有机质含量、水溶盐含量、单位黏聚力、内摩擦角等的性质测定。

具体试验测定方法，要按水电部《土工试验规程》(SL 237—1999)规定的测试方法要求进行测定。

6.4.2.2 碾压坝土料选择

目前碾压法筑坝，要求坝体填筑的干容重要达到 $1.55t/m^3$ 以上，水库坝要求在 $1.65t/m^3$ 以上。施工时要在现场分层进行试验测定，符合后方能填筑第二层。

筑坝土料黏性土(黄土、类黄土、红土等)、砂土、残积土均可用。一般有机质含量不大于2%，水溶盐含量不大于5%，渗透系数大致在 $1 \times 10^{-6} \sim 1 \times 10^{-7} cm/s$ 之间均可用。

6.4.2.3 水坠坝筑坝土料选择

由于水坠坝施工方法不同，要求筑坝土料具有一定透水性、遇水易于崩解和脱水固结速度快的特性。这些特性通常把土料中的粘粒含量为其判断指标(适宜性指标)，具体选择可详见表6-8，该表摘自《水坠坝技术规范》(SL 302—2004)。

用砂土筑坝，只要颗粒不均匀系数不小于5均可采用。坝体填筑质量以边埂干容重到 $1.5t/m^3$ 以上为控制指标。

表6-8 筑坝土料控制性指标经验值表

指 标	单位	均质坝		非均质坝
		黄土、类黄土	花岗岩、砂岩、风化残积土	花岗岩、砂岩、风化残积土
粘粒含量	%	3~20	15~30	5~30
砂砾含量	%	—	<30	砂总量60~80
塑性指数		<10	—	—
崩解速度	min	<10		
渗透系数	mm/s	$>1 \times 10^{-6}$	$>1 \times 10^{-6}$	$>1 \times 10^{-6}$
不均匀系数		—	—	>15
有机质含量	%	<3	<3	<3
水溶液含量	%	<8	<8	<8

6.4.3　土石坝断面结构构造及尺寸拟定

土坝断面为梯形，底部与地基结合设有结合槽，下游坝面坡脚设有排水体，为防库水及降水冲刷，上下游坝面及坝顶须设防冲排水沟或种植草灌（灌木）。当坝较高（大于15~20m）时，断面可设计为梯形复式断面，在变断面坡壁处设计人行道（马道）及水平排水沟，并与纵向排水沟相连，将坝坡水排至沟道。

土坝坝顶若为交通道路时，应按公路设计标准设计。

土坝断面尺寸可先按经验确定，后通过稳定分析计算最后确定。现将各部分尺寸初拟如下：

6.4.3.1　坝顶和坝坡

（1）坝顶高程

坝顶高程根据正常运行和非常运行时的静水位加相应的超高 d 予以确定。d 按式（6-25）计算。

$$d = h_e + e + A \tag{6-25}$$

式中　h_e——波浪在坝坡上的爬高（m）；

　　　e——风浪引起的坝前水位壅高（m）；

　　　A——安全加高（m），根据坝的级别按表6-9采用。

表 6-9　坝顶高程安全加高

坝的级别	I	II	III	IV、V
正常运行	1.5	1.0	0.7	0.5
非常运行	0.7	0.5	0.4	0.3

设计的坝顶高程是针对坝沉降稳定以后的情况而言的，因此，竣工时的坝顶高程应预留足够的沉降量。一般施工质量良好的土石坝，坝体沉降量约为坝高的0.2%~0.4%。

地震区的土石坝，坝顶高程应在正常运行情况的超高上附加地震涌浪高度。根据设计地震烈度和坝前水深情况，地震涌浪高度可取为0.5~1.5m。设计地震烈度为8度或9度时，尚应考虑坝和地基在地震作用下的附加沉降量。

（2）坝顶宽度

坝顶宽度根据运行、施工、构造、交通和人防等方面的要求综合研究后确定。

我国土石坝设计规范要求高坝的最小顶宽为10~15m，中低坝为5~10m。

坝顶宽度必须考虑心墙或斜墙顶部及反滤层布置的需要。在寒冷地区，坝顶还须有足够的厚度以保护黏性土料防渗体免受冻害。

（3）坝坡

坝坡坡度对坝体稳定以及工程量的大小均起重要作用。土石坝坝坡坡度的选择一般遵循以下规律：

上游坝坡长期处于饱和状态，水库水位也可能快速下降，为了保持坝坡稳定，上游坝坡常比下游坝坡为缓，但堆石料上、下游坝坡坡率的差别要比砂土料为小。

土质防渗体斜墙坝上游坝坡的稳定受斜墙土料特性的控制，所以斜墙坝的上游坝坡一般较心墙坝为缓。而心墙坝，特别是厚心墙坝的下游坝坡，因其稳定性受心墙土料特性的影响，一般较斜墙坝为缓。

黏性土料的稳定坝坡为一曲面，上部坡陡，下部坡缓，所以用黏性土料做成的坝坡，常沿高度分成数段，每段 10～30m、从上而下逐段放缓，相邻坡率差值取 0.25 或 0.5。

砂土和堆石的稳定坝坡为一平面，可采用均一坡率。由于地震荷载一般沿坝高呈非均匀分布，所以，砂土和石料坝坡有时也作为边坡形式。

由粉土、砂、轻壤土修建的均质坝，透水性较大，为了保持渗流稳定，一般要求适当放缓下游坝坡。

当坝基或坝体土料沿坝轴线分布不一致时，应分段采用不同坡率，在各段间设过渡区，使坝坡缓慢变化。

土石坝的坝坡初选一般参照已有工程的实践经验拟定。

中、低高度的均质坝，其平均坡度约为 1:3。

土质防渗体的心墙坝，当下游坝壳采用堆石时，常用坡度为 1:1.5～1:2.5，采用土料时，常用 1:2.0～1:3.0；上游坝壳采用堆石时，常用 1:1.7～1:2.7，采用土料时，常用 1:2.5～1:3.5。斜墙坝的下游坝坡坡度可参照上述数值选用，取值宜偏陡，上游坝坡则可适当放缓，石质坝坡放缓 0.2，土质坝坡放缓 0.5。

坝的边坡陡缓对坝坡是否稳定影响极大，应根据坝高、筑坝土质、施工方法等因素确定，初步设计时可参阅表 6-10 选择，然后进行稳定校核计算，最后定出坝坡比。

(4)坝坡人行道(马道或叫戗台)

当坝高大于 10～15m 时，考虑到施工行人、交通、堆放材料机件和坝坡排水之需，常设 1.0～1.5m 宽的横向(平行坝轴线)水平通道。通道下部坝坡较上部为缓(边坡比)。通道与坝坡相连处设排水沟。

(5)坝坡保护

坝的上游淤积面以上和下游坝面为防冲，须设置保护，种植牧草，栽植灌木，砌石均可。下游面必须设置纵向排水沟，特别是坝端与沟坡衔接处，必须做好排水设施，以排除暴雨径流冲刷。

表6-10　坝高、顶宽、边坡比表

坝类型		坝　高(m)					备　注
		6～10	11～15	16～20	21～30	31～40	
碾压坝	上游坡	1:1.5	1:1.75	1:2.0	1:2.25	1:2.5	
	下游坡	1:1.0	1:1.25	1:1.5	1:1.75	1:2.0	
	顶宽(m)	3.0	3.0～4.0	4.0	4.0～5.0	5.0	不考虑交通
水坠坝	上游坡	1:1.5	1:2.0	1:2.25	1:2.5	1:3.0	
	下游坡	1:1.25	1:1.5	1:1.75	1:2.0	1:2.25	
	顶宽(m)	3.0	4.5	5.0	6.0	7.0	不考虑交通

6.4.3.2 防渗设施

设置防渗设施的目的是：减少通过坝体和坝基的渗漏量；降低浸润线，以增加下游坝坡的稳定性，降低渗透坡降以防止渗透变形。土坝的防渗措施应包括坝体防渗、坝基防渗，以及坝身与坝基、岸坡和其他建筑物连接的接触防渗。

(1)坝体防渗

坝体防渗设施形式的选择是与坝体选择同时进行的。除均质土坝因坝体土料透水性较小(一般渗透系数 $K < 1 \times 10^{-4}$ cm/s)可直接起防渗作用外，一般土坝均应设专门的坝体防渗设施。常用的是黏性土料筑成的防渗心墙或斜墙(分区坝)。当筑坝地区缺乏合适的防渗土料时，可考虑采用人工防渗材料，如沥青混凝土心墙或沥青混凝土、钢筋混凝土面板斜墙。

(2)坝基防渗

坝基防渗设施也是坝基处理的一部分。对于一般地基，如岩基、砂卵石地基，通常都有足够的抗剪强度和承载能力，要解决的主要问题是防渗问题。

当坝基为透水性较大的岩基时，对浅层岩石地基，可开挖截水槽至相对不透水岩石，回填黏土或建造混凝土截水墙并与坝体防渗设施相连接；对深层，一般采用帷幕灌浆来控制渗流，即在心墙或斜墙下面的岩基钻一排或几排孔，用压力灌浆形成一道防渗帷幕。灌浆前，先在岩面浇筑混凝土板或混凝土齿墙，或先进行固结灌浆，以防帷幕灌浆时岩面冒浆。有关帷幕灌浆的要求参见有关资料。

当坝基为砂及砂卵石透水地基时，可采用下述几种防渗设施：

①截水槽　截水槽是均质坝体、斜墙或心墙向透水坝基中的延伸部分。其做法是：在坝轴线处或靠近上游的透水坝基上，平行于坝轴线方向开挖直达不透水层的梯形断面槽，然后回填弱透水性土料，分层压实，与坝体防渗设施连成整体。截水槽适用于深度小于10~15m 的透水层，太深则施工排水困难。均质土坝截水槽的位置常设在距上游坝脚为1/3坝底宽度的距离内。

②混凝土防渗墙　在透水地基中，用冲击钻或其他机具平行坝轴线方向分期打成圆孔或槽形孔，孔中并注入黏土浆固壁，每打完一段孔后，即在孔中浇注混凝土，这样分段打孔、外段浇注混凝土，最后连成整体，形成一道地下防渗设施。

③灌浆帷幕　在砂砾石地基上，用钻孔灌浆的方法将水泥浆或水泥黏土浆压入砾石之间的孔隙中，胶凝成防渗帷幕。

④铺盖　是斜墙、心墙或均质坝体向上游的延伸部分。铺盖不能完全截断渗流，只能增加渗流的渗透途径，可将坝基渗透坡降和渗流量控制在允许范围内。

当河床透水层很厚，开挖截水槽有困难时，可考虑采用铺盖防渗，有时还可利用天然透水土基中的一层不透水层做铺盖。如果地基是渗透性很大的砾石层或渗透稳定性很差的粉细砂，不宜采用铺盖。对高中坝、复杂地层及防渗要求较高的工程，选用铺盖时也应慎重。

(3)接触防渗

土石坝与坝基、岸坡及其他建筑物的接触面是一个关键部位，水流最易从此面渗透形成集中渗流，也容易因处理不当而导致坝体产生裂缝。

①土石坝与坝基的连接　填筑坝身之前，首先要清基，将坝基范围内的淤泥、杂草、树根、乱石等清除掉，清理深度一般为0.3~1.0m。在不透水土基上建造均质坝，常在坝基面开挖几道垂直渗流方向的接合槽，槽深至少0.5m，宽约2~3m，接合槽的尺寸及排数应使接触面的总渗径长为坝底宽的1.05~1.1倍。

②土坝与岸坡的连接　土坝与岸坝的连接除了要注意防止在接合面上产生集中渗流外，还要注意到岸坡处土坝高度的变化比较大，要避免由于接合面的坡度和形式不当而产生不均匀沉降引起土坝裂缝。为了避免因不均匀沉降而产生裂缝，与坝体连接的岸坡应削成倾斜面或折面，而不应清理成台阶形，更不能存在有反坡。土质防渗心墙或斜墙与岸坡连接时，可视需要扩大断面。

③土坝与混凝土建筑物的连接　在土坝枢纽中，有时采用坝下涵管及坝肩溢洪道，土坝和这些建筑物连接的好坏可直接影响土坝的安全。如果连接不紧密，会发生集中渗流，造成接触冲刷；如不均匀沉降过大，将会造成裂缝。连接处可通过设置截渗环、翼墙、刺墙等，加长接触渗透途径，或使连接处适应土坝本身沉降，保证紧密结合，防止集中渗流。

6.4.3.3　排水设施

当坝库蓄水后，因上游水压力的作用，水流会通过坝体渗透到下游坝面坡脚处，对下游坝坡产生冲刷出现管涌的现象，为此常在坝的下游坡脚处设置排水体（又叫反滤体）。排水体的作用是将渗流导向坝体下游，降低浸润线（坝体内渗透水流的水面线）高度，同时可增加坝坡稳定。

排水体形式常见有下面几种：

（1）贴坡排水

贴坡排水又称斜卧式排水（图6-12），特点是用砂石料在下游坝坡坡脚最高水位以上0.5~1.0m处作一斜卧式排水体，排水体顶宽不小于1.0m，边坡与坝背水坡相同。它省材料，施工简单，便于维修，但只能防止坝坡冲刷，不能降低浸润线高度，适用于小型土坝排水，多用于浸润线很低和下游无水的情况。

（2）棱式反滤体排水

如图6-13所示，断面为梯形，当用于均质坝时，反滤体高度可采用坝高的1/4~

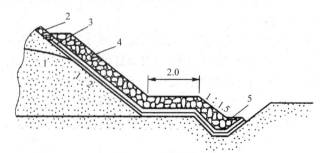

图6-12　贴坡排水

1. 浸润线　2. 坝坡　3. 反滤层　4. 排水体　5. 坡脚

1/6，地基透水适时可低些，当下游有水时应高出最高水位 0.5 ~ 1.0m 以上。特点是，棱体排水可降低浸润线，防止渗透变形，保护下游坝脚不受尾水淘刷，且有支撑坝体增加稳定的作用。但石料用量较大、费用较高，与坝体施工有干扰，检修也较困难。适用于中大型土坝或水库坝排水。

（3）褥垫排水体

如图 6-14 所示。伸展到坝体内的排水设施，在坝基面上平铺一层厚约 0.4 ~ 0.5m 的块石，并用反滤层包裹。褥垫伸入坝体内的长度应根据渗流计算确定，适用于不透水地基或透水性较差的基础，对水坠法施工排除坝体水非常有利。

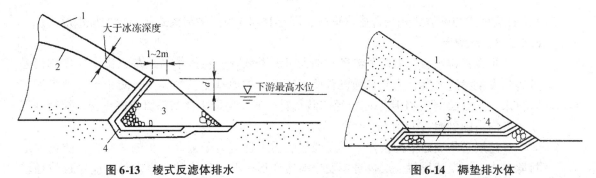

图 6-13 棱式反滤体排水

1. 坝坡 2. 坝体 3. 卵石 4. 小砾石

图 6-14 褥垫排水体

1. 坝坡 2. 浸润线 3. 褥垫排水 4. 反滤层

当下游水位低于排水设施时，降低浸润线的效果显著，还有助于坝基排水固结。但当坝基产生不均匀沉陷时，褥垫排水层易遭断裂，而且检修困难，施工时有干扰。

（4）管式排水

在坝体埋入暗管进行排水，暗管可以是带孔的陶瓦管、混凝土管或钢筋混凝土管，还可以是由碎石堆筑而成。平行于坝轴线的集水管收集渗水，经由垂直于坝轴线的管式排水的优缺点与褥垫式排水相似。排水效果不如褥垫式好，但用料少。一般用于土石坝岸坡及台地地段，因为这里坝体下游经常无水，排水效果好（图 6-15）。

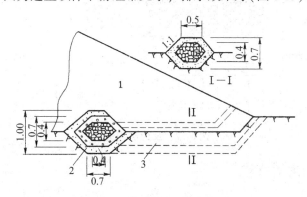

图 6-15 管式排水（单位：m）

1. 坝体 2. 排水体 3. 集水管

（5）综合式排水

在实际工程中常根据具体情况采用几种排水型式组合在一起的综合式排水，如图 6-

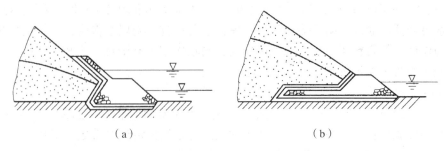

图6-16 综合式排水

16(a)为棱式与贴坡式相结合排水形式,图6-16(b)为褥垫与棱式相结合的排水形式。

6.4.3.4 反滤层

土坝设置排水后,缩短了渗径,加大了渗透坡降,在排水与地基或排水与坝体接触处容易发生渗透变形,为此必须设置反滤层以保护地基土及坝体土,防止土粒被水流带入排水。反滤层由2~4层不同粒径的砂石料组成,层面大体与渗流方向正交,粒径顺着水流方向由细到粗(图6-17)。

反滤层必须满足下列条件:①反滤层的透水性应大于被保护土的透水性,能畅通地排除渗水;②反滤层每一层自身不发生渗透变形,粒径较小的一层颗粒不应穿过粒径较大一层颗粒间的孔隙;③被保护土的颗粒不应穿过反滤层而被渗流带走;④特小颗粒允许通过反滤层的孔隙,但不得堵塞反滤层,也不破坏原土料的结构。如果在防渗体下游铺反滤层,则还应满足在防渗体出现裂缝的情况下,土颗粒不会被带出反滤层,能使裂缝自行愈合。如果反滤料的每一层都采用专门筛选过的土料,则很容易满足上述要求,但造价较高。实际工程中,尽可能找到可直接应用的天然砂料作反滤料。

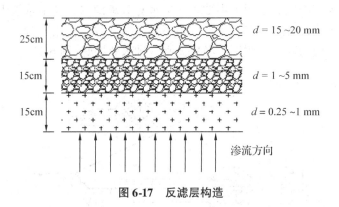

图6-17 反滤层构造

6.4.4 土石坝的渗流分析

6.4.4.1 渗流分析的目的和方法

(1)渗流分析的目的

进行渗流分析目的是确定坝体浸润线和下游渗流出逸点的位置;确定坝体与坝基的渗流量,以便估计水库渗漏损失和确定坝体排水设备的尺寸;确定坝坡出逸段和下游地

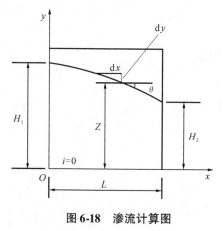

图 6-18　渗流计算图

基表面的出逸坡降，以判断该处的渗透稳定性；确定库水位降落时上游坝壳内自由水面的位置，估算由此产生的孔隙水压力，供上游坝坡稳定分析之用。

（2）渗流分析的方法

渗流分析的方法主要有解析法和手绘流网法，手绘流网法是一种简单易行的方法，能够求渗流场内任一点渗流要素，并具有一定的精度，但在渗流场内具有不同土质，且其渗透系数差别较大的情况下较难应用。解析法分为流体力学法和水力学法。此处主要介绍水力学法。

6.4.4.2　渗流分析的水力学法

对于不透水地基上矩形土体内的渗流，如图 6-18 所示。

$$q = \frac{K(H_1^2 - H_2^2)}{2L} \;\; ; \;\; q = \frac{K(H_1^2 - y^2)}{2x} \tag{6-26}$$

即

$$y = \sqrt{H_1^2 - \frac{2q}{K}x} \tag{6-27}$$

由上述公式可知，浸润线是一个二次抛物线。当渗流量 q 已知时，即可绘制浸润线，若边界条件已知，即可计算单宽渗流量。在此以均质土石坝为例，论述土石坝渗流计算，其他坝型参照有关资料。

（1）不透水地基上均质土石坝的渗流计算

第一种，土石坝下游有水而无排水设备的情况

当下游无水时，以上各式中的 $H_2 = 0$；当下游有贴坡排水时，因贴坡式排水基本上不影响坝体浸润线的位置，所以计算方法与下游不设排水时相同。

现以下游有水而无排水设备的情况为例。

计算时将土坝剖面分为上游楔形体，中间段和下游楔形体三段，如图 6-19 所示。

①等效矩形宽度　$\Delta L = \lambda \Delta H$，$\lambda$ 值由下式计算：

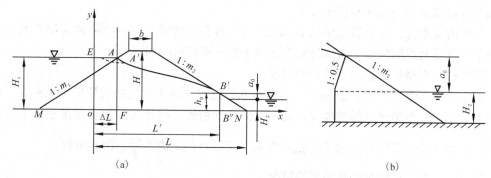

(a) (b)

图 6-19　不透水地基上均质土石坝的渗流计算

（a）实际剖面　（b）设计剖面

$$\lambda = \frac{m_1}{2m_1 + 1} \tag{6-28}$$

式中 m_1——上游坝面的边坡系数,如为变坡则取平均值。

②坝身段的渗流量 由下式计算:

$$q_1 = K \frac{H_1^2 - (H_2 + a_0)^2}{2L'} \tag{6-29}$$

式中 a_0——浸润线溢出点在下游水面以上高度;

K——坝身土壤渗透系数;

H_1——上游水深;

H_2——下游水深;

L'——如图6-19所示。

③下游楔形体的渗流量 可分下游水位以上及以下两部分计算。

根据试验研究认为,下游水位以上的坝身段与楔形体段以1:0.5的等势线为分界面,下游水位以下部分以铅直面作为分界面,与实际情况更相近,则通过下游楔形体上部的渗流量 q'_2 为:

$$q'_2 = \int_0^{a_0} K \frac{y}{(m_2 + 0.5)y} \mathrm{d}y = K \frac{a_0}{m_2 + 0.5} \tag{6-30}$$

通过下游楔形体下部的渗流量 q''_2 为:

$$q''_2 = K \frac{a_0 H_2}{(m_2 + 0.5)a_0 + \dfrac{m_2 H_2}{1 + 2m_2}} \tag{6-31}$$

通过下游楔形体的总渗流量 q_2 为:

$$q_2 = q'_2 + q''_2 = K \times \frac{a_0}{m_2 + 0.5}\left(1 + \frac{H_2}{a_0 + a_m H_2}\right) \tag{6-32}$$

式中 $a_m = \dfrac{m_2}{2(m_2 + 0.5)^2}$

水流连续条件:$q_1 = q_2 = q$,

未知量的求解:两个未知数渗流量 q 和溢出点高度 a_0。

上游坝面附近的浸润线需作适当修正:自 A 点作与坝坡 AM 正交的平滑曲线,曲线下端与计算求得的浸润线相切于 A' 点。

当下游无水时,以上各式中的 $H_2 = 0$;当下游有贴坡排水时,因贴坡式排水基本上不影响坝体浸润线的位置,所以计算方法与下游不设排水时相同。

第二种,有褥垫排水的均质坝的情况

褥垫式排水情况如图6-20所示,这种排水设施在下游无水时排水效果更为显著。由模拟实验证明,褥垫排水的坝体浸润线为一标准抛物线,抛物线的焦点在排水体上游起始点,焦点在铅直方向与抛物线的截距为 a_0,至顶点的距离为 $\dfrac{a_0}{2}$,由此可得:

第三种,有棱体排水的均质坝的情况

当下游有水时,如图6-21所示。

$$y = \sqrt{H_1^2 - \frac{2q}{k}x} \qquad\qquad (6\text{-}33)$$

$$q = \frac{h}{2L'}(H_1^2 - h_0^2) \qquad\qquad (6\text{-}34)$$

$$h_0 = \sqrt{L'^2 + H_1^2} - L' \qquad\qquad (6\text{-}35)$$

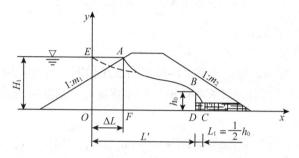

图 6-20　褥垫排水均质土石坝的渗流计算

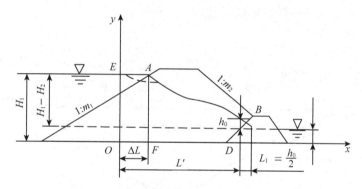

图 6-21　棱体排水均质土石坝的渗流计算

为简化计算，以下游水面与排水体上游面的交点 B 为界把坝体分为上、下游两段，取上游 OA 断面和 B 点断面分析，分别列出两断面之间的平均过水断面面积和平均比降，由达西定律可导出渗流量 q 表达式：

$$y = \sqrt{H_1^2 - \frac{2q}{k}x} \qquad\qquad (6\text{-}36)$$

$$q = \frac{h}{2L'}\left[(H_1^2 - (H_2 + h_0^2)^2] \right. \qquad\qquad (6\text{-}37)$$

$$h_0 = \sqrt{L'^2 + (H_1 - H_2)^2} - L' \qquad\qquad (6\text{-}38)$$

当下游无水时，按上述褥垫式排水情况计算。

（2）有限深透水地基上土石坝的渗流计算

①渗流量　可先假定地基不透水，按上述方法确定坝体的渗流量 q_1 和浸润线；然后再假定坝体不透水，计算坝基的渗流量 q_2；最后将 q_1 和 q_2 相加，即可近似地得到坝体和坝基的渗流量。

②坝体浸润线 可不考虑坝基渗透的影响，仍用地基不透水情况下的结果。

对于有褥垫排水的情况，因地基渗水而使浸润线稍有下降，可近似地假定浸润线与排水起点相交。由于渗流渗入地基时要转一个 90°的弯，流线长度比坝底长度 L' 要增大些。根据实验和流体力学分析，增大的长度约为 $0.44T$（T 为地基透水层的厚度）。这时，通过坝体和坝基的渗流量可按下式计算：

$$q = q_1 + q_2 = K\frac{H_1^2}{2L'} + K_T\frac{TH_1}{L' + 0.44T} \tag{6-39}$$

式中 q——用坝身的渗流量 q_1。

（3）总渗流量计算

计算总流量时，应根据地形及透水层厚度的变化情况，将土石坝沿坝轴线分为若干段，如图 6-22 所示，然后分别计算各段的平均单宽流量，则全坝的总渗透流量 Q 可按下式计算：

$$Q = \frac{1}{2}\left[q_1 l_1 + (q_1 + q_2)l_2 + \cdots + (q_{n-2} + q_{n-1})l_{n-1} + q_{n-1}l_n\right] \tag{6-40}$$

式中 $l_1，l_2，\cdots，l_n$——各段坝长；

$q_1，q_2，\cdots，q_n$——断面单宽流量。

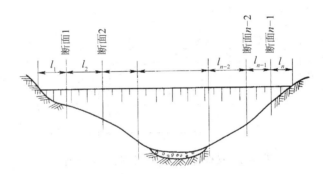

图 6-22 均质土石坝的总渗流计算图

6.4.5 土石坝的稳定分析

6.4.5.1 概述

（1）稳定分析计算的目的

土坝由散粒状土料堆筑而成，体积较大，一经压实，通常不会沿坝基发生整体滑动。而从坝体稳定来看，各部分之间的稳定主要靠土粒间的摩擦力和黏结力来维持，但因渗透水流的作用，会大大降低摩擦力和黏结力，当坝坡大于某一数值时会失去平衡发生滑坡失事，故须对坝坡进行稳定分析计算，以求在稳定状态下最优断面形状尺寸，这就是计算的目的。

（2）土坝滑坡因素及滑坡形态

造成滑坡的因素，除与土的物理力学性质有关外，坝高、坡比、坝体渗透、地基土壤、施工方法、压实密度有其重要影响。一般当压实后的干容重大于 $1.5t/m^3$ 以上，其他条件相同时，可达到基本稳定。

坝坡稳定计算时，应先确定滑裂面的形状，大体可归纳为如下几种：

①曲线滑裂面 如图 6-23(a)、(b)所示，当滑裂面通过黏性土的部位时，其形状常是上陡下缓的曲面，由于曲线近似圆弧，因而在实际计算中常用圆弧代替。

②直线或折线滑裂面 如图 6-23(c)、(d)所示，滑裂面通过无黏性土时，滑裂面的形状可能是直线或折线形。当坝坡干燥或全部浸入水中时呈直线形；当坝坡部分浸入水中时呈折线形。斜墙坝的上游坡失稳时，通常是沿着斜墙与坝体交界面滑动。

③复合滑裂面 如图 6-23(e)、(f)所示，当滑裂面通过性质不同的几种土料时，可能是由直线和曲线组成的复合形状滑裂面。

土坝滑坡形态，对黏性土筑成的均质土坝而言，一般滑动面呈圆弧状，砂性土筑成的坝一般呈折线或直线状。这表示了土壤性质的影响性，即表示黏性土黏结力大，整体性好；砂性土黏结力小，整体稳定性差。故在设计土坝边坡时，砂性土坝边坡要缓于黏性土坝的边坡。

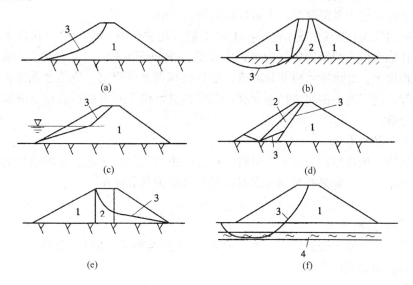

图 6-23 坝坡坍滑破坏形式
1. 坝壳或坝身 2. 防渗体 3. 滑动面 4. 软弱夹层

6.4.5.2 荷载组合及稳定安全系数的标准

土石坝稳定计算必须考虑的荷载有自重、渗透动水压力、孔隙水压力和地震惯性力等。

（1）自重

坝体自重一般在浸润线以上的土体按湿重度计算，浸润线以下、下游水位以上的按饱和重度计算，下游水位以下的按浮重度计算。

（2）渗透动水压力

动水压力的方向与渗透方向相同，作用在单位土体上的渗透动水压力为 γJ，γ 为水的重度，J 为该处的渗透坡降。

（3）孔隙水压力

这是黏性土体中常存在的一种力。黏性土在外荷载作用下产生压缩时，由于土内空气和水一时来不及排除，外荷载便由土粒及空隙中水和空气共同承担。土粒骨架承担的应力称为有效应力，它在土体滑动时会产生摩擦力，而水和空气承担的应力称为孔隙压力，它是不会产生摩擦力的。土壤中的有效应力 σ' 为总应力 σ 与孔隙压力 u 之差，所以土壤的有效抗剪强度为：

$$\tau = C + (\sigma - u)\tan\varphi' = C + \sigma'\tan\varphi' \tag{6-41}$$

式中 φ'，C——分别为内摩擦角和凝聚力。

根据经验，应对正常运用和非常运用情况进行稳定计算：

正常运用情况（设计情况）包括：①上游为正常蓄水位，下游为相应的最低水位或上游为设计洪水位，下游为相应的最高水位时，在稳定渗流情况下的上、下游坝坡的稳定计算；②水库水位正常降落时，上游坝坡的稳定计算。

非常运用情况（校核情况）包括：①施工期，凡黏性填土均应考虑孔隙水压力的影响，考虑孔隙水压力消散的条件为填筑密度低，饱和度 >80%，K 在 $10^{-7} \sim 10^{-3}$cm/s 之间的大体积填土；②水库水位非常降落，如自校核洪水位降落、降落至死水位以下，大流量泄空等情况下的上游坝坡稳定计算；③校核洪水位下有可能形成稳定渗流时的下游坝坡稳定计算。

（4）地震惯性力

一般而言，地震惯性力在水土保持工程设计中必须加以考虑，在淤地坝的稳定性计算中可以忽略不计，如果有特别要求时，可参考相关章节计算。

6.4.5.3 稳定分析方法

工程上对土坝稳定分析计算，视工程大小（主要是坝高）和筑坝土料不同，可采用滑动圆弧法和折线或直线法两种。

（1）圆弧滑动法

目前最广泛应用的圆弧滑动静力计算方法有瑞典圆弧法和简化的毕肖普法。

假定滑动面为圆柱面，将滑动面内土体视为刚体，边坡失稳时该土体绕滑弧圆心 O 作旋转运动，计算时沿坝轴线取单宽按平面问题进行分析（图6-24）。由于土石坝工作条件复杂，滑动体内的浸润线又呈曲线状，而且抗剪强度沿滑动面的分布也不一定均匀，因此，为了简化计算和得到较为准确的结果，实践中常采用条分法，即将滑动面上的土体按一定宽度分为若干个铅直土条，分别计算各土条对圆心 O 的抗滑力矩 M_r 和滑动力矩 M_s，再分别取其总和，其比值即为该滑动面的稳定安全系数 K。

计算步骤如下：

①拟定滑动面，将滑坡体分成若干等宽的铅直土条，计算每一土条重量 W_i（t/m）。

②将每一土条的重量 W_i 分解成为圆弧切向分力 T_i 和法向分力 N_i，当土条滑动面与

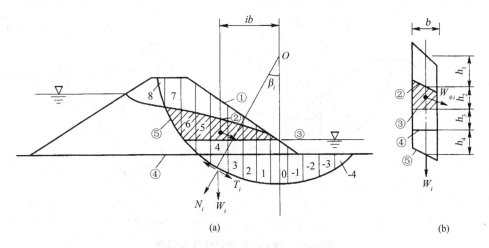

图6-24 圆弧滑动法坝坡稳定计算示意

(a)滑动面土体 (b)单个土条

水平面的夹角为β_i时,

$$T_i = W_i\sin\beta_i; \quad N_i = W_i\cos\beta \tag{6-42}$$

③由滑动面土体的内摩擦角φ和内聚力C得每条土体的抗滑力为:

$$S_i = C_iL_i + N_i\tan\varphi_i \tag{6-43}$$

当土条底部为无黏性土时,$C_i = 0$。

④计算滑动体对于滑动圆心的滑动力矩M_s和抗滑力矩M_r:

$$M_s = RT_i = RW_i\sin\beta_i \tag{6-44}$$

$$M_r = RS_i = R(C_iL_i + N_i\tan\varphi_i) = R(C_iL_i + W_i\cos\beta_i\tan\varphi_i) \tag{6-45}$$

则稳定系数为:

$$K = \frac{\sum W_i\cos\beta_i\tan\varphi_i + \sum C_iL_i}{\sum W_i\sin\beta_i} \tag{6-46}$$

瑞典圆弧法计算不计条块间作用力,不满足每一土条力的平衡条件,一般计算出的安全系数偏低。毕肖普法在这方面做了改进,近似考虑了土条间相互作用力的影响,其计算简图如图6-25所示。图中E_i和X_i分别表示土条间的法向力和切向力;W_i为土条自重,在浸润线上、下分别按湿重度和饱和重度计算;Q_i为水平力,如地震力等;N_i和T_i分别为土条底部的总法向力和总切向力,其余符号意义如图6-25所示。

为使问题可解,毕肖普假设$X_i = X_{i+1}$,即略去土条间的切向力,使计算工作量大为减少,而成果与精确法计算的仍很接近,故称简化的毕肖普法。安全系数计算公式为:

$$K = \frac{\sum\left\{[(W_i + V)\sec\beta_i - ub\sec\beta_i]\tan\varphi'_i + C'_ib\sec\beta_i\right\}[1/(1 + \tan\beta_i\tan\varphi'_i/K)]}{\sum\left\{[(W_i + V)\sin\beta_i - M_c/R]\right\}} \tag{6-47}$$

(2)折线滑动面法

对于部分浸水的非黏性土坝坡,由于水上与水下土的物理性质不同,滑裂面不是一

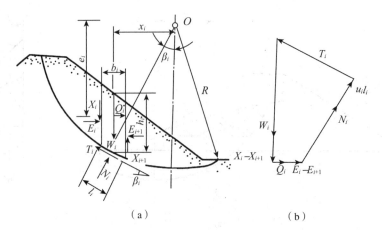

图 6-25 简化的毕肖普法计算示意

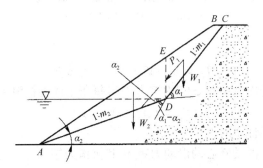

图 6-26 折线滑动面法计算示意

个平面，而是近似折线面，今以图 6-26 所示心墙坝的上游坝坡为例，说明折线法按极限平衡理论计算安全系数的方法。

土体 $DEBC$ 的平衡式为：

$$P_1 = W_1 \sin \alpha_1 + \frac{1}{K} W_1 \cos \alpha_1 \tan\varphi_1 = 0 \tag{6-48}$$

土体 ADE 的平衡式为：

$$\frac{1}{K} W_2 \cos \alpha_2 \tan\varphi_2 + \frac{1}{K} P_1 \sin (\alpha_1 - \alpha_2) \tan\varphi_2 - W_2 \sin \alpha_2 - P_1 \cos (\alpha_1 - \alpha_2) = 0 \tag{6-49}$$

由以上二式联立，可以求得安全系数 K。

若 $\varphi_1 = \varphi_2 = \varphi$，并令 $\dfrac{\tan\varphi}{K} = f$

则 $\sin \alpha_1 = \dfrac{1}{\sqrt{1+m_1^2}}$; $\cos \alpha_1 = \dfrac{m_1}{\sqrt{1+m_2^2}}$; $\sin \alpha_2 = \dfrac{1}{\sqrt{1+m_2^2}}$; $\cos \alpha_2 = \dfrac{m_2}{\sqrt{1+m_2^2}}$

并再将以上两式联解得：

$$f = \frac{A+B}{2} - \sqrt{\left(\frac{A+B}{2}\right)^2 - \left(\frac{B}{m_2} + C\right)} \tag{6-50}$$

式中 $A = \dfrac{1 + m_1^2}{m_2 - m_1} \cdot \dfrac{m_2}{m_1}$;

$\qquad B = \dfrac{W_2}{W_1} \cdot A$;

$\qquad C = \dfrac{1 + m_1 m_2}{m_1(m_2 - m_1)}$;

安全系数 $K = \dfrac{\tan\varphi}{f}$。

为求得坝坡的稳定安全系数,应假定不同的 α_1、α_2 和上游水位,即先求出在某一水位和 α_2 下不同 α_1 值时的最小稳定安全系数,然后在同一水位下再假定不同的 α_2 值,重复上述计算可求出在这种水位下的最小稳定安全系数。一般还必须至少再假设两个水位,才能最后确定坝坡的最小稳定安全系数。

(3)复合滑动面法

当滑动面通过不同土料时,常由直线与圆弧组合的形式(图 6-27)。例如,厚心墙坝的滑动面,通过砂性土为直线,通过黏性土为圆弧。当坝基下部深处存在有软弱夹层时,滑动面也可能通过软弱夹层而形成如图所示的复合滑动面。

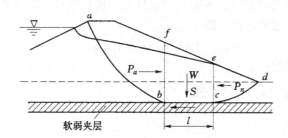

图 6-27 复合滑动面法计算示意

计算时,可将滑动土体分为 3 个区,土体 abf 的滑动推力为 P_a,土体 cde 的推力为 P_n,分别作用于 fb 和 ec 面上。由土体 $bcef$ 产生的抗滑力 S 作用于 bc 面上,稳定安全系数 K 可表示为:

$$K = \frac{\text{抗滑力}}{\text{滑动力}} = \frac{S}{P_a - P_n} = \frac{W\tan\varphi + CL}{P_a - P_n} \qquad (6\text{-}51)$$

式中 W——土体 $bcef$ 的自重;

$\qquad \varphi$,C——软弱夹层的内摩擦角和凝聚力。

求 P_a、P_n 时,也可用条分法将两边的滑动土体 abf 和 cde 分成几个条块,并假定条块间的推力近似于水平。用上述试算法,拟定一个安全系数 K,推求各条块对下一块的推力(求 P_a 时从左块开始,求 P_n 时则从右块开始),得出 P_a 和 P_n 后代进式(6-51),如果得到 K 值与拟定的 K 值不同,则重新拟定 K,重复计算,直至两者相等为止。当然,也要多假定几个 ab 弧和 cd 弧的位置,经过多次试算,才能求出沿这种滑动面的最小稳定安全系数。

6.4.6　土坝分期加高设计问题

对中大型土坝，有时因投资、施工条件和自然因素等的限制和变化，很难一次施工达到"合理"坝高(即淤地面积最大、库容最大、工程量最小)。而分期施工加高达到合理坝高可能有利时，可考虑采用分期加高施工方案。分期加高设计考虑问题如下：

6.4.6.1　分期加高设计的依据和设计方法

分期加高设计，应在坝系规划总方案的基础上进行。实践表明，加高多为两次到三次完成，时间间隔大约 10 年左右一次，小型坝 2~3 年一次完成。具体什么时候加，一次加高多少，须从淤积量、设计洪水情况、利用状况和基建力量等方面综合考虑。

分期加高坝的设计，包括第一次坝高设计、中期坝高设计和最终坝高设计三阶段。最终坝高设计与一般坝高设计相同。

(1)当第一次坝高设计不设溢洪道时

此时的坝高除考虑完成工程量外，其拦洪库容(不包括安全加高库容)应设计为大于一次设计洪水的总量相应的坝高。如果若干年后再加高土坝，则设计时须考虑前几年的淤积情况。如设 T 为淤积年限，则第一次设计坝高的拦洪总库容 $V_{拦洪}$ 应等于 T 年的淤积量与一次设计洪水总量之和，即

$$V_{拦洪} = TQ_{沙} + W_{洪} \tag{6-52}$$

式中　T——淤积年限(a)；

$\quad Q_{沙}$——年均来沙量，$Q_{沙} = \dfrac{KF}{\gamma_{沙}}$；

$\quad K$——侵蚀模数$[t/(km^2 \cdot a)]$；

$\quad F$——流域面积(km^2)；

$\quad \gamma_{沙}$——淤积泥沙干容重(t/m)；

$\quad W_{洪}$——一次设计洪水总量(m)。

根据 $V_{拦洪}$ 在坝高—库容曲线上即可查出拦洪坝高。拦洪坝高加安全加高可得第一次设计坝高。经运用，当库容淤积不能容纳一次设计洪水时即应加高。

(2)根据计划淤积期限确定第一次设计坝高

此时首先根据淤积期限确定拦泥坝高，再根据设计洪水计算滞洪库容确定滞洪坝高，最后加安全加高，即得第一次设计坝高。

但需指出，这种设计的防洪计算，应考虑土坝加高以后溢洪道设置方案问题，其情况是：

①先修临时性溢洪道，最后另修永久性溢洪道方案。这种方案，对临时溢洪道和滞洪坝高的确定，可不考虑坝地生产防洪要求，而直接按溢洪道坎与淤地面齐平的情况进行防洪计算，到修永久性溢洪道时，再考虑坝地正常生产要求进行防洪计算。

②当淤地坝加高不多即可达到最终坝高，且加高后又无条件建永久性溢洪道时，可在坝分期加高时即建永久性溢洪道，待土坝加高后再加固，此时溢洪道尺寸设计应考虑到最终加高后坝地正常生产所要求的溢洪道尺寸。

另外，如考虑淹没高程限制时，第一次设计坝高由淹没限制高程确定。

6.4.6.2　分期加高设计与"三大件"设计方案

（1）土坝加高方案及设计要求

土坝加高方案应以工程量最小、安全可靠为原则。加高方式可以用内坡加高法、骑马式（内外坡同时加高）加高法和外坡加高法等。加高设计应注意新旧坝体的良好结合，一般是在加高坝基下开挖接合槽，清除旧坝表土，回填夯实后再加高，可使二者紧密结合。

对坝体下游坡脚排水体的加高，应按新加坝高断面浸润线位置改建加高，坡比可取为：

$$m_{外} = 0.05H_2 + 0.5 \tag{6-53}$$

式中　　H_2——加高后的总坝高。

（2）加高坝时溢洪道设计要求

溢洪道底坎加高高程应由水文分析计算重新确定。加高方法有原型加高法（溢洪道首部按原形式上延加高）、土渠加陡法（将上段土渠变陡）和滚水坝法（在溢洪道首部作滚水坝抬高底坎高程），如何采用，须因地而异。

（3）加高坝时放水洞设计要求

放水洞主要是改建进口高程位置，对竖井式放水洞可采用垂直加高法加高高度，对卧管式放水洞可采用向上延伸加高法加高高度。

6.5　溢洪道设计

溢洪道是"三大件"枢纽工程中的主要建筑物之一，它对泄洪、保证枢纽工程安全、坝地正常生产以及下游工程安全具有重要作用。由于溢洪道在枢纽工程投资中费用较大（可达总投资的 1/3 ~ 1/2），溢洪道的设计与施工等的好坏是确保淤地坝安全的主要环节，所以对溢洪道工程必须予以足够的重视。

溢洪道设计包括位置选择、形式选择、水力计算和结构设计等任务，现分述如下。

6.5.1　溢洪道位置的选择

溢洪道的位置取决于坝址的地形、地质、泄流量、施工条件等（图6-28）。其布置是否合理，将影响到淤地坝工程的安全和投资，应注意以下几个方面。

（1）工程量小

要尽量利用天然的有利地形，常将溢洪道选择在坝端附近"马鞍形"地形的凹地处，或地形较平缓的山坡处，这样，就可以节省开挖土石方量，减少工程投资，缩短工期。

（2）地质良好

溢洪道应选在土质坚硬，无滑坡塌方，或非破碎岩基上。

（3）溢洪道泄洪安全

将溢洪道进口布设在距坝端至少10m以外，出口布设在距坝坡坡脚线20m以外。溢

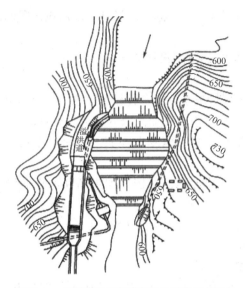

图 6-28　明渠式正槽溢洪道位置选择示意

洪道尽可能不和放水建筑物放在同一侧，以免互相造成水流干扰和影响放水建筑物的安全。

（4）水流条件良好

溢洪道轴线布设为直线状，若因地形、地质条件不允许，布置成曲线时，转弯半径应不小于渠道水面宽度的 5 倍，并应在凹岸做好砌护工程。

6.5.2　溢洪道的形式和断面尺寸的确定

根据地形条件和泄洪量大小，溢洪道常见的布置形式有 2 类。

（1）明渠式溢洪道

明渠式溢洪道的特点是溢洪道为一明渠（或称排洪渠），设在坝端一侧，通常不加砌护，工程量小，施工简单，一般小型淤地坝库，泄洪量较小时常用。

（2）堰流式溢洪道

堰流式溢洪道适用于流域面积较大、泄洪流量较大的情况。溢洪道常用块石或混凝土建造。其形式根据地形落差特点有台阶式、跌水式及陡坡式等，最常用的是陡坡式溢洪道。这种溢洪道的优点是：结构简单，水流平顺，施工方便，工程量小。

溢流堰根据地形条件可以布置成正堰形式（水流方向与溢洪道轴线一致）或侧堰形式（水流方向与轴线垂直），堰本身可以为宽顶堰（常用）或实用堰（需增大泄流量时）。一般陡坡式正堰式溢洪道的布置如图 6-29 所示，由进口段、陡坡段和出口段 3 部分组成。为使溢流通畅、工程量较小，溢流堰应有足够的长度和宽度，故溢洪道应布设在坝的一端地形较平坦、土质较好的地段上。

6.5.3　溢洪道水力计算

通过水力计算可以确定溢洪道各部分的水力尺寸。

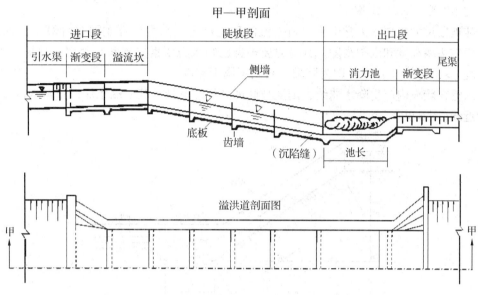

图 6-29 溢流堰式溢洪道断面示意

6.5.3.1 明渠式溢洪道水力计算

上基上的明渠溢洪道多为梯形断面，边坡视土质不同常采用 1:1 ~ 1:1.5，纵坡可用 1/50 ~ 1/100。石基溢洪道断面多为矩形，纵坡比土渠溢洪道稍陡。

泄流量根据 6.3.2.3 一节中所述坝库调洪计算求得的最大泄洪量确定。溢洪道断面尺寸可根据水力学明渠均匀流公式计算，即

$$Q_{泄} = \omega C \sqrt{Ri} \tag{6-54}$$

式中　$Q_{泄}$——溢洪道的设计最大泄洪流量（m^3/s）；

　　　ω——溢洪道过水断面面积（m^2）；

　　　C——谢才系数，参看水力学相关书籍确定；

　　　R——水力半径（m）；

　　　i——溢洪道明渠段的纵坡，可视地形、地质等情况采用。

6.5.3.2 堰流陡坡式溢洪道水力计算

陡坡式溢洪道的水力计算主要是确定溢流堰尺寸、陡坡段尺寸和出口段尺寸。

（1）溢流堰尺寸计算

当溢流堰采用宽顶堰形式时，可按 $Q = MBH_0^{3/2}$ 计算；采用实用堰形式时，可按水力学中不淹没实用断面堰流量公式 $Q = \varepsilon mbH_0^{3/2}$ 计算。

此处需指出的是，溢流堰上水深（H_0）大小与工程造价关系密切，水深大，则堰顶宽度小，溢洪道开挖工程量小，造价低，但坝高增大，建坝造价增加；反之，建坝造价降低，故应进行经济技术方案比较确定。一般水深以不大于 1.5m 为宜，堰长按水力要求在 $(2.5 \sim 10)H_0$ 之间为宜，通常多采用 $(3 \sim 8)H_0$。

（2）陡坡段尺寸计算

陡坡段尺寸根据水力学中明渠渐变流的理论确定，水力计算主要是计算水面曲线，用以确定边墙高度和砌护高度。计算时要根据已知水力要素先判断是否属于陡坡，当陡坡坡度 $i > $ 临界坡度 i_k 时，即为陡坡，否则不属于陡坡。

水流在陡坡内产生降水曲线，随陡坡底部高程的下降，其末端水深以正常水深 h_0 作为渐近线（图6-30）。

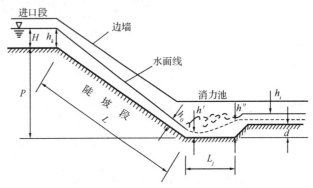

图6-30　陡坡段尺寸计算示意

所以只要求得临界水深 h_k 和正常水深 h_0，即可以按下列步骤计算并绘制出水面曲线。

①计算临界水深 h_k　对矩形断面陡槽，h_k 可采用下面水力学公式计算，即

$$h_k = \sqrt[3]{\frac{\alpha q^2}{g}} \tag{6-55}$$

式中　h_k——临界水深（m）；

α——流速分布不均匀系数，一般取 $1.0 \sim 1.1$；

q——单宽流量 $[\text{m}^3/(\text{s} \cdot \text{m})]$，$q = Q_泄/B$；

$Q_泄$——溢洪道设计流量（m^3/s）；

B——溢洪道宽（m）；

g——重力加速度（m/s^2），一般取9.81。

式（6-55）中，当 $g = 9.81\text{m/s}^2$、$\alpha = 1.0$ 或 1.1 时，有

$$h_k = 0.467 \sqrt[3]{q^2}$$

或

$$h_k = 0.482 \sqrt[3]{q^2}$$

对梯形断面陡槽，h_k 可按水力学公式试算求得

$$\frac{\omega_k^3}{B_k} = \frac{\alpha Q_泄^2}{g} \tag{6-56}$$

也可用如下近似公式求得：

$$h_k = \frac{b\sigma_T}{m} \tag{6-57}$$

式中 ω_k, B_k——相应于临界水深 h_k 的过水断面积和水面宽;

　　b——槽底宽(m);

　　m——槽边坡系数;

$$\sigma_T = \frac{3}{2}\left(\sqrt{1+\frac{4}{3}\sigma_n}-1\right); \quad \sigma_n = \frac{mh_{kn}}{b}; \quad h_{kn} = \sqrt[3]{\frac{\alpha q^2}{g}}(相应于矩形断面的临界水深)。$$

②计算临界底坡 i_k　临界底坡 i_k 可用下面水力学公式计算求得:

$$i_k = \frac{g}{aC_k^2}\cdot\frac{X_k}{R_k} = \frac{Q_\text{泄}^2}{K_k^2} \tag{6-58}$$

式中　K_k——流量模数, $K_k = \omega_k C_k\sqrt{R_k}$;

　　C_k, X_k, R_k——分别为相应的临界水深时的谢才系数、湿周、水力半径。

如求出的 $i_k < i$(陡坡底坡),且当正常水深 h_0 小于临界水深 h_k 时,则陡坡水流为急流,可按陡坡计算。

③计算陡坡长度 L　当陡坡段总落差为 P、底坡坡度(比降)为 i 时,则由几何关系得:

$$L = \sqrt{P^2+\left(\frac{P}{i}\right)^2} \tag{6-59}$$

④计算正常水深 h_0　正常水深 h_0 的计算可按水力学中均匀流公式 $Q=\omega C\sqrt{Ri}$ 用试算法或迭代法求解。

⑤计算水面曲线　陡坡水面曲线的计算方法很多,有分段法、水力指数法、电算法,以及这些方法的简化法等。目前,《水力学》书籍中多介绍分段法,这种方法的优点是便于实现计算机计算。在此主要介绍分段法。

必须指出的是,陡坡上的水流在陡坡段变为急流状态($i_k<i$)时,水面曲线为一降水曲线。降水曲线随它本身的长度和陡坡长度的不同将会出现两种情况:一种是降水曲线长度小于陡坡长度,即降水曲线在陡坡段中间结束,此后水流逐渐接近均匀流,到陡坡末端水流等于正常水深;另一种是降水曲线长度大于陡坡长度,此时陡坡末端水深应按明渠变速流公式计算。究竟是哪种情况,须通过计算确定。

由水力学知识可知,明渠渐变流微小流段的能量方程为 $\frac{dE_s}{dL}=i-\bar{J}$,将此式写成下面的有限差分方程,有

$$\frac{\Delta E_s}{\Delta L}=i-\bar{J} \tag{6-60}$$

式中　ΔE_s——溢洪道陡坡段相邻两过水断面单位能之差(kW);

　　ΔL——溢洪道陡坡段过水断面分段长度(m);

　　i——溢洪道陡坡段底坡;

　　$\bar{J}$——溢洪道陡坡段相邻断面水力坡度的平均值。

于是得:

$$\Delta L = \frac{\left(h_2+\frac{\alpha_2 v_2^2}{2g}\right)-\left(h_1+\frac{\alpha_1 v_1^2}{2g}\right)}{i-\bar{J}} \tag{6-61}$$

式中 h_1，h_2——溢洪道陡坡段相邻两过水断面的水深值(m)；

v_1，v_2——溢洪道陡坡段相邻两过水断面水流平均流速(m/s)；

α_1，α_2——相邻过水断面动能修正系数，一般取 $1.0 \sim 1.1$；

其余符号意义同式(6-60)。

若已知断面形状、尺寸、流量及两过水断面间的水深，则此两断面在渠道中的距离即可由式(6-61)求得。

由谢才公式 $v = C \sqrt{R\bar{J}}$，$\bar{J}$ 可按式(6-62)计算，即

$$\bar{J} = \frac{1}{2} \left(\frac{v_1^2}{C_1^2 R_1} + \frac{v_2^2}{C_2^2 R_2} \right) \tag{6-62}$$

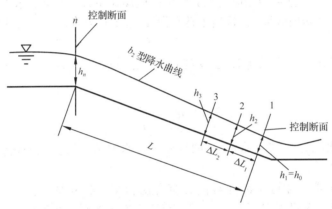

图 6-31 水面曲线计算示意

下面以图 6-31 为例，阐述分段求和法的计算步骤。

根据水力学的知识，确定水面曲线的类型及两端水深。

将计算渠段的总长度 L 划分为若干小流段 ΔL_1，ΔL_2，…，ΔL_n，逐一分析计算。分段的长短，视精度要求及水深变化情况而定，水深变化大的地方，分段应短。

根据控制断面水深及水面曲线变化趋势，拟定该分段的另一端水深 h_2，由式(6-61)先求得 ΔL_1。依此类推，求出 ΔL_2，ΔL_3，…，ΔL_n，最后求出水面曲线的总长为：

$$L = \Delta L_1 + \Delta L_2 + \Delta L_3 + \cdots + \Delta L_n \tag{6-63}$$

按图中坐标，即可绘出水面曲线。

用分段求和法计算水面曲线比较简单，便于实现计算机计算，对于棱柱形和非棱柱形渠道中的恒定渐变流都适用，甚至可用于天然河道。

对于非棱柱形渠道，由于 $A = f(h, L)$，因此，用分段求和法计算水面曲线时，只假设另一端的水深还不足以求 ΔL，须用试算法，具体计算步骤有如下几点。

a. 由起始断面已知条件(断面形状、尺寸、水深 h_1 等)计算相应的 A_1、v_1、E_{s_1}。

b. 假定 ΔL，由此确定距起始断面 ΔL 处的断面形状，再设 h_2，计算 A_2、v_2、E_{s_2}。

c. 用 h_1、h_2 计算 $\bar{J}$。

d. 将上述数据代入式(6-61)计算 ΔL，如果这一计算结果与所设相等，则此 ΔL 及 h_2 即为所求，否则重新假设。按此法逐段计算 ΔL_i 和 h_i，即可得所求的水面曲线。

　　水面曲线的绘制由陡坡首端开始，用上述方法分别求出各断面的水深及距离，即可绘出。

　　小型溢洪道可不计算水面曲线，将求出的 h_k 及 h_0 连一直线即可。

　　⑥确定陡坡终点水深 h_a 和末端流速 v_a　当求出的水面曲线长度 $L <$ 溢洪道陡坡段长度 L_0 时，则陡坡末端水深 $h_a =$ 正常水深 h_0；若求出的水面曲线长度 $L >$ 溢洪道陡坡段长度 L_0 时，则须按已知 L_0 及起点水深 h_1 由变速流公式试算求得陡坡末端水深 $h_a = h_2$。

　　末端流速 v_a 可按式(6-64)计算，即

$$v_a = \frac{Q_{泄}}{\omega_a} \tag{6-64}$$

式中　v_a——末端流速(m/s)；

　　　　ω_a——水深为 h_a 时的过水断面面积(m²)；

　　　　$Q_{泄}$——溢洪道设计流量(m³/s)。

　　求出的末端流速 v_a 应小于溢洪道陡坡护面材料不冲允许流速，否则应重新调整。

　　⑦陡坡边墙(侧墙)高度 H 确定　考虑到陡坡流速较大时掺气水流使水深增加，故溢洪道陡坡边墙(侧墙)H 应按式(6-65)确定，即

$$H = h + h_B + \Delta h \tag{6-65}$$

式中　H——边墙高度(m)；

　　　　h——未掺气时陡坡中的水深(m)；

　　　　h_B——掺气后水深增加值(m)，可按条件进行计算。当 $v \leqslant 20\text{m/s}$ 时，$h_B = \frac{vh}{100}$；

　　　　　　当 $v > 20\text{m/s}$ 时，$h_B = \frac{v^2}{200g}$ [v 为流速(m/s)，$g = 9.81\text{m/s}^2$]；

　　　　Δh——安全加高(m)，可取 0.5～1.0。

　　(3)出口段尺寸计算

　　溢洪道出口段一般由消能段、出口渐变段和下游尾渠组成。出口渐变段和下游尾渠的断面尺寸确定与溢流堰尺寸计算相同。下面主要介绍消能段尺寸的计算方法。

　　当水流从陡坡段的急流过渡到尾渠段的缓流时，将产生高速水流，对下游渠段产生强烈冲刷，为此，需设消能设施，以减缓高速水流对河渠的冲刷，在工程上称为消能工。

　　这种消能设施常见的有底流式消能和挑流式消能。消能工的形式可根据地形、地质和水流特点选择，底流式消能常见的有消力池、消力坎和综合式消能，挑流式消能常采用挑流鼻坎消能。底流式消能常用于发生远驱式水跃时的消能，挑流式消能适用于地形和河床地基抗冲性能良好的河道。

　　下面主要介绍消力池的水力计算。

　　设计消力池的基本原理是：增加下游水深，提供发生淹没水跃的条件。

　　消力池的水力计算就是确定消力池的池深 S 和水跃长度 L_j(图6-32)。

　　①消力池池深计算　当消力池断面为矩形，且消力池纵坡为水平或很小时(一般淤地坝工程均能满足要求)，消力池深度 S 的计算可采用下述水力学公式联立求解，即

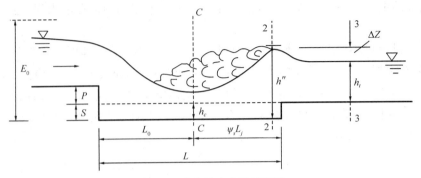

图 6-32 消力池水力计算示意

$$\begin{cases} h_c = \dfrac{q}{\varphi\ \sqrt{2g\ (E_0 + S - h_c)}} \\[2mm] h'' = \sigma h''_c = \dfrac{\sigma h''_c}{2}\left(\sqrt{1 + \dfrac{8q^2}{gh_c^3}} - 1\right) \\[2mm] S = h'' + \dfrac{q^2}{2gh''^2} - \dfrac{q^2}{2g\ (\varphi h_t)^2} - h_t \end{cases} \quad (6\text{-}66)$$

式中　h_c——消力池收缩断面水深(m)；

　　　q——渠道单宽流量[m³/(s·m)]；

　　　φ——流速系数，初步计算可取 0.95，具体计算可参阅有关《水力学》书籍；

　　　E_0——收缩断面单位能(kW)，详见有关《水力学》书籍；

　　　h''_c——以收缩断面水深 h_c 为跃前水深，计算出的跃后水深(m)，详见有关《水力学》书籍；

　　　σ——安全系数，一般取 1.05～1.10；

　　　h_t——尾水渠水深(m)。

对于大多数淤地坝工程，也可采用下述经验公式近似计算消力池池深为：

$$S = 1.25\ (h'' - h_t) \quad (6\text{-}67)$$

式中　h''——以溢洪道陡坡段末端水深 h_a 为跃前水深计算出的跃后水深(m)；

　　　h_t——渠道单宽流量[m³/(s·m)]。

②消力池池长计算　消力池长度 L 由下述经验公式确定，即

$$\begin{cases} L = L_0 + \psi_s L_j \\[1mm] L_0 = 1.74\ \sqrt{E_0\ (P_0 + S + 0.24H_0)} \\[1mm] L_j = 6.9\ (h'' - h') \end{cases} \quad (6\text{-}68)$$

式中　ψ_s——完整水跃长度 L_j 的折减系数，为 0.7～0.8，原因是消力池末端池壁对水流的反作用力有壅水作用，压缩了完整水跃的长度；

　　　h''——以溢洪道陡坡段末端水深 h_a 为跃前水深计算出的跃后水深(m)；

　　　h'——水跃跃前水深，即溢洪道陡坡段末端水深 h_a(m)。

（4）工程实例

【例 6-3】　某淤地坝工程采用溢流堰式溢洪道，其断面形式为矩形，底宽 $B = 8$m，下接一无侧收缩宽顶堰，堰高 $P = 1.5$m，流量系数 $m = 0.342$，流速系数 $\varphi = 0.95$，通过流量 $Q = 26.8$m³/s，下游水深 $h_t = 1.2$m（图 6-33），试判别下游的衔接形式并决定消能措施的尺寸。

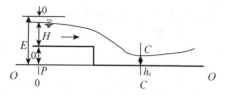

图 6-33　消能计算示意

解：

（1）判别水面曲线衔接形式

因 $h_t = 1.2 < P = 1.5$，故此宽顶堰为自由出流堰。由自由出流宽顶堰水力计算公式得堰上总水头：

$$H_0 = \left(\frac{Q}{mb\sqrt{2g}}\right)^{\frac{2}{3}} = \left(\frac{26.8}{0.342 \times 8 \times \sqrt{2 \times 9.8}}\right)^{\frac{2}{3}} = 1.69(\text{m})$$

以渠底为基准面的单位总能：

$$E_0 = P + H_0 = 1.5 + 1.69 = 3.19(\text{m})$$

相应的单宽流量：

$$q = \frac{Q}{b} = \frac{26.8}{8} = 3.35[\text{m}^3/(\text{s} \cdot \text{m})]$$

以 $O - O$ 为基准面，列 $0 - 0$ 和 $C - C$ 的能量方程得：

$$E_0 = h_c + \frac{q^2}{2g\varphi^2 h_c^2}$$

由上式试算或迭代得收缩断面水深：$h_c = 0.48(\text{m})$。

由《水力学》中水跃共轭水深的计算公式，求得以收缩断面水深 h_c 为跃前水深的跃后水深 h''_c：

$$h''_c = \frac{h_c}{2}\left(\sqrt{1 + \frac{8q^2}{gh_c^3}} - 1\right) = \frac{0.48}{2}\left(1 + \frac{8 \times 3.35^2}{9.8 \times 0.48^3} - 1\right) = 1.95(\text{m})$$

因 $h''_c > h_t = 1.2$m，堰下游将发生远离式水跃，拟建消力池以提供淹没水跃条件。消力池采用降低下游局部渠底高程的办法。

（2）消力池深度计算

由式（6-67）联立求解得：$S = 0.69$m。

（3）消力池长度计算

取 $\psi_s = 0.75$，代入式（6-68）得：

$$L_0 = 1.74\sqrt{E_0(P_0 + S + 0.24H_0)} = 1.74\sqrt{1.69(1.5 + 0.69 + 0.24 \times 1.69)} = 3.64(\text{m})$$

$$h''_c = \frac{h_c}{2}\left(\sqrt{1 + \frac{8q^2}{gh_c^3}} - 1\right) = \frac{0.43}{2}\left(1 + \frac{8 \times 3.35^2}{9.8 \times 0.43^3} - 1\right) = 2.10(\text{m})$$

$$L_j = 6.9(h''_c - h_c) = 6.9(2.10 - 0.43) = 11.59(\text{m})$$

$$L = L_0 + \psi_s L_j = 3.64 + 0.75 \times 11.59 = 12.35(\text{m})$$

6.5.3.3 溢洪道结构构造尺寸

（1）进口段

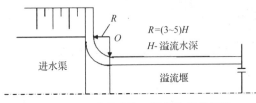

图 6-34 溢洪道进口段结构组成示意

进口段包括引水渠、渐变段和溢流堰3 个部分（图6-34）。

①引水渠 引水渠通常为一矩形明渠（石基）或梯形明渠（土基），前者只需修凿平整即可，必要时加以砌护，后者需用浆砌石或混凝土衬砌。梯形渠断面边坡可采用1:1.5~1:3.0，当有塌滑危险时应修挡土墙或护坡保护。

②渐变段 渐变段在平面上应为直线形或光滑的曲线形，导流墙可以是直立式、扭曲面式或圆弧直立式八字墙（图6-35）。当用浆砌石衬砌时厚度为0.25~0.4m，导流墙与边墩用缝分开使其各自独立工作，并适应不均匀沉陷，墙顶超高可采用0.5~1.0m，底板上游端应做防渗齿墙，墙入地基深约1.0m，墙厚0.5m，底板砌厚0.3~0.5m。

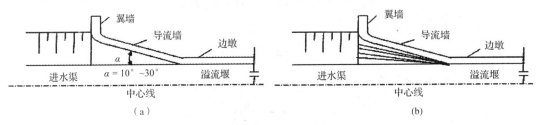

（a）   （b）

图 6-35 导流墙示意

（a）八字墙直立面 （b）扭曲面

③溢流堰 溢流堰为溢洪道中的泄流控制建筑物，土基上常为宽顶堰形式，岩基上多采用实用堰形式（图6-36）。堰体由边墩、底板和溢流体组成。堰体底板与渐变段底板相连；连接处需做一深0.5~1.0m、厚0.3~0.5m的防渗抗滑齿墙。堰边墙（边墩）可用浆砌石建造，采用重力挡土墙形式（图6-37），墙顶比溢流水面应高0.5~1.0m，顶宽不少于0.4m，墙高 H 与底宽 B 之比一般为2:1~3:2，基础厚 t 为0.3~0.5m。溢流堰上有时需设工作交通桥，桥常用钢筋混凝土建造，宽1.5~3.0m，堰上一般不设闸门。

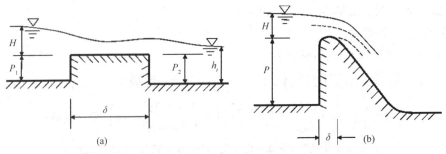

（a）   （b）

图 6-36 溢流堰剖面型式示意

（a）宽顶堰 （b）实用堰

采用宽顶流堰时,堰厚 δ 应在 $(2.5\sim10)H$ 之间,H 为堰上水深,当 δ 在 $(0.67\sim2.5)H$ 时,则为实用堰。

(2)陡坡段

陡坡段纵坡应尽可能与地面坡度一致,以减少工程量。建造在土基上的陡坡,纵坡常用 $1:3\sim1:5$,岩基上 $1:1\sim1:3$,当为减少工程量而采用两种坡度时,应上段缓下段陡,并在变坡处用曲线连接,以免水流脱槽出现负压现象。

陡槽断面侧墙,当为岩基时用矩形断面,侧墙仅需修凿平整或混凝土衬砌抹平即可;当为土基时用梯形断面,边坡 $1:1\sim1:3$,常用浆砌石建造,砌厚 $0.3\sim$

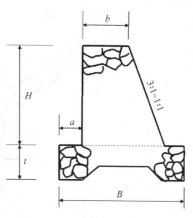

图 6-37 重力式挡土墙示意

$0.4\mathrm{m}$。为防止不均匀沉降,沿纵坡每隔 $5\sim10\mathrm{m}$ 留一沉陷缝。岩基上的陡坡,槽底可不衬砌,仅需凿平即可,当为不良岩基且流速又大(> $10\mathrm{m/s}$)时,可用块石或混凝土衬砌,砌厚 $0.25\sim0.4\mathrm{m}$(块石)或 $0.1\sim0.15\mathrm{m}$(混凝土)。土基上的底板必须衬砌,厚度 $0.3\sim0.5\mathrm{m}$(块石),为防止冰冻发生裂缝,需在底板下铺设 $0.1\sim0.2\mathrm{m}$ 的砂卵石垫层反滤排水及纵横向排水沟。

由于陡槽中流速较大,水流动水压力可能使底板产生振动,为稳定起见,需校核其厚度 d 是否满足要求,一般可按式(6-69)计算,即

$$d\approx0.03av\sqrt{h} \tag{6-69}$$

式中 d——底板厚度(m);

a——地基条件系数,密实的黏土和亚黏土 $a=0.8$,中密黏土 $a=1.0$,亚砂土和砂土 $a=1.5\sim2.0$;

v——槽中流速(m/s);

h——槽中水深(m)。

(3)出口段

出口段包括消力池、渐变段和尾水渠 3 部分,渐变段与进口渐变段相同,尾水渠即一般明渠。

消力池断面常用为矩形,用块石浆砌建造,也可用混凝土建造,考虑到它经常处于水下或变水位下工作,受到水流冲击振动,故要求砌筑材料有一定的抗冲力。用浆砌石建造时,池底板厚应大于 $0.5\mathrm{m}$,并在前端设厚为 $0.3\mathrm{m}$、深为 $0.7\mathrm{m}$ 的齿墙,板下设反滤排水孔。侧墙构造尺寸与陡槽相同。池底板厚 d 可用式(6-70)计算,即

$$d\approx KV_c\sqrt{h_c} \tag{6-70}$$

式中 d——底板厚度(m);

K——系数,$K=0.03+0.17\sin\alpha$;

α——末端射流与水平面夹角;

V_c——水跃前收缩断面处流速(m/s);

h_c——收缩断面水深(m)。

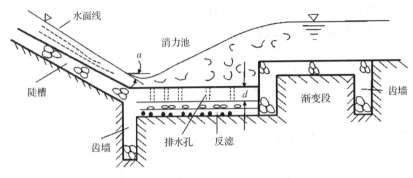

图6-38 消力池结构构造示意

消力池结构构造如图6-38所示。

6.6 放水建筑物设计

6.6.1 放水建筑物的作用及位置选择

放水建筑物是淤地坝工程的重要组成部分之一。它的主要作用有以下几点。

①对于未淤满的淤地坝,能排泄小型洪水,放空库容,拦蓄径流泥沙,调节洪水径流,保证坝堤安全。

②对于已淤满的淤地坝,能及时排泄沟道长流水和坝内积水,防止坝地盐碱化,及早利用坝地发展生产。

③对于暂作蓄水防洪坝使用的淤地坝,可用于下游放水灌溉。

放水建筑物由进口取水工程、输水工程和出口消能工程组成。进口取水工程常见者为卧管(图6-39)、竖井(图6-40)和放水塔形式;输水工程常见者为坝下涵洞、管道和隧洞;出口消能工程常见者有渐变段、陡坡和消力池,有时为挑流坎形式。因输水工程和出口消能工程部分相同,故常将放水建筑物分为卧管式和竖井式两类。

卧管是斜置于坝端上游沟坡或坝坡上的一种台阶式取水管涵工程,管孔口有平孔、立孔和斜孔3种形式(图6-41),平孔各级高差0.3~0.6m,立孔0.6~1.0m,斜孔0.4~0.8m。

卧管应用灵活,结构较简单,不易漏水,是淤地坝工程中常用的取水工程,适用水头5~25m,放水流量0.1~4.0m³/s。

竖井是布设于土坝上游坝面坡脚上的一种竖向取水工程,由井体、井壁进水孔和井底消力井组成。竖井断面多为圆形,内径0.5~2.0m。

竖井沿竖向每隔0.5m对称设进水孔(放水孔)一对,孔口尺寸高×宽为0.2m×0.3m或0.3m×0.4m,孔口设立控制闸门。

竖井结构较卧管简单,施工方便,易于检修,省工省料,唯取水不如卧管便捷,易漏水,小型淤地坝库工程适用。

放水塔在淤地坝工程中应用较少,此处不作介绍。

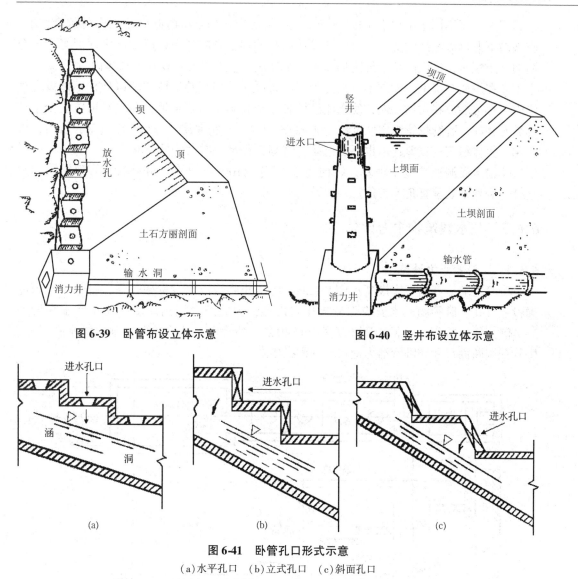

图 6-39 卧管布设立体示意

图 6-40 竖井布设立体示意

图 6-41 卧管孔口形式示意

（a）水平孔口 （b）立式孔口 （c）斜面孔口

卧管涵洞及输水涵洞形式基本相同，一般视流量大小、地质情况和材料条件的不同，分为方形、拱形和圆形。前两种通常为无压洞，后一种可以是无压，也可以是有压（水头高、流量较小时使用）。

出口段形式有陡坡消力池形式，也有挑流坎形式，后者适用于河床地质条件较好，水头、流量较大，为减少工程量及工程投资的情况。

放水建筑物的位置选择，应考虑以下几个方面。

①在地质上，应最好修筑在基岩或坚实的土基上，以免发生不均匀沉陷，造成涵管断裂漏水，影响坝体安全。

②涵洞的放水高程及涵洞进口高程应根据地形、地基、库内泥沙淤积、灌溉要求、施工导流等因素确定。一般哪个高程能较快淤出一定面积可供利用的坝地，就可放在哪

个高程上，而不同于小型水库按"水库寿命"来决定。如果下游有引用坝内排水灌溉时，应满足下游自流灌溉的要求。对分期设计加高的坝，还应考虑以后加高之便。当考虑分期加高土坝时，进口应位于最终加高坝上游坝坡处，不得设在现在的坝体内。

③在平面布置上，涵洞出口消能工程应布设在土坝下游坝坡坡脚以外，不能设在坝体内。尽可能放在沟道一侧，使水流沿坡脚流动，防止切割坝地，同时对坝体安全生产也是有利的。卧管位置纵向坡度以 1:2~1:3 为宜，不能太陡，否则水流过急，水力条件恶化，管体稳定性较差；但也不能过缓，否则工程量会增大，投资增大。

④输水涵洞通常埋于坝基，纵向坡度常用 1/100~1/200，涵洞轴线与坝轴线相垂直，与卧管轴线呈直角或钝角。

6.6.2 放水建筑物水力计算

6.6.2.1 卧管水力计算

卧管上端应高出坝库最高水位 1~2m。为防止卧管放水时发生真空，卧管上端顶部须设通气孔。卧管涵洞水流应保持无压自由流，为此卧管涵洞高度应比正常水深增大 3~4倍，若为圆管，正常水深约为管径的 40%。卧管水力计算主要是确定进水孔尺寸、卧管涵洞断面尺寸和卧管消力池尺寸(图 6-42)。

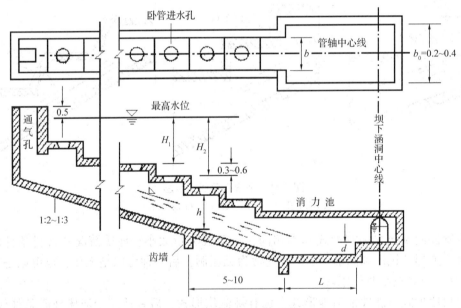

图 6-42　卧管横断面示意(单位：m)

(1)进水孔尺寸计算

单孔进水流量 Q 可按式(6-71)计算，即

$$Q = \mu\omega\sqrt{2gH} \tag{6-71}$$

当开上下两孔时，进水流量 Q 为：

$$Q = \mu\omega\sqrt{2g}\left(\sqrt{H_1} + \sqrt{H_2}\right) \tag{6-72}$$

式中 Q——进水流量(m^3);

μ——流量系数,与进口形状有关,对于圆孔,取 0.62;

ω——进水孔断面面积(m^2);

g——重力加速度(m/s^2),一般取 9.81;

H——孔口水头(m);

H_1——上孔孔口水头(m);

H_2——下孔孔口水头(m)。

对圆形进水孔,因 $\omega = \dfrac{1}{4}\pi d^2$,将 ω 代入式(6-68)或式(6-69)可求出圆孔地直径 d。

当求出的 d 大于 0.4m 时,可考虑同一台阶设孔两个,以减小孔径尺寸(因 d 太大时,孔口盖板尺寸太大,启闭不便)。

卧管设计流量 $Q_{设}$,可按坝地排水、灌溉或施工导流要求确定。对两大件枢纽工程,可按 72h 放空一次设计洪水总量确定。

(2)卧管涵洞断面尺寸计算

卧管涵洞断面尺寸,应按加大流量 $Q_{加}$ 计算,设计时可取 $Q_{加} = (1.2 \sim 1.25)Q_{设}$。

卧管涵洞断面通常为方形和圆形,断面尺寸可按明渠均匀流公式计算,即

$$Q = \omega C \sqrt{Ri} \qquad (6\text{-}73)$$

按式(6-73)求出的断面尺寸须满足检修要求。一般情况下,对于方形涵,底宽应大于 0.6m,高度应大于 1.2m;对于圆形涵,应使直径大于 0.6m。

(3)卧管消力池尺寸计算

对于方形消力池,主要是计算池长 L、池宽 b_0 和池深 d_0,即

$$L = (3 \sim 9)h'' \qquad (6\text{-}74)$$
$$b_0 = b + 0.4 \qquad (6\text{-}75)$$
$$d_0 = 1.25\,(h'' - h_0) \qquad (6\text{-}76)$$

式中 L——池长(m);

b_0——池宽(m);

d_0——池深(m);

h''——跃后共轭水深(m),按水力学计算;

b——卧管宽度(m);

h_0——正常水深(m)。

为保证池内产生淹没水跃,尚需满足以下要求,即

$$\frac{d_0 + h_0}{h''} \geqslant 1.05 \sim 1.10 \qquad (6\text{-}77)$$

对于圆形消力池(消力井),主要计算池深和直径,计算原理、方法见竖井水力计算。

6.6.2.2　竖井水力计算

竖井断面多为圆形,内径 0.5~2.0m,沿竖向高度每隔 0.5m 对称开设放水孔一双,

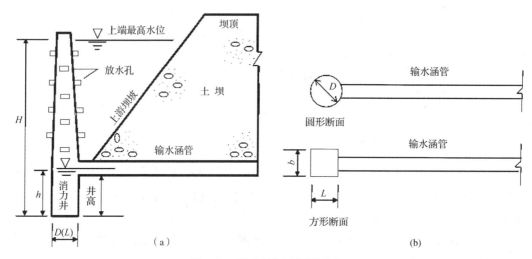

图6-43 竖井剖面、平面示意

(a)竖井剖面示意　(b)竖井平面示意

孔口尺寸为 $0.3m \times 0.3m \sim 0.3m \times 0.4m$，孔口由插门控制，如图6-43所示。

竖井水力计算主要是确定放水孔尺寸和消力井尺寸。

(1)放水孔尺寸计算

计算方法与卧管进水孔水力计算相同，即利用式(6-71)式(6-72)计算出孔口过水面积后，便可得出孔口宽和高。

(2)消力井尺寸计算

可根据每立方米容积水体可消能 $7.5 \sim 8.0kW$ 的实验数据，计算出需要的消力井容积 V，便可确定出消力井的各部分尺寸。

设水流由放水孔跌入消力井的高度为 H，跌入的流量为 Q，则水流所具有的能量 N 为：

$$N = 9.81QH(kW) \tag{6-78}$$

此时所需要的消力井最小容积(水量体积) V 为：

$$V = \frac{N}{7.5 \sim 8.0} \tag{6-79}$$

若取每立方米水体消能为 $8.0kW$，则式(6-79)为：

$$V = \frac{N}{8} = \frac{9.81QH}{8} = 1.23QH \tag{6-80}$$

有了 V 后，便可求出消力井的断面尺寸，即

圆形断面消力井：

$$V \leqslant \frac{\pi}{4}D^2 h \tag{6-81}$$

方形断面消力井：

$$V \leqslant blh \tag{6-82}$$

式中　D——井径(m)；

　　　h——井内水深(m)；

　　　b——井底宽(m)；

　　　l——井底长(m)。

为了运用方便，设计时可使井径 D 与竖井直径相同，井总深不宜大于3.0m。

6.6.2.3　输水涵洞水力计算

常见的输水涵洞有砌石方涵、砌石拱涵和钢筋混凝土圆涵(图6-44)。

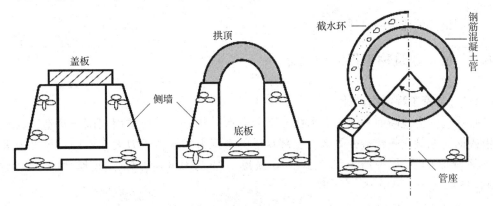

图6-44　输水涵洞断面形式示意

砌石方涵、砌石拱涵适用于无压流，洞内水深不大于洞高的3/4，以保证不因水流波动而破坏明流状态。钢筋混凝土圆涵适用于有压流和无压流两种情况，当为无压流时，管内水深不大于管径的3/4。

砌石方涵适用于跨度较小的情况。砌石拱涵适用于跨度、流量较大的情况。钢筋混凝土圆涵适合用作坝高较高、填土压力较大的坝下涵管。

涵洞水力尺寸计算有如下几点。

(1)无压流砌石涵洞尺寸计算

涵洞断面尺寸可按明渠均匀流公式 $Q = \omega C \sqrt{Ri}$ 计算，此处不再赘述。但需注意，求出的最小尺寸应考虑施工检修之便。

(2)钢筋混凝土圆涵尺寸计算

①无压流时，断面尺寸按明渠均匀流公式计算。

$$Q = \omega C \sqrt{Ri} \tag{6-83}$$

②有压流时，断面尺寸按下式计算。

$$Q = \mu_c \omega \sqrt{2gH} \tag{6-84}$$

或

$$\omega = \frac{Q}{\mu_c \sqrt{2gH}} \tag{6-85}$$

对圆管而言 $\omega = \frac{1}{4}\pi d^2$，所以圆管直径 D 为：

$$D = \sqrt{\frac{4Q}{\pi\mu_c \sqrt{2gH}}} \tag{6-86}$$

式中 D——圆管直径(m)；

μ_c——流量系数，$\mu_c = \dfrac{1}{\sqrt{d + \sum \xi + \dfrac{\lambda L}{D}}}$。

$d = 1.0$；$C = \dfrac{1}{n}R^{1/6}$；$\sum \xi = 1.1$；$n = 0.017$；$\lambda = \dfrac{8g}{C^2}$；$R = \dfrac{D}{4}$；$L =$ 管长(m)；$g = 9.81$（m/s²）。

涵洞出口消能与溢洪道相同。

6.6.3 放水建筑物工程结构设计

6.6.3.1 卧管工程结构设计

卧管、消力池断面一般为方形或圆形，方形时侧墙和底板常用浆砌石建造，盖板用石板或钢筋混凝土板建造，侧墙视上部承受的水压力和泥沙压力大小不同，可做成等厚或下部较厚的重力式挡土墙型式，墙顶厚一般为 0.3~0.5m，底厚为 0.4~1.0m（图 6-45）。

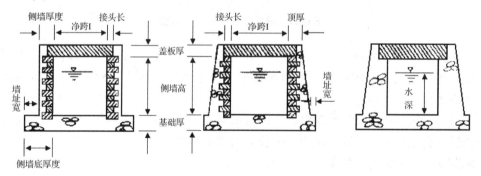

图 6-45 卧管、消力池结构构造

圆形卧管多为钢筋混凝土建造，下端消能若采用消力井圆形池时，用浆砌石建造，与竖井下部消力井相同。

卧管、消力池结构设计，主要是计算盖板厚度和侧墙尺寸及稳定性，水保工程上对侧墙设计可按构造确定尺寸。

（1）条石盖板和混凝土盖板厚度计算

作用于盖板上的力主要有水压力和泥沙压力，根据盖板结构特点，盖板跨中最大弯矩 $M_大$ 可按式(6-87)简支梁均布荷载公式计算，即

$$M_大 = \frac{1}{8}qL_0^2 \tag{6-87}$$

式中　$M_大$——最大弯矩；

q——均布荷载，$q = \gamma_± H$；

L_0——计算跨度（m），$L_0 = 1.05L$。

最大剪力 $\tau_大$ 可按式（6-88）计算，即

$$\tau_大 = \frac{1}{2}gL_0^2 \qquad (6\text{-}88)$$

式中　$\tau_大$——最大剪力；

g——重力加速度（m/s^2），一舶取 9.81；

L_0——计算跨度（m），$L_0 = 1.05L$。

板厚 h 则根据最大弯矩和最大剪力分别按式（6-89）计算并取其大者，即

$$\left. \begin{array}{c} h = \sqrt{\dfrac{6M_大}{\delta b}} \\[2mm] h = \dfrac{1.5\tau_大}{\delta_T b} \end{array} \right\} \qquad (6\text{-}89)$$

式中　h——板厚（m）；

b——盖板单宽（m），取 1.0；

δ——条石或混凝土弯曲时的允许拉应力，可查有关手册；

δ_T——条石允许剪应力或混凝土允许的拉应力，可查有关手册。

（2）钢筋混凝土盖板厚度计算

当作用于盖板上的压力（土、水）较大（如淤厚 > 20m）和设计盖板跨度较大（如跨度 > 0.6m）时，为减少板厚，可采用钢筋混凝土盖板。计算盖板厚度 h，可按钢筋混凝土结构学介绍的方法进行，这里仅列出一般公式、计算步骤，公式中各符号及设计要求请参阅《钢筋混凝土结构学》。

板中最大弯矩：

$$M_大 = \frac{1}{8}qL_0^2 \qquad (6\text{-}90)$$

板有效高度（厚度）：

$$h_0 = \gamma \sqrt{\frac{KM_大}{b}} \qquad (6\text{-}91)$$

板总厚：

$$h = h_0 + a \qquad (6\text{-}92)$$

式中　a——保护层厚度（cm），一般取 3~5。

钢筋断面积：

$$F_a = \mu \frac{bh_0}{100} \qquad (6\text{-}93)$$

最大剪应力 $\tau_大$ 所产生的最大主拉应力 $\sigma_拉$ 应满足 $\sigma_拉 = \dfrac{\tau_大}{0.9bh_0} \leqslant [\sigma]$。

为应用方便起见，现将钢筋混凝土盖板厚度尺寸列入下表 6-11 供参考。

表 6-11 钢筋混凝土盖板厚度表

	0.5(m)		0.6(m)		0.7(m)		0.8(m)		1.0(m)		1.2(m)	
	H(m)	F_a(cm)	H(m)	F_a(cm)	H(m)	F_a(cm)	H(m)	F_a(cm)	H(m)	F_a(cm)	H(m)	F_a(cm)
8(m)	13	3.87	14	5.03	16	5.65	18	6.28	21	8.26	24	10.28
10(m)	14	4.38	16	6.04	17	7.54	19	7.54	23	9.42	27	10.99
15(m)	16	5.03	17	6.28	21	7.54	23	8.70	28	10.28	32	13.99
20(m)	20	5.61	23	6.65	26	7.85	29	8.70	35	11.31	41	13.99
25(m)	24	5.61	28	6.54	31	7.85	35	8.70	43	11.31	40	18.30
30(m)	28	5.29	32	6.54	37	7.54	41	9.05	37	16.1	43	20.90

6.6.3.2 竖井工程结构设计

竖井断面一般为圆形,用浆砌石建造,壁厚 0.3~0.6m,根据井高,壁厚可以等厚,也可以下厚上薄,结构设计主要是校核井壁厚度 δ。

(1)井壁受力分析

竖井主要承受外部的土压力和水压力,尤以井内无水、外部泥沙淤积最高或库水位最高时,井壁下部受力最大最危险。

井壁外部最大水压力 $P_水$ 等于:

$$P_水 = \gamma_水 H_1 \qquad (6-94)$$

式中 $\gamma_水$——水容重(KN/m³);

H_1——计算断面以上水头(m)。

井壁外部最大土压力 $P_土$ 等于:

$$P_土 = (\gamma_浮 H_1 + \gamma_湿 H_2)\tan^2\left(45° - \frac{\varphi}{2}\right) \qquad (6-95)$$

式中 $\gamma_浮$,$\gamma_湿$——土的浮容重和湿容重(KN/m³);

H_2——土体高(m);

φ——土内摩擦角,计算时应按浸润线以上和以下情况,采用不同值。

井壁内部水压力 $P'_水$ 等于:

$$P'_水 = \gamma_水 H \qquad (6-96)$$

式中 H——计算断面处水头(m)。

(2)井壁厚度 δ 计算

计算时按受力最大情况,先计算下部壁厚,再在上部取一断面计算壁厚即可。荷载组合以井壁外部最大水压力 $P_水$ 和土压力 $P_土$ 为设计校核依据。

为简化计算,视井壁为一厚圆筒(图 6-46)。

同一高度上的外部荷载按均布荷载考虑,则在外力作用下,井壁内、外侧边缘应力分别为:

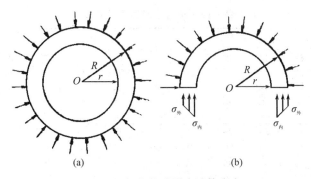

图 6-46 竖井井壁厚度计算示意

（a）外压力分布图 （b）应力计算图

$$\sigma_{外} = \frac{R^2 + r^2}{R^2 - r^2}P \tag{6-97}$$

$$\sigma_{内} = \frac{2R^2}{R^2 - r^2}P \tag{6-98}$$

式中 $\sigma_{外}$，$\sigma_{内}$——井壁外缘和内缘应力（KN/m^2）；

R，r——井壁外半径和内半径（m）；

P——井壁外部力 $P_{水}$ 和土压力 $P_{土}$ 之和。

按上述三式求出的应力 $\sigma_{外}$、$\sigma_{内}$ 应小于砌体允许应力（通常都满足）。如按此计算出的壁厚 $\delta = R - r$ 太小时，应按构造要求确定 δ，一般井壁下部 $\delta > 0.4 \sim 0.6m$，顶部 $\delta > 0.3m$。

6.6.3.3 坝下输水涵洞结构设计

坝下输水涵洞与卧管涵洞相同，应用较多者为盖板式方涵、砌石拱涵、混凝土圆涵和钢筋混凝土圆涵等。

盖板式方涵多为高而窄的长方形断面，这样可使盖板跨度最小，板厚最小。目前小型淤地坝库坝高、流量较小时多用。

砌石拱涵适应于流量较大的坝下埋设涵洞，其设计主要是计算拱厚、侧墙厚和底板厚，即拱圈、拱台的设计（图 6-47）。

由于设计中多用经验公式，为此这里仅就跨度在1.1m 以下的拱涵各部尺寸从应用观点作一介绍（表 6-12），具体计算请参阅有关资料。

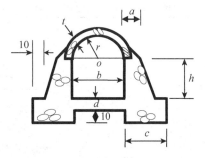

图 6-47 拱涵结构计算示意

钢筋混凝土涵管，常用者有预制管及现浇管两种。预制管主要按设计要求的强度和刚度到生产厂家选购即可，现浇管须自制。此类管的设计可详见钢筋混凝土结构学。现将设计计算步骤说明如下（图 6-48）：

表6-12 砌石拱涵断面尺寸表

填土高度(m)		10				15				20			
	部位名称	拱圈厚	拱座顶宽	拱座底宽	垫层厚度	拱圈厚	拱座顶宽	拱座底宽	垫层厚度	拱圈厚	拱座顶宽	拱座底宽	垫层厚度
高度(cm)	跨度(cm)	t	a	c	d	t	a	c	d	t	a	c	d
40	45	30	35	70	30	30	35	70	30	30	35	70	30
50	60	30	35	80	30	30	35	80	30	30	35	80	30
60	70	30	35	85	30	30	35	85	30	30	35	85	30
70	80	30	35	90	30	30	35	90	30	30	40	90	30
80	80	30	35	90	30	30	40	90	30	30	40	95	30
90	90	30	40	95	30	30	40	95	30	30	40	100	30
100	90	30	40	95	30	30	40	95	30	30	50	110	30
100	100	30	40	100	30	30	50	110	30	30	50	110	30
110	100	30	40	105	30	30	50	115	30	30	50	115	30

填土高度(m)		25				30				35			
	部位名称	拱圈厚	拱座顶宽	拱座底宽	垫层厚度	拱圈厚	拱座顶宽	拱座底宽	垫层厚度	拱圈厚	拱座顶宽	拱座底宽	垫层厚度
高度(cm)	跨度(cm)	t	a	c	d	t	a	c	d	t	a	c	d
40	45	30	35	70	30	30	35	70	30	30	35	70	30
50	60	30	35	80	30	30	35	80	30	30	40	85	30
60	70	30	40	90	30	30	40	90	30	30	40	90	30
70	80	30	40	95	30	30	40	95	30	30	50	100	30
80	80	30	40	95	30	35	50	100	35	100	50	100	35
90	90	35	50	105	35	35	60	115	35	40	60	115	40
100	90	35	60	115	35	40	70	125	40	40	70	125	40
100	100	35	60	120	35	40	70	130	40	40	70	130	40
110	100	35	60	125	35	40	70	135	40	45	75	140	45

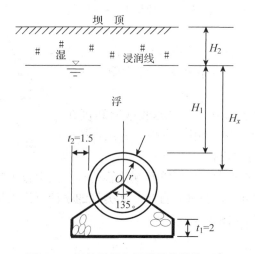

图6-48 钢筋混凝土涵管结构计算示意

（1）计算作用于管上的垂直土压力 $q_\pm$

$$q_\pm = \gamma_{浮} H_1 + \gamma_{湿} H_2 \tag{6-99}$$

（2）计算作用于管的侧向土压力 $P_\pm$

$$P_\pm = \left(\gamma_{浮} H_x + \gamma_{湿} H_2 \right) \tan^2 \left(45° - \frac{\varphi}{2} \right) \tag{6-100}$$

（3）计算管壁任意断面处的内水压力 $P_{内}$

$$P_{内} = \gamma_{水}(H + H_i) \tag{6-101}$$

对无压流：

$$P_{内} = \gamma_{水} H_i \tag{6-102}$$

（4）计算外部水压力 $P_{外}$

$$P_{外} = \gamma_{水} H_x \tag{6-103}$$

（5）计算管自重 G

$$G = 2\pi r_c \gamma_{钢} \delta \tag{6-104}$$

式中　$\gamma_{浮}$——坝体浸润线以下土的浮容重（kN/m^3）；

H_1——管顶至浸润线的填土高度（m）；

$\gamma_{湿}$——浸润线以上土的湿容重（kN/m^3）；

H_x——计算部位到浸润线高度（m）；

φ——土的内摩擦角，以浸润线分界，上部用水上土的摩擦角，下部用水下土的摩擦角；

$\gamma_{水}$——水的容重（kN/m）；

H——管顶以上水头（m）；

H_i——管壁任意断面处水深（m）；

π——3.141 6；

r_c——管平均半径（m）；

$\gamma_{钢}$——管容重等于 $25kN/m^3$；

δ——管壁厚（m）。

设计荷载组合可按下述 3 种情况选其最危险组合作为设计依据：

①施工期　土压力 + 管自重；

②正常放水运用期　内水压力 + 土压力 + 外水压力 + 管自重；

③闭管检修期　土压力 + 外水压力 + 自重。

本章小结

淤地坝工程是水土流失区，特别是黄土高原地区小流域沟道治理的重要措施之一，在控制水土流失，发展农业生产等方面具有极大的优越性，成为不可缺少的水土保持措施。

本章就淤地坝的组成、分类与作用，淤地坝工程规划，淤地坝土坝设计、溢洪道和放水建筑物的水力计算和结构设计做了阐述，旨在通过本章的学习，使学生掌握淤地坝的基本概念与作用、基本计算方法和设计方法。

思 考 题

1. 什么是淤地坝？它有什么作用？
2. 什么是坝系？坝系规划的原则是什么？坝系布设的方法有哪些？
3. 什么是坝高库容曲线？什么是坝高淤地面积曲线？如何绘制？
4. 什么是淤地坝调洪？淤地坝调洪的目的是什么？简述淤地坝调洪演算的基本原理。
5. 土石坝的工作特点是什么？
6. 土石坝的地基处理任务是什么？
7. 什么是马道？马道的作用是什么？
8. 土石坝为什么要设防渗体？坝身、坝基防渗有哪些方法？
9. 土石坝稳定分析的目的是什么？有哪些方法？
10. 泄水建筑物的作用是什么？常用的泄水建筑物有哪几种？
11. 溢洪道如何进行位置的选择？
12. 溢洪道水力计算的目的是什么？
13. 简述淤地坝放水建筑物的作用。
14. 简述淤地坝放水建筑物的主要类型和特点。

参考文献

崔云鹏，蒋定生，1998. 水土保持工程学[M]. 2 版. 西安：陕西人民出版社.

吴持恭，2003. 水力学[M]. 3 版. 北京：高等教育出版社.

王燕生，1995. 工程水文学[M]. 2 版. 北京：中国水利水电出版社.

王宏硕，翁情达，1993. 水工建筑物[M]. 2 版. 北京：中国水利水电出版社.

刘秉正，吴发启，1997. 土壤侵蚀[M]. 西安：陕西人民出版社.

蒋金珠，1992. 工程水文及水利计算[M]. 北京：中国水利水电出版社.

中华人民共和国国家质量监督检查检疫局，中国国家标准化管理委员会，2006. 水土保持术语：GB/T 20465—2006[S]. 北京：中国计划出版社.

中华人民共和国住房和城乡建设部，中华人民共和国国家质量监督检查检疫局，2014. 水土保持工程技术规范：GB 51018—2014 [S]. 北京：中国计划出版社.

中华人民共和国国家质量监督检查检疫局，中国国家标准化管理委员会，2008. 水土保持综合治理技术规范 沟壑治理技术：GB/T 16453.3—2008[S]. 北京：中国计划出版社.

中华人民共和国国家质量监督检查检疫局，中国国家标准化管理委员会，2008. 水土保持综合治理技术规范 小型蓄排引水工程：GB/T 16453.4—2008[S]. 北京：中国计划出版社.

中华人民共和国水利部，2001. 碾压式土石坝设计规范：SL 274—2001[S]. 北京：中国水利水电出版社.

中华人民共和国水利部，2000. 溢洪道设计规范：SL 253—2000[S]. 北京：中国水利水电出版社.

中华人民共和国水利部，2004. 水坠坝技术规范：SL 302—2004［S］. 北京：中国水利水电出版社.

中华人民共和国水利部，1999. 土工试验规程：SL 237—1999［S］. 北京：中国水利水电出版社.

陈晓梅，杨惠淑，2007. 淤地坝的历史沿革［J］. 河南水利与南水北调(1)：65－66.

冉大川，罗全华，等，2004. 黄河中游地区淤地坝减洪减砂及减蚀作用研究［J］. 水利学报，7－13.

焦菊英，王万忠，等，2003. 黄土高原丘陵沟壑区淤地坝的淤地拦砂效益分析［J］. 农业工程学报，19(6)：302－306.

冯国安，2000. 治黄的关键是加快多砂粗砂区淤地坝建设［N］. 科学导报(7)：53－57.

李世武，常站怀，等，1994. 淤地坝在陕北经济建设中的地位和作用［J］. 中国水土保持(11)：25－28.

王连生，赵喜云，等，1998. 淤地坝放水洞最佳位置的探讨［J］. 水土保持科技(3)：15－17.

聂兴山，2000. 坝系农业是黄土高原持续农业的发展方向［J］. 中国水土保持(9)：35－36.

张勇，2007. 浅议淤地坝在新农村建设中的地位和作用［J］. 地下水，29(2)：132－134.

武永昌，朱首军，1996. 骨干淤地坝等库容分期加高的研究［J］. 中国水土保持(8)：17－21.

黄土高原淤地坝调研组，2003. 黄土高原区淤地坝专题调研报告［J］. 中国水利(3)：9－11.

张汉雄，1994. 陕北黄土丘陵区淤地坝的规划和利用模式及效益研究［J］. 水土保持研究，1(1)：75－81.

第7章

山洪及泥石流防治工程

在山区沟道内及荒溪冲积扇上，为防止山洪及泥石流冲刷与淤积灾害而修筑的沟道治理工程及排导工程等建筑物称为山洪及泥石流防治工程。其目的在于保护冲积扇上的房屋、农田、道路、工矿设施等建筑物免受山洪及泥石流灾害，保证当地人民生命及财产的安全。山洪及泥石流防治工程是防治山洪及泥石流灾害综合措施的重要组成部分。

7.1 山洪及泥石流的特性

7.1.1 山洪及泥石流的定义

7.1.1.1 山洪的定义

山洪(torrential flood，flash flood)，是山区溪流(荒溪)上发生的历时很短而洪峰流量较大的骤发性洪水。山洪的特点是流速大，冲刷力大，破坏力大，含有大量泥沙，暴涨暴落，历时短暂。

一般的山区溪流(荒溪)可分为经常流水的和周期性流水的，通常由以下3个部分组成(图7-1)。

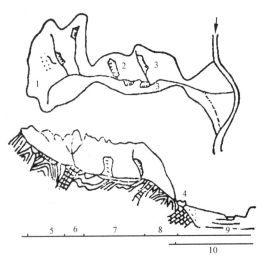

图7-1　荒溪流域的组成

1. 产砂区　2. 山坡侵蚀　3. 沟岸侵蚀　4. 输移的泥沙　5. 上游集水区
6. 峡谷区　7. 置换区　8. 下游冲积扇　9. 沟口汇流区　10. 河谷阶地

①溪流(荒溪)的上游或集水区　形如宽广的漏斗,逐渐收缩到隘口,在天然植被被破坏以后,是泥沙的发源地。

②溪流(荒溪)的中游或流通区　是集水区与沉积区之间的过渡区,一般呈峡谷状态。在理想的情况下,这一区域内既不发生侵蚀,也不发生沉积现象。这一区域的特征是水流起到运输泥沙的作用。

③溪流(荒溪)的下游或沉积区　常称为冲积扇。随着水流流速的降低,流水的挟沙能力下降,当流水挟带的泥沙等物质超过流水的挟带能力时,部分泥沙等物质沉积下来,形成冲积扇。

山洪按其成因一般可分为:①暴雨引起;②融雪引起;③冰川融化引起;④湖或水库堤坝溃决引起;⑤由以上成因的不同组合引起。

7.1.1.2　泥石流的概念

泥石流(debris flow)是指在降水、溃坝或冰雪融化形成的地面流水作用下,在沟谷或山坡上产生的突然暴发的饱含大量泥沙和石块的特殊山洪,俗称"走蛟""出龙""蛟龙"等。泥石流是大量泥沙、石块和水组成的混合流体发生的突发性、快速运移现象。

泥石流的具体特性有以下3点:

①具有极其宽广的粒径范围(数微米至数米)的固体颗粒群,含有充足的水。

②是能保持整体搬运状态的固体物质含量高(体积浓度大于40%)的流体。

③不但保持阵流状态,而且以相当的速度(每秒数米至十余米),流动相当的距离(数百米至数千米)。

山洪及泥石流的主要区别不仅在于流体中所挟带泥石数量的不同,而且在于运动机理上也有本质的不同,因此,在防治方法上,两者也有明显的区别。

山洪及泥石流都是溪流(荒溪)流域引起侵蚀作用的外营力。为了做好溪流(荒溪)的水土保持工作,不仅应当研究降雨、融雪、水流、风、生物及人类活动这些外营力对侵蚀作用的影响,而且应当研究山洪及泥石流的形成与运动规律。只有这样才能以溪流(荒溪)为单元,制定出合理的水土保持综合措施。

7.1.1.3　泥石流与滑坡的识别

与泥石流非常相似的另一个地质灾害是滑坡。滑坡是指山坡在河流冲刷、降雨、地震、人工切坡等因素影响下,土层或岩层整体或分散地顺斜坡向下滑动的现象。滑坡也称地滑,俗称"走山""垮山"或"山剥皮"等。

滑坡的特点是顺坡"滑动",泥石流的特点是沿沟"流动"。不论是"滑动"还是"流动",都是在重力作用下,物质由高处向低处的一种运动形式。因此,"滑动"和"流动"的速度都受地形坡度的制约,即地形坡度较缓时,滑坡、泥石流的运动速度较慢;地形坡度较陡时,滑坡、泥石流的运动速度较快。

当滑坡、泥石流运动速度较快,并且当滑坡上,或者滑坡、泥石流运移路径上有城镇、村庄分布时,常常由于人们猝不及防而造成生命、财产的巨大损失。所以,人们常把滑坡、泥石流称为突发性地质灾害。所谓突发性,也是相对而言的。事实上,所有滑坡、泥石流活动都要经历一个孕育—发生—发展—休止的过程，区别只是发生时间上有长有短。在孕育阶段，都或多或少、或显或隐地有一些前兆显示，及时捕捉到这些前兆，是防灾、避灾的主要手段。

山地环境下，滑坡、泥石流现象虽然不可避免，但通过采取积极的防御措施，滑坡、泥石流危害还是可以减轻的。

(1) 滑坡的识别

①地形地貌　当斜坡上发育有圈椅状、马蹄状地形或多级不正常的台坎，其形状与周围斜坡明显不协调；斜坡上部存在洼地，下部坡脚较两侧更多地伸入河床；两条沟谷的源头在斜坡上部转向并汇合等，这些现象说明可能曾经发生过滑坡。斜坡上有明显的裂缝，裂缝在近期有加长、加宽的现象；坡体上的房屋出现了开裂、倾斜；坡脚有泥土挤出、垮塌频繁。上述地貌现象可能是滑坡正在形成的依据。

②地层　曾经发生过滑坡的地段，其岩层或土体的类型、产状往往与周围未滑动斜坡有着明显的差异。与未滑动过的坡段相比，滑动过的岩层或土体通常在层序上是无序的，在结构上也比较疏松。

③地下水　滑坡会破坏原始斜坡含水层的统一性，造成地下水流动路径、排泄地点的改变。当发现局部斜坡与整段斜坡上的泉水点、渗水带分布状况不协调，短时间内出现许多泉水或原有泉水突然干涸等情况时，可以结合其他证据判断是否有滑坡正在形成。

④植被　斜坡表面树木倾斜，一般是斜坡曾经发生过剧烈滑动的表现；而斜坡表面树木主干朝坡下弯曲、主干上部保持垂直生长，一般是斜坡长时间缓慢滑动的结果。

(2) 泥石流的识别

①物源　泥石流的形成，必须有一定量的松散土、石，沟谷两侧山体破碎、疏散物质数量较多，沟谷两边滑坡、垮塌现象明显，植被不发育，水土流失、坡面侵蚀作用强烈的沟谷，易发生泥石流。

②地形地貌　能够汇集较大水量、保持较高水流速度的沟谷，才能容纳、搬运大量的土、石。沟谷上游三面环山、山坡陡峻，沟域平面形态呈漏斗状、勺状、树叶状，中游山谷狭窄、下游沟口地势开阔，沟谷上、下游高差大于300m，沟谷两侧斜坡坡度大于25°的地形条件，有利于泥石流形成。

③水源　水为泥石流的形成提供了必要的动力条件。连续降雨的山区，局部暴雨多发区域，有溃坝危险的水库、塘坝下游，冰雪季节性消融区，具备在短时间内产生大量流水的条件，会诱发泥石流的形成。其中，局部性暴雨多发区，泥石流发生频率最高。

如果一条沟在物源、地形、水源三个方面都有利于泥石流的形成，这条沟就一定是泥石流沟。但泥石流发生频率、规模大小、黏稠程度，会随着上述因素的变化而发生变化。

7.1.2　山洪及泥石流形成的水文因素

山洪及泥石流成因中，最活跃的因素是因暴雨引起的强大的地面径流。除暴雨外，其他一些因素也可能引起山洪及泥石流，如迅速融化的冰川雪水，堤坝(湖泊或水库)的溃决等。本章主要讨论暴雨型山洪及泥石流。

影响暴雨型山洪及泥石流形成的水文要素主要有暴雨量及其强度、暴雨损失、暴雨集流。

7.1.2.1 暴雨量及其强度

从空中降下的雨、雪、冰雹等，气象学统称为"降水现象"。在一定时间内，降落到水平面上，假定无渗漏，不流失，也不蒸发，累积起来的水的深度称为降水量（以 mm为单位）。

按气象观测规范规定，气象站在有降水的情况下，每6h 观测一次。6h 降下来的雨和雪融化为水，称为6h 降水量；24h 降下来的雨和雪融化为水，称为24h 降水量；一个旬降下来的雨和雪融化为水，称为旬降水量……一年中，降下来的雨和雪融化为水，称为年降水量。

（1）降水等级划分及预警

在气象学上，降水等级的划分是根据降水量确定的。一般在24h 内，降水量小于10mm 的为小雨，10~24.9mm 的为中雨，25~49.9mm 的为大雨，50~100mm 的为暴雨，大于100mm 的是大暴雨。

《江河流域面雨量等级》（GB/T 20486—2006）将我国江河流域面雨量分为小雨、中雨、大雨、暴雨、大暴雨和特大暴雨6 个等级。12h 雨量值为 0.1~2.9mm、24h 雨量值为 0.1~5.9mm 的是小雨；12h 雨量值为 3~9.9mm、24h 雨量值为 6~14.9mm 的是中雨；12h 雨量值为 10~19.9mm、24h 雨量值为 15~29.9mm 的是大雨；12h 雨量值为20~39.9mm、24h 雨量值为 30~59.9mm 的是暴雨；12h 雨量值为 40~80mm、24h 雨量值为60~150mm 的是大暴雨；12h 雨量值大于80mm、24h 雨量值大于150mm 的是特大暴雨（表7-1）。

表 7-1　我国江河流域面雨量等级划分

12h 降水量（mm）	24h 降水量（mm）	雨量等级	12h 降水量（mm）	24h 降水量（mm）	雨量等级
0.1~2.9	0.1~5.9	小雨	20~39.9	30~59.9	暴雨
3~9.9	6~14.9	中雨	40~80	60~150	大暴雨
10~19.9	15~29.9	大雨	>80	>150	特大暴雨

某一地点在一定时间内降雨达到或超过暴雨标准的降雨称为暴雨。根据降雨历时的长短，暴雨又可分为长历时暴雨和短历时暴雨。

就全世界而言，由于各国所处的地理位置不同，降雨强度差异很大。例如，法国瓜德罗普岛的巴罗 1min 降雨38mm；法属留尼汪锡拉奥24h 降雨 1 870mm；印度的乞拉朋齐一年中降雨 26 461mm，为世界降雨强度最大和降水量最多的地区。

我国是世界上暴雨频繁和强度较大的地区之一，暴雨的分布又有着明显的季节变化和地区差异。各种时段的暴雨极值，多出现在北纬40°以南，东经105°以东地区。这些地区水汽充沛，7月平均水汽含量均在20mm 以上，是受夏季风影响比较明显的地区。

我国的暴雨预警信号分4级，分别用蓝色、黄色、橙色、红色表示。

①暴雨蓝色预警信号

标准：12h内降水量将达50mm以上，或者已达50mm以上且降雨可能持续。

防御指南：

a. 政府及相关部门按照职责做好防暴雨准备工作；

b. 学校、幼儿园采取适当措施，保证学生和幼儿安全；

c. 驾驶人员应当注意道路积水和交通阻塞，确保安全；

d. 检查城市、农田、鱼塘排水系统，做好排涝准备。

②暴雨黄色预警信号

标准：6h内降水量将达50mm以上，或者已达50mm以上且降雨可能持续。

防御指南：

a. 政府及相关部门按照职责做好防暴雨工作；

b. 交通管理部门应当根据路况在强降雨路段采取交通管制措施，在积水路段实行交通引导；

c. 切断低洼地带危险的室外电源，暂停在空旷地方的户外作业，转移危险地带人员和危房居民到安全场所避雨；

d. 检查城市、农田、鱼塘排水系统，采取必要的排涝措施。

③暴雨橙色预警信号

标准：3h内降水量将达50mm以上，或者已达50mm以上且降雨可能持续。

防御指南：

a. 政府及相关部门按照职责做好防暴雨应急工作；

b. 切断有危险的室外电源，暂停户外作业；

c. 处于危险地带的单位应当停课、停业，采取专门措施保护已到校学生、幼儿和其他上班人员的安全；

d. 做好城市、农田的排涝，注意防范可能引发的山洪、滑坡、泥石流等灾害。

④暴雨红色预警信号

标准：3h内降水量将达100mm以上，或者已达100mm以上且降雨可能持续。

防御指南：

a. 政府及相关部门按照职责做好防暴雨应急和抢险工作；

b. 停止集会、停课、停业(除特殊行业外)；

c. 做好山洪、滑坡、泥石流等灾害的防御和抢险工作。

(2)降雨类型

我国降雨按其成因不同，一般可分为四类：气旋雨、台风雨、雷雨、地形雨。

①气旋雨　又称锋面雨。一般可分为冷锋与暖锋两种。两个性质不同的气团相遇时，相互交锋，产生气旋，从而生雨，故名气旋雨。气旋雨可分为非锋面雨和锋面雨两种。非锋面气旋雨是气流向低压辐合而引起气流上升所致，锋面气旋雨是由锋面上气旋波所产生的降雨形式。我国主要的降雨类型为锋面雨。

②台风雨　是热带海洋上的风暴带到大陆上来的雨。这种风暴是异常强大的海洋湿

热气团组成的。台风雨破坏力极大。风力常达 10 级以上，暴雨在 1 日之内可达数百毫米以上。

③雷雨　是从雷雨云(又名积雨云)中发展起来的一种天气现象，因多伴有雷电而得名。雷雨的主要特点为：地区性、季节性、局部性、短暂性。雷雨有地区性。在全国范围内，南方多于北方；山地多于平原；内陆多于沿海。雷雨最多的地方为广东南部，平均每年有 80~90d 以上发生雷雨，而华北、东北、西北地区平均每年只有 20d 左右。

④地形雨　是指温热空气在运动中遇到山岭障碍，气流沿着山坡上升，气流中的水汽升得越高，受冷越甚，逐渐凝结成云而降雨。地形雨多降落在山坡的迎风面，而且往往发生在固定的地方。这对于人们掌握某一山区山洪及泥石流发生的规律具有十分重要的意义。

我国除西北内陆少数省份外，大多出现过日雨量 140mm 以上的大暴雨。东南部各省中多数出现过日雨量 200mm 以上的特大暴雨。至于日雨量超过 400mm 的地区，东北有长白山余脉，千山山脉东南坡的丹东地区；华北有太行山东坡和豫西山地东部；南方有广东省沿海及台湾省等地。

我国出现的几次著名的特大暴雨，均与地形有密切联系。例如，1975 年 8 月在河南泌阳县林庄和 1963 年 8 月在河北内丘县两次特大暴雨，两个地方都是三面环山偏东方向开口的马蹄形地形。

分析某一地区的暴雨分布规律是预测山洪及泥石流灾害的重要依据之一。

7.1.2.2　暴雨损失及其影响因素

暴雨损失大约可分成 3 个部分：植物截留、向土壤中入渗和坑洼蓄水。

(1)植物截留

植物截留与生态系统、下垫面条件和降雨类型有很大关系。

根据刘世荣等对森林生态系统的降雨截留(林冠截留、枯枝落叶层截持和土壤蓄水)研究，森林生态系统的林冠年截留率在 134~626mm 间变动。降雨截留量由大到小排列为：热带山地雨林、亚热带西部山地常绿针叶林、热带半落叶季雨林、温带山地落叶与常绿针叶林、寒温带温带山地常绿针叶林、亚热带竹林、亚热带热带东部山地常绿针叶林、寒温带温带山地落叶针叶林、温带亚热带落叶阔叶林、亚热带山区常绿阔叶林、亚热带热带西南山地常绿针叶林、南亚热带常绿阔叶林、亚热带山地常绿阔叶林。土壤的非毛管持水量通常占生态系统中截持水量的 90%，其次是枯落物和林冠层。

湿地植物截流的研究多集中在森林湿地和森林灌丛湿地。Dube 等(1995)在加拿大魁北克沼泽湿地研究发现，该湿地乔木截留量占降水量的 35%~41%。Van Seters(1999)对魁北克废弃泥炭沼泽植被水文效应研究表明，云杉林泥炭地的季节性植被截流量约占降水量的 32%，林木碎屑截流量达 12%。Pook 等(1991)发现当降雨较小且不超过植被树冠储水容量时，植被的截流率较高；降雨持续时间较长时，植被树冠的水分蒸发损失控制着植被的截流率。

张志山等于 2004 年 4~10 月，在宁夏砂坡头沙漠试验研究站选择两种主要固砂灌木为研究对象，观测了植物冠层在自然降水条件下的截留量和穿透冠层的降水量，并模拟了它们与降水参数之间的关系。试验期间共降水 110.9mm。50% 的降水量小于 2mm，80% 的降水量小于 6mm。以短暂而零星的小降水为主，降水次数呈偏态分布。结果表明：植物冠层的截留，使柠条和油蒿冠层下的降水量极显著地小于降水量；与油蒿相比，具有高大冠层结构的柠条冠层下的降水量在大多数情况下显著高于油蒿；试验期间柠条和油蒿的冠层截留总量分别为 10.7mm 和 3.7mm；两种植物冠层下穿透降水量与降水量和降水历时的多元回归方程达到极显著水平；逐步回归分析表明，穿透降水量与降水历时的关系不明显，因而提出穿透降水量与降水量间呈线性关系；两种植物冠层截留量与降水量呈指数关系；理论上当降水量无穷大时截留量接近于常数；柠条冠层的最大截留量为 3.5mm，油蒿冠层的最大截留量为 1.0mm。

由于测量方法的局限性，植物截流的测定误差很大，目前还没有成熟的技术手段或方法获得精确的植物(尤其是草本植被)截流量。植物降水截留模型是生态过程与水文过程的耦合。植物降水截留量采用经验公式进行估算。植物降水截留量经验公式很多，需要根据不同的植被、地域和降雨条件仔细选择。

(2)土壤入渗

水向土壤中入渗，最初是土壤表面被润湿，随后地面水在重力的作用下渗入较大的土壤孔隙、裂缝与植物根系通道、动物孔穴等；同时在毛细管力与分子力的作用下，水渗入土壤的毛细管等较细小的孔隙中。在降雨持续较长的时间后，入渗强度逐渐稳定，即达到所谓的稳渗阶段。总的来说，在整个降雨过程中，入渗强度是随时间而递减的。

当降雨强度小于当时的土壤入渗率时，一般不产生地面径流。当降雨强度大于入渗率时，其超过入渗的部分，在地面上积聚起来，等达到一定厚度之后，受地心吸力的作用，沿地面坡度最陡的方向运动，产生地面径流。

影响入渗率的主要因素：土壤的物理性质、植被特性、坡度、土壤湿度、温度、降雨强度等。

土壤物理性质中孔隙率的大小及孔隙尺寸，对于土壤的入渗性质具有重大的影响。当雨水落到透水的土壤表面时，由于重力作用水向地下入渗，循着裂缝流到地下水面。同时，土壤颗粒的分子吸力吸取部分雨水，形成薄膜水。在降雨初期，由于重力与分子吸力的共同作用，入渗率较大，等到土壤颗粒被水的薄膜包围之后，分子吸力消失，入渗率就迅速减小。森林植被具有改良土壤理化性质的作用，营造水土保持林可以增加水向土壤中入渗的作用。

(3)坑洼蓄水

地面坑洼具有不同的大小与深度，从土壤颗粒大小那样的微小孔隙到数百平方米的大坑不等。当降雨强度超过入渗率之后，超渗雨量首先填满地表坑洼，然后顺坡流下。地表坑洼全部被蓄满后，坡面上就开始全面漫流。坑洼所蓄水量通常在降雨变小时或雨后陆续渗入地下。随着坡面坡度的增大，坑洼的容量与作用将迅速减小。在山洪计算中，坑洼的定量估计并不特别重要。

人工改造微小地形，如修筑梯田、鱼鳞坑、等高耕作、修小池塘等，都是增加坑洼蓄水量的措施，具有缓和与减少地面径流的作用。

7.1.2.3 暴雨集流及其影响因素

暴雨集流是指流域地面各点由暴雨产生的净雨在重力作用下，沿坡面和沟槽向流域出口的汇集过程。流域集流过程中，按其水力特性的不同，分为坡面集流和沟槽集流两个阶段。

（1）坡面集流

坡面集流（或地面漫流）是指坡面上漫过地面的集流，其特点是成片的漫流。

在山区天然坡面上，山坡长度长短不一，在有地形图时，可直接从地形图上量取若干山坡长度，然后取其平均值以供暴雨径流计算时使用。

山坡长度主要取决于河网密度，河网疏则山坡长度大，河网密则山坡长度小。

坡面集流在暴雨径流中起着很大的作用。在坡面上采取各种水土保持措施，对于吸收、调节、存蓄、疏导暴雨径流是极为重要的。

（2）沟槽集流

全面漫流的水沿坡面下流，逐步向低处集中，最后跌入沟槽后，就成为沿沟槽纵向流动的沟槽径流。各级沟槽径流向着较大一级的沟道汇合，最后集合进入主沟槽，并向流域出口断面汇集运动，这就是沟槽集流运动。

沟槽集流运动从水力学上看，属于明渠非恒定流。由于河槽两侧坡面水流沿程不断汇入，沟槽断面的沿程变化，以及沟槽纵坡的不均匀性，干支流互相干扰等因素，使得沟槽沿程的水力条件变化极为复杂。因此，为了实用的需要，在研究沟槽集流时，都是近似求解。在合理的概化之下，运用水文学与水力学的方法，可以求得比较满意的结果。

山区溪流的坡度大，流速快，"集流"时间短。涨水与退水过程都很迅速，水位过程线呈一个尖峰，而不像平原河流的水位过程线那样涨落平缓。

山区溪流的坡度在纵向的变化很大。沟道纵向及横向上的流速分布也无规律。

最常用的流速计算公式是曼宁公式，即

$$V = \frac{1}{n} R^{\frac{2}{3}} i^{\frac{1}{2}} \tag{7-1}$$

式中　　V——流速（m/s）；

n——沟槽的糙率系数；

R——水力半径（m）；

i——行洪沟槽的平均坡度。

在山洪危害严重的沟道，尤其是在泥石流沟道中，纵向坡度在山洪或泥石流形成区可达300‰以上，在流通区可达200‰左右，甚至在冲积圆锥上仍为100‰~150‰，一般不小于50‰。

7.1.3 山洪及泥石流形成的地质与地貌因素

山洪及泥石流中所挟带的泥沙，来源于侵蚀作用以及流域中过去发生的山洪或泥石流的沉积物。

所谓"侵蚀作用"，是指现在地球表面上的土壤及岩石破坏过程及破坏产物从其形成地点移往低处的搬运过程（包括沉积作用）的总称。在各种侵蚀作用中，对于山洪及泥石流来说，最重要的有 3 种作用：风化作用、破坏产物沿坡面的移动（主要是重力侵蚀作用）和水蚀作用。这些作用与地质因素有着密切的关系。

7.1.3.1 地质构造

山洪挟带着较多的泥石而转变为泥石流的地区，绝大多数是地质构造复杂、断裂褶皱发育、新构造运动强烈、地震烈度大的地区。这些因素导致地表岩石破碎，以及山崩、滑坡、崩塌、错落等不良地质现象经常出现，为山洪及泥石流提供了丰富的固体物质来源。如云南东川地区的泥石流荒溪群，主要是沿着小川断裂带发育的；四川西昌地区的泥石流荒溪群，主要是沿着安宁河谷地堑式断裂带发育的；甘肃武都地区的泥石流荒溪群是发育在与白龙江大致平行的断裂褶皱带上。

地震活动是现代地壳活动最明显的反应。在地震作用强烈的情况下，山体稳定性遭受破坏，岩层破裂，引起山崩地裂或滑坡坍塌。一般在强烈地震之后，原来是一般山洪的荒溪，可能转为泥石流荒溪；已趋稳定的老泥石流荒溪，重新复活，再度暴发泥石流；正在活动的泥石流荒溪，则暴发泥石流的次数增多，规模变大。我国和世界各国的许多实例表明，许多灾害性泥石流荒溪分布区与强烈的地震带是一致的。如上述的东川、西昌及武都的泥石流荒溪分布区，都说明了这一点。

新构造运动（即第 3 纪末到第 4 纪以来的地壳升降和断裂运动），可以引起荒溪沟道纵坡的巨大变化，因而可以使一般山洪荒溪转变为泥石流荒溪的过程加速或减缓。在新构造运动强烈的地区，由于山地的急剧上升，谷地相应地强烈下切，造成河谷相对高差越来越大，山高沟深，谷地两侧支流短小，纵坡陡急，很容易发展成泥石流。

7.1.3.2 岩石风化作用

岩石风化作用是指在气候、大气、生物影响下，岩石在原地发生的破坏作用。

风化作用有 3 种类型，即物理风化作用、化学风化作用和生物风化作用。各种风化作用在自然界中是彼此交错进行的，不可分割的。

（1）物理风化作用

物理风化作用是指岩石分散为形状与数量各不相同的许多个别碎块，或分散为其各个组成的矿物部分。

物理风化的主要因素是温度的变化。在昼夜温差很大的地方，如在大陆性气候区，特别是干旱地区，这种现象很显著。

在温带及寒带地区，尤其是高山地区雪线附近，当气温常常为 0℃ 时，则冻胀风化在物理风化中起重要作用。水渗入岩石孔隙后，在温度下降而冻结时，以很大的力量分裂岩石；水冻结时，加给岩石裂缝壁面的压力可达 6 000kg/cm²，使岩石崩解成角砾状碎石。

（2）化学风化作用

由于空气中的氧、水、二氧化碳和各种水溶液的影响，引起岩石中矿物的化学成分发生变化的作用称为化学风化作用。化学风化不仅使岩石遭到破坏，而且还使岩石的矿物成分发生显著的改变。

（3）生物风化作用

生物风化作用是指在生物活动影响下，使岩石发生破坏的作用。例如，植物根系和动物活动的洞穴，以及生物分泌的有机酸与岩石作用，致使岩石发生崩解，分解而破坏，逐步形成土壤。

微生物也有破坏岩石的作用。一部分微生物产生硝酸化合物；另一部分微生物产生亚硝酸化合物。微生物从空气中吸取氮气，从土壤的碳酸盐中吸取碳素使有机物起化合作用。

对岩石起分解作用的还有其他生物。例如，真菌（以及苔藓和某些藻类）生长在岩石表面，并从岩石内汲取养料，破坏岩石的表层。

7.1.3.3　地貌因素

斜坡的坡度、坡长与坡形（直线形、凹形、凸形）以及沟道纵坡、曲折状况是影响山洪及其泥沙含量的地貌因素。

泥沙沿坡面向下移动，基本作用力是重力。重力或是直接起作用，或是通过某种介质（如水）间接起作用。

泥沙移动的形式主要可分为以下几种：崩塌、滑坡、土流及覆盖层坍滑。

崩塌是坡积层（指已移动到斜坡下部的风化产物）或基岩的坍塌，并同时发生倾覆。山塌也是崩塌的一种。崩塌发生于险峻的山坡上或陡峭的沟（河）岸上，是岩石风化，坡面遭到地下水侵蚀、沟（河）岸冲沟、地质构造原因（地震），或人为活动（采石、取土、大爆破等）引起的。

滑坡与崩塌的区别在于滑坡不是突然发生的，而是比较长期的过程，在移动时是滑动而不是向前倾倒。滑坡脱离开基岩之后，一般都向后稍稍倾斜，如果滑动体上原来有树木，则形成倾斜而立的"醉林"。

为水所饱和的、半流体状坡积层可能形成土流或山坡型泥石流。土流是由于斜坡上部出现滑坡而引起的。在这种滑坡的作用下，下部的坡积层不能支持，也随着一同运动。移动物质的数量逐渐增大，并发生掺混，结果就构成含有一定数量石块的土流。土流与推动式滑坡的区别在于土流具有流动性。土流的移动距离，通常不过几十米，很少达到几百米。

沟道纵坡愈大，山洪流速愈大，汇流时间愈快，山洪洪峰流量也愈大。沟道弯曲愈多，弯曲度愈大，则弯道容易被山洪及泥石流中的固体物质堵塞，从而形成大规模的山洪或泥石流。

在影响泥石流形成的各种自然因素中，最重要的是地质因素。不良的地质条件是形成泥石流的前提。

7.1.4　泥石流灾害防治对策

泥石流治理原则为"以防为主，防重于治"。泥石流区域性暴发频率较高。低频率泥石流数十年暴发一次，许多崩塌、滑塌往往发生在植被很好的山坡上。这表明泥石流的暴发地点、暴发时间都难于预测，很容易使人麻痹，一旦泥石流暴发且规模很大，将造成极大危害，甚至造成毁灭性的灾害。因此，对泥石流的预防工作是非常必要的，也可以说预防比治理更为重要。

以小流域为单元，对泥石流防治综合治理，在查明小流域的环境背景，山地灾害形成条件和活动规律，人类活动状况的基础上，制定小流域综合治理规划。综合治理要上、中、下游相结合，治山与治水相结合，治沟与治坡相结合，山、水、田、林、路统一安排，合理利用土地，恢复森林生态系统，改善山地环境，抑制泥石流、山洪等山地灾害的发生。

生物措施与工程措施相结合。区域性泥石流灾情的扩大，与区域环境的退化密切相关。因此，区域性泥石流的防治要以生物措施为主，通过生物措施恢复林地生态系统，改善山地环境。但是对于那些植被环境破坏较重，仅采取生物措施对泥石流治理效果不佳的区域，应辅以必要的工程措施，才能达到减小泥石流规模，控制泥石流的危害程度，使其危害程度降至最低或完全控制的效果。

工程措施要拦、排结合，即在沟谷内修建谷坊和拦砂坝，拦挡泥石流粗粒物质，防止其大量地进入主河道，在坝下修建导流堤，把经过拦挡后排出的细粒物质导入主河道或冲积堆。

7.2 荒溪分类

山洪及泥石流洪峰流量是设计山洪及泥石流防治工程的重要依据，它决定了防治工程的安全性与经济性。发生山洪的小流域(荒溪)由于类型不同，有的可能发生一般山洪或高含砂山洪，有的可能发生泥石流。因此，荒溪分类是合理选用洪峰流量计算公式的基础。

荒溪是山区流域面积在 $20km^2$ 以下(最大限度为 $100km^2$)，具有经常流水或季节性流水的山洪沟道(即小流域)。在暴雨径流或融雪作用下，由于流域内地形陡峭及不良地质条件的存在，同时也由于不合理的人类活动，在坡面上及沟道内发生了严重的土壤侵蚀作用，大量的泥沙、岩屑、石砾随着陡涨的山洪，以很大的流速经过沟道被搬运到沟口的冲积圆锥上或继续被运送到下一级河川之中。由于荒溪活动的发展，常常给山区的工农业生产，公路、铁路交通事业，工矿企业，沟口的居民点造成山洪或泥石流灾害，使人民的生命财产遭受严重的损失。

荒溪的特征可以归结为以下3点：

①在荒溪流域中的非水平农用地、放牧地、割草地、荒山坡及裸露地上广泛地存在着土壤侵蚀作用。

②泥沙(包括底沙)的搬运作用。

③沟道中的径流在时间上的分布不合理，每遇暴雨形成山洪，需要经过调节才能满足人们的需要。

荒溪治理相当于我国的小流域综合治理。

荒溪的类型主要取决于荒溪的形成条件，即地形条件、地质条件(如疏松物质的数量)、气候条件、植被条件及人类社会经济活动的影响。

7.2.1　荒溪分类

　　为了按照荒溪的类型采取不同的防治措施体系，正确地判定泥石流荒溪的性质及其可能发生的危害，便于制定合理的整治方案，国内外许多学者(其中包括地理学、地质学、水文学、林学及水土保持学等方面的学者)曾经对荒溪进行了分类工作。

　　泥石流沟类型比较复杂。按泥石流活动场所的地貌形态分类，可分为坡面型泥石流和沟谷型泥石流2种。按泥石流流体性质分类，可分为黏性、稀性和过渡性3种。按泥石流规模的大小分类，可分为大型泥石流沟、中型泥石流沟和小型泥石流沟3种。大型泥石流沟，最大一次泥石流冲出的松散碎屑物质体积在$10 \times 10^4 m^3$以上；中型泥石流沟，最大一次泥石流冲出的松散碎屑物质体积在$1.0 \times 10^4 \sim 10 \times 10^4 m^3$；小型泥石流沟，最大一次泥石流冲出的松散碎屑物质体积在$1.0 \times 10^4 m^3$以下。

　　我国有关的科研及生产部门，如中国科学院兰州冰川冻土研究所，中国科学院成都地理研究所等研究单位，对泥石流荒溪分类进行了不少的调查研究工作。首先根据地质地貌等特征，将泥石流荒溪与普通荒溪加以区别(表7-2)。

表7-2　泥石流荒溪与普通荒溪的判别条件

序号	区别内容	泥石流荒溪	普通荒溪
1	地质特征	流域内构造复杂，岩层破碎、节理发育、崩塌滑坡、错落、岩堆和沟岸坍塌等不良地质现象较多	流域内无大型的崩塌、滑坡等不良地质现象，仅有个别的沟岸和坡面侵蚀
2	地貌特征	植被稀少，地表光秃，母岩裸露，坡面的片状侵蚀，细沟侵蚀，切沟侵蚀很发育，风化和削蚀作用强烈	植被良好或仅有一般的水土流失现象
3	沟谷形态	沟床纵坡大，沟谷横断面呈"U"字形	沟床纵坡大，沟床狭窄，两岸陡壁，沟谷横断面常呈"V"字形
4	固体物质储备量	$>5\,000 m^3/km^2$	$<5\,000 m^3/km^2$
5	沟床稳定性	沟床不稳定	沟床稳定
6	冲淤堵塞情况	沟床冲淤变化大，常有多级跌水，有大漂石和沉积物严重堵塞河床	沟床为光滑的岩石所构成，以冲刷为主，淤积不太严重，沟床上也有跌水和大漂石，但多无堵塞现象
7	沉积物形状	磨圆度小，沉积物带棱角状和次棱角状，粒径大小参差	磨圆度大，沉积物不带棱角或成卵石状，粒径偏大
8	沉积物组成	沉积物多为黏土、粉土、细砂、粗砂、碎岩、砾石、块石等所组成或间有泥球、石球等，固体物质含量大于20%	沉积物一般为黏土、粉土、细砂、粗砂和粒径较大的石块及卵石等所组成，无泥球和石球等，固体物质含量小于20%
9	沉积物容重	沉积物容量大于或等于$1.3 t/m^3$	沉积物容量小于$1.3 t/m^3$
10	泥浆稠度	泥浆为浓稠、稠泥、浑稠的稠泥浆，混凝土状或稀泥状	泥浆一般为浑浊的山洪稀泥浆状

然后再根据泥石流荒溪的形态发育程度，泥石流荒溪冲积圆锥所处的地貌特征，泥石流的流态特性和物质组成，泥石流的作用强度和危害性，对泥石流荒溪进行详细的分类(表7-3)。

表 7-3 泥石流荒溪分类简表

观 点	原 则	类 型		
从地貌学	1. 按泥石流洪积扇所处的地貌位置	①峡谷段(洪积扇常被切割为发育不完整的半扇形区段)		
		②宽谷段(洪积扇可分为发育完整的全扇形和发育不完整的半扇形区段)		
	2. 按泥石流沟谷形态发育程度	①河谷型		
		②沟谷型		
		③山坡型		
从泥浆水力学	3. 按泥石流体流态性质和物质组成	按流态	按组成	
		黏稠性(黏性或层流性)	①稠泥类(泥流)	
			②泥沙类(泥—沙)	
		紊动性(稀性或紊流性)	①泥石类(泥—石)	
			②水石类(水—石)	
从工程设计	4. 按泥石流强度和危害性	按强度	按危害	
		①最强烈	①极严重	
		②强烈	②严重	
		③中等	③一般	
		④轻度	④轻微	

区别泥石流荒溪或山洪荒溪是非常重要的。但是泥石流荒溪只是大量存在的各类荒溪的一部分，山区除了泥石流灾害以外，大量而普遍存在的是山洪危害。因此，为了适应山区经济建设发展的需要，把某一地区各类荒溪的情况都调查清楚会有利于对荒溪进行有计划的治理工作。从环境保护、恢复生态系统平衡，合理地进行流域管理，防止水土流失的角度来看，也需要全面考虑各类荒溪的治理问题。

从国内外荒溪分类的历史与现状可以看出，随着山区荒溪治理工作的开展，荒溪分类工作从简单的分类方法向复杂的分类方法，从定性分类方法向定性与定量相结合的方法发展。

在选择荒溪分类的主导因子及分类方法时，应当注意以下3点：

①任何一种荒溪分类应当便于荒溪治理工作者在实践中将在错综复杂的自然条件及人类活动影响下形成的各类荒溪加以区分。

②便于人们在实践中预测荒溪作用对冲积圆锥上的房舍、铁路及公路交通、工矿企业及人民的生命财产危害的性质和强度。

③能反映引起荒溪活动的诱因，以便因害设防。

为了划分我国北方土石山区的荒溪类型，北京林业大学水土保持系部分师生于1982年应用航空照片对华北山区的荒溪进行了详细调查。根据荒溪沟底坡度、沟床泥沙堆积厚度以及集水区面积、地质、地形、植被、土地利用现状、水土流失的程度及强度等因素，按山洪或泥石流对冲积扇上建筑物的危害作用大小，曾经建议将华北土石山区的荒溪划分为以下4类(详见王礼先主编《流域管理学》)。

(1)冲击力强的泥石流荒溪

此类荒溪在泥石流阵性(地垒式)运动中不再遵守一般的水力学法则(牛顿定律)，黏性的泥石流在极端情况下，流速可达11~12m/s。这种泥石流的流速、冲击力及其功能距离砂砾形成区及堵塞溃决区愈近则愈大。此类荒溪中形成的泥石流其水文流态特征为水与固体物质形成黏稠性混合体，液相和固相混杂在一起，作等速无垂直交换的整体性层流态直线运动，能使比重大于泥浆的石块漂浮滚动而行，沉积物无分选性。由于此类泥石流呈整体性直线运动，不易转向，撞击力大，对冲积圆锥上的，特别是沟口附近的建筑物的淤埋和破坏作用很大。

(2)泥石流荒溪

当发生泥石流灾害时，在荒溪中形成黏稠的混凝土状的流体，但不存在阵性流(没有堵塞条件)。这类荒溪中出现的泥石流流速较小，冲击力较小，淤埋作用的危害大于冲击作用。在石山区形成这种流体的流通区最小临界坡度为15°，此类泥石流运输石块不大，与冲击力强的泥石流荒溪相比，冲积圆锥的表面坡度较小。

(3)高含砂山洪荒溪

在此类荒溪中，当发生洪水时，水中含有大量泥沙及块石(主要为底砂)，但水与固体物质形成浑浊性两相体，液相和固相分离，作不等速有垂直交换的紊动乱流态波浪运动，沉积物有分选性。流体的运动符合水力学法则(牛顿定律)，表面流速小于10m/s。石块沿沟床作推移或跃移运动，含砂山洪暴发突然，来势很猛。大冲小淤，以冲为主，对建筑物基础的冲刷和破坏作用很大。

(4)一般山洪荒溪

此类荒溪流域中植被良好，无大型的崩塌、滑坡等不良地质现象，沟床坡度小，仅有个别的沟岸坍塌作用。沟床中的沉积物磨圆度大。山洪暴发时，山洪的容重小于1.1t/m³。此类山洪的危害作用只表现为冲刷作用。

荒溪分类的具体指标有：历史上发生的最大日降水量；邻近沟口(或冲积圆锥)的沟道比降；流域(含沟道)内疏松物质堆积量；沟道堵塞可能性；流域内土壤及岩石透水性；曾经发生的灾害规模共6项指标。采用定量分级评分(4，3，2，1)的方法，将全部荒溪分成4类，即冲击力强的泥石流荒溪、泥石流荒溪、高含砂山洪荒溪及一般山洪荒溪。在北京山区108 000km²的范围内，有人居住或有防护对象的荒溪流域面积为8 221.5km²。各类荒溪条数与流域的面积统计结果见表7-4。

现代的研究趋向于应用风险分析理论、模糊灰色理论、粗糙集理论等定量分析方法对荒溪进行分类，使泥石流荒溪的治理更有针对性，能有效地按轻重缓急安排治理工程。

表7-4　北京山区各类荒溪数量及面积所占比重　　　　　km²

统计单位	合计		强泥石流		泥石流		高含砂山洪		一般山洪	
	条数	面积	条数	面积	条数	面积	条数	面积	条数	面积
全市山区	2 280	8 211.5	24	239.5	249	1 068.8	986	4 227.9	1 021	2 675.3
比重(%)	100	100	1.1	2.9	10.9	13.0	43.2	51.5	44.8	32.6

7.2.2 山洪及泥石流调查与危险区制图

危险区是指荒溪范围内，山洪及泥石流能直接淹没、冲击和影响防护对象的区域范围。荒溪分类是危险区制图的基础，危险区制图是山洪泥石流排导工程规划设计的依据。

根据防护对象受灾害影响的程度，危险区可以分为以下几种类型。

①红色危险区(简称红色区)　山洪或泥石流灾害将直接造成房屋等建筑物和设施的严重破坏和人员伤亡，红色区不允许人员居住和修建居民点及其他设施，是最危险的区域。

②黄色危险区(简称黄色区)　山洪或泥石流灾害可引起的破坏程度较轻，在此居住和修建房屋必须要有防护措施，以减轻灾害危险。

③白色危险区(简称白色区)　不用任何防护措施可安全居住和从事生产活动的区域。

划分危险区边界的指标有：①荒溪冲积锥上调查点处冲出的最大石块体积；②冲积锥上调查点处单次冲刷物质最大淤积层厚度；③冲积锥上调查点处的地表坡度；④冲积锥上调查点处优势植被状况和农业用地情况；⑤冲积锥上调查点处次生侵蚀沟状况；⑥调查点山洪泥石流堵塞可能性等。根据以上指标，分4级评分(4，3，2，1)，得分总数除以指标项目数，求得每个调查点的危险性得分值。得分值等于或大于2.6的点则位于红色区，得分值介于1.6~2.6之间的点位于黄色区，小于1.6的点位于白色安全区。

根据地形图和实际地形，采用等值线法把属于同一数值的调查点位连线，画出"红色区""黄色区""白色区"，制成泥石流的危险区图(图7-2)。各项指标的评分标准，见表7-5。

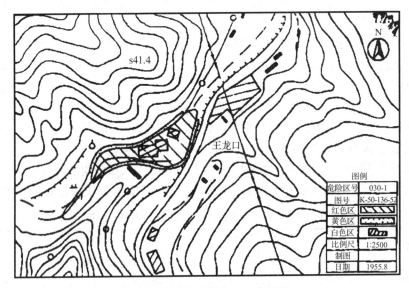

图 7-2　王龙沟荒溪王龙口危险区

表7-5 泥石流的危险区的评分标准

得分	指标					
	最大石块体积(m^3)	最大淤积层厚(m)	表层坡度(°)	优势植被	次生侵蚀沟	径流堵塞状况
4	≥1.0	≥1	≥5.8	核桃楸、桦木、胡枝子、绣线菊	有侵蚀沟,并有大石块	有严重堵塞建筑物
3	0.2~1.0	0.5~1.0	4~8.5	有不同龄级的乔木	有侵蚀沟,沟内石块小	有轻微堵塞建筑物
2	0.01~0.2	0.1~0.5	1.1~4	有农田,但有石坎	有小侵蚀沟,沟内无石块	无堵塞建筑物
1	<0.01	<0.1	<1.1	有农田,无石坎	无侵蚀沟	有排导工程

7.3 泥石流主要设计参数的确定

在进行一条泥石流沟治理时,或要对某一泥石流沟采取防护措施时,都要对全流域进行全面的勘测调查,以查明泥石流的发展史、活动现状和发展趋势。在调查资料的基础上,采用多种方法分析比较,才能较准确合理地确定泥石流的各项设计参数,为治理工程的经济、合理设计提供必需的数据。

7.3.1 泥石流设计容重

泥石流容重 γ_c(t/m^3)是泥石流最基本的特征值,它是计算泥石流流速、流量、冲击力等特征值的基础,也是泥石流分类的一项重要指标。泥石流容重的确定常用下列几种方法。

(1)直接取样法

在泥石流发生时,直接取得多个泥石流体样品,取样品中最大容重值作为泥石流设计容重。此方法仅适用于泥石流暴发频率很高的泥石流沟。如云南盈江浑水沟泥石流的设计容重为2.25t/m^3,云南东川蒋家沟为2.30t/m^3。

(2)调查称重法

对刚发生不久的泥石流,分几处铲挖泥石流沉积物样品若干个,存放在几个桶内加水搅拌,加水量由少到多,边搅拌边让泥石流目击者分别认识鉴别,最后确定一个最能代表泥石流流动状态的样品,称重、量体积,算出该泥石流样品的容重作为设计容重。

$$\gamma_c = \frac{G - G_1}{V} \tag{7-2}$$

式中 γ_c——泥石流容重(t/m^3);

G——总质量(t);

G_1——桶重(t);

V——样品体积(m^3)。

该方法简便易行，但随意性比较大。为免除较大的差错，调查者需 2 人以上，并分别在不同的地段对不同的目击者进行调查、验证。

7.3.2　泥石流设计流速

泥石流流速 V_c 是决定泥石流动力特性和防灾设计中一个最重要的参数。目前所采用的各种计算式大多是经验性的，使用时要结合地区特点综合考虑。

（1）稀性泥石流流速计算

稀性泥石流流速计算大多基于表达一般水流恒定运动的谢才—曼宁公式，考虑泥石流运动阻力有一定的差别，进行适当修正而建。还有一类从泥沙动力学平衡出发，根据泥石流所搬运的最大石块粒径计算泥石流流速。现推荐常用的公式供参考选择。

铁道科学研究院西南研究所推荐的 M·Φ·斯里勃内依改进公式为：

$$V_c = \frac{m_c}{a} R^{\frac{2}{3}} i^{\frac{1}{2}} \tag{7-3}$$

式中　V_c——泥石流流速(m/s)；

m_c——泥石流沟糙率系数；

a——阻力系数，$a = (\gamma_H \varphi + 1)^{\frac{1}{2}}$；

R——泥石流水力半径(m)；

i——泥石流泥面比降。

$$\varphi = \frac{\gamma_c - 1}{\gamma_H - \gamma_c} \tag{7-4}$$

式中　φ——泥石流修正系数；

γ_c——泥石流容重(t/m^3)；

γ_H——泥沙比重(t/m^3)。

式(7-4)是较为流行的一种稀性泥石流流速计算式，也适用于高含砂山洪。如作为一种估算，尤其是对缺乏计算经验者来说，可用式(7-5)，即

$$V_c = 5.5 \sqrt{d_{\max}} \tag{7-5}$$

式中　V_c——泥石流流速(m/s)；

$d_{\max}$——沟床中最大的石块粒径(m)。

这对多数具有大石块沟道来讲是可行的，但需注意，大石块是被搬运过的，而不能误认为山坡滚石。式(7-5)是纯经验性的，缺乏完整的物理概念。又由于稀性泥石流容重有较大的范围，在容重很大时，系数 5.5 可取为 4.5，一般容重取 5.0，水石型取 5.6。赫尔赫乌利泽公式，稍具物理概念，也比较简便易用，即

$$V_c = 4.5 \sqrt{d_{\max}} \sqrt{(1 - 0.01P)(\gamma_H - 1)} \tag{7-6}$$

式中　V_c——泥石流流速(m/s)；

P——泥沙所占质量百分数；

$d_{\max}$——最大石块粒径(m)。

式(7-6)考虑了泥沙含量对流速的影响，显然较式(7-5)合理，但需确定 P。

在实际工作中，除用各种方法对计算出的流速做合理分析外，需结合实际工程及流域情况考虑。如确定溢流口尺寸、排导工程的规模、渡槽大小等，要考虑有无草木、巨砾阻塞的可能，这些都直接影响泥石流的排泄。从安全出发，设计流速宜小不宜大。吴积善等(1993)认为，稀性泥石流设计流速可参考下列范围：小型稀性泥石流 $3.5\sim5\text{m/s}$，中型 $5\sim7\text{m/s}$，大型 $7\sim9\text{m/s}$，特大型 $9\sim11\text{m/s}$。

（2）黏性泥石流设计流速的计算

①甘肃省交通科学研究所、中国科学院兰州冰川冻土研究所(曾思伟等)的公式

$$V_c = m_c H^{\frac{2}{3}} i^{\frac{1}{2}} \tag{7-7}$$

式中　V_c——泥石流流速(m/s)；

　　　m_c——糙率系数，$m_c = 1/n$，n 为糙率；

　　　H——泥深(m)；

　　　i——沟床比降。

式(7-7)适用于西北地区黏性泥石流。

②云南东川蒋家沟黏性阵性泥石流的流速计算公式

$$V_c = 27.57 \left(\frac{d_{cp}}{H}\right)^{0.245} \sqrt{gH} \tag{7-8}$$

$$V_c = 28.5 H^{\frac{1}{3}} i^{\frac{1}{2}} \tag{7-9}$$

式中　V_c——泥石流流速(m/s)；

　　　d_{cp}——泥沙平均直径(mm)；

　　　H——泥深(m)；

　　　g——重力加速度(m/s²)，取 9.81；

　　　i——沟床比降。

式(7-8)、式(7-9)适用于东川地区高黏度阵性黏性泥石流的流速计算。

③弗莱施曼实验公式(泥质黏性泥石流)

$$V_c = \alpha V_B \tag{7-10}$$

式中　V_c——泥石流流速(m/s)；

　　　V_B——清水流速(m/s)；

　　　α——流速折减系数，见表7-6。

④弯道公式　黏性泥石流弯道超高十分明显，泥石流过境后，弯道两侧泥痕也十分清晰，在调查中用式(7-11)计算 V_c，即

表7-6　流速折减系数 α 值

γ_c	浆速有效黏度 η (Pa·s)				
	0.4	0.7	1.0	1.2	1.5
1.4	0.84	0.68	0.56	0.52	0.45
1.6	0.80	0.60	0.46	0.40	0.30
1.8	0.76	0.52	0.35	0.28	0.18

$$V_c = \sqrt{\frac{ghR}{4B}\left(1 + \frac{R-B}{R}\right)} \tag{7-11}$$

式中 V_c——泥石流流速(m/s);

　　　R——弯道曲率半径(m);

　　　B——泥面宽(m);

　　　h——超高(m);

　　　g——重力加速度(m/s²),取9.81。

7.3.3　泥石流设计流量

(1)最大清水洪峰流量的确定

推求最大清水洪峰流量可以根据各地水文手册中的有关参数,选用不同经验公式计算确定。例如可以选用如下经验公式,即

$$Q_{B,\max} = 0.278fiA \tag{7-12}$$

式中 $Q_{B,\max}$——最大清水洪峰流量(m³/s);

　　　f——径流系数,泥沙产生区(荒溪上游)取0.9,中游取0.8,下游取0.7;

　　　i——平均1h降雨强度(mm);

　　　A——流域面积(km²)。

平均1h降雨强度 i,可利用当地最大24h降水量 i_{24}(在缺乏自计雨量资料的情况下,可采用最大日降水量代替 i_{24})及暴雨汇流时间 t 进行计算,即

$$t = \frac{1}{72\left(\dfrac{h}{l}\right)^{0.4}} \tag{7-13}$$

式中 t——汇流时间(h);

　　　l——流域最上游某点与洪水出口间的水平距离(km);

　　　h——流域最上游某点与洪水出口间的高程差(km)。

$$i = \frac{i_{24}}{24}\left(\frac{24}{t}\right)^{\frac{2}{3}} \tag{7-14}$$

式中 i_{24}——最大24h降水量(mm);

　　　t——汇流时间(h)。

汇流时间 t、降雨强度 i 以及径流系数 f 等也可根据各地水文手册介绍的公式确定。

(2)高含砂山洪洪峰流量的确定

高含砂山洪是指山洪容重为1.1~1.5t/m³的山区洪流,亦称为稀性泥石流、非结构性泥石流、紊动性泥石流,一般可采用雨洪修正法经验公式计算,即

$$Q_s = Q_B(1+\varphi) \tag{7-15}$$

式中 Q_s——高含砂山洪洪峰流量(m³/s);

　　　Q_B——相应频率的清水洪峰流量(m³/s);

　　　φ——修正系数,见式(7-4),其中 γ_c 为高含砂山洪容重(t/m³),γ_H 为高含砂山洪中固体物质容重(t/m³),一般取2.4~2.7。

高含砂山洪中，泥沙含量愈多，则中值愈大，Q_s 值愈大。

（3）泥石流洪峰流量的确定

泥石流在运动过程中具有突发性特征、浪头特征、直进性特征，洪峰流量难于计算。目前尚无公认的推求泥石流洪峰流量的理论公式，可以在雨洪修正法的基础上，考虑沟道堵塞的影响，综合野外调查及室内试验资料，通过经验公式推算泥石流的洪峰流量，即

$$Q_c = \eta Q_{B,\max} \tag{7-16}$$

式中　Q_c——泥石流洪峰流量（m^3/s）；

　　　$Q_{B,\max}$——最大清水洪峰流量（m^3/s）；

　　　η——综合荒溪指数，取决于荒溪类型及荒溪流过区末端弯曲度 K 值。

表 7-7 介绍了不同荒溪类型的 η 值。

表 7-7　综合荒溪指数 η 值

荒溪类型	山洪、泥石流的容重（t/m^2）	综合荒溪指数 η			极端情况下的冲击力（t/m^2）
		$K=1.0\sim1.5$	$K=1.5\sim2.0$	$K>2.0$	
冲击力强的泥石流荒溪	>1.7	7~8	3~10	11~16	15~30
泥石流荒溪	1.5~1.7	5~6	6~7	7~11	11~15
高含砂山洪荒溪	1.1~1.5	2~3	3~4	4~5	7~10
一般山洪荒溪	1.05~1.1	1~1.05	1.05~1.1	1.1~1.15	3~5

7.3.4　泥石流冲击力

泥石流防治工程的关键设计参数——流速、流量和冲击力等计算确定，有赖于泥石流机理和泥石流运动模型研究。

1928 年，美国 Black Welder 发表了第一篇有关泥石流论文——《半干旱山区的地质营力：泥石流》。这篇重要的科学论文，使人们开始对泥石流进行科学和系统的研究。

早期的研究侧重于泥石流发生过程的观察、地貌现象的描述和形成环境的分析性研究，而泥石流机理研究的内容涉及较少。1970 年美国 Johnson 等发表了第一篇有关泥石流运动模型的论文。由于泥石流运动不能应用牛顿流体模型，在非牛顿流体模型中，Johnson 等选用宾汉黏性流模型（Bingham viscous fluid model），建立泥石流运动方程，求解泥石流最大流速。尽管宾汉黏性流模型尚有许多不足，但它标志着泥石流机理研究的重要进展。1978 年，日本 Takahashi 指出，将泥石流都认为是宾汉黏性流并不完全正确，许多泥石流的特性要用膨胀流来模拟，并认为泥石流"龙头"的巨砾聚集是由于流体中颗粒的碰撞形成的。两年后他提出了泥石流拜格诺膨胀流模型（Bagnold dilatant fluid model），建立泥石流运动方程，求解泥石流平均速度和流体深度。这一模型提供了泥石流启动和堆积的临界条件，解释了流体中有时不存在非变形"刚塞体"现象的成因机理和流体紊动对流体阻力的影响，并对泥石流大颗粒支撑结构和"逆向粒级"形成的物理力学机理给出了新的解释。虽然拜格诺膨胀流模型也有一定的局限性，但它标志着泥石流机理研

究的又一重要进展。

　　一般认为，宾汉黏性流模型主要适用于黏性泥石流，拜格诺膨胀流模型主要适用于稀性泥石流。但是黏性、稀性和过渡性 3 类泥石流无法严格区分。同时上述 2 种模型，对泥石流体中的黏粒含量都没有明确的界定。

　　1981 年，Takahashi 发表了其泥石流运动机理的综述性论文《泥石流》。论文再次阐述了他的泥石流拜格诺膨胀流模型，并与 Johnson 的泥石流宾汉黏性流模型进行比较，同时也介绍了前苏联学者 Gol'din 和 Lyubashevsky 的泥石流流速公式，以及其他两种泥石流"龙头"流速的计算公式。论文还提出了一些泥石流运动机理的研究尚需解决的问题：当考虑自然界泥石流的复杂特性时如何对运动方程加以修正，如何考虑浆体大颗粒产生的浮力对模型的影响，泥石流在不规则的沟道中如何运动，泥石流堆积扇的形成机理，以及理论模型的工程应用等问题。

　　1986 年，美国 Cheng-lung Chen 基于宾汉黏性流体方程，提出了一个通用的泥石流黏塑流模型(generalized viscoplastic model)，并得出了这一模型的数值解。高度理论化的泥石流宾汉黏性流模型和拜格诺膨胀流模型，尽管有它们的合理性和适用性，但由于过于复杂，失去了它们的实用价值。由他改进合并后的泥石流黏塑流模型，既包含了泥石流宾汉黏性流模型，又包含了泥石流拜格诺膨胀流模型，且两者都可以认为是泥石流黏塑流模型的亚模型。这一泥石流黏塑流模型为泥石流运动机理的进一步研究奠定了理论基础。但是用黏塑流模型来验算 Takahashi 提供的日本泥石流资料时，其结果不如用泥石流拜格诺膨胀流模型好。

　　1993 年，美国 O'Brien 等对泥石流宾汉黏性流模型和拜格诺膨胀流模型的结合做了新的尝试，建立了通用的泥石流运动模型，并称为膨胀塑流模型(dilatant plastic model)。这一模型是在计算洪积扇上洪水和高含砂水流淹没范围的一维水力学模型的基础上，用二维连续流控制方程，采用有限元微分求解，建立的二维水流和泥石流运动模型。该模型可用于计算流速和流深。这一模型主要适用于颗粒较细的泥流，不太适于含有粗大颗粒的泥石流。

　　1997 年，美国 Iverson 发表了一篇重要论文《泥石流物理学》，比较了泥石流宾汉黏性流模型、泥石流拜格诺膨胀流模型和含有孔隙水压力的库伦颗粒流模型(coulomb grain flow with variable pore pressure)。Iverson 列出了观测到的 11 种泥石流物理现象并指出：泥石流宾汉黏性流模型能够解释其中的 3 种现象；泥石流拜格诺膨胀流模型能够解释其中的 4 种现象；而含有孔隙水压力的库伦颗粒流模型可以解释其中的 9 种现象。在泥石流宾汉黏性流模型和拜格诺膨胀流模型能够解释的现象中，含有孔隙水压力的库伦颗粒流模型除了不能解释流体紊动对流体阻力的影响外，其他现象都能解释，并且还可解释连续介质在刚性斜坡上的破坏机理(泥石流启动机理)、流体中孔隙水压力对流体阻力的影响、沟床边缘发生的滑动现象、流体中孔隙水压力降低时流体的突然停止现象，以及泥石流堆积物内部的软弱性。Iverson 所推荐的这一含有孔隙水压力的库伦颗粒流模型具有一定的先进性，但它的通用性有待于进一步验证。

　　用连续混合流理论(continuum mixture theory)，根据能量守恒原理，Iverson 提出了复杂的泥石流"混合流理论动量守恒方程"(mixture theory momentum conservation equations)，

分别计算泥石流流体中的固体和液体的运动速度。Iverson 认为，现在对泥石流的启动机理已有了中等程度的认识，但在以下方面的泥石流物理学特性还需要有进一步的模型实验来证实：①通过拜格诺系数(Bagnold number)、雷诺系数(Reynolds number)和达西系数(Darcy number)构成的三维坐标系可以区分泥石流与土流、泥流和碎屑流，但其阈值仍然需要由实验来确定；②仍然不清楚怎样基于边界条件和流体性质来预测泥石流规模，因此要求对泥石流的侵蚀和堆积过程进行系统的模型实验；③泥石流阵流现象(多个"涌波")虽已在各种野外和实验场合观测到，但"涌波"的形成和发展机理仍然需要更多的实验来分析；④孔隙水压力在运动着的泥石流体中从启动到堆积过程中的变化仍然需要通过能够严格控制的实验来检测；⑤复杂的连续流模型或许可以用于解释大颗粒支撑机理和"逆向粒级"的形成，但这一假设仍然需要实验来证实。

随着泥石流研究的多学科相互交叉渗透，特别是土力学、水力学和流变学等理论的发展，形成了 20 余种比较成熟的泥石流模型。这些模型为泥石流防治工程提供了具有一定理论基础和科学依据的流速、流量和冲击力等关键设计参数的计算。但目前还没有一个在国内外通用的，能够包括泥石流启动、运动和堆积，以及黏性、稀性和过渡性泥石流的泥石流模型。泥石流的形成、运动机理研究仍然是今后相当长一段时期内研究的重点和难点。

实施泥石流防治工程最关键的问题是估算泥石流冲击力，其直接关系到防治技术的选用，防治结构、尺寸和配筋设计等。

目前简单实用的泥石流冲击力计算公式是用流体力学中的压力公式，将其修正后作为泥石流冲击力的估算值，即

$$P = K\rho V^2 \tag{7-17}$$

式中 P——泥石流冲击力(Pa)；

K——修正系数；

ρ——泥石流密度(kg/m³)；

V——泥石流平均流速(m/s)。

这个公式的缺点是 K 的取值随意性较强；ρ 和 V 均需要现场测定，多数为泥石流浆体的测试值。该公式对于固相颗粒含量少，且粒径较小的黏性泥石流比较适用。但对于稀性泥石流、过渡性泥石流及块石含量较多的黏性泥石流则误差较大。

获取可靠的冲击力数据的一个重要途径是进行模型实验。A. Armanini 和 P. Scotton 通过小型水槽研究了泥石流冲击刚性结构后完全竖直涌起和形成向上游传播的波的两种不同的情况，并用动量平衡分析了这两种情况下泥石流的动水压力。虽然室内试验可以得到一些有用的结果，但是一方面试验中相似性原则很难得到满足；另一方面试验中很难反映出大石块的作用，所以得到的数据往往小于野外数据。

另一种途径是泥石流事件过后根据现场的调查资料所做的估算。如 C·A·弗莱施曼根据小阿拉木图河上一道钢架挡坝被泥石流破坏的情况估计泥石流的冲击力达 400kPa。G. Zanchetta 等根据调查资料，用 3 种不同的方法估算了 1998 年 5 月发生在意大利南部 Campania 地区的泥石流的流速，然后通过流速得到泥石流冲压力的最大值为 400~600kPa。P. Revellino 等则记录了 1997—1999 年发生在上述同一地区的泥石流事件

中，不同的建筑物在不同速度下的破坏情况。

野外泥石流冲击力的原型测量能够获取最为可信的第一手资料。但是由于各种极端条件，比如泥石流暴发的不可预测性、泥石流的巨大破坏力、泥石流流路的摆动、恶劣的地形条件和气象条件等，使得野外冲击力测量开展比较困难。日本曾在烧岳山上冲沟泥石流观测站于1975年7月13日和8月23日采用安装在坝上的压痕计和应变仪观测了泥石流冲击力，其最大的测量值达到$3.226 \times 10^4 \text{kPa}$。

我国在冲击力的野外测量方面的研究开展得比较早，持续时间比较长，获得的数据也比较丰富。1973—1975年在蒋家沟采用电感式冲击力仪实测了泥石流的冲击力。1975年共观测69次，其中龙头正面直接冲击的有35次，量级均在195kPa以上，量级在920kPa以上的有11次；其余34次的量级均在195kPa以下。1982—1985年，通过改进测量仪器，测得了59个泥石流冲击力过程线，测量值多在1 000kPa左右，其中最大值超过5 000kPa。

利用2004年在云南蒋家沟建立泥石流冲击力野外测试装置和力传感器以及数据采集系统，测得不同流深位置、长历时、波形完整的泥石流冲击力信号，得到原始的泥石流冲击力数据。通过数据分析发现，在同等流速的条件下，连续流的冲击力要比阵性流的大得多。就阵性流而言，泥石流的冲击力最大值不是随流速而单调增加的，还跟它所携带的固体物质的大小有很密切的关系；对不同位置的冲击力过程线的分析表明泥石流中，中等粒径的石块多集中在龙头和流体表面，而大粒径的石块则在泥石流体中半悬浮运动。

7.3.5 泥石流的冲起高度及弯道超高

快速运动中的泥石流具有强大的惯性，尤其是高容重的黏性泥石流，整体性强，行进过程中遇到障碍物时，常顺坡冲起；在弯道处，常有较大的超高。在有些防治工程中，爬高和超高问题必须考虑。

(1)泥石流的爬高和冲起高

泥石流在前进过程中遇到斜坡，在惯性作用下，它沿坡上爬，其爬高由式(7-18)求得，即

$$\Delta H_c = \alpha \frac{V_c^2}{2g} \tag{7-18}$$

式中　α——迎面坡度的函数，其值小于1；

　　　V_c——泥石流爬坡速度(m/s)；

　　　g——重力加速度(m/s^2)，取9.81。

云南东川实测资料表明，泥石流的最大冲起高度为龙头高的4~5倍，其经验计算式为：

$$\Delta H_c = 1.6 \frac{V_c^2}{2g} = 0.8 \frac{V_c^2}{g}$$

(2)弯道超高

弯道超高由离心力造成，可按式(7-19)计算，即

$$\Delta h = \frac{B}{gR} \cdot V_m^2 \qquad\qquad (7\text{-}19)$$

式中　B——泥面宽(m)；

　　　R——弯道曲率半径(m)；

　　　g——重力加速度(m/s^2)，取 9.81；

　　　V_m——泥石流最大洪水流速(m/s)。

7.4 山洪及泥石流排导工程

山洪及泥石流排导沟(或称排洪沟、导流堤)是开发利用荒溪冲积扇，防止泥沙灾害，发展农业生产的重要工程措施之一。修建排导工程的目的是让泥石流和洪水顺畅排泄，而不至于漫流改道，减轻沿途造成冲毁和淤埋的危害，确保沿河两岸村庄、城镇、工矿区和农田的安全。

排导工程中最常用的是导流堤、防洪堤、丁坝。导流堤一般在拦挡坝下游居民点及重要基础设施的关键部位单侧布设。导流堤、防洪堤通常采用土石坝，迎水面采取浆砌石护坡；导流堤、防洪堤的堤前和堤后要求栽植护岸林。

根据山洪及泥石流排导沟的设计要求，本节着重介绍排导沟的平面布置、类型及断面设计等问题。

7.4.1 排导沟的平面布置

排导沟在平面布置上有不同的形式，设计时应针对荒溪的特点、类型和冲积扇的地形情况，因地制宜地选好排导沟的平面位置。根据排导沟工程实际运行经验，排导沟的平面位置主要有下面4种形式。

(1)向中部排

向中部排是排导沟经冲积扇中部把山洪及泥石流直接排入河道的一种方式。排导沟的出口与河流基本上正交，居民区和农田分布在两侧。甘肃武都的火烧沟就采用了这种排导方式，如图7-3所示。

采用这种方式的排导沟，有2种修筑方法：一种是排导沟做成挖方渠道。此法适用于从沟口到河道间冲积扇高差比较大的情况。另一种是见坡度较小的冲积扇，其排导沟用填方渠道。因为在冲积扇坡度小的情况下，如果仍用挖方渠道，排导沟的出口可能比河道的水位低，影响排泄效果。

(2)向下游排

将排导沟修在冲积扇靠河道下游一侧，出口与河道呈斜交。这种排导方式在我国西南及西北地区应用较多，如云南东川蒋家沟的导流堤即是这种布置形式。

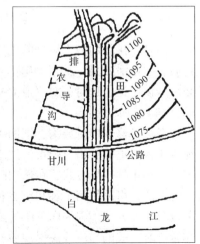

图7-3　甘肃武都火烧沟排导沟平面

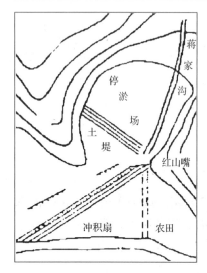

图7-4 云南蒋家沟导流堤示意

蒋家沟每年暴发几次至数十次泥石流。泥石流冲出沟口后，沿着老河道几乎以垂直的角度泻入小江，阻断江水，使上游近万亩良田受淹。

为了治理蒋家沟的泥石流灾害，云南东川矿务局泥石流工地从1965年开始在沟口下游侧修筑了一条长达2.5km的导流堤，如图7-4所示，并在冲积扇上开出了稻田1 000余亩。由于导流堤改变了泥石流的流向，从而避免了堵江现象，确保了农业和工矿交通的安全生产。

（3）向上游排

排导沟的位置在冲积扇靠河道上游一侧，其流向与河道的流向成钝角相交。

一般泥石流冲积扇是往河流下游方向发育的，因此其下游侧的坡度较缓，坡面长；而上游侧的坡度较陡，坡面短。根据这个特点，排导沟向上游排，既可以满足坡度大、排泄顺畅，又可以达到省工省料的要求。例如，甘肃武都的泥湾沟，在沟口修成的长500m的导流堤，就是沿着冲积扇的上游边缘把泥石流输入白龙江的（图7-5）。

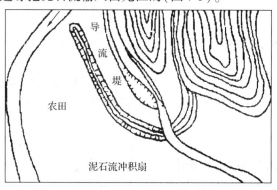

图7-5 甘肃武都泥湾沟导流堤示意

但是，排导沟向上游排的先决条件是与之连接的河道必须有足够的携沙能力，否则将会影响排泄效果，甚至引起排导沟的严重淤积和堵塞。此外，向上排的排导沟，有时必须增设弯道，这时，对弯道的曲率半径和弯道超高，在设计中应该给予重视。

（4）横向排

在沟口修横向排导沟，把两条或几条泥石流沟汇集到一条主干沟内，并选择适当的地方排入河道。甘肃兰州市的洪水沟就是用这种方式排泄泥石流的（图7-6）。

上述4种排导方式，在选用时应注意荒溪类型。一般说来，对于含固体物质多的泥石流荒溪，可采用第1种和第2种方式；对于含固体物质少的山洪荒溪，最好采用第3种或第4种方式。因为向下游排或向中部排的排导沟能够布置成直线形，以减少泥石流在转弯时造成的漫流或决堤现象，山洪排导沟的弯道半径通常为其底宽的8~10倍，泥石流排导沟的弯道半径为其底宽的20倍左右。

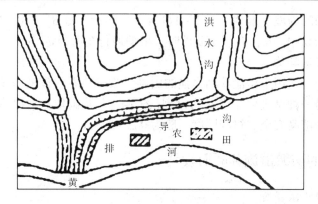

图 7-6 甘肃兰州市洪水沟排导沟

7.4.2 排导沟的类型

根据挖填方式和建筑材料的不同，常用的排导沟可分为 3 种类型：挖填排导沟、三合土排导沟和浆砌块石排导沟。具体采用哪一种类型，应考虑荒溪的特性。

（1）挖填排导沟

挖填排导沟是在冲积扇上按设计断面开挖或填方修筑起来的排导沟，它具有结构简单、可就地取材、易于施工、节省投资等优点。在泥石流荒溪的冲积扇上可采用这种类型。

挖填排导沟的断面形式有 3 种：梯形断面、复式断面和弧形断面。新开挖的排导沟，排泄流量不大者，多采用梯形断面；流量较大者，则采用复式断面和弧形断面。

（2）三合土排导沟

三合土排导沟的土堤是以土、砂和石灰（比例为 6∶3∶1）的混合物，分层填筑，夯实而成。它适用于高含砂山洪荒溪，如甘肃武都的郭家门前沟三合土排导沟（图 7-7）。

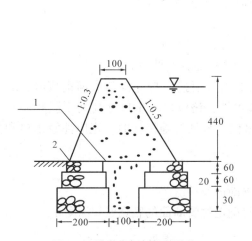

**图 7-7 甘肃武都郭家门前沟
三合土排导沟断面**（单位：cm）
1. 填砂石 2.50#水泥砂浆砌块石

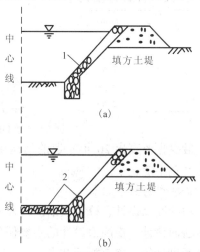

图 7-8 浆砌块石排导沟的衬砌方式
（a）边坡衬砌 （b）边坡和沟底衬砌
1. 浆砌块石护坡 2. 浆砌块石护底护坡

三合土排导沟的内坡一般为 $1:0.5 \sim 1:1.4$，外坡为 $1:0.3 \sim 1:0.75$。堤顶宽度，没有行车要求时为 $1.0 \sim 1.5m$，有行车要求时，根据通行车型确定。

（3）浆砌块石排导沟

浆砌块石排导沟适用于排泄冲刷力强的山洪。浆砌块石衬砌的方式主要有2种：一种是边坡衬砌；另一种是边坡与沟底均衬砌（图7-8）。浆砌块石衬砌多用于半挖半填的排导沟，这样既经济又安全。衬砌厚度一般为 $0.3 \sim 0.5m$。

7.4.3 排导沟的防淤措施和断面设计

（1）排导沟的防淤措施

排导沟设计要保证排泄顺畅，既不淤积，又不冲刷，为了防治淤积应注意以下几点。

①修建沉沙场 泥石流进入排导沟后，往往由于沟内洪水很小，很容易将固体物质淤积在排导沟中。针对这种情况，最好的办法是在冲积扇上筑沉沙场。

②选择合适的纵坡 排导沟是否发生冲淤与其纵坡大小关系密切。根据各地经验，对于一般高含砂山洪沟道，流体容重小于 $1.5t/m^3$ 时，纵坡为 $3.0\% \sim 4.0\%$。对于泥石流荒溪，流体容重大于 $1.5t/m^3$ 时，纵坡为 $4.0\% \sim 15.0\%$，泥石流容重愈大，则纵坡愈大。在确定排导沟纵坡时，除了考虑流体容重以外，还应考虑固体物质尺寸，尺寸越大，纵坡越大。

③合理选择沟底宽度 除纵坡外，沟底宽度也是影响冲淤的因素之一。沟底宽度过大，不仅造成泥石流的流速变小，固体物质容易在沟道中淤积，而且会增加排导工程投资。

排导沟的沟底宽度，可以根据式（7-20）所列的经验公式确定，即

$$b = 1.7 \frac{F^{0.23}}{i^{0.4}} \tag{7-20}$$

表 7-8 经验公式（7-20）的算例

$F(km^2)$	$i(\%)$	$b(m)$
10	10	1.15
20	7	1.55
30	5	1.95
40	4	2.28
50	3	2.69

式中　b——排导沟沟底宽度（m）；

i——排导沟纵坡（%）；

F——流域面积（km^2）。

经验公式（7-20）的算例见表7-8。

④排导沟的出口衔接 排导沟与大河衔接时，除了应注意平面布置外，还应保证出口标高高于同频率的河道水位。最少也要高出20年一遇的河道洪水位。与低洼地衔接时，也应注意出口和低洼之间的高差不能过小。

（2）排导沟的断面设计

排导沟的断面设计，分为横断面设计和纵断面设计。

①横断面设计 横断面设计的主要任务是确定过流断面的底宽 b 和深度 h。

横断面设计的步骤有如下几点：

a. 根据荒溪的类型，计算山洪或泥石流的设计流量。排导沟的设计标准为：对于排导沟两侧均为农田而无居民点者，可按20年一遇标准设计；两侧有居民点和重要设施

时，按 50 年一遇标准设计。

b. 根据冲积扇的特性选定排导沟的断面形式。一般情况下，排导沟采用梯形断面，其内坡为 1∶1. 5 ~ 1∶1. 75，外坡为 1∶1 ~ 1∶1. 5，堤顶宽 1. 5 ~ 2. 5m。

c. 根据式(7-20)初步确定沟底宽度。

d. 根据山洪或泥石流流量公式试算水深或泥深。

e. 排导沟深度的确定。

在直槽中为：

$$h = h_c + h_1 \tag{7-21}$$

在弯道凹岸为：

$$h = h_c + h_1 + \Delta h \tag{7-22}$$

式中　h——排导沟的深度(m)；

　　　h_c——水深或泥深(m)；

　　　h_1——安全超高(m)，一般取 0. 5 ~ 0. 8；

　　　Δh——弯道超高(m)，由式(7-23)计算，即

$$\Delta h = 2. 3 \frac{V_c^2}{g} \cdot \lg \frac{R_1}{R_2} \tag{7-23}$$

式中　V_c——流速(m/s)；

　　　g——重力加速度(m/s^2)，取 9. 81；

　　　R_1, R_2——弯道凹岸和凸岸的曲率半径(m)。

f. 绘制横断面设计图。

②纵断面设计　排导沟的纵断面设计按如下步骤进行。

a. 根据高程测量数据绘出地面高程线。

b. 根据选定的纵坡，并考虑与大河的衔接，绘出排导沟的沟底线。

c. 根据横断面设计水(泥)深，绘出水(泥)位线，即水(泥)位高程 = 沟底高程 + 设计水(泥)深。

d. 根据水(泥)位高程和超高，绘出堤顶线，即堤顶高程 = 水(泥)位高程 + 超高。

e. 计算冲刷深度。

对于宣泄山洪的排导沟，其设计纵坡如大于合理纵坡，一般可能发生冲刷。山洪对于沟底的冲刷深度可由式(7-24)、式(7-25)确定，即

在直槽中为：

$$t = \frac{0. 1q}{\sqrt{d_{cp}} \left(\dfrac{h_c}{d_{cp}}\right)^{\frac{1}{6}}} \tag{7-24}$$

在弯道凹岸为：

$$t = \frac{0. 17q}{\sqrt{d_{cp}} \left(\dfrac{h_c}{d_{cp}}\right)^{\frac{1}{6}}} \tag{7-25}$$

式中　t——由沟床底部算起的冲刷坑深度(m)；

q——单宽流量$[m^3/(s \cdot m)]$；

d_{cp}——流体中固体物质的平均粒径(mm)；

h_c——排导沟水(泥)深(m)。

根据冲刷深度采取相应的工程防冲措施。

7.5 沉沙场设计

在荒溪内及冲积扇上拦蓄泥沙有 2 种方法，一是垂直方向的，如拦砂坝(或淤地坝)；二是水平方向的，如沉沙场(又称停淤场)。

沉沙场的作用主要是拦蓄砂石。在严重风化地区、严重地震地区以及坡面重力侵蚀发展严重的地区，当山洪中可能挟带砂石很多而又没有其他方法可用时，可在坡度较缓的冲积扇上修筑沉沙场，减少排导沟的淤积。

7.5.1 沉沙场规划布置

在规划沉沙场时要考虑以下几点：

①山坡陡峻、坡面侵蚀作用强烈的荒溪流域，山洪中可能挟带很多的泥石，在这类沟道中除修筑拦砂坝外，还可修筑沉沙场。

②沉沙场可选在坡度较小的沟段修筑。当沟道宽度大时，流速减小，可减少山洪对砂石的推移力，从而促进砂石淤积下来。也可将沉沙场设在沟道出山谷后的冲积扇上。

③在沉积区修建沉沙场时，由于淤积作用强烈，有些地段可能造成沟底高于两岸以外的田地、房舍等现象。因此，在淤积作用强烈而又可能危及农田、房舍的沟段不宜设置沉沙场。

④在沉沙场被淤满砂石后，可以另选场地设置一个新的沉沙场。在缺乏新场地时，就必须清挖已淤积的砂石。因此，在选择沉沙场的位置时，应选择开挖砂石易于运出的地点。在不能与现有道路连接的地点修筑沉沙场时，则应规划运输道路。

7.5.2 沉沙容量的确定

在确定沉沙场的容量时，要对流域的地质、地形、坡度、植被情况等进行充分的调查研究，并计算出山洪中所挟带的砂石数量，按每年 1 次或 2 次的挟沙量来决定沉沙场的容量(开挖运输容易的按每年 1 次挟沙量设计，否则按每年 2 次设计)。

山洪或泥石流的一次挟沙量可按式(7-26)计算，即

$$M = 4.42 E h_{100} \psi_0 \frac{(J\% - 1.23)^{2.83}\left(l - \dfrac{H_u}{2\,300}\right)}{S^l J\%} \tag{7-26}$$

式中 M——山洪或泥石流一次挟沙量(m^3)；

E——流域面积(km^2)；

h_{100}——百年一遇最大日降水量(mm)；

ψ_0——径流系数，农地取 0.55，林地取 0.3，牧场取 0.65，砾石坡取 0.2，基岩

取 0.8；

J——冲积圆锥表面比降；

H_u——沟口的海拔(m)；

S——悬移质含量(m^3)；

l——底砂运输距离(km)。

式(7-26)是 1980 年奥地利学者 R. Hampel 根据 118 条荒溪的调查数据得出的。

日本建设省河川局砂防部公布的一次山洪或泥石流的挟沙量如下所示。

在泥石流发生地区(以流域面积 $1km^2$ 为标准)，其一次泥石流的挟沙量如下所示。

①花岗岩区 $5×10^4 ~ 15×10^4 m^3/km^2$。

②火山灰区 $8×10^4 ~ 20×10^4 m^3/km^2$。

③第 3 纪沉积物区 $4×10^4 ~ 10×10^4 m^3/km^2$。

④断裂区 $10×10^4 ~ 20×10^4 m^3/km^2$。

⑤其他区 $3×10^4 ~ 8×10^4 m^3/km^2$。

如果沉沙场所在的荒溪流域面积比标准流域面积大 10 倍，则上列数值乘 0.5；如果为标准流域面积的 1/10，则乘 3。

在山洪发生地区，标准流域面积为 $10km^2$，在 50 年一遇的暴雨条件下，其一次山洪挟带的泥沙量估算如下所示。

①花岗岩区 $4.5×10^4 ~ 6×10^4 m^3/km^2$。

②火山灰区 $6×10^4 ~ 8×10^4 m^3/km^2$。

③第 3 纪沉积区 $4×10^4 ~ 5×10^4 m^3/km^2$。

④断裂区 $10×10^4 ~ 12.5×10^4 m^3/km^2$。

⑤其他区 $2×10^4 ~ 3×10^4 m^3/km^2$。

如果沉沙场所在的荒溪流域面积比标准流域面积大 10 倍，则上列数值乘 0.5；如果为标准流域面积的 1/10，则乘 3。

7.5.3 沉沙场的结构设计

沉沙场最简单的构造是将沟道宽度扩大，沟岸用干砌石、浆砌石工程或其他护岸工程加以防护。在沉沙场的入口与出口处，要修坝、堰、护底工程等建筑物，并需使沉沙场以外沟道的上、下游大致维持沟床的原有高程。

沉沙场的入口部分，如果过流断面急剧扩大，则因水流急剧扩散，山洪、泥石流能量及流速急剧下降，砂石沉积很剧烈。泥石沉积淤塞入口断面后，即逆向上游沉积，堵塞沟道，使沉沙场以上的沟道过水断面减少，引起山洪、泥石流泛滥。因此，应当注意入口断面转角不能过大。转角应根据沟道情况、施工位置等来决定，大体上可取 30°。

沉沙场中沟道扩大的部分，应作护岸工程，边坡防护可用砌石、木桩编栅、种草皮等方法。

堆积在沉沙场中的砂石，应当在当年之内清除完毕。可以用机械方法或人工开挖，用车辆等方式搬运。有条件时，也可考虑用水力机械清淤。以下为沉沙场的 3 种方案。

图 7-9 是奥地利某沉沙场示意图。在沉沙场内部做与水流方向相垂直若干断续的土

坝[图7-9(e)]以促进砂石沉积。在上游面及侧面应和周围护岸工程[图7-9(d)]一样对边坡加以保护。图7-9(a)为平面图,图7-9(b₁)与图7-9(c₁)以及图7-9(b₂)与图7-9(c₂)分别为入口部分和出口部分的正、侧面图。

图7-10是另一种沉沙场形式,在沟道中央作三角墩以促进泥沙沉积,两岸则作短丁坝以控制山洪、泥石流。图7-11也是一种沉沙场形式,加宽部分约为原沟道宽度的2倍。在两岸作短丁坝以调节山洪、泥石流。

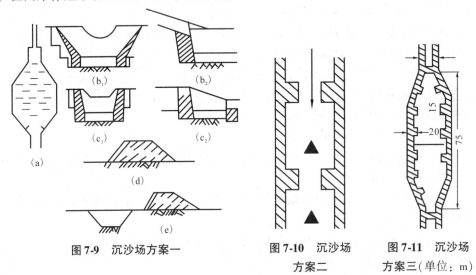

图7-9　沉沙场方案一　　图7-10　沉沙场方案二　　图7-11　沉沙场方案三(单位:m)

7.6　格栅坝

泥石流是山区常见的地质灾害。为了减轻泥石流的灾害,19世纪中期,人们开始修建泥石流防治工程。格栅坝是用于泥石流防治的一种新型建筑物。它能有选择地拦蓄泥石流中的粗大颗粒,排走碎屑、泥浆和流体中的自由水,降低泥石流峰值泥沙量,使进入库内的泥石流很快地被疏干,实现土水分离。泥石流停淤固结后,格栅坝体承受的荷载减小,结构强度和稳定性增加,坝、库功效提高,相对于传统的坝型使用年限更长。

泥石流防治拦挡坝旨在拦蓄泥石,抬高沟床侵蚀基准,回淤减缓局部沟床纵坡,以期取得稳固沟岸,稳定滑坡,控制冲刷,制止沟床物质起动等效果。若充分排水,则拦挡坝防治泥石流的功能将更为显著。泥石流防治理论与实践研究证实,从圬工实体坝发展演变成透水型格栅坝是科学的总结。透水的格栅坝可减少固体物质供应量,使水土分离,从而达到抑制泥石流形成,减小泥石流暴发频率和规模等目的。它不仅功能可靠,实用安全,且造价低廉,便于施工和管理运用,因而日益受到广泛采用。

7.6.1　格栅坝的特点及类型

格栅坝是近年发展起来的挡拦泥石流的新坝型,是将放水建筑物放水断面设计成栅栏型,置于坝体中部或坝端而构成的拦砂坝。

7.6.1.1 格栅坝的特点

（1）拦排结合

变过去全拦挡为部分拦挡，允许部分不会对下游造成危害的水砂下泄，减少实体坝堆积水砂后因下泄清水造成坝下冲刷等危害，维持下游河道输砂平衡，保证河道稳定，确保下游安全。

（2）改善受力条件

小于格栅间隙的砂石在坝前一定距离内很少堆积，在石块间不形成紧密结构，坝前堆积的巨石孔隙大，作用在坝体上的水压力与土压力均比实体坝小。另外，格栅坝是一种穿透式结构，承受的泥石流龙头冲击力比实体坝小。

（3）提高效率

结构简单，用材省，而且现场组装，实现了工厂化生产，缩短了施工周期，提高了建设效率。

7.6.1.2 格栅坝的类型

（1）按结构受力分

按结构受力形式可分为平面型和立体型两大类。

①平面型 结构简单，因是平面结构，整体抗弯能力较差，抗泥石流的冲击力较低，拦蓄量有限，多适用于泥石流规模不大的泥石流沟，坝高多在8m以下，有无中支墩的，也有有中支墩的。

②立体型 因采用立体框架，受力整体性强，承载力比平面型大，同时坝体内部空框能拦截大量泥石流石块，形成自然坝体，增加稳定性。这类坝对大小泥石流沟均适用，坝高与净跨也比平面型大，国内设计净跨已达20m，坝高22m。

（2）按建筑材料分

按建筑材料分，主要有以下几种：钢筋混凝土格栅坝、钢筋混凝土梁式格栅坝、钢架格栅坝、钢管缝隙坝、装配式格栅坝、钢索网格坝、钢制缝隙坝、切口坝和钢轨格栅坝等。这里仅介绍金属格栅坝和钢筋混凝土格栅坝。

①金属格栅坝 在基岩峡谷段，可修金属格栅坝。它具有结构简单、稳定性好、施工快、经济和易维修等特点，适宜于拦截水石流。这种坝是在设坝的沟道中，用浆砌块石或混凝土在沟道两侧做一重力式墩墙（沟道宽时在沟道中间可加做中墩），用钢轨做格栅插入墩内固定即可（图7-12）。

②钢筋混凝土格栅坝 当沟道中泥石流挟带的大石块比较多时，往往采用钢筋混凝土格栅坝。

图7-13是在建坝沟道中用预制钢筋混凝土构件组成的格栅坝，栅条厚0.4m，宽0.7m，高2m多，栅条基础用混凝土浇筑，适用于水石流拦砂坝。

除用钢轨、钢筋混凝土做格栅外，还可用钢管、钢丝绳做格栅（柔性坝）。日本近些年用钢丝绳建造过钢索格坝，用钢管建造过钢管格子坝（位于日本小六朗沟中），效果都不错。另外，我国还有建造石笼坝用于拦截泥石流的经验和技术。

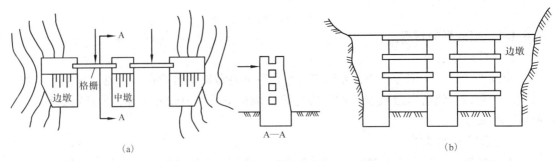

图 7-12　钢质格栅坝

（a）平面图　（b）下游立视图

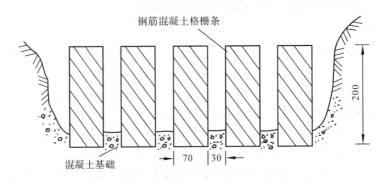

图 7-13　钢筋混凝土格栅坝（单位：m）

　　我国格栅坝的应用处于探索发展阶段，已建造一些格栅坝。但多数是凭借经验、半经验或传统水工方法进行设计。选择合理的格栅坝材质、结构形式、梁间距等，使格栅坝具有较好的使用条件和运用效果，是格栅坝设计亟需要解决的难题。

7.6.2　格栅坝设计

7.6.2.1　工程等级设计标准的确定

　　按泥石流对下游建筑物的危害程度可以将格栅坝的设计标准分为 3 个等级，见表 7-9。

表 7-9　工程等级与设计标准划分

工程等级	泥石流对下游建筑物的（如铁路等）危害程度	坝高（m）	设计洪水重现期（a）	校核洪水重现期（a）
一	严重（A）	>20	100	500
二	中等（B）	10~20	50~100	100~500
三	中等以下（C、D）	10 以下	10~20	50~100

　　泥石流对铁路等建筑物的危害程度，按桥涵设计最大过洪能力 Q_{max} 与相应标准泥石流流量 Q_c 的比率确定，即

$$\frac{Q_{max}}{Q_c} < 0.65 \qquad\qquad 危险程度（A）$$

$$\frac{Q_{max}}{Q_c} = 0.65 \sim 1.0 \qquad 危险程度（B）$$

$$\frac{Q_{max}}{Q_c} = 1.0 \sim 1.35 \qquad 危险程度（C）$$

$$\frac{Q_{max}}{Q_c} > 1.35 \qquad 危险程度（D）$$

7.6.2.2 格栅坝的数量及设计要求

为防止溃坝对下游建筑物带来的危害，同一河沟上建造格栅坝不宜少于2座，紧靠建筑物的第1座坝必须按保证建筑物所需的条件设计，而最上游的一座坝处于防治的前沿，其设计必须首先满足防冲的要求，其次才是满足调节的需要。

第1座坝的设计条件有以下几点：

①过流能力　通过格栅坝的泥石流流量≤下游建筑物允许通过的最大流量。

②过沙能力　通过格栅坝的石块最大粒径≤下游建筑物最大通过石块粒径。

③坝顶应留足溢流高度。

最上游一座坝的设计条件有以下几点：

①过流与过砂能力按各坝的调节能力进行调节，调节幅度最大不宜超过1/3。

②坝高宜采用低高度逐步加高方案。

7.6.2.3 格栅坝间隙的确定

格栅坝的结构特点是预留格栅孔。它的作用是让细粒物质及小石块泄入下游，而把泥石流挟带的大石块拦截在坝内。因此，在设计时应对沟谷或堆积扇上的石块进行详尽的调查，以确定格栅尺寸。此外，还可以考虑式(7-27)进行计算，即

$$D = \frac{1}{4}d_s \qquad (7\text{-}27)$$

式中　D——梁间垂直净距(cm)；

d_s——占质量5%的最大石块粒径(cm)。

以拦蓄泥沙、防止泥沙灾害为主要目的的格栅坝，其所拦蓄的泥沙粒径范围的确定是坝型选择和设计的重要内容。由于组成泥沙的粒径和形状变化幅度很大，因此，在防止泥沙灾害工作中，不少学者曾将泥沙分为不同粒径级。表7-10为美国地理学联合会泥沙专门名词委员会提出的泥沙颗粒分级标准。

表 7-10　泥沙分类标准

分类名称	粒径范围			
	mm	m	μm	in*
(1)	(2)	(3)	(4)	(5)
很大顽石		4 096 ~ 2 048		160 ~ 80
大顽石		2 048 ~ 1 024		80 ~ 40
中顽石		1 024 ~ 512		40 ~ 20

（续）

分类名称	粒径范围			
	mm	m	μm	in*
（1）	（2）	（3）	（4）	（5）
小顽石		512~256		20~10
大卵石		256~128		10~5
小卵石		128~64		5~2.5
大砂砾石		64~32		2.5~1.3
粗砂砾石		32~16		1.3~0.6
中砂砾石		16~8		0.6~0.3
小砂砾石		8~4		0.3~0.16
细砂砾石		4~2		0.16~0.08
极粗砂	2~1	2.000~1.000	2 000~1 000	
粗砂	1~1/2	1.000~0.500	1 000~500	
中砂	1/2~1/4	0.500~0.250	500~250	
细砂	1/4~1/8	0.250~0.125	250~125	
极细砂	1/8~1/16	0.125~0.062	125~62	
粗粉砂	1/16~1/32	0.062~0.031	62~31	
中粉砂	1/32~1/64	0.031~0.016	31~16	
细粉砂	1/64~1/128	0.016~0.008	16~8	
极细粉砂	1/128~1/256	0.008~0.004	8~4	
粗黏土	1/256~1/512	0.004~0.002 0	4~2	
中黏土	1/512~1/1 024	0.002 0~0.001 0	2~1	
细黏土	1/1 024~1/2 048	0.001 0~0.000 5	1~0.5	
极细黏土	1/2 048~1/4 096	0.000 5~0.000 24	0.5~0.24	

注：* 1in=2.54cm。

设置于铁路桥涵上游河道中的格栅坝，格栅间隙应根据桥涵允许的最大输砂能力、最大输送粒径来确定。

第1座坝的格栅间隙是根据桥位的最大输砂粒径来决定的，确保桥下不冲不淤。第 N 座坝按坝位处河床堆积体中巨砾的90%比之粒径 d_{90} 来选取，即

$$b_1 = d_{90} \quad 或 \quad b_1 = c$$

式中　b_1——平面型格栅坝格栅间隙；

　　　d_{90}——上游河段或龙头堆积体中，不含零星巨砾在内的大粒石群中90%比的石块的粒径，如果曾参与运动的巨砾较多，则取最大巨砾的 c 轴向长度；

　　　c——巨砾的三轴向长度中 c 轴向长度（a 轴向为最大长度，c 轴向为最小长度）。

$$b_2 = (1.5 \sim 2.0) d_{90} \quad 或 \quad b_2 = a$$

式中　b_2——立体型格栅坝格栅间隙；

　　　a——巨砾的三轴向长度中的 a 轴向长度（最大长度）。

大颗粒泥沙的取样应按下述原则进行。

①在铁路桥涵下游河段的堆积体上量测50个以上曾参与运动的大砾石的粒径，量测方法可测量三轴向长度或用质量法换算，其平均粒径为桥涵处最大输送粒径。

②在格栅坝坝位上游 300m 河沟段范围内测量 150 个以上砾石群砾石(不包括零星巨砾)的三轴向长度,用 d_{90} 作为决定格栅间隙的粒径。

其余各类型坝按调节粒径需要设计。

7.6.2.4　格栅坝过水断面的确定

格栅坝过水断面应满足下游安全泄流的要求,其最大通过能力不宜超过下游桥涵或过流坝最大过流能力的 1.35 倍。

7.6.2.5　格栅的跨度

如支墩是钢支墩,平面格栅可按连续梁计算。如果支墩是粗大的圬工结构,可近似按固定梁计算。钢轨极限强度可达 450MPa(流限)以上,容许应力可取 260MPa(去掉磨耗的影响)。平面格栅可用斜撑支护。单孔跨度因受钢轨磨损材质强度降低的影响,不宜大于 6m。

7.6.2.6　荷载和荷载组合

(1)基本荷载

长期或经常作用在坝体上的荷载,主要有下列几种:

①建筑自重 G

$$G = V\gamma_B \tag{7-28}$$

式中　G——建筑自重(t);

　　　γ_B——材料容重(t/m³);

　　　V——建筑物体积(m³)。

②动水压力 P_d

$$P_d = \left(\frac{K\gamma_c Q_c V_c}{g}\right)(1 - \cos\alpha) \tag{7-29}$$

式中　P_d——动水压力(N);

　　　K——水流绕流系数,与建筑物形状有关,一般可取 1.1 ~ 1.3;

　　　γ_c——泥石流容重(t/m³);

　　　Q_c——泥石流流量(m³/s);

　　　V_c——泥石流流速(m/s);

　　　g——重力加速度(m/s²),取 9.81;

　　　α——水流与作用平面之交角(°)。

③坝前堆石压力

垂直分力:

$$P_N = \gamma_s h \tag{7-30}$$

式中　P_N——垂直分力(N);

h——坝前堆积深(m);

γ_s——坝前堆沙单位体积重(t/m^3),取 $1.5 \sim 1.8$。

水平分力:

$$P_o = C_o \gamma_s h \tag{7-31}$$

式中 P_o——水平分力(N);

C_o——土压系数,取 $0.3 \sim 0.6$;

其余符号意义同上。

当格栅间隙大于300cm时,石块粒径较均匀的河道,可以不考虑坝前堆石压力。

④浮托力 由于坝高较低,故可不计浮托力。

(2)特殊荷载

出现概率较小,不经常作用在坝体上,或在使用中、后期出现的荷载,称为特殊荷载,主要有下列2种。

①静水压力 因坝前多为巨砾石堆积,孔隙大,设计时可不考虑静水压力,随着使用时间的延长,空隙逐步充填堵塞,静水压力也逐步增大,校核坝体安全时应考虑。

②泥石流冲击力 格栅使水砂和巨石分离,泥石流体在坝前急剧改变运动形态,巨石受阻堆积,并向上游发展,这种受阻逆向运动,大大降低了后续泥石流的速度,减少了泥石流对坝体的冲击,因此泥石流对格栅坝的冲击力将变小。对平均坡降小于15°的泥石流沟,可不考虑泥石流的冲击力。

7.6.2.7 支墩及边墩

格栅坝多采用钢支墩及钢筋混凝土边墩,两侧采用浆砌片石重力坝的混合结构。片石混凝土支墩应检算中心点 O 的抗倾稳定,即

$$k_1 = \sum \frac{Q_1 e_1}{pe} \geq 1.3 \tag{7-32}$$

式中 p——跨内泥石流压力(N);

e——该压力到 O 点的竖直距离(m);

Q_1——各部重力(支墩重、格栅重以及泥石流对支墩前端的压重)(N);

e_1——Q_1 对于 O 点的力臂(m)。

检算抗滑稳定,其稳定系数最小为1.1,即

$$k_2 = f \sum \frac{Q_1}{p} \geq 1.1 \tag{7-33}$$

基底应力检算:按一般材料力学验算基底压应力是否超过地基承载力。如果基底发生拉应力,则应验算应力重分布后的基底压应力值是否超过地基承载力。

7.6.2.8 护底

格栅坝的支墩多采用墩式结构,故护底可以取消。在较陡的河段上,如果冲击力较大,在工程竣工时,可在坝上游侧预堆 $1 \sim 2m$ 高、$5 \sim 10m$ 宽的巨石堆,作为缓冲地段。

本章小结

山洪及泥石流防治工程是防治山洪及泥石流灾害综合措施的重要组成部分。本章从山洪及泥石流的特性、分类与调查谈起，介绍了泥石流主要设计参数的确定、山洪及泥石流排导工程、沉沙场和格栅坝的设计。其中格栅坝是本章的重点。学完本章后，要掌握山洪及泥石流的定义，排导沟的平面布置形式及类型，格栅坝的特点、类型及设计。了解山洪及泥石流形成的水文、地质、地貌因素，泥石流主要设计参数的确定，沉沙场的设计。

思 考 题

1. 怎样区分山洪和泥石流？
2. 怎样区分泥石流和滑坡？
3. 排导沟的平面布置形式有哪几种？
4. 简述格栅坝的特点及类型。

参考文献

刘世荣，孙鹏森，温远光，2003. 中国主要森林生态系统水文功能的比较研究[J]. 植物生态学报，1(27)：16 – 22.

张志山，张景光，刘立超，等，2005. 沙漠人工植被降水截留特征研究[J]. 冰川冻土，5(27)：761 – 766.

邓伟，胡金明，2003. 湿地水文学研究进展及科学前沿问题[J]. 湿地科学，1(1)：12 – 20.

胡凯衡，韦方强，洪勇，等，2006. 泥石流冲击力的野外测量[J]. 岩石力学与工程学报，25(增1)：813 – 819.

马建华，胡维忠，2005. 我国山洪灾害防灾形势及防治对策[J]. 人民长江，36(6)：3 – 5.

冯海燕，2005. 评《北京山区泥石流》[J]. 山地学报，23(2)：254 – 255.

Dube, Plamondon A P and R othwell R L, *et al.* 1995. Watering after clear-cutting on forested wetlands of the St. Lawre lowland[J]. Water Resources Research, 31：1741 – 1750.

Vanseters T, 1999. Linking the past to the present：the hydrologic impacts of peat harvesting and natural regeneration on an abandoned cut-over peat bog, Quebec[D]. MES thesis, Depar ment of Geography, University of Waterloo, Canada.

Pook E W, Moore P H R and Hall T, 1991. Rainfall interception by trees of *Pinus radiata* and *Eucalyptus viminalis* in a 1300mm rainfall area of southeastern New South Wales：I, Gross losse and their variability[J]. Hydrological Processes, 5(2)：127 – 141.

Blackwelder E, 1928. Mud flows as a geologic agent in semiarid mountains [J]. Geological Society of America Bulletin , 39：465 – 487.

Johnson A M and Rahn P H, 1970. Mobilization of debris flows [J]. Zeitschriftfur Geomorphologie, 9 (Supplement)：168 – 186.

Takahashi T, 1978. Mechanical characteristics of debris flow [J]. Journal of the Hydraulics Division, HY8：1153 – 1169.

Takahashi T, 1980. Debris flow on prismatic open channel [J]. Journal of the Hydraulics Division, HY3: 381 – 396.

Takahashi T, 1981. Debris flow [J]. Annual Review of Fluid Mechanics, 13: 57 – 77.

Chen C, 1986. Generalized viscoplastic modeling of debrisflow [J]. Journal of Hydraulic Engineering, 114(3): 237 – 258.

Chen C, 1986. General solutions for viscoplastic debrisflow [J]. Journal of Hydraulic Engineering, 114 (3): 259 – 282.

O'Brien J S, Julien P Y and Fullerton W T, 1993. Two-dimensional water flood and mud flow simulation [J]. Journal of Hydraulic Engineering, 119(2): 244 – 261.

Iverson R M, 1997. The physics of debris flows [J]. Reviews of Geophysics, 35(3): 245 – 296.

第8章

河岸工程

在自然情况或人工控制的条件下，各种类型的河段，由于水流与河床的相互作用，常常造成河岸冲刷、侵蚀、崩塌，从而改变河势，危及农田、城镇和村庄的安全，危及河道的正常运用，给人民生产生活带来不利的影响。修筑护岸与河道治理工程的目的，就是为了抵抗水流对河道的冲刷、侵蚀以及崩塌，变水害为水利，保障农业生产，保证城镇、村庄及河道的安全。

8.1 河道横向侵蚀的机理

8.1.1 横向侵蚀和弯道水流的特性

横向侵蚀一般是指河(沟)道与流向垂直的两侧方向的侵蚀，如河(沟)岸崩塌，河(沟)道被冲刷而变宽等现象。

发生横向侵蚀的原因有两个：一是河(沟)床纵向侵蚀的影响，由于河(沟)床下切而使河(沟)床失去稳定；二是山洪、泥石流流动时水流弯曲引起横向冲刷所造成的。如果谷坊、拦砂坝等防止河底下切的建筑物修筑得很恰当，则主要的问题就是水流弯曲所引起的不利影响。

影响水流弯曲的因素很多，河(沟)床上的突出岩石，沉积的泥沙堆，两岸的不对称等，都可能引起水流的弯曲，据调查，一般弯曲部分占总长的80%~90%，而直段仅占9%~20%。水流在直段上的水深、流速及含砂量的分布是比较均匀的，而在弯道的情况则相反。在弯道上，当水流做曲线运动时，必然产生指向凹岸方向的离心力，水流为了平衡这个离心力，通过调整，使得凹岸方向的水面增高，凸岸方向的水面降低，形成横向比降[图8-1(a)]。因水流所受离心力的大小是和水流流速的二次方成正比的，而河道水流流速的分布是表层大、底层小，故表层水流所受的离心力较大，并沿水深逐渐减小[图8-1(c)]就是水流运动的方向，因此，表层的水流向凹岸，底层的水流向凸岸，从而形成环流[图8-1(b)]，整个水流呈螺旋状前进。

弯道泥沙运动与螺旋流关系极为密切，在横向环流的作用下，表层含砂量较小的水流不断流向凹岸并插下河底，而底层含砂量较大的水流不断流向凸岸并爬上边滩，形成横向输砂不平衡，再加上纵向水流对凹岸的顶冲作用，凹岸岸坡被冲刷而崩塌，崩塌下来的泥沙随底部横向水流被带到凸岸，而挟带大量泥沙的底流，在重力的作用下把泥沙淤积于凸岸，底流在接近凸岸处转而向上流动，到达表层后又流向凹岸，重新使凹岸冲

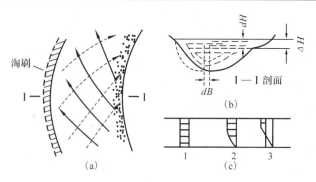

图 8-1 弯道环绕示意

(a)平面图 (b)Ⅰ—Ⅰ剖面 (c)水柱上的作用力

1. ΔH 引起的作用力 2. 离心力 3. 合力

刷坍塌,横向侵蚀继续发展。这样发展的结果是,弯道凹岸成为水流急深的主流深槽,而凸岸则成为水浅流缓的浅滩。如果凹岸不够坚固,就会使弯道向下移动[图 8-2(a)]。弯道推移质泥沙的运动情况,如图 8-2(b)所示,它和底部流速、流向及河床的形态有关。

图 8-2 天然河道平面形状示意

(a)弯道冲淤变化示意 (b)推移质泥沙移动示意

8.1.2 河道演变的机理

8.1.2.1 基本原理

河道的基本形式,可分为两种:其一是河道沿流程纵深方向上发生的变形,称为纵向变形;其二是河道与流向垂直的两侧方向上的变形,称为横向变形。

河道的纵向变形,反映在河床的抬高和刷深上[图 8-3(a)],而横向变形的总趋势是:河道不断向右岸冲刷发展,而左岸则不断淤积[图 8-3(b)]。

河道演变的原因极其复杂,千差万别,但其根本的原因是输沙不平衡。当上游来沙量大于本河段的挟沙能力时,会产生淤积,河床抬高,当来沙量小于本河段挟沙能力时,则产生冲刷,河床下降,河床的横向变形,也是由横向输沙不平衡所引起的。

河道由于输沙不平衡所引起的变形,在一定条件下,往往朝着使变形速度停止的方向发展,即河床发生淤积和冲刷时,其淤积及冲刷浓度将逐渐减小,甚至停止,这种现象称为河床及水流的"自我调整作用"。在淤积与冲刷的发展过程中,河床及水流进行自我调整,通过改变河宽、水深、比降及床砂的组成使本河段的挟沙能力与上游的来沙条件趋于相适应,从而促使淤积与冲刷速度由变缓向停止的方向发展。

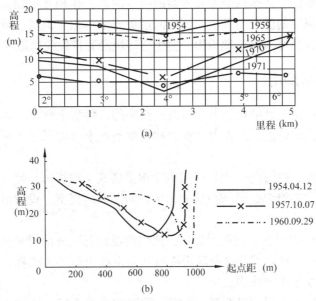

图8-3 长江中游某河段纵、横断面的变化

（a）纵断面 （b）横断面

　　河床和水流的自我调整作用，虽会使淤积与冲刷的速度变缓甚至停止，但由于输沙不平衡所引起的河床的变形却是绝对的，其基本原因是：上游的来水来沙条件总是不断因时变化的，来水来沙条件的改变必然引起旧的输沙平衡的破坏，使变形又从新的一个起点开始。另一方面，即使上游来水来沙条件不变，河床上的沙波运动仍然是存在的，河床仍然处于经常不断的变形过程之中。由此可见，河道中的泥沙运动总是处于输沙不平衡状态。

8.1.2.2 影响河道演变的因素

　　影响河道演变的主要因素有：①河段的来水量及其变化过程；②河段的来沙量、来沙组成及其变化过程；③河段的比降；④河段的河床形态及地质情况。其中，第①、第③两个因素决定河段水流挟带泥沙的能力；第②个因素决定河段的来沙数量及其泥沙组成，在一定的水流条件下，如果河段的来沙量大，泥沙组成粗，则将有利于使河道发生淤积；如果来沙量小，泥沙组成细，则将有利于使河道发生冲刷。

　　河道演变的基本原因是输沙不平衡，第①、第②、第③三个因素，就是决定输沙不平衡的基本因素。如果河段的来水量大、河谷比降大、水流挟带泥沙的能力大，而河段的来沙量小，则来沙量不能满足水流挟沙能力的要求，形成输沙不平衡，河床将发生冲刷，此时如泥沙组成细，则将使冲刷加剧。相反，如河段的来水量小、河谷比降小、水流挟带泥沙的能力小，而河段的来沙量大，则来沙量已经超过水流挟沙能力的要求，形成输沙不平衡，河床将发生淤积，此时如果泥沙组成粗，将使淤积加重。

　　第④个因素则决定着河床的边界条件。河段的河床形态对水流条件影响甚大，而地质情况又决定了河床抵抗冲刷的能力。

综上所述，是水流与河床两个矛盾方面的决定因素，在相互依赖与相互斗争的过程中，决定与影响着河道的演变与发展，要使河道更好地造福于人类，就必须根据河道的演变规律，开展近自然的河道治理工程，使生态环境沿着良性的轨道发展。

8.1.3 横向侵蚀的防治

一般说来，在山洪流经的途径上，弯道是很多的，再加上坡度一般很陡，要把山洪流经的途径进行全面的整治，从人力、物力和自然条件来考虑都是不可能的，通常可有以下几种防治方法。

①控制凹岸发展，在河(沟)道凹岸采取生物措施或工程措施，使凹岸一侧的变形破坏降至最低，因而在必须考虑河(沟)床的稳定性问题的前提下，设置恰当的防止沟底下切的建筑物。

②河(沟)床的凸出岩石、沉积泥沙堆，使山洪或泥石流流动时必然要改变方向，从而发生弯曲导致横向侵蚀，消除这种障碍物后并辅以适当的导流工程，使水流按一定方向顺流，则可防止发生横向冲刷。

③设置护岸与导流工程，以控制河岸横向发展和改善弯道，是防止横向侵蚀的主要方法。

应该指出，护岸工程与导流工程是有所区别的，护岸工程是用来保护沟岸免受山洪和泥石流冲刷的，一般而言不具有导流的作用；而导流工程的主要目的是改变山洪及泥石流的流向，它有导流和护岸的双重作用。

8.2 护岸工程

8.2.1 护岸工程的目的及种类

防治山洪与泥石流的护岸工程与一般平原河流的护岸工程并不完全相同，主要区别在于横向侵蚀使河(沟)岸崩塌破坏后，由于山区较陡，还可能因下部河(沟)岸崩塌而引起山崩，因此，护岸工程还必须起到防止山崩的作用。

8.2.1.1 护岸工程的目的

河(沟)道中设置护岸工程，主要用于下列情况：

①由于山洪、泥石流冲击使山脚遭受冲刷而有山坡崩塌危险的地方。

②在有滑坡的山脚下，设置护岸工程兼起挡土墙的作用，以防止滑坡及横向侵蚀。

③用于保护谷坊、拦砂坝等建筑物。谷坊或淤地坝淤砂后，多沉积于沟道中部，山洪与堆积物常向两侧冲刷，如果两岸岩石或土质不佳，就需设置护岸工程，以防止冲塌沟岸而导致谷坊或拦砂坝失事；在沟道窄而溢洪道宽的情况下，如果过坝的山洪流向改变，也可能危及沟岸，这时也需设置护岸工程。

④沟道纵坡陡急，两岸土质不佳的地段，除修谷坊防止下切外，还应修护岸工程。

8.2.1.2 护岸工程的种类

我国根据各江河护岸工程经验，将不同护岸型式归类于《堤防工程设计规范》(GB 50286—1998)中。护岸工程一般可按照防护布局(具体位置)分为护坡与护基(或护脚)两种工程。枯水位以下称为护基工程，枯水位以上称为护坡工程。根据其所用材料的不同又可分为干砌片石、浆砌片石、混凝土板、铁丝石笼、木桩排、木框架与生物护坡等。此外，还有混合型护岸工程，如木桩植树加抛石，抛石植树加梢捆护岸工程等。

为了防止护岸工程被破坏，除应注意工程本身的质量外，还应防止因基础被冲刷而遭受破坏。因此，在坡度陡急的山洪沟道中修建护岸工程时，常需同时修建护基工程，如果下游沟道坡度较缓，一般不修护基工程，但护岸工程的基础，须有足够的埋深。

护基工程有多种形式，最简单的一种是抛石护基，即用比施工地点附近的石块更大的石块铺到护岸工程的基部进行护底[图8-4(a)]，其石块间的位置可以移动，但不能暴露沟底，以使基础免受洪水冲刷淘深，且较耐用并有一定的挠曲性，是较常用的方法。在缺乏大石块的地区，可采用梢捆[图8-4(b)]或木框装石[图8-4(c)]的护基工程。

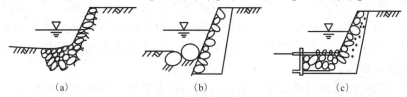

图 8-4 护基工程示意
(a)抛石护基 (b)梢捆护基 (c)木框装石护基

护岸按照形式可分为坡式护岸、坝式护岸、墙式护岸、混合形式、桩式护岸和生物护岸等，现作如下介绍。

(1)坡式护岸

坡式护岸也称为平顺护岸，用抗冲刷材料直接敷设在岸坡及堤脚一定范围形成连续的覆盖式护岸，对河床边界条件改变较小，对近岸水流的影响也较小，是一种常见的、需要优先选用的形式。

(2)坝式护岸

坝式护岸依托堤身、滩岸修建丁坝、顺坝引导水流离岸，防治水流、风浪、潮汐直接侵袭、冲刷堤岸，危及堤防安全，是一种间断性的有重点的护岸型式，有调整水流的作用，在一定条件下常为一些河堤、海堤防护所采用。

(3)墙式护岸

墙式护岸顺堤岸设置，具有断面小、占地少的优点，但要求堤基满足一定的承载能力。墙式护岸多用于城市堤防及部分海堤。墙式护岸为重力式挡土墙护岸，对地基要求较高，造价也较高，因而主要用于堤前无滩、水域较窄、防护对象重要又需防护的堤段，如城市、重要工业区等。墙式护岸断面在满足稳定的前提下，宜尽量小一些，以减少占地，墙基嵌入坡脚一定深度对墙体和堤岸整体抗滑稳定和抗冲刷有利。墙与岸坡之间可回填砂砾石，因砂砾石内摩擦角较大，可减少侧压力。在波浪波高和波速较大、冲刷严重的堤段(包括海堤等),为保护墙后回填料的完整和墙式护岸的整体稳定安全,对于护坡墙顶及回填料顶面,应采用整体式混凝土结构或其他防冲措施加以防护。

(4)混合形式

混合形式主要包括坡式与墙式相结合的混合形式、桩坝、生物工程等。海堤防护常采用上部坡式、下部墙式或上部墙式、下部坡式的组合形式。

8.2.2 护岸工程的设计与施工

8.2.2.1 护岸工程的一般设计原则

①在进行护岸工程设计之前,应对上、下游的沟道情况进行调查研究,分析在修建护岸工程之后,下游或对岸是否会发生新的冲刷,确保沟道安全。

②为了减少水流冲毁基础,护岸工程应大致按地形设置,并力求形状没有急剧的弯曲。此外,还应注意将护岸工程的上游及下游部分与基岩、护基工程及已有的护岸工程连接,以免在护岸工程的上、下游发生冲刷作用。

③护岸工程的设计高度,一方面要保证山洪不致漫过护岸工程;另一方面应考虑护岸工程的背后有无崩塌的可能。如有崩塌可能,则应预留出堆积崩塌砂石的余地,即使护岸工程离开崩塌有一定的距离并有足够的高度,如不能满足高度的要求,可沿岸坡修建向上呈斜坡的横墙,以防止背后侵蚀及坡面的崩塌。

④在弯道段凹岸水位较凸岸水位高,因此,凹岸护岸工程的高度应更高一些,凹岸水位比凸岸水位高出的数值(ΔH)可近似地按式(8-1)计算,即

$$\Delta H = \frac{V^2 B}{gR} \tag{8-1}$$

式中　ΔH——凹岸水位高于凸岸水位的数值(m),可作为超高计算;

　　　V——水流流速(m/s);

　　　B——沟道宽度(m);

　　　R——弯道曲率半径(m);

　　　g——重力加速度(m/s^2),取9.81。

在护岸设计中,除了要遵循以上的一般设计原则,同时还要注意,在治水方面发挥重要作用的护岸,对于河川景观来说也是不可缺少的要素之一。护岸在景观上的作用和特性表现在:①护岸位于水陆交界处,决定水面和陆地形态的要素;②护岸不仅是用来保护河岸的,它也是一种设施,提供了在水边开展丰富多彩活动的场地;③作为河流与人们进行各种接触的场所,构建于河流空间的连续护岸既是容易进入公众视线的设施,又是诸多景物中醒目的作为竖立的垂直面的设施。因此,护岸设计中,同时要遵循以下几点景观设计的原则。

景观设计的原则:要经常考虑到河流风景的整体,不做那种只考虑护岸的设计,必须把包括护岸在内的河流风景整体作为设计的对象。

日常风景的原则:把护岸设计当作日常生活场景的设计,而不要只是考虑高水位时河水的流动状态,护岸景观设计是依据河川平时的流动状态做出的。河川要具有安全下泄洪水的功能,护岸的形态和规模首先取决于河川的防洪功能,但是,在作护岸设计

时，不要把河川的泄洪功能以生硬的形态原封不动地显露出来。

透视设计的原则：始终以透视图将设计对象空间确认成立体形态，不能仅凭平面图和截面图来设计护岸。

场所性的原则：要充分考虑进行景观设计的场所的特性，不能原封不动地把另一条河流的景观设计搬过来使用。

配角的原则：注意在护岸设计中不做过分的渲染，避免让护岸成为风景的主角。

8.2.2.2 护脚(基)工程

护脚工程常潜没于水中，时刻都受到水流的冲击和侵蚀作用。因此，在建筑材料和结构上，要求具有：①抗御水流冲击和推移质磨损的能力；②富有弹性，易于恢复和补充，以适应河床变形；③耐水流侵蚀的性能好，以及便于水下施工等。

传统常用的护脚工程有抛石、石笼、沉枕等。

(1)抛石护脚工程

抛石护岸是古今中外广泛采用的结构材料，在崩速极大的剧烈崩坍条件下，采用抛石护岸能很好地适应河床变形。正因为抛石护岸具有上述优点，所以在长江中下游应用最为广泛，积累经验也较多。

设计抛石护脚工程应考虑块石规格、稳定坡度、抛护范围和厚度等几个方面的问题。

护脚块石要求采用石质坚硬的石灰岩、花岗岩等，不得采用风化易碎的岩石。块石尺寸，以能抵抗水流冲击，不被冲走为原则，可根据护岸地点洪水期的流速、水深等实测资料，用一般起动流速进行略估，块石直径一般取 20~40cm，并可掺和一定数量的小块石，以堵塞大块石之间的缝隙。

抛石护脚的稳定坡度，除应保证块石体本身的稳定外，还应保证块石体能平衡土坡的滑动力。因此，必须结合块石体的临界休止角和沟岸土质在饱和情况下的稳定边坡来考虑。块石体在水中的临界休止角可定为1:1.4~1:1.5，沟岸土质在饱和情况下的稳定边坡可参考实测资料确定，对于砂质沟床，约为1:2。抛石护脚工程的设计边坡应缓于临界休止角，等于或略陡于饱和情况下的稳定边坡。在一般情况下应不陡于1:1.5~1:1.8(水流顶冲越严重，越应取较大的比值)。

抛石厚度与工程的效果和造价关系极为密切。厚度的确定，目前一般规定为 0.4~0.8m，相当于块石粒径的 2 倍(图 8-5)。在接坡段紧接枯水处，为稳定边坡，加抛顶宽为 2~3m 的平台。如沟坡陡峻(局部坡度陡于1:1.5，重点地区坡度陡于1:1.8)，则需加厚抛石厚度。

(2)石笼护脚工程

石笼护脚多用于流速大、边坡陡的地区。石笼是用铅丝、铁丝、荆条等材料做成各种网格的笼状物体，内填块石、砾石或卵石。其优点是具

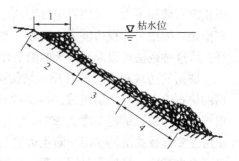

图 8-5 抛石护脚工程横断面
1. 平台 2. 接坡段 3. 掩护断
4. 近岸护底段

有较好的强度和柔性，而不需较大的石料，在高含砂山洪的作用下，石笼中的空隙将很快被泥沙淤满而形成坚固的整体护层，增强了抗冲能力，缺点是笼网日久会锈蚀，导致石笼解体(一般使用年限：镀锌铁丝笼为8~12年，普通铁丝为3~5年)。另外，在沟道有滚石的地段，一般不宜采用。

笼的网格大小以不漏失填充的石料为限度，一般做成箱形或圆柱形，铺设厚度为0.4~0.5m，其他设计与抛石护脚工程相同。图8-6为各种石笼结构图。

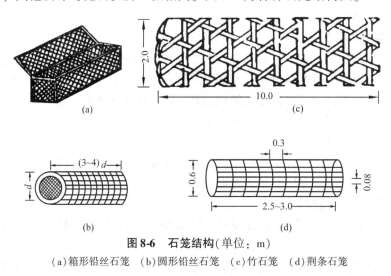

图8-6　石笼结构(单位：m)
(a)箱形铅丝石笼　(b)圆形铅丝石笼　(c)竹石笼　(d)荆条石笼

8.2.2.3　护坡工程

护坡工程又称护坡堤，可采用砌石结构，也可采用生物护坡。砌石护岸堤可分单层干砌块石、双层干砌块石和浆砌石3种。对于山洪流向比较平顺，不受主流冲刷的防护地点，当流速为2~3m/s时，可采用单层干砌块石；当流速为3~4m/s时，可采用双层干砌块石；在受到主流冲刷，山洪流速大(≥5m/s)，挟带物多，冲击力猛的防护地点，则采用浆砌石。

(1)干砌块石护坡

干砌块石护坡主要由脚槽、坡面和封顶3个部分组成(图8-7)，其中脚槽主要用于阻止砌石坡面下滑，起到稳定坡面的作用，其形式有矩形和梯形2种，其下端与护脚工程衔接。脚槽尺寸视边坡大小而定，如图8-7、图8-8所示。其中以图8-8(c)的形式最好，因这种砌法可以起到最大的阻滑作用，而且节省石料。

坡面的边坡视土壤的性质、结构而定，一般为1:2.5~1:3.0，个别可用1:2.0。坡面的块石由面层与垫层组成，面层块石大小及厚度，应能保证在水流作用下不被冲动，根据实践经验，铺砌厚度为30cm左右即可满足上述要求，一般情况下可取25~35cm。垫层主要起反滤层的作用，防止边坡上的土壤颗粒被水流从缝隙中带走，以致边坡被淘空而失去稳定。垫层有单层与双层2种，其粒配的选择应以保证组成垫层和岸坡的颗粒不能穿越相邻粒径较大一层的孔隙为原则，因此，各垫层本身粒配的不均匀系数应满足关系式(8-2)，即

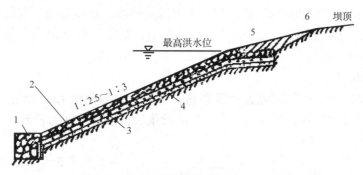

图 8-7　干砌石护坡断面(单位：cm)

1. 脚槽 10×100　2. 面层块石 $d = 25 \sim 35$；$t = 25 \sim 35$　3. 垫层碎石 $d_2 = 3 \sim 4$；$t_2 = 15$

4. 垫层黄砂 $d_1 = 0.3 \sim 0.4$；$t_1 = 5 \sim 10$　5. 好土封顶　6. 坡面种草

$$\frac{d_{60}}{d_{10}} \leqslant 5 \sim 10 \qquad (8\text{-}2)$$

各层间粒配应满足关系式(8-3)，即

$$\frac{(d_1)_{30}}{(d_0)_{50}} \leqslant 10 \sim 15$$

$$\frac{(d_2)_{50}}{(d_1)_{50}} \leqslant 10 \sim 15 \qquad (8\text{-}3)$$

$$(d_2)_{50} \geqslant 0.2d$$

式中　d_0——岸坡土壤；

d_1——下垫层；

d_2——上垫层；

d——护坡块石的粒径。

足标"60""50""10"表示小于这一粒径的百分数，单垫层厚度一般取 $9 \sim 20$cm，双垫层厚度一般取 $15 \sim 25$cm。

对于岸坡有地下水渗出的地区，护坡

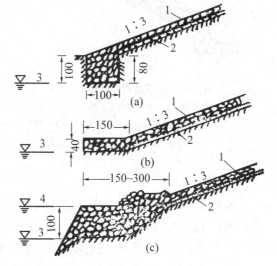

图 8-8　护坡脚槽示意(单位：cm)

1. 块石面层 $t_1 = 25$　2. 碎石垫层 $t_2 = 7$

3. 枯水位　4. 施工水位

前需在透水层范围内先开挖导滤沟，并用粗砂及砾石分层填实，其布置及结构形式如图 8-9 所示。

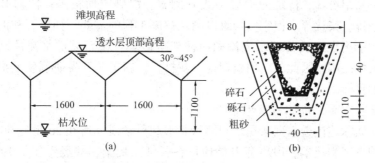

图 8-9　砌块石护坡的布置及结构(单位：cm)

(a)平面布置图　(b)剖面图

封顶的作用在于阻止雨水入侵，防止工程遭受破坏。封顶多用平整块石砌筑，宽度为 50~100cm，与滩地接合，可用碎石、粗砂回填，宽度不小于 10cm，最后沿滩地植草皮 1 条，宽 20cm 左右。

（2）浆砌石护坡

浆砌石护坡岸堤可用 75#水泥砂浆砌筑，在严寒地区使用 100#水泥，其结构形式，基本上与干砌石护坡相同（图 8-10），一般也设垫层，但岸坡如为砂砾卵石时，可不设垫层。

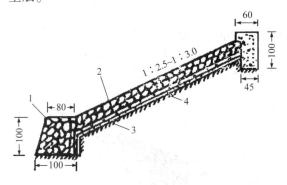

图 8-10　浆砌石护坡断面（单位：cm）

1. 梯形槽　2. 面层块石 $d=25~35$；$t=25~35$

3. 垫层黄砂 $d_1=0.3~0.4$；$t_1=5~10$

4. 垫层碎石 $d_2=3~4$；$t_2=15$

为了减少护岸背面的压力及排泄积水，可在下部设置交错排列的泄水口，孔口可做成 $0.1m×0.15m$ 矩形或直径为 0.1m 的圆形，间距为 2~3m。泄水孔口局部范围内设反滤层，以防淤塞泄水孔。较长的护岸堤，应设置伸缩缝，以消除或减少温度应力，一般沿纵方向每隔 9~15m 设置一道，缝宽 2cm，用沥青板填塞。

其封顶可采用混凝土基槽或块基基槽，如图 8-10 所示。

（3）注意事项

修筑护岸堤时，需注意以下几个问题：

①基础要挖深，慎重处理，防止掏空，一般情况下，当冲刷深度在 4m 以内时，可将基础直接埋在冲刷深度以下 0.5~1.0m 处，并且基础底面要低于沟床最深点 1m 左右。

②沟岸必须事先平整，达到规定坡度后再进行砌石。

③护岸片石必须全部丁砌，并垂直于坡面。

片石下面要设置适当厚度的垫层，随岸坡土质的不同而有所不同，垫层一般由砂砾卵石或粗中砂卵石混合垫层组成，若岩坡土质与垫层材料相似，则可不设垫层。

8.2.2.4　护岸工程新材料

根据上述介绍可知，传统的护坡型式有砌石、混凝土面板等；护脚型式有铅丝石笼、抛石、柴排、柴枕等。但它们均难以满足护岸工程的需要，如砌石和混凝土面板护坡适应变形的能力弱，且常因水流淘刷而被架空破坏；抛石易遭水流冲刷而走失；柴排、柴枕耐久性差等。因此，应用新理论、新材料、新工艺开发研制新型护岸工程一直是人们努力的目标。

（1）混凝土四面六边体透水框架

混凝土四面六边体透水框架是水利部西北水利科学研究所在 20 世纪 90 年代初研制的一种新型护岸工程技术。1996 年开始应用在长江干堤上，并经受住了 1998 年长江特大洪水的考验，因而被水利部作为推广项目列入"灾后堤防加固 15 项推荐技术指南"中。

目前，这项技术已在长江江西段干流、赣江、抚河以及陕西渭河下游堤防护岸工程中得到应用，效果显著。

该项技术的基本原理是：利用混凝土四面六边体框架透水性、自身稳定性好和适应河床变形能力强的特点来削弱水流能量，降低流速，促使泥沙迅速落淤，从而达到减速促淤的目的。该技术适用于构筑河道控导工程、护脚护坡、防止和治理窝崩等。

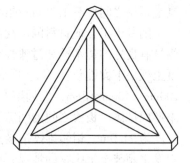

图8-11 四面六边体透水框架

混凝土四面六边体透水框架是一种预制的钢筋混凝土透水构件，由6根长度相等的框杆相互连接构成，呈正三棱锥体（图8-11）。框杆具有一定强度。框架几何尺寸的设计应以当地河床滩槽高差为依据，其原则是框架高度应与期望淤积的滩面高度一致。为便于施工，也可采用小尺寸框架多次叠加、分层淤积堆高的方法。施工时既可以在干河床上进行，也可以利用驳船进行水中抛投。为了有效地减速促淤，宜将3~4个框架捆扎成一串进行抛投。

混凝土四面六边体透水框架具有自身稳定性好、适应河床变形能力强、不易下沉、便于工厂化大批量生产、施工简单、无须开挖基础以及成本低等优点，还可用于临时抢险护岸，解决传统抛石护岸根石不稳的问题。据有关资料分析，透水框架一次性施工费用与抛石固脚费用大致相当，但其长期使用费用明显低于抛石，且护岸效果优于抛石。与其他透水构件如混凝土网格坝相比，后者施工程序较复杂，且需要埋置一定深度，成本也高。

（2）潜没式导流板

潜没式导流板是美国艾奥瓦水利研究所（IIHR）于20世纪80年代提出的一项保护弯道凹岸的新技术，经过实际应用，取得了良好的效果。

该项技术的基本原理是：利用沿凹岸河底布置的一系列淹没式导流板，消除或减弱由于离心力作用所形成的弯道横向环流的作用，以达到保护弯道凹岸的目的。该项技术也可用于防治窝崩。

潜没式导流板设计主要包括确定导流板高度、长度、数量、安装角度以及导流板之间的横向间距等，其中导流板高度是关键的设计参数。为了使导流板处于最佳运用状况，应在所有可能引起河岸侵蚀的流量下，使导流板高度与水深的比值保持在0.2:5。

（3）混凝土连锁板

混凝土连锁板早在20世纪30年代就应用在美国密西西比河上。几十年的运用实践表明，其防冲效果较好。80年代初，我国开始引进这种护岸技术，并用于长江天兴洲河段护岸工程中。目前，该项技术已经在国内多处护岸工程中得到推广应用。

混凝土连锁板是将预制的钢筋混凝土板块连接成较大的排体，连续铺设在堤脚及堤坡处，形成一种柔性面板护岸。混凝土板块由工厂预制，运抵现场后再装配成所需尺寸的排体。混凝土板块厚度应根据水深、流速等条件，通过防冲稳定计算确定，平面尺寸根据施工技术要求确定。板块之间连接方式有铰链、缆索、搭接等多种结构型式，因连接方式不同，故板块形状也各异。美国密西西比河采用的连锁板是由长1.22m、宽0.61m、厚6.35cm的钢筋混凝土板块用钢筋铰接而成的7.62m×1.22m的排体，每块混凝土板块之间留有 1.27cm 的间隙。

随着土工合成材料的广泛应用，常在混凝土板块下面设置土工织物反滤层。土工织物具有良好的透水性和过滤性，且性能稳定，施工简便，如天兴洲河段护岸工程就在混凝土板块下面铺设了聚酯纤维土工织物。该工程所用混凝土板块为矩形，其尺寸为 100cm×40cm×8cm，四周留有直径为 12cm 的钢筋环，用 U 形螺栓将这些钢筋环连接起来形成排体，板块之间的间隙为 25cm。每块排体平行流向的宽度为 22.3m，垂直流向的长度为 94.0m，相邻排体搭接宽度为 2.3m。为了延长土工织物的使用寿命和避免在施工中发生刺破土工织物的情况，有时也在土工织物上面铺垫一层砂砾料作保护层。混凝土连锁板柔性较好，适应岸坡变形能力强，整体性和稳定性好，抗冲能力强，且板块可以在工厂进行标准化大量生产，造价低，施工简便。试验研究和工程实践表明，混凝土铰链排具有工程整体性好、适应河床变形、抗淘刷能力强、维护工程量小等优点。

（4）土工合成材料护岸

土工合成材料护岸是以人工合成的聚合物，如聚丙烯、聚乙烯、聚酯、聚酰胺、高密度聚乙烯和聚氯乙烯等作为原材料制成的产品。国外在水利工程中应用土工合成材料较早，国内于 20 世纪 70 年代末开始引进。1998 年，国内首次出版了有关土工合成材料应用技术的行业规范《水利水电工程土工合成材料应用技术规范》（SL/T 225—1998）。

土工合成材料具有强度高、耐磨性能好、塑性良好等优点，且造价低、材料来源广。从工程效果可以看出，土工编织布对河床变形的适应性较好，可作为护坡护底防冲材料；配合压枕用作"枕垫"将起到软体排的作用。虽然土工合成材料在紫外线作用下易老化，但用于设计枯水位以下的护岸，其使用寿命大大增加，加之用于就地取材的压载砂枕袋与河床有较好的亲和力，使得该项护岸技术既廉价又先进可靠。常用的土工合成材料有以下 3 种。

①土工织物软体排　土工织物上以抛石或预制混凝土块体为其上压重的结构称为"软体沉排"。其特点是：具有良好的柔性，能适应水下河床表面形状和变化，紧密贴附；具有良好的连续性和整体性；具有较大的抗拉强度。软体沉排中的土工织物不仅起连接整体的作用，更重要的是起反滤层的作用，因此具有较高的抗冲刷能力，比传统的粒状材料反滤层更优越。

②模袋混凝土　模袋混凝土护岸技术最早起源于日本，1985 年引进到我国，最早应用在江苏无锡澄运河南闸段，取得了巨大的成功，它具有施工速度快、工效高、工期短、护坡面美观、整体性好等优点。目前国内模袋混凝土护坡大多用于水上护坡及内河水深较浅的河段护坡。模袋混凝土是由上下两层具有一定强度稳定性和渗透性的高质量机织化纤布制成模型，内充具有一定流动度的混凝土或砂浆，在灌注压力作用下，混凝土或砂浆中多余的水分被挤出模袋，待凝结后即形成高密度的固结体模袋混凝土。模袋布间有两种连接方式，一是混凝土充填凝固后成为整体式模袋混凝土；二是混凝土充填后形成一个个相互关联的小块分离式混凝土模袋，固结体之间由预先埋设好的高强绳索联结，类似铰接，称为铰链式模袋混凝土。

③土工网　土工网是继土工织物后发展起来的一种新型土工合成材料，它采用高密度聚乙烯或聚丙烯经热焊或挤塑而成的网状结构，这种结构为菱形或六边形网眼，网孔

尺寸大，稳定性好，网筋粗、强度高，网孔不易断裂、抗冲击性强；有高抗拉强度、高抗疲劳性，很好的延展性、柔性、耐霉性；节点厚度远大于网筋、肋条厚度，表面较粗糙，还具有抵抗土中化学物质侵蚀的优点，在日光暴晒下，其老化时间可达 15 年，在受保护条件下，老化时间可达 50 年。室内张力测试表明，格网形状对应力传递有很大的影响，以六角形网孔的稳定性最好，受拉时结构稳定、应力传递均匀、变形小且均匀、网筋叉点无撕裂现象、抗断裂性好、与填料握固力强、有优良的嵌固作用。

综上所述，主要护岸形式其特征见表 8-1。

表 8-1　主要护岸形式及特征

名　称	结构组成	特　点	作　用
平顺抛石	具有一定厚度、粒径及级配要求的块石	就地取材，施工难度小，造价适中	防冲刷
混凝土铰链排	混凝土板用环连接成排	整体性好，能适应河岸起伏，基本不需要维护	防冲刷
混凝土块排	混凝土块由联锁连接成排	柔性强，施工难度大（国内很少采用）	防冲刷
四面六边体框架群	六根杆件连接成四面体	透水，稳定，施工简单，造价适中	减速
软体排	土工布软体排，上压块石等	料源充足，施工难度较大，适用于流速较小、水深不大的河岸	防冲刷
柴排	树梢排体上抛压块石等	施工难度大，维修工作量大（目前很少应用）	防冲刷
模袋	混凝土或砂浆压入纤维袋内	整体性好，施工方便，但易损坏，易老化	防冲刷
混凝土网格排	混凝土组成网格	整体性好，施工较复杂	减速
水泥土	水泥与土混合护坡	使用寿命长，造价低，但排水要求高	防冲刷
石笼	石块灌入金属丝或竹料笼内，柔韧性好	使用寿命长，造价低，但排水要求高	防冲刷
土枕	编织布作枕垫，上压袋装土料	造价低，适用于流速不大的河岸	防冲刷

为了了解不同护岸形式对推移质的冲淤影响，徐锡荣等（2003）试验除进行水流影响模拟外，还对不同护岸形式进行推移质输沙试验，比较不同护岸形式对推移质泥沙的作用效果。

试验在岸滩区（120m×54m）范围，分别布设平顺抛石、四面六边体框架群和混凝土铰链排等护岸形式，进行一定水深不同断面垂线平均流速的系列试验。在断面垂线平均流速为 2.5m/s 的工况下，试验实测工程区测点垂线流速分布如图 8-12 所示，工程区下游附近（12m）测点垂线流速分布如图 8-13 所示，图中 h/H 为相对水深。

图 8-12 和图 8-13 表明，在工程区范围内，平顺抛石护岸和四面六边体框架群护岸工程实施后，河底流速有明显减小，垂线平均流速亦有减小，且平顺抛石护岸引起流场变化的幅度略大于四面六边体框架群引起的变化幅度；在护岸工程区下游，平顺抛石护岸和四面六边体框架群护岸河底流速有明显减小，垂线平均流速亦略有减小。

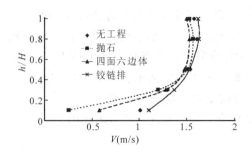

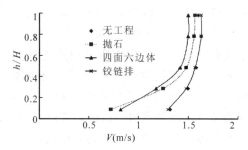

图 8-12　工程区测点垂线流速分布　　**图 8-13　工程区下游(12m)测点垂线流速分布**

试验成果统计表明，四面六边体框架群护岸，工程区内各垂线河底流速比工程前平均减小 57%，边缘处垂线河底流速平均减小 15%。平顺抛石护岸形式和四面六边体框架群护岸形式对工程区下游 12m 处的流速仍有明显影响，平顺抛石护岸河底流速平均减小 44%，四面六边体框架群护岸河底流速平均减小 41%。混凝土铰链排护岸形式，工程区及附近流速与工程前接近。

对无护岸、平顺抛石护岸、四面六边体框架群护岸、铰链排护岸形式分别进行推移质输沙试验。试验时间 1h(相当于原型 107h)，试验结束后，将工程区内的模型砂收集、烘干、称重，结果列于表 8-2。由表 8-2 可知，不同护岸形式对工程区附近推移质的影响亦不相同。与无护岸工程相比，平顺抛石护岸工程区收集的沙量减少 34.1%；四面六边体框架群护岸工程区收集的沙量增加 54.3%；铰链排护岸工程区收集的沙量与护岸前相差不大。

表 8-2　不同护岸形式工程区落淤沙量

工　况	落淤沙量		护岸后变化(t)	变化百分比(%)
	模型(g)	原型(t)		
无护岸	375	234		
平顺抛石护岸	246	154	− 80	− 34.1
四面六边体框架群护岸	578	361	+ 127	+ 54.3
铰链排护岸	396	247	+ 13	+ 5.6

8.3　整治建筑物

整治建筑物按其性能和外形，可分为丁坝和顺坝等几种。

8.3.1　丁坝

8.3.1.1　丁坝的作用和种类

丁坝是由坝头、坝身和坝根 3 个部分组成的一种建筑物。其坝根与河岸相连，坝头伸向河槽，在平面上与河岸连接起来呈丁字形，坝头与坝根之间的主体部分为坝身，如

图8-14所示，其特点是不与对岸连接。

（1）丁坝的作用

丁坝的主要作用有以下几点：

①改变山洪流向，防止横向侵蚀，有时山洪冲淘坡脚可能引起山崩，修建丁坝后改变了流向，即可防止山崩。

②缓和山洪流势，使泥沙沉积，并能将水流挑向对岸，保护下游的护岸工程和堤岸不受水流冲击。

③调整沟宽，迎托水流，防止山洪乱流和偏流，阻止沟道宽度发展。

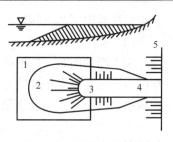

图8-14 丁坝的组成
1. 沉排 2. 坝头 3. 坝身
4. 坝根 5. 河岸

（2）丁坝的种类

丁坝可按建筑材料、高度、长度、流水所成角度与透水性能进行分类。

按建筑材料不同，可分为石笼丁坝、梢捆丁坝、砌石丁坝、混凝土丁坝、木框丁坝、石柳坝和柳盘头等。

按高度不同，即山洪是否能漫过丁坝，可分为淹没和非淹没2种。淹没丁坝高程一般在中水位以下，又称潜丁坝，而非淹没丁坝在洪水时，也露出水面。

按长度不同，可分为短丁坝与长丁坝。长丁坝可拦塞一部分中水河床，对河槽起显著的束窄作用，并能将水挑到对岸，掩护此岸下游的堤岸不受水流冲刷，但水流紊乱，易使对岸工程遭到破坏，坝头冲刷坑较大。短丁坝的作用只能促使水趋向河心而不致引起对岸水流的显著变化，对束窄河床的作用甚大，在沟床（或河床）较窄的地区，宜修短丁坝。短丁坝按平面形状又可分为挑水坝、人字坝、雁翅坝、磨盘坝等几类，如图8-15所示。

按丁坝与水流所成角度不同，可分为垂直布置形式（即正交丁坝）、下挑布置形式（即下挑丁坝）、上挑布置形式（即上挑丁坝）。

按透水性能不同，可分为不透水丁坝与透水丁坝。不透水丁坝可用浆砌石、混凝土等修建；透水丁坝多采用包含空隙的空型结构，如打桩编篱等，一般在流速不大，河床演变和缓的河段，才能有效地发挥整治作用；在流速大，河床演变剧烈的河段，则只能起某种辅助作用。

图8-15 短丁坝的平面形状
1. 挑水坝 2. 人字坝
3. 雁翅坝 4. 磨盘坝

8.3.1.2 丁坝的设计与施工

由于荒溪纵坡陡，山洪流速大，挟带泥沙多，丁坝的作用比较复杂，建筑不当不仅不能发挥作用，有时还会引起一些危害，如在窄小的新河槽，有时会由于修建了丁坝而减少造地面积，或因水流紊乱而使对岸的不坚实岸坡遭冲刷而引起横向侵蚀，在这种情况下不宜建筑丁坝。因此，在设计丁坝之前，应对荒溪的特点、水深、流速等情况进行详细的调查研究，计划一定要留有余地，在丁坝的设计与施工中应注意以下几个问题。

（1）丁坝的布置

①丁坝的间距　单独布置一座丁坝，在水流的冲击下，很容易遭到破坏，因此，丁坝的布置往往以丁坝群的方式出现。一组丁坝的数量要考虑以下几个因素：第一，视保护段的长度而定，一般弯顶以下保护的长度占整个保护长度的60%，弯顶以上占40%；第二，丁坝的间距与淤积效果有密切的关系。间距过大，丁坝群就和单个丁坝一样，不能起到互相掩护的作用，间距过小，丁坝的数量就多，造成浪费。合理的丁坝间距，可通过两个方面来确定：一是应使下一个丁坝的壅水刚好达到上一个丁坝处，避免在上一个丁坝下游发生水面跌落现象，既充分发挥每一个丁坝的作用，又能保证两坝之间不发生冲刷；二是丁坝间距 L 应使绕过上一个坝头之后形成的扩

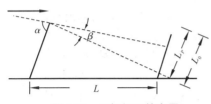

图 8-16　丁坝间距的布置

α. 丁坝间距的布置　β. 扩散角

散水流的边界线，大致达到下一个丁坝的有效长度 L_p 的末端，以避免坝根的冲刷（图 8-16），此关系一般为

$$L_p = \frac{2}{3}L_0$$
$$L = (2 \sim 3)L_p \tag{8-4}$$
$$L = (3 \sim 5)L_p$$

式中　L_0——坝身长度(m)；

　　　L_p——丁坝的有效长度(m)；

　　　L——间距(m)。

丁坝间距大一些，可节省建筑材料，但在丁坝区内可能发生横流，从而破坏沟岸。丁坝的理论最大间距 L_{max}，可按式(8-5)求得，即

$$L_{max} = \frac{B-b}{2}\cot\beta \tag{8-5}$$

式中　β——水流绕过丁坝头部的扩散角，据实验可知，$\beta = 6°6'$；

　　　B，b——沟道及丁坝的宽度(m)。

②丁坝的布置形式　丁坝多设在沟道下游部分，必要时也可在上游设置（图8-17），一岸有崩塌危险，对岸较坚固时，可在崩塌地段起点附近修一道非淹没的下挑丁坝，将山洪引向对岸的坚固岸石，以保护崩塌段沟岸。

对崩塌延续很长范围的地段，为促使泥沙淤积，多做成上挑丁坝组，以加速淤砂保护崩塌段的坡脚，最好在崩塌段下游的末端再加置一道护底工程，以防止沟底侵蚀使丁坝基础遭到破坏；在崩塌段的上游起点附近，则修筑非淹没丁坝。丁坝的高度，在靠山一面宜高，缓缓向下游倾斜到丁坝头部。

丁坝用于沟道下游乱流区最多，在弯道部分外侧，为防止横向侵蚀并改变沟道中的流水路线，使丁坝内淤积，以上挑丁坝用得较多。

③丁坝轴线与水流方向的关系　丁坝轴线与水流方向的夹角大小不同，对水流结构

的影响也不同，主要表现在两个方面：就绕流情况而言，以下挑丁坝为最好，水流较顺，坝头河床由绕流所引起的冲刷较弱；上挑丁坝坝头流态混乱，坝头河床由绕流所引起的冲刷较强。就漫流情况而言，则以上挑丁坝为最好，水流在漫越上挑丁坝之后，形成沿坝身方向指向河岸的平轴环流，将泥沙带向河岸，在近岸部位发生淤积；而下挑丁坝水流漫越后形成的平轴环流，则沿坝身方向指向河心分速，将泥沙带到河心，使丁坝根部的河岸发生冲刷（图8-18）。

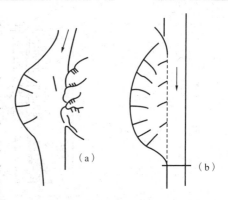

图8-17　沟道上游设置丁坝
（a）一岸有崩塌，对岸较坚固的沟道
（b）崩塌延续很长范围的沟道

综上所述，非淹没丁坝均应设计成下挑形式，坝轴线与水流的夹角以70°~75°为宜；而淹没丁坝

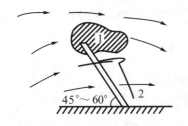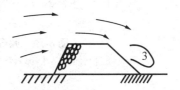

图8-18　淹没上挑丁坝绕流及冲淤图
1. 冲刷区　2. 淤积区　3. 螺旋区

则与此相反，一般都设计成上挑丁坝，坝轴线与水流的夹角为90°~105°。

在山区，为了使水流远离沟岸的崩塌地带，促使泥沙在沟岸附近沉积，以及固定流水沟道等，一般常采用非淹没下挑丁坝。

（2）丁坝的结构

丁坝的坝型及结构的选择，应根据水流条件、河岸地质及丁坝的工作条件，因地制宜、就地取材地进行选择。

①石丁坝　其坝心用乱抛堆或用块石砌筑。表面用干砌、浆砌石修平或用较大的块石抛护，其范围是上游伸出坝脚4m，下游伸出8m，坝头伸出12m。其断面较小，顶宽一般为1.5~2.0m，迎、背面边坡系数均采用1.5~2.0，坝头部分边坡系数应加大到3~5（图8-19）。

这种丁坝为刚性结构，较坚实，维护简单，适用于水深流急，石料来源丰富的河段，但造价较高，且不能很好地适应河床变形，常易断裂，甚至倒覆。

②土心丁坝　此丁坝采用砂土或黏性土料做坝体，用块石护脚护坡，还需用沉排护底，即将梢料制成大面积的排状物（图8-20）。

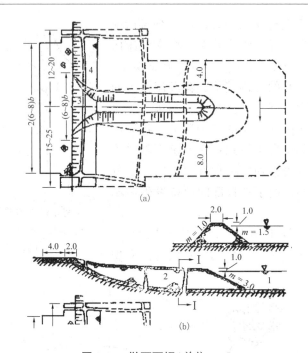

(a)

(b)

图 8-19　抛石丁坝(单位：m)

1. 护底沉排　2. 抛石　3. 根部　4. 根部衔接处护岸

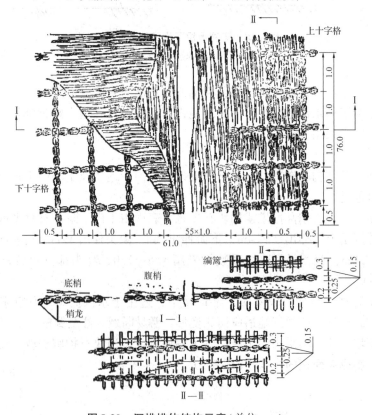

图 8-20　沉排排体结构示意(单位：m)

沉排用直径为 13~15cm 的梢龙，扎成 1m 见方上下对称的十字格，作为排体骨架，十字格交点用铅丝扎牢，其结构尺寸如图 8-20 所示。沉排护底伸出基础部分的宽度，视水流及地质条件而定，以不因底部冲刷而破坏丁坝的稳定性为原则，通常在丁坝坝身的迎流面采用 3m 以上，背水面采用 5m 以上。

如为淹没式丁坝，尚需护顶，顶宽一般为 3~5m；在险工段的非淹没丁坝，顶宽应加大到 8~10m。上下游边坡系数一般为 2~3，坝头边坡系数应大于 3，丁坝根部与河岸衔接的长度为顶宽的 6~8 倍。其上下游均要护岸。这种丁坝，因坝身较长，坝体又是土质的，一般适用于宽浅的河道上。

③石柳坝和柳盘头 在石料较少的地区，可采用石柳坝和柳盘头等结构形式。

石柳坝的做法：在迎水面与石丁坝结构一样。在坝身及背水坡打柳桩填淤土或石料，外形呈雁翅形，其结构如图 8-21 所示。其优点是节省石料，维护费小。

柳盘头的作用与石柳坝相似，但抵御水流冲刷能力比石柳坝稍差，造价更便宜（图 8-22）。

柳盘头也呈雁翅形斗圆形。它的结构以柳枝为主，中间填以黏土或淤泥。其具体做法：先挖基，在准备修建柳盘头的范围以外，紧靠外沿插入两排长 2.5~5m，粗 10~20cm 的柳桩，柳桩埋土深为 1.5~2.0m，桩距 60cm 左右，在柳桩之间插入柳枝，再放入铅丝笼或沉捆，在柳盘头边沿铺一层粗 2~5cm，长 2~3cm 的柳枝，再在柳枝层上面铺一层 30~40cm 的淤土或黏土，如此分层铺放，直至达到要求的高度。坝面可铺厚 10cm 左右的卵石层，以保护坝面。

（3）丁坝的高度和长度

丁坝坝顶高程视整治的目的而定。据我国经验，凡经过漫流的丁坝，一般淤积情况

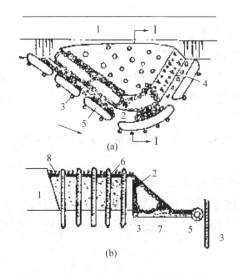

图 8-21 石柳坝结构

（a）平面图 （b）Ⅰ-Ⅰ断面图

1. 顺河堤 2. 砌石 3. 柳桩 4. 柳橛
5. 沉捆 6. 芭茅草 7. 梢料 8. 卵石

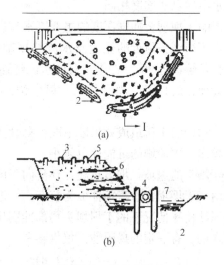

图 8-22 柳盘头结构

（a）平面图 （b）Ⅰ-Ⅰ断面图

1. 顺河堤 2. 柳桩 3. 柳橛 4. 沉捆
5. 卵石 6. 柳枝 7. 底梢

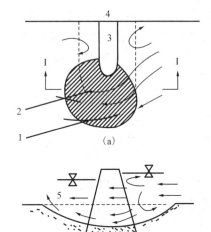

图 8-23 丁坝坝头冲刷坑示意

（a）平面图 （b）Ⅰ-Ⅰ断面图

1. 冲刷坑 2. 螺旋流 3. 丁坝
4. 顺河堤 5. 原河床

都较好；凡未经漫流的，淤砂较小，为达到发生漫流的目的，坝顶高程可按历年平均水位设计，但不得超过原沟岸的高程。在山洪沟道中，以修筑不漫流丁坝为宜，坝顶高程一般高出设计水位1m左右。

丁坝坝身长度和坝顶高程有一定的联系，淹没丁坝，可采用较长的坝身，而非淹没丁坝，坝身都是短的。这是因为坝顶高程线较高的长丁坝，不但工程量大，而且阻水严重，影响坝身的稳定性，且产生不利水流使对岸崩塌。

对坝身较长的淹没丁坝可将其设计成两个以上的纵坡，一般坝头部分较缓，坝身中部次之，近岸（占全坝长的1/10～1/6）部分较陡。

（4）丁坝坝头冲刷坑深度的估算

沟道中修建了丁坝以后改变了丁坝周围的水流状态，使坝头附近产生了向下的复杂环流，造成了坝头的冲刷（图8-23）。

当水流冲击丁坝时，丁坝上游壅水形成高压区，在坝头附近由于水流较大，形成低压区。位于高压区的水体，除很少一部分折向河岸形成回流外，大部分流向低压区，并折向河底，形成环绕坝头的螺旋流，并在坝头附近形成了冲刷坑。据实验观测，在冲刷坑形成之后，从冲刷坑上面流过的主流并不进入坑中，冲刷坑底部的漩涡流完全由沿上游坡面折向河底的水流所形成，冲刷坑呈椭圆漏斗状，最深点靠近坝头，坑的边坡与泥沙在水中的自然坡度相同。

影响丁坝坝头冲刷深度的主要因素有以下几点：

①丁坝坝头附近的流速及水流与坝轴线的交角　流速大，折向沟底的水流速度也大；交角越接近90°，冲击坝身的水流越强，壅水越高，折向沟底的水流冲刷力也越强。

②坝身的长度　坝身越长，束窄沟床的能力越强，坝头的流速也越大，冲刷坑就越深。

③沟床的土质组成和来砂情况　黏性土越多，抗冲能力越强，冲刷坑就越浅，上游来砂越多，遭冲刷的可能性也越小。

④坝头的边坡　坝坡越陡，环流向下的切应力越大，冲刷坑也越深。

由于丁坝坝头水流条件极为复杂，一般难于用数学公式来计算其冲刷深度。下面介绍在泥沙输移情况下的丁坝坝头局部冲刷坑计算公式，它是从实验室中简化了水流条件后得来的，有一定的局限性，仅供参考。

$$H = \left(\frac{1.84H_0}{0.5b + H_0} + 0.020\,7\,\frac{v - v_0}{\omega} \right) bk_m k_a \qquad (8\text{-}6)$$

式中　H——局部冲刷后的水深（m）；

H_0——局部冲刷前的水深（m）；

b——丁坝在流向垂直线上的投影长度（m）；

v——丁坝头部的流速(m/s)；

v_0——土壤的冲刷流速(m/s)，对于非黏性土，可按下式计算，即$v_0 = 3.6\sqrt{H_0 d}$；

d——河床泥沙粒径(m)；

$k_a = \sqrt[3]{\dfrac{a}{90}}$，其中$a$为丁坝轴线与流向的夹角；

k_m——与丁坝坝头边缘系数m有关的系数，见表8-3；

ω——泥沙在静水中沉降的速度(m/s)，可由表8-4查得，其中d以mm计，ω以cm/s计。

表8-3　系数k_m值

m	1.0	1.5	2.0	2.5	3.0	3.5
k_m	0.71	0.55	0.41	0.37	0.32	0.28

表8-4　泥沙沉速ω值

d	ω	d	ω	d	ω	d	ω	d	ω
0.01	0.007	0.25	2.700	1.50	12.6	7.00	29.7	50.0	76.9
0.03	0.062	0.30	3.240	2.00	15.3	10.0	35.2	60.0	84.2
0.05	0.178	0.40	4.320	2.50	17.7	15.0	43.0	80.0	96.9
0.08	0.443	0.50	5.40	3.00	19.3	20.0	49.2	100	108
0.10	0.692	0.60	6.48	3.50	20.9	25.0	54.8	120	119
0.15	1.557	0.80	8.07	4.00	22.3	30.0	60.0	140	128
0.20	2.160	1.00	9.44	5.00	24.9	40.0	68.9	160	137

(5)丁坝的防护

在中细砂组成的河床上或在水深流急处修建丁坝，应以沉排护底，沉排伸出长度如前所述。在河床组成较好的情况下，可用抛石护脚，它的宽度应不小于由漫流和绕流而引起的坝头和坝身附近河床的淘刷范围，在黄河流域，一般向上游延护12~20m，向下游延护15~25m。

坝头水流紊乱，应特别加固，可采用加大头部护底工程面积或加大边坡系数两种方式进行，如坝基土质较好，可不必全用沉排护底，只在坝头沟底设置即可。

(6)丁坝的施工

丁坝的施工与谷坊等相似，不再重述。现仅介绍丁坝施工中须注意的几个问题。

①施工顺序：先选择流势较缓和的地点施工，然后再推向流势较急的地点，以保证工程安全。

②在施工中应注意观测研究，在修筑部分丁坝以后，则应研究分析已修丁坝对上下游及对岸的影响，如有影响则应修改设计。

③应考虑现有沟道的冲淤变化，不能简单地将丁坝基础按照现有沟底一律向下挖一定深度。

④在丁坝开挖坑内回填大石，以抵抗冲刷。

8.3.2 顺坝

8.3.2.1 顺坝的结构

顺坝是一种纵向整治建筑物,由坝头、坝身和坝根3个部分组成(图8-24),坝身一般较长,与水流方向接近平行或略有微小的交角,直接布置在整治线上,具有导引水流、调整河岸等作用。

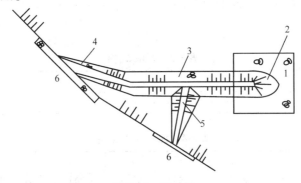

图 8-24 顺 坝
1. 沉排 2. 坝头 3. 坝身 4. 坝根 5. 格坝 6. 河岸防护

顺坝有淹没与非淹没2种。淹没顺坝用于整治枯水河槽,顺坝高程由整治水位而定,自坝根到坝头,沿水流方向略有倾斜,其坡度大于水面比降,淹没时自坝头至坝根逐渐漫水,非淹没顺坝在河道整治中采用得较少。

(1)土顺坝

一般都用当地现有土料修筑。坝顶宽度可取2~4.8m,一般为3m左右,边坡系数,外坡因有水流紧贴流过,不应小于2,并设抛石加以保护;内坡可取1~1.5。

(2)石顺坝

在河道断面较窄、流速较大的山区河道,如当地有石料,可采用干砌石或浆砌石顺坝。

坝顶宽度可取1.5~3.0m,坝的边坡系数,外坡可取1.5~2,内坡可取1~1.5,外坡亦应设抛石加以保护。对土、石顺坝,坝基如为细砂河床,都应设沉排,沉排伸出坝基的宽度,外坡不小于6m,内坡不小于3m。顺坝因阻水作用较小,坝头冲刷坑较小,无须特别加固,但边坡系数应加大,一般不小于3。

8.3.2.2 顺坝基础深度的估算

顺坝的修建束窄了天然河道,改变了原来的水流状态,使流速增大,一般会引起河床普遍冲刷,这种冲刷由于两岸堤坝的限制而主要向纵深发展。经过一定的时间以后,水流与河床又在新的条件下达到平衡。如果能够估算出河道束窄以后达到新的相对平衡对河床可能的冲刷深度,就可据此定出顺坝基础的砌筑深度。

冲刷深度的计算涉及的因素很多,目前尚无可靠的公式。下面仅介绍一些最简单的估算方法。

（1）清水河流按河床泥沙起动流速计算

在沿河上游有水库下泄清水，或上游来水基本是清水时，由于河床束窄，使流速大于河床泥沙的起动流速，从而引起河床的冲刷，此时，河床必须冲深到流速小于河床泥沙的起动流速，冲刷才会停止。在这种情况下，河床冲刷深度计算可由起动流速来控制，交通部门提出的有关公式为：

$$H_p = \left[\frac{K \frac{Q}{B}\left(\frac{H_{max}}{H}\right)^{5/3}}{E d^{1/6}} \right]^{3/5} \tag{8-7}$$

式中　H_p——河床的冲刷深度（m）；

Q——设计流量（m³/s）；

B——新河槽宽度（m）；

H_{max}，H——原河床中新河槽（即修建顺坝束窄后的河槽）部分的最大水深及平均水深（m），可从原河道枯水位或中水位时的断面上选择 $\frac{H_{max}}{H}$ 一个较大的值作为设计数据；

d——河床泥沙平均粒径（mm）；

K——单宽流量集中系数，$K = \left(\frac{\sqrt{B}}{H}\right)^{0.15}$，其中 B 和 H 为水流平滩时的水面宽度（m）及平均水深（m）；

E——与汛期含砂量有关，可按下列数值选用：S[历年汛期月最大含砂量平均值（kg/m³）] < 1 时，E 为 0.46；1 < S < 10 时，E 为 0.66；S > 10 时，E 为 0.86。

（2）按推移质输沙公式推算

中小河道，特别是山区中的小河道，影响河床冲淤变化的泥沙主要是推移质。河道治理后，破坏了原有的推移质输沙平衡，从而使河床发生冲刷。这时通过河床冲深使推移质输沙能力下降和恢复到治理前的相对输沙平衡状态，冲刷才会停止。在这种情况下，河床冲刷深度简单估算如下：河道治理前后，河道中的流量是相同的，即

$$Q_0 = Q$$

同样可以认为，河道治理前与治理后达到新的平衡时的推移质输沙总量是相等的，即

$$B_0 g_{s_0} = B g_s \tag{8-8}$$

一般推移质输沙率的公式为：

$$g_s = k \frac{v^x}{gH^y d^x} \tag{8-9}$$

所以式（8-9）可以转化为：

$$B_0 k \frac{v_0^x}{gH_0^y d_0^x} = B k \frac{v^x}{gH^y d^x} \tag{8-10}$$

式中，重力加速度 g 是一样的，假设河道治理前后系数 k 及河床泥沙粒径 d 相同，根据试验研究，一般 $x = 4$，$y = 1/4$，则式(8-10)可简化为：

$$B_0 \frac{v_0^4}{H_0^{1/4}} = B \frac{v^4}{H^{1/4}} \tag{8-11}$$

最后简化得：

$$H = H_0 \left(\frac{B_0}{B}\right)^{0.7} \tag{8-12}$$

式中　Q——设计流量(m^3/s)；

B_0，H_0，v_0——河道治理前的河宽(m)、平均水深(m)及流速(m/s)；

B，H，v——河道治理后的河宽(m)、平均水深(m)及流速(m/s)；

g_{s_0}，g_s——治理前和治理后的推移质输砂率[$\text{kg}/(\text{m} \cdot \text{s})$]。

由式(8-12)中算得的 H 值可作为冲刷深度的估算值，此种估算较粗略，仅供参考使用。

8.4　治滩造田工程

治滩造田就是通过工程措施，将河床缩窄、改道、裁弯取直，在治好的河滩上，用引洪放淤的办法，淤垫出能耕种的土地，以防止河道冲刷，变滩地为良田。

治滩造田是小流域综合治理的一个组成部分，而流域治理的好坏，又直接影响治滩造田工程的标准和效益，因此，治滩造田工程不能脱离流域治理规划而单独进行。

治滩造田主要有以下几种类型。

8.4.1　治滩造田的类型

(1)束河造田

在宽阔的河滩上，修建顺河堤等治河工程束窄河床，将腾出来的河滩改造成耕地(图8-25)。

(2)改河造田

在条件适宜的地方开挖新河道，将原河改道，在老河床上造田(图8-26)。

(3)裁弯造田

过分弯曲的河道往往形成河环，在河环狭颈处开挖新河道，将河道裁弯取直，在老河湾内造田(图8-27)。

(4)堵叉造田

在河道分叉处，选留一叉，堵塞某条支叉，并将其改造为农田(图8-28)。

(5)箍洞造田

在小流域的支沟内顺着河道方向砌筑涵洞，宣泄地面来水，在涵洞上填土造田(图8-29)。

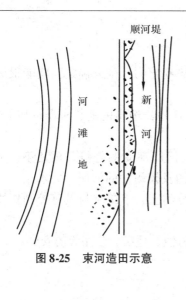

图 8-25　束河造田示意

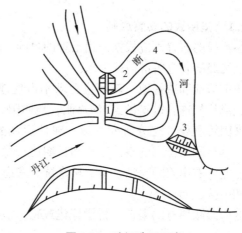

图 8-26　改河造田示意

1. 改河隧洞　2. 老河进口拦河坝
3. 老河出口拦河坝　4. 灌溉引水渠

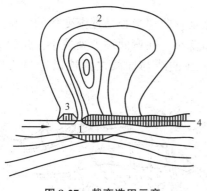

图 8-27　裁弯造田示意

1. 新河　2. 老河湾
3. 老河湾进口拦河坝　4. 顺河堤

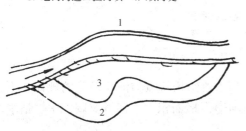

图 8-28　堵叉造田示意

1. 顺河堤　2. 老叉道　3. 江心洲

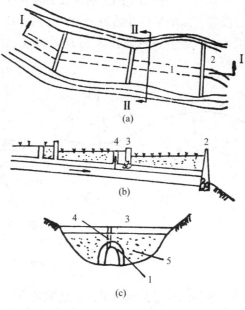

图 8-29　箍洞造田示意

（a）平面图　（b）Ⅰ－Ⅰ断面图　（c）Ⅱ－Ⅱ断面图

1. 造地涵洞　2. 闸沟埂　3. 地边埂
4. 天窗　5. 回填土

8.4.2　整治线的规划

整治线（又称治导线）是指河道经过整治以后，在设计流量下的平面轮廓。它是布置整治建筑物的重要依据，因此，整治线规划设计是否合理，往往决定着工程量和工程效益的大小，甚至决定着工程的成败。

8.4.2.1 整治线的布置原则

整治线的布置,应根据河道治理的目的,按照因势利导的原则来确定,应能很好地满足国民经济各有关部门的要求。

①多造地和造好地 新河应力求不占耕地或少占耕地,造出的地耕种条件应较好,最好能成片相连,以求做到"河靠阴,地向阳"。

②因势利导 充分研究水流、泥沙运动的规律及河床演变的趋势。顺其势、尽其利,应尽量利用已有的整治工程和长期比较稳定的深槽及较耐冲的河岸,力求上、下游呼应,左、右岸兼顾,洪、中、枯水统一考虑。整治线的上、下游应与具有控制作用的河段相衔接。

③应照顾原有的渠口、桥梁等建筑物,不要危及村镇、厂矿、公路等的安全。

8.4.2.2 整治线的形式

(1)蜿蜒式

整治线一般都是圆滑的曲线。这种曲线的特点是:曲率半径是逐渐变化的。从上过渡段起,曲率半径开始为无穷大,由此往下,逐渐变小,在弯曲顶点处最小,此后又逐渐增大,至下一过渡段又达到无穷大(图 8-30),在曲线与曲线之间连以适当长度的直线。

(a)   (b)

图 8-30 整治线示意
(a)整治线曲线特性 (b)蜿蜒式整治线
1. 顺河石堤 2. 格堤 3. 新造河滩地 4. 原耕地 5. 大支沟

这种曲线形式的整治线,比较符合河流的水流结构特点与河床演变的规律,不仅水流平顺,滩槽分明,且较稳定。但不适用于河道占地面积大,河谷宽阔,中、枯水历时较长的河流。

(2)直线式

这种整治线基本上把新河槽设计成直线,根据河势和地形,自上游到下游分段取直(图 8-31)。

直线式整治线可缩短河长,增加造地面积,使耕地连片,且新河槽中,洪水流动顺畅,阻力小,减小对凹岸的横向冲刷,但河长的缩短,增大了河床比降,势必增强流水对河床的冲刷作用。因此,不仅要求在两岸修建导流堤,而且要求对沿河建筑物进行防护或将老河全部填平,沿山脚另开一条新河,在老河上造地。

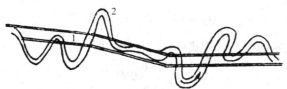

图 8-31　直线式整治线示意

1. 新河道　2. 老河道

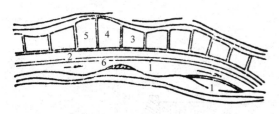

图 8-32　"绕山转"式整治线示意

1. 顺河堤　2. 公路　3. 渠道

4. 格坝　5. 新造河滩地　6. 切除山嘴

（3）"绕山转"式

这种整治线是将新河槽挤向山脚一侧，河道环绕山脚走向流动，或将老河全部填平，沿山脚另开新河，在老河上造地（图 8-32）。

绕山转整治线占地少，有利于土地连片。但对原来的水流运动规律改变较大，整治线难以保护，此外，山脚处一般地势较高，可能使新河槽床面较高，河床难以冲刷，加之山脚一带山嘴、石崖较多，造成河槽宽窄不一，水流紊乱，因此，为达到新河槽的设计断面，必须平顺水流，挖深河床，在凹段还要修建顺河堤工程，实施困难，一般适用于小河流。

8.4.2.3　整治线的曲率半径

整治线的曲率半径和宽度，应根据河流的水文、地理及地质条件来确定。

在缺乏资料时，曲率半径可按式（8-13）确定，即

$$R = KB \qquad (8-13)$$

式中　R——曲率半径（m）（图 8-33）；

K——系数，一般可取 4~9；

B——直线段河宽（m）。

整治线两反面之间的直线段长度应适当，过短则在过渡段的某些断面上产生反向环流，造成交错浅滩，过长则可能加重过渡段的淤积，所以一般取

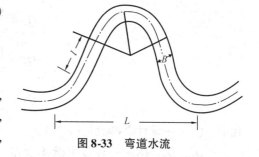

图 8-33　弯道水流

$$l = (1~3)B \qquad (8-14)$$

整治线两同向弯顶之间的距离 L，可参照式（8-15）确定，即

$$L = (12~14)B \qquad (8-15)$$

8.4.3　新河槽断面设计

新河槽断面设计主要指确定新河槽的水深及整治线的宽度。

当某河段在一定防洪标准下的最大洪峰流量 Q_{mp} 已知时，可用均匀流流量公式进行计算，即

$$Q_{mp} = \omega c \sqrt{Ri}, \quad c = \frac{1}{n}R^{1/16} \tag{8-16}$$

当河道为宽浅式断面时，可用式(8-17)计算，即

$$Q_{mp} = \frac{1}{n}BH^{\frac{5}{3}}i^{\frac{1}{2}} \tag{8-17}$$

式中　B——水面宽度(m)；

　　　H——过水断面平均水深(m)；

　　　n——河床糙率；

　　　i——河床比降。

　　H 与 B 可用试算法求得。

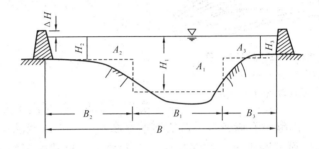

图 8-34　复式断面示意

有些地方将河槽设计成复式断面(图 8-34)，由于两边滩地与主槽的水深、糙率和流速均不相同，所以计算时应将这种断面分为 A_1、A_2、A_3 三部分进行，这三部分面积之和应与原过水断面面积相等，滩、槽坡降可取相同值，然后根据式(8-18)进行计算，即

$$\left.\begin{array}{l} Q_0 = Q_1 + Q_2 + Q_3 \\[4pt] Q_1 = \dfrac{1}{n_1}B_1H_1^{\frac{5}{3}}i^{\frac{1}{\omega}} \\[8pt] Q_2 = \dfrac{1}{n_2}B_2H_2^{\frac{5}{3}}i^{\frac{1}{\omega}} \\[8pt] Q_3 = \dfrac{1}{n_3}B_3H_3^{\frac{5}{3}}i^{\frac{1}{\omega}} \end{array}\right\} \tag{8-18}$$

式中　Q_0——设计洪峰流量(m/s)；

　　　Q_1，Q_2，Q_3——通过主槽 A_1 及左、右两滩地 A_2、A_3 的流量(m/s)；

　　　n_1，n_2，n_3——河床主槽及左、右两滩地的糙率系数；

　　　B_1，B_2，B_3——河床主槽及左、右滩地的宽度(m)；

　　　H_1，H_2，H_3——河床主槽及左、右滩地平均水深。

应该指出的是，河道是水流与河床长期相互作用下的产物，一定的边界条件，在一定的来沙来水的作用下，就会塑造出一定形态的河床。根据这个道理，通过大量调查分析发现，河床形态因素(如河宽、水深、曲率半径等)之间，或这些因素与水力、泥沙因素(如流量、比降、泥沙粒径等)之间具有某种关系，这种关系通常称为"河相关系"。

河道的整治涉及河床的稳定性，而河床的稳定性与这种"河相关系"是密切相关的。

所以，在进行新河断面设计时，应重视这种关系，以防河床失稳。

根据国内外的研究，提出了许多稳定河床与河相关系的经验公式，主要有以下3种。

(1) 我国的经验

①平均河宽与平均水深关系式 所谓造床流量，就是其对河床的塑造作用，基本与多年流量过程的综合造床作用相等的某一种单一流量，它的大小可大致认为与历年最大流量的平均值相近。

$$\frac{\sqrt{B}}{H} = \xi \tag{8-19}$$

式中 B，H——造床流量下河段的平均宽度(m)和平均水深(m)。

ξ 为河床边界条件及与河型有关的系数，一般砾石河床可取 1.4；砂质河床可取 2.75；长江蜿蜒性河段可取 2.23 ~ 4.45；黄河游荡性河段可取 19.0 ~ 32.0。

但这种经验公式是在大河流的调查研究中取得的，对目前的山区小河流，仅供参考。

②综合稳定关系式 河流是否稳定，既取决于河床的纵向稳定，也取决于河床的横向稳定，很自然地会想到将这两个稳定系数联系在一起构成一个综合的稳定系数。钱宁等在研究黄河下游河床的游荡性时，曾建议采用式(8-20)，即

$$\Theta = \left(\frac{hJ}{d_{35}}\right)^{0.6} \left(\frac{B_{\max}}{B}\right)^{0.3} \left(\frac{B}{h}\right)^{0.45} \left(\frac{Q_{\max} - Q_{\min}}{Q_{\max} + Q_{\min}}\right)^{0.6} \left(\frac{\Delta Q}{0.5TQ}\right) \tag{8-20}$$

式中 Θ——河床游荡指标(1/d)；

d_{35}——床沙中以质量计35%较之为小的粒径(m)；

$B_{\max}$——历年最高水位下的水面宽度(m)；

$Q_{\max}$，$Q_{\min}$——汛期最大及最小日平均流量(m^3/s)；

ΔQ——一次洪峰中流量涨幅(m^3/s)；

Q，B，h——平滩流量(m^3/s)及与之相应的河宽(m)和水深(m)；

T——洪峰历时(d)；

J——比降(%)。

式(8-20)中 hJ/d_{35} 表示河床的可动性；$B_{\max}/B$ 表示滩地宽度，B/h 表示滩槽高差，两者结合在一起表示河岸的约束性；$(Q_{\max} - Q_{\min})/(Q_{\max} + Q_{\min})$ 表示流量变幅；$\Delta Q/(0.5TQ)$ 表示洪峰陡度。图8-35为实测相对游荡强度与游荡指标之间的关系。图中纵坐标中 $\sum \Delta QL$ 表示一次洪峰过程中深泓线摆动的累积距离，以 m 计，$\Delta Q/(TQ)$ 表示相对游荡强度。图中点据包括了黄河干支流、长江干支流及其他少数河流的资料。这些资料说明当 $\Theta > 5$ 时，属于非游荡性河流；当 $2 < \Theta < 5$ 时，属于过渡性河流。

(2) 国外 C·T·阿尔图宁的经验公式

河宽与造床流量及比降的关系式为

$$B = A \frac{Q^{0.5}}{i^{0.2}} \tag{8-21}$$

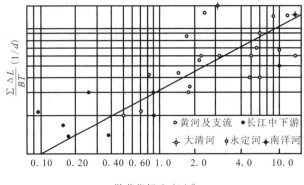

图 8-35 $\sum \dfrac{\Delta L}{BT}$ 与 Θ 关系

式中　B——稳定河段水面宽度(m);

　　　Q——造床流量, 相当于频率为 3%~10% 的洪水流量(m/s);

　　　i——河床比降;

　　　A——系数, 可从表 8-5 中查得。此外, 我国长江蜿蜒型河道 $A = 0.64 \sim 1.15$; 黄河高村以上游荡型河道 $A = 2.23 \sim 5.41$。

表 8-5　A 值

河床情况	山区河段	近山区河段	中游河段	下游河段	
				砂土河岸	砂黏土河岸
河底为易冲刷土质而河岸坚实	0.75	0.90	1.0	1.1	1.3
河底、河岸均为易冲刷的冲积层	0.90	1.0	1.1	1.3	1.7

在设计河道断面时, 通过上述水力计算得到的河宽与水深, 还要用河相关系式或参照附近边界条件相似的优良稳定河床来洪时的断面形态进行检验, 尽量使选用的河宽及水深与上述关系偏差不大, 如不考虑上述因素, 将河道任意束窄, 常会导致治河工程的破坏。

8.4.4　整治建筑物设计

在整治线确定之后, 根据不同类型的整治线的要求, 可采用不同类型的整治建筑物, 以保证整治线的实施。整治建筑物的类型很多, 治滩造地工程中常用的有丁坝、顺河坝等, 其有关设计可参照本章 8.3 节的内容。

值得提出的是, 修筑了某些治河造田工程以后, 束窄了天然河道, 改变了原来的水流状态, 使流速增大, 一般会引起河床纵深方向的冲刷。因此, 在修筑治河工程的同时, 还应根据建筑物和河道的情况设置护底工程。

8.4.5 河滩造田的方法

为了把治滩后造成的土地建成高产、稳产的基本农田，必须做好滩地的园田化建设。其内容包括建设灌溉排水系统，营造防护林，平滩垫地，引洪漫地，改良土壤等。本节着重介绍河滩造地的方法。

8.4.5.1 修筑格坝

根据滩地园田化的规划，首先应当在河滩上用砂卵石或土料修成与顺河坝相垂直的，把滩地分成若干条块的横坝，通常称为格坝，它是河滩造地中的一项重要工程。

格坝的主要作用：由于格坝地与原有滩地分划为若干小块，形成许多造田单元，可以使平整土地及垫土的工程量大大减小，当顺河坝局部被冲毁时，格坝可发挥减轻洪灾的作用。

格坝间距的大小主要取决于河滩地形条件和河滩坡度的大小，坡度越大，间距越小。另外，布置格坝时要尽量与道路、排灌系统、防护林网协调一致，格坝间距一般在30～100m。

格坝的高度与间距有着密切的关系（图8-36）。

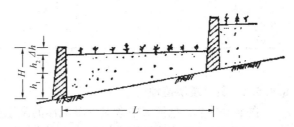

图8-36　格坝的高度与间距

当格坝间距 L 确定后，格坝的高度可用式(8-22)、式(8-23)计算，即

$$H = h_1 + h_2 + \Delta h \tag{8-22}$$

$$h_i = iL \tag{8-23}$$

式中　H——格坝高度(m)；

h_i——两格之间河滩地面的高差(m)；

i——河床比降；

h_1——原有滩地高度；

h_2——新造河滩地所需要的最小垫土厚度，根据各地经验，第一次垫土厚度要在40cm左右才能种植作物，以后逐年增加土层厚度达80cm时，才能高产、稳产；

Δh——格坝超高，一般高出河滩新地面20～30cm。

根据实验，格坝的高度一般以1.0～1.5m为宜。过高，则费工费时，而且稳定性差；过低，则格坝过密，田块太小，降低土地利用率，表8-6列出了在一行纵坡条件下格坝高度与间距的参考值。

格坝的形式和修筑方法视河滩实际情况而定。当为砂质河滩时，格坝可由河砂堆筑，其形式为梯形，顶宽一般为1.5～2.0m，边坡为1:1.5～1:2.0；在卵石河滩上修筑格坝时，可用河滩上较大的卵石垒砌而成；如高度较高，可筑成浆砌石格坝，格坝的基础应在原地面0～40cm处，用卵石或块石垒砌的格坝，其顶宽为0.6～0.8m，边坡为1:0.2～1:0.5，基础底宽为1～2m；当格坝与道路、排灌渠道统一布置时，应加大格坝断面尺寸和提高修筑质量。

表 8-6 格坝间距、高度参考表

	0.8	0.9	1.0	1.1	1.2	1.3	1.4	1.5	1.6
0.003	33	67	100						
0.004	25	50	75	100					
0.005	20	40	60	80	100				
0.006	17	33	50	67	80	100			
0.007	14	29	43	57	72	86	100		
0.008	12	25	38	50	63	75	88	100	
0.009	11	22	30	44	55	67	78	89	100
0.01	10	20	15	40	50	60	70	80	90
0.02		10	10	20	25	30	35	40	45
0.03				13	17	20	23	27	30
0.04				10	13	15	17	20	22
0.05					10	12	14	16	18
0.06						10	12	13	15
0.07							10	11	13
0.08								10	11
0.09									10

8.4.5.2 引洪漫淤造地

在洪水季节，把河流中含有大量泥沙的洪水引进河滩，使泥沙沉积下来后再排走清水，这种造地方法称为引洪漫淤造地或引洪淤灌。

(1) 引洪淤灌的好处

引洪淤灌是我国劳动人民在长期与洪水斗争中所积累的一项宝贵经验，在我国北方一些丘陵山区已有近 2 000 年的历史，主要有以下两方面的好处。

第一，充分利用山洪中的水、肥、土资源，变"洪害"为"洪利"。

a. 在缺水的山区和半山区，洪汛时期正是"卡脖旱"的时节，玉米、谷子等大田作物需水量很大，这时引洪淤灌，正好满足作物需水要求，对增产有显著作用，"一年淤灌，两年不旱"，因为洪水中的泥沙落淤后，具有"铺盖"与截断土壤毛细管的作用，保墒能力较强。

b. 洪水中含有大量的牲畜粪便、腐殖质和无机肥料，对增强地力，改良土壤有很大的作用。据对张家口地区通桥墩河的调查，洪水落淤后，淤泥中养分含量分别是：氮为 0.206%，磷为 0.17%，钾为 0.802%，有机质为 3.8%。据化验结果计算，每亩地淤 1cm 厚的泥相当于同时施用硫酸铵 63kg，过磷酸钙 62.5kg，硫酸钾 97kg，马牛粪 1 450kg。

c. 利用洪水淤灌，可增加土壤耕作层厚度，改善土壤团粒结构。据张家口地区调查，一次灌水 30cm 深，淤泥厚就有 5~10cm。

第二，为洪水和泥沙找到了出路，有效地保持了水土。引洪淤灌还可把对水库有害的泥沙变为对农业有利的土壤，大大减轻输入水库的泥沙量。据张家口全区估计，每年可拦蓄洪水 $2 \times 10^8 \text{m}^3$，落淤泥沙 $4\,000 \times 10^4 \text{m}^3$，延长了下游水库的寿命。

(2) 引洪淤灌的建筑物

在小面积河滩上引洪漫淤造地，可以在河堤上开口，直接引洪水入滩造地，引洪口沿河堤布置，每隔80~150cm布置一个，或者每一引洪口负责漫淤1~2块河滩地，引洪口的布置一般与水流方向呈60°，尺寸的大小可根据引洪漫淤面积和一次引洪量多少而定，一般小河滩上多采用宽高各1m的方形口，底部高程应高出河床50~80cm。

在较大的河滩上引洪淤地，则需要布置引洪渠系。渠系的设计，可参考有关资料，由于山区河道洪水涨落快，历时短，出现次数少且含砂量大，所以在设计中又有不同于清水灌区之处。

①引洪干渠的比降一般以1/500~1/300为宜，断面尺寸大小应根据引洪流量的大小而定，一般渠深1.0~1.5m，底宽1~2m，断面为梯形，边坡系数为1∶1~1∶1.5，渠顶宽为2~2.5m，引洪支、毛渠的比降大于1/300，以便将洪水迅速引流到地里。

②与清水灌溉相同，渠口设置进水闸与泄水闸，对于无坝引水的渠口还需设引水坝，有坝引水的渠口，则多用滚水坝代替引水坝，也有在泄水闸之间加入一段引水坝的（图8-37）。

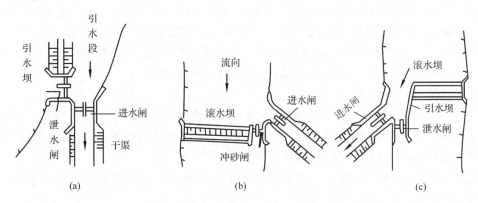

图8-37　渠口三大件示意
（a）无坝引水　（b）有坝引洪　（c）有坝引洪

水闸的结构、布置与形式，可参见有关资料。由于洪水灌区闸的过流量大，流速高，河流主槽易变，因此，在闸的结构设计上一般要求"基深，底板厚，无消力池"。

闸基：洪水渠道的闸多是由于淘基倾变而发生破坏，闸在过洪时，水速有时可达到3~4m/s，因此，闸基前后的河床处于不稳定状态，常发生淘刷。为此，闸的基础深度一般都在河槽以下2.0~2.5m。

闸墩：宽度一般为0.8~1.0m，长度为3~4m。

闸底板：厚一般为0.5~1.0m，后齿墙一般与闸墩基础同深，前齿墙可稍浅一些。

图8-38为通桥河引洪渠一个典型的进水闸设计剖面。

③引水坝的布置常分成软硬两部分，以适应大小不同洪水情况，具体做法是"根硬头尖腰子软，保证坝口不出险"（图8-39）。

坝梢：坝梢是整个引水坝最先迎水的地方，要求结构坚固，一般用河卵石干砌，并用丝笼护脚，坝梢高度基本与设计引洪流量的水面平齐。

薄弱段：在坝梢与坝身的连接部分常做一段薄弱段，其作用是在小洪水时可引洪入渠，大洪水时可牺牲局部，保存整体，洪水可由此段漫越而过，冲开缺口，保证整个引

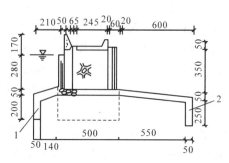

图 8-38 进水闸剖面图(单位：cm)
1. 前齿墙 2. 后齿墙

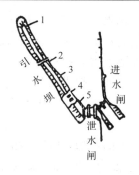

图 8-39 引水坝平面图
1. 坝梢 2. 薄弱段 3. 坝身
4. 放水孔 5. 坝根

水坝的安全。薄弱段迎水面一般用卵石干砌，背面用砂砾石堆积而成。

坝身：常用浆砌块石做成，或卵石干砌，用卵石时一般内坡为1:1，外坡为1:2，顶宽为 2～4m，坝身高度与坝梢高度确定方法相同，但应增加超高 0.5～1.0m。

坝根：一般与泄水闸外边墩直接相连，多用浆砌石筑成，坝根内坡多为1:0.5，外坡为 1:1，顶宽为 2～4m，其高度及基础深与泄水闸外边墩相同。

(3)引洪漫淤的方法

①"畦畦清"漫淤法 在地形平坦的河滩上，每块畦田设进、退水口，直接由引洪渠引洪入畦田，水流呈斜线形，每畦自引自排互不干扰。此法因进水口与退水口在畦田内呈对角布置，所以流程长，落淤效果好(图 8-40)。

②"一串串"漫淤法 在比降较大的河滩上引洪漫淤，多采用此种方法，洪水入畦后，呈"S"形流动，一串到头，进、出口呈对角线布置(图 8-41)。

③"卐"字漫淤法 适用于比降大，面积较大的河滩，做法如下：设上下两条排水渠，中间一条引洪渠，三渠平行，由中间引洪渠开口，从两侧分水入畦漫淤造地，每畦内进、出口呈对角线布置，畦的形状呈"卐"字形，水流进入渠后分两股漫流，后又合流排出。这种方法落淤快，落淤质量高，但渠道与畦田工程复杂(图 8-42)。

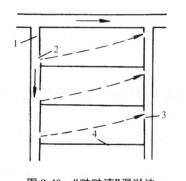

图 8-40 "畦畦清"漫淤法
1. 引洪渠 2. 进水口
3. 退水口 4. 畦埂

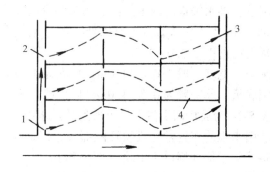

图 8-41 "一串串"漫淤法
1. 引水渠 2. 进水口
3. 退水口 4. 畦埂

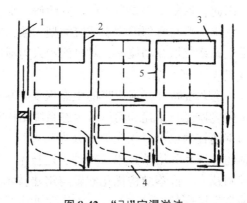

图 8-42　"卍"字漫淤法
1. 引水渠　2. 进水口　3. 退水口　4. 退水渠　5. 畦埂

8.5　河流生态修复及整治

随着生态水利工程学和河流生态学理念逐步被人们认知和接受，我国河流生态修复的任务也逐渐明确，一是水文条件的改善；二是河流地貌学特征的改善。其目的是改善河流生态系统的结构与功能，使生物群落多样性提高。在我国的一些河流（道）工程规划中，强调自然河道平面形态的保护和修复，遵循"宜弯则弯、宜宽则宽"的原则。堤防工程建设兼顾防洪和生态保护，尽可能保留河漫滩区域，使土地利用和生态保护协调发展。

8.5.1　退化河岸带的恢复与重建理论

（1）退化河岸带的恢复与重建

河岸带是指高低水位之间的河床及高水位之上，直至河水影响完全消失为止的地带。河岸带包括非永久被水淹没的河床及其周围新生的或残余的洪泛平原，其横向延伸范围可抵周围山麓坡脚。由于河岸带是水陆相互作用的地区，故其界限可根据土壤、植被和其他可以指示水陆相互作用的因素的变化来确定。河岸带生态系统具有明显的边缘效应，是地球生物圈中最复杂的生态系统之一。作为最重要的自然资源，河岸带蕴藏着丰富的野生动植物资源、地表和地下水资源、气候资源，以及休闲、娱乐和观光旅游资源等，是良好的农、林、牧、渔业生产基地。

河岸带生态恢复与重建的理论基础是恢复生态学，即通过对一定生境条件下河岸带生态系统退化的原因及退化机理的诊断，运用生物、生态工程的技术与方法，依据人为设定的目标，使河岸带生态系统的结构、功能和生态学潜力尽可能地恢复到原有的或更高的水平。

（2）退化河岸带生态恢复的规律

①大系统是支持和保护生物多样性的必要条件。河岸带恢复的系统等级越高，维持河岸带生物多样性的潜能就越大。

②恢复河段河岸带与周围毗邻生态系统的横向或纵向联系越密切，障碍越少，越有

利于生物多样性的建设。因此，恢复工程要尽可能消除障碍，加强联系。

③恢复的河岸带生态系统类型与毗邻的生态系统类型一致，则恢复较容易。

④残余零星的河岸带生态系统恢复功能弱，对自然和人为活动的影响较为敏感。

（3）河岸带的生态恢复与重建内容

根据河岸带的构成和生态系统特征，河岸带的生态恢复与重建可概括为河岸带生物恢复与重建、河岸缓冲带生境恢复与重建和河岸带生态系统结构与功能恢复 3 个部分。

河岸带的生态恢复与重建技术也可以相应地划分为三大类：第一，河岸带生物恢复与重建技术，其主要包括物种选育和培植技术、物种引进技术、物种保护技术、种群动态调控技术、种群行为控制技术、群落结构优化配置与组建技术、群落演替控制与重建技术等。第二，河岸缓冲带生境恢复与重建技术。河岸缓冲带是指河道与陆地的交界区域，在河岸带生物恢复与重建的基础上建立起来的两岸一定宽度的植被，是河岸带生态重建的标志。其目的是通过采取各类技术措施，提高生境的异质性和稳定性，发挥河岸缓冲带的功能。河岸缓冲带技术包括河岸带坡面工程技术、土壤恢复技术（土壤污染控制技术、土壤肥力恢复技术等）以及河岸水土流失控制技术等。第三，河岸带生态系统结构与功能恢复技术。其主要包括生态系统总体设计技术、生态系统构建与集成技术等。

8.5.2 河流生态修复的涵义、目标及要求

8.5.2.1 河流生态修复的科学内涵

河流蜿蜒曲折的河道形态，起伏变化的河床断面及两岸滋生的河岸植被，组成了一个流动而又丰富多变的立体空间。因此，从河道治理角度对河流进行生态修复不可能停留在有限的点、线、面上，而应是一项复杂而庞大的立体工程。其主要包括 3 个方面的内容。

（1）修复河道形态

即把经过人工改造的河流修复成保留一定自然弯曲形态的河道，重新营造出接近自然的流路和有着不同流速带的水流。具体来说，就是恢复河流低水河槽（在平水期、枯水期时水流经过）的弯曲、蛇形，使河流既有浅滩，又有深潭，造就水体流动多样性，以利于生物的多样性。

（2）修复河床断面

主要是改造城市河流中被水泥和混凝土硬化覆盖的河床，恢复河床的多孔质化，同时改造护岸，建设生态河堤，为水生生物重建生息地环境，使城市河流集防洪、生态功能于一体，增强城市自然景观，为城市居民创造优美的水边环境，提供丰富自然的亲水空间。

（3）修复丧失的河岸带植被和湿地群落

即运用生物、生态工程的技术与方法，依据人为设定的目标，恢复河岸带植被及原有自然泛滥平原和湿地景观，充分发挥河岸带植被的缓冲带功能和护坡效应，尽可能恢复和重建退化的河岸带生态系统，保护和提高生物多样性。

8.5.2.2 河流生态修复的目标

在遵循自然规律的前提下，采用一切现有的工程和生物手段，尽可能地消除河流建设项目对环境带来的不利影响，重建受损或退化的河流生态系统，恢复河流泄洪排砂等重要自然功能，维持河流资源的可再生循环能力，促进河流生态系统的稳定和良性循环。

8.5.2.3 河流生态修复的要求

基于拟自然治理的理念，对河流的生态修复应当达到安全要求、生态要求和人文要求等。

（1）安全要求

无论采用何种生态修复技术，首先，必须保证河川满足防护一定重现频率洪水的要求。这是因为一切生态修复工程都是为保障人的生存安全、提高生存质量服务，水利防护工程的本质也是保护人类生存的生态工程。其次，要保证流入生态系统生物的无侵害性和危害性，如豚草、食人鱼等有害生物是不受人欢迎的，凤眼莲（水葫芦）无节制引进的教训是很深刻的。

（2）生态要求

生态系统是在一定的时间和空间内由生物群落与其环境组成的整体，各组成要素通过物种、能量、物质的流动而相互联系、相互制约，形成具有自调节功能的复合体。因此，河流生态修复措施不是将几何化的河床变为非几何化、将硬质的河岸改为非硬化，而是应当进一步考证是否能够为生态系统提供物种流动、能量流动、物质循环所必需的基本条件，是否形成了健康的生态系统。

（3）人文要求

河流生态修复满足生态防护的人文要求应根据不同地区经济、社会、文化发展水平和公共决策水平因地制宜地确定。如在沿海经济较发达地区开展的"万里清水河"活动，体现着"天人合一"的观念，中部地区（如北京）则有着浓厚的园林亭台风格，残留着帝王文化与农业文化的交融，等等。

8.5.3 河流生态修复的方法和技术

8.5.3.1 河流生态修复的方法

近年来国外流行"多自然型河流治理法"，并在河道整治中采用"近自然施工法"。多自然型河道治理方法是一种多种生物可以生存、繁殖的治理法，它以保护、创造生物良好的生存环境与自然景观为建设前提，不是单纯的环境生态保护，而是在再生生物群落的同时，建设具有设定抗洪强度的河流水利工程。基于"多自然型河流治理法"的思想，结合河流生态修复的科学内涵，将河流生态修复方法阐述如下。

（1）河道形态修复方法

对现有天然河道除了尽可能保持原有的宽度和自然的状态外，对人工河道形态的修复可从以下 4 个方面着手。

①恢复河道的连续性，拆除废旧拦河坝、堰，将直立的跌水（用于控制河床降低）改为缓坡，设置辅助水道，并在落差大的断面（如水坝）设置专门的各种类型鱼道。

②重现水体流动多样性，采用植石治理法，即在河底埋入自然石，造成深沟及浅滩，形成鱼礁。这些人工营造出的浅滩、放置的巨石、修建的丁坝和鱼道等有利于形成水的紊流。

③给河流更多的空间，降低滩地的高程，修改堤线，撤去河岸护坡，重现水际线的自然变化，以扩大河道的泄洪和调蓄能力。

④慎重选择河道整治方案，在河道整治线的选择上，应考虑重要生息地、有大型深潭的弯道、河畔林的保护及濒临灭绝物种的移植等；滩地高程的确定，应考虑其灌水频率及水深；河床坡降的选择，要考虑其对河流冲淤的影响，河道渠化治理应根据河势，因势利导规划治导线，尽可能保留天然河流自然弯曲的轮廓，不宜盲目裁弯取直。

（2）河床断面修复方法

首先，城市河流中局部河段河床的硬化覆盖可做如下处理。

①拆除以前在河床上铺设的硬质材料，恢复河床自然泥沙状态，并可根据情况用植石法设置鱼巢。

②部分河段采用复式断面，将不同保证率的河道径流分成数个等级，分级逐步扩宽河道开度。河道的上部平台和上部护坡（护坡采用生态护岸材料和型式）过流频率较低，裸露时间长，可以种草或栽植低矮乔木，平时作为河道立体绿化的一部分，开辟为人们休闲娱乐的河边绿地，洪水时期作为临时洪水通道。

③慎重考虑河道覆盖与侵占河道，覆盖后的河道作为建筑用地确有较高的经济价值，但缺乏科学论证的覆盖往往导致过洪断面的立体侵占问题。

其次，改造原有河道护坡和护岸结构，修建生态型护岸。生态型护岸一般可分为自然原型护岸（主要种植植被保护河堤）、自然型护岸（不仅种植植被，还采用天然石材、木材护底）、多自然型护岸（在自然型护堤的基础上，再用钢筋混凝土等材料）3 种类型，多采用笼石结构构筑挡土墙及护坡，与传统的浆砌石结构护岸相比，有结构简单、适应不均匀沉降性能好、施工更简便等优点。生态型护岸最为突出的优点在于其显著的生态功能，是护岸修复的理想形式。

（3）再造丧失的河岸植被和湿地群落

河岸带是湿地的组成部分之一，具有廊道、缓冲带和植被护岸等功能，在河岸带生物恢复与重建的基础上建立起两岸一定宽度的植被，发挥河岸带植被护岸功能，是河岸带生态重建的标志，也是河流生态修复的目的所在。

①河岸缓冲区　在河流两岸各设置一定宽度的缓冲区，缓冲区可起到分蓄和削减洪水的功能，河流与缓冲区河漫滩之间的水文连通性是影响河流物种多样性的关键因素。此外，河岸缓冲区还具有其他修复作用，包括将洪水中污染物沉淀、过滤、净化，改善水质；截留、过滤暴雨径流，净化水体；提供野生动植物的生息环境；保持景观的自然特征；为人类提供良好的生活、休闲空间等。

②植被恢复　植被可以通过影响河流的流动、河岸抗冲刷强度、泥沙沉积、河床稳

定性和河道形态而对河流产生很大影响。同时，合理分布的植被还有助于减轻洪水灾害、净化水体，提供景观休闲场所和多种生态服务功能。

③降低边坡　河流泥沙主要来源于沿渠化河道边坡周期性的小规模塌方，其塌方如此频繁，以至于河道不得不每隔几年就重新挖一次以维持过水能力。解决这一问题的简单方法就是降低河道边坡。当已经配置了缓冲带时，降低边坡将是最有效的恢复措施。降低河道边坡的效益是多方面的：首先，可降低河岸塌方频率，从而减少直接进入河流的泥沙；其次，能够增加河道的宽度，形成类似于洪泛平原的区域。洪峰期间，河流可以漫到洪泛平原，从而消耗洪水能量，减少水流对河岸的冲刷，同时水面扩大后，降低了流速和输砂能力，从而使泥沙沉淀在边坡上，减小下泄水流的含砂量。

④浅滩和深塘　由于深塘和浅滩以及弯曲段使河床的剪力和摩擦力的差异减到最小，因此，在那些坡度较陡和粗颗粒泥沙的河段，应把浅滩与深塘作为恢复河流的措施之一。浅滩与深塘的大小及其组合应根据水文学原理来确定，按照弯道出现频率来成对设计，即一个弯曲段配有一对浅滩和深塘，并以下游河宽的5~7倍距离来布置。交替出现的浅滩和深塘是恢复河道内生态环境的一个重要方面。除了由浅滩段增加的紊动促进河水加强充氧外，干净的石质底层是很多水生脊椎动物的主要栖息地，也是鱼类觅食的场所和保护区。

⑤池塘　弯曲河谷或马蹄形湿地的外缘形成的池塘是一项经济并具有多种功能的生态恢复措施，它可用作灌溉蓄水、龙虾或鱼类养殖，还可拦截有机物和氮。需要指出的是，不能将池塘用于密集的水产养殖，以避免引起富营养化。

应当指出的是，修复工作应依据当地的实际河流地貌状况进行，因地制宜，与周围的自然景观协调一致，并适应自然的营造力。

8.5.3.2　河流生物—生态修复技术

河流生物—生态修复涉及诸多方面的技术，如人工曝气复氧，底泥污染控制，生物强化人工河道、生态沟渠、生态护岸，以及生态修复耦合系统等。

(1)人工曝气复氧

人工曝气复氧可以增加河流的溶解氧浓度，加速水体复氧过程，使河流的自净过程处于好氧状态。曝气生态净化系统是在曝气生物塘和人工湿地的基础上将污水净化与资源化相结合的技术，它以水生生物为主体，辅以适当的人工曝气，建立人工模拟生态处理系统，高效降解河流水体中的污染物。

(2)底泥污染控制

底泥污染控制能有效地阻止污染物在河流系统中的迁移。底泥原位掩蔽技术，即通过隔离底泥与水体而防止污染物向水体迁移；底泥原位生物降解处理技术，即利用水生植物和微生物相互配合，在原地直接吸收、降解底泥中的污染物；底泥异位处理技术，即通过对底泥疏浚、转移，进行无害化处理后加以利用。

(3)生物强化人工河道、生态沟渠及生态护岸

生物强化人工河道是指结合水系疏通工程和结构现状，构建以生物处理为主体的人工河道，水质净化设施主体设于河道内或河流一侧，形成多级串联式的生物净化系统，

从而改善水环境条件。自然河道生态塘则是以太阳能为初始能源，在塘中种植水生植物，进行水产和水禽养殖，形成人工生态系统。通过多条食物链的物质迁移、转化和能量的逐级传递、转化，可净化河水中的有机污染物。

生态沟渠是指根据水生植物的耐污能力及生理特征，充分利用现有沟渠条件，在不同渠段选择利用砾间接触氧化、强化生物接触氧化等措施，逐级净化水质，在达到分级净化水质功能的同时，将净化设施与地表景观融为一体，美化河流景观。

生态护岸则是利用石头、木材、多孔混凝土构件和自然材质制成的柔性结构等构建，对河岸进行加固，防止河道淤积、侵蚀和下切，同时为野生动物提供栖息地和隐蔽场所，保障自然环境和人居环境的和谐统一。

（4）生态修复耦合系统

生态修复耦合系统是综合人工湿地、微生物及水生动物协同净化等原理设计的生态修复系统，可去除河流水体中的营养盐和有机物，从而达到修复河流水环境的目的。其在利用湿地植物的同时，构建新的水生植物系统；在美化景观的同时，合理配置生态系统营养级结构；利用多种微生物净化水体的同时，构建具有完整营养级结构的水生动植物生态系统；并利用动植物、微生物的协同作用改善河流水质。

①生境修复是河流生态修复的重要途径   浅滩—深塘结构是河流经自然发育后形成的常见河道形态，有利于稳定河床和岸坡，有助于植被的良好发育和构建多样性的生物栖息地。通过修复河道系统和营造浅滩—深塘结构，能够增加水中溶解氧量和促进河流自净功能的恢复，还可营造天然的河流景观。恢复裁弯河流，利用弯曲河流消耗河流能量、减少下游侵蚀、增加输水时间的特点，可强化河流的自净功能；同时恢复了河流的天然景观，并使河流拥有更复杂的动植物群落。

②鱼道恢复是近年来河流系统生态修复中最受关注的问题之一   鱼类必须通过栖息地间的通道，进行每天的觅食活动以及不同生命阶段中更大范围的活动。这些活动在遇到大坝、水库等结构时会被阻断，从而导致鱼类的局部灭绝。因此可以通过限制河流中建筑物的自由落差、限制下游坡度、降低流速、保持足够水深，以及修建石坡鱼道、鱼类分水槽、鱼梯等方法修复鱼类活动通道。

河流生态修复技术的合理应用，使得河流的各项功能恢复到可以接受的程度，从而达到恢复河流系统健康的目标。对于特定的河流，应具体分析河流的主要功能及它们之间的关系，明确各要素对各项河流功能的重要性，以及各项功能对河流系统健康的影响。

8.5.3.3　河流生态修复工程案例分析

【例 8-1】 浙江辛江塘河道整治工程

辛江塘河道位于浙江省海宁市，河道全长 2 215km，是海宁市"六横九纵"河道网络框架中西引东泄的主干河道，亦是横贯东西的一条水上运输通道。辛江塘常水位时水面宽 27.0m，河道总宽度 42.5m。

辛江塘河道为平原河网水系，平时水流流速较缓，且河道通航功能在逐渐消退。因此，辛江塘河道岸坡侵蚀的主要原因是水位变动区以上部分雨水冲刷引起表层土流失和水位变动区处波浪淘刷造成边坡坍塌。据初步统计，河道淤积中约60%为边坡崩塌，30%为表层土流失，10%为动植物腐烂物。

（1）工程规划设计

在辛江塘的河道治理规划设计中，遵循了5个方面的设计要点。

①保持河道自然平面形态　在辛江塘建设中，本着尊重历史、尊重自然的原则，基本保持现有河道平面形态。拆除阻水建筑物，以满足河道排涝泄洪过水和抗旱引水要求。河道宜弯则弯，宜宽则宽，并增设河滩和岸边湿地等。

②采用多样性断面　在满足河道功能的前提下，尽可能保持辛江塘天然断面，在保持天然河道断面有困难时，按复式断面、梯形断面、矩形断面的顺序选择。辛江塘大部分河段可用天然河道断面，在通过主要集镇时采用梯形、矩形断面。

③增加水域栖息地多样性　在治理规划中，保留了一些河边静水区和湿地，营造多样性水域栖息地环境，使之具有不同的水深、流场和流速，适于不同生物的发育和生长需求。

④采用植被进行岸坡侵蚀防护　通过引入植被，应用生态工程技术措施进行岸坡侵蚀防护是辛江塘河道整治的中心环节之一。河岸带植被虽对行洪具有一定的影响，但它有很多其他功能，这些功能源自于河岸带生态系统内的环境过程，如正常发育的河岸带植被对河道岸坡有一定的加固作用，可以提供遮阴，从而降低河流水温，在营养物质循环和水质改善方面也具有重大作用，为野生动物提供多种栖息地环境，并可以增加河道两岸的美学价值。

⑤选择适宜的植物物种　河道植物的选择以辛江塘和邻近河道自然植被的植物种类为主体，如杉类、松类、竹类、桑、栾树、椿类等，它们经过了自然界适者生存、劣者消亡的过程，最能适应河道边生态环境且病虫害较少。根据水位变动情况，可以进行植物分区。在河道常水位线以下种植水生植物，它的功能主要是净化水质和为水生动物提供食物和栖息场所。沉水植物、浮水植物、挺水植物按其生态习性混合种植和块状种植相结合。高秆、蔓延快的植物(如芦苇等)控制种植。在常水位至洪水位的区域下部以种植湿生植物为主，上部以中生但能短时间耐水淹植物为主。植物配置种植应群落化，物种间生态位互补，上下有层次，左右相连接。种植多年生草本、灌木和乔木树种(如水杉、垂柳、落羽杉、枫杨等)。洪水位线以上配有占总量50%~60%的常绿树种，以增加河道观赏性。

（2）施工技术

草本植物通过种植种子进行培育，乔木则通过移植进行培育，灌木则通过栽种活枝条进行培育。

施工中，将活体枝条(长0.8~1.0m、直径10~25mm)置于填土土层之间或埋置于开挖沟渠内。从边坡的底部开始，依次向上进行施工。用上层开挖的土料对下层进行回填，依次进行。填土坡和开挖坡的施工程序有所不同，但其原则是一致的。稍料层安放层面应该稍微倾斜(水平角10°~30°)。枝条以与岸线正交的形式安放，并使其顶端朝外，其后端应插入未扰动土20cm左右。在枝条上部进行回填，并适当压实。

为兼顾岸坡稳定和植物生长，土坡表层压实度应比常规堤防工程设计规范要求(压实度为95%)降低。借鉴美国陆军工程师团的经验，压实度按照80%~85%控制。

(3)治理效果

工程的后期监测说明，水生植物基本沿河道两侧均衡生长，灌木、树根等降低了暴雨对土层的冲蚀，草皮等对坡面流水也有过滤作用，发挥了一定的水质改善功能。治理后，水华问题基本得到有效控制，水体悬浮物减少了约60%，水体透明度提高了20cm。生物多样性水平明显提高，过去很少出现的一些物种，如蛙类、蜻蜓等经常出现，野兔、鸟类等活动频繁。

根据该工程地区其他河道的治理经验，传统景观河道工程(如砌石护岸工程)投资约为124万元/km，而按照生态修复理念建设的河道工程投资为81.21万元/km，大大节约了工程建设费用。

此外，通过对工程区其他历史治河成果的观察、分析及比较，只进行清淤，河道的使用周期为10~20年。而清淤与利用生态工程技术进行岸坡防护相结合，能有效稳定河道形态，据初步分析，其生命周期为35~40年，延长了近1倍。同时，今后的治理工作重点是清淤，从而可以节约工程投资，使河道的治理走上一条良性循环之路。

本章小结

本章主要讲述了河道横向侵蚀的机理、护岸工程的种类及施工方式、整治建筑物的种类、治滩造田工程的类型及设计方式、河流生态修复及整治的理论基础与技术方法。通过对本章的学习要掌握河道演变的机理、护岸工程及整治建筑物的种类、河流生态修复及整治的方法。

思 考 题

1. 简述横向侵蚀及河道演变的机理。
2. 护岸工程的种类有哪些?
3. 什么是整治建筑物?
4. 你所在的地区有哪些河流生态修复的方法和技术?请进行调查并写一份调查报告。

参考文献

钟春欣，张玮，2004. 基于河道治理的河流生态修复[J]. 水利水电科技进展，24(3)：12-17.

王薇，李传奇，2003. 景观生态学在河流生态修复中的应用[J]. 中国水土保持(6)：36-38.

曹建廷，周智伟，张婷，2005. 河道生态修复工程的组成与生态修复的指导原则[J]. 水利规划与设计(2)：48-53.

高之栋，穆如发，2006. 河道生态修复技术初步构思[J]. 水土保持研究，13(6)：32-33.

郑天柱，周建仁，王超，2002. 污染河道的生态修复机理研究[J]. 环境科学(23)：115-117.

徐国宾，任晓枫，2004. 几种新型护岸工程技术浅析[J]. 人民黄河(8)：3-7.

徐国宾，张耀哲，徐秋宁，等，1994. 多砂河流河道整治新型工程措施试验研究[J]. 西北水资源与水工程(3)：1-8.

中华人民共和国建设部，1999. 堤防工程设计规范：GB 50286—1998[S]. 北京：中国计划出版社.

熊铁，刘顺茂，1988. 天兴洲护岸工程铰链混凝土板——聚酯纤维织布沉排[J]. 人民长江(1)：12-15.

董照忧，王瑞恭，时振彬，等，2002. 耐特龙网防护根石施工技术研究[J]. 人民黄河(4)：20-21.

余文畴，卢金友，2004. 长江中下游河道整治和护岸工程实践与展望[J]. 人民长江(8)：15-18.

王准，2002. 上海河道新型护岸绿化种植设计[J]. 上海交通大学学报(1)：53-57.

徐锡荣，唐洪武，等，2004. 长江南京河段护岸新技术探讨[J]. 水利水电科技进展，24(4)：26-28.

许士国，高永敏，刘盈斐，2005. 现代河道规划设计与治理：建设人与自然相和谐的水边环境[M]. 北京：中国水利水电出版社.

孙东亚，董哲仁，等，2006. 河流生态修复技术和实践[J]. 水利水电技术(12)：4-7.

龙笛，潘巍，2006. 河流保护与生态修复[J]. 水利水电科技进展(4)：21-25.

于海荣，董建伟，2006. 河川生态修复的拟自然理念和方法[J]. 吉林水利(10)：1-4.

倪晋仁，刘元元，2006. 论河流生态修复[J]. 水利学报(9)：1029-1043.

倪晋仁，刘元元，2006. 受损河流的生态修复[J]. 科技导报(7)：17-20.

第9章

小型水库

9.1 概 述

我国是一个旱涝灾害频繁的国家，一些地区在历史上曾出现多年连续旱灾或水灾，使工农业生产和城乡人民生活遭受巨大的损失。为了控制、防御和减轻这些旱涝灾害，就需要在各江河干支流上或水土流失严重的地方，修建一系列具有防洪、排洪、灌溉、发电、航运、养殖等综合功能的水利工程。这些水利工程一般都以面积、容量不等的水库为依托。

水库是指在山沟或河流的狭口处建造拦挡河坝形成的人工湖泊。兴建水库一般是为工业、农业和生活提供用水，水力发电，发展养殖业和水利风景旅游业等。我国兴建的水库，有以灌溉为主要功能的水库，也有以供给城市用水为主要功能的水库，但绝大多数都具有综合功能，对水资源有高效利用的价值。

中华人民共和国成立初期，我国修建了第一座以防洪、供水为主要目的的综合性工程——官厅水库。到1950年底，全国已建成各类水库86 852座，总库容占天然湖泊贮水量的59%，接近淡水湖泊贮水量的2倍。除古代著名的水库——芍陂和鉴湖外，尚有水库形湖泊——洪泽湖。目前在我国各大河流的中上游都兴建了水库，它们除了蓄水功能外，还具有发电和航运等功能，如黄河中上游的刘家峡、盐锅峡、八盘峡、青铜峡、三门峡和龙羊峡等水库；长江中上游则有丹江口、柘溪、乌江和二滩等水库；新安江水库即现今的千岛湖是我国著名的旅游区；还有举世闻名的长江三峡工程，水库坝高达181m，总库容$393 \times 10^8 \mathrm{m}^3$，水电站装机容量$2\,550 \times 10^4 \mathrm{kW}$，多年平均发电量$882 \times 10^8 \mathrm{kWh}$ 时，堪称世界之最。

水库建成后，可起防洪、蓄水灌溉、供水、发电、养殖业等作用。有时天然湖泊也称为水库(天然水库)。水库规模通常按库容大小划分为大、中、小型水库，见表9-1。

从水资源一级区看，北方六区(黄河区、淮河区、松花江区、辽河区、海河区、西

表 9-1 水库等级划分

水库类型	水库库容 V (m^3)	水库类型	水库库容 V (m^3)
大 I 型	$V \geqslant 10 \times 10^8$	小 I 型	$100 \times 10^4 \leqslant V < 1\,000 \times 10^4$
大 II 型	$1 \times 10^8 \leqslant V < 10 \times 10^8$	小 II 型	$10 \times 10^4 \leqslant V < 100 \times 10^4$
中 型	$0.1 \times 10^8 \leqslant V < 1 \times 10^8$	塘 坝	$V < 10 \times 10^4$

北诸河区)共有水库工程 19 818 座，总库容 3 042.9 × 10⁸m³，分别占全国水库数量和总库容的20.2%和32.6%；南方四区(长江区、珠江区、东南诸河区、西南诸河区)共有水库工程 78 184 座，总库容 6 280.3 × 10⁸m³，分别占全国水库数量和总库容的79.8%和67.4%。

水库是综合利用水资源的工程措施，除灌溉农田外，还可防洪、发电、发展养殖业、水运等，改变自然面貌。在我国干旱、半干旱的水土流失地区，以灌溉为主，同时考虑综合利用的小型水库是研究的主要对象。

小型水库主要由坝体(拦截河流或山溪流量、抬高水位、形成水库)、放水建筑物(涵洞或卧管或竖管)、溢洪道(排除库内多余的洪水)这三部分组成，通常称为水库的"三大件"(图9-1)。

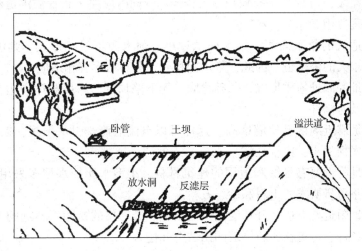

图9-1 小型水库示意

(1)坝体

坝体的作用是拦截河流水量，抬高河道水位，以形成具有一定容积和水深的水库。相对于同一个坝址的水库，坝体越高，水库的库容越大，可存蓄的水量越多。坝体是组成水库的主体工程，不仅要求修筑的质量要好，而且要求管理养护得好，在任何情况下都要确保坝体安全，不允许发生垮坝事故。

(2)溢洪道(包括泄洪洞)

溢洪道是用来排泄水库在汛期难以拦蓄的多余洪水，以免库水位过高发生水漫坝顶溢流而垮坝。因此，它是确保水库安全的关键性工程。不论水库大小，即使水库的坝体很高，库容很大，能够拦截大量洪水，也都必须修建具有足够泄洪能力的溢洪道，以确保水库安全。

(3)放水建筑物

放水建筑物的作用是反映水库工程的管理水平的重要指标，将库水按计划供给下游用水单位，发挥水库的调节作用。另外，放水建筑物在必要时也可用作防洪预泄，以降低库水位。

小型水库除了以上3个部分主要建筑外，还应有必要的集水面积水量、库水位、渗水量等观测设施和管理设施。具有发电功能的小型水库还有水力发电的设备等。

9.1.1 库址选择

库址选择是水库工程中有关全局的问题，应从经济、安全、合理等几个方面加以考虑。根据经验应对灌区、库区、坝址等进行认真地调查研究，并对水库及邻近的地形、地质、水文和自然地理进行实地勘测，对社会经济情况等进行全面地了解和分析研究，以便选择合适的坝址，合理地确定水库兴利库容和坝高，并为工程设计提供必要的资料，尤其应注意下列几个问题。

第一，地形要"肚大、口小"。"肚大"是指库址内地形宽广，河流或沟道纵坡平缓，能多蓄水，效益大；"口小"是指坝短，工程经济，同时应便于布置溢洪道和放水洞，否则也会加大工程费用。

第二，有适宜的集水面积。集水面积过小，则水源不足；过大，则洪峰高、洪量大，需要开挖很大的溢洪道。因此，集水面积必须和蓄水库容相适应。

第三，坝址和库址地质良好，基础稳固，无下陷情况。库底和库周边不漏水，如有裂缝，要能够及时修补。

第四，库址靠近灌区且比灌区高。这样可以自流灌溉，引水渠短，渠道建筑物少，沿途渗漏、蒸发损失小，比较经济。

第五，坝址附近要有足够和适用的建筑材料。小型水库挡水坝多采用土坝，因此，要有足够的合乎质量要求的土料和砂、石料。

第六，坝址附近要有适宜开挖溢洪道的山垭。最理想的是距坝不远的马鞍形岩石山垭，没有这个条件，也可在比较平缓的山坡上开挖。

第七，水库上游宜草木丰茂，因光秃的山岭易受雨水冲刷，水库容易淤积，影响水库寿命。

第八，淹没损失要小，即在能够获得相同效益的条件下，尽可能使水库的淹没范围小，移民的户数少。

除以上各点外，选择库址还要考虑施工、交通运输等条件。

9.1.2 地质调查

水库的地质条件是保证工程安全的决定性因素之一，主要调查库底是否漏水，坝基是否坚固。根据经验，主要调查下列几项内容。

第一，调查库区、坝址区的岩石种类、性质、分布规律及岩石的透水条件。

坚硬的岩石(如花岗岩、花岗片麻岩、石英岩、石灰岩、石英砂岩)一般坚固、致密、强度大，只要没有构造现象就不会漏水，宜于修建各种类型的坝。半坚硬的岩石(如页石、胶结疏松的砂岩、泥炭岩、砂质页岩)修建小型水库，一般问题不大，但对其软弱夹层必须认真处理，使它能直接置于比较完整、新鲜的岩石上。黏土和黄土层一般漏水很小或不漏水，可以筑坝。砂卵石层渗漏较大，坝址最好不要选在砂卵石层很厚的地方。

第二，调查库区、坝址区范围内的地质构造（断层、岩层产状、节理裂隙发育程度及规律、溶洞的分布范围及规律）。

断层是兴建水工建筑物的不利地质因素，必须对库内、坝址附近的断层构造（断层规模、产状、胶结程度）进行地质调查［图9-2（a）］。

岩石产状与漏水和坝的稳固有很大关系，岩层倾向下游（库外）一般有漏水及滑动的可能［图9-2（b）］；反之，岩层倾向上游对蓄水坝的稳定有利［图9-2（c）］。

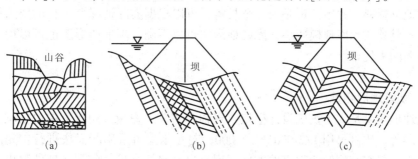

图9-2　几种地质剖面图

（a）断层　（b）向库外倾斜　（c）向库内倾斜

岩石节理裂隙发育程度与水库的渗漏、建筑物的稳固有密切的关系，一般节理发育、岩石破碎强烈的地段，往往是漏水的主要通道，而大量的渗漏又会改变基础地质条件，引起后患。

对表面坚固而易溶于水成为溶洞的石灰岩、大理岩，要调查溶洞的发育范围及其规律，并做好处理，以免漏水。

第三，调查库区、坝址区的水文地质特征（含水层岩性、水位深度、水的化学性质、地下水的成因类型），在坝基处最好没有承压水或高承压水。

为了查明坝址和库内的地质情况，需要进行勘察，特别是对主要的枢纽建筑物要详细勘察，进行比较，给选择水库工程地址提供可靠的依据。

9.1.3　地形测量

地形测量是根据工程的需要，对坝址、坝址周围、集水面积范围进行的实地勘测，具体测量内容及步骤如下所示。

9.1.3.1　收集资料

水库工程的规划设计一般需要如下的地形资料。

（1）库区地形图

一般采用1/5 000～1/2 000比例尺，等高线间距2～5m，测至淹没范围10m以上。它可以用来计算水库蓄水容积和估算水库的淹没范围，绘制水位—容积曲线和水位—水面面积曲线。

（2）坝址地形图

采用1/500～1/200比例尺，等高线间距0.5～1m，测至坝顶10m以上。利用它可以规划大坝、放水涵管和溢洪道，估算大坝工程量，安排施工时的土场、石场、交通运输、施工导流、临时建筑物等。

（3）放水涵洞、溢洪道、水电站等建筑物所在位置的纵横断面图

横断面图采用 1/200～1/100 比例尺；纵断面图采用不同的比例尺，垂直距离采用 1/200～1/100 比例尺，水平距离采用 1/2 000～1/500 比例尺。这两种图可以用来设计建筑物和估算挖填的土石方量。

上述地形资料，并不一定必须完全具备，可以根据实际情况及工程的要求简化。例如，条件不具备或水库规模较小，库区地形图可以不测。坝址地形图也可以用几个实测的纵横断面图来代替。

9.1.3.2　坝址地形测量

坝址地形测量是为了正确设计枢纽建筑物和估算工程量。测量范围包括坝身、溢洪道及放水洞等。比例尺用 1/2 000～1/1 000。对小水库可采用断面法进行：先沿坝轴线测一横断面，再在与坝轴线垂直的方向，用皮尺测定几个桩，分别在桩处测出其横断面（图9-3），然后根据横断面之间的关系及高度变化情况，制成平面图，绘出地形等高线。

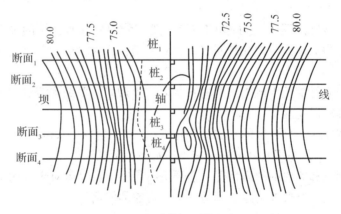

图 9-3　坝址简易测量示意

9.1.3.3　水文资料的收集与调查

水文资料是水库工程规划与设计的一项关键性资料。水库来水量计算、库容与坝高的确定、溢洪道设计都是根据当地的水文资料分析决定的。

收集水文资料一般是调查集水面积、洪水量的大小、河道的地形特征等；或通过查阅相关的水文手册，查得多年平均降水量、径流系数、多年平均径流深、暴雨的大小及暴雨在时间上的分布等资料。

①径流资料　当地的多年平均降水量、多年平均径流深、年径流系数、径流年内分配以及蒸发量，可以作为计算有效库容和水库调节计算的依据。

②洪水资料　在山溪不可能获得实测的洪水流量资料时，只有依靠洪水痕迹调查，了解历史上洪水发生的情况，调查各次洪水形成的暴雨、山洪到达坝址的时间，洪水上涨与退落的时间等，作为设计溢洪道的依据。

③泥沙资料　收集库区泥沙淤积资料，作为计算死库容的依据。

收集水文资料除向当地群众询问外，可向附近水文站、气象站、雨量站了解，并可借助省、地水文手册查出。

（1）集水面积的调查

以分水岭线为界坡面以下范围内的平面面积，称为集水面积，又称流域面积（图9-4）。集水面积关系到水库蓄水的多少，关系到大坝、溢洪道的设计等，是估计水库蓄水量和洪水量的主要依据之一。测量集水面积常用以下3种方法。

图9-4　集水面积示意

①按地形图进行估算　一般地区都有1/5 000的地形图，可用来估算集水面积的大小。在地形图上勾出分水岭线，坝轴线以上分水岭线所包围的面积就是水库的集水面积，可以在透明方格纸上勾绘出分水岭线，数方格的多少或直接用求积仪来计算面积。这种方法比较简便，但因地形图的比例尺小，很多小的山沟与河谷无法在图上表示。所以用这种方法计算的集水面积往往有误差，而且集水面积越小，误差越大。

②参考地形图进行实地调查　调查时，根据山沟冲刷与河谷的实际情况，在地形图上勾绘出分水岭线，然后进行计算。用这种方法计算的集水面积，比较接近实际。

③用交会法进行实测　在修建水库的地方，架设经纬仪、平板仪或全站仪，用交会法实测分水岭线，然后进行计算。用这种方法计算的集水面积，比上述两种方法准确可靠。

（2）历史洪水调查

山溪河流一般缺乏实测流量资料。小型水库的设计洪水，通常是根据暴雨资料，结合集水面积的地形特点推算出来的。推算时，有很多简化不一定符合水库的实际情况，所以推算得来的洪水资料，还应用历史上发生过的洪水资料加以验证。历史洪水调查，应在水库筑坝地段附近的上下游河段进行，但要注意调查河段和水库筑坝地段的洪水有较大的出入。选择调查的河段，应当是比较顺直，河道稳定，没有大的漫滩分流现象。

调查的内容一般包括：历史上发生洪水的年月；洪水痕迹；发生洪水时河道断面的情况；河槽的情况及河床糙率（河床的粗糙程度）；发生洪水的暴雨历史及洪水涨落的历

时等。

　　调查河段的长度一般在 1 000 ~ 2 000m 之间。在调查河段的中部,实测河道洪水河槽的横断面,用 1/2 000 ~ 1/1 000 比例尺绘制横断面图,以便计算洪水河槽过水断面面积。调查的历史洪水流量与河槽过水断面面积、河床的糙率、洪水的水面纵坡等因素有关,其大小可用明渠均匀流公式估算,即

$$Q = \omega C \sqrt{RJ} \tag{9-1}$$

式中　Q——洪水流量($\mathrm{m^3/s}$);

　　　　ω——洪水的过水断面面积($\mathrm{m^2}$);

　　　　C——谢才系数,$C = \dfrac{1}{n} R^{\frac{1}{6}}$,$n$ 为河床糙率,可从表 9-2 中查得;

　　　　R——河床断面的水力半径(m),$R = \dfrac{过水断面面积\ \omega}{过水断面的湿周\ \lambda}$;

　　　　J——洪水的水面纵坡,$J = \dfrac{上下游水位差\ \Delta Z(\mathrm{m})}{上下游断面的距离(\mathrm{m})}$。

表 9-2　天然河道洪水河床糙率表

河床特性	n
①河段顺直通畅,河床质为细砂土,单式断面,平均水深在 2m 以上	0.017 ~ 0.020
②河段顺直通畅,河槽稳定,河床质为砂夹卵石,单式断面,平均水深在 2m 以上	0.020 ~ 0.025
③河段有缓弯,有沙洲,河床质为砂卵石,一般颗粒较大,河岸多石质,断面不够规整,平均水深在 2m 以上	0.025 ~ 0.030
④河段弯曲,有沙洲,河床质为大卵石或有少量灌木,河岸多石质,断面很不规整,平均水深在 2m 以下的浅滩	0.030 ~ 0.040
⑤灌木杂草丛生,或为树林高棵庄稼,复式河道的滩地,平均水深在 1.5m 以下	0.040 ~ 0.067

9.1.3.4　水库库容测量与计算

　　水库库容测量在于绘出水库的水位—库容关系曲线,为规划设计提供依据。其具体方法可参考本书“第 6 章　淤地坝”的有关内容。

9.1.3.5　建筑材料调查

　　建筑材料是决定坝型、工程造价、施工方法的主要因素之一,必须调查坝址附近建筑材料的种类、质量、数量及其分布,并绘制成草图,供设计时参考。比较重要的工程尚应通过试验取得土坝设计的数据,如土料的内摩擦角、凝聚力、渗透系数等。

　　根据因地制宜、就地取材的原则,水库工程中以土料用量最多,关于土料分类及野外鉴别土壤的方法,具体可参阅土力学或土壤学有关部分。在小型水库的设计中,由于条件限制,往往不能对材料性能进行必要的试验,而只能进行简单的野外鉴定。现将有关资料列入表 9-3 至表 9-5,供设计时参考。

表9-3 砂、石料分类表

名称		粒径(mm)	名称		粒径(mm)
漂石(磨圆的)	大	> 800		粗	2 ~ 0.5
块石(棱角)	中	800 ~ 400	粒砂	中	0.5 ~ 0.25
	小	400 ~ 200		细	0.25 ~ 0.1
卵石(磨圆的)	极大	200 ~ 100		极细	0.1 ~ 0.05
	大	100 ~ 60	粉粒	粗	0.05 ~ 0.01
	中	60 ~ 40		细	0.01 ~ 0.005
	小	40 ~ 20	黏粒		< 0.005
圆砾	粗	20 ~ 10			
角砾	中	10 ~ 5	胶粒		< 0.002
	细	5 ~ 2			

表9-4 土壤的野外鉴别

土类	用手搓捻时的感觉	用放大镜及肉眼观察搓碎的土	干时土的状态	潮湿时土的状态	潮湿时将土搓捻的情况	潮湿时用小刀切削的情况	其他特征
黏土	极细的均质土块,很难用手搓碎	均质细粉末,看不见砂粒	坚硬,用锤能打碎,碎块不会散落	黏塑的,滑腻的,黏连	很容易搓成细于0.5mm的长条,易滚成小土球	光滑表面,面上看不见砂粒	干时有光泽,有细窄条纹
壤土	没有均质的感觉,感到有些砂粒,土块容易被压碎	从它的细粉末中可以清楚地看到砂粒	用锤击和手压,土块容易被碎开	塑性的,黏结性弱	能搓成比黏土较粗的短土条,能滚成小土球	可以感觉到有砂粒的存在	干时光泽暗沉,条纹较黏,土粗而宽
粉质壤土	砂砾的感觉少,土块容易压碎	砂粒很少,可以看见很多细粉粒	用锤击和手压,土块容易被碎开	塑性的,黏结性弱	不能搓成很长的土条,而且搓成的土条容易破碎	土面粗糙	干时光泽暗沉,条纹较黏土粗而宽
砂壤土	土质不均匀,能清楚地感觉到砂粒的存在,稍一用力,土块即被压碎	砂粒多于黏粒	土块很容易散开,用手压或用铲子起丢掷,土块散落成土屑	无塑性	几乎不能搓成土条,滚成的土球容易开裂和散落		
砂土	只有砂粒的感觉,没有黏粒的感觉	只能看见砂粒	松散的,缺乏胶结	无塑性,成流体状	不能搓成土条和土球		
粉土	有干面似的感觉	砂粒少,粉粒多	土块极易散落	成流体状	不能搓成土条和土球		
砾质土	大于2mm的土粒很多,当其含量超过50%时,称为砾石	磨圆的称为圆砾,棱角的称为角砾					

表 9-5　土壤渗透系数

土壤名称	渗透系数			
	最大值（cm/s）	最小值（cm/s）	平均值（cm/s）	平均值（m/d）
黏土	0.1×10^{-5}	0.4×10^{-6}	0.5×10^{-6}	0.43×10^{-5}
重黏壤土	0.25×10^{-5}	0.14×10^{-5}	0.2×10^{-5}	0.17×10^{-4}
中黏壤土	0.6×10^{-5}	0.3×10^{-5}	0.5×10^{-5}	0.43×10^{-4}
轻黏壤土	5×10^{-5}	1×10^{-5}	4×10^{-5}	3.5×10^{-4}
重砂壤土	7×10^{-5}	3×10^{-5}	6×10^{-5}	5.2×10^{-3}
轻砂壤土	2×10^{-3}	5×10^{-5}	2×10^{-4}	1.73×10^{-3}
细砂	5×10^{-3}	3×10^{-4}	3×10^{-3}	2.6
粗砂	5×10^{-2}	5×10^{-3}	2×10^{-2}	17.3

9.1.3.6　其他调查工作

（1）灌区调查

灌区调查主要是为了规划设计时确定水库蓄水容积、设计灌溉制度、估算工程效益以及施工所需要的劳动力等，而收集必要的资料。调查内容主要包括：灌区主要农作物种类、面积、生长期、耕作制度、灌水次数、灌水时间等；灌区内原有水塘、水井、塘坝等原有水利设施情况；灌区内的劳动力、施工机械情况等。

（2）淹没损失调查

由于水库蓄水后水位抬高，水库上游必然会有部分耕地、村庄、道路等被淹没，由于淹没造成一定的损失，因此，必须经过调查、研究，通过设计方案比较，使淹没损失降至最低，特别是对于山区，可耕地的面积一般较少，更应注意。

（3）流域内水土保持情况调查

在流域范围内，调查现有的水土流失程度及水土保持情况，水土流失程度越严重，水库的泥沙淤积就越快，水库的使用年限就会相应缩短；反之，水库的泥沙淤积较慢，水库的使用年限也就会相对延长。

（4）当地社会经济调查

调查了解灌区总人口、劳动力、人均收入、收入的主要来源、施工机械和各种建筑材料的分布状况等。

9.1.4　水库的设计标准

水库的设计标准包括兴利调节用水标准和洪水标准，是设计水库时用以确定水库效益和水库安全的依据。

9.1.4.1　兴利调节用水标准

兴利调节用水标准是从可能来水量最小的方面来考虑的。标准越高，设计的来水量就越小。兴利调节用水标准用年水量的累积频率 P 来表示。一般情况下，进行兴利调节用水的径流年调节计算时，先选定相应于某一定累积频率 P 的年径流量作为设计的依据，这个累积频率 P 就是兴利调节用水的设计标准。例如，某水库相应于累积频率为75%的年径流量等于 $500 \times 10^4 m^3$，如果选定 $500 \times 10^4 m^3$ 的年径流量来设计水库的兴利调节用水，那么兴利调节用水的设计标准就是75%。这个相应于设计标准的年份称为设计枯水年。年径流量累积频率为75%，是指可能出现年径流量比这个年份大的机会在平均100年中有75年。因此，累积频率为75%也可以理解为用水的可靠性为75%，或者说用水的保证率为75%。

兴利调节用水的设计标准，由各省(自治区、直辖市)根据用水部门的性质、重要性和减少用水引起的影响，做出统一规定。我国南方的灌溉用水标准的设计保证率为75%~80%；北方通常分为水稻灌溉和旱田灌溉2类，水稻用水的设计保证率为75%，旱田为50%；工业与民用供水的标准很高，规定设计保证率为95%以上。

9.1.4.2 洪水标准

水库洪水标准是指水库所抗御的洪水的大小。河流洪水的大小每年不同，由多年的记载中可以看出，一般性洪水出现机会多，较大洪水出现机会少。一定大小的洪水出现的可能性多少，一般用重现期或累积频率(简称频率) P 来表示。例如，百年一遇的洪水，其重现期 $T=100$ 年，就是指平均100年可能出现一次这样大的洪水。重现期 T 和累积频率 P 互为倒数关系，所以百年一遇的洪水也可用累积频率来表示，即

$$P = \frac{1}{T} = \frac{1}{100} = 1\% \tag{9-2}$$

同样，千年一遇的洪水，其重现期 $T=1\ 000$ 年，用累积频率表示则为0.1%。

在设计水库时，要选择一定重现期的洪水作为设计洪水，当水库出现这种洪水时，要求水库仍能正常运用、水工建筑物仍在正常荷载下工作。同时，为了提高水库的安全可靠程度，使超过设计洪水的更大洪水不致破坏工程，还应选定一个更大的洪水作为校核洪水。即使出现校核洪水，水库进入非常情况，也还能保证水库的安全。这样，对水库所选定的设计洪水和校核洪水各相应的重现期 T 和累积频率 P，称为水库的洪水标准。

对于下游有防洪任务的水库，除了水库的洪水标准外，还应定出下游防洪标准，即当出现一定重现期的洪水时，下游河道流量不应超过某一安全泄量。例如，某中型水库库容 $9\ 700 \times 10^4 m^3$，其洪水标准选定为：设计洪水50年一遇($P=2\%$)，校核洪水500年一遇($P=0.2\%$)。此外，由于该水库担负着下游农田防洪任务，所以还规定了下游防洪标准：当出现20年一遇($P=5\%$)洪水时，下游流量(安全泄量)不应超过300m³/s。下游防洪标准总是比水库的洪水标准低。

中华人民共和国水利部1959年颁布了《水利水电工程设计基本技术规范》，为当时兴建的各类水库规定了洪水标准和下游防洪标准。目前，各地兴建的水库大都仍然参照该规范并吸取已经建成的其他水库的运行经验，结合本水库的实际情况来选定设计标准。近年来兴建的各类水库所采用的洪水标准，根据统计可进行概括，见表9-6、表9-7。

表9-6 洪水标准

分级	分类	库容($\times 10^4 \text{m}^3$)	洪水标准 P（%）	
			设计	校核
Ⅱ	大型	10 000 ~ 100 000	1.0 ~ 0.1	0.1 ~ 0.01
Ⅲ	中型	1 000 ~ 10 000	2.0 ~ 1.0	0.2 ~ 0.1
Ⅳ	小（一）型	100 ~ 1 000	5.0 ~ 2.0	1.0 ~ 0.33
Ⅴ	小（二）型	10 ~ 100	10.0 ~ 5.0	2.0 ~ 1.0

表9-7 下游防洪标准

保护城镇	保护工业区	保护农田（万亩）	防洪标准 P（%）
重大城市	重大工业区	>500	1.0 ~ 0.33
重要城市	重要工业区	100 ~ 500	2.0 ~ 1.0
中等城市	中等中业区	20 ~ 100	5.0 ~ 2.0
一般城市	一般工业区	5 ~ 20	10.0 ~ 5.0

9.1.5 水库"三大件"的类型和特点

水库"三大件"包括大坝、溢洪道和放水建筑物，其类型和特点分别介绍如下。

9.1.5.1 大坝的类型和特点

具体可参考本书"第6章 淤地坝"的有关内容。

9.1.5.2 溢洪道的类型和特点

溢洪道的工程是宣泄水库多余的洪水，保证大坝等建筑物的安全。除溢流坝从坝顶泄洪外，一般大坝属非溢流坝（土石坝等坝型）的小型水库，多在水库一侧的河岸，坝端附近或库区垭口等适宜的地方修建开敞式溢洪道（图9-5）。

（1）溢洪道的类型

①按进水时水流方向划分 可分为正流式溢洪道（泄水槽与堰上水流方向一致）和侧流式溢洪道（水流经过溢流堰后转有一定的角度，再在侧槽中向下流）。

②按溢流时是否进行控制划分 可分为开敞式溢洪道（自由溢流）和闸门控制溢洪道。小型水库进水口一般都不设闸门控制，大多属于开敞式溢洪道。

（2）溢洪道的构成

溢洪道主要由进口段、控制段、陡坡段、扩散和消能段、退水段（尾水段）5部分组成。图9-6为开敞正流式的溢洪道，其中，控制段、陡坡段和消能段是溢洪道的主体。

进口段的具体形式取决于地形条件和大坝放水设备的相互位置。进口段常是喇叭形布置，也有的是较长的明渠，一般需根据地质条件进行护砌。

控制段主要由横卧在水下的溢流堰（挡水堰）或闸门设施等组成，常见溢流堰的结构形式是宽顶堰和实用堰。有的水库受地形限制，堰顶厚度（即控制段长度）超过堰顶水深

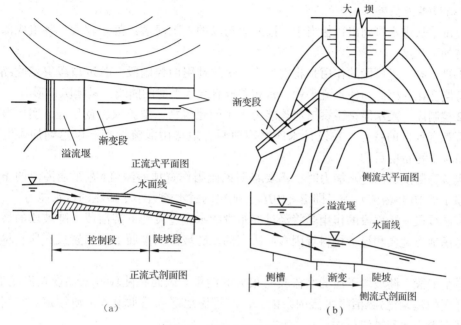

图 9-5 开敞式溢洪道示意

（a）正流式溢洪道 （b）侧流式溢洪道

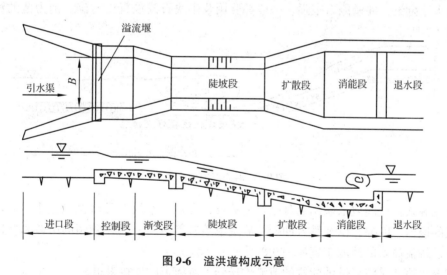

图 9-6 溢洪道构成示意

10 倍，成为明渠式。控制段后面是否设渐变段，需要根据地形条件决定。

陡坡段，由于陡坡流速高，除良好的岩基不衬砌外，一般都要用浆砌石或混凝土衬砌防冲，横断面常为矩形或梯形，陡坡段有单坡和变坡，也有采用多级跌水形式。

溢洪道出口消能形式有消力池、挑流鼻坎、消力墩等。

溢洪道各组成部分的侧墙、底板、挡水墙和溢流堰等都采用浆砌石或混凝土等材料砌筑（浇筑）而成，也有极少数工程采用钢筋混凝土。

（3）溢洪道的特点

溢洪道从进水口到出口相当于一段缩短距离的人工河道，落差较大。各组成部分的特点有如下几点。

①进口段　进口段的作用是将宣泄水流平顺地引向控制段。若进口段突然收缩，则水流急剧变化，因此为使水流平稳，常布置成直线或平滑的曲线，呈喇叭口形。

②控制段　控制段是溢洪道泄流能力大小的建筑物，溢流堰、宽顶堰、实用堰以及明渠等都有各自的特点，在设计水库时因地制宜地选用泄流堰型，以达到加大泄洪能力，减少工程量的目的。

当核算溢洪道的过水能力时，不要将明渠流当作宽顶堰溢流（宽顶堰溢流的条件是堰顶厚小于10倍溢流水深，即 $B < 10H$），明渠的过水能力小于堰流的过水能力。

③陡坡段　陡坡段的作用是将经过控制段的水流过渡到下游河段。陡坡段的坡度是综合考虑地形地质和衬护材料等因素而决定的。陡坡段在平面上应布置成直段，尽量避免弯道。

④消能段　陡坡段下泄的水流具有很大的能量，因此在陡坡段末端设置消能工（起消能作用的建筑物），消除水流的余能，使之平稳地进入退水渠或下游河道。常用的消能形式有消力池和挑流鼻坎。

消力池：具有一定的长度和深度，使陡坡上的高速水流进入池内充分消减能量。由于池内水流翻滚，冲刷能力很强，一般都要用浆砌块石或混凝土衬砌。消力池的消能布置如图9-7所示。

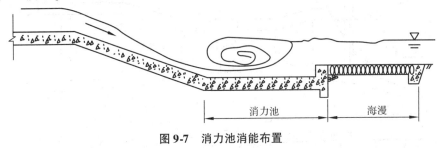

图9-7　消力池消能布置

挑流鼻坎：是陡坡末端用混凝土建造的反弧鼻坎，水流顺鼻坎挑向空中，利用水流与空气的撞击、摩擦，以及跌入冲刷坑后旋滚消减能量，一般在陡峭的山体和坚固岩基上采用。挑流鼻坎的消能布置如图9-8所示。

⑤退水段　是将经过消能段的泄流输送到下游河道的连接渠道。

9.1.5.3　放水建筑物的类型和特点

放水建筑物包括进口以及启闭设备、输水洞、出口段3部分。小型水库的输水洞大都为坝下涵洞（管），也有的在坝端山坡开凿输水洞。由于坝下涵洞存在很多缺陷，近几年来，凡是库容较大、放水洞下接水力发电站，坝址地形、地质条件良好的，在水库除险加固时，大都改为输水隧洞。一些坝高不高的水库结合除险加固，多采取挖除老涵管，重建钢筋混凝土管（或钢管等）的方式，也有的将涵管放水改为虹吸式放水。

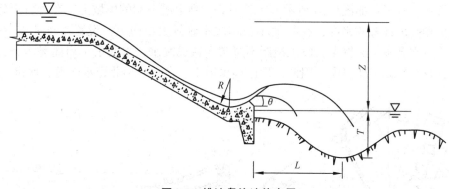

图 9-8 挑流鼻坎消能布置

（1）输水洞

①坝下输水洞　坝下输水洞根据水的流态不同分为有压水流和无压水流 2 种。输水洞出口有水电站的属于有压水流；输水洞出口水流进入灌溉渠道的，一般均属于无压水流。坝下输水洞，有浆砌石拱涵或方涵、圆形炼瓦管、混凝土管及钢筋混凝土管等。一般有压涵管（洞）多为钢筋混凝土材料，能承受压力流（即洞内或管内充满水，或洞内水深为洞净高 75% 以上的水流）；无压涵洞则多为浆砌石材料，不能承受压力水流，故不能有压运行。

输水洞如果由混凝土材料筑成，沿管长每隔 15～20m 设一伸缩缝，防止沉陷不均或温度变化引起的洞身裂缝等，但应要求伸缩缝不漏水。同时在进口附近及沿输水洞外壁每隔 10～20m 距离设置截水环，以防止水沿洞身外壁渗漏。

②隧洞　隧洞也按水的流态不同分为有压和无压 2 种流态。无压隧洞一般不衬砌或局部用混凝土、钢筋混凝土衬砌；有压隧洞一般都为钢筋混凝土衬砌。

③虹吸式放水管　利用水力学虹吸管原理，将库水放到下游，如图 9-9 所示。虹吸管一般应布置在坝头山岩上，由进水段、驼峰段、出水段和真空泵、排气阀、注水阀、出水阀等组成。

（2）进水口及启闭设备

①进水口　输水涵洞进水口采用卧管式、深孔式、塔式、排架式以及闸阀式等形式。

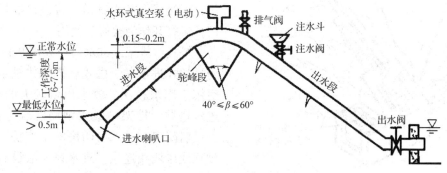

图 9-9 虹吸式放水设施示意

卧管式进水口：如图 9-10 所示，卧管斜卧于坝上游一端的山坡上，在卧管上每隔一定的距离和高度设置放水孔，孔径大小根据放水流量大小而定，设置单排孔或双排孔。这种卧管放水孔施工接缝多，施工控制不严常会造成漏水，木塞手工启闭频繁，且易发生事故，每年维修工作量大，因此，现已很少采用，在一些小Ⅱ型水库尚有保留。

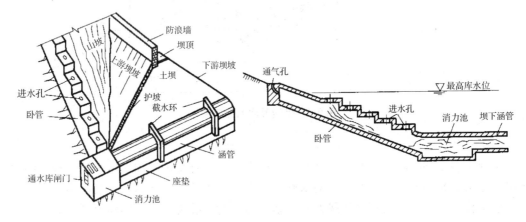

图 9-10　卧管式进水口示意

深孔式进水口：进水口位于上游坝面坡脚处，闸门设在孔口的首部，多采用转动式和斜拉式闸门，在山坡或坝顶设置螺旋启闭机，用钢丝绳或拉杆操纵闸门的启闭。

一般小Ⅰ型水库大都采用斜拉插板闸门的深孔式进水口形式（图 9-11）。进水口和闸门都设在放水涵管进口的上部，门上的拉杆斜放在山坡上，用螺杆式启闭机开闭。插门进口由门框、插门盖、拉(压)杆、抱轴等组成，上部为螺杆式启闭机。

通常水量丰富、坝比较高的小型水库，一般都考虑综合利用，如水力发电、农业灌溉等，隧洞(涵管)出口装有闸阀和水轮发电机组，水库放水由闸阀控制，而进口插板式闸门常年打开，仅在检修时采用插板门关闭。近几年很多小型水库实行向乡镇供水，也在隧洞(涵管)出口装设闸阀，下接压力输水管道，将进口插板式闸门常年打开作为检修门使用。

塔式、排架式进水口：如图 9-12 所示为排架式进水口。塔式、排架式进水口常适用于库水较深、放水流量较大的情况。进水塔井、排架一般用钢筋混凝土构件，上设启闭房。进入启闭房的工作桥一般与坝顶或岸坡相连接。进水口一般设有两道平板闸门，一道为工作闸门，另一道为检修闸门。

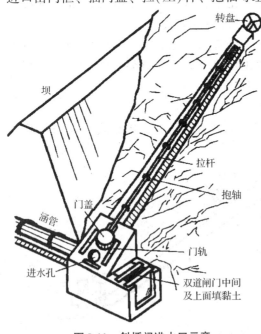

图 9-11　斜插门进水口示意

②闸门和启闭设备 小型水库常用的闸门和启闭设备主要有斜插平板闸门、垂直平面闸门和闸阀等(分级卧管、斜拉转动门等已被逐渐淘汰)。

斜插平板闸门:如图 9-13 所示,斜插平板闸门的门框常采用铸铁制造。这类闸门在一些小型水库中应用较多,一般由相关厂家定型生产,通常闸门孔径在 1m 以内,水深在 40m 以内。它必须安装在坚实的岩石山坡上。闸门的组成结构有门框、插门、拉杆、抱轴 、螺旋启闭机等。

垂直平面闸门:塔式、排架式进水口的闸门都为平面钢闸门或钢筋混凝土闸门。由于闸门尺寸比较小,启闭力不大,一般都配置螺杆式启闭机(手动或手电两动),但是闸门与启闭机连接的门杆较长,需设置横梁抱轴,以防拉杆的弯曲。

闸阀:闸阀式进水装置按闸阀的位置划分为 2 种,一种是将阀门设在坝上游竖井内用螺杆通至设在坝顶的操纵室,工作人员在上面操作。在阀门前面可以设平板检修闸门。另一种是将闸阀设在下游涵洞、隧洞出口处,下接水轮发电机组或是向村镇生活供水的压力管,如图 9-14 所示,而在洞的进口设检修闸门槽。

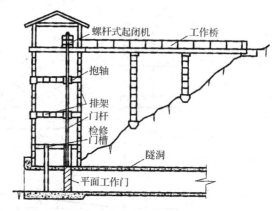

图 9-12 排架式进水口示意

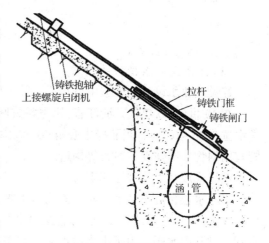

图 9-13 斜插平板闸门

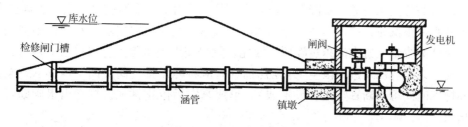

图 9-14 闸阀式放水装置

(3)出口段

输水洞的出口,如果是与渠道连接的,一般在连接处修建挡土墙、消力池和衬砌保护段等,以免渠道受到冲刷,如图 9-15 所示。如果是输水发电的,下接一根钢管,将水送到水轮机,一般另有一个分叉管,装有阀门,在不发电时放水到下游渠道。同时,为了对放水流量进行量测,在出口段与渠道连接处修建量水设施(量水堰、水位尺等)。

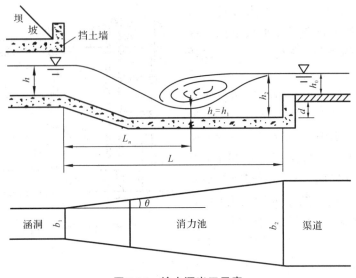

图 9-15 输水洞出口示意

(4)虹吸式放水设施的构造

虹吸式放水设施的构造由进水段、驼峰段、出水段,各种闸阀及真空泵等构成。

在 20 世纪 80 年代,浙江省"水电站虹吸式进水口试验"研究表明,驼峰顶应低于正常水位 0.15~0.2m,当驼峰中心角 $40° \leqslant \beta \leqslant 60°$ 时,这种情况下的水头损失最小。虹吸管宜用钢管、高强度塑料管等构造。

虹吸式放水工作程序如下:

当库水位接近正常水位时,关闭出水阀,打开峰顶排气阀、注水阀,从注水阀向出口段冲水(用潜水泵或人工挑水)直至出水段充水至驼峰顶平,然后关闭峰顶排气阀、注水阀,打开出水阀。由于出水段水流运动携带出驼峰内空气,使驼峰内空气减小,压力降低,在上游大气压力作用下,上游水流越过峰顶,并在虹吸管内产生水跃,水流大量掺气,此时驼峰内压力进一步降低,驼峰内水位逐步升高,直至虹吸管实现正常出水。

当库水位很低时,仅依靠注水把出水段充满水,然后放空出水段水流已不能使驼峰顶空气密度减少到上游水流越过峰顶。因此,除仍按以上步骤先将出口段充水外,还必须依靠真空泵把驼峰及进口段空气抽出(抽气时应将峰顶排气阀关闭,根据真空泵排气功率和排气时间可判断真空是否已形成),形成真空后停止排气,打开出水阀即可实现正常出水。

已建成小型水库改用虹吸式放水设施时应考虑以下几点。

第一,虹吸式放水设施适宜于上游水位变幅不大的引水式小水库。对水位变幅大的水库,上游水位低于峰顶 6.00~7.50m 时,上游水流一般很难压过峰顶。

第二,虹吸式放水设施真空泵都为电动式(SK−0.15~SK−1.5,市场价为 2 100~2 800 元/台),如小型水库地处偏僻尚无电源的地区,则需自备发电机组,并建造机房等,增加了设施费用。

第三,已建成的虹吸式放水设施,未设真空泵,而在进水喇叭口装置只能进水的逆止阀，虽然通过向虹吸管注管水也可启动放水，但是此种装置进水口的水头损失加大，而且注水时间很长。

第四，已建成小型水库原来都有坝下涵管等放水设施，改用虹吸放水是因为原有涵管存在隐患。但是即使改用虹吸放水，原有隐患仍需认真处理。而最可靠的处理方案是挖除原有涵管（挖深 10m 左右应是可行的）。如能在挖除老涵管时重新埋设可靠的放水管（如改用钢管，上游进口装一个插板检修门，下游出口用闸阀控制放水），也不失为一个可供选择比较的方案。

9.2 水库的特征曲线和特征水位

9.2.1 水库的特征曲线

水库的特征曲线用以描述水库库区地形特征，一般包括水库面积曲线和水库容积曲线，它是水库规划的基本资料之一。

水库的蓄水量、水面面积与蓄水水位的高低有密切的关系。水位越高，蓄水量越大，水面面积也越大。随着水库水位（高程）的不同，水库的水面面积也不同，这个水位与面积的关系曲线(H-A)简称水库面积曲线；水位与蓄水量的关系曲线(H-V)简称水库容积曲线。

根据上述两条曲线，可以查得相应的水位的蓄水量和水面面积。它们是规划水库和设计建筑物的很重要的依据。

9.2.1.1 水库面积曲线

水库面积曲线的绘制可以根据库区地形图进行。相应于每一高程就有一等高线和坝轴线间围成的面积（图 9-16 中的阴影面积）。这个面积可以用求积仪或方格网法求得。然后以水库水位为纵坐标，水库水面面积为横坐标，点绘水库水位与水面面积关系曲线，即可得到水库水位面积曲线（图 9-17）。

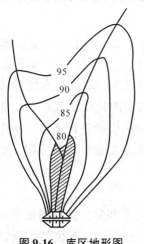

图 9-16　库区地形图

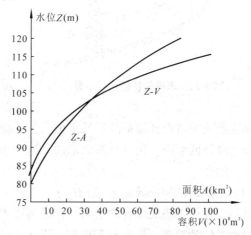

图 9-17　某水库特征曲线

9.2.1.2 水库容积曲线

水库容积曲线是表示水库水位与库容之间关系的。它的绘制可以由水库面积曲线推算出来。由水库最低层算起，利用式（9-3）可算出每相邻两条等高线之间的水库容积，即

$$\Delta V = \frac{1}{2}\Delta Z(A_i + A_{i+1}) \tag{9-3}$$

式中　ΔV——相邻两条等高线间的水库容积（m^3）；

　　　ΔZ——相邻两条等高线间的垂直高度（m）；

　　　A_i，A_{i+1}——相邻两条等高线对应的面积（m^2）。

若为精确起见，也可以采用棱台体积公式，即

$$\Delta V = \frac{1}{3}\Delta Z(A_i + \sqrt{A_i + A_{i+1}} + A_{i+1}) \tag{9-4}$$

各层水库容积算出之后，由下而上加以累积，即可求得各高程的水库总容积。以水库水位为纵坐标，水库容积为横坐标，即可绘制出水库容积曲线。如图 9-17 所示为某水库面积曲线和容积曲线。

在实际工作中，对于小 I 型水库一般用 1/5 000 ~ 1/1 000 库区地形图绘制上述曲线，对于小 II 型水库也允许采用简便的方法测绘上述曲线。

9.2.2 水库的特征水位

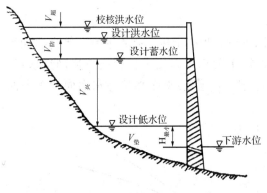

图 9-18　水库的特征水位示意

表示水库工作状况的特征库容有垫底库容（又称死库容）、兴利库容、防洪库容和超高库容。同这 4 个库容相对应的特征库水位是设计低水位、设计蓄水位、设计洪水位和校核洪水位（图 9-18）。

（1）垫底库容和设计低水位（死水位）（$H_{低}$）

垫底库容是水库库容中最低的组成部分，又称死库容。这部分库容蓄存的水量，在正常情况下，不参与水库的正常调蓄，与其相对应的是设计低水位，即保证放水涵管泄放渠道设计流量的最低水位，为了维持水库向渠道引放设计流量，水库水位不得低于设计低水位。所以对灌溉来说，这一水位下的蓄水主要起垫底的作用，垫底库容用 $V_{垫}$ 表示。

（2）兴利库容和设计蓄水位（$H_{设}$）

兴利库容位于垫底库容的上面，它是调蓄水库水量的主要部分，使其满足灌溉、发电等用水部门的需要，故称兴利库容，以 $V_{兴}$ 表示。对应兴利库容的水位就是设计蓄水位，又称正常水位，设计低水位至设计蓄水位以下所包围的库容称为兴利库容。如果采

用自由溢洪道，则溢洪道槛高程就是水库的设计蓄水位(图9-18)。如水库溢洪道上装有闸门或其他控制设备，水库的设计蓄水位略低于闸门顶高程。

(3)防洪库容和设计洪水位($H_{洪}$)

防洪库容位于兴利库容之上，用来调蓄水库上游出现的设计洪水，削减下泄的洪峰流量，减轻下游洪水危害。当水库蓄水达到设计蓄水位时，上游出现设计洪水，溢洪道就开始溢洪，在溢洪过程中，库水位逐渐上升，达到最高限度时的水位，就是设计洪水位。它与设计蓄水位之间的库容就是防洪库容，用$V_{防}$表示。小型水库的防洪库容一般只起滞洪作用，不考虑同兴利库容结合使用。

(4)超高库容和校核洪水位($H_{校}$)

水库的防洪问题，一方面是水库上游出现设计洪水，使水库水位达到溢洪道堰顶以上一定高度，即设计洪水位；另一方面是水库上游出现比设计洪水更大的洪水时，水库水面达到更高的水位，但不允许洪水漫过坝顶，这时出现的洪水称为校核洪水，而水位则称为校核洪水位。校核洪水位与设计洪水位之间的库容，称为超高库容。应当指出，在水库规划中，还应考虑出现特大洪水的情况。这种特大洪水，称为保坝洪水，比校核洪水更大，研究的目的是为了事先制定保证大坝安全的应急措施。在小型水库的规划工作中，有时用保坝洪水作为校核洪水。

水库的规划设计就是通过计算，由低到高分别确定垫底库容、兴利库容、防洪库容和超高库容，然后用下式算出水库的总库容$V_{总}$，即

$$V_{总} = V_{死} + V_{兴} + V_{防} + V_{超}$$

并由此得出相应的各个特征水位。

9.3   设计低水位和垫底库容的确定

以灌溉为主的小型水库，垫底库容主要满足两个要求：首先，按渠道自流引水灌溉的要求决定设计低水位，其次，按水库泥沙淤积的要求来校核垫底库容是否够用。如果不够用还要适当提高原来计算的设计低水位，以满足淤积泥沙所需要的库容。

9.3.1   设计低水位应保证水库自流灌溉

在保证自流灌溉的情况下，设计低水位主要取决于灌区地面的高程，由灌区规划可推算出渠首设计引水高程，也就是放水建筑物的下游水位，如图9-19上的B点高程所示。

然后加上泄放渠道设计流量时放水建筑物所必需的最小水头$H_{\min}$，即可得到设计低水位。在规划阶段，$H_{\min}$可依经济指标估计，在技术设计阶段，则应根据渠道设计流量及放水建筑物的形式、尺寸进行详细的水力学计算推出。在特枯年份的抗旱季节，往往不能按正常流量

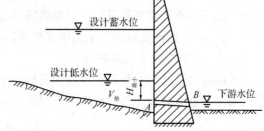

图9-19   保证水库自流灌溉设计低水位示意

放水, 只要水库有水就应尽量泄放, 故设计低水位以下到放水建筑物进口底槛 A 点高程之间的水库库容也是可以利用的。真正的死库容是放水建筑物进口底槛高程以下的那部分无法自流的库容。

9.3.2 设计低库容应满足泥沙淤积的要求

以灌溉为主的水库, 主要要求满足上述条件。但对于多沙性河流, 必须校核死库容能否满足泥沙淤积的要求。一般小型水库可按下列 3 种方法计算年淤积量及水库使用年限。

9.3.2.1 具有泥沙观测资料情况

(1)年淤积量计算公式

$$V_{m,0} = \frac{\rho_0 \omega_0 m}{(1-\rho)\gamma_s} \tag{9-5}$$

式中 $V_{m,0}$——多年平均年淤积量($\mathrm{m^3/a}$);

ρ_0——多年平均含沙量($\mathrm{kg/cm^3}$);

ω_0——多年平均年径流总量($\mathrm{m^3}$);

m——库中泥沙沉积率;

ρ——淤积体的孔隙率, 取 $0.3 \sim 0.4$;

γ_s——淤积体积的质量($\mathrm{kg/m^3}$)。

该式仅对悬移质而言, 若推移质所占比重较大, 应进行专门的研究。

(2)水库使用年限 T 计算公式

$$T = \frac{V_{死}}{V_{m,0}} \tag{9-6}$$

式中 $V_{死}$——水库拟定的死库容。

9.3.2.2 无泥沙观测资料情况

(1)悬移质多年平均输沙量的估算

①参证站水文比拟法 当水库所在河流无实测泥沙资料时, 可选择一个气候、土壤、植被、地形、水文地质等自然地理特征相似的参证流域来估算本水库坝址以上流域的悬移质输沙量, 即

$$R_0 = \gamma_{0参} F \tag{9-7}$$

式中 R_0——本流域多年平均年悬移质输沙量(t);

$\gamma_{0参}$——参证流域多年平均年悬移质输砂模数($\mathrm{t/km^2}$);

F——本流域集水面积($\mathrm{km^2}$)。

②经验公式法 一些地区的观测资料证明, 悬移质输沙量与河床平均比降、年径流总量及侵蚀系数有关, 可列出如下的经验公式, 即

$$R_0 = \frac{\alpha \sqrt{J} \omega_0}{100} \tag{9-8}$$

式中 J——河床平均比降；

  ω_0——多年平均径流总量（m^2）；

  α——侵蚀系数，一般可按下列资料选取。

冲刷极微的流域 $\alpha = 0.5 \sim 1.0$；冲刷轻微的流域 $\alpha = 1 \sim 2$；冲刷中等的流域 $\alpha = 2 \sim 6$；冲刷极强的流域 $\alpha = 6 \sim 10$。

③查等值线图 查各省（自治区、直辖市）水文手册中绘制的多年平均侵蚀模数等值线图，可得 γ_0 值，代替式（9-5）中 $\gamma_{0参}$，计算多年平均输砂量 $R_0(t)$。

（2）推移质多年平均输砂量的估算

一般按推移质与悬移质有一定比例关系估算，即

$$S_0 = \beta R_0 \tag{9-9}$$

式中 S_0——多年平均年推移质输沙量（t）；

  R_0——多年平均年悬移质输沙量（t）；

  β——推移质输沙量与悬移输沙量的比值，在一般情况下，β 可采用下列数值。

平原地区河流 $\beta = 0.01 \sim 0.05$；丘陵地区河流 $\beta = 0.05 \sim 0.15$；山区河流 $\beta = 0.15 \sim 0.30$。

（3）年淤积量及水库淤积年限的估算

年淤积量：

$$V_{m,a} = mR_0 + S_0 \tag{9-10}$$

式中 $V_{m,a}$——平均年淤积量（t/a）；

  m——库中泥沙沉积率。

淤积年限：

$$T = \gamma_d \frac{V_{垫}}{V_{m,0}} \tag{9-11}$$

式中 T——淤积年限（a）；

  $V_{垫}$——拟定的死库容（m^3）；

  γ_d——淤砂体的干容重（t/m^3），一般取 $1.1 \sim 1.3$。

9.3.2.3 用坝前淤高估算水库使用年限

水库泥沙实际淤积情况，并不是首先在垫底库容中淤积，然后再在兴利库容中淤积。由于入库水流流速逐渐减小，水流挟带的大粒径泥沙（如卵岩、砾石等）首先在库尾淤积，形成所谓"翘尾巴"的现象，接着是粗砂、细砂淤积，直到坝前粒径很细的泥沙也沉积下来，形成了从库尾到坝前的"淤积带"，如图9-20所示。

当坝前泥沙淤积高程达到取水口高程时，取水口已开始被泥沙堵塞，水库无法再发挥兴利调节作用。因此，坝前泥沙淤积高度决定了水库的使用年限。坝前淤积高度的计算，

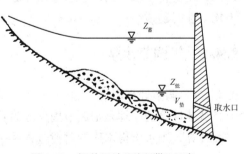

图9-20 坝前泥沙"淤积带"示意

可采用参证站水文比拟法，即

$$h_1 = h_2 \left(\frac{F_1}{F_2}\right)^m \left(\frac{V_{2蓄}}{V_{1蓄}}\right)^n \qquad (9\text{-}12)$$

式中　h_1——设计水库坝前年平均淤高（m/a）；

　　　h_2——参证水库坝前年平均淤高（m/a）；

　　　F_1——设计水库流域面积（km^2）；

　　　F_2——参证水库流域面积（km^2）；

　　　$V_{1蓄}$——设计蓄水库容，即兴利库容与死库容之和，以 $\times 10^4 m^3$ 或 $\times 10^8 m^3$ 计；

　　　$V_{2蓄}$——参证水库的设计蓄水库容，以 $\times 10^4 m^3$ 或 $\times 10^8 m^3$ 计；

　　　m，n——指数，一般 m 取 1.38，n 取 1.29。

水库使用寿命按式（9-13）计算，即

$$T = \frac{h}{h_1} \qquad (9\text{-}13)$$

式中　T——水库使用寿命（a）；

　　　h——坝前取水口以下水深（m）；

　　　h_1——设计水库坝前年平均淤高（m/a）。

在设计低水位及坝前取水口以下水深已知时，可用上述公式求出年淤积量及使用年限。一般小型水库的淤积年限可考虑为 20~50 年。如果所设计的死库容不能满足淤积要求，还应抬高设计低水位及取水口高程，增加死库容或坝前取水口以下水深。

9.4　设计蓄水位和库容调节计算

设计低水位选定后，可依据水库来水及用水资料进行兴利调节计算，求出兴利库容，根据水库容积曲线，可换算出设计蓄水位。若灌溉面积大，天然径流量小，则还有一个经济比较的问题，即先拟选定几个方案进行调节计算，选择出经济合理的灌溉面积，从而定出设计蓄水位。

水库对天然来水调节的程度不同，可分为年调节水库和多年调节水库 2 种。年调节水库是将一个年度内丰水季节的多余来水储存起来，到枯水季节应用，它只解决一个年度内来水和用水的不均匀性问题。多年调节水库除应调节一年内来水和用水的不均匀性以外，还要将丰水年的多余水量储存起来，到枯水年应用，以解决多年内来水和用水的不均匀性问题。

9.4.1　年调节计算

9.4.1.1　调节计算原理

调节计算的原理是把调节周期分为若干计算时段，并按时序进行逐时段的水库水量平衡计算，则可求得水库的蓄泄过程及所需的兴利库容。

$$\Delta V = (Q_入 - q_出)\Delta t \qquad (9\text{-}14)$$

式中 ΔV——计算时段 Δt 内水库蓄水量的增减值,蓄水增加时为正,蓄水量减少时
为负;

Q_λ——计算时段 Δt 内流入水库的流量(即来水量);

$q_出$——计算时段 Δt 内从水库流出的流量(包括各用水部门的用水量和各种水量损
失,如蒸发、渗漏等,有时还有弃水或冰冻)。

计算时段 Δt 的长短,对计算精度有一定的影响,对年调节计算来说,一般可取 1 个
月为一个计算时段,有时在来水量变化较大或灌溉用水量变化较大时,可取半月或一旬
作为一个计算时段。如果精度要求高,则时段就要划分得短一些。

在具体计算时,一般是从蓄水期(来水大于用水,有余水蓄在水库里)开始作为调节
计算的起点,也就是说,调节计算是按调节年度进行的,所谓调节年度,就是水库从蓄
水期开始作为调节年度的起点,水库蓄满后又经供水期将水库放空为调节年度的终结
(也就是下一调节年度的开始)。这样经历的 1 年称为调节年,它不是按从 1 月 1 日到 12
月 31 日为 1 年的日历年。

年调节水库来水和用水的配合有 2 种情况。如图 9-21 所示为水库运用一次的情况,

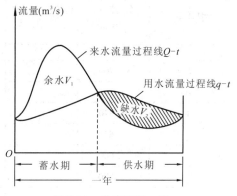

图中 Q-t 代表来水过程,q-t 代表用水过程,也
就是说,水库在一个调节年度内,充满一次,
泄空一次。在这种情况下,V_2(图中阴影部分面
积)是唯一的来水不足量,只要水库能蓄这么多
水,就能保证这一年用水需要,故水库兴利库
容为 $V = V_2$。如图 9-22 所示为水库运用两次的
情况,这种情况比较复杂,要进行具体的分析。
对于图 9-22(a)中的情况,$V_1 > V_2$,$V_3 > V_4$,即
每次的余水都超过了每次的不足水量,水库的
两次运用是独立的,不互相影响,因此,水库
的兴利库容应取两个不足水量中的较大者,即 V

图 9-21 水库运用一次

$= V_4$。只要兴建兴利库容等于 V_4 的水库,就能保证水库在两次运用中都能满足用水要
求。而对于图 9-22(b)中的情况,$V_1 > V_2$,$V_3 < V_4$,显然,由于 $V_3 < V_4$,要满足 V_4 时期
的用水要求,必须事先存蓄一部分水量,也就是要存蓄 V_3 所不能满足的那一部分水量
$(V_4 - V_3)$。这时候,水库的兴利库容应为 $V = V_2 + V_4 - V_3$。

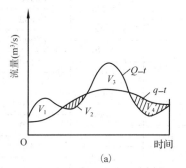

(a)

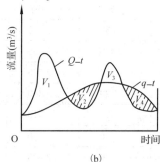

(b)

图 9-22 水库运用两次

对以上几种典型情况有了充分认识后，可以依据同样道理分析实际运算中可能遇到的更为复杂的水库运用情况，借以合理地确定水库的兴利库容。

9.4.1.2 长系列法

（1）不计入损失的年调节计算列表法

列表法就是根据来水过程线和用水过程线，应用水量平衡原理，逐时段进行列表计算，求出来水和用水的差值，即余水量和缺水量，最后根据不同的运用情况，分析出这一调节年度所需的兴利库容。

$$\Delta V = (Q_\lambda - q_出)\Delta t = W_来 - W_用 - W_弃 \tag{9-15}$$

式中　$W_来$——计算时段内的来水量；

$W_用$——计算时段内的用水量；

$W_弃$——计算时段内的弃水量。

现以某水库的计算为例（表9-8），说明具体的计算方法。

表9-8　不计入损失的年调节计算

月或旬		来水量 $W_来$（$\times 10^4 \mathrm{m}^3$）	灌溉用水量 W（$\times 10^4 \mathrm{m}^3$）	$W_来 - W_用$		水库蓄水量 V'（$\times 10^4 \mathrm{m}^3$）	弃水量 $W_弃$（$\times 10^4 \mathrm{m}^3$）
				余水量（$\times 10^4 \mathrm{m}^3$）	缺水量（$\times 10^4 \mathrm{m}^3$）		
(1)		(2)	(3)	(4)	(5)	(6)	(7)
						0	
9		760		760			
						760	
10		360		360			
						1 120	
11		2 340		2 340			
						3 460	
12		2 840		2 840			
						6 300	
1		2 000		2 000			
						8 300	
2		870		870			
						9 170	
3		8 200		8 200			
						17 370	
4		5 950		5 950			360
						22 960	
5	上	6 750	2 430	4 320			4 320
						22 960	
	中	4 300	0	4 300			4 300
						22 960	
	下	1 900	5 020		3 120		
						19 840	
6	上	1 460	2 350		890		
						18 950	
	中	620	5 690		5 070		
						13 880	
	下	2 080	3 460		1 380		
						12 500	
7	上	410	3 730		3 320		
						9 180	
	中	110	2 770		2 660		
						6 520	
	下	20	3 440		3 420		
						3 100	
8	上	10	710		700		
						2 400	
	中	10	0	10			
						2 410	
	下	20	2 430		2 410		
						0	
合计		41 010	32 030	31 950	22 960		8 980

表 9-8 中，第(1)栏为计算时段，本例中，非灌溉期以一个月为一个计算时段，灌溉期以一旬为一个计算时段。第(2)、(3)栏分别为计算时段的来水量和灌溉用水量，第(2)、(3)栏差值若为正时，填于第(4)栏，若为负时，填于第(5)栏。本例为二次运用情况，兴利库容 $V_兴 = V_2 + V_4 - V_3$，其中，$V_2 = 20\ 540\text{m}^3$，$V_4 = 2\ 410 \times 10^4\text{m}^3$，$V_3 = 10.00 \times 10^4\text{m}^3$，故 $V_兴 = 22\ 960 \times 10^4\text{m}^3$。

值得提出的是：在本例的调节年度中，有弃水 $8\ 980 \times 10^4\text{m}^3$，这种弃水的年调节称为不完全年调节；反之，没有弃水的年调节称为完全年调节。

(2)计入损失的列表计算法

按上述方法求出的水库兴利库容没有考虑水库损失，不是实际所需要的水库库容，而是一种粗略的计算方法，一般还需要进一步考虑水库的水量损失。

①水库的水量损失　水库建成后，改变了天然河流的情况，形成人工湖泊，必然会较天然情况增加蒸发损失和渗漏损失，统称水库损失。

a. 蒸发损失：水库的蒸发损失，不是指水库的水面蒸发量，而是指水库建成后的水面蒸发量大于原有陆面蒸发量的那一部分。

$$W_蒸 = (E_B - E_C)A \tag{9-16}$$

式中　$W_蒸$——1 年内水库蒸发损失量(mm)；

E_B——1 年内水面蒸发水层深度(mm)；

E_C——1 年内陆面蒸发水层深度(mm)；

A——水库水面面积(m^2 或 km^2)；

$E_B - E_C$——1 年内分配即采用当年 $E_测$ 的年内分配。

其中 $E_B = KE_测$，$E_测$ 为水文站或气象站当年所观测的蒸发皿年蒸发量，K 为不小于 1 的折减系数。E_C 的精确计算比较困难，一般采用下述近似公式，即

$$E_C = X_0 - Y_0 \tag{9-17}$$

式中　X_0——多年平均降水深度；

Y_0——多年平均径流深度。

b. 渗漏损失：水库的渗漏损失，包括坝身渗漏、坝顶及坝端两岸的渗漏、库岸四周的渗漏等，其中尤以库岸四周的渗漏为大。要详细计算水库的渗漏是相当麻烦的，也不一定能提供可靠的数据，一般采用估算法。较常用的是以 1 年或 1 月的渗漏损失为水库蓄水容积的一定百分数来估算。下列数据仅供设计时参考。

对于地质及工程条件优良者：0~10%/年或(0~0.5%)~1.0%/月。

对于地质及工程条件中等者：10%~20%/年或1.0%~1.5%/月。

对于地质及工程条件恶劣者：20%~40%/年或1.5%~3.0%/月。

水库的渗漏损失，除了岩溶地区外，其损失量一般是逐年减少的。这是因为岩层的缝隙渐渐被细粒泥沙所填塞，而使渗流系数逐渐减小；同时，由于库区附近的土壤逐渐被浸润而使地下水状况发生变化。

按上述方法确定蒸发损失和渗漏损失后，将两者相加即得水库的损失水量。

②计入损失的调节计算方法　考虑水库水量损失计算兴利库容时，某一时段水库水量平衡方程可写为：

$$\Delta V = (Q_入 - q_如 - q_损 - q_弃)\Delta t = W_来 - W_用 - W_损 - W_弃 \tag{9-18}$$

式中　$W_损$——包括时段内蒸发损失和渗漏损失水量。

由平衡方程可知，水量损失可以从来水中先扣除，然后进行调节计算，即

$$\Delta V = (W_来 - W_损) - W_用 - W_弃$$

或者将水库中的水量损失加于用水中，然后进行调节，即

$$\Delta V = W_来 - (W_用 + W_损) - W_弃$$

关键问题是每一计算时段的损失量不能事先确定，因为蒸发量和渗漏量均与本计算时段内的水库蓄水量及蓄水面积的大小有关。因此，要确定各时段水库损失量，必须知道水库各时段的蓄水情况。为此，一般的计算方法都分两步，首先不考虑水量损失进行计算，近似求得各时段的蓄水情况，用各时段的水库平均蓄水量（包括垫底库容）算出各时段的损失量，然后用考虑水量损失的平衡方程逐时段计算。

【例 9-1】 以某水库为例，说明考虑水库水量损失时计算兴利库容的列表法。

第一，不考虑损失进行近似计算，并推求各时段的蓄水及弃水情况：以表 9-8 第（6）栏各时段蓄水加死库容得各时段水库的总蓄水量，列入表 9-9 中的第（4）栏。

第二，运用考虑水库损失的水库调节方程进行列表计算：表 9-9 中的第（5）栏到第（14）栏。现将各栏的计算方法说明如下。

表 9-9 中第（5）栏，$\overline{V} = 1/2\ (V_1 + V_2)$，即各时段始末蓄水容积的平均值。

表 9-9 中第（6）栏，$\overline{V} = 1/2\ (A_1 + A_2)$，即各时段始末蓄水面积的平均值。按 $\overline{V}$ 查水库特征曲线（$Z\text{-}V$ 曲线，$Z\text{-}A$ 曲线）得出。

表 9-9 中第（7）栏，蒸发损失标准 $= (0.8E_测 - E_c)$，并分配到各个时段，其中 $E_测 = 1\ 515\text{mm}$，为该年的蒸发量。$E_c = X_n - Y_n = (1\ 317 - 787)\text{mm} = 530\text{mm}$。

$0.8E_测 - E_c = (0.8 \times 1\ 515 - 530)\text{mm} = 682\text{mm}$。

建库后增加的水面蒸发量（$0.8E_测 - E_c$）按当年的水面蒸发的年内分配情况，分配到各个计算时段，得表 9-10。

表 9-9 中第（8）栏，蒸发损失量 $W_蒸$，$W_蒸 = (6) \times (7) = (0.8E_测 - E_c)\overline{A}$。计算时应注意统一计算单位。如 $W_蒸$ 以 $\times 10^4\text{m}^3$ 计，$\overline{A}$ 以 $\times 10^4\text{m}^3$ 计，则蒸发损失标准应以 m 计，如 9 月为 $67\text{mm} = 0.067\text{m}$。

表 9-9 中第（9）栏，渗漏损失标准。该水库地质及工程条件中等，按水库当月蓄水容积的 1% 计。对于 5 ~ 8 月以旬为计算时段的月份，旬损失标准为旬蓄水容积的 0.33%。

表 9-9 中第（10）栏，渗漏损失量 $W_渗 = (5) \times (9)$。

表 9-9 中第（11）栏，蒸发与渗漏损失水量之和为

$$W_损 = W_蒸 + W_渗$$

表 9-9 中第（12）栏，考虑水库损失后的水库供水量，$M = (3) + (11)$；

表 9-9 中第（13）栏，多余水量，当 $W_来 - M$ 为正值时填入此栏；

表 9-9 中第（14）栏，不足水量，当 $W_来 - M$ 为负值时填入此栏。

表 9-9　计入损失的年调节计算表

月份	来水量 $W_{来}$ (×10⁴m³)	灌溉用水量 $W_{用}$ (×10⁴m³)	水库蓄水量 V (×10⁴m³)	平均蓄水量 $\bar{V}$ (×10⁴m³)	平均水面面积 $\bar{A}$ (×10⁴m³)	蒸发 标准(mm)	$W_{蒸}$ (×10⁴m³)	渗漏 标准(%)	$W_{渗}$ (×10⁴m³)	总损失 $W_{损}=W_{蒸}+W_{渗}$ (×10⁴m³)	$M=W_{用}+W_{损}$ (×10⁴m³)	$W_{来}-M$ 多余水量 (×10⁴m³)	不足水量 (×10⁴m³)	水库蓄水量 V' (×10⁴m³)	弃水量 $W_{弃}$ (×10⁴m³)
(1)	(2)	(3)	(4)	(5)	(6)	(7)	(8)	(9)	(10)	(11)	(12)	(13)	(14)	(15)	(16)
			1 500											0	
9	760		2 260	1 880	560	67	37	以当月蓄水量的 1% 计及以当月蓄水量的 0.33% 计	19	56	56	704		704	
10	360		2 620	2 440	650	51	33		24	57	57	303		1 007	
11	2 340		4 960	3 790	810	32	26		38	64	64	2 276		3 283	
12	2 840		7 800	6 380	1 130	22	25		64	89	89	2 751		6 034	
1	2 000		7 800	8 800	1 380	21	29		88	117	117	1 883		7 917	
2	870		9 800	10 235	1 540	26	40		102	142	142	728		8 645	
3	8 200		10 670	14 770	1 920	47	90		148	238	238	7 962		16 607	
4	5 950		18 870	21 665	2 480	58	143		217	360	360	5 590		22 197	
5 上	6 750	2 430	24 460	24 460	2 700	27	73		82	155	2 585	4 165		23 824	2 538
5 中	4 300	0	24 460	24 460	2 700	27	73		82	155	155	4 145		23 824	4 145
5 下	1 900	5 020	24 460	22 900	2 600	27	70		76	146	5 166		3 266	20 558	
6 上	1 460	2 350	21 340	20 895	2 420	32	78		71	149	2 499		1 039	19 519	
6 中	620	5 690	20 450	17 015	2 180	32	70		59	129	5 819		5 199	14 320	
6 下	2 080	3 460	15 380	14 690	1 910	33	63		49	112	3 572		1 492	12 828	
7 上	410	3 730	14 000	12 340	1 740	30	52		41	93	3 823		3 413	9 415	
7 中	110	2 770	10 680	9 350	1 430	30	43		31	74	2 844		2 734	6 681	
7 下	20	3 440	8 020	6 310	1 120	29	32		21	53	3 493		3 473	3 208	
8 上	10	710	4 600	4 250	880	31	27		14	41	751		741	2 467	
8 中	10	0	3 900	3 905	820	30	25		13	38	38		28	2 439	
8 下	20	2 430	3 910	2 705	680	30	20		9	29	2 459		2 439	0	
合计	41 010	32 030	1 500			682			1 248	2 297	34 327	30 507	23 824		6 683

注：$V_{垫}=1\,500\times10^4\,\mathrm{m^3}$。校核：$\sum(2)-\sum(3)-\sum(11)-\sum(16)=0$；$41\,010-32\,030-2\,297-6\,683=0$　计算无误

表 9-10 蒸发损失标准计算

月 份	9	10	11	12	1	2	3	4	5	6	7	8	全年
分配(%)	9.81	7.61	4.69	3.21	3.08	3.80	6.88	8.53	11.8	14.21	13.05	13.33	100
标准(mm)	67	51	32	22	21	26	47	58	81	97	89	91	682

第三，求水库年调节库容：从第(13)、(14)栏可以看出，水库为运用一次的情况。水库年调节库容取决于连续缺水段各时段不足水量之和，即 $V' = 23\ 824 \times 10^4 \mathrm{m}^3$。

第四，推求各时段水库蓄水及弃水情况：推求方法与前述不计损失的方法相同。计算结果列入表 9-9 中的第(15)、(16)栏。

第五，校核：由于计算表内数字较多，且要经过多次运算，很容易出现错误，应检查结果是否正确。在这个调节年度内，水库经过充蓄与泄放，到 8 月下旬末时水库应放空，即 $V_{末}' = 0$。如果不为 0，则说明第(15)栏的计算有错误。另外，还可利用考虑损失的水量平衡方程式进行核减，即

$$\sum W_来 - \sum W_用 - \sum W_损 - \sum W_弃 = 0$$

如果计算结果不为 0，则说明表 9-9 中有关栏内计算有错误，应进行修正。在本例中，计算结果 41 010 - 32 030 - 2 297 - 6 683 = 0，说明计算无误。

按计入损失列表计算法得到的年调节库容 $V' = 23\ 824 \times 10^4 \mathrm{m}^3$，较不计入损失的 $V = 22\ 960 \times 10^4 \mathrm{m}^3$ 更接近实际一些。但由于在计算损失时，用的还是没有考虑损失的库容和水面面积，如表 9-9 中第(4)、(5)、(6)栏，而不是计入损失后的水库库容及水面面积，故计算出来的年调节库容还是一个近似值。为改正这个误差，可利用已求出的考虑损失后水库蓄水情况，如表 9-9 中第(15)栏，再按上述方法进行一次运算，这样求出的年调节库容将更大一些，也更接近实际一些。当然，计算的次数越多，计算结果越接近水库的实际蓄水情况。但这种烦琐的计算，往往被证实是没有必要的，在实际工作中，只需要重复一次，就可得出比较满意的结果。

③计入损失的近似法 在作初步计算时，或在水量损失所占总用水量的比重不大时，可以采用计入损失的近似法。此法主要是根据不计入损失的初步计算所求得的水库年调节库容，找出全部库容(包括垫底库容)的平均值，然后依此平均值估算损失水量。例如，上述例子中，不考虑损失计算的年调节库容为 22 960×10⁴m³，死库容为 1 500×10⁴m³，平均容积为 $(22\ 960/2 + 1\ 500) \times 10^4 \mathrm{m}^3 = 12\ 980 \times 10^4 \mathrm{m}^3$。水库在主要供水期 5~8 月(4 个月)的渗漏损失可估计为$(12\ 980 \times 4 \times 1\%) \times 10^4 \mathrm{m}^3 = 519.2 \times 10^4 \mathrm{m}^3$，相当于平均容积 12 980×10⁴m³ 的水面面积为 1 786×10⁴m³，水库在主要供水期的蒸发损失为$(81 + 97 + 89 + 91) \times 1/1\ 000 \times 1\ 786 \times 10^4 \mathrm{m}^3 = 640 \times 10^4 \mathrm{m}^3$。主要供水期的总损失 = $(519 + 640) \times 10^4 \mathrm{m}^3 = 1\ 159 \times 10^4 \mathrm{m}^3$。计入损失后的水库调节库容为$(22\ 960 + 1\ 159) \times 10^4 \mathrm{m}^3 = 24\ 119 \times 10^4 \mathrm{m}^3$，它与计入损失的详算法求得的 23 824×10⁴m³ 相差 295×10⁴m³，二者相差不大。

④兴利库容的确定 按上述方法进行每年的调节计算，可得到每年所需的年调节库容，则有多少年资料就可求得多少个年调节库容，然后按由小到大的次序排列，按经验频率公式 $P = \dfrac{m}{n+1} \times 100\%$ 求出相应于每一库容的频率，点绘库容与频率的关系曲线(图 9-23)。根据给定的灌溉设计保证率，例如，$P = 80\%$，查该曲线即可求得相应的年调节

兴利库容 $V_兴 = 3\,500 \times 10^4 \mathrm{m}^3$。

在进行库容的频率统计时，必须注意来水量小于用水量的年份，这种年份在年调节范围内是不能保证供水的，必须把它从统计系列中剔除，然后再进行库容的频率统计。例如，有 20 年来水和用水资料，其中来水小于用水的有 2 年，在统计时应把这 2 年事先剔除，然后将来水大于用水的年份进行频率统计。这些年份中最大的一个库容应排在第 18 位（而不是第 20 位），其经验频率

为 $P = \dfrac{m}{n+1} \times 100\% = \dfrac{18}{20+1} \times 100\% = 85.7\%$。

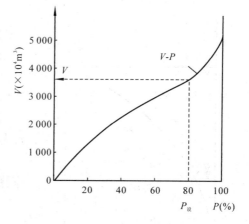

图9-23 库容与频率的关系曲线

采用"长系列法"求出的年调节水库兴利库容，其保证率概念比较明确，结果比较可靠，也符合水库多年运用的实际。在水库工程的技术设计阶段，它是行之有效的方法，也可作为验证其他方法的标准。只要有条件，应力求用此法进行调节计算。但这种计算方法工作量较大，不便于进行方案比较，故在规划和初步设计阶段用得不多。

为了减少计算工作量，可以先按不计入损失的列表计算法求得每年的年调节库容，并以此库容进行频率统计，作出库容频率曲线，求出相应于灌溉设计保证率的兴利库容。然后再以此库容为基础，使用计入损失的近似法求出计入损失后的兴利库容，结果也有一定的精度。

⑤小型水库兴利库容的估算方法 小型水库兴利库容的估算方法，原则上可用上述所介绍的列表计算法。但需要的资料较多，计算也比较复杂，应用于小型水库有一定的困难，为了适应小型水库资料少的特点，兴利库容可以用简单的估算方法确定。

a. 按来水量确定兴利库容

$$V_兴 = \beta W_0 = \frac{1}{10} \beta \bar{y} F \tag{9-19}$$

式中 β——库容系数，各地均有统计数值，可查阅该地区水文手册确定；

W_0——多年平均径流流量（$\times 10^4 \mathrm{m}^3$）；

$\bar{y}$——多年平均径流深（mm），查该地区等值线图；

F——流域面积（km^2），从地形图上量得；

1/10——单位换算系数。

有时，还可用更简化的公式，即

$$V_兴 = W_0 = \frac{1}{10} \bar{y} F \tag{9-20}$$

此法适用于灌溉面积较大，而水库流域面积较小的情况。

b. 按用水量估算兴利库容

$$V_兴 = M + \phi \tag{9-21}$$
$$M = m_毛 \omega$$

式中 M——灌区实际灌溉用水量（m^3）；

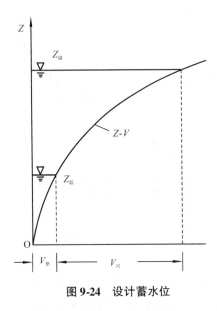

图 9-24 设计蓄水位

$m_毛$——干旱年份综合毛灌溉定额，依调查确定（m^3/亩）；

ω——灌溉面积（亩）；

ϕ——水库水量损失，一般以用水量的百分数计，如取 $\phi = 10\% M$。

此法适用于灌溉面积较小，而水库流域面积相对较大的情况。

实际计算中，往往应用上述两种方法估算出两个库容，从中选择一个较小者作为水库的兴利库容。

9.4.1.3 设计蓄水位的确定

采用以上方法确定了水库兴利库容后，就可以在水库水位容积曲线上找出相应的设计蓄水位（图 9-24）。

9.4.2 多年调节计算

9.4.2.1 多年调节计算的基本概念

以上介绍的是年调节水库的兴利调节计算原理及方法，它适用于相应保证率的年来水量大于年用水量的情况。如果是设计年来水量小于年用水量，仅靠年调节的方式，将一年内的水量重新分配还不能满足用水的要求，必须修建调节性能更高、库容更大的水库，将丰水年的多余水量存蓄在水库中，以补充枯水年用水的不足。这种将丰、枯年份的年径流量年内变化都加以重分配的调节方式，称为多年调节。

多年调节的基本计算原理和程序与年调节计算相似，即先通过调节计算求得每年所需库容，再进行频率计算，以求得设计的兴利库容。只是多年调节水库的蓄水期和供水期有时会长达几年、十几年，在这种情况下确定某些年份所需要的库容时，就不能像年调节水库那样单凭本年度供水期的不足水量来定，而必须联系到其前一年或前两年，甚至前面更多年份的不足水量情况，才能定出所需库容。

在图 9-25（a）中绘出了多年的来水过程线和相应的用水过程线（固定用水），从图中可以看出，第 1、2、3 年（这里指的是调节年）是丰水年，来水大于用水，各年所需兴利库容分别为 V_2、V_4、V_6。而第 4~7 年是连续枯水年，第 4 年的 $V_兴$ 应该和前面第 3 年一起考虑，即相当于两次运用情况，图中 $V_8 > V_9$，$V_9 < V_{10}$，所以第 5 年的 $V_兴 = V_8 + V_{10} - V_9$，这实际上是第 4、第 5 两年所要求的 $V_兴$。同理，第 6 年的 $V_兴 = V_8 + (V_{10} - V_9) + (V_{12} - V_{11})$，第 7 年的 $V_兴 = V_8 + (V_{10} - V_9) + (V_{12} - V_{11}) + (V_{14} - V_{13})$。

为了进一步弄清多年调节计算的基本原理，还可以把图 9-25（a）变为图 9-25（b）的差值累积曲线，即把各个时期的来水减用水的差值按时序累积起来，然后以 $\sum (W - M)$ 为纵坐标，以时序为横坐标，即可点绘出差值累积曲线。利用该曲线可以判断水平线差值累积频率曲线交于 b' 点，在 $b'b$ 范围内找到最高点 a，过 a 点作水平线，则 a、b 两水

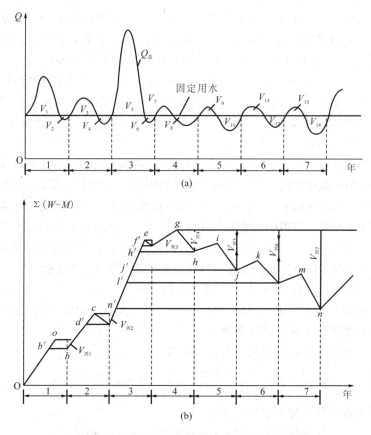

图9-25　多年调节差值累积曲线及图解法原理

(a)多年来水、用水过程线　(b)多年差值累积曲线

平线间的垂直距离，就是第1年的兴利库容 $V_{兴1}$，相当于图 9-25(a)中的 V_2，同理可找出 $V_{兴2}$、$V_{兴3}$、$V_{兴4}$，相当于图 9-25(a)中的 V_4、V_6、V_8。至于第5年，也应过 j 点作水平线与差值累积曲线交于 j' 点，在 jj' 范围内，g 是最高点，则该年的兴利库容应是 g、j 两水平线间的垂直距离 $V_{兴5}$，相当于图 9-25(a)的 $V_8 + V_{10} - V_9$，而不应是 i、j 两水平线间的垂直距离[相当于图 9-25(a)中的 V_{10}]。因为 i、j 两水平线间的垂直距离仅代表本年的缺水量，而本年的余水量(i、h 两水平线间的垂直距离)小于本年的缺水量($V_9 < V_{10}$)，必须是上一年预先蓄积一部分水量才能满足本年用水的要求，这个预留的容积就是 g、i 两水平线间的垂直距离，即 $V_8 - V_9$，而连续两年的总缺水量为 $V_8 - V_9 + V_{10}$，也就是 g、j 两水平线间的垂直距离，即 $V_{兴5}$。同理，可以定出第6年及第7年的兴利库容 $V_{兴6}$ 和 $V_{兴7}$。这样，无论碰到什么复杂的水库运用情况，只要做出此差值累积曲线，就可以较容易地判断各年所需的兴利库容。

9.4.2.2　多年调节计算的时历法

(1)逐年计算兴利库容的图解法

在已知历年来水、用水资料及灌溉设计保证率的情况下，确定多年调节兴利库容。

先列表计算出历年各月的来水、用水差值；并按调节年度统计历年余、亏水期的差值及累积差值，作出差值累积曲线；然后用上述图解原理逐年推求兴利库容，则有多少年资料就得多少 $V_兴$ 值。这里需要说明一下，调节年度的划分不能硬性规定，必须视每年的余、亏水情况而定。在多年调节中，有时会出现一次蓄泄过程多于 12 个月或小于 12 个月的情况，不论遇到什么情况，一定要把连续缺水的时段计算完才算得到本年需要的真正库容值。各年库容值求出后，进行统计得库容频率曲线，由设计保证率查该曲线，即可求得不计入损失的设计兴利库容。

若计入水库蓄水损失，重复计算一次，即得最终的兴利库容。关于多年调节水库的损失计算，一般采用近似计算法。首先以初定的兴利库容，计算水库多年平均蓄水容积及多年平均的逐月蒸发及渗漏损失(计算方法与年调节水库相同)；再从水库来水系列中，逐年逐月扣除这一水库损失，即得历年净来水资料；最后，以此净来水系列与用水系列相配合，逐年计算出水库的兴利库容(计算方法与不计入损失时相同)，再作库容频率曲线，按设计保证率即可得计入损失的设计兴利库容。具体图解计算过程见下列实例。

【例 9-2】 某水库具有 24 年来水、用水资料，灌溉设计保证率为 75%，不计入损失计算出的多年调节兴利库容为 $12\,600 \times 10^4 \mathrm{m}^3$，试求计入损失的多年调节兴利库容。

第一，计算水库蓄水损失及净来水量。

水库月损失水量 = 月渗漏损失 + 月蒸发损失

$$\overline{V} = \frac{V_兴}{2} + V_垫 = \left(\frac{12\,600}{2} + 708 \right) = 7\,008\,(\times 10^4 \mathrm{m}^3)$$

月渗漏损失取多年平均库容的 0.5%，即

$$月渗漏损失 = (7\,008 \times 0.5\%) = 35.0\,(\times 10^4 \mathrm{m}^3)$$

月蒸发损失等于月蒸发损失值乘多年平均水面面积，多年平均水面面积由 $\overline{V} = 7\,008 \times 10^4 \mathrm{m}^3$，查 $Z\text{-}V$ 及 $Z\text{-}A$ 曲线得 $\overline{A} = 9.35 \mathrm{km}^2$，蒸发损失标准的计算方法与年调节水库相同，见表 9-11。

表 9-11 某水库多年平均的水库蓄水损失计算

月份	蒸发损失标准 (mm)	蒸发损失 ($\times 10^4 \mathrm{m}^3$)	渗漏损失 ($\times 10^4 \mathrm{m}^3$)	水库总损失 ($\times 10^4 \mathrm{m}^3$)
1	14.5	13.5	35.0	48.5
2	15.8	14.7	35.0	49.7
3	12.0	11.2	35.0	46.2
4	5.7	5.3	35.0	40.3
5	11.9	11.1	35.0	46.1
6	36.0	33.7	35.0	68.7
7	38.6	36.1	35.0	71.1
8	48.6	45.5	35.0	80.5
9	36.9	34.5	35.0	69.5
10	33.2	31.0	35.0	66.0
11	16.0	14.9	35.0	49.9
12	14.3	13.4	35.0	48.4
全年	283.5	264.9	420.0	684.9

表 9-12 某水库差值累积曲线计算表

年份	分月余亏水量												分期余亏水量				分期累积水量		备注
													余水期		亏水期				
	1	2	3	4	5	6	7	8	9	10	11	12	月份	水量(+)	月份	水量(-)	余水期末	亏水期末	
1951	100.8	139.1	263.2	1 183.3	2 870.1	1 681.6	1 681.6	-502.7	-471.8	309.6	195.5	136.0	11~7	5 744.5	8~9	974.5	5 744.5	4 770.0	
1952	50.8	73.8	607.2	1 992.3	-1 083.9	-1 326.4	-1 326.4	-777.7	405.2	165.6	248.5	104.2	10~5	3 722.2	6~8	3 188.0	8 492.2	5 304.2	
1953	38.8	134.6	118.2	189.3	308.3	-806.4	-806.4	-17.7	-1 586.8	-644.4	65.1	22.3	9~3	1 215.1	4~10	3 365.7	6 519.3	3 153.6	
1954	219.5	308.2	-307.8	2 387.3	4 185.6	10 602.6	10 602.6	388.3	-2 124.8	-34.4	156.5	127.5	11~8	17 781.1	9~10	2 159.2	20 934.7	18 775.5	
1955	365.8	223.4	484.8	-1 817.7	2 915.1	-385.4	-385.4	520.3	-2 653.8	-2 126.7	-9.3	-5.4	11~8	1 523.3	9~12	4 795.2	20 298.8	15 503.6	
1956	72.5	52.0	402.2	262.3	4 095.1	3 140.6	3 140.6	2 098.3	-2 877.3	-402.4	22.2	7.0	1~8	12 344.0	9~10	3 279.7	27 847.6	24 567.9	
1957	75.0	157.4	55.6	1 566.3	184.1	-172.4	-172.4	-3 314.7	-4 065.5	-2 693.2	-16.1	35.6	11~6	854.9	7~11	10 261.9	25 322.8	15 160.9	
1958	-0.2	-15.5	7.7	-490.7	-3 825.5	808.6	808.6	4 524.3	-2 319.3	62.2	100.5	49.3	12~8	1 433.3	9	2 319.3	16 594.2	14 274.9	
1959	42.3	502.8	676.2	681.3	1 976.1	-1 511.4	-1 511.4	-5 067.5	-4 005.9	-693.6	88.5	86.2	10~6	4 643.7	7~10	11 278.4	18 918.6	7 640.2	
1960	27.2	16.3	677.2	204.3	4 750.1	823.6	823.6	-2 838.7	-1 710.0	-742.2	70.1	30.1	10~6	6 300.7	8~10	6 690.9	13 940.6	7 249.7	
1961	-5.6	-11.9	66.5	-2 412.0	-2 567.3	-2 273.4	-2 273.4	-2 837.7	-2 453.6	-620.9	327.5	233.0	11~3	149.2	4~10	14 903.2	7 398.9	-7 504.3	
1962	81.0	17.6	-611.2	-1 026.7	-1 958.8	1 186.6	1 186.6	431.3	-139.8	-1 485.1	226.5	163.0	11~2	659.1	3~10	4 715.3	-6 845.2	-11 560.5	
1963	50.9	10.7	30.6	757.3	-3 079.0	1 040.6	1 040.6	7 783.3	-1 231.8	-379.2	58.0	17.0	11~8	6 932.9	9~10	1 611.0	-4 627.6	-6 238.6	
1964	133.8	363.7	467.2	2 278.3	132.3	267.0	267.0	-2 302.7	-1 325.8	620.6	297.8	90.0	11~7	6 137.3	8~9	3 628.5	-101.3	-3 729.8	
1965	38.1	67.8	-363.8	-1 067.7	-1 807.7	64.6	64.6	-858.7	-2 215.4	158.6	125.0	71.4	10~2	1 114.3	3~9	6 210.7	-2 615.5	-8 826.2	
1966	35.2	6.5	33.3	-828.4	-784.1	-24.4	-24.4	-5 061.9	-3 793.5	-665.8	45.4	16.6	10~3	430.0	4~10	12 015.2	-8 396.2	-20 411.4	
1967	22.0	162.5	405.2	1 027.3	2 960.1	-356.4	-356.4	-2 105.7	-1 001.8	231.0	1 411.5	463.0	11~6	4 321.1	7~9	3 463.9	-16 090.3	-19 554.2	
1968	204.8	128.6	297.2	1 240.3	-1 191.4	10 589.6	10 589.6	-1 577.7	-1 288.8	-1 472.4	406.0	286.0	10~7	13 718.2	8~10	4 338.9	-5 836.0	-10 174.9	
1969	280.1	505.6	263.2	862.0	-213.9	6 948.6	6 948.6	1 183.3	-462.8	-176.4	229.8	160.0	11~8	11 198.9	9~10	639.2	1 024.0	384.8	
1970	186.4	85.2	125.7	5 057.3	4 215.1	284.6	284.6	-2 381.7	-1 368.2	305.6	163.5	124.0	10~7	10 430.1	8	2 381.7	10 814.9	8 433.2	
1971	112.5	109.6	160.0	879.3	2 295.1	228.9	228.9	-1 402.7	-2 101.3	506.6	135.5	21.3	9~7	4 466.9	8~9	3 504.0	12 900.1	9 396.1	
1972	18.2	65.0	672.2	1 800.3	928.1	-2 067.4	-2 067.4	-3 781.7	-1 448.8	197.6	397.5	123.7	10~6	3 348.2	7~9	7 297.9	12 744.3	5 446.4	
1973	49.6	191.6	355.2	1 801.3	716.1	7 506.6	7 506.6	693.3	-2 456.2	219.6	459.5	204.0	10~9	16 044.7	—	0	21 491.1	21 491.1	
1974	205.8	202.0	203.5	5 732.3	1 150.1	-820.4	-820.4	-3 908.7	-2 953.0	-149.4	177.1	158.3	10~6	7 522.8	7~10	7 831.5	29 013.9	21 182.4	

从历年来水量系列中逐月扣除水库蓄水损失，即得历年净来水量系列(表略)。

第二，计算各月的来水、用水差值，列入表 9-12 中的分月余亏水量栏内。

第三，判断历年的余水期、亏水期，并统计余水量、亏水量，列入表 9-12 中的分月余亏水量栏内。本例余水期一般为上一年的 11 月至本年的 3 月，亏水期一般为本年 4 ~ 10 月，但应视各年的余水、亏水情况判断、统计，不能硬性划分。

第四，计算历年余水期、亏水期的累积水量，列入表 9-12 中分期累积水量栏内，作为绘制差值累积曲线图及逐年判断兴利库容的依据。

第五，逐年推求兴利库容。关于多年调节兴利库容的确定方法，可以直接从历年余亏水量及分期累积水量两栏判断，也可作出如图 9-25(b)所示的差值累积曲线进行图解。这里仅介绍图解法。用表 9-12 分期累积水量栏内的数值点绘出如图 9-26 所示的差值累积曲线，按前述图解原理即可求出各年所需的兴利库容，并列入表 9-13 中。

第六，统计并绘制库容频率曲线，结果见表 9-13 和图 9-27。

第七，以灌溉设计保证率 $P = 75\%$，查该曲线得考虑损失后的兴利库容 $V_{兴} = 13\,000 \times 10^4 \mathrm{m}^3$。

表 9-13　某水库多年调节库容统计

| 年份 | 兴利库容 | | 库容频率曲线 $V-P$ | | 备注 |
	$V_{兴}$	n	V	$P = \dfrac{m}{n+1}(\%)$	
1951	970	1	0	4	
1952	3 200	2	640	8	
1953	5 340	3	970	12	
1954	2 160	4	1 610	16	
1955	5 430	5	2 160	20	
1956	3 280	6	3 280	24	
1957	16 290	7	3 190	28	
1958	13 570	8	3 280	32	
1959	20 200	9	3 460	36	
1960	20 600	10	3 500	40	
1961	35 350	11	3 643	44	
1962	39 400	12	4 340	48	
1963	1 610	13	5 340	52	
1964	3 630	14	5 430	56	
1965	8 720	15	7 450	60	
1966	48 260	16	7 830	64	
1967	3 460	17	8 720	68	
1968	4 340	18	12 690	72	
1969	640	19	13 570	76	
1970	2 380	20	20 200	80	
1971	3 500	21	20 600	84	
1972	7 450	22	35 350	88	
1973	0	23	39 400	92	
1974	7 830	24	48 260	96	

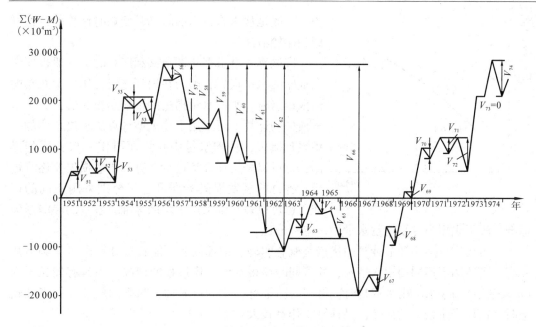

图 9-26　某水库多年调节时历图解法

（2）试算法

多年调节计算的时历法中另一个比较常用的方法是试算法。该方法不需要逐年判断兴利库容，而是先假定一个 $V_兴$，顺时逐年逐月地进行调节计算，计算表格与年调节计算列表法基本相同（见表 9-8 和表 9-10）。水库蓄水量一栏，遇余水就蓄，蓄满 $V_兴$ 仍有余水就作弃水处理；遇缺水就放，至 $V_兴$ 放空时还缺水就算这年供水破坏，然后从下一年的蓄水开始再继续进行计算。这样将整个长系列操作完毕后，就可统计出供水得到保证的年数及供水破坏的年数，求出供水的保证率，即

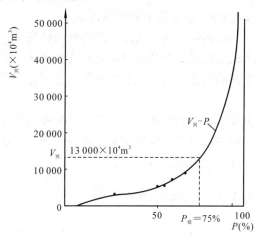

图 9-27　库容频率曲线

$$P = \frac{m}{n+1} \times 100\% \tag{9-22}$$

式中　P——供水保证率；

　　　m——保证供水年数；

　　　n——统计计算的总年数。

此供水保证率若与设计保证率相符，说明假定的兴利库容合适，即为设计的兴利库容；若两者不相符，则重新拟订 $V_兴$，重复上述过程，直至所计算的保证率与设计保证率相符为止。为了避免试算的盲目性，可将试算得出的几个 $V_兴$ 与 P 的关系数据点绘出如图 9-28 所示的 $V_兴$-P 关系曲线，以 $P_设$ 从该曲线上查出设计的兴利库容。这种计算方

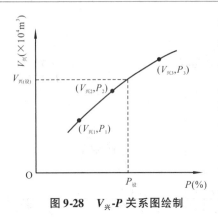

图 9-28 $V_兴$-P 关系图绘制

法，一般是从水库蓄满的时刻开始顺时计算的，这样概念比较清楚。

按试算法推求多年调节兴利库容时，一般也要考虑水库的水量损失，因为在遇到连续几年、十几年的枯水年组时，水库水量损失的影响是很大的，关于水量损失的计算，可采用上述近似计算法求出平均的一年逐月损失，从来水量中扣除而再作一次长系列操作；也可以采用详算法进行计算，水量损失要逐月进行，各月的蒸发损失标准可逐年分别采用不同的标准，也可以每年都采用平均的标准，各月的渗漏损失标准一般可采用当月平均蓄水量的一定百分比。

时历法进行多年调节计算的优点是概念明确、推理简明，能直接计算出多年调节总库容，可适用于不同的用水情况，并可同时获得水库工作过程的情况，当具有较长系列（$n > 30$ 年）的来水、用水资料时，得到的结果有一定的可靠性，当系列较短或代表性较差时，往往产生较大的误差，且计算工作量较大。

9.4.2.3 多年调节数理统计法

在短缺来水、用水系列资料的情况下，可以采用数理统计法进行多年调节计算。多年调节数理统计法的具体计算方法很多，大致可以分为两种类型：第一类方法是把水库的兴利库容人为地划分为多年库容 $V_{多年}$ 及年库容 $V_年$ 两个部分，即

$$V_兴 = V_{多年} + V_年 \tag{9-23}$$

多年库容用数理统计法计算，而年库容则用代表年时历列表法进行计算；第二类方法则同时考虑径流的年际变化及年内变化，一次求出总的兴利库容。多年调节数理统计法的详细内容可参阅有关书籍。

9.4.3 库容的调节性能

由对水库的来水和用水的特性分析可知，来水和用水之间往往不相适应，这种不适应性，有的反映在一年之内，如有的月份来水远远大于用水，有的月份来水小于用水，但整个年的来水量还是能满足年用水量要求的；有的则不仅在年内，同时还存在于年与年之间，即丰水年的年来水量大于年用水量，而枯水年的年来水量小于年用水量。为了满足用水部门一定设计保证率下的用水要求，对于前一种情况，只要对径流的年内变化按用水要求作重新分配便可解决，这种调节周期不超过一年的调节称为年调节；对后一种情况，不但要对径流的年内变化，而且要对年与年之间的径流变化按用水量要求进行重新分配才能解决，此时径流调节周期超过一年，称为多年调节。

图 9-29 表示某水库来水 W 和用水 M 的频率曲线，两线在 S 点相交，其交点所对应的频率为 P_s。若来水与用水呈函数关系，当水库的设计保证率 $P_{设1} < P_s$ 时，则年来水量大于年用水量，只需进行年调节就可以解决问题。当水库的设计率 $P_{设2} > P_s$，则年来水量小于年用水量，要满足枯水年份的用水，仅对该枯水年的径流年调节已不符合要求，

必须对径流进行多年调节。S 点称为完全调节点。

调节计算所需要解决的问题是：在来水、用水及灌溉设计保证率已定的情况下，计算所需的兴利库容。有时也可以在兴利库容已知时，求水库在灌溉设计保证率下的供水能力（灌溉面积）或在供水能力（灌溉面积）一定的情况下所能达到的设计保证率。

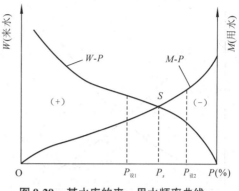

图 9-29　某水库的来、用水频率曲线

9.4.4　水库调洪计算的基本原理和方法

这一部分的计算可参考"第 6 章　淤地坝"所介绍的原理和方法。

9.4.5　溢洪道宽度和坝顶高程的确定

在水库防洪规划设计中，溢洪道宽度 B 和坝顶高程需要分别计算。

9.4.5.1　无闸门时溢洪道宽度和坝顶高程的确定

（1）溢洪道宽度的选择

无闸门溢洪道不能控制水库下泄流量，所以溢洪道的堰顶高程不能低于设计蓄水位。一般情况下，无闸门溢洪道的堰顶高程都与设计蓄水位齐平，而且汛前限制水位（又称防洪限制水位、汛前水位、调洪起始水位）也等于设计蓄水位。由于无闸门溢洪道不能人为地控制下泄流量，因而也就难以完全满足下游防洪要求，在水库下游无任何防洪任务的情况下，确定溢洪道宽度 B 的方法有如下几点。

第一，根据水库坝址附近的地形、地质条件，假设几个可能的溢洪道宽度 B，利用已求得的设计洪水过程线对各方案用淤地坝介绍的方法进行调洪演算，求得相应的最大下泄流量 q_m 和防洪库容 $V_{防}$。

第二，根据调洪计算结果，绘制 $B\text{-}V_{防}$ 和 $B\text{-}q_m$ 两关系曲线，如图 9-30 所示。

第三，进行方案比选，选定溢洪道宽度 B。

首先应考虑技术上、经济上的合理性。由图 9-30 得知：溢洪道宽度 B 越大，其相应的最大下泄流量 q_m 也越大，而所需要的防洪库容则越小，溢洪道建筑物投资、水库下游堤防与淹没费用将随溢洪道宽度 B 的增大而增大，而水库上游淹没损失及大坝投资将随溢洪道宽度 B 的增加而减小。因此，应对各方案的经济效益进行比较。同时，还要考虑水库地形、地质条件及枢纽布置的要求。总之，对各种溢洪道宽度 B 的方案进行合理性分析，从而确定最优方案。

（2）大坝坝顶高程的确定

通过调洪计算、方案比较选定溢洪道宽度 B 以后，水库的设计水位 $Z_洪$ 和校核洪水位 $Z_校$ 就可以确定了。

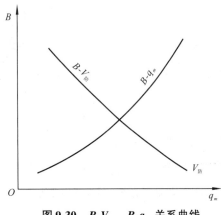

图 9-30　$B\text{-}V_{防}$、$B\text{-}q_m$ 关系曲线

水库大坝的坝顶高程应能满足大坝在设计洪水及校核洪水位并有风浪的情况下有足够的超高，使波浪不致漫溢坝顶，即

$$Z_{坝顶} = Z_{设} + h_{浪 \cdot 设} + \Delta h_{设} \qquad (9\text{-}24a)$$

或

$$Z_{坝顶} = Z_{校} + h_{浪 \cdot 校} + \Delta h_{校} \qquad (9\text{-}24b)$$

式中　$h_{浪 \cdot 设}$，$h_{浪 \cdot 校}$——在设计条件和校核条件下的风浪高，前者大于后者；

$\Delta h_{设}$，$\Delta h_{校}$——在设计条件和校核条件下的安全超高，也是前者大于后者。

两者中取较大值。

对于直立坝坡和倾斜坝坡，风浪高 $h_{浪}$ 的计算需要采取不同的方法。

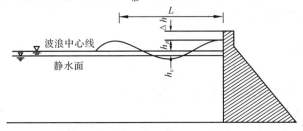

图 9-31　直立坝面的风浪示意

在直立坝坡的情况下，风浪高 $h_{浪}$ 为波浪中心线上的浪高 h_B 和波浪中心线距离静水面的高度差 h_0 之和，如图 9-31 所示，即

$$h_{浪} = h_B + h_0 \qquad (9\text{-}25)$$

浪高 h_B（以 m 计）可按式（9-26）计算，即

$$h_B = 0.016\,6V^{5/4}D^{1/3} \qquad (9\text{-}26)$$

式中　h_B——浪高（m）；

V——风速（m/s），在设计条件下采用年最大风速的多年平均值的 1.5 倍，在校核条件下采用 1.0 倍；

D——吹程，由坝前沿水面至对岸的最大直线距离（km）。

波浪中心线与静水面的高程差 h_0 可按式（9-27）计算，即

$$h_0 = \frac{\pi h_B^2}{L} \qquad (9\text{-}27)$$

式中　h_0——波浪中心线距离静水面的高度差（m）；

L——波长（m），$L = 10.4 h_B^{0.8}$；

π——圆周率，取 3.141 6。

在倾斜坝坡的情况下，波浪爬高 $h_{浪}$ 的计算一般采用式（9-28），即

$$h_{浪} = 3.2 K h_B \tan\alpha \qquad (9\text{-}28)$$

式中　K——系数，视坝坡的粗糙程度而定，对于坝面光滑的，如混凝土护坡，取 1.0，
　　　　　对于块石护坡，取 0.75 ~ 0.80；

　　　h_B——浪高（m）；

　　　α——大坝迎水面的坡度（°）。

大坝在波浪顶以上的安全超高 Δh，可参考表 9-14 选用。

表 9-14　非溢流坝坝顶超高

坝的类型	运用情况	非溢流坝坝顶超高（m）	
		超过最高净水位	超过波浪顶高程
(1)	(2)	(3)	(4)
土坝、堆石坝及干砌石坝	正常（设计）	2.5 ~ 1.5	1.5 ~ 1.0
	非常（校核）	2.0 ~ 1.0	1.0 ~ 0.5
混凝土坝、钢筋混凝土坝及浆砌石坝	正常（设计）	1.5 ~ 1.0	1.0 ~ 0.5
	非常（校核）	1.0 ~ 0.5	0.7 ~ 0.3

9.4.5.2　有闸门时溢洪道宽度和坝顶高程的确定

（1）溢洪道设闸门的作用

水库为了宣泄洪水而设置溢洪道，如果溢洪道上不装设闸门，则可使造价低廉，运用简便安全，而且避免了闸门操作的麻烦，但削减洪峰的效果低，更不能使水库防洪库容与兴利库容相结合。如果水库溢洪道装设闸门，则有利于水库的综合利用，充分利用水资源，并使水库的兴利库容和防洪库容有可能部分地或全部地结合起来，使水库容积的利用更为经济，尤其是为满足水库下游的防洪要求提供了有利条件。

水库溢洪道装设闸门，在满足同样的下游安全泄量（$q_{允}$）的条件下，可以使所需防洪库容减少，减少的数量可由图 9-32 中①、②两线所包围的阴影面积表示。

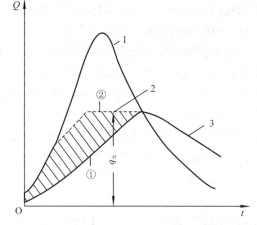

图 9-32　溢洪道设闸门时防洪库容的减少
1. 设计洪水过程线　2. 有闸门控制下泄流量过程线　3. 无闸门控制下泄流量过程线

同时，水库溢洪道设置闸门，便于考虑洪水预报时提前预泄腾空库容，还便于处理洪水遭遇和防洪补偿调节问题。

（2）防护对象的防洪标准

在前面曾经讨论了水库本身水工建筑物的设计洪水标准。如果考虑水库下游某防护对象（城镇、工矿企业、农田等）的防洪要求，则还有防护对象的防洪标准问题。一般情况下，防洪对象的设计洪水频率（表 9-15）与水库本身建筑物设计洪水频率是不同的，前者较后者为大，即防洪对象的防洪标准较低。防护对象的防洪标准除包括设计洪水频率

外，还包括河道的允许泄量(或控制水位)，即防洪标准就是规定防护对象能防御多少年一遇的洪水，并当这种洪水发生时，通过下游河道的最大泄量不应超过河道的允许泄量(或称安全泄量)$q_允$。

表9-15 防护对象的防洪标准

保护城镇	保护工矿区	保护农田面积（万亩）	设计洪水标准	
			频率(%)	重现期(a)
特别重要城市	特别重要工矿区	>500	<1	>100
重要城市	重要工矿区	100~500	1~2	100~50
中等城市	中等工矿区	30~100	2~5	50~20
一般城市	一般工矿区	<30	5~10	20~10

防洪标准是一个涉及经济、技术等方面的复杂问题，所以，应依据防护对象的重要性及经济情况慎重考虑，并按需要与可能分期逐步地提高防护对象的防洪标准。

(3)防洪限制水位(汛前水位)的确定

当防洪与兴利不结合时，水库溢洪道上一般不设闸门，而采用自由溢流的方式，其汛前水位就是设计蓄水位，而溢洪道堰顶高程则低于设计蓄水位。

当防洪库容与兴利库容部分地结合时，水库防洪限制水位则介于设计蓄水位与溢洪道堰顶高程之间，可经过具体分析计算得到。现以考虑洪水预报的情况为例，来说明部分结合时防洪限制水位的确定方法。

由于短期径流预报有一定的精度，不少水库设计和运行中都考虑短期洪水预报。设洪水预报的预见期为$t_1 = 24h$，即在洪水来临前24h就可预知洪水来临时及未来24h内各时刻流量的大小。在规划设计时，可按上述预报条件，并考虑泄洪建筑物的泄洪能力和下游允许的安全泄量，从设计蓄水位以下，兴利库容中适当地泄出一部分水量，腾出部分库容以拦蓄洪水，从而减少专设的防洪库容，降低大坝造价。图9-33表示预泄的一种方式。设泄洪建筑物具有足够的泄洪能力，$q_允$为规定值，又认为洪水预报的精度可靠，在这种情况下，水库可按预报值泄流，水库预泄流量将随预报洪水流量的逐渐增大而增大，如图9-33下泄流量过程线的ab段所示。当预报流量超过$q_允$时，则水库必须按下游要求控制其下泄流量为$q_允$，以后水库泄量维持$q_允$，如图9-33中bc段所示。图中面积$abcd$即为按上述方式预泄所腾空的库容$V_预$。

从设计蓄水位以下的兴利库容中扣除$V_防$，即可得到防洪限制水位所对应的库容，再从水库的Z-V曲线上查出防洪限制水位，$V_防$即为防洪、兴利结合使用的库容(图9-34)。

例如，某水库，经分析计算已求得防洪、兴利结合使用的库容为$0.43 \times 10^8 \mathrm{m}^3$，即在设计洪水到来之前可从设计蓄水位往下泄放$0.43 \times 10^8 \mathrm{m}^3$的蓄水，从$Z$-$V$曲线上可查出水位将降落1.0m。调洪计算就从这一水位开始，故这一水位称为"调洪起始水位"，即防洪限制水位或汛前水位。

应当指出，此方法只适用于具有可靠水文预报的水库，在缺乏可靠的洪水预报时，因不知洪水大小，所以不能预泄兴利库容的蓄水，这时调洪起始水位只能定在设计蓄水位的位置，即防洪、兴利不能结合。

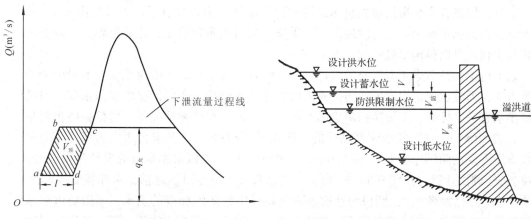

图 9-33 考虑短期洪水预报时的预泄库容   图 9-34 防洪库容与兴利库容部分结合示意

（4）溢洪道宽度、防洪库容和坝顶高程的确定

溢洪道设闸门时，水库防洪限制水位一般低于设计蓄水位，其闸门顶高程一般稍高于设计蓄水位，下泄流量过程取决于闸门的操作方式，通常按拟定的泄洪规则操作闸门。水库的泄洪不全属于自由溢流，因此，水库调洪计算一般采用列表法。

下面按溢洪道堰顶高程已定，防洪限制水位已定，下游安全泄量 $q_允$ 已知，并且在无水文预报的情况下，分析水库溢洪道设置闸门时的泄洪方式、溢洪道宽度以及防洪库容的确定方法。

第一，设溢洪道宽度为某一数值 B_1，当洪水开始上涨时，库水位在调洪起始水位（汛前水位），闸前已具有一定的水头，如果闸门打开则具有较大的泄洪能力。在无预报的情况下，不能预知未来洪水的大小，假如一开始就全开闸门泄洪，势必造成库水位迅速下降，而未来的洪水如果很小的话，则水库将蓄不满，直接影响兴利要求。因此，在开始涨水阶段，应使闸门逐渐开启，使下泄流量等于入库流量，如图 9-35 所示的 ab 段。此时，不必进行调洪计算，根据入库流量的大小即知下泄流量的大小。b 点以后，入库

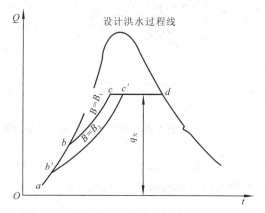

图 9-35 溢洪道设闸时水库调洪计算示意

流量开始大于闸门全部开启时的泄洪能力，这时为使水库有效泄洪，应将闸门全部打开，形成自由溢流，下泄流量将随库水位的升高而增加，如 bc 段。当下泄流量达到 $q_允$ 时（图 9-35 中的 c 点），为使下泄流量不超过 $q_允$，又需将闸门逐渐关闭，形成固定泄流方式，如 cd 段。泄流过程为 $abcd$，设计洪水过程线与泄流曲线 bcd 之间所包围的面积就是防洪库容 $V_防$。

第二，设溢洪道宽度为 B_2，而 $B_2 < B_1$。由于库中水位相同时，闸门宽度小的泄流量小，其泄流过程如图 9-35 中 $ab'c'd$ 所示。相应的防洪库容 $V_防'$ 为设计洪水过程线与泄流曲线 $b'c'd$ 所包围的面积，$V_防' > V_防$。

第三，假设若干个溢洪道宽度 B，用上述方法逐个进行计算后，则可绘出 B-$V_{防}$ 关系曲线，再根据水库和溢洪道的地形、地质条件及枢纽布置情况，并通过各方案的经济分析与比较，可以确定出最优的一组 B 和 $V_{防}$。

以上讨论的是考虑水库本身的设计洪水，同时又考虑水库下游河道安全泄量的调洪计算方式，但并没讨论水库下游防护对象的设计洪水标准。实际情况常常是水库本身的设计洪水有一个标准，下游防护对象则有另一个标准。在这种情况下，可根据防护对象的设计洪水(较低标准)使水库调洪后的下泄流量不超过 $q_{允}$，并求得水库为满足下游防洪要求所需要的防洪库容 $V_{防}$，如图9-36(a)所示。然后再以水库本身的设计洪水(较高标准)进行调洪计算，如图9-36(b)所示。当水库蓄水达到 $V_{防}$ 之前，水库按 $q_{允}$ 下泄，当水库在 c 点已蓄满 $V_{防1}$，则说明这次洪水已超过下游防洪标准的洪水，下游防洪要求无法满足。为确保水库大坝的安全，把闸门全部打开，形成自由溢流，至 e 点溢流量达到最大值，由此所增加的防洪库容为 $V_{防2}$。$V_{防1}+V_{防2}$ 就是水库既考虑下游防洪要求又考虑大坝安全所需要的总防洪库容 $V_{防}$。

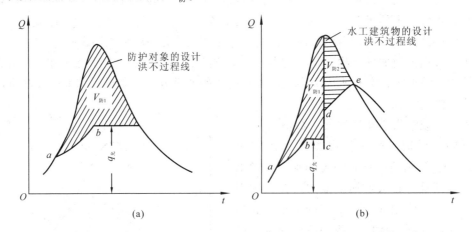

图9-36　考虑水库本身及防护对象不同的设计标准时水库调洪计算示意

有了防洪库容 $V_{防}$，就可得相应的设计洪水位。同样，可求得校核库容及相应的校核洪水位，再按规定计算出设计的坝顶高程。

9.5　水库管理

水库兴利管理运用的目的，是使水库库容和河流水源得到充分利用，在保证水库安全的前提下，妥善处理蓄泄关系，发挥兴利效益，满足灌区用水要求。因此，水库管理部门在每年用水季节前必须结合当年工程状况和水库蓄水量，灌区内中、小型水库、塘堰的蓄水情况，进行来水、用水量平衡计算，拟定出兴利控制运用计划，作为当年水库用水管理的依据。小型水库可编制简易供水计划。同时，还可利用水库历年来水、用水资料，通过调节计算，编绘水库兴利调度图，作为年内各时段决定水库工作方式的依据。

9.5.1 供水管理计划

小型水库简易供水计划方法有以下 3 种。

(1)分次编制水库供水计划

根据灌溉渠需水要求和旱情,分次编制水库供水计划,实行按田配水。其具体步骤是:在每次开闸放水以前,调查灌区旱情,了解蓄水情况(包括库存水量和小型水库、塘堰水量),决定配水总量。再按受益农田进行分配,按照旱情轻重计划落实到乡、镇。

(2)水库水量预分

采用水量预分的方法,即每年在关键用水季节之前,将水库内实存水量,按各用水单位的受益面积进行水量指标预分,各用水单位根据预分的水量指标用水。

按用水情况,一般每年预分两次,一次是春耕用水(2~6 月),一次是冬种用水(11月至翌年 1 月)。7~10 月,属于汛期,雨水较多,一般不进行预分。春耕预分时,将水库内存水基本上分完。因 6 月以后进入汛期,水库又可充蓄。冬种时,只预分库存水量的一部分,因此时正是旱季,来水量少,必须在库存内留存部分水量,以供来年春耕用水。实践证明,实行水量预分,方法简便易行,可达到节约用水、计划用水的效果。

(3)抗旱能力图表

随时根据库水位的高低,蓄水量的多少,计算出可以用作灌溉的水量,能保证灌溉多少农田,灌几次,也可以根据灌一次水可以抗旱的天数,计算出在水库现有蓄水情况下,灌溉面积及抗旱天数(即水库的抗旱能力)。图 9-37 表示水库抗旱能力的一种形式,这样的图简单,易为群众掌握。群众掌握了水库的蓄水情况和抗旱能力,就有利于实行计划用水。

如果灌溉面积一定,则可绘制成如图 9-38 所示的水库抗旱能力。

9.5.2 管理调度图的编制

水库兴利调度图,是以一年时间 t 为横坐标,水库水位(或蓄水量)为纵坐标,将水库不同时期的控制水位和相应的运用准则,用图线形式表示出来,作为各时段决定水库工作方式的依据。这种图线称为调度线,将它们综合起来即构成水库调度图(图 9-39)。

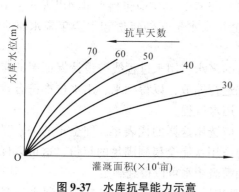

图 9-37 水库抗旱能力示意

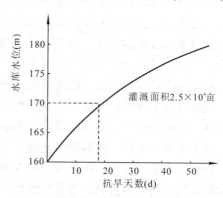

图 9-38 某水库抗旱能力

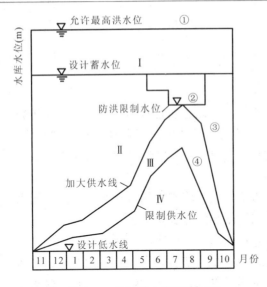

图9-39　年调节水库调度示意

编绘水库调度图的目的，是要妥善处理蓄泄关系，合理解决防洪与兴利的矛盾，充分发挥兴利效益，尽量满足灌溉用水要求。在缺乏可靠的长期预报条件下，可以利用径流季节变化在年循环中的相似性及水文统计的规律性，通过对水文资料的分析，求得符合设计保证率的加大供水线、限制供水线，作为水库调度的控制线。由于它完全是根据历史资料编制的，常称为统计调度图。

灌溉水库调度图的作用可用图9-39来说明。

图9-39为一份年调节水库调度图的示意，图中的3条线将全图分为4个区。

第一，图中②线为由防洪限制水位决定的防洪限制线，②线以上为调洪区。②线与设计蓄水位之间表示汛期兴利、防洪共用库容，汛期水库蓄水位应以②线为控制。

第二，图中③线为加大供水线，④线为限制供水线。为了防止水库在供水期末过早泄空，或蓄水期末水库不能蓄满，使兴水遭到破坏，水库在③、④线之间时，必须按计划灌溉面积正常供水，所以③、④线之间为正常供水区。

第三，②、③线之间为加大供水区。当库水位高于③线时，可根据地形及渠系布置情况，尽可能扩大灌溉面积，用库水灌塘。

第四，当遇特别枯水年，库水位低于④线时，应及时有计划地减少供水，使因缺水而造成的损失达到最小。

有了水库调度图，可以在运行中根据当时库水位落在哪一区，而决定是正常供水，还是加大供水或减少供水，尽量减少无益弃水，避免供水中断。

9.5.3　水库兴利调度图的编制

年调节水库兴利调度图的编绘采用代表年法。如果用实测代表年法，则选择年来水量和年用水量都比较接近设计保证率的年份共3~5个，其中应包括干旱期出现的干旱年份，干旱期出现晚的年份，供水期来水量占全年来水量多的年份和占全年来水量少的年份。

如果用设计代表年法，则还要把这些年份的来水、用水过程线按设计保证率的年来水、用水量与实际年份的年来水、用水量之比进行缩放，以得到来、用水量都符合设计保证率、年内分配各不相同的设计代表年来、用水过程。

对于年调节水库，在编制兴利调度图时，应选用这样的代表年，即全年的来水量应大于或等于全年用水量，而年内分配也能使灌溉用水完全得到满足的年份，这可以保证供水期开始兴利库容蓄满，并且在整个供水期灌溉用水可以得到满足。

有了代表年的来水、用水过程，通过年调节计算，便可求得该年的兴利水位过程线。因为年调节水库在供水期末水库水位可以允许降至设计低水位，这是一个临界条件，因此，在绘制调度图时，兴利水位过程线的计算是从供水期末为死库容(设计低水位)开始，逆时序进行调节计算，遇亏水相加，遇余水相减。如此连续计算，即可求得各月末所需蓄水量及相应的库水位(表9-16)。

表9-16 某年调节水库1971—1972年兴利水位过程线推算(逆时序计算)

年月	来水量 $W_净$ ($\times10^4 m^3$)	供水量 M ($\times10^4 m^3$)	来水量－供水量		月末需要的蓄水量 ($\times10^4 m^3$)	月末水位 (m)	多余的水量 ($\times10^4 m^3$)	备注
			＋	－				
(1)	(2)	(3)	(4)	(5)	(6)	(7)	(8)	(9)
1971.11	136		136		0	85.0	63	
1971.12	21		21		73	85.3		
1972.01	18		18		84	85.3		
1972.02	65		65		112	85.4		
1972.03	672		672		177	85.6		
1972.04	269	534		265	849	87.6		第(6)栏的蓄水量(不包括垫底库容)
1972.05	1 800	0	1 800		584	86.8		
1972.06	956	14	942		2 384	90.8		
1972.07	147	1 107		960	3 326	92.5		
1972.08	368	2 075		1 707	2 366	90.8		
1972.09	131	790		659	659	87.1		
1972.10	351	76	275		0	85.0		
					0	85.0	275	
合计	4 934	4 596	3 929				338	

当某计算的月初(即上月末)蓄水量小于死库容时，说明本月蓄水要求较余水量为小，本月初的蓄水量为死库容(见表9-16中1971年11月和1972年10月的情况)。将各代表年的逐月库水位(或蓄水位)变化过程绘于同一图上，作这一束曲线的外包线，即水库运行时的"加大供水线"。由于它概括了各种来、用水分配的最不合理组合，所以，可作为正常供水区的上限。同理，将这一束线各月末的最低点连起来成为内包线，内包线概括了各种来、用水分配的有利组合情况，可作为保证正常供水所允许的最底库水位，所以把这个内包线作为水库运用时的"限制供水线"(图9-40为某年调节水库的兴利调节图，其中虚线表示的一条线就是按表9-16的数据绘出的)。

年调节水库兴利调度图中加大供水线和限制供水线的位置，随着所代表年的个数和具体年份，以及是采用实测代表年法还是采用设计代表年法，都有所不同。如果所取代表年的年数增多，则加大供水线的位置可能要往上移，限制供水线的位置可能要往下移，即正常供水区的范围将有可能扩大。

9.5.4 水库调度图的应用

水库调度图是根据水文资料统计分析绘制的，在没有长期预报的条件下，可以根据当时库水位落在哪一区来控制放水量：是正常供水，还是加大供水或减小供水。故水库

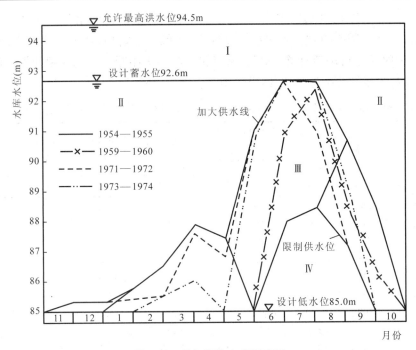

图 9-40　某年调节水库调度图

调度图可作为水库管理运用的一项基本依据，在不发生特枯年份时，每编制一次，可以使用多年。但是，这种方法也存在一些缺点：单纯应用这种统计调度图进行水库调度缺乏预见性；当资料系列较短时，所选代表的代表性不足，有一定的偶然性，需要随着资料的积累，及时进行修正。

9.5.5　水库工程管理

9.5.5.1　土坝的管理养护

土坝的管理和养护应做到五防，即防滑、防漏、防裂、防沉和防坝面破坏，以保证土坝的安全运用，并按"经常养护，防重于修"的原则做好管理工作。

为了能够及时发现问题，必须加强经常性的检查和观察，主要应注意下列事项。

(1)观察有无裂缝

对重要的裂缝应观察其大小、方向、位置、缝距及发展情况。对平行坝轴线的纵缝，应注意观察是否有滑坡的迹象；对垂直坝轴线的横缝，应观察有无上下游贯通的危险。

(2)观察下游坝脚、坝端及排水设备

观察下游坝脚、坝端与两岸接头处有无散浸(即水在下游坡面渗出，使坡面潮湿变软，继而冒水，水多时汇成细流，沿坡面流动)、漏水、管涌及流土等现象；观察排水设备的渗水有无骤然增减及出现浑水等现象。

(3)观察坝面、排水沟

观察坝面有无塌陷、草皮破坏、块石翻起等破坏现象。检查排水沟有无堵塞，坝顶路面是否完好等。

9.5.5.2 塘坝的管理整治

塘坝的主要建筑物包括：塘埂（拦水坝）、输水设施（放水涵），有防洪任务的塘坝，须设有泄洪建筑物。日常检查每月至少一次，汛前要进行全面系统检查。检查的重点部位是塘埂上游水面附近、上下游坝面、坝脚及附近范围、涵洞进出口部位等。重点检查坝基处流土或管涌，坝体渗漏、漏洞，坝面塌坑、裂缝与滑坡等危险迹象。出现异常时及时进行整治。

（1）整治塘埂坝

顶高程应不低于塘坝静水位与坝顶超高之和，一般应高出正常蓄水位 1.0~1.5m。上下游坝坡坡比不陡于 1:1.5~1:2，塘埂采用混凝土坝、砌石坝时，塘埂上下游坝面应无明显风化、剥蚀情况，无危及坝体安全的结构裂缝。

（2）防渗处理

土石坝坝体表面及坝基无明显的渗漏现象；防渗体顶部不低于校核工况下的静水位；新填筑的坝体料与相邻土层间如不满足层间关系时，设置合理的反滤层和过渡层；当采用几种不同性质的土石料填筑坝体时，各土层之间应遵循反滤原则；下游坝面应设置坝体排水设施，同时保证渗透稳定；坝体排水底脚处、下游坝面与两边岸坡连接部位应设置排水沟，采用浆砌石或混凝土砌筑；其他部位的坝面排水设置宜结合护坡形式进行设置。坝基及坝肩应满足渗透稳定安全的要求。

（3）整治泄洪建筑物

泄洪建筑物泄洪能力应满足相应防洪标准的要求，泄洪建筑物进水口段与泄流段山体边坡应稳定。溢洪道靠坝一侧边墙应采用混凝土或浆砌石衬砌，边墙结构稳定。溢洪道底板可采用混凝土或浆砌石衬砌。溢洪道下游出水应通畅，泄洪时不冲刷坝脚，不危及大坝结构安全。消能设施可根据工程实际情况确定是否需要设置。

（4）整治输水建筑物

输水建筑物进、出口边坡稳定。塘容在 $1\times10^4\mathrm{m}^3$ 以上的塘坝，取水口宜设置闸门和启闭机。取水口采用分级式启闭型式，堤坝较高的塘坝应按高度设多级取水口。

9.5.5.3 溢洪道和放水涵管的管养和维修

（1）溢洪道的管养和维修

溢洪道经常出现的问题是：第一，由于水文资料不足或设计标准偏低，致使溢洪道断面偏小，泄洪能力不够，引起洪水漫溢坝顶，冲垮土坝；第二，溢洪道未设消能设备、陡坡段抗冲能力不足或出口离坝脚过近，造成溢洪道本身及坝脚冲刷；第三，在溢洪道进口处随意加设土埂增加蓄水量，洪水来时未及时挖开，导致水库的洪水位过高，甚至漫溢坝顶。

为确保大坝安全，必须经常检查溢洪道，特别是在汛前更要仔细检查，发现问题必须尽快处理，以免发生事故。

①加大溢洪道断面　根据水库集水面积，调查历年最大洪水，按设计标准校核溢洪

道的泄洪能力。如溢洪道断面不够，应加宽或加深溢洪道断面。

②提高抗冲能力 实际需要而又未设消能设备的应补做。无护面或护面被冲毁的，应整修护面；如汛前来不及整修，则要做好防冲的准备工作。出口距坝脚太近的，可用块石保护坝脚或设导水墙将下泄水流与坝脚隔开。

③溢洪道上禁止加设土埂 如确因蓄水需要加设土埂，埂高应小于 0.5m，并且至少要低于坝顶 1.0m，底宽 0.6~1.0m，以便洪水来时能自动冲走。

(2)放水涵管的管养和维修

放水涵管的损坏直接关系到土坝的安全，必须予以重视。放水涵管在应用中出现的问题多是管身裂缝，或管身与土坝结合不紧而漏水。其原因是：第一，基础处理不好，地基发生不均匀沉陷而使放水涵管产生裂缝，甚至折断；第二，管身施工质量不高，如混凝土强度不够，或砌筑石料时灰浆勾缝不严，放水涵管接头不牢固等，从而造成管身开裂漏水；第三，管身与周围填土接触不紧、未做截水环、填土不实或灰浆还未干固就填土，管身受振偏移或砌缝松裂而漏水。

放水涵管埋在坝内，检修比较困难。当放水涵管尺寸较大时，可在管内进行修补，如用水泥砂浆勾缝止漏；土法灌泥浆，加固放水涵管与土坝的连接；在放水涵管内部进行支撑加固等。但是，一般放水涵管的断面都较小，无法进入管内修理，因此，必须挖开坝坡进行翻修。

由于放水涵管与坝体土结合不好而发生集中渗流时，可在蓄水期找出漏水出路，在上游进口抛土袋、黏土等堵塞漏洞，待库水位降低后再进行翻修。翻修的方法是将上游坝坡挖开一段，用石灰、黏土拌制成的三合土分层夯实，并在管身四周加做几道截水环。

由于基础发生不均匀深陷致使管身断裂，或其他原因导致管身漏水，也应将漏水段挖开，彻底进行翻修。

9.5.5.4 防汛抢险

防汛是指在汛期了解水库水情变化和建筑物状况，加强水库和下游的安全防范工作。抢险是指建筑物出现险情后，为避免水库失事而采取的紧急抢护措施。防汛抢险是水库管理中的一项重要工作。这个工作必须在党委的领导下，充分发动群众，采取各种措施，确保水库安全度汛。

防汛抢险主要包括以下几项工作。

(1)汛前准备工作

防汛工作要做到思想、组织、物资和技术四落实，即做好思想动员、劳力组织、物资器材、交通通信、抢护措施等规划工作。汛前应组织力量对水库工程进行全面检查，对建筑物进行整修。

(2)掌握水情

汛期要特别注意掌握水库水位和水库上游降雨量两项水情动态。一般水库，特别是库容在 $10 \times 10^4 \mathrm{m}^3$ 以上的水库，应建水位和雨量观测站，按时观测，并将结果报告上级防汛机关。有条件的水库还应积极开展天气、水文和水情预报等工作。

（3）建筑物的检查

汛期，特别是在溢洪道开始泄洪后，要密切观察建筑物的运用情况。除加强巡逻，严防破坏外，对建筑物的工作状况应做到勤检查、勤观测、勤维修。

本章小结

本章主要讲述了水库的概念、库址的选择、水库的特征水位和特征曲线、设计低水位和设计低库容、设计正常水位和库容调节计算，以及水库管理运用。本章学习重点是水库的特征水位的确定、水库的兴利调节计算和水库的调洪演算。

思 考 题

1. 水库按规模可分为哪几类？划分标准是什么？
2. 水库一般由哪三部分组成？
3. 小型水库的特征水位和特征曲线是什么？各代表什么意义？
4. 水库的特征水位有哪些？分别有什么含义？
5. 设计低水位和设计低库容如何确定？
6. 什么是年调节？什么是多年调节？
7. 水库兴利调节的原理是什么？方法是什么？
8. 坝顶高程和溢洪道宽度如何确定？
9. 小型水库坝体同淤地坝坝体在功能、设计上有何异同点？

10. 某小型水库拟定正常水位为 584m，兴利库容为 $500 \times 10^4 m^3$；设计洪水位为 588m，防洪库容为 $130 \times 10^4 m^3$；校核洪水位为 589m，超高库容为 $32.5 \times 10^4 m^3$，滞洪坝高为 4m。试对此水库进行调洪演算。

11. 喷灌面积为 50 亩，设计灌水定额为 $20m^3/$ 亩，灌水延续时间定为 7d，每日喷洒 12h，水源在灌溉季节的稳定流量为 $7m^3/h$。计算蓄水池容积。

12. 水源流量为 $7m^3/h$，灌水定额为 $20m^3/$ 亩，喷灌面积为 140 亩，若一次灌水延续时间为 7 日，而 2 次灌水时间可允许有不超过 10d 的间隙时间。试确定蓄水池容积。

参考文献

叶秉如，1985. 水利计算［M］. 北京：中国水利水电出版社.

东北水利电力学院，1978. 小型水库［M］. 北京：中国水利水电出版社.

辽宁水利勘查设计院，1975. 中小型水库设计参考资料（中）［M］. 北京：中国水利水电出版社.

郭锡德，2005. 关于小型水库问题的探讨［J］. 湖南水利水电（1）：31 - 32.

袁传丰，艾晓冬，等，2005. 小型水库工程存在的问题及对策［J］. 黑龙江水利科技，33（5）：76 - 77.

陈铁，文跃军，2005. 小型水库综合开发利用效益高［J］. 湖南农业（10）：17.

林捷，2004. 简述福建省小型水库安全现状、原因及对策［J］. 水利科技（1）：30，52.

孟祥艳，孙立升，等，2004. 小型水库存在的几个问题及思考［J］. 黑龙江水利科技（2）：125.

赵宝璋，1997. 水资源管理［M］. 北京：中国水利水电出版社.

李钰心，1996. 水资源系统运行调度［M］. 北京：中国水利水电出版社.

武汉水利电力学院农水系，1978. 小型水库工程［M］. 北京：人民教育出版社.

大连工学院水利系水工教研室，大伙房水库工程管理局，1978. 水库控制运用[M]. 北京：中国水利水电出版社.

张士君，董福平，2005. 小型水库的安全与管理[M]. 北京：中国水利水电出版社.

陈惠欣，1987. 水库防护工程[M]：北京：中国水利水电出版社.

第 10 章

山地灌溉工程

干旱是一个世界性的问题。目前全球可耕地面积中，干旱、半干旱地区的面积占42.9%。在我国，干旱、半干旱土地面积占国土面积的 1/2 以上。其中，年降水量250mm 以下、没有灌溉就没有农业的干旱地区占国土面积的 1/3 左右，因此大力发展灌溉工程对于我国的粮食安全至关重要。

水土保持工程在进行区域生态环境改造的过程中，必然会涉及区域内的水资源利用及农业生产等方面，因此提高区域内耕地的生产能力，有效地解决有限水资源与农业生产的矛盾，大力规划和兴建灌溉工程非常有必要。灌溉工程是指为农田灌溉而兴建的水利工程，本章节主要介绍包括灌溉基本理论、水源工程、泵站、提水引水工程和输配水工程等。下面将对各部分进行详细介绍。

10.1 灌溉基本理论

10.1.1 灌溉方法评价指标

灌水方法就是灌溉水进入田间并湿润根区土壤的方法与方式，将水流转化为分散的土壤水分，以满足作物对水、气、肥的需要。为保证先进而合理的灌水，应满足以下几个方面的要求：

①灌水均匀　保证将水按拟定的灌水定额灌到田间，而且使得每棵作物都可以得到相同的水量，常以均匀系数来表示。

②灌溉水的利用率高　应使灌溉水都保持在作物可以吸收到的土壤里，能尽量减少发生地面流失和深层渗漏，提高田间水利用系数。

③尽量少破坏或不破坏土壤团粒结构　灌水后能使土壤保持疏松状态，表土不形成结壳，以减少地表蒸发。

④和其他农业措施相结合　现代灌溉已发展到不仅应满足作物对水分的要求，而且还应满足作物对肥料及环境的要求。因此，现代的灌水方法应当便于与施肥、施农药（杀虫剂、除草剂等）、冲洗盐碱、调节田间小气候等相结合。此外，要有利于中耕、收获等农业操作，减少对田间交通的影响。

⑤应有较高的劳动生产率　要使一个灌水员管理的面积最大。因此，所采用的灌水方法应便于实现机械化和自动化，使管理所需要的人力最少。

⑥对地形的适应性强　应能适应各种地形坡度以及田间不很平坦的地块的灌溉，不

对土地平整提出过高的要求。

⑦节省费用　基本建设投资与管理费用低，要求能量消耗少，便于大面积推广。

⑧田间占地少　有利于提高土地利用率，使更多的土地可用于作物的栽培。

10.1.2　灌溉分类及适用条件

灌水方法一般是按照是否全面湿润整个农田，按照水输送到田间的方式和湿润方式来分类，常见的灌水方法可分为全面灌溉与局部灌溉两大类。

10.1.2.1　全面灌溉

全面灌溉是指灌溉时湿润整个农田根系活动层内的土壤，适合于密植作物，主要有地面灌溉和喷灌两类。

（1）地面灌溉

水是从地表面进入田间并借重力和毛细管作用浸润土壤，所以也称为重力灌水法。重力灌水法是最古老的也是目前应用最广泛、最主要的一种灌水方法。按其湿润土壤方式的不同，又可分为畦灌、沟灌、漫灌和淹灌。

①畦灌　畦灌是用田埂将灌溉土地分隔成一系列小畦。浸水时，将水引入畦田后，在畦田上形成很薄的水层，沿畦长方向流动，在流动过程中主要借重力作用逐渐湿润土壤。

②沟灌　沟灌是在作物行间开挖灌水沟。水从输水沟进入灌水沟后，在流动的过程中主要借毛管作用湿润土壤。和畦灌比较，其明显的优点是不会破坏作物根部附近的土壤结构，不导致田面板结，可减少土壤蒸发损失，适用于宽行距的中耕作物。

③漫灌　漫灌是在田间不做任何沟埂，灌水时任其在地面漫流，是一种比较粗放的灌水方法。灌水均匀性差，水量浪费较大。

④淹灌　淹灌是用田埂将灌溉土地划分成许多格田，浸水时，使格田内保持一定深度的水层，借重力作用湿润土壤，主要适用于水稻。

（2）喷灌

喷灌是利用专门设备将有压水送到灌溉地段，并喷射到空中做成细小的水滴，像天然降雨一样进行灌溉。其突出优点是对地形的适应性强，机械化程度高，灌水均匀，灌溉水利用系数高，尤其是适合于透水性强的土壤，并可调节空气湿度和温度。但基建投资较高，而且受风的影响大。

10.1.2.2　局部灌溉

这类灌溉方法的特点是灌溉时只湿润作物周围的土壤，远离作物根部的行间或棵间的土壤仍保持干燥。为了要做到这一点，这类灌水方法都要通过一套塑料管道系统将水和作物所需要的养分直接输送到作物根部附近，并且准确地按作物的需要，将水和养分缓慢地加到作物根区范围内的土壤中去，使作物根区的土壤经常保持适宜于作物生长的水分、通气和营养状况。一般灌溉流量都比全面灌溉小很多，因此又称为微量灌溉，简称微灌。

这类灌水方法的主要优点是：灌水均匀，节约能量，灌水流量小；对土壤和地形的适应性强；可提高作物产量，增强耐盐能力；便于自动控制，明显节省劳力。比较适合于灌溉宽行作物、果树、葡萄、瓜类等。

①渗灌　渗灌是利用修筑在地下的专门设施(地下管道系统)将灌溉水引入田间耕作层借毛细管作用自下而上湿润土壤，所以又称为地下灌溉。近来也有在地表下埋设塑料管，由专门的渗头向作物根区渗水。其优点是灌水质量好，蒸发损失少，少占耕地便于机耕，但地表湿润差，地下管道造价高，容易淤塞，检修困难。

②滴灌　滴灌是由地下灌溉发展而来的，是利用一套塑料管道系统将水直接输送到每棵作物根部，水由每个滴头直接滴在根部上的地表，然后渗入土壤并浸润作物根系最发达的区域。其突出优点是非常省水，自动化程度高，可以使土壤湿度始终保持在最优状态。但需要大量塑料管，投资较高，滴头极易堵塞。把滴灌毛管布置在地膜的下面，可基本上避免地面无效蒸发，称之为膜下滴灌。

③微喷灌　微喷灌又称为微型喷灌或微喷灌溉。是用很小的喷头(微喷头)将水喷洒在土壤表面。微喷头的工作压力与滴头差不多，但它是在空中消散水流的能量。由于同时湿润的面积大一些，这样流量可以大一些，喷洒的孔口也可以大一些，出流流速比滴头大得多，所以堵塞的可能性大大减小了。

④涌灌　涌灌又称涌泉灌溉。是通过置于作物根部附近的开口的小管向上涌出的小水流或小涌泉将水灌到土壤表面。灌水流量较大(但一般也不大于220L/h)，远远超过土壤的渗吸速度，因此通常需要在地表形成小水洼来控制水量的分布。适用于地形平坦的地区，其特点是工作压力很低，与低压管道输水的地面灌溉相近，出流孔口较大，不易堵塞。

⑤膜上灌　膜上灌是近年来我国新疆试验研究的灌水方法，它是让灌溉水在地膜表面的凹形沟内借助重力流动，并从膜上的出苗孔流入土壤进行灌溉。这样，地膜减少了渗漏损失，又和膜下灌一样减少地面无效蒸发；更重要的是比膜下灌投资低。

除以上所述外，局部灌溉还有多种形式，如拖管灌溉、雾灌等。

10.2　水源规划

10.2.1　灌溉水源

灌溉水源是用于灌溉的地表水和地下水的统称。地表水包括河川径流、湖泊和汇流过程中拦蓄起来的地面径流；地下水主要是指可用于灌溉的浅层地下水。

10.2.1.1　灌溉水源的类型与特点

(1)地表灌溉水源

我国是世界上最缺水的国家之一。每亩耕地平均占有水量和人均占有水资源量均低于世界平均水平。

我国可利用的灌溉水量在时空分布上很不均匀。时间上，年降水量的50%~70%集中在夏季或春夏之交的季节，径流量的年际变化较剧烈，且时常出现连续枯水年或连续丰水年的现象。空间上，南方水多，北方水少，可利用的水量与耕地面积分布不相适应，严重制约农业的发展。

（2）地下灌溉水源

埋藏在地面以下的地层（如砂、砾石、砂砾土及岩层）裂隙、孔洞等空隙中的重力水，一般称为地下水，而蓄积地下水的上述土层和岩层则称为含水层。根据埋藏条件，地下水可分为浅水和层间水。

浅水是在地表以下第一个稳定的隔水层以上含水层中的地下水，又称浅层地下水。其水位、水质在很大程度上取决于气候条件和附近河流的水文状况。在垂直补给比较丰富，且水质适于灌溉的地区，应以浅层地下水作为主要灌溉水源。

埋藏于两个隔水层之间的地下水称为层间水，层间水又可分为无压层间水和有压层间水两种。承压水仅能作为非常干旱年份的后备水源，而不宜作为主要的灌溉水源。

10.2.1.2 灌溉水源的基本要求

（1）水位和水量的要求

在水位方面，应该保证灌溉所需的控制高程；在水量方面，应满足灌区不同时期的用水要求。未经调蓄的水源与灌溉用水常发生矛盾，可采取工程措施，如修建壅水坝、水库、泵站等，调节水源的水位和水量，使之满足灌溉用水的需要。

（2）水质要求

灌溉水质主要是指水的化学、物理性状，水中含有物的成分及数量。灌溉水质应满足作物正常生长发育的要求，不破坏土壤理化性状，不会使土壤污染及地下水质恶化，并使农产品质量达到食品卫生标准。

①水温　水温对农作物的生长影响颇大，水温偏低，对作物的生长起抑制作用；水温过高，会降低水中溶解氧的含量并提高水中有毒物质的毒性，妨碍或破坏作物的正常生长。因此，灌溉水要有适宜的水温，如麦类作物的适宜水温一般为 $15\sim20℃$；水稻生长的适宜温度一般不低于 $20℃$。泉水、井水和水库底层水，温度常常偏低，应采取适当措施，如延长输水路程，实行迂回灌溉，或采取水库分层取水等以提高水温。

②含沙量　粒径小的泥沙颗粒具有一定养分，随水入田间对作物生长有利，但过量输入则会淤毁农田、危害作物；粒径过大的泥沙，不宜入渠，以免淤积渠道，更不宜送入田间。一般情况下，灌溉水允许含沙粒径为 $0.005\sim0.01mm$，允许含沙量视渠道输水或管道能力而定；粒径 $0.1\sim0.05mm$ 的泥沙，可少量输入田间；粒径大于 $0.1\sim0.15mm$ 的泥沙，一般不允许入渠或管道。

③含盐量　鉴于作物耐盐能力有一定限度，灌溉水的含盐量（或称矿化度）应不超过允许的浓度。含盐浓度过高，使作物根系吸水困难，形成枯萎现象，还会抑制作物正常的生理过程，如光合作用等。此外，还会促进土壤盐碱化的发展。灌溉水的允许含盐量一般应小于 $2\,g/L$。土壤透水性能和排水条件好的情况，可允许矿化度略高；反之应降低。

④有害物质　灌溉水中含有某些重金属如汞、铬、铅，非金属砷以及氰、氟的化合

物等，其含量超过一定数量，就会产生毒害作用。这些有毒物质，有的可直接使灌溉过的作物、饮用过的人畜中毒，有的可在生物体摄取这种水分后经过食物链的放大作用，逐渐在较高级生物体内成千上万倍地富集起来，造成慢性累积性中毒。因此，灌溉用水对有毒物质的含量需有严格的限制。

此外，含有病原体或传染病菌的水不能直接用于农田灌溉，尤其不能用于生食蔬菜的灌溉。

我国灌溉水源的水质应符合《农田灌溉水质标准》(GB 5084—2005)的规定。

10.2.1.3 扩大灌溉水源的措施

(1)兴建蓄水设施

河川径流的年际分布和年内分布与灌溉用水要求之间存在着较大的差距，所以需要用工程设施加以调蓄，以丰补缺，既满足灌溉要求，又提高水源的利用程度。

(2)水量调剂

我国在流域之间实行水量调剂，已有许多成功的实例，如引滦入津、引黄济青、引大入秦、南水北调等，在一定程度上解决了水资源分布不相协调的问题。

(3)劣质水利用

劣质水也称非常规水资源，一般指地下水的淡咸水(矿化度在 2.0 ~ 5.0g/L)和城市排放的污水等。劣质水灌溉时，应制订科学的灌溉计划，结合淡水灌溉或雨季同时进行，尽量减少污水灌溉引起的环境问题。

(4)雨水资源化

雨水转化为可利用资源的过程就是所谓的雨水资源化，即采取一定的工程技术措施如修筑梯田、水池、水窖等，对自然降雨及径流进行干预，使其蓄存起来或就地入渗，用于干旱季节的农业灌溉。

(5)地面水和地下水联合运用

在两种水资源联合运用的情况下，地面水库和地下水库配合使用，收效更好，不仅大大提高了水资源的利用程度，还可有效地控制地下水位及土壤次生盐碱化，达到最佳的经济效益及环境效应。

10.2.2 灌溉取水方式

灌溉取水方式，随水源类型、水位和水质的状况而定。利用地面径流灌溉，有无坝引水、有坝引水等。利用地下水灌溉，则需打井或修建其他集水工程。在此，主要介绍地表取水方式。

10.2.2.1 引水取水

(1)无坝引水

当河流枯水期的水位和流量均能满足自流灌溉要求时，即可选择适宜的位置作为取水口修建进水闸引水自流灌溉，形成无坝引水。在山区丘陵区，灌区位置较高，可自河流上游水位较高的地点 A 引水(图 10-1)，借修筑较长的引水渠，取得自流灌溉的水头。

无坝引水的渠首一般由进水闸、冲砂闸和导流堤 3 个部分组成。进水闸控制入渠流量，冲砂闸冲走淤积在进水闸前的泥沙，而导流堤一般修建在中小河流中，平时发挥导流引水和防沙的作用，枯水期可以截断河流，保证引水。

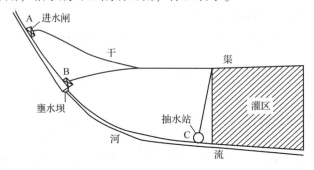

图 10-1 灌溉取水方式示意

A. 无坝取水 B. 有坝取水 C. 抽水取水

（2）有坝引水

当河流水量丰富，但水位不能满足自流灌溉要求时，需要在河流上修建壅水建筑物（坝或闸）以抬高水位，如图 10-1 中的 B 点所示。

有坝引水枢纽主要由拦河坝（闸）、进水闸、冲砂闸及防洪堤等建筑物组成，如图 10-2 所示。

①拦河坝（闸） 拦截河道，抬高水位，以满足灌溉引水的要求，汛期则在溢流坝顶溢流，宣泄河道洪水。

②进水闸 进水闸用以引水灌溉，主要有 2 种形式。

侧面引水：过闸水流方向与河流水流方向正交（图 10-2）。这种取水方式，由于在进水闸前不能形成有力的横向环流，因而防止泥沙入渠的效果较差，一般只用于含沙量较小的河道。

正面引水：过闸水流方向与河流方向一致或斜交（图 10-3）。这是一种较好的取水方式，能在引水口前激起横向环流，促使水流分层，表层清水进入进水闸，而底层含沙水流则涌向冲沙闸而被排掉。

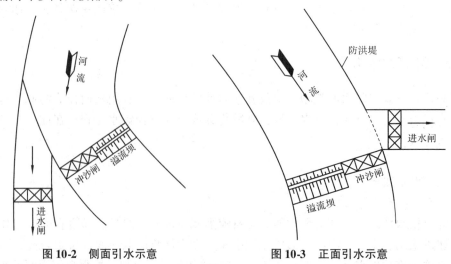

图 10-2 侧面引水示意　　　　**图 10-3 正面引水示意**

③冲沙闸 冲沙闸是多沙河流低坝引水枢纽中不可缺少的组成部分。它的过水能力一般应大于进水闸的过水能力。冲沙闸底板高程应低于进水闸底板高程，以保证较好的冲沙效果。

④防洪堤 为减少拦河坝上游的淹没损失，在洪水期保护上游城镇、交通的安全，可在拦河坝上游沿河修筑防洪堤。

此外，若有通航、过鱼、过水和发电等综合利用要求，尚需设置船闸、鱼道、筏道及电站等建筑。

10.2.2.2 抽水取水

河流水量比较丰富，但灌区位置较高，修建其他自流引水工程困难或不经济时，可就近采取抽水取水方式，如图 10-1 中的 C 点所示。

10.2.2.3 蓄水取水

河流的流量、水位均不能满足灌溉要求时，需要在河流的适当地点修建水库等蓄水工程进行径流调节，以解决来水和用水之间的矛盾。

水库枢纽一般由挡水建筑物、泄水建筑物和取水建筑物组成，工程量大，库区淹没损失较多，对库区和坝址处的地形、地质条件要求较高。

上述几种取水方式，除单独使用外，有时还能综合使用多种取水方式，引取多种水源，形成蓄、引、提结合的灌溉系统。

10.3 小型泵站

10.3.1 概述

泵站是由抽水的一整套机电设备和与其配套的水工建筑物两部分组成。水泵是抽水的主要设备，泵站由下列部分组成：

（1）抽水设备

包括水泵、动力机、传动设备、管道及其附属设备。其中，水泵是最主要的设备，在下面将详细介绍。

（2）配套建筑物

包括引水闸、引水渠、前池、进水池、泵房、出水池和输水渠道或穿堤涵洞等建筑物。

（3）辅助设施

包括功能（变电、配电、储油、供油等）设施、泵房内的供排水设施和安装、起吊、检修设施等。对小型泵站来说，一般只建辅助性房屋即可，供管理人员值班和存放工具等使用。

泵站的类型多样，按建站目的可分为灌溉泵站、排涝泵站、灌排结合泵站和供水泵站等；按规模大小可分为大、中、小3种，见表10-1；按站内配备的动力类型可分为电力泵站和机械泵站两种。

表 10-1　灌溉、排水泵站分等指标

泵站等级	泵站规模	分等指标	
		装机流量(m^3/s)	装机功率($\times 10^4 kW$)
Ⅰ	大(1)型	≥200	≥3
Ⅱ	大(2)型	200~50	3~1
Ⅲ	中型	50~10	1~0.1
Ⅳ	小(1)型	10~2	0.1~0.01
Ⅴ	小(2)型	<2	<0.01

注：①装机流量和装机功率是指单站指标，且包括备用机组在内。

②对多级或多座泵站组成的泵站工程，可按整个系统的分等指标确定。

③当泵站按分等指标分属两个不同的等别时，选取其中较高的等别。

10.3.2　水泵

泵是一种能量转换机械，它将外施于它的能量再转施于液体，使液体能量增加，从而将其提升或压送到所需之处。用于提升、压送水的泵称为水泵。

10.3.2.1　水泵的分类

水泵种类繁多，按其工作原理可分为 3 大类：

(1)叶片泵

利用叶轮高速旋转，使液体的能量增加，以达到抽送液体的目的。叶片泵按叶轮对液体的作用原理，又可分为离心泵、混流泵及轴流泵 3 种基本类型，如图 10-4 和图 10-5 所示。

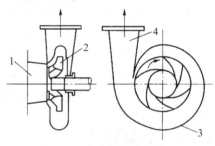

图 10-4　离心泵构造示意

1. 吸入喇叭管　2. 叶轮　3. 泵壳　4. 输出管

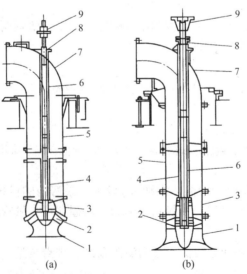

(a)　　　　　　　　　　(b)

图 10-5　立式混流泵、轴流泵构造示意

(a)立式混流泵构造　(b)立式轴流泵构造

1. 吸入喇叭管　2. 叶轮　3. 导叶体　4. 泵轴护管

5. 出水管　6. 泵轴　7. 出水弯管　8. 填料函　9. 联轴器

（2）容积泵

利用泵工作室容积的周期性变化，达到输送液体的目的。一般工作室容积改变的方式有往复运动和旋转运动两种，属于往复运动的有往复式活塞泵，属于旋转运动的有齿轮泵和螺杆泵，如图10-6至图10-8所示。

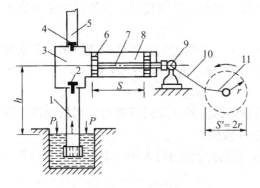

图10-6　往复式活塞泵构造示意

1. 进水管　2. 进水单向阀　3. 工作室
4. 排水单向阀　5. 压水管　6. 活塞　7. 活塞杆
8. 活塞缸　9. 十字接头　10. 连杆　11. 皮带轮

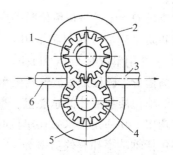

图10-7　齿轮泵构造示意

1. 主动齿轮　2. 工作室　3. 出流管
4. 从动齿轮　5. 泵壳　6. 入流管

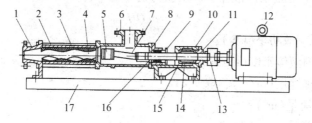

图10-8　单螺杆泵构造示意

1. 出料腔　2. 拉杆　3. 螺杆套　4. 螺杆轴　5. 万向节总成
6. 吸入管　7. 连节轴　8. 填料压盖　9. 填料压盖
10. 轴承座　11. 轴承盖　12. 电动机　13. 连轴器　14. 轴套
15. 轴承　16. 传动轴　17. 底座

（3）其他类型泵

除叶片泵和容积泵以外的其他特殊类型泵，如射流泵、水锤泵、气升泵等。叶片泵是应用最广泛的一种泵，水利工程中所采用的绝大多数是叶片泵。叶片泵的型号表明了泵的结构形式、规格和性能，由字母和数字组成。在泵样本及使用说明书中，均有对该泵型号的组成及含义的说明。例如，水泵型号 S150－78A 的意义为：

S——单级双吸卧式离心泵；

150——水泵进口直径（mm）；

78——水泵扬程（m）；

A——叶轮外径被车削的规格标志（若为 B、C 则表示叶轮外径被车削得更小）。

10.3.2.2 水泵的性能参数与性能曲线

（1）性能参数

叶片泵的性能参数共有 6 个：流量、扬程、功率、效率、转速、允许吸上真空高度及气蚀余量。这些参数互为关联，当其中某一参数发生变化时，其他参数也会发生相应的变化。

①流量 Q 流量是指单位时间内流出水泵出口断面的液体体积或质量，分别称为体积流量和质量流量。体积流量用 Q 表示，常用单位有 L/s、m^3/s 和 m^3/h；质量流量用 Q_m 表示，常用单位有 kg/s 和 t/h。

②扬程 H 扬程是指被输送的单位质量液体流经水泵后所获得的能量增值，即水泵实际传给单位质量液体的总能量，单位是 m 液柱。

③功率 功率是指水泵在单位时间内对液体所做功的大小，单位是 W 或 kW。水泵的功率包括轴功率和有效功率等。

a. 轴功率 P 是指水泵在一定流量、扬程下运行时所需的外来功率，即由动力机械传给水泵轴上的功率。通常，水泵铭牌上所列的功率均是指水泵的轴功率。轴功率不可能全部传给液体，而要消耗一部分功率后，才成为有效功率。

b. 有效功率 P_e 是指泵内液体实际所获得的净功率，可以根据流量和扬程计算，即

$$P_e = \rho g Q H \tag{10-1}$$

式中 P_e——水泵有效功率（kW）；

ρ——水泵内液体密度（kg/m^3）；

g——重力加速度（m/s^2），取 9.81；

Q——水泵流量（m^3）；

H——水泵扬程（m）。

④效率 η 效率是指水泵传递能量的有效程度。其值为有效功率与轴功率之比的百分数，即

$$\eta = \frac{P_e}{P} \times 100\% \tag{10-2}$$

⑤转速 n 转速是指水泵轴或叶轮每分钟旋转的次数，通常用符号 n 表示，单位为 r/min。水泵的转速与其他性能参数有着密切的关系，当转速改变时，将引起其他性能参数发生相应的变化。

⑥允许吸上真空高度 H_s（或允许气蚀余量 Δh_r） 水泵在运行时，泵内低压区的压力降低到水的饱和汽化压力时，水就会汽化，并产生大量的气泡；当这些气泡随着水流运动到高压区时受到挤压而破灭，气泡周围水质点向气泡中心高速撞击，从而引起水泵的效率降低，产生噪声和振动，甚至引起水泵部件的破坏。通常把这种现象称为水泵的气蚀现象。

为了方便用户使用，水泵的厂家在每台水泵的泵壳上订有一块铭牌，简明列出了该水泵在设计转速下运转，效率达到最高时的流量、扬程、轴功率、效率及允许吸上真空高度等值，称为额定参数。例如，如图 10-9 所示为 12sh-28 型双吸离心泵的铭牌。

离心泵式清水泵

型号：12sh-28　　　　　　　转速：1 450r/min

扬程：12m　　　　　　　　轴功率：32kW

流量：220L/s　　　　　　　效率：81%

允许吸上真空高度：4.5m　　重量：660kg

　　　　　　　　　　　　　出厂日期×××年×月

　　　　　　　　　　　　　×××水泵厂

图10-9　水泵铭牌示意

（2）性能曲线

水泵的性能曲线是指以流量为横坐标、其他性能参数为纵坐标的直角坐标系表示的水泵流量与其他性能参数之间关系的曲线，包括流量—扬程（$Q\text{-}H$）、流量—轴功率（$Q\text{-}P$）、流量—效率（$Q\text{-}\eta$）和流量—允许吸上真空高度或允许气蚀余量（$Q\text{-}[H_s]$）或（$Q\text{-}\Delta h_r$）。泵站设计中使用的水泵性能曲线，是根据水泵工厂在产品试验台上测试的性能参数值绘制的。

水泵性能曲线直观地反映了水泵的工作性能，是用户选泵、用泵的重要依据。在生产实践中，其有以下几方面的用途：①提供出厂标牌数据；②确定水泵工作范围；③编制性能表。

10.3.2.3　水泵的气蚀

（1）泵内气蚀现象

水的汽化与温度和压力有关。在一定的温度下，水体压力降低到某一个临界值时，水中就会出现汽化，此临界压力值称为该温度下的饱和气蚀压力。水在不同温度下的饱和汽化压力，见表10-2。

表10-2　不同温度时水的汽化压力

水温（℃）	0	10	20	30	40	50	60	70	80	90	100
$\dfrac{p_v}{\rho g}$(m)	0.06	0.13	0.24	0.43	0.75	1.25	2.02	3.17	4.82	7.14	10.33

水泵在运行时，泵内低压区的压力降低到水的饱和汽化压力时，水就会汽化，并产生大量的气泡；当这些气泡随着水流运动到高压区时受到挤压而破灭，气泡周围水质点向气泡中心高速撞击，从而会引起水泵的效率降低，产生噪音和振动，甚至引起水泵部件的破坏。通常把这种现象称为水泵的气蚀现象。根据泵内发生气蚀的原因，水泵的气蚀可分为叶面气蚀、间隙气蚀和漩涡型气蚀。

（2）气蚀性能参数

表征水泵气蚀性能的参数有两种：吸上真空高度和气蚀余量。前者常用于离心泵和中、小型混流泵，后者常用于轴流泵和大型混流泵。

①吸上真空高度 H_s　所谓水泵的吸上真空高度是指水泵进口 $s\text{-}s$ 断面上的真空度，其大小以换算到水泵基准面上的米水柱来表示，即

$$H_s = \frac{p_a}{\rho g} - \frac{p_s}{\rho g} \tag{10-3}$$

式中　p_a——标准大气压，$p_a = 101.3\text{Pa}$；

p_s——泵进口 $s-s$ 断面的绝对压力(Pa)；

ρ——20℃时水的密度，$\rho = 9\ 806\text{kg/m}^3$。

如图 10-10，以泵的基准面 $0-0$ 平面为基准，则进水池水面 $e-e$ 和泵入口断面 $s-s$

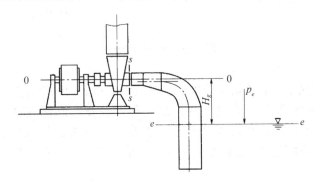

图 10-10　水泵进水侧装置形式示意

之间的能量方程为：

$$-H_g + \frac{p_e}{\rho g} = \frac{p_s}{\rho g} + \frac{v_s^2}{2g} + h_w \tag{10-4}$$

分别用标准大气压$\frac{p_a}{\rho g}$减上式、等号两边并移项后得到：

$$H_s = \frac{p_a}{\rho g} - \frac{p_s}{\rho g} = \frac{p_a}{\rho g} - \frac{p_e}{\rho g} + H_g + \frac{v_s^2}{2g} + h_w \tag{10-5}$$

式中　H_g—— 进水池水面的位置高度，即水泵的安装高度(m)；

p_e——进水池水面上的压力(Pa)；

v_s——水泵入口 $s-s$ 断面平均流速(m/s)；

h——吸水管路水力损失(m)。

当进水面 $e-e$ 上的压力 p_e 等于标准大气压力 p_a 时，式(10-5)变为：

$$H_s = H_g + \frac{v_s^2}{2g} + h_w \tag{10-6}$$

由上两式可以看出，进水池水面与泵进口断面之间的压头差，一是用于水流运动所需的流速水头；二是用于克服水流在吸水管路中流动所引起的水头损失；三是用于把水从进水池水面提升到泵进口的高度 H_g。当水泵安装在吸水面上方时，H_g取正值；反之，H_g取负值。

a. 临界吸上真空高度 H_{sc}：在大气压力为标准大气压、水温为20℃的标准状况下，水泵开始产生气蚀时的吸上真空高度被称为临界吸上真空高度，用符号 H_{sc} 表示。临界吸上真空高度是通过水泵的气蚀试验来确定的。临界吸上真空高度 H_{sc} 是水泵运行是否发生气蚀的分界点，当 $H_s \geq H_{sc}$ 时，水泵将在气蚀状态下运行；当 $H_s < H_{sc}$ 时，水泵将不会发生气蚀。

b. 允许吸上真空高度 $[H_s]$：允许吸上真空高度是保证水泵运行不发生气蚀的吸上

真空高度，我国国家标准规定按下式计算：

$$[H_s] = H_{sc} - 0.3 \tag{10-7}$$

因此，要保证水泵不发生气蚀，则必须满足：

$$H_s \leqslant [H_s] \tag{10-8}$$

值得注意的是，水泵产品样本或说明书给出的$[H_s]$值是标准状态下的数值。如果泵的使用条件为非标准状态，则应换算到标准状态。

c. 流量Q—允许吸上真空高度$[H_s]$曲线：水泵流量Q与允许吸上真空高度$[H_s]$间的关系曲线是指在标准状态下转速一定时的允许吸上真空高度$[H_s]$随流量Q变化的关系曲线，它是生产厂家根据水泵气蚀试验结果而绘制出来的。Q-$[H_s]$曲线是一条随流量增大而下降的曲线。

②气蚀余量　气蚀余量是国际上通常采用的标准水泵气蚀性能参数，用$NPSH$或Δh表示。气蚀余量是指在水泵进口断面，单位重量的液体所具有的超过汽化压头的剩余能量，其大小以换算到水泵基准面上的米水柱来表示，表达式如下：

$$\Delta h = \frac{p_s}{\rho g} + \frac{v_s^2}{2g} - \frac{p_v}{\rho g} \tag{10-9}$$

式中　$\dfrac{p_s}{\rho g}$——水泵进口断面上的绝对压头（m）；

$\dfrac{v_s^2}{2g}$——水泵进口断面上的平均流速水头（m）；

$\dfrac{p_v}{\rho g}$——泵所输送水流水温下的汽化压头（m）。

水泵气蚀与否，与水泵本身的气蚀性能和装置的吸入条件有关。通常用必需气蚀余量来描述水泵本身的气蚀性能；用有效气蚀余量（又称装置气蚀余量），来描述装置吸入条件对水泵气蚀的影响。必需气蚀余量用符号用$NPSH_r$或Δh_r表示，有效气蚀余量用符号用$NPSH_a$或Δh_a表示。

a. 必需气蚀余量$NPSHr$或Δh_r：必需气蚀余量Δh_r是仅仅表示水泵本身气蚀性能而与水泵装置的吸入条件无关的参数，是指叶轮内压力最低点的压力刚好等于所输送水流水温下的汽化压力时的气蚀余量，其实质是水泵进口处的水在流到叶轮内压力最低点，压力下降为汽化压力时的水头损失。

$$\Delta h_r = \mu \frac{v_1^2}{2g} + \lambda \frac{w_1^2}{2g} \tag{10-10}$$

式中　μ——因叶片进口处绝对流速变化和水泵进口至叶片进口的水力损失引起的压降系数；

λ——因叶片进口处相对流速变化和液体绕流叶片端部所引起的压降系数。

式（10-10）即为必需气蚀余量的理论计算公式，又称泵的气蚀基本方程。对于低比转数的小型泵，$\mu \dfrac{v_1^2}{2g}$项具有决定性的意义，$\lambda \dfrac{w_1^2}{2g}$项则无重要意义；对于高比转数水泵，

$\lambda \dfrac{w_1^2}{2g}$ 项成为主要的影响因素，而 $\mu \dfrac{v_1^2}{2g}$ 项居次要地位。由于目前压降系数 μ 和 λ 还无法用理论计算的方法得到，所以必需气蚀余量也就不能用计算的方法来确定，Δh_r 需通过泵的气蚀性能试验确定。水泵气蚀性能试验确定的气蚀余量通常称为临界气蚀余量，用符号 Δh_c 表示。

式 (10-10) 表明了当叶轮内最低压力点的压力 p_k 等于汽化压力 p_v 时，水泵进口所需的最小能量。当水泵进口具有的能量大于该能量时，压力最低点的压力将高于汽化压力，水泵运行时就不会发生气蚀；当水泵进口具有的能量小于该能量时，压力最低点的压力将低于汽化压力，水泵运行时就会发生气蚀。因此，必需气蚀余量 Δh_r 是水泵是否发生气蚀的临界判别条件。

b. 有效气蚀余量 $NPSH_a$ 或 Δh_a：有效气蚀余量或者装置气蚀余量是指水泵吸水装置给予泵进口断面上的单位能量减去汽化压头后剩余的能量，即吸水装置提供的气蚀余量。

当水泵安装于吸水面上方时，有效气蚀余量 Δh_a 的计算式为：

$$\Delta h_a = \frac{p_s}{\rho g} + \frac{v_s^2}{2g} - \frac{p_v}{\rho g} = \frac{p_e}{\rho g} - \frac{p_v}{\rho g} - H_g - h_w \tag{10-11}$$

当水泵安装于吸水面下方时，水泵的安装高度为 $-H_g$ 负值，称为淹没深度或灌注水头，则式 (10-11) 变为：

$$\Delta h_a = \frac{p_s}{\rho g} + \frac{v_s^2}{2g} - \frac{p_v}{\rho g} = \frac{p_e}{\rho g} - \frac{p_v}{\rho g} + H_g - h_w \tag{10-12}$$

根据以上分析，若 $\Delta h_a = \Delta h_r$，则表明水泵运行时，吸水装置提供给水泵进口的能量使叶轮内压力最低点的压力正好等于汽化压力，水泵开始发生气蚀。因此，要保证水泵运行不发生气蚀，就必须使有效气蚀余量大于必需气蚀余量，即必须满足 $\Delta h_a > \Delta h_r$ 的条件。

c. 允许气蚀余量 $[\Delta h]$：允许气蚀余量是将必需气蚀余量适当加大以保证水泵运行时不发生气蚀的气蚀余量，用符号 $[NPSH]$ 或 $[\Delta h]$ 表示，即

$$[\Delta h] = \Delta h_r + k \tag{10-13}$$

式中 k ——安全余量值，一般为 0.3m 水柱。

由于 Δh_r 还不能通过计算确定，所以水泵样本中给出的 $[\Delta h]$ 值是气蚀性能试验所得的临界气蚀余量 Δh_c 加 0.3m，即 $[\Delta h] = \Delta h_c + 0.3m$。

另外，大型泵一方面 Δh_c 较大，另一方面从模型试验换算到原型泵时，由于比尺效应的影响，0.3m 的安全值尚嫌小，所以 $[\Delta h]$ 可采用下式计算：

$$[\Delta h] = (1.1 \sim 1.3)\Delta h_c \tag{10-14}$$

显然，若要泵在运行中不发生气蚀，必须满足下列条件：

$$\Delta h_a \geqslant [\Delta h] \tag{10-15}$$

允许气蚀余量 $[\Delta h]$ 与允许吸上真空高度 $[H_s]$ 都是保证水泵运行不发生气蚀的控制指标，它们之间的关系，可由有效气蚀余量 Δh_a 和吸上真空高度 H_s 的定义推导得到。

$$[\Delta h] = \frac{p_a}{\rho g} - \frac{p_v}{\rho g} + \frac{v_s^2}{2g} - [H_s] \tag{10-16}$$

或
$$[H_s] = \frac{p_a}{\rho g} - \frac{p_v}{\rho g} + \frac{v_s^2}{2g} - [\Delta h] \tag{10-17}$$

流量 Q—必需气蚀余量 Δh_r 曲线：水泵流量 Q 与必需气蚀余量 Δh_r 间的关系曲线是指在标准状态下、转速一定时的必需气蚀余量 Δh_r 随流量 Q 变化的关系曲线。

对低比转数的离心泵，气蚀基本方程式中的 $\mu \frac{v_1^2}{2g}$ 项是决定 Δh_r 大小的主要因素，由于 v_1 随流量的增加而增大，所以 Δh_r 随流量的变化是一条上升的曲线，如图 10-11 所示。图中曲线是在水温、吸水面上的压力和水泵安装高度保持不变情况下的有效气蚀余量随流量变化的关系曲线，它是一条随流量增大而下降的抛物线。Δh_a 和 Δh_r 曲线交点对应的流量 Q_k 称为临界流量，它是水泵是否发生气蚀的分界点。当 $Q > Q_k$ 时，$\Delta h_a < \Delta h_r$，水泵将发生气蚀，所以水泵不能在 $Q > Q_k$ 的非安全区运行。

对高比转数的离心泵和轴流泵，气蚀基本方程式中的 $\lambda \frac{w_1^2}{2g}$ 项成为主要决定 Δh_r 大小的影响因素，由于相对流速 w_1 的影响相对较小，故 Δh_r 的大小主要由压降系数 λ 决定。压降系数 λ 是随水泵的比转速和流量而变化的，在设计流量附近某点，λ 值最小，当运行工况向最高效率点两旁偏离时，λ 值增大，如图 10-12 所示。因此，必需气蚀余量随流量变化的曲线也是一条与 λ 曲线形状相似的曲线。

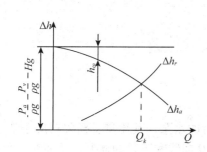

图 10-11 Δh_r 和 Δh_a 与流量关系曲线

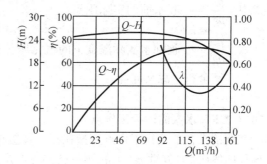

图 10-12 压降系数

10.3.2.4 水泵的安装高程

水泵的安装高程是指水泵不发生气蚀的水泵基准面高程，根据与水泵工作点对应的气蚀性能参数以及进水池的水位来确定。

$$\square_{水泵基准面} = \square_{吸水面} = H_g \tag{10-18}$$

当水泵安装在吸水面以上时，上式中的 H_g 取正值；反之，当水泵淹没在吸水面以下时，H_g 取负值。故水泵安装高程的确定，归结于水泵安装高度 H_g 的确定。

（1）用 $[H_s]$ 表达的水泵安装高程计算公式

$$H_g = H_s - \left(\frac{p_a}{\rho g} - \frac{p_e}{\rho g} \right) - \frac{v_s^2}{2g} - h_w \tag{10-19}$$

式中 H_s——吸上真空高度(m)；

$\dfrac{p_e}{\rho g}$——吸水面上的实际压头(m)；

$\dfrac{v_s^2}{2g}$——水泵进口断面上的平均流速水头(m);

h_w——吸水管路水力损失(m);

其余符号意义同前。

要保证水泵运行不发生气蚀，则 $H_s \leqslant [H_s]$。当式(10-19)中的 H_s 取最大值$[H_s]$时，安装高度达最大值。该安装高度的最大值称为允许安装高度，用符号$[H_g]$表示。

由于水泵产品样本或说明书给出的$[H_s]$值是标准状态下的数值，如果泵的使用条件与标准状态不同，则应进行转化。

(2)用 $[\Delta h_r]$ 表达的水泵安装高程计算公式

$$H_g = \left(\frac{p_a}{\rho g} - \frac{p_e}{\rho g} \right) - \Delta h_a - h_w \tag{10-20}$$

式中 Δh_a——有效气蚀余量即吸水装置提供的气蚀余量(m);

其余符号意义同前。

要保证水泵运行不发生气蚀，则 $\Delta h_a \geqslant [\Delta h_r]$。当式(10-20)中的 Δh_a 取最小值$[\Delta h_r]$时，安装高度达最大值，即

$$[H_g] = \frac{p_e}{\rho g} - \frac{p_v}{\rho g} - [\Delta h_r] - h_w \tag{10-21}$$

式中 $\dfrac{p_e}{\rho g}$——吸水面的实际压头;

$\dfrac{p_v}{\rho g}$——被抽水实际温度下的汽化压头(m);

其余符号意义同前。

10.3.2.5 水泵的运行工作点

所谓水泵的运行工作点是指在某一装置中运行的水泵，其流量、扬程对应于流量—扬程曲线(即 Q-H 曲线)上的那一点。将水泵的 Q-H 曲线和装置的需要扬程曲线(即 Q-Hr 曲线)画到同一个坐标系中，两条曲线的交点 A 就是水泵的工作点，如图 10-13 所示。A 点确定以后，其对应的流量 Q_A、功率 Q_A、效率 η_A 和允许吸上真空高度$[H_s]_A$或允许气蚀余量$[\Delta h]_A$ 即可从相应的性能曲线中查得。推求水泵的运行工作点是为了检查水泵装置是否在高效率范围内运行。

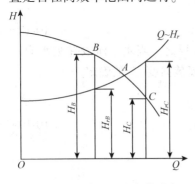

图 10-13 水泵工作点的确定

工作点 A 表示水泵在装置中运行时，达到能量和流量的平衡。这一点可用反证法证明：假设水泵在 B 点工作，则泵的流量为 Q_B，装置需要扬程为 H_{rB}。由图 10-13 可以看出，水泵提供的扬程 H_B 大于装置需要扬程为 H_{rB}，则多余的能量会使管路中的水流加速，从而使流量增加，工作点从 B 点向 A 点移动，最后在 A 点达到平衡。同理，在 C 点，水泵提供的扬程 H_C 小于装置需要扬程为 H_{rC}，由于水泵提供的能量不足，将会使管路中的水流减速，流量减少，工作点从 C 点向 A 点移动达到平衡。由此可知，只有 A 点才是稳定的工作点。

水泵在实际使用中，由于外部条件的改变，如进、出水池水位或用户用水量的变化等，常常会使水泵工作点偏离设计工作点较远，以致引起水泵装置效率降低、功率升高或气蚀发生等。这时，为了适应外界条件的变化而需要人为地改变水泵的运行工作点，即进行水泵的工况调节。常用的调节方法有：节流调节、分流调节、变速调节、变径调节和变角调节等。

10.4 提水引水工程规划

10.4.1 泵站等级划分及设计标准

10.4.1.1 泵站等级划分

灌溉、排水泵站等级的划分见表 10-1。将泵站划分成不同级别，是为了根据泵站的规模及其重要性，确定防洪标准、安全超高和各种安全系数等。

泵站建筑物的级别划分可根据泵站所属等别及其在泵站中的作用和重要性，按表 10-3 确定。

表 10-3 泵站建筑物级别划分

泵站等别	永久建筑物级别划分		临时性建筑物级别
	主要建筑物	次要建筑物	
I	1	3	4
II	2	3	4
III	3	4	5
IV	4	5	5
V	5	5	—

表 10-3 中永久建筑物是指泵站运行期间使用的建筑物，按其重要性分为主要建筑物和次要建筑物。主要建筑物是指事故破坏后可能造成灾害或严重影响泵站运行的建筑物，如泵房，进、出水池，出水管道和变电设施等；次要建筑物是指失事后不致造成灾害或对泵站运行影响不大、并易于修复的建筑物，如挡土墙、导水墙和护岸等。临时性建筑物是指泵站施工期间使用的建筑物，如导流建筑物、施工围堰等。

10.4.1.2 泵站建筑物防洪标准

防洪标准的高低不仅影响到泵站建筑物的安全，也直接影响到工程的造价。泵站建筑物的防洪标准可根据其级别按表 10-4 确定，但对修建在河流、湖泊或平原水库边的堤身式泵站，其建筑物的防洪标准不应低于堤坝现有的防洪标准。

表 10-4 泵站建筑物防洪标准

泵站建筑物级别	洪水重现期(a)		泵站建筑物级别	洪水重现期(a)	
	设计	校核		设计	校核
1	100	300	4	20	50
2	50	200	5	10	20
3	30	100			

10.4.1.3 排涝设计标准

泵站排涝标准通常以涝区发生一定频率的设计暴雨农作物不受涝表示。影响排涝标准的因素很多，包括设计暴雨的重现期、雨型分布、汇流因素、作物耐淹水深、排涝天数、泵站内外水位参数等。

排涝标准直接影响到治涝泵站工程的建设规模，因此，必须对其影响因素进行深入的调查研究，综合它们之间的数量关系，按照当地的自然条件和经济发展需要，分析确定合理的排涝标准。

10.4.1.4 灌溉设计标准

灌溉设计标准是确定灌溉泵站工程规模和进行灌溉效益分析的重要依据，可以采用灌溉设计保证率(表10-5)和抗旱天数来表示。

表 10-5 灌溉设计保证率数值表

地区类别	作物种类	灌溉设计保证率(%)	地区类别	作物种类	灌溉设计保证率(%)
缺水地区	以旱作物为主	50~75	丰水地区	以旱作物为主	70~80
	以水稻作物为主	70~80		以水稻作物为主	75~95

采用抗旱天数作为灌溉设计标准的地区，旱作物和单季稻灌区可采用 30~50d；双季稻灌区可采用 50~70d；有条件的地方可适当提高标准。

10.4.2 提水灌排区的划分

提水灌排区的划分，就是根据区域内的地形、水源、能源和行政区划等条件来选择是采用集中控制还是分片、分级控制的方式，以达到投资省、运行费用低、运行管理方便及收益快等目的。

根据排灌区的地形、水源、能源等条件及建站目的，排灌泵站工程通常有下列几种控制方式。

10.4.2.1 单站集中控制

此种方式是用一座泵站控制整个排水区或灌溉区。泵站可以设在容泄区或水源附近，也可以用排水渠或引水渠与之相联通。此种方式适用于控制区面积不很大且区域内地形平整、地面高差变化不大的场合。其布置方式如图 10-14 所示。

10.4.2.2 多站分区控制

此种方式是沿容泄区或水源布置几个泵站，每座泵站分别控制排水区或灌溉区内的一部分土地。此种方式适用于面积较大且与容泄区或水源的接壤长度较长的排水区或灌溉区。其布置方式如图 10-15 所示。

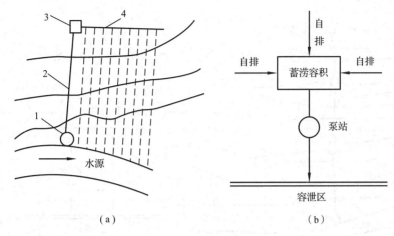

(a)   (b)

图 10-14 单站集中控制方式

(a)灌溉泵站 (b)排水泵站

1. 泵站 2. 输水管道 3. 出水池 4. 输水干渠

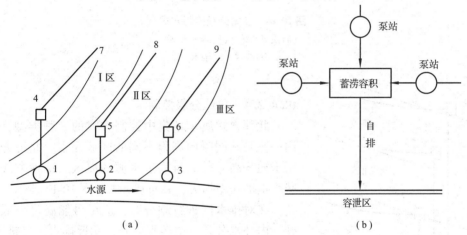

(a)   (b)

图 10-15 多站分区控制方式

(a)灌溉泵站 (b)排水泵站

1~3. 泵站 4~6. 出水池 7~9. 输水干渠

10.4.2.3 多站分级控制

此种方式是将排水区或灌溉区内高程不同的地段分别用各自的泵站逐级提水控制。后一级泵站的水量是靠前一级泵站供给的。除一级站外其他各级站可以同时有几座。此种方式适用于面积较大且区域内地面高差有较大变化的排水区或灌溉区。其布置方式如图 10-16 所示。

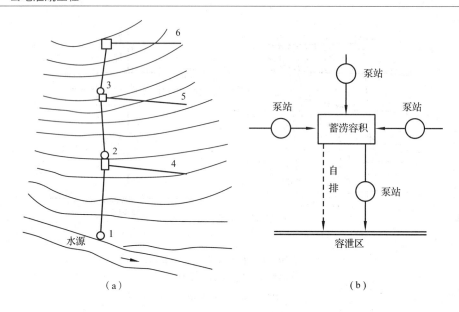

（a）　　　　　　　　　　　　（b）

图 10-16　多站分级控制方式

（a）灌溉泵站　（b）排水泵站

1~3. 泵站　4~6. 输水干渠

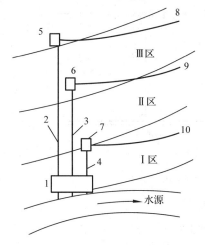

图 10-17　单站分级控制方式

1. 泵站　2~4. 输水管道

5~7. 出水池　8~10. 输水干渠

10.4.2.4　单站分级控制

此种方式属单站集中控制方式的一种类型，是利用一座泵站同时向高程不同的区域提水。此种方式适用于地势高差较大且靠近水源的灌区。这种方式可以减小地形功率损失，其布置方式如图 10-17 所示。

在对排水区进行划分时，应尽可能满足高低水分开、内外水分开、主客水分开，就近排水，自排为主，抽排为辅。

10.4.3　泵站站址选择

泵站站址选择是根据泵站控制区的具体条件合理地确定泵站的位置，包括取水口、泵房和出水池位置。站址是否合理，将直接关系到整个泵站工程的安全运行、工程投资、工程管理以及工程经济和社会效益发挥等问题。因此，在规划设计时必须对此予以足够的重视。

站址的选择要考虑以下几个因素。

①地形　地形要平坦、开阔，以利泵站建筑物的总体布置。泵站应能控制全区面积，灌溉站址选在全区上游地势较高的地方，排水站址选在排水区内地势较低、流程较短的排水干沟出口处。

②地质　应选在坚固的地基上，不仅要求地表附近地质良好，而且开挖面以下的地质也要求良好。应避开淤泥、流砂地段，以减少地基处理的费用。

③水源　灌溉泵站的水源有河流、水库、湖泊、地下水等，要求水源的水质、水量、水温能满足用水要求。若从河流取水，站址应选在主流近岸边、河床稳定的直段，或者坚固稳定的凹岸。

④交通　尽量使交通便利，以便于设备及材料的运输。

10.4.3.1　灌溉泵站

从河流直接取水的灌溉泵站，站址应尽量选在河道顺直、主流靠近岸边、河床稳定、水深和流速较大的地方。如遇弯曲河段，应将站址选在水深岸陡、泥沙不易淤积的凹岸，力求避免选在有砂滩、支流汇入或分叉的河段。从受潮汐影响的感潮河段取水的灌溉泵站，应将站址选在淡水充沛、含盐量低、可以长期取到较好水质水的地方。另外，在选择站址时还应注意已有建筑物的影响。例如，在河段上建有丁坝、码头和桥梁时，由于桥梁的上游、丁坝和码头所在同岸的下游，水位被壅高，水流偏移，已形成淤积，因此，站址和取水口位置宜选在桥梁的下游或与丁坝、码头同岸的上游或对岸的偏下游。

泵站从水库取水时，应首先考虑将站址选在大坝的下游，如在库内取水时，应将站址选在岸坡稳定、靠近灌区、取水方便、不受或少受泥沙淤积影响的地点。

从湖泊取水的灌溉泵站，站址应选在靠近湖泊出口的地方，或远离支流的汇入口。

10.4.3.2　排水泵站

排水泵站的站址应选在以下几种地方。

①排水区的较低处，与自然汇流相适应。要注意充分利用原有的排水系统，以减少渠道开挖的土方工程和占地面积，但在利用原有渠系时要注意将来渠系调整对泵站的影响，站址要尽量靠近容泄区，以缩短泄水渠的长度。

②外河水位较低的地段，以降低排水扬程，减少装机容量和电能消耗。

③河流顺直，河床稳定，冲刷、淤积较少的河段或弯曲河段的凹岸。

10.4.3.3　灌排结合泵站

灌排结合泵站站址的选择，应根据有利于外水内引和内水外排、灌溉水源水质不被污染和不致引起或加重土壤盐渍化，并兼顾灌排渠系的合理布置等要求，经综合比较选定。

10.4.4　泵站的主要设计参数

泵站的主要设计参数包括设计流量，进、出水池各种特征水位及各种特征扬程等。它们不仅是选择水泵形式的主要依据，而且直接关系到泵站建设的工程规模，泵站建筑物的稳定安全性、机组运行的可靠性和经济性等。因此，必须根据泵站所担负的提水任务和运行要求合理确定泵站的设计参数。

10.4.4.1　设计流量

（1）灌溉泵站设计流量

灌溉泵站设计流量是在对设计灌水率、灌溉面积、灌溉水利用系数以及灌区内调蓄容积进行综合分析的基础上计算确定的。当确定了设计灌水率以后，即可按下式计算灌溉设计流量：

$$Q = \frac{q_A}{\eta_0} \tag{10-22}$$

式中　Q——灌溉设计流量（m^3/s）；

q——设计净灌水率 [$m^3/(s\cdot$万亩)]；

A——泵站控制的灌溉面积（万亩）；

η_0——灌溉水利用系数。

（2）排水泵站设计流量

排水泵站根据排水对象的不同，其设计流量的计算方法亦不相同。下面主要介绍农田排水泵站设计流量的确定。

农田排水泵站必须满足除涝和防渍排水的要求，因此，设计排水流量分为排涝设计流量和排渍设计流量两种。排涝设计流量可根据排涝标准、排涝方式、排涝面积及调蓄容积等综合分析计算确定。排渍设计流量可根据地下水排水模数与排水面积计算确定。

排涝设计流量的计算方法有排涝模数经验公式法和平均排除法，具体可参阅《农田水利学》。排渍泵站的设计流量可按下式计算：

$$Q = q_h F \tag{10-23}$$

式中　q_h——排渍模数 [$m^3/(s\cdot km^2)$]，由降雨产生的设计排渍模数见表10-6；在无实测资料时，可采用公式 $\frac{10^8 \mu H}{86.4T}$ 计算，式中 μ 为土壤给水度（释放水量与土壤体积的比值），H 为地下水位设计降低深度（m）；T 为排渍历时（d）。

F——排渍区内的耕地面积（km^2）。

表10-6　各种土质设计排渍模数

土质	设计排渍模数 [$m^3/(s\cdot km^2)$]
轻砂壤土	0.03~0.04
中壤	0.02~0.03
重壤、黏土	0.01~0.02

10.4.4.2　特征水位

（1）灌溉泵站进水池水位

①防洪水位　防洪水位是确定泵站建筑物防洪墙顶部高程的依据，也是计算分析泵站建筑物稳定安全的重要参数。从河流、湖泊或水库取水的泵站，当泵房直接挡洪时，其防洪水位应满足防洪标准的要求；当泵站引水建筑物设有防洪闸，泵房不直接挡洪时，可不考虑防洪水位的作用。

②设计水位　设计水位是计算泵站设计扬程的依据。从河流、湖泊或水库取水的灌溉

泵站，确定设计水位时，以历年灌溉期的日平均或旬平均水位排频，取相应于设计保证率为 85%~95% 的日平均或旬平均水位作为设计水位(水源紧缺地区可取低值，水资源较丰富地区可取高值)。从渠道取水的泵站，取渠道通过设计流量时的水位作为设计水位。

③最高运行水位　最高运行水位是计算泵站最低扬程的依据。从河流、湖泊取水的灌溉泵站，取重现期 5~10 年一遇洪水的日平均水位作为最高运行水位；从水库取水时，根据水库调节性能论证确定其最高运行水位；从渠道取水时，取渠道通过加大流量时的水位作为最高运行水位。

④最低运行水位　最低运行水位是确定水泵安装高程和计算泵站最高扬程的依据。泵站从河流、湖泊或水库取水时，取历年灌溉期水源保证率为 95%~97% 的最低日平均水位作为最低运行水位；泵站从渠道取水时，取渠道通过最小流量时的水位。

⑤平均水位　从河流、湖泊或水库取水时，灌溉泵站取灌溉期多年日平均水位作为平均水位；泵站从渠道取水时，取渠道通过平均流量时的水位。

值得注意的是，按照上述原则得到的各种水位还不是最终需要的进水池水位。进水池的各种特征水位，均应从上述各相应水位扣除进水口至进水池的水力损失后得到。

(2)灌溉泵站出水池水位

①最高水位　最高水位是决定出水池池顶高程的依据。当出水池后接输水河道时，取输水河道的校核洪水位；当出水池后接输水渠道时，取与泵站最大流量相应的水位作为最高水位。

②设计水位　设计水位是计算泵站设计扬程的另一重要依据，应按泵站设计流量和用户控制高程的要求推算到出水池的水位来确定。

③最高运行水位　最高运行水位是泵站运行时出水池可能出现的最高水位，可取与泵站最大运行流量相应的水位作为最高运行水位。当出水池后接输水渠道时，出水池的最高运行水位即为最高水位。

④最低运行水位　最低运行水位是泵站运行时出水池可能出现的最低水位，可取与泵站最小运行流量相应的水位作为最低运行水位。当出水池后接的输水河道有通航要求时，最低运行水位的选取应满足最低通航水位的要求。

⑤平均水位　可按泵站运行期的多年日平均水位来确定，也可由输水渠道通过平均流量时的水位来推算。

(3)排水泵站进水池水位

①最高水位　最高水位是确定泵房电机层地面高程或泵房进水侧挡水墙顶部高程的依据。国家标准《泵站设计规范》(GB/T 50265—2010)规定取排水区建站后重现期 10~20 年一遇的内涝水位作为排水泵站进水池最高水位。

②设计水位　设计水位是排水泵站站前经常出现的内涝水位，是计算确定泵站设计扬程的依据之一。规划时，对单站集中控制且控制区内无集中调蓄容积或调蓄容积不大的排水泵站应取排水区设计排涝水位推算到进水池的水位作为设计水位，排水区设计排涝水位一般以较低耕作区(约占排水区面积 90%~95%)的涝水可被排除为原则来确定；对排水区内有集中调蓄容积或与内排泵站联合运行的排水泵站，应取由调蓄区设计水位或内排泵站出水池设计水位推算到站前的水位作为设计水位。

③最高运行水位 最高运行水位是计算泵站可能出现的最低扬程的依据。对单站集中控制且控制区内无集中调蓄容积或调蓄容积不大的排水泵站应取由排水区允许最高涝水位推算到站前进水池的水位；对排水区内有集中调蓄容积或与内排泵站联合运行的排水泵站，应取由调蓄区最高调蓄水位或内排泵站出水池最高运行水位推算到站前的水位作为进水池最高运行水位。

④最低运行水位 最低运行水位是排水泵站正常运行的下限排涝水位，是确定水泵安装高程和计算泵站最高扬程的依据。确定泵站进水池最低水位时应注意满足以下 3 方面的要求：一是满足作物对降低地下水位的要求；二是满足调蓄区预降最低水位的要求；三是满足盐碱地区控制地下水的要求。

⑤平均水位 可取与进水池设计水位相同的水位。

(4) 排水泵站出水池水位

①防洪水位 防洪水位是确定泵站建筑物防洪墙顶部高程的依据，也是计算分析泵站建筑物稳定安全的重要参数。规划设计时应根据出水池的建筑物级别确定。

②设计水位 设计水位是计算确定泵站设计扬程的另一依据，规划设计时应根据各地的排涝(排水)设计标准来确定。《泵站设计规范》(GB/T 50265—2010) 规定采用重现期 5～10 年一遇的外河(或承泄区)3～5d 平均水位作为泵站出水池设计水位。对经济发达地区或特别重要的泵站可以适当提高排涝(排水)标准。

③最高运行水位 最高运行水位是确定泵站最高扬程和虹吸式出水流道驼峰顶底部高程的主要依据。对容泄区水位变幅较小，水泵在设计洪水位能正常运行的排水泵站，可取设计洪水位作为最高运行水位；当容泄区水位变幅较大时，取重现期 10～20 年一遇洪水的 3～5d 平均水位作为最高运行水位；当容泄区为感潮河段时，取重现期 10～20 年一遇的 3～5d 平均潮水位作为最高运行水位。

④最低运行水位 最低运行水位是确定泵站最低扬程和出水流道出口淹没高程的依据。可取容泄区历年排水期最低水位或最低潮水位的平均值作为最低运行水位。

⑤平均水位 取容泄区排水期多年日平均水位或多年日平均潮水位。

10.4.4.3 特征扬程

(1) 设计扬程

设计扬程是水泵型式选择的主要依据。在设计扬程工况下，泵站必须满足设计流量的要求。设计扬程应按泵站进、出水池设计水位差，并计入进、出水流道或管道的沿程和局部水力损失来确定。

(2) 平均扬程

平均扬程是泵站运行历时最长的工作扬程。在进行泵型选择时，应保证水泵在平均扬程工况下，处于高效区运行。对于中小型泵站，平均扬程一般可按泵站进、出水池平均水位之差，加上进、出水流道或管道系统的阻力损失来确定。对于提水流量年内变化幅度较大，水位、扬程变化幅度也较大的大、中型泵站，应先按下式计算加权平均净扬程，再加上管路系统的水力损失来确定。

$$\overline{H_j} = \frac{\sum H_{ij} Q_i t_i}{\sum Q_i t_i} \tag{10-24}$$

式中　$\overline{H_j}$——加权平均净扬程(m)；

　　　　H_{ij}——第 i 时段泵站运行时的净扬程，即进、出水池运行水位差(m)；

　　　　Q_i——第 i 时段泵站运行流量(m^3/s)；

　　　　t_i——第 i 时段历时(d)。

（3）最高扬程

最高扬程是泵站正常运行的上限扬程，也是水泵型式选择和轴流泵配套电机选择的依据之一。最高扬程应按泵站出水池最高运行水位与进水池最低运行水位之差，并计入管路系统阻力损失来确定。泵站在最高扬程运行时应保证机组的稳定性。

（4）最低扬程

最低扬程是泵站正常运行的下限扬程，应按泵站进水池最高运行水位与出水池最低运行水位之差，并计入管路系统阻力损失来确定。水泵机组在最低扬程下运行时，亦应保证其运行的稳定性，即不致发生水泵气蚀、振动等情况。

10.4.5　水泵的选型

10.4.5.1　水泵选型原则

按照泵站规划要求，选择泵型和台数时，应遵循如下原则：

①满足泵站规划确定的设计扬程和设计流量要求；

②水泵在整个运行期内，水泵不应发生气蚀或动力机严重超载等不正常状态，运行工作点位于工作范围内，有最高的平均效率；

③按照选定的机组建站时，设备和土建投资最小；

④尽量选用大泵，但也应按实际情况考虑大小兼顾，灵活调配；

⑤在同一泵站内或同一地区内，尽量选用同型产品，便于设备安装、操作使用和检修；

⑥优先选用系列生产的、比较定型的和性能良好的产品；

⑦考虑必要的备用机组；

⑧考虑泵站的发展，实行近远期相结合。

10.4.5.2　水泵选型步骤

灌排泵站水泵选型一般有以下几个基本步骤：

①确定排灌保证率；

②制定泵站排灌流量及扬程变化过程图；

③计算泵站设计扬程和设计流量；

④从水泵综合性能图或表中，查出符合设计扬程要求的几种不同型号的水泵；

⑤根据选型原则，确定最适宜的水泵(包括型号和台数)。

10.5 输配水工程规划

10.5.1 渠道系统规划设计

灌溉渠道系统是指将从水源引取的水流输送、分配到田间并进行灌水的工程系统。它包括输、配水渠道系统，渠系建筑物和田间工程。

根据灌区的地形条件、控制面积和渠道设计流量的大小，灌溉渠道常分为干渠、支渠、斗渠、农渠4级，如图10-18所示。干、支渠主要起输水作用，称为输水渠道；斗、农渠主要起配水作用，称为配水渠道。地形复杂的大型灌区，可增设总干渠、分干渠、分支渠等多级渠道；地形平坦的小型灌区，也可少于4级。

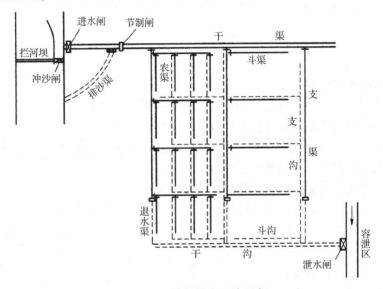

图 10-18　灌溉排水系统示意

渠系建筑物是指各级渠道上的建筑物，包括分水闸、节制闸、渡槽、跌水、陡坡等。它们担负着输送和分配水量、控制渠道水位、量测流量、宣泄多余水量以及便利交通等任务。

田间工程是农渠控制范围内的灌排设施、土地平整、田间道路及防风林带等的统称。

在现代化灌区建设中，灌溉渠道系统和排水沟道系统是并存的，两者相互配合，协调运行，共同构成完整的灌区水利工程系统。

10.5.1.1 灌溉渠系规划

灌溉渠系规划，即对灌溉渠道系统所作的总体布局，主要包括骨干渠道的布置、渠系建筑物的定位和选型、工程量和投资，以及有关技术经济指标的初步评估等。规划时，应遵循以下原则。

①自流灌溉面积最大　各级渠道应布置在各自控制范围内的较高地带，以便自流控制较大的灌溉面积；对面积很小的局部高地宜采用提水灌溉的方式。

②灌溉渠道与排水沟道统一规划　要有灌有排，排灌分开，各成系统。

③总工程量和工程费用最小　布置渠线时要充分利用现有的水利设施，使渠线尽可能短直，渠系建筑物少，土、石方量少，占地少。

④渠道工程安全可靠　尽量避免深挖方、高填方和险工地段，力求渠道施工方便。同时，要避免渠道穿越村庄，防止渠道输水影响乡村人畜财产安全。

⑤用水管理和工程管理方便　渠系布置必须与行政区划和土地利用规划相适应，尽可能使每个用水单位有独立的供水配水系统。

⑥综合利用　尽可能利用渠道水流发电和进行农产品加工，发展航运和城乡供水。

(1) 干、支渠的规划布置

干、支渠的布置主要取决于灌区的地形、地貌及土壤地质条件，还应考虑灌溉土地的分布状况。常见的布置形式有两种：①干渠沿等高线布置，支渠从干渠一侧分出，垂直于等高线布置，如图 10-19 所示；②干渠垂直于等高线布置，支渠向两侧分出，如图 10-20 所示。

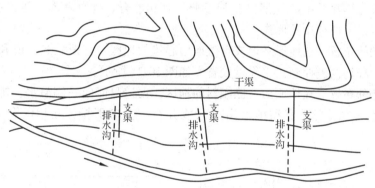

图 10-19　干渠沿等高线布置

山丘区渠道多环山布置。一般位置较高，渠线较长，渠道弯曲，深挖方和高填方多，建筑物多，工程量大。此外，山丘区塘坝和小型水库较多，有利于拦蓄洪水和当地径流，所以山丘区的灌溉系统往往与库塘相连接，形成"长藤结瓜式"水利系统。

平原区地形平坦，具有易旱、易涝、易碱的特点。布置时，尽可能使干渠顺直和规整，并应慎重选择渠道纵坡，以满足水位控制条件。在以除涝和控制地下水位为主要目标的沿江滨湖或三角洲地区，灌溉渠系的布置应在排水系统的基础上进行。

(2) 斗、农渠的规划布置

斗、农渠的规划和农业生产关系密切，除遵守前面讲过的灌溉渠道规划原则外，还应满足下列要求：① 适应农业生产管理和机械耕作的要求；② 便于配水和灌水，有利于提高灌溉效率；③ 土地平整、渠道、建筑物工程量最少。

通常，我国北方平原地区的斗渠长 3 000 ~ 5 000m，间距 600 ~ 1 200m；农渠长500 ~ 1 000m，间距 200 ~ 400m。

斗渠从支渠引水，垂直于支渠，配水给农渠或毛渠。斗渠引水口位于该斗渠控制灌

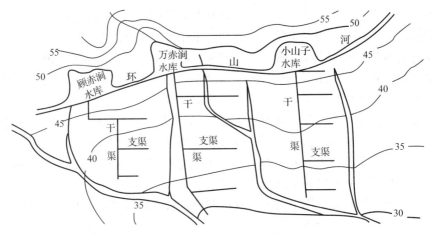

图 10-20　干渠垂直于等高线布置

溉面积的较高位置，渠线可沿分水岭垂直等高线布置，则农渠在斗渠两侧双向布置；对于一面坡地形，斗渠应沿等高线布置，则农渠布置在斗渠一侧即垂直等高线布置。

灌溉系统与排水系统的规划要互相参照、互相配合、统盘考虑。斗、农渠结合斗、农沟，主要有以下两种布置形式：

①灌排相间布置　在地形平坦或有微地形起伏的地区，宜把灌溉渠道和排水沟道交错布置，沟、渠均两侧控制，工程量较省，如图 10-21 所示。

②灌排相邻布置　在地面向一侧倾斜的地区，渠道只能向一侧灌水，排水沟也只能接纳一边的径流，灌溉渠道和排水沟道只能并行，上灌下排，互相配合，如图 10-22 所示。

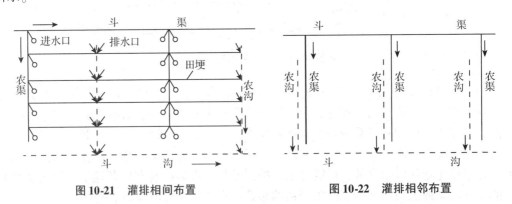

图 10-21　灌排相间布置　　　　　**图 10-22　灌排相邻布置**

（3）渠系建筑物的规划布置

渠系建筑物系指各级渠道上的建筑物。按其位置、作用和构造的不同，可分为引水建筑物、配水建筑物、交叉建筑物、衔接建筑物、量水建筑物和泄水建筑物。

①引水建筑物　河流无坝引水时的进水闸，有坝引水时的拦河坝，抽水取水时的泵站，蓄水取水时的水库以及抽取地下水时的水井均属于引水建筑物。各引水建筑物的作用参见"10.2.2 灌溉取水方式"一节。

②配水建筑物 配水建筑物主要包括分水闸和节制闸。

a. 分水闸：建在上级渠道向下级渠道分水的地方。上级渠道的分水闸就是下级渠道的进水闸。斗、农渠的进水闸惯称为斗门、农门。分水闸的作用是控制和调节向下级渠道的配水流量。

b. 节制闸：垂直渠道中心线布置，其作用是根据需要抬高上游渠道的水位或阻止渠水继续流向下游。下列情况下需要设置节制闸。

当上级渠道的工作流量小于设计流量时，下级渠道就进水困难，则需要在分水口的下游设一节制闸，壅高上游水位，满足下级渠道的引水要求（图10-23）；下级渠道实行轮灌时，需在轮灌组的分界处设置节制闸，为了保护渠道上的重要建筑物或险工渠段，通常在它们的上游设置泄水闸，在泄水闸与被保护建筑物之间设节制闸，使多余水量从泄水闸流向天然河道或排水沟道。

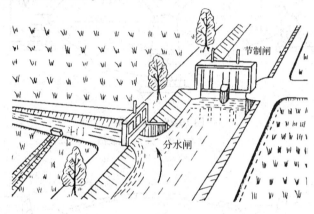

图10-23 节制闸与分水闸

③交叉建筑物 主要包括隧洞、渡槽、倒虹吸等建筑物。

a. 隧洞：渠道遇到山岗时，或因石质坚硬，或因开挖工程量过大，往往不能采用深挖方渠道，如沿等高线绕行，渠道线路又过长，工程量仍然较大，而且增加了水头损失。在这种情况下，可选择山岗单薄的地方凿洞通过，如图10-24所示。

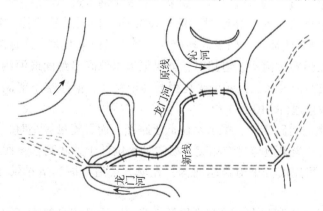

图10-24 长隧洞代替隧洞群及傍山渠道示意

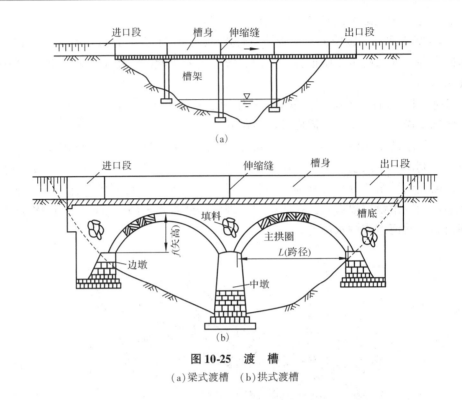

图 10-25 渡 槽

(a)梁式渡槽 (b)拱式渡槽

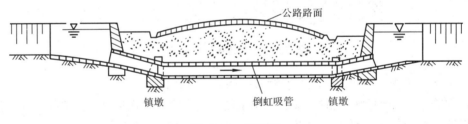

图 10-26 倒虹吸

b. 渡槽：渠道穿过河沟、道路时，如果渠底高于河沟最高洪水位或渠底高于路面的净空大于行驶车辆要求的安全高度时，可架设渡槽，让渠道从河沟、道路的上方通过（图 10-25）。渠道穿越洼地时，如采取高填方，渠道工程量太大，这时也可采用渡槽。

c. 倒虹吸：渠道穿过河沟、道路时，如果渠道水位高出路面或河沟洪水位，但渠底高程却低于路面或河沟洪水位；或渠底高程虽高于路面，但净空不能满足交通要求，则需采用倒虹吸代替渠道（图 10-26）。

d. 涵洞：渠道与道路相交，渠道水位低于路面，而且流量较小时，常在路面下埋设平直的管道即涵洞。当渠道与河沟相交，河沟洪水位低于渠底高程，而且河沟洪水流量小于渠道流量时，可用填方渠道跨越河沟，在填方渠道下面建造排洪涵洞，如图 10-27 所示。

e. 桥梁：渠道与道路相交，渠道水位低于路面，而且流量较大、水面较宽时，要在渠道上修建桥梁，满足交通要求。

④衔接建筑物 渠道通过坡度较大的地段时，为防止渠道冲刷，保持渠道的设计比降，就把渠道分成上、下两段，中间用衔接建筑物连接。常见的有跌水和陡坡，如图10-28和图10-29所示。

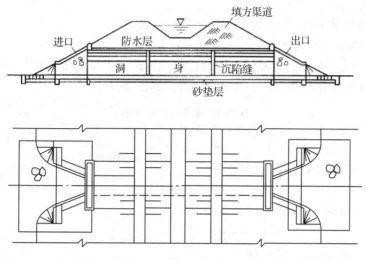

图 10-27 填方渠道下的涵洞

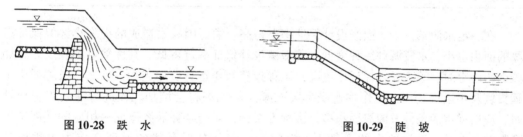

图 10-28 跌 水 　　　　　　　　　　图 10-29 陡 坡

⑤泄水建筑物 为了防止由于沿渠坡面径流汇入渠道或因下级(游)渠道事故停水而使渠道水位突然升高，威胁渠道的安全运行，必须在重要建筑物和大填方渠段的上游以及山洪入渠处的下游修建泄水建筑物，泄放多余的水量。通常，在渠岸上修建溢流堰或泄水闸；从多泥沙河流引水的干渠，常在进水闸后开挖泄水渠、设置泄水闸；干、支、重要斗渠的末端修建退水渠和退水闸。泄水建筑物具体位置的确定，还要考虑地形条件，应选在可利用天然河沟、洼地等作为泄水出路的地方，以减少开挖泄水沟道的工程量。

⑥量水建筑物 为加强用水管理，保证灌溉工程的正常运行，在各级渠道的进水口、退水口、末级渠道的灌水口，都要测定渠道流量。利用位置适当的闸、涵、跌水、渡槽等渠系建筑物量水，是灌区最普遍使用的方法。当水工建筑物不能满足量水需要或为取得特定渠段的流量资料，可用特定的量水设备量水，如各种量水堰、量水槽和量水喷嘴等。

10.5.1.2 灌水率及灌溉用水量

(1)灌溉保证率

灌溉保证率是指灌溉用水量在多年期间能够得到满足的概率，以正常供水的年数占总年数的百分数表示。其计算公式为：

$$p = \frac{m}{n+1} \times 100\%$$ (10-25)

式中　p——灌溉保证率（%）；

　　　m——灌溉设施能保证正常供水的年数；

　　　n——计算系列的总年数。

灌溉设计保证率是在进行灌溉工程设计时选定的灌溉保证率，可按《灌溉与排水工程设计规范》（GB 50288—1999）中的规定取值，见表 10-7。

表 10-7　灌溉设计保证率

灌水方法	地　区	作物种类	灌溉设计保证率（%）
地面灌溉	干旱地区或水资源紧缺地区	以旱作物为主	50~75
		以水稻为主	70~80
	半干旱、半湿润地区或水资源不稳定地区	以旱作物为主	70~80
		以水稻为主	75~85
	湿润地区或水资源丰富地区	以旱作物为主	75~85
		以水稻为主	85~95
喷灌、微灌	各类地区	各类作物	85~95

在一定水源条件下，灌溉设计保证率定得高，灌区因缺水造成的损失小，但保证灌溉的面积也小，水资源利用程度低；若灌溉设计保证率定得低，其优缺点则相反。在灌溉面积已定时，灌溉设计保证率越高，工程投资及年运行费用越大；反之，虽可减少工程投资及年运行费用，但作物遭受旱灾而减产的几率将会增加。在进行灌溉工程设计时，应根据水源条件及灌溉面积拟订多种方案，计算与各种灌溉保证率相应的灌溉工程净效益，在没有其他约束的条件下，选定一个经济效益最优的保证率作为工程设计标准。

（2）灌水定额及灌溉定额

灌水定额是指一次灌水单位灌溉面积上的灌水量。灌溉定额是指作物播种前及全生育期内各次灌水定额之和。灌水定额和灌溉定额可用单位灌溉面积上的灌水量（m/hm²）或灌水的水层深度（mm）表示。

由于一个灌区内作物品种往往不单一，且渠系在输水过程及田间灌水过程中都有水量损失，所以灌水定额又可分为综合净灌水定额和综合毛灌水定额。相应的，灌溉定额为综合净灌溉定额和综合毛灌溉定额。

综合净灌水定额为任何时段内各种作物灌水定额的面积加权平均值，即

$$m_{综,净} = \alpha_1 m_1 + \alpha_2 m_2 + \alpha_3 m_3 + \cdots$$ (10-26)

式中　$m_{综,净}$——某时段内综合净灌水定额（m/hm²）；

　　　α_1，α_2，α_3……——各种作物种植比例，即各种作物种植面积占全灌区总面积的比值；

　　　m_1，m_2，m_3……——第 1 种，第 2 种，第 3 种，…作物在该时段内的净灌水定额

(m/hm^2)。

综合毛灌水定额的计算公式为：

$$m_{综,毛} = \frac{m_{综,净}}{\eta_0}$$ (10-27)

式中 $m_{综,毛}$——某时段内综合毛灌水定额(m/hm^2)；

$m_{综,净}$——某时段内综合净灌水定额(m/hm^2)；

η_0——灌溉水利用系数。

将上面计算出的全生育期内各时段的综合毛灌水定额相加，即为综合灌溉定额。综合灌溉定额可用于：①计算全灌区的灌溉用水量；②衡量全灌区灌溉用水量是否合适，与自然条件及作物种植比例类似的灌区进行对比，评价灌区用水管理水平；③根据水源供水量推求可灌溉面积。

（3）灌水模数

灌水模数又称灌水率，是指单位灌溉面积上的灌溉净流量 $q_净$，单位为 $m^3/(s\cdot100hm^2)$。

灌水模数是根据灌区内各种作物的各次灌水逐一进行计算的（表10-8）。某种作物某次灌水的灌水模数计算公式为：

表 10-8 灌水率计算表

作物	作物所占面积（%）	灌水次数	灌水定额（m/hm²）	灌水时间（日/月） 始	中	中间日	灌水延续时间（d）	灌水率 m³/(s·100hm²)
小麦	50	1	975	16/9	27/9	22/9	12	0.047
		2	750	19/3	28/3	24/3	10	0.043
		3	825	16/4	25/4	21/4	10	0.048
		4	825	6/5	15/5	11/5	10	0.048
棉花	25	1	825	27/3	3/4	30/3	8	0.030
		2	675	1/5	8/5	5/5	8	0.024
		3	675	20/6	27/6	24/6	8	0.024
		4	675	26/7	2/8	30/7	8	0.024
谷子	25	1	900	12/4	21/4	17/4	10	0.026
		2	825	3/5	12/5	8/5	10	0.024
		3	750	16/6	25/6	21/6	10	0.022
		4	750	10/7	19/7	15/7	10	0.022
玉米	50	1	825	8/6	17/6	13/6	10	0.048
		2	750	2/7	11/7	7/7	10	0.043
		3	675	1/8	10/8	6/8	10	0.039

$$q_{ik} = \frac{\alpha_i m_{ik}}{864 T_{ik}}$$ (10-28)

式中 q_{ik}——第 i 种作物第 k 次灌水的净灌水模数$[m^3/(s\cdot100hm^2)]$；

α_i——第 i 种作物种植比例；

m_{ik}——第 i 种作物第 k 次灌水的净灌水定额（ m/hm^2 ）；

T_{ik}——第 i 种作物第 k 次灌水的延续时间（d），对于自流灌区，每天灌水延续时间以 24h 计；对于抽水灌区，每天抽水时间以 20～22h 计，则式中系数应相应变动。

将灌区内同时灌水的各种作物的灌水模数叠加，即得某时段的灌区净灌水模数。以时段为横坐标，以灌区净灌水模数为纵坐标所绘成的柱状图称为灌水模数图（图 10-30）。从图 10-30 可知，渠道输水断断续续，不利于管理。如以其中最大的灌水率计算渠道流量，则偏大，不经济。因此，必须对初步绘制的灌水率图进行必要的修正，尽可能消除灌水率高峰和短期停水现象。

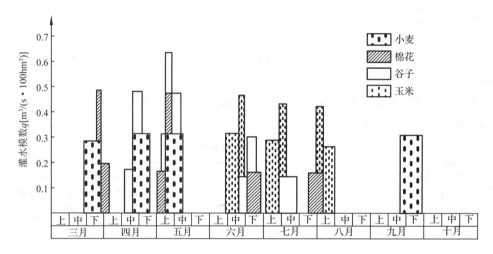

图 10-30 北方某灌区初步灌水率图

修正时，要以不影响作物需水要求为原则，尽量保持主要作物关键用水期的各次灌水时间不动或稍有移动（前后移动不超过 3d）；调整其他各次灌水时，要使修正后的灌水模数图比较均匀、连续。一般情况下，调整后的最小灌水率值不应小于最大灌水率值的40%。修正后的灌水率图如图 10-31 所示。

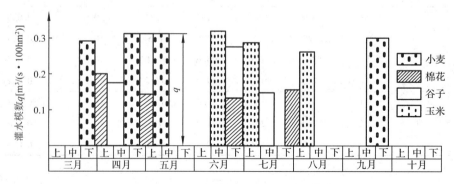

图 10-31 北方某灌区修正后的灌水率图

表 10-9　××灌区中旱年灌溉用水过程推算表（直接推算法）

作物及灌溉面积（×10⁴hm²）：$A = 4\,603.5$

时间（月、旬）	各种作物各次灌水定额（m³/hm²）					各种作物各次净灌溉用水量（×10⁴m³）					全灌区净灌溉用水量（×10⁴m³）	全灌区毛灌溉用水量（×10⁴m³）
	双季早稻 $A_1=2.94$	中稻 $A_2=0.84$	一季晚稻 $A_3=0.42$	双季晚稻 $A_4=2.49$	旱作 $A_5=1.80$	双季早稻 A_1	中稻 A_2	一季晚稻 A_3	双季晚稻 A_4	旱作 A_5		
(1)	(2)	(3)	(4)	(5)	(6)	(7)	(8)	(9)	(10)	(11)	(12)	(13)
4 上												
4 中	1 200（泡）					3 528					3 528	5 427.7
4 下												
5 上	300	1 350（泡）				882	1 134				2 016	3 101.5
5 中												
5 下	1 102.5	1 500				3 241.4	1 260				4 501.4	6 925.2
6 上	400.5	750				1 177.5	630				1 807.5	2 780.8
6 中	1 000.5	1 800	1 200（泡）			2 941.5	1 512	504			4 957.5	7 626.9
6 下	600	1 050				1 764	882				2 646	4 070.8
7 上		1 050	900	600（泡）			882	378	1 494		2 754	4 236.9
7 下				1 200					2 988		2 988	4 596.9
8 上			1 500					630			630	969.2
8 中												
9 上												
9 中				900					2 241		2 241	3 447.7
9 下												
全年内	7 500	4 500	3 600	750	13 534.4	6 300	1 890	8 964	1 350	32 038.4	49 289.8	

注：1. 全灌区面积 $A = A_1 + A_2 + A_3 + A_4 + A_5$ ；2. 灌溉水利用系数 $\eta_水 = 0.65$。

在修正后的灌水模数图中，若最大灌水模数 q_{max} 的延续时间超过 20d，则取设计渠道用的设计灌水模数 $q_{设} = q_{max}$；若 q_{max} 的延续时间不足 20d，则 $q_{设}$ 取次大值。

在渠道运行中，对短暂的大流量，可由渠堤超高部分的断面去满足。

（4）灌溉用水量

灌溉用水量，亦称毛灌溉用水量，是指灌溉土地需从水源取用的水量，包括了水源至田间各级渠道的输水损失。其大小及在多年和年内的变化情况与各种作物的灌溉制度、灌溉面积、种植结构、土壤、水文地质和气象条件等因素有关。灌溉用水量的计算有以下 3 种方法：

①根据灌溉制度推算（直接推算法）　第 i 种作物第 k 次灌水的净灌溉用水量 $W_{i,k}$ 为：

$$W_{i,k} = m_{i,k} A_i \tag{10-29}$$

式中　$m_{i,k}$——第 i 种作物第 k 次灌水的净灌水定额（m^3/hm^2）；

A_i——第 i 种作物的灌溉面积（hm^2）。

全灌区任一时段内的净灌溉用水量就是该时段内各种作物净灌溉用水量之和，即 $W = \sum_{i=1}^{n} W_i$，见表 10-9。考虑到渠道输水损失，全灌区任一时段内的灌溉用水量为 $W = \dfrac{W}{\eta_0}$，η_0 为灌溉水利用系数。

②根据综合灌水定额推算（间接推算法）（表 10-10）

$$W = \frac{m_{综,净} A}{\eta_0} = m_{综,毛} A \tag{10-30}$$

式中　W——全灌区某时段的灌溉用水量（m^3）；

A——全灌区的灌溉面积（hm^2）。

表 10-10　××灌区中旱年灌溉用水过程推算表（间接推算法）

时间（月、旬）		各种作物各次灌水定额（m^3/hm^2）					$m_{综,净}$	$m_{综,毛}$	全灌区毛灌溉用水量（$\times 10^4 m^3$）
	作物及种植比例 α	双季早稻 $\alpha_1 = 49\%$	中稻 $\alpha_2 = 14\%$	一季晚稻 $\alpha_3 = 7\%$	双季晚稻 $\alpha_4 = 42\%$	旱作 $\alpha_5 = 30\%$			
(1)		(2)	(3)	(4)	(5)	(6)	(12)		(13)
4	上								
	中	1 200（泡）					588.0	904.6	5 427.7
	下								
5	上	300	1 350（泡）				336.0	516.9	3 101.5
	中								
	下	1 102.5	1 500				750.2	1 154.2	6 925.2
6	上	400.5	750				301.2	463.5	2 780.7
	中	1 000.5	1 800	1 200（泡）			826.2	1 271.1	7 626.9
	下	600	1 050				441.0	678.5	4 070.8

（续）

时间 （月、旬）	作物及种植 比例 α	各种作物各次灌水定额（m³/hm²）					$m_{综,净}$	$m_{综,毛}$	全灌区毛 灌溉用水量 （×10⁴ m³）
		双季早稻 $\alpha_1 = 49\%$	中稻 $\alpha_2 = 14\%$	一季晚稻 $\alpha_3 = 7\%$	双季晚稻 $\alpha_4 = 42\%$	旱作 $\alpha_5 = 30\%$			
7	上		1 050	900	600（泡）		462.0	710.8	4 264.6
	中			900	900	750	666.0	1 024.6	6 147.7
	下				1 200		504.0	775.4	4 652.3
8	上			1 500			105.0	161.5	969.2
	中								
	下				900		378.0	581.5	3 489.2
9	上								
	中								
	下								
全年内		4 603.5	7 500	4 500	3 600	750	5 357.6	8 242.6	49 455.8

注：1. 全灌区面积 $A = A_1 + A_2 + A_3 + A_4 + A_5$；2. 灌溉水利用系数 $\eta_水 = 0.65$。

③利用灌水率图推算　调整后的灌水率图可作为推算灌溉用水量及用水过程线的依据。图中各时段的柱状面积即为各时段的净灌溉用水量，则

$$W = 864 q_净 A T \tag{10-31}$$

式中　$q_净$——某时段的净灌水模数 $[m³/(s \cdot 100 hm²)]$；

A——灌区的总灌溉面积（hm²）；

T——相应的时段（d）。

则各时段的灌溉用水量为：

$$W_毛 = \frac{W_净}{\eta_0} = \frac{864 q_净 A T}{\eta_0} \tag{10-32}$$

各时段的灌溉用水量之和即为全灌区各种作物一年内的灌溉用水量。

10.5.1.3　灌溉渠道流量推算

在灌溉实践中，渠道的流量是在一定范围内变化的，设计渠道的纵横断面时，要考虑流量变化对渠道的影响。通常用以下 3 种特征流量覆盖流量变化的范围，代表在不同运行条件下的工作流量。

①设计流量　在灌溉设计标准条件下，为满足灌溉用水要求，需要渠道输送的最大流量。在渠道输水过程中，有水面蒸发、渠床渗漏、闸门漏水、渠尾退水等水量损失。需要渠道提供的流量称为渠道的净流量，计入水量损失后的流量称为渠道的毛流量。设计流量是渠道的毛流量，它是设计渠道断面和建筑物尺寸的主要依据。

②最小流量　在灌溉设计标准条件下，渠道在工作过程中输送的最小流量。应用渠道最小流量可以校核渠道通过最小流量时是否会产生泥沙淤积、下级渠道水位控制是否满足要求。

③加大流量　考虑到在灌溉工程运行过程中可能出现一些难以准确估计的附加流量，把设计流量适当放大后所得到的安全流量。加大流量是确定渠堤堤顶高程的依据。

加大流量和最小流量只对续灌渠道具有意义。

（1）灌溉渠道水量损失

灌溉渠道的水量损失包括渠道水面蒸发损失、渠床渗漏损失、闸门漏水和渠道退水等。水面蒸发损失一般不足渗漏损失水量的5%，通常忽略不计。闸门漏水和渠道退水取决于工程质量和用水管理水平，可以通过加强灌区管理工作予以限制，在计算渠道流量时不予考虑。把渠床渗漏损失水量近似地看作总输水损失水量。在灌溉工程规划设计阶段，常用经验公式或经验系数估算输水水量损失。

①用经验公式估算输水水量损失

常用的经验公式：

$$\sigma = \frac{A}{100 Q_n^m} \tag{10-33}$$

式中　　σ——每千米渠道输水损失系数；

A——渠床土壤透水系数；

m——渠底土壤透水指数；

Q_n——渠道净流量（m^3/s）。

土壤透水性参数 A 和 m 应根据实测资料确定，在缺乏实测资料时，可采用表10-11中的数值。

表10-11　土壤透水参数表

渠床土壤	透水性	A	m
重黏土及黏土	弱	0.7	0.3
重黏壤土	中下	1.3	0.35
中黏壤土	中等	1.9	0.4
轻黏壤土	中上	2.65	0.45
砂壤土及轻砂壤土	强	3.4	0.5

自由渗流时的输水损失：

$$Q_l = \sigma L Q_n \tag{10-34}$$

式中　　Q_l——渠道输水损失流量（m^3/s）；

L——渠道长度（km）。

顶托渗流时的输水损失：

$$Q'_l = \gamma Q_l \tag{10-35}$$

式中　　Q'_l——有地下水顶托影响的渠道损失流量（m^3/s）；

γ——地下水顶托修正系数，见表10-12；

Q_l——自由渗流条件下的渠道损失流量（m^3/s）。

表 10-12　土渠地下水顶托修正系数 γ

渠道流量	地下水埋深（m）					
（m³/s）	小于 3	3	5	7.5	10	15
0.3	0.82	—	—	—	—	—
1.0	0.63	0.79	—	—	—	—
3.0	0.50	0.63	0.82	—	—	—
10.0	0.41	0.50	0.65	0.79	0.91	—
20.0	0.36	0.45	0.57	0.71	0.82	—
30.0	0.35	0.42	0.54	0.66	0.77	0.94
50.0	0.32	0.37	0.49	0.60	0.69	0.84
100.0	0.28	0.33	0.42	0.52	0.58	0.73

衬砌防渗时的输水损失：

$$Q''_l = \beta Q_l \tag{10-36}$$

或

$$Q''_l = \beta Q'_l \tag{10-37}$$

式中　Q''_l——采取防渗措施后的渠道损失流量（m³/s）；

β——采取防渗措施后渠床渗漏损失折减系数，见表 10-13。

表 10-13　渗漏损失折减系数 β

防渗措施	β	备　注
渠槽翻松夯实（厚度大于 0.5m）	0.3~0.2	透水性很强的土壤，挂淤和夯实能使渗水量显著减小，可
渠槽原状土夯实（影响厚度 0.4m）	0.7~0.5	采取较小的 β 值
灰土夯实、三合土夯实	0.15~0.1	
混凝土护面	0.15~0.05	
黏土护面	0.4~0.2	
人工夯填	0.7~0.5	
浆砌石	0.2~0.1	
塑料薄膜	0.1~0.05	

②用经验系数估算输水水量损失

a. 渠道水利用系数 η_c：某渠道的净流量与毛流量的比值称为该渠道的渠道水利用系数。对任一渠道而言，从水源或上级渠道引入的流量就是它的毛流量，分配给下级各条渠道流量的总和就是它的净流量，即

$$\eta_c = \frac{Q_n}{Q_g} \tag{10-38}$$

b. 渠系水利用系数 η_s：灌溉渠系的净流量与毛流量的比值称为渠系水利用系数，其值等于各级渠道的渠道水利用系数的乘积，即

$$\eta_s = \eta_干 \eta_支 \eta_斗 \eta_农 \tag{10-39}$$

c. 田间水利用系数 η_s：实际灌入田间的有效水量（旱田，指蓄存在计划湿润层中的灌溉水量；水田，指蓄存在格田或畦田中的灌溉水量）与农渠放出的水量的比值，即

$$\eta_f = \frac{A_农 m_n}{W_农净} \tag{10-40}$$

式中　$A_农$——农渠的灌溉面积(hm^2);

　　　m_n——净灌水定额(m^3/hm^2);

　　　$W_{农净}$——农渠供给田间的水量(m^3)。

　　d. 灌溉水利用系数 η_0：实际灌入农田的有效水量与渠首引入水量的比值，即

$$\eta_0 = \frac{Am_n}{W_g} \tag{10-41}$$

式中　A——某次灌水全灌区的灌溉面积(hm^2);

　　　m_n——净灌水定额(m^3/hm^2);

　　　W_g——某次灌水渠首引入的总水量(m^3)。

（2）渠道的工作制度

①续灌　在一次灌水延续时间内，自始至终连续输水的渠道称为续灌渠道。这种输水工作方式称为续灌。一般灌溉面积较大的灌区，干、支渠多采用续灌。

②轮灌　同一级渠道在一次灌水延续时间内轮流输水的工作方式称为轮灌，实行轮灌的渠道称为轮灌渠道。一般灌溉面积较大的灌区，只在斗渠及以下实行轮灌。轮灌时，渠道分组轮流输水，分组方式可归纳为以下 2 种：

a. 集中编组：将临近的几条渠道编为一组，上级渠道按组轮流供水，如图 10-32(a)所示。采用这种编组方式，上级渠道的工作长度较短，输水损失水量较小；但相邻几条渠道可能同属一个生产单位，会引起灌水工作紧张。

b. 插花编组：将同级渠道按编号的奇数或偶数分别编组，上级渠道按组轮流供水，如图 10-32(b)所示。这种编组方式的优缺点和集中编组的优缺点相反。

无论哪种编组方式，轮灌组的数目都不宜太多，一般以 2~3 组为宜。

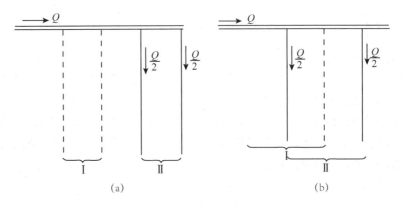

图 10-32　轮灌组划分方式

（3）渠道设计流量推算

①轮灌渠道设计流量的推算　常用的方法是：根据轮灌组划分情况自上而下逐级分配末级续灌渠道的田间净流量，再自下而上逐级计入输水损失水量，推算各级渠道的设计流量。以图 10-33 为例，支渠为末级续灌渠道，斗、农渠的划分方式为集中编组，同时工作的斗渠为 n 条，每条斗渠里同时工作的农渠为 k 条。

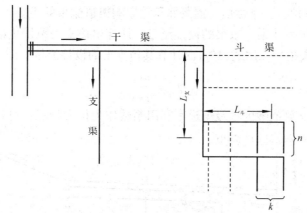

图 10-33　渠道轮灌示意

a. 自上而下分配末级续灌渠道的田间净流量：

支渠的田间净流量为：

$$Q_{支田净} = A_支 \, q_设 \tag{10-42}$$

式中　$A_支$——支渠的净灌溉面积，一般按毛面积乘以灌溉土地利用系数求得（100hm^2）；

$q_设$——设计灌水率$[\text{m}^3/(\text{s} \cdot 100\text{hm}^2)]$。

支渠分配到每条农渠的田间净流量：

$$Q_{农田净} = \frac{Q_{支田净}}{nk} \tag{10-43}$$

式中　$Q_{农田净}$——农渠的田间净流量（m^3/s）。

式（10-43）适用于同一级渠道中各条渠道控制面积相等的情况。在丘陵地区，受地形限制，各斗渠、农渠的控制面积可能不等，则斗渠、农渠的田间净流量应按各条渠道的灌溉面积占轮灌组总灌溉面积的比例进行分配。

b. 自下而上推算各级渠道的设计流量

农渠的净流量：

$$Q_{农净} = \frac{Q_{农田净}}{\eta_f} \tag{10-44}$$

式中　$Q_{农净}$——农渠的净流量（m^3/s）。

各级渠道的设计流量：

$$Q_g = Q_n (1 + \sigma L) \tag{10-45}$$

或

$$Q_g = \frac{Q_n}{\eta_c} \tag{10-46}$$

式中　Q_g——渠道的毛流量（m^3/s）；

Q_n——渠道的净流量（m^3/s）；

L——最下游一个轮灌组灌水时渠道的平均工作长度（km），农渠则取其长度的一半；

η_c——渠道水利用系数。

在大、中型灌区，支渠数量较多。为了简化计算，通常选择 1 条有代表性的支渠作为典型支渠(作物种植、土壤性质、灌溉面积等影响渠道流量的主要因素要具有代表性)按上述方法推算支渠、斗渠、农渠的设计流量,计算出该支渠范围内的灌溉水利用系数 $\eta_{支水}$,以此作为扩大指标,用式(10-47)计算其他支渠的设计流量,即

$$Q_支 = \frac{qA_支}{\eta_{支水}} \tag{10-47}$$

同理,以典型支渠范围内各级渠道水利用系数作为扩大指标,可计算出其他支渠控制范围内的斗渠、农渠的设计流量。

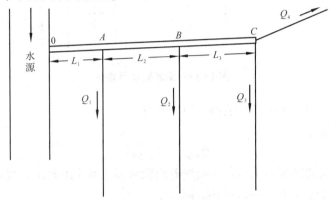

图 10-34　干渠流量推算图

②续灌渠道设计流量的推算　续灌渠道一般为干渠、支渠,流量较大且上、下游相差悬殊,故采用自下而上逐级、逐段推算的方法。在分段推算时,一般不用经验系数,而用经验公式估算输水损失水量。以图 10-34 为例,渠系有 1 条干渠和 4 条支渠,各支渠的毛流量分别为 Q_1、Q_2、Q_3、Q_4,干渠被支渠取水口分为 3 段,各段长度分别为 L_1、L_2、L_3,各段的设计流量分别为 Q_{OA}、Q_{AB}、Q_{BC},计算公式为:

$$Q_{BC} = (Q_3 + Q_4)(1 + \sigma_3 L_3) \tag{10-48}$$

$$Q_{AB} = (Q_{BC} + Q_2)(1 + \sigma_2 L_2) \tag{10-49}$$

$$Q_{OA} = (Q_{AB} + Q_1)(1 + \sigma_1 L_1) \tag{10-50}$$

(4)渠道最小流量和加大流量的计算

①渠道最小流量的计算　以修正灌水率图上的最小灌水率值作为计算渠道最小流量的依据,计算的方法步骤与设计流量的计算方法相同。对于同一条渠道,其 $Q_设$ 与 $Q_{最小}$ 相差不要过大。

②渠道加大流量的计算　渠道加大流量的计算是以设计流量为基础的,给设计流量乘以"加大系数"(表 10-14)即得。

$$Q_J = JQ_d \tag{10-51}$$

式中　Q_J——渠道加大流量(m^3/s);

　　　　J——渠道流量加大系数;

　　　　Q_d——渠道设计流量(m^3/s)。

表 10-14 渠道流量加大系数

设计流量(m³/s)	<1	1~5	5~10	10~30	>30
加大系数 J	1.35~1.30	1.30~1.25	1.25~1.20	1.20~1.15	1.15~1.10

大中型灌区的轮灌渠道控制面积较小,轮灌组内各条渠道的输水时间和输水流量可以适当调剂,所以轮灌渠道不考虑加大流量。小型灌区的斗、农渠虽然是续灌渠道,但因其流量很小,渠道经常按标准断面设计,所以也不考虑加大流量。

在抽水灌区,渠首泵站设有备用机组时,干渠的加大流量按备用机组的抽水能力而定。

(5)渠道流量进位规定

为了设计渠道时计算方便,要求渠道设计流量具有适当的尾数。为此,《灌溉排水渠系设计规范》(SDJ 217—1984)对渠道流量进位作了规定,见表 10-15。

表 10-15 渠道流量进位规定

渠道流量范围(m³/s)	>50	10~50	2~10	<2	<1
进位要求的尾数(m³/s)	1.0	0.5	0.1	0.05	0.01

10.5.1.4 灌溉渠道断面设计

灌溉渠道断面设计包括横断面设计和纵断面设计两部分。渠道的设计流量、最小流量和最大流量确定后,便可据此进行渠道的断面设计。渠道的纵、横断面设计是互相联系、互为条件的。在设计实践中要通盘考虑,交替进行反复调整,最后确定合理的设计方案。

(1)渠道纵、横断面设计原理

灌溉渠道一般为正坡明渠,按明渠均匀流公式设计。明渠均匀流的基本公式为

$$V = C\sqrt{Ri} \tag{10-52}$$

式中　V——渠道平均流速(m/s);

C——谢才系数($m^{0.5}$/s),$C = \dfrac{1}{n}R^{\frac{1}{6}}$[$n$ 为渠床糙率系数,R 为水力半径(m)];

i——渠底比降。

谢才系数常用曼宁公式计算

$$C = \frac{1}{n}R^{1/6} \tag{10-53}$$

式中　n——渠床糙率系数。

$$Q = AC\sqrt{Ri} \tag{10-54}$$

式中　Q——渠道设计流量(m³/s);

A——渠道过水断面面积(m²)。

(2)渠道的横断面设计

①渠道横断面设计形式

a. 按断面形状可分为:梯形断面(图 10-35)、矩形断面(图 10-36)和 U 形断面(图 10-37)。

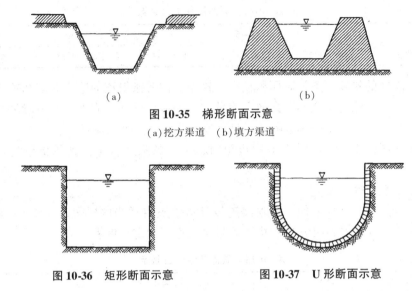

图 10-35 梯形断面示意

(a)挖方渠道 (b)填方渠道

图 10-36 矩形断面示意 图 10-37 U 形断面示意

混凝土及砖石砌筑的断面多为 U 形断面或矩形断面，一般土质渠道多为梯形断面。

b. 按渠道过水断面和沿线地面的相对位置可分为：挖方渠道、填方渠道和半挖半填渠道。

挖方渠道[图 10-35(a)]：渠道完全置于地面以下，在渠道通过较高地形时常采用。当渠道挖深大于 5m 时，为了防止坡面径流的侵蚀、渠坡坍塌以及便于施工和管理，应每隔 3～5m 高度设置一道平台，采用复式挖方断面，如图 10-38 所示。

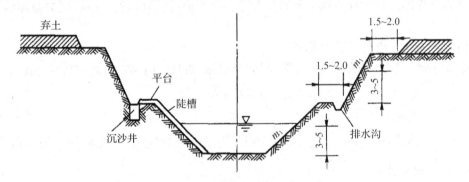

图 10-38 复式挖方渠道断面示意图(单位：m)

填方渠道[图 10-35(b)]：渠道断面完全置于原地面线以上，当渠道通过低洼地带时采用。填方渠道易于溃决和滑坡，要认真选择内、外边坡系数。

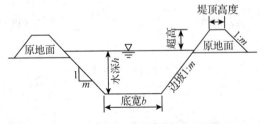

图 10-39 半挖半填渠道断面示意

半挖半填渠道(图 10-39)：渠道断面一部分在地面以下由挖方完成；另一部分在地面以上由填方筑成。当挖方量与填方量相等时(考虑沉陷影响，外加 10%～30% 的土方量)，工程费用最少。

②渠道横断面设计参数

a. 渠底比降 i：在坡度均一的渠段内，两端渠底高差和渠段长度的比值称为渠底比降。比降选择是否合理关系到工程造价和控制面积，因此要慎重选用。在实践中，确定渠道比降应注意以下几点：第一，渠底比降应尽可能接近地面坡度，避免挖、填方过大；第二，土壤易冲刷处比降应平缓些，地质条件好处应陡些；第三，随着设计流量的逐级减小，渠底比降应逐级增大；第四，清水渠道比降宜缓，浑水渠道比降应适当加大。

b. 渠床糙率系数 n：渠床糙率系数是反映渠床粗糙程度的技术参数。该值选择的是否切合实际，直接影响到设计成果的精度。如果 n 值选得太大，设计的渠道断面就偏大，不仅增加了工程量，而且会因实际水位低于设计水位而影响下级渠道的进水；如果 n 值取得太小，设计的渠道断面就偏小，输水能力不足，影响灌溉用水。

渠床糙率系数与渠床材料、运用状况有关，可参考《灌溉与排水工程设计规范》（GB 50288—1999）进行选择，见表 10-16。

表 10-16　渠床糙率系数值(n)

类型	流量范围 (m³/s)	渠槽特征	糙率系数 n	
			灌溉渠道	退泄水渠道
1. 土渠	>25	平整顺直，养护良好	0.020 0	0.022 5
		平整顺直，养护一般	0.022 5	0.025 0
		渠床多石，杂草丛生，养护较差	0.025 0	0.027 5
	25~1	平整顺直，养护良好	0.022 5	0.025 0
		平整顺直，养护一般	0.025 0	0.027 5
		渠床多石，杂草丛生，养护较差	0.027 5	0.030 0
	<1	渠床弯曲，养护一般	0.025 0	0.027 5
		支渠以下的固定渠道	0.027 5	0.030 0
		渠床多石，杂草丛生，养护较差	0.030 0	0.035 0

类型	渠槽特征	糙率系数 n
2. 岩石渠槽	经过良好修整	0.025 0
	经过中等修整、无凸出部分	0.030 0
	经过中等修整、有凸出部分	0.033 0
	未经修整、有凸出部分	0.035 0~0.045 0
3. 护面渠槽	抹光的水泥抹面	0.012 0
	修理得极好的混凝土直渠段	0.013 0
	不抹光的水泥抹面	0.014 0
	光滑的混凝土护面	0.015 0
	机械浇筑表面光滑的沥青混凝土护面	0.014 0
	修整良好的水泥土护面	0.015 0
	平整的喷浆护面	0.015 0
	料石砌护	0.015 0
	砌砖护面	0.015 0
	修整粗糙的水泥土护面	0.016 0
	粗糙的混凝土护面	0.017 0
	混凝土衬砌较差或弯曲渠段	0.017 0

（续）

类型	渠槽特征	糙率系数 n
3. 护面渠槽	沥青混凝土、表面粗糙	0.017 0
	一般喷浆护面	0.017 0
	不平整的喷浆护面	0.018 0
	修整养护较差的混凝土护面	0.018 0
	浆砌块石护面	0.025 0
	干砌块石护面	0.033 0
	干砌卵石护面，砌工良好	0.025 0 ~ 0.032 5
	干砌卵石护面，砌工一般	0.027 5 ~ 0.037 5
	干砌卵石护面，砌工粗糙	0.032 5 ~ 0.042 5

　　c. 渠道边坡系数 m：渠道边坡系数是渠道边坡倾斜程度的指标，其值等于边坡在水平方向的投影长度与垂直方向的投影长度的比值。渠道断面内的边坡一般称为内边坡，简称内坡；渠堤外的边坡称为外边坡，简称外坡。m 值的大小关系到渠坡的稳定，要根据渠床土壤质地和渠道深度等条件选择适宜的数值。大型渠道的边坡系数应通过土工试验和稳定分析确定；中小型渠道的边坡系数根据经验选定，可参考表 10-17 和表 10-18。

表 10-17　挖方渠道最小边坡系数表

渠床条件	灌溉渠道水深 h（m）			退水渠道
	<1.0	1.0 ~ 2.0	2.0 ~ 3.0	
稍胶结的卵石	1.00	1.00	1.00	1.00
夹砂的卵石和砾石	1.25	1.50	1.50	1.00
黏土、重壤土、中壤土	1.00	1.00	1.25	1.00
轻壤土	1.00	1.25	1.50	1.25
砂壤土	1.50	1.50	1.75	1.50
砂　土	1.75	2.00	2.25	1.75

表 10-18　填方渠道最小边坡系数表

渠床条件	流量 Q（m³/s）							
	>10		10 ~ 2		2 ~ 0.5		<0.5	
	内坡	外坡	内坡	外坡	内坡	外坡	内坡	外坡
黏土、重壤土、中壤土	1.25	1.00	1.00	1.00	1.00	1.00	1.00	1.00
轻壤土	1.50	1.25	1.00	1.00	1.00	1.00	1.00	1.00
砂壤土	1.75	1.50	1.50	1.25	1.50	1.25	1.25	1.25
砂　土	2.25	2.00	2.00	1.75	1.75	1.50	1.50	1.50

　　d. 渠道断面的宽深比 α：渠道断面的宽深比 α 是渠道的底宽 b 与水深 h 之比。宽深比对渠道工程量和渠床稳定有较大影响。

　　水力最优宽深比 α_0：在渠道比降和渠床糙率一定的条件下，通过设计流量所需要的最小过水断面称为水力最优断面，此时渠道的工程量最小。当 A、n、i 一定时，水力半径最大或湿周最小的断面就是水力最优断面，所以半圆形断面是水力最优断面。但天然土渠修成半圆形是很困难的，也是不稳定的，只能修成接近半圆的梯形断面。

梯形渠道水力最优断面的宽深比按下式计算：

$$\alpha_0 = 2(\sqrt{1+m^2}-m) \qquad (10\text{-}55)$$

水力最优断面具有工程量最小的优点，小型渠道和石方渠道可以采用。对大型渠道来说，因为水力最优断面比较窄深，开挖深度大，可能受地下水影响，施工困难，劳动效率较低，而且渠道流速可能超过允许不冲流速，影响渠床稳定。所以，大型渠道常采用宽浅断面。

断面稳定的宽深比 $\alpha_稳$：渠道断面过于窄深，容易产生冲刷；过于宽浅，又容易淤积，都会使渠床变形。稳定断面的宽深比应满足渠道不冲、不淤要求，应在总结当地已成渠道运行经验的基础上研究确定。

陕西省对从多泥沙河道引水的灌溉渠道进行了研究，提出了以下公式：

当 $Q < 1.5\text{m}^3/\text{s}$ 时，

$$\alpha = NQ^{1/10} - m \qquad (10\text{-}56)$$

式中 $N = 2.35 \sim 3.25$，一般采用2.8；

m——边坡系数。

当 $Q = 1.5 \sim 50\text{m}^3/\text{s}$ 时，

$$\alpha = NQ^{1/4} - m \qquad (10\text{-}57)$$

式中 $N = 1.8 \sim 3.4$，一般采用2.6。

原苏联 C·A·吉尔什康公式：

$$\alpha = 3Q^{0.25} - m \qquad (10\text{-}58)$$

美国垦务局公式：

$$\alpha = 4 - m \qquad (10\text{-}59)$$

由于影响渠床稳定的因素很多，也很复杂，每个经验公式都是在一定地区的特殊条件下产生的，都有一定的局限性。这些经验公式的计算结果只能作为设计的参考。

e. 渠道的不冲不淤流速：为了维持渠床稳定，渠道通过设计流量时的平均流速（设计流速）v_d 应满足以下条件：

$$v_{cd} < v_d < v_{cs} \qquad (10\text{-}60)$$

渠道的不冲流速 v_{cs}：在一定条件下，渠床土粒将要移动而尚未移动时的水流速度就是临界不冲流速，简称不冲流速 v_{cs}。不冲流速的大小与渠床土壤性质、过水断面水力要素、水流含沙量、渠道衬砌等因素有关，具体数值要通过试验研究或总结已成渠道的运用经验而定。

渠道的不淤流速 v_{cd}：泥沙将要沉积而尚未沉积时的渠道水流速度就是临界不淤流速，简称不淤流速 v_{cd}。不淤流速主要取决于渠道含沙情况和断面水力要素，也应通过试验研究或总结实践经验而定。在缺乏实际研究成果时，可选用有关经验公式进行计算。

黄河水利委员会水利科学研究所的不淤流速计算公式：

$$v_{cd} = C_0 Q^{0.5} \qquad (10\text{-}61)$$

式中 C_0——不淤流速系数，随渠道流量和宽深比而变，见表10-19；

Q——渠道的设计流量，m^3/s。

式(10-61)适用于黄河流域含沙量为 1.32 ~ 83.8kg/m^3、加权平均泥沙沉降速度为 0.008 5 ~ 0.32m/s 的渠道。

含沙量很少的清水渠道虽无泥沙淤积威胁，但为了防止渠道长草，影响输水能力，对渠道的最小流速仍有一定限制，通常要求大型渠道的平均流速不小于 0.5 m/s，小型渠道的平均流速不小于 0.3 ~ 0.4m/s。

表 10-19 不淤流速系数 C_0 值

渠道流量和宽深比		C_0
$Q > 10m^3/s$		0.2
$Q = 5 ~ 10m^3/s$	$b/h > 20$	0.2
	$b/h < 20$	0.2
$Q < 5m^3/s$		0.2

③渠道水力计算 渠道水力计算的任务是根据上述设计依据，通过计算，确定渠道过水断面的水深 h 和底宽 b。土质渠道梯形断面的水力计算方法有以下两种：

a. 一般断面的水力计算：这是广泛使用的渠道设计方法，具体步骤如下：

第一，假设 b、h 值：一般先假设一个整数的 b 值，再选择适当的宽深比 α，用公式 $h = b/\alpha$ 计算相应的水深 h 值。

第二，计算渠道过水断面的水力要素：根据假设的 b、h 值计算相应的过水断面面积 A、湿周 P、水力半径 R 和谢才系数 C，计算公式如下：

$$A = (b + mh)h \tag{10-62}$$

$$P = b + 2h\sqrt{1 + m^2} \tag{10-63}$$

$$R = A/P \tag{10-64}$$

用公式(10-53)计算谢才系数 C 值。

第三，计算渠道流量。用公式 $Q = AC\sqrt{Ri}$ 计算。

第四，校核渠道输水能力，设计渠道断面应满足的校核条件为

$$\left|\frac{Q - Q_{计算}}{Q}\right| \leq 0.05 \tag{10-65}$$

第五，校核渠道流速。

$$v_d = \frac{Q}{A} \tag{10-66}$$

如不满足流速校核条件，就要改变渠道的底宽和宽深比，重复以上计算步骤，直到既满足流量校核条件又满足流速校核条件为止。

b. 水力最优梯形断面的水力计算

第一，计算渠道的设计水深：

$$h_d = 1.189\left[\frac{nQ}{(2\sqrt{1 + m^2} - m)\sqrt{i}}\right]^{3/8} \tag{10-67}$$

式中 h_d——渠道的设计水深(m)。

第二，计算渠道的设计底宽：

$$b_d = \alpha_0 h_d \tag{10-68}$$

式中 b_d——渠道的设计底宽(m)；

α_0——梯形渠道断面的最优宽深比。

第三，校核渠道的流速：流速计算和校核方法与采用一般断面时相同。如设计流速不满足校核条件时，说明不宜采用水力最优断面形式。

需要指出，以上渠道水力计算方法都是以渠道设计流速满足不冲和不淤流速为条件的，适用于清水渠道或含砂量不多的渠道断面设计。对于从多泥沙河流引水的渠道，其设计情况要复杂得多。

④渠道过水断面以上部分的有关尺寸

a. 加大水深：渠道通过加大流量 Q_j 时的水深称为加大水深 h_j。计算加大水深时，渠道设计底宽 b_d 已经确定，但直接求解仍很困难。通常还是用试算法或查诺模图求加大水深。

如果采用水力最优断面，可近似地用公式(10-67)直接求解，只需将公式中的 h_d 和 Q 换成 h_j 和 Q_j。

b. 安全超高：为了防止风浪引起渠水漫溢，保证渠道安全运行，挖方渠道的渠岸和填方渠道的堤顶应高于渠道的加大水位，要求高出的数值称为渠道的安全超高，通常用经验公式计算。《灌溉排水渠系设计规范》(SDJ 217—1984)建议按下式计算渠道的安全超过 Δh。

$$\Delta h = \frac{1}{4} h_j + 0.2 \qquad (10\text{-}69)$$

c. 堤顶宽度：为了便于管理和保证渠道安全运行，挖方渠道的渠岸和填方渠道的堤顶应有一定的宽度，以满足交通和渠道稳定的需要。渠岸和堤顶的宽度可按下式计算：

$$D = h_j + 0.3 \qquad (10\text{-}70)$$

如果渠堤与主要交通道路结合，渠岸或堤顶宽度应根据交通要求确定。

(3) 渠道的纵断面设计

渠道纵断面设计的任务是根据灌溉水位要求确定渠道的空间位置，先确定不同桩号处的设计水位高程，再根据设计水位确定渠底高程、堤顶高程、最小水位等。

①灌溉渠道的水位推算　为了满足自流灌溉的要求，各级渠道入口处都应具有足够的水位。水位公式为：

$$H_{\text{进}} = A_0 + h + \sum Li + \sum \phi \qquad (10\text{-}71)$$

式中　$H_{\text{进}}$——渠道进水口处的设计水位(m)；

　　　　A_0——渠道灌溉范围内控制点的地面高程(m)，控制点一般是指最难灌到水的地面，在地形均匀变化的地区，控制点选择的原则是：如沿渠地面坡度大于渠道比降，渠道进水口附近的地面最难控制；反之，渠尾地面最难控制；

　　　　h——控制点地面与附近末级固定渠道设计水位的高差(m)，一般取0.1~0.2；

　　　　L——渠道的长度(m)；

　　　　i——渠道的比降；

　　　　ϕ——水流通过渠系建筑物的水头损失(m)。

式(10-71)可用来推算任一条渠道进水口处的设计水位(图10-40)，推算不同渠道进水口设计水位时所用的控制点不一定相同，要在各条渠道控制的灌溉面积范围内选择相应的控制点。在地形均匀变化的地区，控制点选择的原则是：如沿渠地面坡度大于渠道比降，渠道进水口附近的地面最难控制；反之，渠尾地面最难控制。

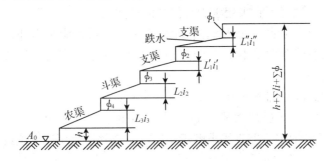

图10-40 分水点水位推算示意图

②渠道纵断面图的绘制 渠道纵断面图包括：沿渠地面高程线、渠道设计水位线、渠底高程线、渠道最低水位线、堤顶高程线、分水口位置、渠系建筑物位置及其水头损失等(图10-41)。其绘制步骤有如下几点：

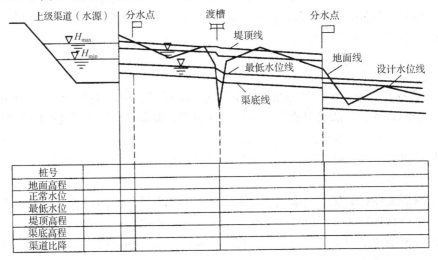

图10-41 渠道纵断面

a. 绘地面高程线：在方格纸上建立直角坐标系，横坐标表示桩号，纵坐标表示高程。根据渠道中心线的水准测量成果(桩号和地面高程)按一定的比例(高程比例尺一般为1/100或1/200，水平比例尺一般为1/6 000或1/2 000)点绘出地面高程线。

b. 标绘分水口和建筑物的位置：在地面高程线的上方，用不同符号标出各分水口和建筑物的位置。建筑物不长时，按建筑物所在中心位置标出；建筑物较长时，则按比例在图上标明其长度及坡度，计入水位高程变化。

c. 绘渠道设计水面线：根据水源水位、地面坡度、分水点要求、建筑物损失求得设计水面线。

d. 绘渠底高程线：在渠道设计水位线以下，以渠道设计水深h为间距，画设计水位线的平行线，该线就是渠底高程线。

e. 绘渠道最小水位线：从渠底线向上，以渠道最小水深（渠道设计断面通过最小流量时的水深）为间距，画渠底线的平行线，即渠道最小水位线。

f. 绘堤顶高程线：从渠底线向上，以加大水深和安全超高之和为间距，画渠底线的平行线，即渠道的堤顶高程线。

g. 标注桩号和高程：桩号和高程写在表示该点位置的竖线左侧，并应侧向写出。在高程突变处，要在竖线左、右两侧分别写出高、低两个高程。

h. 纵断图汇总表：在渠道纵断面图的下方绘一表格，内容包括桩号、地面高程、设计水位、最小水位、堤顶高程、渠底高程、渠道比降、分段土方量、累计土方量。表中要体现分水口和建筑物所在位置的桩号、地面高程线突变处的桩号和高程、设计水位线和渠底高程线突变处的桩号和高程，以及相应的最低水位和堤顶高程。

10.5.2 管道系统规划设计

10.5.2.1 管道系统的组成与分类

（1）管道系统的组成

灌溉管道系统是从水源取水经处理后，用有压或无压管网输送到田间进行灌溉的全套工程，一般由首部枢纽、输配水管网和灌水器等部分组成。

①首部枢纽　作用是从水源取水并进行处理，以符合管道系统和灌溉在水量、水压、水质3个方面的要求。

为使灌溉水具有一定的压力，一般是用水泵机组（包括水泵和动力机）来加压。为使水质能达到要求，常用过滤或沉淀设备除去水中的固体杂质，用化学药剂杀死微生物和藻类或改变水溶液的化学组成。

②输配水管网　根据灌区的大小及地形条件，管网一般分成干管、支管和毛管。滴灌和微喷灌系统的末级管道一般为毛管，而喷灌系统的末级管道则为支管。管网的基本形状有树枝状和环状两种。

树枝状管网是逐级向下分枝配水，并均呈树枝状布置，如图10-42（a）。其特点是管线总长度较短，构造简单，投资低；但管网内的压力不均匀，各条管道间的水量不能互相调剂，且如果上一级管道损坏，则以下管网只能停止供水。

环状管网的干、支管均呈环状布置，如图10-42（b）。其突出特点是，供水安全可靠，管网内水压力分布较均匀，各条管道间水量调配灵活；但管道的总长度较长，投资一般均高于树枝状管网。

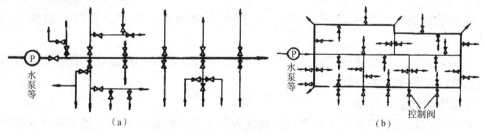

图10-42 管网的形状分类示意

（a）树枝状管网　（b）环状管网

③灌水器 直接将水均匀地分布到田间和湿润土壤的设备或装置。不同的灌水方法采用不同的灌水器，如喷灌——喷头、滴灌——滴头、微喷灌——微喷头、渗灌——渗头等。

（2）管道系统的分类

①按工作压力大小分类

a. 无压灌溉管道系统：管道内水流有自由表面，其管材主要承受外面的土压力。由于管道是埋在地表之下，如管内为无压流，则无法自流灌溉地表，要灌溉则需另加动力和水泵提水或临时提高水位。

b. 低压灌溉管道系统：工作压力≤200kPa，管内水流为有压流，所以水能从出流口自流溢出，进行地面灌溉、滴灌、渗灌等。

c. 中压灌溉管道系统：200kPa＜工作压力≤400kPa，可以用于滴灌、微喷灌和中、低压喷灌。

d. 高压灌溉管道系统：工作压力＞400kPa以上，由于压力较高所以对管道的强度要求较高，主要用于中、高压喷灌。

②按在灌溉季节中各部分的可移动程度分类

a. 固定式灌溉管道系统：所有各组成部分在整个灌溉季节中，甚至常年都固定不动，各级管道通常均为地埋管。该系统只能固定在一处使用，故需要管材量大，单位面积投资高。

b. 移动式灌溉管道系统：除水源外，各组成部分均可移动。灌溉季节中轮流在不同地块上使用，非灌溉季节则集中收藏保管。该系统设备利用率高，单位面积投资低，效益较高，适应性较强，使用方便，但劳动强度较大，如管理运行不善，设备极易损坏。其管道多采用地面移动管道。

c. 半固定式灌溉管道系统：其组成部分有些是固定的，有些是移动的。最常见的是首部枢纽和干管是固定的地埋管，而末级配水管（支管、毛管）和灌水器则是可以移动的。该系统综合了固定式和移动式灌溉管道系统的优点，因此使用最为广泛。

③按灌水方法分类 不同灌水方法的灌溉系统，其主要区别在于采用不同的灌水器，所以按灌水方法分类，实际上也就是按灌水器分类。

a. 喷灌系统：灌水器为喷头，一般要求工作压力较高，所以常采用的是高压或中压灌溉管道系统。

b. 滴灌系统：灌水器是滴头或滴灌带，需中压灌溉管道系统与之配合，各级管道均采用塑料管。

c. 微喷灌系统：灌水器为微喷头，采用中压灌溉管道系统，各级管道均采用塑料管。

d. 管灌系统：用低压管道将水输送到田间，而田间仍采用畦灌或沟灌，有时还采用闸门孔管在各灌水沟之间配水。

④按压力的来源分类

a. 自压式灌溉管道系统：水源的水面高程高于灌区的地面高程，管网配水和田间灌水所需的压力完全依靠地形落差所提供的自然水头得到。此种类型不用动力机和水泵，故可大大降低工程投资。

b. 机压式灌溉管道系统：在水源的水面高程低于灌区的地面高程，或虽然略高一些但不足以提供灌区管网输配水和田间灌水所需的压力时，则需利用水泵机组加压。

10.5.2.2　管网系统的规划布置

管网系统布置是管道输水工程规划设计的关键内容之一。一般管网工程投资占管道系统总投资的70%以上，其布置的合理与否对工程的投资、运行和管理维护都有直接的影响。

（1）管网系统布置的原则

①应使管道的总用量最少。不仅使管道总长度短，还应使管径最小，例如固定支管最好顺坡由上向下布置，这样就可以减小支管的管径。

②应使管网内的压力尽量均匀。一方面不应造成压力很高的点；另一方面又应使每个灌水器处的压力尽可能相同。一根支管首末端压力差不能超过工作压力的20%。

③管道的纵横断面应力求平顺，减少折点，有较大起伏时应避免产生负压。

④在平坦地区支管应尽量与作物种植和耕作方向一致，以减少竖管对机耕的影响。

⑤要尽量减少输水的水头损失，以减少总能量消耗。

⑥应根据轮灌的要求设有适当的控制设备，一般每根支管应装有闸阀。

⑦在管道起伏的高处应设排气装置，低处应设泄水装置。

⑧当管线需要穿过道路与河流时，尽可能与之垂直。

⑨为了便于施工与管理，管线尽量沿道路和耕地边界布置。

⑩管线布置应尽可能避开软弱地基和承压水分布区。

此外，管网布置还应满足各用水单位的需要，方便管理，且尽可能利用现有的水利工程。

（2）管网规划布置的步骤

①根据地形条件分析确定管网形式。

②确定给水栓的适宜位置。

③按管道总长度最短原则，确定管网中各级管道的走向与长度。

④在纵断面图上标注各级管道桩号、高程、给水装置、保护设施、连接管件及附属建筑物的位置。

⑤对各级管道、管件、给水装置等，列表分类统计。

（3）井灌区管网布置形式

井灌区管网典型布置形式有以下几种，如图10-43所示。

①"工"字形布置　机井位于地块中间，设干、支两级固定管道，每隔40~50m设一给水栓，接软管两侧供水[图10-43（a）]。

②"土"字形布置　机井位于地块短边一侧的中部，可采用两级固定管道布置成"土"字形或"王"字形[图10-43（b）]。

③梳子形布置　机井位于狭长地块长边一侧的中部，由干、支两级固定管道组成[图10-43（c）]。

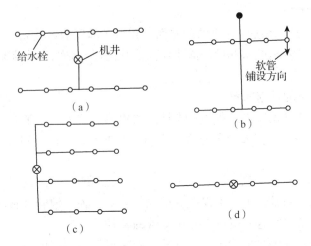

图 10-43　几种低压管道输水灌溉系统的管网布置

④"一"字形布置　地块窄长，机井位于地块中间或短边一侧的中部，只要在地块中间沿窄长方向布置一级固定管道即可[图 10-43(d)]。

10.5.2.3　管道灌溉系统的设计计算

(1)流量计算

灌溉系统的设计流量应满足需水高峰期多种作物同时灌水的要求。其计算公式为：

$$Q_0 = 36\frac{Aq}{\eta} \tag{10-72}$$

式中　Q_0——灌溉系统设计流量(m^3/h)；

　　　q——设计灌水率[$m^3/(s \cdot 100hm^2)$]；

　　　A——设计灌溉面积(hm^2)；

　　　η——灌溉水利用系数。

①树枝状管网各级管道流量计算

a.续灌：因整个系统出水口同时出流，所以管网中上一级管道流量等于其下一级管道流量之和。支管各管段设计流量按其控制的出水口个数及各出水口设计流量推算；干渠各管段设计流量按其控制的支管条数及各支管入口流量推算。

$$Q_{\text{支}i} = \sum_{j=1}^{N} q_j \tag{10-73}$$

式中　$Q_{\text{支}i}$——第 i 条支管入口流量(m^3/h)；

　　　q_j——第 i 条支管第 j 个出水口流量(m^3/h)；

　　　N——第 i 条支管控制的出水口总数。

$$Q_{\text{干}i} = \sum_{j=1}^{M} Q_{\text{支}j} \tag{10-74}$$

式中　$Q_{\text{干}i}$——第 i 段干管流量(m^3/h)；

　　　M——第 i 段干管控制的支管条数；

　　　$Q_{\text{支}j}$——第 i 段干管第 j 条支管入口流量(m^3/h)。

　　b. 轮灌：管网或上一级管道的设计流量等于轮灌组中的最大设计流量，亦即各轮灌组中同时工作的下一级设计流量之和的最大值。若上一级管道较长，且由其上分出的下一级管道条数较多，则其本身沿管长的流量差异就很大，此时需要分段计算其设计流量。

　　②环状管网各级管道流量计算　环状管网管道各管段的流量与各节点的流量均有联系，流向任何一节点的流量不止一条管段。在管径未确定的情况下，到任一节点的水流方向有多种组合。因此，应根据质量守恒定律进行流量分配，即流向任一节点的流量必须等于流出该节点的流量。其计算公式为：

$$Q_i + \sum q_{ij} = 0 \tag{10-75}$$

式中　Q_i——节点 i 的节点流量；

　　　q_{ij}——连接节点 i 的第 j 管段流量(流入节点的流量为正，流出的为负)。

　　(2)管径计算

　　管道的管径选择一般是先根据各种不同管材的适宜流速及经验选定，然后进行水力计算校核水头损失是否合理。常用管材的适宜流速为：钢筋混凝土管0.8～1.5m/s，钢丝网水泥管0.8～1.4m/s，石棉水泥管0.7～1.3m/s，混凝土管0.5～1.1m/s，硬塑料管0.6～1.3m/s，软塑料管0.3～0.8m/s，陶土管0.6～1.1m/s，灰土管0.5～1.0m/s。

　　在初估管径时，可先选择管内流速，按式(10-76)计算。

$$D = \sqrt{\frac{4Q}{\pi v}} \tag{10-76}$$

式中　D——管道直径(mm)；

　　　v——管内流速(m/s)；

　　　Q——计算管段的设计流量(m^3/h)。

　　(3)水头损失计算

　　①沿程水头损失 h_f 计算　管道沿程水头损失即管路摩擦损失水头，它发生在管道均匀流的直线段，是由于水流与管道内壁摩擦而消耗的机械能。

　　对于圆管有压水流可用式(10-77)计算，即

$$h_f = fLQ^m/d^b \tag{10-77}$$

式中　h_f——沿程水头损失(m)；

　　　f——摩擦系数，随水流的雷诺数 R_e 而变化，层流时($R_e \leq 2\,000$)，$f = 64/R_e$；紊流时($R_e \geq 4\,000$)，f 随 R_e 及相对糙率而变；

　　　L——管道长度(m)；

　　　Q——流量(m^3/h)；

　　　d——管道内径(mm)；

　　　m——流量指数，与摩阻损失有关；

　　　b——管径指数，与摩阻损失有关。

　　各种管径的 f、m 及 b 数值可按表10-20确定。

表 10-20　f、m 及 b 数值表

管　材	f	m	b
混凝土管、钢筋混凝土管			
$n = 0.013$	1.312×10^6	2	5.33
$n = 0.014$	1.516×10^6	2	5.33
$n = 0.015$	1.749×10^6	1.9	5.33
旧钢管、旧铸铁管	6.250×10^5	1.9	5.33
石棉水泥管	1.455×10^5	1.85	4.86
硬塑料管	0.948×10^5	1.77	4.77
铝管、铝合金管	0.861×10^5	1.74	4.74

②局部水头损失 h_j 计算　管道的局部水头损失产生在水流边界突然发生变化，即均匀流被破坏的阶段，由于水流边界突然变形促使水流运动状态紊乱，从而引起水流内部摩擦而消耗机械能。

局部水头损失一般以流速水头乘以局部损失系数来表示，见式(10-78)。

$$h_j = \xi v^2/2g \tag{10-78}$$

式中　h_j——局部水头损失(m)；

　　　ξ——局部阻力系数，可查有关表格；

　　　v——管道内水流的流速(m/s)；

　　　g——重力加速度(m/s²)，取 9.81。

管道系统的总局部水头损失等于各局部水头损失之和。在实际工程设计中，为简化计算，通常取沿程水头损失的 10%~15%。

管道总的水头损失等于沿程水头损失加上局部水头损失之和，即

$$h_{损} = \sum h_f + \sum h_j \tag{10-79}$$

(4)水泵扬程计算与水泵选型

①管道系统工作水头计算　管道系统最大和最小工作水头，应分别按式(10-80)和式(10-81)确定，即

$$H_{max} = Z_2 - Z_0 + \Delta Z_2 + \sum h_{f2} + \sum h_{j2} \tag{10-80}$$

$$H_{min} = Z_1 - Z_0 + \Delta Z_1 + \sum h_{f1} + \sum h_{j1} \tag{10-81}$$

式中　H_{max}——管道系统最大工作水头(m)；

　　　H_{min}——管道系统最小工作水头(m)；

　　　Z_0——管道系统进口高程(m)；

　　　Z_1——参考点 1 的地面高程(m)，在平原地区，参考点 1 一般为据水源最近的出水口；

　　　Z_2——参考点 2 的地面高程(m)，在平原地区，参考点 2 一般为据水源最远的出水口；

　　　ΔZ_1——参考点 1 出水口中心线与地面的高差(m)，出水口中心线高程应为所控制的田间最高地面高程加 0.15m；

ΔZ_2——参考点 2 出水口中心线与地面的高差(m);

$\sum h_{f1}$—— 管道系统进口至参考点 1 出水口的管路沿程水头损失(m);

$\sum h_{j1}$—— 管道系统进口至参考点 1 出水口的管路局部水头损失(m);

$\sum h_{f2}$—— 管道系统进口至参考点 2 出水口的管路沿程水头损失(m);

$\sum h_{j2}$—— 管道系统进口至参考点 2 出水口的管路局部水头损失(m)。

②管道系统设计工作水头计算

$$H_0 = \frac{H_{max} + H_{min}}{2}$$（10-82）

式中 H_0——管道系统设计工作水头(m);
其余符号意义同前。

③水泵扬程计算

$$H_P = H_0 + Z_0 - Z_d + \sum h_{f0} + \sum h_{j0}$$（10-83）

式中 H_P——灌溉系统水泵的设计扬程(m);
Z_d——泵站前池水位或机井动水位(m);

$\sum h_{f0}$—— 水泵吸水管进口至管道系统进口之间的管道沿程水头损失(m);

$\sum h_{j0}$—— 水泵吸水管进口至管道系统进口之间的管道局部水头损失(m);

其余符号意义同前。

④水泵选型 根据以上计算的管道系统设计流量 Q_0 和水泵的设计扬程 H_P 选取水泵,然后根据水泵的流量—扬程曲线和管道系统的流量—水头损失曲线校核水泵工作点。当水泵选定后,如果与电机配套,就可以直接从水泵样本中查出配套电机的功率和型号。

10.5.2.4 管道灌溉系统的结构设计

（1）管道的选择与埋设

管道按其移动与否可分为两类:固定式管道和移动式管道。常用的固定式管道有钢管、铸铁管、钢筋混凝土管等,常用的移动式管道有塑料管和铝合金管等。选用的管道需要满足以下要求:

①能承受设计工作压力;

②能通过设计流量,且不致造成过大的水头损失;

③价格低廉,使用寿命长;

④便于运输、安装和施工;

⑤对移动管道还要求轻便、耐撞磨、耐风蚀和日晒。

管道的埋设主要有深度和坡度两方面的要求。确定埋设深度时需要考虑以下几方面:

①农业机械通过时,不会损坏管道。当管道通过交通干道时应埋得深一些,如管道的强度不够,则在交通干道下改用抗弯强度大的管道(如钢管)或在管道外面套一层护套管。

②北方地区埋设深度应大于最大冰冻层深度，以免土壤的冻融变化而破坏管道。

③当地下水位较高时，其埋深应保证空管不发生上浮。

地下埋管的坡度应根据地形特点、土质和管径来确定。在山丘区或地形起伏较大的田块，一般是大致与地面坡度相同；在平原地区非常平坦的田块，应做成 1/100 ～ 1/1 000的坡度，避免淤积和冻裂管道。

（2）支墩与镇墩的设置

支墩用来支承管道，传递垂直压力。一般只在土质较差，且管径较大时才采用。对于管径较小（小于300mm）且土质较好时可不设置支墩，而将管子直接置于沟底部，然后覆土。支墩常用浆砌砖石或混凝土砌筑。

管道在变坡，转弯或分叉处，应设镇墩，用以稳定压力管道，承受各种推力，保证压力管道的安全。镇墩常用浆砌石或混凝土砌筑。

对于重要部位的支墩或镇墩应作专门设计。

（3）柔性接头与伸缩接头

管道接头一般是刚性的，即接头两边管子是固接在一起的，轴线不会发生偏转。在土壤不是很坚实的情况下，管槽内不可避免地发生不均匀沉陷，从而使管道承受挠曲力，严重时会使管道断裂，因此在管道较长时每隔一定的距离就要设置一个柔性接头，使得管道的轴线能适应由于不均匀沉陷造成的微小变形。柔性接头的间距要根据管子的抗弯强度和管槽底部可能发生的不均匀沉陷程度来决定。

管道上设置伸缩节，主要为的是适应管道由于温度的变化而产生的变形。与柔性接头不同的是：它只能产生轴向移动而不能产生偏转，多数柔性接头也都可以起到伸缩节的作用。

（4）排气与泄水设施

管道一般随地形变化有起伏，充水时在下弯管道的高处常会积聚一定的空气，不但会影响管道的过水能力，而且会造成管内水压的波动。因此，在管道向上拱起的地方都要设置空气阀以便在通水开始时排除管内的空气。

有时不可能将管子埋在冰冻层之下，所以应在管网的低处设置泄水阀，以便在冬季冰冻之前将管内水排空，避免冬季冰冻时管道破裂。

（5）阀门井

各级管道的首端一般都装有闸阀、过滤器和压力调节器等。这些设备都应当用阀门井保护起来。阀门井一般用砖砌或混凝土预制。其尺寸按照操作的需要确定。井口要用混凝土盖或铸铁盖盖上。

10.5.3 附属建筑物设计

10.5.3.1 渡槽

（1）渡槽的组成与类型

渡槽由输水槽身、支承结构、基础、进口和出口建筑物等部分组成（图10-44）。其分类方法很多，按所用材料分，有木、砖石、混凝土及钢筋混凝土渡槽等；按施工方法分，有现浇整体式、预制装配式及预应力渡槽等；按槽身断面形式分，有矩形、U形、梯形、椭圆形及圆管形渡槽等；按支承结构形式分，则有梁式、拱式、桁架式、组合式及悬吊或斜拉式等。梁式和拱式是渡槽工程中应用最普遍的两类基本形式。

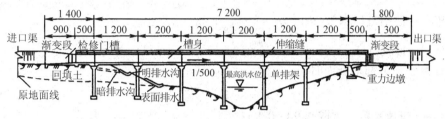

图 10-44 输水渡槽(单位：cm)

(2)渡槽的总体布置

渡槽总体布置的基本要求是：渠线及渡槽长度最短，地基较好，进出口起止点尽量落在挖方渠道上，进出口与渠道连接顺畅，少占耕地。在渡槽上游渠段常要设节制闸和泄水闸，以便检修时将渠水泄走。跨越河流的渡槽，其高度应能满足河道泄洪的要求。

拱式渡槽的总体布置，除满足上述要求外，还应注意拱的矢跨比(矢高 f 与跨径 L 之比)的选定。

(3)渡槽的水力设计

渡槽水力设计的任务是在渡槽过水流量 Q 和槽身及支承结构形式基本选定的前提下，在渠系规划时初拟合理的比降，考虑最不利的水头损失情况，为渡槽预留可能的允许水头损失值$[\Delta Z]$。

①槽身纵向比降 i 的拟定　尽可能选取较大的 i 值，并控制槽内流速。常用的 $i = 1/2\,000 \sim 1/500$；中小型渡槽 $i = 1/1\,500 \sim 1/300$；有通航要求的 $i = 1/10\,000 \sim 1/3\,000$。槽内流速：混凝土衬砌，$v = 5 \sim 8 \text{m/s}$；块石衬砌，$v = 2.5 \sim 5 \text{m/s}$；有通航要求的渡槽，考虑船只安全，平均流速$\leqslant 1.6 \text{m/s}$。

②渡槽过水能力计算

a. 长槽：当渡槽的 $L/h > 10$ 时(L 为渡槽长度，h 为槽内水深)，称为长槽。其过水流量可按明渠均匀流公式计算：

$$Q = AC\sqrt{Ri} \tag{10-84}$$

式中　Q——渡槽的过水流量(m^3/s)；

　　　A——渡槽的过水断面面积(m^2)；

　　　C——谢才系数，常用曼宁公式 $C = \dfrac{1}{n}R^{1/6}$ 计算；

　　　R——过水断面的水力半径(m)；

　　　i——槽身纵向比降。

b. 短槽：当渡槽的 $L/h < 10$ 时，称为短槽。其过水流量可按淹没宽顶堰计算。

槽身为矩形断面时，

$$Q = \varepsilon\sigma_n mB\sqrt{2g}H_0^{3/2} \tag{10-85}$$

式中　ε——侧收缩系数，常取 $0.90 \sim 0.95$；

σ——淹没系数，与淹没度 h_s/H 有关，淹没界限一般用 $K = h_s/H$ 表示，其经验值
为 $0.75 \sim 0.85$，h_s 为下游水位超过堰顶的水深。

m——流量系数，一般取 $0.360 \sim 0.385$；

H_0——渡槽进口水头(m)，$H_0 = h + \dfrac{\alpha v^2}{2g}$；

B——槽宽(m)。

槽身为 U 形或梯形断面时，

$$Q = \varepsilon \varphi A \sqrt{2gz_0} \qquad (10\text{-}86)$$

式中 φ——流速系数，常取 $0.90 \sim 0.95$；

z_0——渡槽进口水头损失(m)。

渡槽过水能力，应以加大流量进行验算。如水头不足或为了缩小槽宽，允许进口水
位有适量的壅高，其值可取 $(0.01 \sim 0.03)h$。

③水头损失的计算　槽内水流现象，如图 10-45 所示，可分 3 段研究。

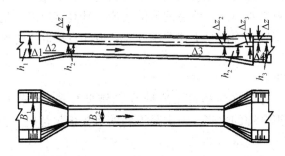

图 10-45　渡槽水力计算简图

a. 进口段上面降落：水流经过进口渐变段时，随着过水断面的减小，流速逐渐加
大，水流的位能一部分转化为动能，另一部分消耗于因水流收缩而产生的水头损失，因
此形成进口段水面降落 Δz_1。因进口段布置形式较复杂，且槽底抬高值是未知量，故难
以确定，可按式(10-87)近似计算，即

$$\Delta z_1 = (1 + \xi)\frac{v_2^2 - v_1^2}{2g} \qquad (10\text{-}87)$$

式中 Δz_1——进口段水面降落(m)；

ξ——进口水头损失系数，见表 10-21；

v_1，v_2——上游渠道及渡槽内的平均流速(m/s)。

表 10-21　ξ 值

渐变段形式	长扭曲面	八字斜墙	圆弧直墙
ξ	0.10	0.20	0.20

b. 槽身段沿程降落：槽身内为明渠均匀流，水面纵坡与槽身纵坡 i 相同，若槽身长为 L，则沿程水面降落（即水头损失）为：

$$\Delta z_2 = iL \qquad (10\text{-}88)$$

c. 出口段水面回升：水流经过出口段时，随着过水断面的扩大，流速逐渐减小，水流的动能一部分消耗于因水流扩散而产生的水头损失，另一部分转化为位能，因此形成出口段水面回升 Δz_3。与进口水面降落的原因相同，其难以准确计算。根据模型试验，可通过 Δz_3 与 Δz_1 的近似关系，按表 10-22 确定 Δz_3 的值。

表 10-22 Δz_3 与 Δz_1 的关系

Δz_1（m）	Δz_3（m）
0.05	0
0.10	0.03
0.15	0.05
0.20	0.07
0.25	0.09

通过渡槽的总水头损失 Δz 为：

$$\Delta z = \Delta z_1 + \Delta z_2 - \Delta z_3 \qquad (10\text{-}89)$$

Δz 应等于或小于渠系规划中预留的允许水头损失值 $[\Delta Z]$。

④渡槽进出口高程的确定　为使渡槽与上下游渠道的水面平顺衔接，水头损失得以合理利用，既不影响过流能力，又减少渠道冲淤，可将槽身进口底部适当抬高，出口渠底适当降低，来确定各部分高程。

槽身进口底面高程：$\Delta_2 = \Delta_1 + h_1 - \Delta z_1 - h_2$。

槽身出口底面高程：$\Delta_3 = \Delta_2 - \Delta z_2$。

槽身出口渠底高程：$\Delta_4 = \Delta_3 + h_2 + \Delta z_3 - h_3$。

槽身进口抬高值：$\Delta_2 - \Delta_1 = h_1 - \Delta z_1 - h_2$。

出口渠底降低值：$\Delta_3 - \Delta_4 = h_3 - \Delta z_3 - h_2$。

（4）渡槽的荷载

计算荷载可划分为基本荷载和特殊荷载。基本荷载主要包括：恒载（结构自重、固定设备重、土重及土压力），槽内水重及水压力，作用于墩台的河床流水压力、静水压力，通行的人群、车辆荷载，风荷载。特殊荷载主要包括：地震力，漂浮物或车辆对墩台的撞击力，温度变化及混凝土收缩与徐变引起的力，施工、运输、安装时的静、动荷载及外力等。

下面简要介绍其中几项荷载的计算方法。

①风压力　作用于建筑物表面的风压力 p_F（Pa）按下式计算：

$$p_F = k k_z g \bar{p}_F \beta \qquad (10\text{-}90)$$

式中　k——风载体型系数，与建筑物体型、尺寸等有关，不同槽身及支承结构形式的风载体型系数可参考《渡槽技术规范》选用；

k_z——风压高度变化系数，可按表 10-23 选用。风力在槽身上的着力点可按迎风面的形心考虑，k_z 值由形心距地面的高度选定；

g——重力加速度，取 9.81m/s^2；

表 10-23 风压高度变化系数 k_z

离地面高度（m）	k_z
5	0.78
10	1.00
15	1.15
20	1.25
30	1.41
40	1.54
50	1.63
60	1.71
70	1.78
80	1.84
90	1.90

$\overline{p}_F$——基本风压，Pa。当地如有风速资料，可按 $\overline{p}_F = av^2$ 计算，$v(\mathrm{m/s})$ 是在空旷平坦地面、离地 10m 高处 30 年一遇的 10min 平均最大风速值；a 是风压系数，东南沿海地区可取 1/17，内陆地区可取 1/16，高山和高原地区可取 1/18～1/19。对于与大风方向一致的谷口、山口，基本风压还应乘以 1.2～1.4 的调整系数，如为山间盆地则应乘以小于 1.0 的调整系数。

β——风振系数。对于高度不大的渡槽，可不考虑风振影响，取 $\beta = 1.0$；对于高度较大的排架、梁式渡槽，应计入风振影响，其值与结构的基本自振周期有关，可参考《渡槽技术规范》选用。

②温变影响力　渡槽各部件受温度变化影响产生的变化值，或由此而引起的超静定结构中的影响力，应根据槽址地区的气温条件、结构物使用的材料和施工条件等因素确定。温度变幅可根据下式确定：

温度上升：
$$\Delta t = T_1 - T_3 \tag{10-91}$$
温度下降：
$$\Delta t = T_3 - T_2 \tag{10-92}$$

式中　T_1——当地最高月平均气温（℃）；

T_2——当地最低月平均气温（℃）；

T_3——结构合拢时的气温（℃），一般选在低于年平均气温时封拱为宜。

③收缩与徐变影响力　对于现浇混凝土拱圈，由于混凝土收缩而引起的附加应力，可当作温度下降来考虑。徐变对拱圈应力的影响是有利的，计算拱圈的温度和收缩影响时，可根据试验资料考虑。如无试验资料，计算的拱圈内力可乘以影响系数：温度内力乘 0.7；收缩内力乘 0.45。

④其他荷载　在槽身顶上设有人行便道时，可根据情况考虑 2 000～3 000Pa 的人群荷载。渡槽施工吊装的动力荷载值如不能直接决定时，可将静荷载（如起吊构件的重力等）乘以动力系数，动力系数一般采用 1.10（手动）或 1.30（机动）。

⑤荷载组合　渡槽设计时的荷载组合可根据施工、运用及检修情况，按以下两种考虑：

基本组合（设计条件）：由实际可能作用的基本荷载所组合；

特殊组合（校核条件）：由基本荷载和一种或几种特殊荷载所组合。

施工、检修时的荷载按特殊组合考虑。渡槽运用期间，某项荷载及其计算值是列入基本组合还是特殊组合，应由具体条件决定；采用哪些荷载进行组合，则应根据计算对象及计算目的来确定。

10.5.3.2　跌水及陡坡

当渠道通过天然陡坎或坡度过陡的地段时，为了避免大填方或深挖方，一般根据实际地形，将水流落差适当集中，并在落差集中处修筑跌水或陡坡等衔接建筑物。

跌水与陡坡的主要区别在于水流特征不同：水流自跌水口流出后呈自由抛投状态，最后落在下游消力池内的称为跌水；水流自跌水口流出后，受陡槽约束而仍沿槽身下泄的称为陡坡。

（1）跌水

①单级跌水　单级跌水由进口连接段、跌水口、消力池和出口连接段等部分组成

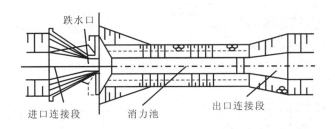

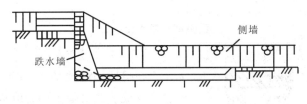

图 10-46　单级跌水

（图 10-46）。单级跌水的落差较小，一般为 3 ~ 5m。

a. 进口连接段：渠道断面较跌水口大，需用渐变段将二者连接起来，使渠道水流平顺地进入跌水口，常采用八字墙和扭曲面的形式。根据西北水利科学研究所的试验研究，连接段的合理长度 l 与上游渠道底宽 b 和水深 h 的比值 b/h 有关，b/h 值越大，l 越长。当 $b/h \leqslant 1.5 ~ 2.0$ 时，$l \leqslant (2.0 ~ 2.5)h$；当 $b/h = 2.1 ~ 3.5$ 时，$l = (2.6 ~ 3.5)h$；当 $b/h > 3.5$ 时，l 值应根据具体情况适当加大。连接段底部边线与渠道中心线的夹角不宜大于 45°（图 10-47）。

连接段边墙在跌水口处应有一个直线段，长 $(1.0 ~ 1.5)h$（图 10-47），墙顶高出渠道最高水位 30cm 以上，以防渠水溅越。边墙两端应插入渠堤内，以增加侧向滞渗作用。在连接段渠底应设置防渗铺盖，以减小跌水墙后和消力池底板下的渗透压力。铺盖长度一般为 $(2 ~ 3)h$。

b. 跌水口：设计跌水口时应保证在各种流量下，上游渠道的水面不产生过大的壅高和降落，要选择合适的跌水口形式，尽量使上游渠道水深接近正常水深。跌水口的常用形式有矩形缺口式、梯形缺口式和抬堰式 3 种(图 10-48)。

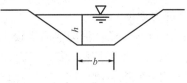

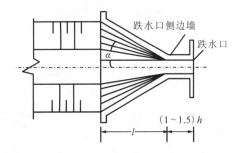

图 10-47　进口连接段

矩形跌水口，只有当渠道流量变化很小或须设闸门时才采用；梯形跌水口，当渠道流量变化较大和较频繁时多采用，它可保持上游渠道的水面比降而不产生较大的壅水和降水；抬堰式跌水口，适用于清水渠道。

c. 跌水墙及侧墙：跌水墙是挡土墙结构，其主要作用是挡住跌坎上的填土，支撑整个进口段，且还受到下游水流的撞击。由于水舌为近乎铅直的自由跌落，故一般须做成重力式挡土墙，且多为铅直式和倾斜式(图 10-49)。

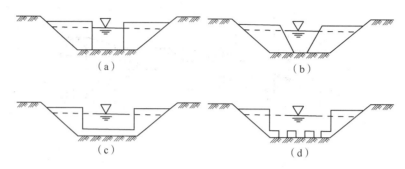

图 10-48 跌水口形式

(a)矩形跌水口 (b)梯形跌水口 (c)抬堰式跌水口 (d)矩形小缺口

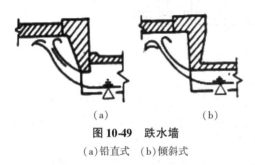

图 10-49 跌水墙

(a)铅直式 (b)倾斜式

在可压缩性地基上,跌水墙与侧墙之间常设沉降缝;在沉降极小的地基上,可不留接缝,而将二者固接起来。侧墙也是挡土墙结构,其重量较大,为适应地基不均匀沉降,常将它与消力池底板分开。为减小背面地下水对侧墙的压力,应在侧墙上设排水孔。

d. 消力池:在跌水墙下设置消力池,以利用池中形成的强迫水跃来消杀下泄水流的动能,从而减轻对下游渠道的冲刷。消力池横断面以矩形为好,这样可以避免在池中出现边侧回流。但是,为了减少工程量,现有工程中仍多数采用梯形断面或复式断面(上部为梯形,下部为矩形)。

e. 出口连接段:消力池后需设出口连接段,由于在一般情况下消力池均较下游渠道为宽,因此,池后连接段多为平面收缩形式,收缩率应在 1∶3~1∶8 之间。在出口段以及最后的一段渠道(一般不小于消力池长度)范围内须加以砌护。

②多级跌水 当集中落差大于 5m 时,布置成多级跌水(图 10-50)较为经济。多级跌水由多个连续或分散的单级跌水组成。

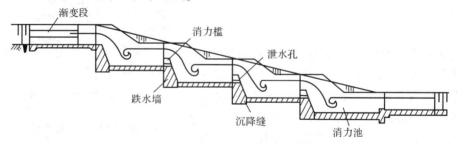

图 10-50 多级跌水

其级数及各级落差大小,应根据地形、地质、施工条件及工程量等情况进行综合比较确定。一般各级跌差取相等值(可取 3~5m),对于小流量可取上限。最后一级跌水由于要与下游连接,应作单独设计。

多级跌水的结构基本上与单级跌水的相同,图 10-50 为典型的多级跌水,第一级消力池末端即为第二级跌水的进口段。一般在上级消力池末端设置一定高度的尾槛，用以造成淹没水跃，并作为下一级的控制堰口。以下各级布置依此类推，但最末一级跌水的消力池后，应设出口段，以便与下游渠道连接。

在消力池的尾槛上，一般设有 10cm×10cm～20cm×20cm 的泄水孔，以便在跌水停止工作时用来放空消力池内的积水。由于消力池长度一般不超过 20m，因此，沉降缝常设在池的两端，缝内设有止水。

（2）陡坡

当渠道通过地形过陡地段时，常采用陡坡。陡坡由进口连接段、控制堰口、陡坡段、消力池和出口连接段 5 个部分组成（图 10-51）。陡坡的构造与跌水类似，所不同的是以陡坡段（底坡大于临界坡度）代替跌水墙，水流不是自由跌落而是沿斜坡下泄。

灌溉渠道上常采用的陡坡形式有等底宽陡坡、变底宽陡坡和菱形陡坡等。为便于下游消能，以变底宽或菱形为好（图 10-51、图 10-52）。

①变底宽陡坡　变底宽陡坡有陡坡段底宽扩散和底宽缩窄两种。若受地质及其他条件限制，消力池不宜深扩，而下游水深又较小，消能不利时，可将陡坡段底宽扩散，使单宽流量变小，以满足消能要求。若要增加陡坡段水深，或为了使陡坡段水深保持一定、使陡坡段末端水深与下游渠道的水深相等，减少土石方开挖量和衬砌量，则可将陡坡段底宽缩窄。底宽变化可以沿陡坡段全长均匀变化，也可局部段变化。常见的情况是陡坡段始端处缩窄，末端处扩散。

陡坡段流速一般较高，采用底宽扩散或缩窄时，应避免产生冲击波或其他使流态恶化的因素，一般可采取限制底宽变化率的方法。当底宽扩散时，其扩散角应小于 5°～7°；当底宽缩窄时，其收缩角不宜大于 15°。

②菱形陡坡　菱形陡坡的特点是陡坡段的上部扩散，下部收缩，在平面上呈菱形，

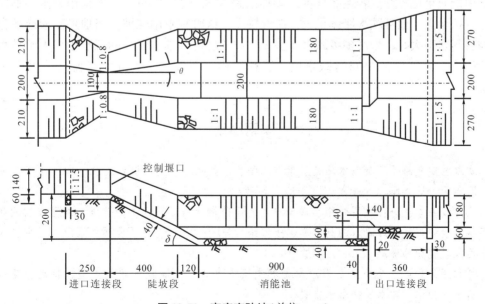

图 10-51　变底宽陡坡（单位：cm）

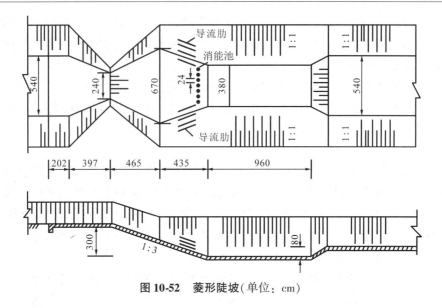

图 10-52 菱形陡坡(单位：cm)

并在收缩段上设置导流肋，消能效果较好。但工程量较大，适用于落差为 2.5～5m 的情况。

陡坡段常用浆砌石或混凝土建成。在土基上，纵坡一般为 1:3～1:5。在陡坡底板和护坡上常每隔 5～15m 设一沉降缝，缝中设止水，缝下设有反滤层。下游消能设施可采用挑流鼻坎形式，也可采用消力池。消力池出口处宜做成反坡与下游渠道连接，反坡比为 1:2～1:3。反坡后应设一衬砌段，其长度一般为 $(8～12)h''_c$，h''_c 为消力池跃后水深。

一般来讲，地形较陡而落差较小(如 1.0～1.5m)，或是严寒冰冻地区，宜采用单级跌水，因其土石开挖量和跌水墙的工程量均较少，工程造价较低；同时消能设施也易布置，消能效果也较好。若地面坡度均匀而跌差较大(超过 3.0m)，如采用跌水，不仅土石方开挖量大，而且跌水墙体积大，造价较高，这时宜采用陡坡。当地形陡峻或呈台级地貌且落差很大时，采用多级跌水或多级陡坡较经济合理。在实际工程中，由于跌水开挖量较大，并需建造牢固的跌水墙，工程费用一般较高。因此，陡坡比跌水应用更广泛。

本章小结

本章主要介绍了灌溉基本理论、水源工程、小型泵站、提水引水工程、输配水工程的规划，服务于山地灌溉。

①灌溉基本理论：主要介绍了灌溉方法的评价指标和灌溉方法的分类。灌溉方法的评价指标从灌水均匀度、灌溉水的利用率、土壤结构等七个方面进行了说明；灌溉方法主要介绍了全面灌溉和局部灌溉。

②水源工程：主要介绍了灌溉水源和灌溉取水方式。灌溉水源的类型、特点、基本要求；引水、抽水、蓄水 3 种取水方式。

③小型泵站：主要介绍了泵站的组成和水泵。简要介绍了泵站的组成，其中水泵是最重

要的。详细介绍了水泵的工作参数、性能曲线、气穴与气蚀、安装高程计算等。

④提水引水工程：主要介绍了泵站的规划和水泵的选择。泵站枢纽的布置形式、设计流量、设计扬程的计算；水泵类型及台数的选择原则和方法。

⑤输配水工程：主要介绍了渠道系统、管道系统和附属建筑物的规划设计。灌溉渠系的规划、各级渠道设计流量的推算及纵横断面设计；管道系统的组成、分类、布置、流量与压力推算、结构设计；渡槽、跌水、陡坡的设计。

思 考 题

1. 灌溉水源主要有哪些类型？灌溉对水源有何要求？
2. 简述灌溉取水方式的类型及其适用条件。
3. 有坝取水枢纽由几部分组成？各组成部分有何作用？
4. 水泵的工作参数有哪些？各参数怎样计算？
5. 水泵的性能曲线有哪些？有何用途？
6. 气蚀是怎样产生的？可分为哪些类型？怎样减轻其危害？
7. 灌排渠系规划布置要遵循哪些基本原则？
8. 简述灌排系统的组成？
9. 何谓灌排相邻布置和相间布置？两者各适用于什么条件？
10. 简述渠系建筑物的主要类型？
11. 节制闸有什么作用？哪些情况下需要布置节置闸？
12. 计算渠道的设计流量、加大流量和最小流量各有什么作用？
13. 轮灌渠道为什么不需计算加大流量？
14. 渠道水利用系数、渠系水利用系数、田间水利用系数和灌溉水利用系数如何定义？
15. 什么叫轮灌？什么叫续灌？它们各有什么优缺点？
16. 在设计渠道时，渠床比降和糙率值偏大或偏小各有什么不良影响？
17. 简述绘制渠道纵断面图的步骤？
18. 管道系统由哪几部分组成？各部分有何作用？

参考文献

王礼先，1991. 水土保持工程学[M]. 北京：中国林业出版社.

王礼先，2000. 水土保持工程学[M]. 北京：中国林业出版社.

刘肇祎，2004. 中国水利百科全书·灌溉与排水分册[M]. 北京：中国水利电力出版社.

郭元裕，1997. 农田水利学 [M]. 3 版. 北京：中国水利电力出版社.

史海滨，田军仓，刘庆华，等，2006. 灌溉排水工程学[M]. 北京：中国水利水电出版社.

王庆河，2006. 农田水利[M]. 北京：中国水利水电出版社.

李宗尧，于纪玉，2003. 农田灌溉与排水[M]. 北京：中国水利水电出版社.

田家山，1989. 水泵及水泵站[M]. 上海：上海交通大学出版社.

姜乃昌，1993. 水泵及水泵站[M]. 3 版. 北京：中国建筑工业出版社.

倪元成，1995. 小型泵站[M]. 北京：中国水利电力出版社.

袁俊森，2003. 水泵与水泵站[M]. 郑州：黄河水利出版社.

刘竹溪，刘景植，2006. 水泵及水泵站［M］. 北京：中国水利水电出版社.

左强，李品芳，2003. 农业水资源利用与管理［M］. 北京：高等教育出版社.

陈德亮，1995. 水工建筑物［M］. 3 版. 北京：中国水利水电出版社.

颜宏亮，2007. 水工建筑物［M］. 北京：化学工业出版社.